THE ANTHROPOLOGY OF AESTHETICS

THEORY AND PRACTICE

审美人类学

理论与实践

向丽　赵威　编

文化艺术出版社
Culture and Art Publishing House

图书在版编目（CIP）数据

审美人类学 : 理论与实践 / 向丽, 赵威编. —北
京：文化艺术出版社，2021.12
ISBN 978-7-5039-7132-7

Ⅰ.①审…　Ⅱ.①向…　②赵…　Ⅲ.①审美—文化人
类学—研究　Ⅳ.①B83-05

中国版本图书馆CIP数据核字（2021）第214719号

审美人类学：理论与实践

编　　者　向　丽　赵　威
责任编辑　叶茹飞
责任校对　董　斌
书籍设计　马夕雯
出版发行　文化艺术出版社
地　　址　北京市东城区东四八条52号（100700）
网　　址　www.caaph.com
电子邮箱　s@caaph.com
电　　话　（010）84057666（总编室）　84057667（办公室）
　　　　　84057696—84057699（发行部）
传　　真　（010）84057660（总编室）　84057670（办公室）
　　　　　84057690（发行部）
经　　销　新华书店
印　　刷　国英印务有限公司
版　　次　2022年1月第1版
印　　次　2022年1月第1次印刷
开　　本　710毫米×1000毫米　1/16
印　　张　39.75
字　　数　562千字
书　　号　ISBN 978-7-5039-7132-7
定　　价　128.00元

目录

导 论

上篇 审美人类学的基本问题

中篇 审美人类学的视野与方法

下篇　审美人类学实践

导　论

审美人类学：理论与实践

向 丽

审美人类学作为一门复合型交叉性学科在国外大约从20世纪60年代开始逐步形成和发展。[①]在西方，关于美学与人类学交叉研究主要形成了以“人类学美学”（Anthropological Aesthetics）（Diffey，1984）、“美学人类学”（The Anthropology of Aesthetics）（Flores，1985；Coote，1989）、“审美人类学”（Aesthetic Anthropology）（Maquet French ed.1961，English orig.1971，2nd，1979）等名称出现的研究群体，一些以人类学研究方法开拓研究审美和艺术的新方向，用人类学方法关注非西方族群的审美偏好等问题的著述相继问世，并引发了一系列关于美学与人类学学科交叉研究的前沿论题。

---

① 审美人类学作为一种潜源性的历史性研究与学科研究是两个不同的概念与事实。尽管人类学作为一门学科其产生比美学将近晚了一个世纪，但从美学诞生伊始就天然地潜藏着浓厚的人类学性质。仅就将人类学与美学从学科间性的角度或从命名上看，早在1891年，德国哲学家、民族学家和艺术学家恩斯特·格罗塞（Ernst Grosse）就发表了一篇名为《人类学与美学》的文章，荷兰美学家范丹姆通过对该文的解析认为，格罗塞是第一个提出应用系统的人类学方法研究美学的学者。英国美学史家鲍桑葵（Bernard Bosanquet）在1892年出版的《美学史》中谈到“亚里士多德的美学人类学”，主要指哲学人类学意义而非文化人类学意义上的审美人类学。具体内容请参见本书收录的范丹姆《恩斯特·格罗塞与审美人类学的诞生》，冯宪光、傅其林《审美人类学的形成及其在中国的现状与出路》。然而，从学科构建的角度看，审美人类学作为一门复合型交叉性学科在国外大约从20世纪60年代开始逐步形成和发展，主要以人类学家雅克·马凯（Jacques Maquet）出版的《审美人类学导论》为其标志。此书由两部分构成：第一部分主要描述人类学视野中的美学研究领域。第二部分提供一些关于审美现象的人类学研究方法。该书在很大程度上拓展了传统美学的研究视域，并且提出了当代美学的一些关键性问题，但在如何系统地运用人类学方法深度发掘和阐释美学问题等方面，此书更多只是一种提纲挈领式的“导论”，从而留下了巨大的理论和实践增长空间。

一、人类学视野中的审美和艺术问题研究：困境与出路

比利时裔美国人类学家雅克·马凯（Jacques Maquet）指出："除了研究'原始艺术'之外，在关于艺术和审美领域研究方面，人类学做的工作非常少。但人类学不再局限于我们所说的民族学领域，也不囿于关于无文字社会的观察性研究。作为一种原则，人类学不再为一种学科所界定，而是作为一种原初的视野能够为我们理解艺术做出自己的贡献。无论如何，关于这种可能性的研究是非常值得的。人类学自身也坚持从这种追问中获益。"[①] 那么，以人类学方法研究审美和艺术现象如何成为可能？如果对西方传统人类学和传统美学研究审美和艺术问题的局限性进行反思，这种可能性将渐渐显现出来。

荷兰美学家威尔弗里德·范丹姆（Wilfried Van Damme）认为，人们在借鉴人类学方法研究美学和艺术问题时一般会遇到如下几个主要障碍：1. 美学本身是一种成问题的主题。范丹姆引介约翰·弗雷斯（John Forrest）的观点分析指出，无论是从概念上还是经验事实的角度来看，美学一般被认为是一个令人烦恼的话题。首先，关于美学学科的界定已经证明很成问题，尤其是它仍然局囿于西方文化的思辨逻辑；其次，审美情感是个人的、内在的状态，它很难通过民族志研究方法得到充分了解。因此，人类学家一般都通过处理不包含人类主观情状的艺术主题来回避这个问题，研究的重点相应地集中在静态的艺术成品上。2. 形式主义和二分法思考模式。形式主义鉴于审美经验作为一种非认识和非清晰的事物，它本身就否定了对着力于付诸言语表述的审美偏好进行调查研究的可能性。此外，即使可以假定审美经验在一定程度上可以付诸言语表述，形式主义假设通过将经验视为纯形式的产物而阻碍着这种研究。这使得形式主义阻止了对非西方美学作经验式的研究；二分法被描述成是一种根据"或者……或者"（二者择一）的思维方式，它暗示着一种判断的先见，这可以视

① Jacques Maquet, *Introduction to Aesthetic Anthropology*, Malibu: Undena Publications, 1979, p.3.

为西方传统的一个重要特征。3. 西方传统人类学往往认为非西方文化中缺乏以言辞表达出来的审美观，甚至据此假定非西方族群不具备审美感知的能力。[①] 这一方面揭示了审美和艺术现象自身的特殊性和复杂性，另一方面则犀利地指出了传统美学和传统人类学方法在运用于审美和艺术问题研究中的限度问题。

目前，关于非西方审美和艺术的研究仍然难以从西方传统人类学框架中完全解放出来。“在叙述其他文化的美学时，人类学家关注那些符合西方关于‘艺术品’的观念的东西，关注西方人类学家极为重视的而不是当地人所珍视的。”[②] 这一点被大多数学者公认为是以人类学方法探讨非西方美学问题时面临的主要障碍。雅克·马凯指出：“尽管人类学不再局囿于无文字的社会，但在19世纪过去的几十年中，一些人工制品——组成一个群体或部落的物质文化被一些专题论文所描述或者陈列于博物馆中，它们包括武器和工具、罐和烹饪器皿、衣服、头饰和面具、宗教性雕像和魔术用具、音乐设备、凳子和家具。这些物质没有任何一个可以被认为属于艺术种类。这个问题甚至未加以讨论。人们理所当然地认为在野蛮和文明之间横亘着一个不可逾越的裂口，显然地，人们对艺术的观念是立足于西方文明的立场。”[③] 乔普琳（Carol F. Jopling）在对原始社会的调研中发现，直到20世纪后期，人们仍然相信，部族社会中的人们没有任何审美观念，艺术仅仅是宗教和魔幻信仰的一种表现而已。[④] 正是这种基于西方中心主义的审美等级观念，使传统人类学无法了解非西方社会的审美和艺术现象的复杂性和多样性，并因此带来了审美判断的严重偏颇。

不仅如此，在人类学视野中探讨审美和艺术问题同样面临这样的困境，也就是说，在很大程度上它仍然深深受制于西方传统审美制度。“作为一个术语

---

① See Wilfried Van Damme, *Beauty in Context : Towards an Anthropological Approach to Aesthetics*, Leiden , New York & Köln: Brill, 1996, pp.13-30.

② See Wilfried Van Damme, *Beauty in Context : Towards an Anthropological Approach to Aesthetics*, Leiden , New York & Köln: Brill, 1996, pp.245-246.

③ Jacques Maquet, *Introduction to Aesthetic Anthropology*, Malibu: Undena Publications, 1979, p.7.

④ See Carol F. Jopling, Introduction, in Jopling,C.F.（ed.）, *Art and Aesthetics in Primitive Societies,* New York: E.P. Dutton, 1971,pp. xv-xx.

或概念，尤其是作为一种系统性的研究，美学研究起源于西方，基于特定的文化和哲学背景，并且与特定的历史进程相伴随。然而当我们对美学这个概念从跨文化的视角深入分析，有一个问题就必须被提出来：在西方背景中提出来的美学定义是否足以涵盖从不同的非西方文化视角考察的所有现象？是否能够用类似于处理西方美学的方式来对待非西方美学？”[①] 这实质上提出了一个关于西方美学的限度以及如何建构美学的跨文化研究范式的问题。现代人类学研究表明，在人们“以什么为美”以及“如何表现美”的方式上存在着很大的文化差异。这种差异不仅仅是以文本的方式书写，而且也是以政治经济体制、习俗、惯例、亲属制度、宗教、神话、艺术、禁忌、伦理、世界观、天文历法、祭礼仪式等社会生活中可观察的和不可观察的地方性知识的文化书写方式写成。如果没有对这些地方性知识的考察和了解，我们如何能够理解那些与我们在日常生活中长期习得的常识十分相异的审美和艺术现象？然而，大部分西方美学话语和理论模式在被移植到对非西方文化的理解中时，由于还未经过语境的具体转化，理论的架空以及囫囵吞枣式的理论引介和运用，往往造成对非西方社会想象和阐释的混乱，这种混乱不仅无益于对日渐丰富、复杂的现实问题做出合理的解释，而且在很大程度上遮蔽了非西方社会自身的问题及其独特的审美表达方式。

因此，恰恰只有在与西方传统人类学和美学相区分的边界处，审美人类学才有可能提出自己的问题，并借此探索其发展的可能性。

二、审美人类学的基本问题

总体而言，在对西方传统美学和人类学的批判中，审美人类学开始发掘自身的问题意识，并使其研究拓展出无限宽广的理论和实践空间，审美人类学的基本问题也渐至呈现为如下几个方面。

---

① See Wilfried Van Damme, *Beauty in Context : Towards an Anthropological Approach to Aesthetics*, Leiden, New York & Köln: Brill, 1996, pp.39–40.

（一）追问审美和艺术产生的物质基础

托尼·弗洛里斯（Toni Flores）指出：“各种审美和艺术现象都有其物质基础（material base）。每一种艺术都以形构的方式将它的各种成分相结合，存在于文化既定的‘语法’之中。”[①] 美学作为哲学的一个分支学科，倾向于思辨的、逻辑的、形而上的思考，在关于“美”和“艺术”等经典的美学范畴的建构和阐释中形成了蔚为可观的学说和思潮。然而，为什么美学在努力探究各种概念和范畴的可能性的过程中，对于自身的物质基础的追问却难觅踪迹呢？雅克·马凯通过批判柏拉图的理想世界和浪漫主义精神这两种审美模式揭示了这一追问之所以缺席的事实。他指出，无论是理想世界，还是浪漫主义精神，这两种观念都假定了艺术的先验特征。对于柏拉图而言，存在着一种纯粹的美，艺术对象则是这种永恒的和完美的观念的曲折反映，它们因为与这种观念相接近而变得美好，也因此超越我们所生存于其间的物质现象；对于浪漫主义而言，艺术创造的最佳状态来源于天才，而不是来自经验或通过训练而获致的才能。天才是某种自发地掌握、激发、驱动着艺术家的超越一切的力量，它超越传统的规则，从而创造艺术作品，天才因此与社会和经济的生活的决定之间没有任何的联系。[②] 而泰瑞·伊格顿也正是在指出理论始终有某种自我中心或自恋的色彩存在的意义上，提出要探讨理论之后新的思考方式。[③]

审美和艺术从来就不是一种孤立的文化现象或实体，这是审美人类学研究的一个重要的认识论前提，这一理念对于方法论具有十分关键的意义。雅克·马凯指出：“我认为一个好的研究程序，应该先从日常生活现实来考虑艺术，而不是使用哲学学者、艺术评论家，甚至艺术工作者所建构的特殊现实。”[④] 他强调，是日常生活在建构审美和艺术，而非一种形而上的观念，无论

① Toni Flores, “The Anthropology of Aesthetics” , *Dialectical Anthropology*, Vol.10, July, 1985, p.35.

② See Jacques Maquet, *Introduction to Aesthetic Anthropology*, Malibu: Undena Publications, 1979, p.50.

③ 参见［英］泰瑞·伊格顿《理论之后——文化理论的当下与未来》，李尚远译，台湾商周出版社2005年版，第42页。

④ ［美］贾克·玛奎：《美感经验——一位人类学者眼中的视觉艺术》，武珊珊、王慧姬等译，台湾雄狮图书出版有限公司2003年版，第42页。

此观念多么的精致和缜密，都无法成为审美和艺术产生的物质基础。在研究这一问题的时候，杰里米·库特（Jeremy Coote）区分了两种审美观念存在的场域，从而强调了审美和艺术产生的物质基础的普遍性和日常生活性。他指出："在西方社会以及拥有高度发展的艺术传统的社会里，一般会认为，审美观念在艺术作品中得到最完美的体现，它们在那些作为艺术哲学的讨论中得到最精致的表达。但是，这些如此明显的、精致的审美观念是属于艺术世界（art world）的成员，而对于大众来说，却未必如此。对于我们大多数人而言——或者更确切地说，我们所有的大部分时代——我们的审美观念已经更多地与家庭装饰、园艺、运动、广告以及所谓的'大众'文化的其他领域发生着关系。"①事实上，"审美价值潜在地产生于每一隐蔽处或文化的裂缝之中，出现在仪式、讲故事的行为中，产生于人们对时空的运用以及人们的日常生活实践之中"②。因此，在原则上，美学研究应当把研究的视角尽可能地拓宽些。并且，唯有深入审美和艺术赖以建构的深层"物质基础"，其多样性和复杂性才有可能得到有效的解释。

（二）探究审美和艺术现象的复杂性问题

该问题主要表现为对审美和艺术的存在结构、审美的普遍性和相对性、"美"的观念的多义性及其背后蕴藏着的复杂文化体系等问题的研究。

在审美和艺术的存在结构方面，雅克·马凯指出，文化由三个层次构成：物品的生产（构成社会的物质基础）；使社会成员之间某些社会互动类型制度化的不同的社会网络；使观念的集体性形态为全球社会成员所共享的观念性表达。他指出，审美现象是社会文化建构的重要产物，因此必须在文化的技术、

① Jeremy Coote, "'Marvels of Everyday Vision': The Anthropology of Aesthetics and the Cattle-Keeping Nilotes", in Jeremy Coote and Anthony Shelton (eds.), *Anthropology, Art, and Aesthetics,* Oxford: Clarendon Press, 1992, p.246.

② See Stoller and Canver, "Anthropology, Philosophy and Aesthetics", in Cordwell, J.M. (ed.), *The Visual Arts, Plastic and Graphic,* The Hague, Paris, New York:Mouton, 1979, p.95.

社会组织和观念这三个层面上研究审美对象。[①] 这意味着，审美现象是社会文化建构的复杂聚合体，“生产系统、社会网络和理念构形，都有美感物品”[②]。因此，审美和艺术形态的变化不应该纯由美感的观念来解释，它更多地表现为文化问题。英国人类学家罗伯特·莱顿教授从美学研究的社会功能、美学进化论、审美习俗的形成以及社会性实践如何影响个体等四个方面阐释了人类学对于美学研究的贡献，从社会人类学的视角探讨和强调了社会文化的多样性、社会变迁等对于审美和艺术复杂性的构建之重要性。[③]

审美的普遍性和相对性问题是美学研究的一个基本问题。在审美人类学视野中，这一问题在一定程度上得到了拓展和延伸。审美人类学并没有就此停止继续追问：审美普遍性和相对性是否存在？如果存在，这种普遍的吸引力和审美偏好的差异性将如何解释？在范丹姆看来，审美普遍性主要指如下两种情况：一是形式的构形或特征能够（准）普遍性地引发某种明确的审美反应，二是任何这样的形式原则都是（准）普遍性地参与审美评价。因此，诸如“泛人类审美偏好”或“普遍的赞赏”这样的表达本身是站不住脚的。[④] 这一方面指出了审美普遍性是存在的，另一方面则强调了审美普遍性并非绝对的存在，它更多的是在异中求同的思维中显现出来，并且，这直接与审美相对性问题相联系。范丹姆指出，审美相对性与审美普遍性两者并不对立，并不互相否定对方的存在。目前研究已经承认审美中的相对主义，但仍然没有重视对这种现象的解释。在他看来，审美偏好在不同的文化中表现出不同的特征，主要有两个原因：其一，这些文化的理想是会发生变化的，这随即导致对不同形式特征的喜好——偏好于是随着这些不同的理想相应地发生变化；其二，即使这些理想或

---

① See Jacques Maquet, *Introduction to Aesthetic Anthropology*, Malibu: Undena Publications, 1979, pp.53, 54, 63.

② ［美］贾克·玛奎：《美感经验——一位人类学者眼中的视觉艺术》，武珊珊、王慧姬等译，台湾雄狮图书出版有限公司 2003 年版，第 235 页。

③ 参见［英］罗伯特·莱顿《论美学：从社会人类学的视角》，关祎、邢书宇译，《内蒙古大学艺术学院学报》2014 年第 1 期。

④ 参见 Wilfried Van Damme, *Beauty in Context : Towards an Anthropological Approach to Aesthetics*, Leiden, New York & Köln: Brill, 1996, p.60.

多或少是相同的，但它们对形式的反应方式在不同的文化中也会不一样，这也导致了审美偏好的变化。[①] 在此研究基础上，关于社会文化因素如何影响审美偏好，为何会发生如此的影响等问题将相应地成为下一步需要纵深探讨的课题。

在关于“美”（beauty）的观念认识方面，审美人类学学界渐渐意识到它的模糊性和多义性，但这并不会因此导致美学学科以及人们认识论的混乱，相反，这是人们理解审美和艺术现象复杂性的必经阶段和契机。在西方传统美学中，“美的”（beautiful）往往成为“艺术之为艺术”的根本规定。然而，对此规定的认同，只会加剧美学研究自身的限度。罗伯特·汤普森（Robert Thompson）在研究非洲文化时对有意制造的丑陋艺术（intentional ugliness）给予了特别关注，他引入“反美感的”（anti-aesthetic）这一术语来讨论约鲁巴人中有意制造的丑陋面具。他指出，严格地说来，“审美的”等同于“美的”，从该视角而言，有意制造的丑陋艺术就会被排除在美学研究的范围之外。[②] 这种排斥是应当避免的，例如，丹尼尔·比拜克（Daniel Biebuyck）用“丑陋中的美感”（aesthetic of the ugly）这一表达来指涉莱加人（the Lega）有意制造的丑陋雕塑。[③] 而范登霍特（Vandenhoute）早在20世纪60年代就已指出，如果把对艺术作品的审美经验构想为等同于对美的感知，那么，我们将“审美的”这个词语用于民族学研究领域以及一般社会学中，则会很困难甚至是不可能的。一旦我们将“审美的”等同于“美的”，那么，就会有大部分的审美生产和接受被排斥在我们的研究领域之外。我们应当不仅为对美的感知经验，而且也要为丑陋艺术、喜剧、悲剧以及其他艺术形式的研究留出空间。[④] 不仅如此，关于

---

① See Wilfried Van Damme, *Beauty in Context : Towards an Anthropological Approach to Aesthetics*, Leiden, New York & Köln: Brill, 1996, pp.111-114.

② See Robert Farris Thompson, “Aesthetics in Traditional Africa”, in Jopling, C.F.（ed.）, *Art and Aesthetics in Primitive Societies,* New York: E.P. Dutton, 1971, pp.379-381; Robert Farris Thompson, *Black Gods and Kings, Yoruba Art at UCLA,* Berkeley, London: University of California Press, 1971, Chap, 3/4.

③ See Daniel P. Biebuyck, “The Decline of Lega Sculptural Art”, in Graburn, N.H.（ed.）, *Ethnic and Tourist Arts,* Berkeley, Los Angeles, London: University of California Press, 1976, p.346.

④ See P. Jan Vandenhoute,［Unitled Comment on］“Methods of studying Ethnological Art”, by H.Haselberger, *Current Anthropology*, Vol.2, No.4, 1961, p.375.

“美的”的指称词汇的多样性也是一个值得探究的问题。考德威尔（Cordwell）指出，审美价值与宗教、经济、政治以及文化的各个方面紧密相关，关于什么是美的词汇可能主要指诸如财富或声望价值，宗教或政治象征体系等属性。[①]在非西方社会中，尤其是传统的无文字民族的头脑中，尽管并不一定都存在着一种叫作“美”的高级抽象的观念，但审美和艺术却自然而然地融入他们的日常生活之中，往往与他们所处的社会生活中的历史文化、生活常识、生产技术、宗教观念、教育、道德等融为一体，并且在很大程度上成为传授和强化这些知识系统的主要媒介和力量。因此，雅克·马凯再次强调，在关于审美现象的研究方面，“相信能够采用一种超文化的立场和观点是一种天真的幻象”[②]。因此，对“美”之观念的语境式考察和阐释，有可能为审美人类学研究提供更为广阔的批判视角和理论拓展空间。

此外，恩斯特·格罗塞在1891年发表的一篇名为《人类学与美学》的文章中提出，早在1719年，法国艺术批评家阿贝·杜波（Abbé Dubos）就在他的研究中持续地使用人类学的比较研究方法，诸如，他在《诗与画的批判反思》一书中提出了美学研究中一个重要的却非常难以回答的问题：“为什么艺术会在某些民族产生，并在某几个世纪盛开出如此绚烂的花朵，而在其他情况下却举步维艰呢?”[③]范丹姆通过对格罗塞跨时空的全球视角以及跨学科的研究方法的发掘与阐释，指出格罗塞主要从经验性研究、语境研究以及跨文化比较研究三个维度对审美人类学研究做出的重要贡献[④]，这些都将艺术和审美意识的社会被建构性与比较研究的重要性凸显出来，为深层次地解析审美和艺术与社会之间的关系以及民族审美差异性提供了重要的思考和研究路径。

---

① See Wilfried Van Damme, *Beauty in Context : Towards an Anthropological Approach to Aesthetics*, Leiden, New York & Köln: Brill, 1996, p.155.

② Jacques Maquet, *Introduction to Aesthetic Anthropology*, Malibu: Undena Publications, 1979, p.8.

③ 转引自［德］恩斯特·格罗塞《人类学与美学》，和欢译，张浩军校，《民族艺术》2013年第4期。

④ ［荷］范丹姆：《恩斯特·格罗塞与审美人类学的诞生》，李修建译，《民族艺术》2013年第4期。

（三）重新发掘和阐释非西方社会的审美和艺术价值

在西方传统美学和人类学研究视域里，在非西方社会中，尤其是那些无文字民族的审美能力及其创造的艺术作品，长期以来被忽略或被扭曲。而在审美人类学视野中，这些民族的审美能力及其创造的艺术作品都应当尽可能地自由显现自身。范丹姆指出："从原则上讲，我们不应该将'非西方社会中的人们没有用言语表达他们的审美观念'与'他们不能够用言语表述他们的审美观'相混淆。必须承认的是，在具体的生活实践中，摆脱这两种观点是很难的——实际上，在绝大多数情况下，'不能够用言语表述他们的审美观'很可能仅仅是由'没有用言语表达他们的审美观念'推断出来的。但它们仍然不应当被混淆……至于为什么人们完全有能力用言语表述他们的审美观却不愿意这样做，可能有很多原因，例如在公众场合或者是有西方研究者在场的情况下。"[1] 罗伯特·汤普森根据他在尼日利亚约鲁巴的经历指出，当"文明人"和"原始人"相遇谈及艺术，任何一方都不会相信对方具有审美分析的能力。例如，一些传统的约鲁巴人似乎是在猜测，白种人在关于艺术的审美意味的感知方面显得苍白，发展也不完全。[2] 在此我们看到，这两个世界之间互相发生误解，但显然，在西方文字表述中，前一种误解或审美判断逻辑无法从根本上想象后一种误解，因为它无法换一种眼光去"看"非西方民族是如何"看"世界的。庆幸的是，在审美人类学研究中，这种状态已经有所改变。

在关于非西方社会的审美和艺术的探讨中，学者们开始关注那些无法用言辞或不必用言辞表达的审美观念，对审美和艺术的物质基础及其特殊的表达方式和意义有了新的认识。雅克·马凯指出："几乎所有的非西方美术作品和几乎所有文艺复兴时期之前的西方美术作品，并不是有意为艺术对象而制造（即仅仅为被审美感知而制造），它们所处的情境是政治性的或仪式性的、神秘的或家

---

① Wilfried Van Damme, *Beauty in Context : Towards an Anthropological Approach to Aesthetics*, Leiden, New York & Köln: Brill, 1996, p.30.

② See Robert Farris Thompsom, "Yoruba Aristic Criticism" , in d'Azevedo,W.L.（ed.）, *The Traditional Artist in African Societies,* Bloomington, London: Indiana University Press,1973, p.30.

族（庭）的、道德说教的或宗教性的。”[①] 我们现在所说的“原始艺术”，“在它们原来的社会中，这些物品全是为武器、厨房器皿、王位表征、阶级标识、法术工具、圣物和仪式用服饰这些用途而制作并使用的。在特定脉络下它们都具有特定的工具用途，但它们的主要功能并非纯为观赏，它们原先也不是为制作艺术品而制作的”[②]。例如，传统的非洲面具与雕像在仪式结束后便遭丢弃，任其风化。西方传统美学是无法对此加以解释的。因此，在具体语境中理解其生产与再生产的机制与价值，是再度发掘和阐释非西方社会中审美和艺术价值的重要前提。

在对非西方社会中存在的“怪诞”或“丑陋”艺术进行重新理解时，这种再度发掘和阐释显得尤为重要。例如雅克・马凯对引入欧洲的第一批非洲人形塑像的遭遇所进行的分析，在很大程度上解释了误解产生的原因及其消解的可能性。他指出，来到欧洲的第一批人形塑像是从萨伊河的各个王国输入，尤其是从刚果王国而来。部分塑像的腹腔内塞满具有法力的物质，有些则为了提高法力而钉满铁钉。这些奇怪的附加物及人形面部与神态的可怖性，暗示了伤害（来犯之敌）的意图。以当时的欧洲对世界的认识来说，唯有把这些人形当成恶魔方能理解。雅克・马凯认为，此种想象和理解与西方文化的认识惯例相关，因为，西方文化比较重视其经验中可触及的物品，几个世纪以来，不可辨识的形象都被贬为只具有装饰性的次级功能，而当这种装饰性也变得不可理喻时，在西方现实的宗教范畴中，它们只能成为魔鬼阵营的负面实体，因此被看作偶像和神物，但不是艺术雕像。[③] 事实上，非洲雕像的怪诞性，是非洲民族在艺术作品上以曲折的形式反映自己对如何与神灵产生联系的希望与想象，其表现力量及其付诸的特殊表达方式，也正在慢慢获得当代艺术家的肯定。例如，早在 20 世纪初，乌拉曼克、德安、布拉克、毕加索和马蒂斯等立体派艺

---

① Jacques Maquet, *Introduction to Aesthetic Anthropology*, Malibu: Undena Publications, 1979, p.44.

② ［美］贾克・玛奎：《美感经验—— 一位人类学者眼中的视觉艺术》，武珊珊、王慧姬等译，台湾雄狮图书出版有限公司 2003 年版，第 105 页。

③ 参见［美］贾克・玛奎《美感经验—— 一位人类学者眼中的视觉艺术》，武珊珊、王慧姬等译，台湾雄狮图书出版有限公司 2003 年版，第 117 页、第 111 页。

术家都惊讶地发现，非洲雕像早已成功地完成某些类似的作品。那些非洲的传统雕刻师不拘泥于模仿视觉印象，大胆地用量块合成面具与雕像，而西欧图像（主要指基督或圣徒像）所呈现的人类特征则缺乏这种表现手法；艺术史学者维尔纳·哈夫特曼（Werner Haftmann）写道，非洲雕刻师们唤醒了为表现而变形的权利；桥派画家在非洲面具和雕像的无书写形式的世界里发现了一种从临摹自然中解放出来的自由……这些法国和德国画家，率先认识到无文字社会雕刻品的形象所具有的美学价值，艺术评论家也随之进入此种探索的征程。[①] 然而，这仅仅是开始，审美人类学研究的诸问题仍然亟待进一步纵深延展。

此外，非西方审美和艺术也不再是一种既定的他者性存在，其流动性的价值与意义也渐次获得新的呈现与发掘。诸如理查德·L. 安德森在《艺术、美学与文化人类学：回顾与展望》一文中不仅阐发了非西方美学的内涵与特征，而且以具体的个案，发掘和阐释了全球化舞台中非西方艺术的多样性、本真性与杂糅性等及其叠合而形成的审美新质。[②] 乔治·E. 马尔库斯、弗雷德·R. 迈尔斯编的《文化交流：重塑艺术和人类学》[③] 以诸多非西方艺术个案为例探讨了在全球化语境中，土著艺术如何被表述、生产和再生产；艺术在文化交流中产生了怎样新的形式和审美经验；我们应当如何在文化交流中理解艺术的本真性与流动性等问题，将当代艺术人类学研究引向了在文化交流中“物”向“艺术品”转换的变形机制；艺术在不同文化语境中流动时所具有的特殊意义；如何考察殖民主义、市场以及西方艺术界对于地方性美学原则的重新定义；如何避免地方性艺术中所包含的情感被误读；如何动态地考察全球化背景下艺术的生产与再生产及其意义等问题的关注，这对于打破关于艺术的静态式研究范式无疑具有重要的价值和意义。

---

① 参见［美］贾克·玛奎《美感经验—— 一位人类学者眼中的视觉艺术》，武珊珊、王慧姬等译，台湾雄狮图书出版有限公司 2003 年版，第 114—116 页。

② ［美］理查德·L. 安德森：《艺术、美学与文化人类学：回顾与展望》，刘翔宇译，《民族艺术》2014 年第 6 期。

③ ［美］乔治·E. 马尔库斯、弗雷德·R. 迈尔斯编：《文化交流：重塑艺术和人类学》，阿嘎佐诗、梁永佳译，王建民审校，广西师范大学出版社 2010 年版。

三、审美人类学的纵深发展："美"如何作为一种被建构的存在

在审美人类学视野中，"美"不是一种孤立的、单纯的文化现象，而是一种被建构的存在。相应地，人们关于"美"的看法与实践就成为现实生活关系的某种微妙刻写方式。于此，探究"美"如何作为一种被建构的存在，是审美人类学纵深发展的主要路径。这一问题内在地包含两个维度："美"是一种被建构的存在；"美"如何被建构？在审美人类学研究中，对这一问题的探讨主要通过对艺术圈 / 网络 / 框架，审美与政治 / 权力的关系，变形与艺术，美感所在等问题的思考与阐释得到了拓展。

（一）艺术圈 / 网络 / 框架

艺术圈 / 网络 / 框架对于审美和艺术的授予与评价而言，是一种具体而微的制度性因素。它以"包含"和"排斥"逻辑为潜在的神圣化原则，通过区分与划界并授予这种边界以合法性地位而显现自身，审美和艺术于此被历史地生产与再生产出来。雅克·马凯在论述这一问题的时候，引出了我们关于艺术的一种常识。他指出，如果我们问某人在哪里可以发现艺术品，我们就会被直接引到美术博物馆和艺术画廊中去。在博物馆中陈列的或在艺术画廊中买卖的物品被确认为艺术品。[1] 这是我们日常现实的一部分。迄今为止，为什么某些人工制品能够进入艺术圈而另一些却不可以的原因虽然尚未被加以讨论，但他仍然向我们提出了这样一个问题：为什么它们在某种特定的门类中被分开并且被提出来加以区分看待？在试图回答这个问题的时候，他以马塞尔·杜尚的现成品艺术如《喷泉》和毕加索的装置艺术《公牛头》为例指出，正是框架（framework）创造了艺术对象。如果某物在一种艺术框架中被展示，那么它就真正地成为艺术对象。[2] 因为框架清楚地界定美感物品和其视觉环境间的界

---

① See Jacques Maquet, *Introduction to Aesthetic Anthropology*, Malibu: Undena Publications, 1979, p.9.

② See Jacques Maquet, *Introduction to Aesthetic Anthropology*, Malibu: Undena Publications, 1979, p. 12.

限，框架暗示框内的东西和框外的东西不同，我们须以不同的方式切入，从日常空间移动到美学空间中去。[①] 为何我们区分性地看待事物，并赋予它们以艺术品或非艺术品的身份和评价？在雅克·马凯看来，关键就在于“看”（looking at），此“看”意味着某种缘由和外在的“现实”以及在两者之间存在着的某种联系。[②] 此“现实”是一个庞杂的网络。雅克·马凯提出，特定事物能够制造这种区分等级并实际地进入这种艺术网络的原因，应该在艺术市场的巧妙控制和操作中去发现。在此基础上，他指出，艺术品作为一种商品，它的价值是根据一些难以捉摸的因素而波动的：如艺术家的声誉、当代流行风尚、艺术价值、弥漫于丰富的背景之中的声望的符号象征。而控制这些因素的人物有艺术评论家、博物馆馆长、媒体评论的精英、艺术品商人、著名人士。这些因素之间的相互影响是很难把握的，部分原因在于人们不情愿将艺术品直接视为商品，它们仍然保持着它们的特殊氛围。[③] 在此，雅克·马凯一方面指出，艺术品的价值取决于一些制度性因素及其内在的相互影响，另一方面他也强调，艺术品又不能简单地等同于直接的商品，它有自身的特殊性。

（二）审美与政治 / 权力的关系

在对审美和艺术的生产、交换、传播和消费等具有重要建构作用的各种制度性因素中，政治及其蕴藉的权力渐渐凸显为审美人类学研究的重要对象。托尼·弗洛里斯（Toni Flores）指出，在过去，我们已经倾向于在研究审美形式时，就好像它们不存在于权力链的语境中，并且好似我们自己在特定的不对称的权力结构中不占有一定的空间。这种状态最近已经发生改变。因为对艺术与政治的联系产生兴趣，这是一种近来形成的趋势。这一趋势尽管在人类学研究中不是普遍存在，但它越来越具有合法性。人类学正在开始研究审美

① ［美］贾克·玛奎：《美感经验—— 一位人类学者眼中的视觉艺术》，武珊珊、王慧姬等译，台湾雄狮图书出版有限公司 2003 年版，第 172 页。

② See Jacques Maquet, *Introduction to Aesthetic Anthropology*, Malibu: Undena Publications, 1979, p.13.

③ See Jacques Maquet, *Introduction to Aesthetic Anthropology*, Malibu: Undena Publications, 1979, p.12.

与权力之间复杂的甚至是晦暗难解的联系。托尼·弗洛里斯在此基础上提出了“美学的政治人类学”(political anthropology of aesthetic)的构想，即寻找一种对在政治与经济结构中制造事物的人类的全面的综合性研究。尤其是，托尼·弗洛里斯提出了一个值得深入思考的问题：“弱势群体为何以及如何接受，并且再生产出强势者的意识形态，因而从内部强化了压迫？尤其是，审美快感与创造性如何被融入这样的体制之中？”[①] 雷蒙德·弗思(Raymond Firth)也指出，通过艺术媒介使政治性言论起特定作用已不再是新奇的事。从历史上看，艺术有一种特意诱使人们理解和转变社会秩序的目的。他还认为这种“政治艺术”(political art)造成的后果不容易评估。雅克·马凯分析了政治对于非洲工艺品的制造及其美感的意义，他指出：“政治是另外一种使物品展现炫耀性美感的脉络。如酋长的权杖、国王的宝座、当统治者在臣民前出现时随从所持之权威标识、廷臣所着之锦衣华服都是——而且至今仍是——权力的器具(instruments of power)。它们表达并强化着统治者凌驾在臣民之上的事实。在某些情况下，这些物品就是权力：拥有皇冠或皇座并赋予国王合法的地位……这类权力器具常被赋予高度美感的装饰。”[②] 这些见解和研究都在强调这样一个事实：政治及其蕴藉的权力以其隐秘的运作机制渗透于社会分类框架之中，制约着审美活动生产者和接受者的观念和行为模式，并因此使审美和艺术作为一种特殊的制度形态成为社会关系的微妙刻写方式。

(三)变形与艺术

“变形”不是简单的身体和形式的转换问题，而是特定文化语境中各种意识形态之间共谋与分裂的产物。变形通过置换与阐释等方式的运用成为对“什么是美”以及“如何审美”的隐秘的建构与重构机制，这在审美人类学研究中

---

① Toni Flores, “The Anthropology of Aesthetics”, in *Dialectical Anthropology*, Vol.10, July, 1985, p.33.

② [美]贾克·玛奎：《美感经验——一位人类学者眼中的视觉艺术》，武珊珊、王慧姬等译，台湾雄狮图书出版有限公司2003年版，第101页。

已引起了相当的重视和探讨。雅克·马凯指出，在西方社会，艺术的形成主要诉诸两种方式，并因此区分了两种艺术："有意制造的艺术"（art by destination）和"通过变形产生的艺术"（art by metamorphosis）。在他看来，艺术通过变形而产生纯粹是近来西方才出现的现象，与在西方仅存二百多年的博物馆建制有着紧密的联系。并且，与此相伴而生的是，它与有意制造的艺术一样，都不可避免地被置入"被观看"（to be looked at）的西方视觉主义等级秩序之中。[①] 在雅克·马凯看来，基于一定制度性机构及其运作机制中的变形是区分日常物品与艺术品的一个重要中介。通过变形，日常物品可以转化为艺术品，例如"原始艺术"的产生，然而此转变不可避免地蕴藉着西方审美强权主义，甚至是一种冠冕堂皇的剥夺。他指出，首批由于变形而成为艺术对象的事物往往来自那些已经丧失自身独立性的异域社会以及在社会中的弱势社会阶层，如农民制造的人工制品，这也许是因为博物馆开始于掠夺（looting）。[②] 掠夺之后则是一场"合情合理"的授予仪式。"将来自远方和被统治国度输入的物品吸纳为艺术一类的过程，在人类历史上，是古老而常见的。那些'具艺术性'物品的制造者本身的语汇中，常常是没有艺术一词的。是征服者把艺术这项特质加之于这些物品上，而战胜的军队则将掳自战败国的战利品并入母国的艺术现实中。"[③] 然而，正是此"艺术现实"使被授予艺术资格的物品远离了它原初的功能，使人们对于所谓的"原始艺术"的认识和评价是从西方艺术观念中获得，而不是从该物品产生的语境中获得，而这易于造成人们对非西方审美和艺术判断的粗糙性和主观性。此外，变形作为艺术产生的重要方式之一，具有其丰富的潜在可能性和复杂的发生机制。雅克·马凯指出，物品失去原有功能不只是因为由一种文化移转至另一种文化，还常常是由于物品已经在一种文化中过时所致。例如，

---

① See Jacques Maquet, *Introduction to Aesthetic Anthropology*, Malibu: Undena Publications, 1979, pp.37–38, p.10.

② Jacques Maquet, *Introduction to Aesthetic Anthropology*, Malibu: Undena Publications, 1979, p.38.

③ ［美］贾克·玛奎：《美感经验——一位人类学者眼中的视觉艺术》，武珊珊、王慧姬等译，台湾雄狮图书出版有限公司 2003 年版，第 43 页。

在北美，现在拿牛轭、飞机螺旋桨或长烟管能做什么？如果它们具有足够的美学特质意义，它们更好的去处是放置于各种被认可的艺术机构中或收藏者手中，新的现实将为这些过时的物品赋予新的审美意义而使之成为艺术品。[①]在此，语境性的意义重构与艺术的产生，是变形机制向纵深探讨“美”如何作为一种被建构的存在问题显现出的一个重要的思考路径。

（四）美感所在

“美感所在”（aesthetic locus）即审美感知和关注的聚集，作为美的建构之历史形态的某种显在表征，是时代权力建构的一种特殊产物。雅克·马凯指出，那些能够获得美感所在事物（aesthetic locus object）的人是富有的或那些控制着集体资源的人，这种情况引起了三个重要的后果：第一，美感所在事物与同一社会中的其他商品相比往往是“贵重的”，它要求非常高的天赋和才能，需要长期的培训，其卓越性比其价格更重要；第二，美感所在事物必须获得赞助人的认可，赞助人的品位和偏好应当直接或间接地被考虑到；第三，因为审美对象仅仅被高层少数群体拥有或独占，它们主要为这些人所欣赏，因此它们变成了精英成员的标志并被他们购买。[②]在此基础上，雅克·马凯分析了几种重要的美感所在及其产生的原因。他指出，13 世纪的西欧，基督教仪式是社会的美感所在，社会对美感的认知汇集到与仪式有关的客体上，像大教堂建筑、教堂家具、礼拜仪式的服饰、雕像和绘画。这是 13 世纪欧洲基督教教会的显要们如教宗、罗马教廷、主要辖区的主教，著名修道院院长等少数特权人士利用其职权使然。16 世纪的日本，茶道是美感所在，包括庭园造景、茶室和其室内装饰、陶器与漆器用具，织品图案和合宜的礼服衣料。这是因为日本的禅宗寺院首先发展出茶道，后来被贵族广为接纳，许多特色皆以它为中心扩展出

① 参见［美］贾克·玛奎《美感经验——一位人类学者眼中的视觉艺术》，武珊珊、王慧姬等译，台湾雄狮图书出版有限公司 2003 年版，第 118 页。

② See Jacques Maquet, *Introduction to Aesthetic Anthropology*, Malibu: Undena Publications, 1979, pp.73–74.

来，并共同构成当时日本文化的一项美感所在。这是日本特权阶级影响美感创作的结果。[①] 至此，美感所在作为一种审美现象以新的方式重新被纳入美学研究的视野中，它强调了对美感所在形成的复杂机制及其蕴藉的权力关系加以研究的重要性。不仅如此，马凯还指出："约有三个世纪之久，西方传统的美感所在一直局限于艺术。事实上，现在我们似乎已经到了艺术独占美感所在的时代尾端了。"[②] 这预示着，当美感所在不再局囿于西方传统艺术领域时，这又是一个值得审美人类学纵深发掘的理论拓展空间。

跨学科的性质在于创造一个不属于任何原有学科的新对象，对于"'美'如何作为一种被建构的存在"问题的探讨，使审美人类学渐次显现出它对于建构活态美学的价值和意义。通过对在人类学视野中研究审美和艺术问题遇到的困境和出路以及与之相关的诸问题的探讨，审美人类学在传统美学与人类学的区分与边界处生长出来的理念对于学术研究方法和实践的意义将继续显现出来。

四、审美人类学在中国

20 世纪 90 年代中期以后，国内学者在不断深化理解国内外美学与人类学著述，了解并反思当代美学与人类学前沿问题的基础上，努力发掘这两门学科的深层契合点，通过理论与实践的互动激发其生长性，审美人类学在国内逐渐得以形成。近 20 余年来，国内审美人类学建构主要从以下四个方面深入开展：1. 研究美学与人类学的关系问题，整合二者的思想资源和研究成果。2. 在学理上对审美人类学的学术渊源、学科定位、主要任务、研究对象、研究方法、学科意义及其发展方向等进行广泛而深入的探讨。3. 发掘和阐释国内外人类学与美学著述中的审美人类学思想；关注过去被忽略的或未被充分重视的文化现象和审美

---

① 参见［美］贾克·玛奎《美感经验—— 一位人类学者眼中的视觉艺术》，武珊珊、王慧姬等译，台湾雄狮图书出版有限公司 2003 年版，第 108、260—261 页。

② ［美］贾克·玛奎：《美感经验—— 一位人类学者眼中的视觉艺术》，武珊珊、王慧姬等译，台湾雄狮图书出版有限公司 2003 年版，第 109 页。

经验，激活其理论生长空间，并通过选择具有中国本土特色的区域族群文化以及能够充分体现当代审美文化新质的个案，运用田野调查和理论指导的方法探讨审美现象的复杂性及其深层的社会根源。4. 在高等院校开设“审美人类学研究”课程，初步形成大学本科、硕士、博士三个层次的审美人类学人才培养序列，并将“审美人类学”切实纳入学科形态的现代转型之中。从国内近年发表的著述来看，审美人类学作为一门新兴学科，其学术理念和田野实践在国内学术界已获得较广泛的支持和响应，充分地显现了审美人类学可观的学术发展前景。①

（一）人类学与美学思想整合研究

在国内，关于人类学与美学思想整合研究主要围绕借鉴和吸收现代人类学的研究方法和成果，为当代美学研究中出现的危机寻找出路，以及探讨美学与人类学之间关系等问题进行。

关于传统美学和中国美学研究中出现危机已是不争的事实，如何为美学所面临的种种困境寻找出路必然成为当代美学研究中一个迫切需要解决的重要课题。郑元者指出，要改变传统美学的诸多重大失误，当代人类学美学是一个非常重要的突破口，它是“新美学”的前导，它预示着21世纪的美学研究和美学观念的根本性转变，乃至于为人的问题的重建寻觅新的发展契机和学术方向。②该观点旋即引起学界的重视和关注。王杰则明确表示，他是在美学研究存在着深刻危机的背景下提出审美人类学的，并指出，国内美学研究存在危机的最明显标志就是作为学科基础的《美学原理》几十年来没有多少更新，其概念体系已经陈旧，很多美学研究者仍在美的起源、美的逻辑起点这样的问题上纠缠不清。作为中国当代美学主流的实践美学，理论上没有把实践这一核心概念从单纯的哲学层面应用到日常生活的研究中来，对当代社会许多新的审美现象无法做出令人满意

---

① 参见王杰主编，向丽、尹庆红副主编《审美人类学》，人民出版社2021年版。

② 参见廖明君《艺术起源学研究与当代人类学美学的学科建设——郑元者访谈录》，《民族艺术》1998年第2期。

的解答。美学的概念体系需要更新，美学研究要向实证的方向发展，要解决现实生活中的审美问题，这已经成为一部分美学研究者的共识。①

在该共识的观照下，近年来，人类学与美学的关系问题在学界引起了广泛关注。在美学与人类学结合的必要性方面，彭兆荣指出，传统美学在很多人的眼中是纯理论性的、抽象的学科，而人类学考察对象有实例性、时空性，较具体。两者的结合也符合解释人类学发展的一种趋势——实验民族志的趋势。②王杰、海力波认为，人类学研究方法侧重分析文化的基本运作机制、制度与传统，通过实证研究而加以归纳。而事实上，任何文化都是金字塔形的，在它的顶层是最精致的文化要求即审美的最高境界，现有的人类学方法还没有足够的能力对此加以把握和说明，而这恰恰是美学的专长。因此，美学与人类学确实存在着互补的必要。③在美学与人类学结合的可能性问题上，何明、吴晓指出，西方现代美学选择了与古典美学相反的学术路径，批判并放弃了从理性、概念出发演绎出庞大的抽象理论体系的学术模式，追寻对有关艺术和审美的具体问题的解释，这为人类学介入艺术及审美领域提供了学术契机；而美学本身早已有之的人类学表述的传统，则为美学的人类学转向做了知识结构的准备，并且具体分析了美学的人类学转向的两个重要原因：美学和人类学两学科间本来就存在着天然的相互联系；人类学的学科开放性为美学的人类学转向提供了足够的空间。④仪平策指出，从学术背景上讲，审美文化人类学的崛起，一方面无疑是中国当代美学于世纪交替之际所表现出来的从本质主义的理论建构向艺术存在、审美文化研究转型的一大表征，另一方面也意味着，人类学特有的学术功能和思维范式适应了美学/文艺学这一学术转型的内在需要，它实际上构成

① 参见王杰、叶舒宪、覃德清、海力波《探寻文化的审美尺度——审美人类学与文化建设四人谈》，《南方文坛》2003年第1期。

② 参见王杰、彭兆荣、覃德清、苏东晓《审美人类学三人谈》，《广西民族学院学报（哲学社会科学版）》2002年第6期。

③ 参见王杰、海力波《列维-斯特劳斯与审美人类学》，《东方丛刊》2001年第2辑。

④ 参见何明、吴晓《艺术人类学的学科基础及其特质》，《学术探索》2005年第3期。

了当今中国审美文化人类学研究之所以成为可能的一个重要的学理基础。[①] 在人类学与美学研究对象和思路等方面相互融通的问题上，海力波在《审美人类学理论研究初探——从本质界定、功能分析到意义认知》一文中梳理了人类学对审美问题的研究重点从最初对美的本质特征的界定发展为对审美的社会文化功能分析，再演变为通过对跨文化审美感知的探寻而理解不同文化的意义世界的建构与认知过程，并在此基础上探讨人类学与美学在学理和思路上的跨学科整合从而深化审美人类学研究诸问题。[②] 王杰、向丽在《殊途而同归——略论20世纪人类学发展与美学思潮的关系》一文中，就20世纪人类学发展中的美学问题及其发展轨迹，以及当代西方人类学美学研究的几个相关问题指出，20世纪人类学在新的语境中拓展自己的研究领域，提出并回答当代社会中的种种问题，这些问题与美学所思考和提出的问题有着十分密切的联系。[③]

（二）审美人类学的学科建构

美学的危机绝不仅仅是某些理论或范畴显得过时的问题，而是一个关于美学研究范式面临根本转向的问题。因此，从学科建构的高度提出美学新形态的建构已势在必行。

在关于马克思主义人类学美学的对话中，蒋孔阳先生指出，在一定程度上，甚至可以说，马克思主义人类学是马克思主义美学的基础和根据，马克思主义人类学美学这个课题既涉及人类学与美学的跨学科交叉的问题，又力图用马克思主义的理论观点来建设这门新学科，理论意义和现实意义都十分重大。[④] 郑元者把这种跨学科意识具体贯彻到他提出的“美学实验性写作”的实践当中，指出该写

---

① 参见仪平策《经典人类学与现代人类学思维范式之同异——关于审美文化人类学的学理基础的探讨》，载王杰主编《东方丛刊》第3辑，广西师范大学出版社2005年版。

② 参见海力波《审美人类学理论研究初探——从本质界定、功能分析到意义认知》，《广西民族学院学报（哲学社会科学版）》2004年第5期。

③ 参见王杰、向丽《殊途而同归——略论20世纪人类学发展与美学思潮的关系》，载汝信、王德胜主编《中国美学》第1辑，商务印书馆2004年版。

④ 参见蒋孔阳、郑元者《关于马克思主义人类学美学的思考》，《文艺理论研究》1997年第2期。

作范式着力反驳的是传统美学叙述中的那种单一的、自我封闭的、以西方美学为主导的片面价值取向和学科叙述模式，转而以当代人类学美学、艺术人类学、美学人类学、跨文化美学等具有高度协同性的学科平台为基础，从跨学科和跨文化的视野来寻求、激发美学的各种可能性。并且，这种写作作为他多年来极力要落实和推展的学术理念，已深入到关于图腾美学、艺术起源、中国当代人类学美学和中国艺术人类学的具体研究之中，并取得了丰硕的研究成果。[①] 不仅如此，蒋孔阳和郑元者等还努力将人类学与美学的跨学科研究落实在具体的学科建设上，复旦大学中文系于 1995 年率先在国内高校开设本科生课程“人类学美学”与“艺术人类学”，1998 年开始招收这方面的硕士研究生，2001 年开始招收艺术人类学方面的博士研究生，其学科理念和教学实践为其他一些院系相继开展美学与人类学跨学科建设发挥了很好的示范作用。

从 1998 年开始，在广西师范大学国家文科基地建设过程中，广西师范大学中文系努力将西南地区丰富的少数民族文化的资源和优势转化和提升为学科建设的资源，以便形成广西师范大学作为国家文科基地的学科优势和学科特色。近年来出版了一系列审美人类学研究专著[②] 和相关论文，其中，在 2004 年第 5 期《广西民族学院学报》上，由王杰主持的“审美人类学”专栏论文是国内美学与人类学界对审美人类学的学理基础、研究方法和研究现状及出路等方面进行多层次、多侧面的第一次集中探讨，在很大程度上推动了审美人类学的跨学科研究进展，引起了学术界广泛的关注和再讨论。在院系的学科建设方面，广西师范大学中文系在本科、硕士教学上开设“审美人类学研究”课程，山东大学文学与新闻传播学院、武汉大学哲学学院、南京大学中文系、云南大学文学院、浙江大学传媒与国际文化学院、广西民族大学文学院、兰州大学文

① 参见郑元者《美学实验性写作的人类学依据》，《广西民族学院学报（哲学社会科学版）》2004 年第 5 期。

② 主要有《审美幻象与审美人类学》《审美人类学的理论与实践》《寻找母亲的仪式——南宁国际民歌艺术节的审美人类学考察》《神圣而朴素的美——黑衣壮审美文化与审美制度研究》《席勒的审美人类学思想》《天人和谐与人文重建——漓江流域文化底蕴与社会发展的审美人类学探究》《自然美的审美人类学研究》等。

学院等院系招收和培养审美人类学方向的博士生，形成了多层次的培养研究序列。此外，淮北煤炭师范学院中文系将“审美人类学”作为体现文艺美学特色的两个“热点”之一加以建设，提出了怎样搭建中国文化“语境”的审美人类学理论体系，如何规范审美人类学的学理基础，以及审美人类学的具体研究内涵、历史渊源及前瞻性命题等研究课题，对深化审美人类学学科建设具有重要的理论和现实意义。

1. 在审美人类学的学科定位上，王杰、海力波认为，从学科性质上看，审美人类学应属于人类学的分支学科，但由于人类学存在着一整套成熟的、学院性很强的规范，如简单定性为人类学，很可能会用某些僵化的规范来拒斥有价值的东西。因此，为了学科的发展，应将审美人类学定性为复合性交叉学科。[①] 何明、吴晓指出，以广西师范大学王杰先生为代表开创的审美人类学研究是值得注意的。他们在一系列的论文与专著中，就审美人类学的跨学科性、研究对象、主要任务、学理基础、研究方法、价值意义及其发展方向进行了较为全面的思考，具有独特的价值，对艺术人类学学科的发展也很有借鉴意义。当然，它还是属于美学研究范围的。[②] 而冯宪光、傅其林则认为，与郑元者侧重美学的审美人类学研究相比较，以王杰为代表的广西师范大学学者形成的审美人类学研究是一种侧重于人类学的美学研究。[③] 事实上，对于审美人类学是侧重人类学还是美学研究，是属于人类学还是美学研究范畴，学界对此的观点和评价还未达成一致，这一方面与审美人类学研究者来自人类学与美学研究领域，这两个学科本身在学理和实践方面有着较明显的区别有关，但更为重要的原因在于，“跨学科”建设与真正作为一门“ 交叉学科”建设，这是两个需要严格区分的概念和事实，这对于一门新兴学科无论是在实践还是评价方面都是非常关键的。因此，将审美人类学明确定位于交叉学科从而指导其具体实践，对于深

---

① 参见王杰、海力波《审美人类学：研究方法与学科意义》,《民族艺术》2000 年第 3 期。

② 参见何明、吴晓《艺术人类学的学科基础及其特质》,《学术探索》2005 年第 3 期。

③ 参见冯宪光、傅其林《审美人类学的形成及其在中国的现状与出路》,《广西民族学院学报（哲学社会科学版）》2004 年第 5 期。

人贯彻审美人类学学术理念无疑有着重要的意义。

2. 关于审美人类学的研究目的和任务，王杰指出，审美人类学当前的重要任务应当是通过田野调查的方法，深入了解并分析中华本土文化尤其是其中的底层文化和边缘文化所具有的不同于西方文明的审美需要，找出其特征所在，并进而在理论上加以说明，以便超越美学思想中的西方中心话语的思路，为消除审美意识形态对人的真正的审美需要的蒙蔽，从而实现马克思主义美学所重视的审美启蒙的目的，找到新的、更具建设性的路径。[①] 并进而指出，审美人类学是以民族审美经验和艺术活动为研究对象，用人类学的方法和理念，改造传统美学，使其成为现代形态的人文科学，目的在于恢复美学对当代现实的解释力，激活对现实矛盾的思考和批判能力。[②]

3. 关于审美人类学的研究对象和基本问题，张利群指出，审美人类学以人类和民族的审美现象作为研究对象，尤其将过去以原始人类、原始民族的审美活动和审美意识的产生、发展作为对自身和自身发展的认识的研究，逐渐发展和扩大为从审美角度对不同民族及其异质文化的研究，以及对人类及其各种不同发展形态的研究，这无疑扩大了审美人类学研究的领域和视野。[③] 王政则认为，审美人类学应予关注的主要研究对象——它是原生的、本土的、与现代性有明显分野的，在此基础上，他提出了一个具有关键性意义的问题，即族群文化遭遇工业文明后所呈现的新的审美状态，是否应该作为审美人类学的主要研究领域？这是摆在审美人类学学者面前的一道难题。并指出，王杰曾敏锐地感触到这一问题。[④] 的确，王杰、海力波通过对西南民族的审美人类学考察已经指出，在西南地区，原始文化遗存、农业文化、工业文化，乃至后工业文化往往共存于一个民族或同一个地区，这种共存的方式并非如我们所想象

---

① 参见王杰、海力波《审美人类学与马克思主义美学的当代发展》,《文艺研究》2002 年第 2 期。

② 参见廖明君、王杰《大地飞歌：民族审美经验的研究方法及其理论意义——王杰博士访谈录》,《民族艺术》2005 年第 3 期。

③ 参见张利群《民族审美人类学》,《民族艺术研究》2002 年第 4 期。

④ 参见王政《审美人类学学科片论》，载汝信、王德胜主编《中国美学》第 2 辑，商务印书馆 2004 年版。

的或在其他文化区域中看到的那样是以原生文化的衰亡为代价的，相反，它们往往以一种我们所未想过的和谐方式互相依赖而存在。这正是西南的魅力所在，也是审美人类学之所以在西南应运而生的原因。[①] 并且，类似的文化杂糅现象同样存在于当代文化发展进程中，王杰指出，当代中国文化应该是大众文化、少数民族文化、民俗文化、民族—国家意识形态等多种元素在现代传播媒介所提供的交流平台上“多声部”地共鸣，形成某种杂糅的形态，这也是当代审美文化所具有的特征。审美人类学研究的新颖之处就在于充分重视当代审美文化的杂糅特征并尝试通过翔实的田野调查和具体的个案研究来阐发这一特征所蕴涵的审美价值。[②] 可见，原生态文化与现代文明的多种结合方式及其影响，文化变迁中出现审美新质的可能性等正是审美人类学介入现实从而充分显现其学术理念和魅力的重要研究对象之一，理应受到学界的充分重视和深入研究。

4. 关于审美人类学的研究方法和理念，学者们主要从人类学的学科特质和当代文化研究方法和成果中提炼出来。王建民强调审美人类学必须从田野工作出发，搜集丰富的个案，积累文化事件的大量细节，以求对特定场景中的艺术作品的意义有所认识，对艺术文本进行不同方面的阐释。此外，还应该努力阐释来自田野的文化现象，用细节来说明当地人在艺术活动或者审美观建构中是如何思考、如何感觉或体现，以及如何行动的。[③] 方李莉进而指出，作为审美人类学来说，将人类学的田野考察和个案研究的方式结合到以往的美学研究中，无疑是一个学科上的革命。[④] 在研究的具体操作性方面，彭兆荣提出，审美人类学可以从下面几个层次展开：首先是引进西方的理论，关注西方人类学与美学的结合，建立相应的理论，梳理理论的知识谱系并在此基础上做出审美

① 参见王杰《审美幻象与审美人类学》，广西师范大学出版社 2002 年版，第 165 页。

② 参见王杰《美学研究的人类学转向与文学学科的文化实践——以南宁国际民歌艺术节的初步研究为例》，《广西民族学院学报（哲学社会科学版）》2004 年第 5 期。

③ 参见王建民《田野工作与艺术人类学、审美人类学学科建设》，《广西民族学院学报（哲学社会科学版）》2004 年第 5 期。

④ 参见方李莉《审美价值的人类学研究》，《广西民族学院学报（哲学社会科学版）》2004 年第 5 期。

人类学的中国的思考框架。其次，要依靠人类学的知识背景，进入本土的、区域性的特有的理论谱系并将之发展为一种独特的理论体系，做别人不能替代的理论探究工作。再者，做更具有实际应用性的个案研究。[①] 在研究理念上，户晓辉认为，审美人类学的重心是用人类学的方法和视野研究不同民族的“美学”现象，它的一个基本方法论前提是在承认和尊重不同民族审美现象的差异性的基础上来研究人类美学的共同特征或本质。[②] 叶舒宪指出，没有必要过多地纠缠于学科的定义、属性、研究范围等细枝末节中，重要的是保持人类学与美学、文学研究的联系，将人类学视角与方法有机地引介到文学、美学研究中来，使其在宽松的氛围中自由发展。[③] 王杰强调指出，研究活态东西，就是要在活的语境和背景下进行[④]，将美置于具体的文化语境中考察审美现象与其他意识形态的联系和特殊之处。[⑤] 在审美人类学研究的立足点上，覃德清指出，审美人类学所依凭的支点不是西方美学，而是中华各民族的审美形态；不是古典美学，而是传承在各族群社会文化之中的审美特质；不是静态的审美文化，而是动态的、处在变迁过程中的审美意识。[⑥] 而郑元者则从美学对人类学的借鉴的深层次性方面强调指出，在当代人类学美学的学科建设中，人类学不只是一种方法，还应该是一种根本性的立场。唯有如此，才不至于失去学术研究的真正方向。[⑦]

5. 在审美人类学的学科意义方面，冯宪光、傅其林指出，审美人类学通

---

① 参见王杰、彭兆荣、覃德清、苏东晓《审美人类学三人谈》，《广西民族学院学报（哲学社会科学版）》2002 年第 6 期。

② 参见户晓辉《审美人类学如何可能——以埃伦·迪萨纳亚克〈审美的人〉为例》，《广西民族学院学报（哲学社会科学版）》2004 年第 5 期。

③ 参见王杰、叶舒宪、覃德清、海力波《探寻文化的审美尺度——审美人类学与文化建设四人谈》，《南方文坛》2003 年第 1 期。

④ 参见王杰、彭兆荣、覃德清、苏东晓《审美人类学三人谈》，《广西民族学院学报（哲学社会科学版）》2002 年第 6 期。

⑤ 参见王杰等《审美人类学视野中的“南宁国际民歌节”》，《民族艺术》2002 年第 3 期。

⑥ 参见覃德清《审美人类学：价值取向与方法抉择》，《民族艺术》1999 年第 3 期。

⑦ 参见廖明君《艺术起源学研究与当代人类学美学的学科建设——郑元者访谈录》，《民族艺术》1998 年第 2 期。

过一系列非西方的族群的美学研究，为美学获得了另一种存在形态，它颠覆了欧洲中心主义的现代美学体系，为一些边缘民族的审美文化的存在之合法性奠定了基础，有助于解构西方形成的文明 / 野蛮的审美文化等级观念，这为美学的多样性重构提供了诸多可资借鉴的可能性途径。并且，审美人类学跨学科的深层次的整合虽然建立在美学和人类学的学科上，却能够超越它们各自既定的局限性。[①] 户晓辉指出，审美人类学是一种经验研究，它有助于把西方传统的美学研究从形而上学转变为一种确切的知识。[②] 方李莉指出，审美人类学的发展和出现，对于以往的美学无疑是一次革命，甚至是一次地震，它将会修正或改变传统美学中的许多理论，甚至包括美的重新定义，美和艺术的关系的重新定义等。这一切的定义将有待于大量的田野考察成果的出现和诠释，而不是凭空的想象。[③] 王杰等指出，审美人类学是对马克思主义美学基本问题在全球化时代深化和进一步解答的尝试[④]，并就审美人类学研究的价值和意义具体总结了以下几点：（1）把少数民族文化传统中的美学资源引入美学研究中来。（2）对社会和文化发展过程中的重要问题进行研究，以便从学术的角度做出解释并提出建议。（3）审美人类学研究可丰富发展西方学者提出的“弱小者话语”理论的研究。[⑤]（4）使美学在现实社会生活中找到新的观察视角和阐释基础，具有解决现实生活中复杂的、新生的审美问题的能力，其最终目的是让美学理论在当代中国独特的文化语境中得到突破和创新。[⑥]

---

① 参见冯宪光、傅其林《审美人类学的形成及其在中国的现状与出路》，《广西民族学院学报（哲学社会科学版）》2004 年第 5 期。

② 参见户晓辉《审美人类学如何可能——以埃伦·迪萨纳亚克〈审美的人〉为例》，《广西民族学院学报（哲学社会科学版）》2004 年第 5 期。

③ 参见方李莉《审美价值的人类学研究》，《广西民族学院学报（哲学社会科学版）》2004 年第 5 期。

④ 参见王杰、海力波《审美人类学与马克思主义美学的当代发展》，《文艺研究》2002 年第 2 期。

⑤ 参见王杰、海力波《审美人类学：研究方法与学科意义》，《民族艺术》2000 年第 3 期。

⑥ 参见王杰等《审美人类学视野中的“南宁国际民歌节”》，《民族艺术》2002 年第 3 期。

五、审美人类学实践

近年来，审美人类学实践主要从阐释经典美学与人类学著述中的审美人类学思想，在审美人类学学术理念指导下，通过田野调查的手段的运用阐释民族审美经验，以及在审美人类学视野下重新审视传统研究范式的局限性，努力发掘新的理论生长空间等方面深入展开。

在关于审美人类学的学理性探讨和阐释方面，王杰、海力波主要从马克思关于人的身体与审美需要的关系，古希腊神话的永恒魅力问题以及审美活动与历史进步的关系三个方面的思考深入阐释了马克思审美人类学思想的主要观点，并指出这些思想和理论在现代美学的理论框架中具有新的意义和价值[①]；分析和阐释列维－斯特劳斯在对整体性的关注、转换的概念、研究艺术现象背后内在的形式化的东西、仪式的研究与美的产生、对待东方文化的态度、对艺术和文化的思考以及文本书写与文化书写的关系等方面给审美人类学带来的启示和深思。[②] 王杰运用人类学视野和研究理念对于现代审美问题（包括全球化审美、现代审美问题、地方性经验以及现代美学的价值指向等问题）进行深度反思与阐释。[③] 冯宪光、傅其林在探讨马克思主义审美人类学研究的合法性问题的基础上从马克思理论本身，20 世纪马克思主义审美人类学的逐步丰富以及 20 世纪后半期人类学研究的马克思主义转向等方面深入分析了 20 世纪马克思主义审美人类学的核心问题及其发展态势。[④] 张玉能指出并分析了席勒提出的一些重要的审美人类学问题：美和艺术的人类学基础、人类学属性、人类学结构、人类学功能和人类学特征。并强调指出，席勒通过对以上问题的研究，从审美关系或美学的角度探讨了一个核心的问题：人如

---

① 参见王杰、海力波《马克思的审美人类学思想》，《广西民族学院学报（哲学社会科学版）》2000 年第 4 期。

② 参见王杰《审美幻象与审美人类学》，广西师范大学出版社 2002 年版，第 198—200 页。

③ 参见王杰《现代审美问题：人类学的反思》，北京大学出版社 2013 年版。

④ 参见冯宪光、傅其林《20 世纪马克思主义审美人类学的核心问题及其发展态势》，载刘纲纪主编《马克思主义美学研究》第 7 辑，广西师范大学出版社 2004 年版，第 256—266 页。

何才能成为人性完整的、真正的、自由的人？[1]梁一儒、户晓辉、宫承波立足审美人类学的宏观比较视野，在追溯中国人审美心理从旧石器时代到新石器时代晚期孕育、萌芽和形成的历史的基础上，具体分析了中国人审美心理具有的鲜明的地域特征和民族特色，并指出对中国人审美心理发生途径的研究可以使我们对西方的美学观念及审美心理做出反思或补充。[2]傅其林致力于发掘早期马克思的审美人类学思维传统，展现出这粒起初并不起眼的理论种子在普列汉诺夫、考德威尔、巴赫金、法兰克福学派、威廉斯、卡冈、费歇尔、卢卡奇、阿尔都塞学派等文论中结出的丰硕理论成果。[3]莫其逊主编的《审美人类学的西方理论视野》发掘与阐释了康德实用人类学思想、弗洛伊德美学思想、加斯东·巴什拉梦想理论、本雅明审美人类学思想以及范丹姆的审美人类学，展现了西方审美人类学研究的理论风貌，为当代中国审美人类学的建构提供了思想上的有益借鉴。聂春华关注人类学和美学的深层关联，通过探讨家乡 / 田野、凝视 / 倾听、铭写、具身化、文本 / 表演等概念及其蕴藉的文化观念，对于关于审美和艺术的民族志如何作为方法与文本书写，亦即从田野中获取的知识如何在书写中重组和建构做出了较为深入的探讨。[4]方李莉和李修建对于艺术人类学的基本概念、理论方法、发展沿革以及艺术人类学研究的价值意义等做了梳理与阐释，尤其是对艺术人类学在其产生和发展的古典时期、现代时期和后现代时期中的主要研究对象、研究路径和主要理论观点与实践等方面做了较为详尽的梳理和分析，对于回顾与反思审美人类学的发展向度具有重要的参考价值。[5]向丽在批判性地借鉴国内外美学和人类学相关研究成果的基础上，将"'美'如何作为一种被建构的与能建构的

---

① 参见张玉能《席勒的审美人类学》，《武汉科技学院学报》2002 年第 2 期；另见专著《席勒的审美人类学思想》，广西师范大学出版社 2005 年版。

② 参见梁一儒、户晓辉、宫承波《中国人审美心理研究》，山东人民出版社 2002 年版。

③ 参见傅其林《审美意识形态的人类学阐释——二十世纪国外马克思主义审美人类学文艺理论研究》，巴蜀书社 2008 年版。

④ 参见聂春华《书斋里的田野：作为知识生产的人类学和美学》，人民日报出版社 2013 年版。

⑤ 参见方李莉、李修健《艺术人类学》，生活·读书·新知三联书店 2013 年版。

存在”提炼为审美制度问题研究的中心议题，并以审美人类学的研究理念和方法，探析在此种被建构与能建构的关系中，“美”是如何被遮蔽的，它又将如何显现自身。[①] 张良丛探讨了作为贯穿文化问题和美学问题线索的仪式与文化和审美制度、审美交流、审美认同等审美问题之间的复杂关系，展现了仪式如何是阐释特定文化经验、发掘文化意蕴、理解不同文化体系的表达模式的切入点。[②] 王大桥对于文学人类学中国化进路中的方法论演化及其限度进行了研究，对比较研究法、历史演进法、语境主义、原型批评以及多重证据法等进行了实证性的考察，强调并探讨了如何通过对“普遍性经验”“地方性经验”以及“个体性经验”的研究敞开美学之维。[③] 此外，王振复运用文化人类学关于巫学的观点和方法研究中国美学之文化根性与审美意识何以发生，覃德清对后现代精神作为审美人类学理论潜源的阐释，仪平策对中国审美文化偏尚阴柔的人类学解释，王建对于云南少数民族在神话、巫术、图腾信仰等方面表现出来的审美意识及其价值的探讨[④]；杨丽芳对民族美学与审美人类学的联系的分析，鲜益对审美意识形态的人类学阐释，刘颖对《巴黎手稿》中美学与人类学整合研究的意义之探讨等都在一定程度上拓展了审美人类学的理论延伸空间。另外，尤为值得关注的是，王杰在深入探讨审美人类学的学理依据和具体田野调查的基础上，提出以“审美制度”研究作为审美人类学实现人类学与美学尤其是马克思主义美学深层整合的标志和重要成果[⑤]，凸现美学应有的现实性和实践性品格，并且有力地激活了审美人类学无限的发展潜能。

总体上看，国内在关于美学与人类学思想资源的多方面整合以及跨学科研究方面主要形成了马克思主义人类学美学、审美人类学以及审美文化人类学等

---

① 参见向丽《审美制度问题研究：关于“美”的审美人类学阐释》，中国社会科学出版社 2010 年版。
② 参见张良丛《从行为到意义：仪式的审美人类学阐释》，社会科学文献出版社 2015 年版。
③ 参见王大桥《文学人类学的中国进路与问题研究》，中国社会科学出版社 2014 年版。
④ 参见王建《原始审美文化的发展》，云南教育出版社 2000 年版。
⑤ 参见王杰、海力波《审美人类学与马克思主义美学的当代发展》，《文艺研究》2002 年第 2 期。

研究群体。尽管它们在研究对象和方法上有不同的侧重点，但都表达了通过人类学这个开放性的平台从多方面引发美学新思维建构的学术理念和实践精神，与文化人类学、文学人类学以及艺术人类学等新兴学科在学理和实践方面构成了潜在的对话关系，在对艺术的起源、审美的复杂性、民族美学、比较美学等问题的探讨上取得了较为丰硕的研究成果。总体而言，这些研究群体主要从以下两个层面将人类学引入美学研究之中：一个层面是引用和借鉴人类学田野调查资料和研究成果，对某些传统的美学范畴和理论模式进行再阐释，并在此基础上重新审视既有的美学理论，进行一定的求证和更新。另一个层面则是在整合美学与人类学学科范式和主要研究方法的基础上，通过田野调查，考察活态的审美文化现象，深入分析“美”在不同语境中的不同表现形态、特征、功能以及造成审美复杂性和特殊性的深层原因，探究审美与意识形态的辩证关系；在充分尊重不同民族与文化群体的审美现象差异性的前提下，探讨人类艺术和审美的共同特征和发展规律，进而研究审美和艺术的启蒙功能的实践机制问题。在此，第一个层面侧重于人类学资料给美学研究带来的思想灵感方面，尽管对于克服传统美学的纯思辨性、抽象性研究给人造成的颇不实在的感觉有着重要的作用，但在研究范式上，人类学资料往往成为对美学范畴和观点进行佐证和再阐释的工具，人类学作为一种方法和精神并未真正渗透到美学思想的根本转换之中。[①] 于此，美学研究需要立足于具体的语境，真正实践第二个层面的人类学转向。

此外，在审美人类学研究视野的开拓方面，将国外关于美学与人类学交叉研究的相关著述译介到国内也是一项非常重要的工作。诸如郑元者主编的《文化与艺术人类学译丛》（中央编译出版社），王建民主编的《艺术人类学译丛》（广西师范大学出版社），刘东主编的《艺术与社会译丛》（译林出版社）等。《民族艺术》“海外视域”专栏（主要由中国艺术研究院李修建研究员主持）、《马克思

① 参见何明《让艺术和审美研究从实践出发——艺术人类学之学术意义的一种阐释》，《云南社会科学》2005 年第 5 期。

主义美学研究》、《思想战线》、《民族艺术研究》、《内蒙古大学艺术学院学报》等刊物就收录了大量关于审美人类学、艺术人类学学理性探讨与丰富的个案研究的文章。[①] 其中，关于荷兰学者范丹姆的部分研究译介已结集出版 [②]。在关于国内外

---

① 诸如［美］萨莉·普里斯《艺术、人类学与博物馆：美国的后殖民主义方向》，胡啸译，李修建校，《民族艺术》2016 年第 3 期；［澳］科林·罗德《原始主义：遗失、发现与重构》，刘翔宇译，李修建校，《民族艺术》2016 年第 3 期；［英］雷蒙德·弗思《原始艺术的社会结构》，李修建译，《民族艺术》2015 年第 3 期；［英］阿尔弗雷德·盖尔《技术与巫术》，尹凯译，《民族艺术》2015 年第 3 期；［荷］范丹姆《审美人类学：经验主义、语境主义和跨文化比较——范丹姆教授访谈录》，李修建译，《民族艺术》2013 年第 2 期；［澳］霍华德·墨菲、摩根·帕金斯《艺术人类学：学科史以及当代实践的反思》，蔡玉琴译，李修建校，《民族艺术》2013 年第 2 期；［以色列］本 - 阿米·沙尔夫斯泰因《美学理论中的共同人性》，刘翔宇译，李修建校，《民族艺术》2016 年第 4 期；［荷］范丹姆《日常生活美学：人类学的视角和方法》，李修建译，《民族艺术》2015 年第 4 期；［美］纳尔逊·格雷本《艺术：人类学的视角》，李修建译，《民族艺术》2016 年第 2 期；［日］加藤隆文《皮尔士思想下"艺术人类学"发展的可能性》，张聪聪译，郭海红校，《民族艺术》2016 年第 2 期；［美］阿诺德·伯林特《美学回归与艺术新变中的美感论》，黄仲山译，《民族艺术》2015 年第 1 期；［新西兰］史蒂芬·J. 戴维斯《艾伦·迪萨纳亚克的进化论美学》，李世武译，《民族艺术》2015 年第 1 期；［美］理查德·L. 安德森《艺术、美学与文化人类学：回顾与展望》，刘翔宇译，李修建校，《民族艺术》2014 年第 6 期；［荷］范丹姆《早期艺术人类学研究中的认识论和方法论》，李修建译，《民族艺术》2014 年第 5 期；［英］雷蒙德·弗斯《提科皮亚的艺术与社会》，左亮、屈立丰、陈达译，《民族艺术》2004 年第 5 期；［美］费尔南德兹《论非洲芳人美学中的对立与生命活力原则》，蔡玉琴译，李修建校，《民族艺术》2014 年第 4 期；［荷］范丹姆《美涵蕴于文化中：论詹姆斯·费尔南德兹对赤道非洲芳人审美观的研究》，海力波译，《民族艺术》2014 年第 4 期；［荷］范丹姆《20 世纪以前艺术的跨文化研究史论》，李修建译，《民族艺术》2014 年第 3 期；［日］田中日佐夫《艺术民俗学的构想》，郭海红译，《民族艺术》2014 年第 1 期；［澳］高登·伯奈特《美学与图像学》，叶茹飞译，《民族艺术》2014 年第 1 期；［英］阿尔弗雷德·盖尔《魅惑的技术与技术的魅惑》，关祎译，《民族艺术》2013 年第 5 期；［英］雷蒙德·弗思《艺术与人类学》，王永健译，李修建校译，《民族艺术》2013 年第 6 期；［美］艾伦·P. 梅里亚姆《人类学与艺术》，郑元者译，《民族艺术》1999 年第 3 期；［美］马利特·威斯特曼《艺术史与人类学的对象》，李修建译，《民族艺术》2013 年第 1 期；［荷］范丹姆《通过人类学研究美学：我的学术之旅》，李修建译，《民族艺术》2015 年第 6 期；［英］罗伯特·莱顿、项阳、罗易扉《历史人类学视野观照下的艺术研究——"中国艺术人类学前沿话题三人谈"之六》，《民族艺术》2015 年第 6 期；［美］托马斯·达克斯塔·考夫曼《艺术地理学：历史、问题与视角》，刘翔宇译，《民族艺术》2015 年第 6 期；［美］约瑟夫·莫雷诺《民族音乐治疗：一条跨学科研究音乐与治疗的路径》，李世武译，《民族艺术》2014 年第 2 期；［美］奥尔多纳·乔奈狄斯《神圣艺术与神灵力量：特里吉特萨满面具分析》，李鹏译，李修建校，《民族艺术》2014 年第 2 期；［美］托尼·傅雷利斯《审美人类学的问题阈》，张良丛、杨雪译，张良丛校，《马克思主义美学研究》2012 年第 1 期；［荷］雷蒙德·科比、范丹姆《论 19 世纪晚期欧洲与"原始艺术"的相遇》，王永健译，李修建校，《内蒙古大学艺术学院学报》2016 年第 3 期；［法］克劳德 - 弗朗索瓦·博德兹《艺术史和艺术人类学》，崔巧叶译，李修建校，《内蒙古大学艺术学院学报》2016 年第 3 期；［荷］范丹姆《论西方早期艺术人类学对艺术家的研究》，姜晶珂、张彦芬译，李修建校，《内蒙古大学艺术学院学报》2016 年第 2 期等。

② 参见［荷］范丹姆《审美人类学：视野与方法》，李修建、向丽译，中国文联出版社 2015 年版，文化艺术出版社 2022 年修订再版，书名改为《审美人类学》。

审美人类学研究概况的文章目前主要有四篇。[①] 此外，由中国艺术研究院艺术人类学研究所李修建主持编译的《艺术人类学经典译丛》[②] 以及《国外艺术人类学读本续编》[③] 等，收集了国外著名艺术人类学家的经典理论文章，内容涵盖艺术人类学、审美人类学的基本理论问题，诸如文化人类学与艺术的关系；民族艺术学的学理基础与实践；艺术的社会功能与审美功能；审美 / 艺术与政治的关系；艺术人类学的新动向等问题。这些相关译介为深化探讨审美人类学的基本问题和纵深发展向度提供了诸多有益的借鉴。

在田野工作方面，本着"审美人类学不应该仅仅是单纯的学术研究，还应该是人文学科为少数民族地区社会经济文化全面而协调发展服务的尝试"[④] 的学术理念，广西师范大学中文系审美人类学课题组为广西少数民族文化制订了较全面而细致的田野调查计划并逐步加以实施。其中，自 2000 年起，广西师范大学中文系组织部分师生赴南宁国际民歌艺术节进行田野调查，部分调研成果收集在《寻找母亲的仪式——南宁国际民歌艺术节的审美人类学考察》中，该论文集通过对南宁国际民歌艺术节这个作为现代审美关系的多重叠合的表现和象征的个案的持续调查和思考，深入探讨全球化背景下少数民族地区经济发展与文化传统展示、地方文化身份塑造、本土与外来观念冲撞等诸多因素存在着的复杂微妙的共生互动关系，体现出浓厚的人文关怀与草根意识。从 2003 年

① 参见向丽《国外审美人类学的发展动态》,《国外社会科学》2010 年第 2 期（全文收录于《中国人民大学书报资料中心 · 美学》2010 年第 6 期；向丽《审美人类学的兴起和发展》,《光明日报（理论版）》2008 年 5 月 13 日；向丽《走向跨学科的美学研究——近年来审美人类学研究综述》,《民族艺术》2006 年第 3 期；孙文刚《近五十年来西方审美人类学研究的回顾与观察》,《马克思主义美学研究》2015 年第 1 期等。

② 《艺术人类学经典译丛》包括：[英] 罗伯特 · 莱顿:《艺术人类学》，李修建译;《国外艺术人类学读本》，李修建编；[荷] 范丹姆:《审美人类学》，李修建、向丽译；[澳] 莱昂哈德 · 亚当:《原始艺术》，李修建、庄振富、向芳译；[美] 德里德 · 威廉姆斯:《舞蹈人类学十讲》，刘晓真译；[美] 理查德 · L. 安德森:《艺术人类学导论》，李修建、庄振富译；[美] 理查德 · L. 安德森:《卡莉欧碧的姐妹：艺术哲学比较研究》，李修建、刘翔宇等译；[美] 史蒂文 · 洛特霍尔德:《本土美学：原住民艺术、媒介与认同》，向丽译；[澳] 霍华德 · 墨菲:《成为艺术：探索跨文化范畴》，关祎译等。前两本已于 2021 年出版，该译丛均由文化艺术出版社出版。

③ 参见李修建编译《国外艺术人类学读本续编》，中国文联出版社 2020 年版。

④ 王杰:《美学研究的人类学转向与文学学科的文化实践——以南宁国际民歌艺术节的初步研究为例》,《广西民族学院学报（哲学社会科学版）》2004 年第 5 期。

1 月初起，广西师范大学中文系课题组分期深入广西那坡县黑衣壮的一些村寨进行参与式调研，对黑衣壮山歌、舞蹈、服饰、建筑、仪式、习俗等审美现象和审美经验做了广泛而深入的人类学分析，努力研究和说明这种神圣而朴素的美的文化基础、具体表达机制，进而探讨民族文化的现代性途径、现代保护与转型以及在社会主义文化建设中的地位和作用等问题，并希望通过这种研究唤起更多有责任心的学者来关注和研究在全球化语境下，在文化帝国主义的强势压力下，像黑衣壮这样的少数民族文化的保护问题以及现代转型问题。[①] 方李莉通过对景德镇瓷器传统的手工艺行业和社区的长期田野作业，对该地方性手工业和手工艺文化的传统和变迁展开微观的分析和研究，探讨文化的杂糅共生与审美的时间差异性问题，相继出版了《传统与变迁——景德镇新旧民窑业田野考察》《景德镇民窑》《艺术人类学的本土视野》等著述，对于审美人类学、艺术人类学的研究视野、当代价值以及相关个案探讨进行了学理性的思考与阐释；[②] 张士闪在艺术民俗学的视野下对山东中部地区的四个村落进行田野考察，通过对家族与村落传承中的集体记忆、民间心理和行为叙述等层面的发掘，深入探讨了村落语境中乡民艺术传统的形成、演变的内在规律。[③]

尤其值得一提的是，审美人类学绝非仅仅研究边缘少数族裔的审美文化现象，还包括对于城市田野的充分关注。诸如方李莉所在的中国艺术研究院艺术人类学研究所先后承担了有关“北京 798 与宋庄等艺术区发展研究”和“景德镇传统手工业的变迁、转型与复兴”的研究，对于艺术体验空间、艺术与市场的关系、艺术如何介入公众生活等问题进行了一系列卓有成效的探讨和阐释。再如洛秦带领的学术团队从 20 世纪 90 年代末开始围绕着上海城市音乐为专题开展了系列研究，并成立了专业的学术组织——上海高校音乐人类学 E- 研究院，出版了《街头音乐：美国社会和文化的一个缩影》《昆剧，中国古典戏剧

---

① 详见王杰、王朝元主编《神圣而朴素的美——黑衣壮审美文化与审美制度研究》，广西师范大学出版社 2005 年版；范秀娟《黑衣壮民歌的审美人类学研究》，广西师范大学出版社 2013 年版。

② 参见廖明君《走向田野的艺术研究——方李莉访谈录》，《民族艺术》1999 年第 3 期。

③ 参见张士闪《乡民艺术的文化解读——鲁中四村考察》，山东人民出版社 2006 年版。

及其在社会、经济、政治和文化环境中的复兴》《城市音乐纪事》等多部著作，对于城市音乐文化阐释、历史叙事和社会表达等问题进行了系列性的研究。①另，杨子以城市剧场为考察对象，通过翔实的文献资料与田野考察探讨了上海城市剧场艺术如何在多元的异质空间中形构与演化；剧场艺术运作机制及其与文化治理、权力景观的关系，在剧场与城市的互相构建中重新阐释剧场与城市。②此外，朱慧珍在审美人类学视野中探讨侗族审美生存特征；杨艺在审美人类学关于文化的整体观及动态发展的研究理念的指导下探寻侗族款词文化的创美机制；刘卫华指出，审美人类学这一学科概念的提出，正好化解了文物研究方面的诸多困厄和桎梏，对文物研究有巨大的启发意义；宝力格对蒙古族审美观的文化人类学研究；薛艺兵对于冀中乡村乐社的音乐祭礼的研究；冯莉对于纳西族东巴舞仪式的文化阐释；杨正文对于施洞苗族衣饰的考察；李宏复对于潮绣传承与商品化的考察；周星对于花馍如何作为食品、祭品、礼品和艺术品的多元功能与价值意义的探讨以及对于“萌”如何作为一种“美”的分析；李立对于“安顺地戏”及其所在村落知识生产以及“嘉绒藏族”族群差异与认同等的考察；刘志扬对于旅游观光情境下拉萨娘热乡民间艺术团的考察；董秀团对于云南大理石龙村春节期间乡戏活动中仪式艺术的考察；陈玉平对于贵州土家族傩祭仪式与艺术的考察；李昕对于云南禄劝芭蕉苗族村寨基督教唱诗仪式艺术的考察；③秦莹对于南涧“彝族跳菜”商业展演的民族志研究；马翀炜对于云南元阳县箐口村哈尼族歌舞展演的人类学考察；魏美仙对于云南新平大沐村展演艺术的考察；吴晓对于湘西德夯苗寨的个案研究；钟立跃对于云南富民小水井村唱诗班展演活动的研究；④曹成竹对于歌谣文化政治审美功能的探析⑤；

① 参见王永健、关祎、安丽哲《定义、视域与田野中的问题——“中国艺术人类学前沿话题三人谈”之三》，《民族艺术》2015 年第 3 期。

② 参见杨子《表演上海：剧场空间与城市想象》，上海人民出版社 2016 年版。

③ 参见何明主编《仪式中的艺术》，社会科学文献出版社 2011 年版。

④ 参见何明主编《走向市场的民族艺术》，社会科学文献出版社 2011 年版。

⑤ 参见曹成竹《跨语境的“接合剂”：歌谣的文化政治审美功能探析》，《民族文学研究》2017 年第 6 期。

强东红对于民歌如何作为文化治理的方式的考察[①]；徐新建、陆晓芹、郭明军对于“养心”“暖屋”“闹场”具有中国本土特色的审美经验的研究[②]……都不同程度地体现了审美人类学实践精神。

尽管目前国内审美人类学建设尚处于摸索的初级阶段，但审美人类学具有的开阔的理论视野，丰富的学术和田野资源以及它作为一种在新的文化语境中借鉴现代人类学研究方法和成果，努力恢复和激活美学对现实问题的思考和批判从而真正发挥美学将人们引向未来的能力的重要尝试，这些无疑都在召唤着更多面向社会现实的学者的共同参与，一种更加繁盛而富于平衡感的“生态”理论也将不断地生成。

（原文载于《民族艺术》2006年第3期、《国外社会科学》2010年第2期，本文内容根据审美人类学研究动态有所增补）

① 参见强东红《文化治理与民歌资源——以陕北秧歌剧〈米脂婆姨绥德汉〉为例》，《马克思主义美学研究》2018年第1期。

② 参见徐新建、陆晓芹、郭明军《本土范畴：多元审美的话语意义》，《民族艺术》2019年第1期。

上篇

审美人类学的基本问题

审美人类学的学理基础与实践精神

王　杰、覃德清、海力波

美学作为一门“感性”之学，一直关注世界上各民族的审美感知的生成及其特质，而人类学研究人的体质和文化，也离不开人的感性因素。人类按照美的规律来创造文化，人类学在区域开发与文化建设过程中，推行指导变迁的理论，所遵循的最高原则是美学原则，让人充分体验到感性之美与精神之美，由“悦耳悦目”，而“悦心悦意”，最终臻至“悦志悦神”的境界。

一、审美人类学研究的理论渊源

在文化人类学看来，所谓文化，也就是人类为了适应自然生态环境、适应社会演进以期实现身心和谐而创造出来的文明成果。人类为从自然中获得生存必需的资源，发明了一整套的技术手段以控制自然，更会通过各种途径促使人的心灵与自然之间建立起相互依存的关系，从而发明出一整套的社会规范和悦人身心的精神文化系列。尽管不同民族和文化的精神价值规范表现形式千差万别，但是，其核心也仍然离不开抚慰人的心灵，从而提高人的生存质量这一终极目标。所以，按照人类学文化整体观来展开一个新的思辨空间，可以发现，作为审美文化核心的文学艺术，在本质上是相互渗透的人类文化浑融体中的一个侧面。诸如维柯的《新科学》、温克尔曼的《古代艺术史》、格罗塞的《艺术的起源》、康德的《判断力批判》、席勒的《审美教育书简》、普列汉诺夫的《没有地址的信》等美学经典著作，包含着大量的人类学素材和观点。而人类学家所从事的田野观察和民族志记录，始终注意到被观察对象的心灵世界和精神境况。从马林诺夫斯基到博厄斯，从列维－斯特劳斯的结构主义到当代此伏彼起的人类学各种思潮，都不乏有关文学艺术和人的感性世界的独到见解。国外人类学领域对异民族民间艺术的深入研究，积累了大量资料，逐步形成一种学术传统，促使审美人类学（aesthetic anthropology）研究取得一系列的研究成果，作为一门综合性的美学与人类学的交叉学科，逐步走向成熟。[①] 中国民族学、人类学领域有关文学艺术和审美习俗的研究，也具有源远流长的历史。中国民族学的开创者蔡元培先生留学德国期间，广泛研修哲学、文学、文明史和人类学，曾撰写《美术的起原》等文章，他还倡导建立美术博物馆，主张以美育代替宗教。毕生致力于人类学调查和研究的凌纯声先生，在其代表作《松花江下游的赫哲族》《湘西苗族调查报告》《中国边疆民族与环太平洋文化》《畲民图腾文化的研究》等著作中，不乏对民族民间艺术的热切关注。[②] 知名人类学家林耀华先生以小说体裁写成他的成名作《金翼：中国家族制度的社会学研究》。[③] 林惠祥《文化人类学》中，列专章讨论原始艺术问题，认为“生活余暇，原始人也发挥其审美性而生出艺术来”，分析了原始人的人体装饰、器物装饰、绘画雕刻，以及舞蹈、诗歌和音乐。[④] 岑家梧的《史前艺术史》《图腾艺术史》《中国艺术论集》，堪称中国人类学家研究初民艺术和审美特质的典范之作。[⑤] 而近年来费孝通先生提出的“各美其美，美人之美，美美与共，天下大同”的文化共处原则以及文化向“艺术的境界发展”的更高层次的文化转向[⑥]，更是为人类学与美学的深度汇融提供了新的契机。在这里，美已经成为文化最根本特

---

① See *Culture/Contexture: Explorations in Anthropology and Literary Studies*, edited by E. Valentine Daniel and Jeffrey M. Peck, University Of California Press, 1996. Wilfried Van Danme, *Beauty in Context: Towards an Anthropology Approach to Aesthetics*, Leiden , New York & Köln: Brill, 1996.

② 参见王建民《中国民族学史》中有关凌纯声的章节，云南教育出版社 1997 年版。

③ 参见林耀华《金翼：中国家族制度的社会学研究》，庄孔韶、林宗成译，生活·读书·新知三联书店 1989 年版。

④ 参见林惠祥《文化人类学·序》，商务印书馆 1991 年版，第 1 页。

⑤ 参见王建民《中国民族学史》有关岑家梧的章节，云南教育出版社 1997 年版。

⑥ 参见费孝通《更高层次的文化走向》，《民族艺术》1999 年第 4 期。

点的象征。费孝通先生注重的是各文化不同特点的保持，而审美人类学则在对各民族、各文化深入了解的基础上，强调对“大同之美”的体认。所谓的“大同之美”也就是人类文化进化的普遍标准，审美人类学认为这一标准应当在人类各文化的艺术和审美表现领域中寻找。

实际上，中外美学研究对人类学材料的引用以及对人类学学术理念的认同，早已形成一种学术传统，而中外人类学界历来注重调查对象的娱乐习俗、审美创造以及实现精神愉悦的方式和途径。中外美学史和人类学史上彼此之间在材料和研究路向的相互采借和相互交融，构成审美人类学深厚的学术渊源。在经济和文化全球化的今天，人类面临着与以往任何一个时代都不同的问题和困境，由于西方文明发展起来的现代科技在某些方面已超出了本身所能控制的程度，人类迷惑于现代科技带来的短期利益，一些后发展的国家和民族在迫不及待地学习现代科技的同时，也毫无保留地接受了西方文明的精神和价值规范，造成原有文化传统的丧失和残缺。随着现代性后果的渐至显现，人们终于认识到现代科技并不能解决发展中国家的所有问题，西方文明既不能提供有效的补救措施，而原可作为思想和行动资源的本土文化传统也早已畸变、扭曲，乃至丧失殆尽。西方文明无力解决本身造成的问题，这已成为思想界的共识。有鉴于此，美学和人类学研究需要站在人类文明史的高度反观有史以来人类的物质文化的创造和艺术创造，探讨如何引导并且保证社会变迁不至于与人类伟大的历史文化传统相分离。答案必须建立在人类学对人类文化形态的充分了解和深入认识的基础上，尤其对西方工业化文明以外的各种原生态文化应当予以公正的评价和足够的重视。

通过对非西方文化的调查了解，人类学家已经证实很多被美学家视为公理的概念，例如审美的无功利性、艺术活动与人类其他活动相分离、美仅仅与人的精神活动相关等，只是西方近代文化的产物，也只在西方文化的范围内才是有效的，而在人类文明的整体视野内，对艺术和美的理解、审美体验和美的创造方式还存在着各种不同的回答。因此，一些人类学家已经向美学家发出劝告，如文化相对主义的创始人，美国人类学家赫斯科维茨就曾认为美学研究缺乏一种“交叉文化的多维性（Cross-cultural Dimension），因此有必要使美学理论的基础更加扩大化，以打破贯穿在美学中的受一种文化束缚的局限性”[①]。这种“交叉文化的多维性”也正是审美人类学寻求的学术视野，为了解答马克思主义美学当代问题，就必须尊重文化差异，了解不同文化传统中美的理解和美的创造、欣赏方式，并从中提炼出有益当代社会发展的因素。具体来讲，也就是要“在不同民族文学（艺术）生产方式的比较研究的基础上，通过对艺术品（文本）的产生和交流方式的具体研究，探讨现实的审美关系，探索审美需要—文化书写—文本书写三者之间复杂的转换关系，阐释少数民族文化中积极健康的审美交流方式，从而为超越以工具理性为基础的现代艺术生产方式和审美交流方式提供可资借鉴的文化资源和学理根据”[②]。

二、审美人类学研究的逻辑起点

马克思认为，理论的作用不仅仅是认识世界，重要的是改造世界。马克思视此为自己与其他哲学家的根本区别。人类学强调身体力行开展田野作业的实证精神，为人们“认识世界”提供了有力的武器，而美学的浪漫主义情怀，则为“改造世界”指明了更为符合人的本性的更高层次的发展方向。审美人类学作为早已客观存在于美学研究领域的人类学探求指向，同人类学学科史上渊源深远的美学旨趣的化合创生的逻辑延伸，责无旁贷地需要担当起“认识世界”和“改造世界”的历史重任，并以此作为研究的出发点和落脚点。对于以中国学术资源为基础的审美人类学研究的理论提升，首先必须解决的问题，是对审美人类学基本概念、研究对象、研究方法、理论旨趣和学术规范做出明确概括。

众所周知，任何一门学科如果没有深厚的学术渊源和自己的研究理念，就

① 转引自朱狄《原始文化研究》，生活·读书·新知三联书店 1988 年版，第 781 页。

② 王杰、海力波：《审美人类学：研究方法与学科意义》，《民族艺术》2000 年第 3 期。

无法真正确立起来，如果不能解决学科发展过程中的某些困境和社会现实中的某些问题，也就难以获得源源不断的生机活力。审美人类学是古往今来中外美学界和人类学界自觉或不自觉的共同学术追求发展到一定阶段之后应运而生的逻辑结果，它既是美学自身发展需要不断超越、不断摆脱困境的自我调节的历史必然性的反映，也是人类学发展到20世纪中后期需要向更高层次转化的趋势。所以，审美人类学的基本概念同美学和人类学原有的有关人的审美创造、审美感知、审美能力、审美体验和精神愉悦的实现路径等概念和范畴紧密相关。

审美人类学的研究对象的核心层次是特定区域族群的审美实践和审美文化创造性成果。世界上所有的各个区域的人类群体，无不生发并传承着自成一体的使身心得以平衡和愉悦的娱乐方式。人类和动物的根本区别就是人类拥有发达的对外界的感知神经，人类能够自觉地调节身心，借助舞蹈、歌咏、音乐，还有虔诚的宗教崇拜，获得心境的安详和愉悦的审美体验。此中蕴涵的审美价值和生存智慧，有时会被外在相对滞后的经济状况所暂时遮蔽，但只要在现代躁动不安而忙忙碌碌中静思回观，就会领会到美的创造和美的体验正是人类生存所真正需要的内在的东西。因此，揭开特定区域族群文化中被遮蔽的审美感知方式，激扬符合美的规律的文化创造原则，建构充溢审美氛围的生存环境，就成为审美人类学研究的重要任务。传统美学研究主要运用形而上抽象思辨的学术探求方式，而审美文化研究力图把哲学层面的美学研究向形而下具体层面靠拢。前者的抽象玄虚与后者导致美学的泛化已经引起学术界的警惕。相对而言，审美人类学更为强调规范化的人类学研究方法的采借，强调关注社会现实而不失学术研究的独立性，注重第一手资料的搜集，也要在资料积累到一定程度之后，努力探寻规律性认识。人类学经过一百多年的发展，形成的一整套学术理念和方法论体系，可为保证审美人类学研究方法的有效性、学术品格的纯正性、学术脉络的清晰度以及学术生命力的持久性，提供学科理论及方法的有力支撑。

20世纪80年代以来，一些轰动一时的学术思潮之所以无疾而终，究其原因，主要在于学科根基飘浮不定，学科方法论资源的深厚度与规范性不足。审美人类学将研究的根基建立在扎实而规范化的区域文化调查的基础之上，一方面承接美学学科领域的审美人类学资源，另一方面充分借鉴传统人类学的文化整体观、跨文化比较、主位客位转换、动态演化与文化相对论视角等学术理念和研究方法，使之成为审美人类学方法论体系的有机组成部分。在这个意义上说，审美人类学就不仅是美学界面对学术转型和学术困境的自我调节和在原有研究领域基础上的自我拓展，还是学术渊源与知识结构的重新组合，是冲破学科壁垒，由美学和人类学研究者取长补短而携手共进的一种新的尝试。因此，有效地开展审美人类学研究，需要兼备基本的美学训练和人类学知识系统的训练，需要深谙美学的旨趣和人类学的传统规范。

审美人类学的知识背景要求的严格程度和它的理论价值是相辅相成的。在当今知识迅速增长、学科边界日趋模糊的时代，传统学科内部的修修补补与自我拓殖，不足以酝酿出富有强劲生命活力的学术新质。文学研究与美学研究在某种程度上出现的边缘化倾向，主要缘于自身学术更新、学术重组与学术创造能力有待提高。引进西方的话语不足以解释具有独特文化渊源的中国文明传统的现代演进路向，数千年文化的承继性和中国 56 个民族文化之间的差异性，使得来自西方的现代性或者后现代性理论的直接借用，面临极大的困难，始终摆脱不了削足适履和方枘圆凿的难堪境地。将西方学者开出的“灵丹妙药”运用于研究中国各区域和众多族群的审美实践，中国的学术只能相对于西方而存在，实际上陷入了头足倒置的误区。因此，中国美学研究的根基在中国各区域各民族的审美实践以及相应的审美文化的载体中，审美人类学研究的逻辑起点是深入调查现实当中真实存在的审美文化现象，通过细致描绘审美文化的传承形态，提升出立足于中国区域民族审美文化的理性认识，进而激扬符合审美规律的文化习俗，抑制反美学社会因素的滋生蔓延，提升民族文化品位，从而实现审美人类学学术价值与社会效应的和谐统一。

三、审美人类学与文化人类学理论方法的契合

审美人类学力图超越二元对立的西方美学、哲学体系，在宏阔的多元文化背景下，贴近人类审美感性活动，同时与具体文化情景相适应，使美学研究从想象性的精神活动变为作用于社会现实生活的实践活动。对马克思主义美学基本问题的继承使审美人类学与传统美学研究相区别，也使它不同于西方人类学界研究非西方文化中审美现象的美学人类学（the Anthropology of Aesthetics）和国内以探寻美和具体艺术样式的起源为主要内容的艺术人类学，从而体现出独特的学术理路。审美人类学对文化人类学理论方法的认同，体现在由表及里、由浅入深的三个层面上。

首先，将美和艺术放在文化的结构体系中，并始终将其与文化的其他组成部分加以联系而进行研究。在某种意义上说，正是人类学的这种整体研究法为美学与人类学的联姻创造了条件。马克思的重要美学贡献就在于揭示审美活动和艺术创造与现实生活的联系，把美作为现实社会文化的重要组成部分之一，并从艺术生产方式和审美意识形态两个方面对美与现实社会生活的关系进行研究。西方马克思主义美学家伊格尔顿就此提出了以身体话语为中心的美学理论，视身体为精神、伦理和情感活动的载体，认为身体决定着情感话语的活动方向和强度，使美学恢复了其原有的感性学的面目。但是，人的身体并非单纯的肉体性存在，而是现实历史中的物质性存在。因此，对身体性的关注也就应该更进一步地推进为对日常生活的关注，美学研究也就应相应地从艺术和审美活动扩大到日常生活，探讨不同的日常生活如何产生出不同的文化需要和审美需要的问题，也就是将对美的研究放到对文化的整体研究的背景下。[①] 这不可避免地与人类学，尤其与人类学最新的研究方法——深度阐释法相联系。当代人类学在社会科学界最有影响的代表人物，美国人类学家格尔兹（Clifford

① 参见王杰《马克思主义对现代西方美学思潮的影响》，载《马克思主义与现代美学问题》，人民文学出版社 2000 年版，第 227—242 页。

Geertz）继列维－斯特劳斯之后，提出不同于抽象的文化深层结构分析，也不同于制度性素材堆砌的民族志方法，即“深描”（thick description）方法。他将注意力放在通常被忽视的表层的现实生活和作为它的基础的生物和物质的必要因素上，通过对生活细节的微观的描述，进行文化的广泛的阐释和抽象的分析，其目的是“从细小但编织得非常缜密的事实中推出大结论；通过把那些概括文化对于建构集体生活的作用的泛论贯彻到与复杂的细节相结合中，来支持这些立论广泛的观点”，从而达到“理解他人的理解”的目的，实现对文化的观念世界、文化成员的观念世界、观察者的观念世界之间的异同的理解，获得对不同的文化解释体系的转译与贯通。①这种深度阐释方法对文化的符号层面——艺术、宗教、意识形态等，尤其具有很强的解释力，使我们注意到在上层建筑的领域，文化的固有符号和意义系统，作为文化拥有者的社会成员经过自己的理解和改造而拥有的符号和意义系统，人类学家等文化的研究者通过主位、客位的观察而拥有的符号和意义系统间的微妙差异，以及正是通过难以觉察的差异表现出的文化的特性和意义。西方马克思主义美学中的审美意识形态理论也正是侧重于审美与审美意识形态、主流意识形态之间的微妙关系，并力图从艺术与意识形态间的裂缝中找到美和社会发展的机遇。审美人类学和审美意识形态理论两者都从生活的原生形态着手，都有着相同的学术和现实目的，“观察社会行动的符号层面——艺术、宗教、意识形态、科学、法律、常识不是逃脱现实社会的困境，寻求六根清净的最高境界，而是投身于这些困境中去”②，而前者无疑可为后者提供更具操作性的手段。

其次，体现在对文化人类学理论成果的吸收上。人类学作为对人类文化最具包容性和前瞻性的学科，其理论成果对其他社会科学和人文学科往往也具有启发性。考古资料证明人类最早的艺术产生于旧石器时代晚期，基本与现代人

---

① 参见［美］克利福德·格尔兹：《文化的解释》，纳日碧力戈等译，上海人民出版社1999年版，第31页。

② ［美］克利福德·格尔兹：《文化的解释》，纳日碧力戈等译，上海人民出版社1999年版，第34页。

类的出现同时，因此，艺术创造与审美能力不再是某种依附于巫术或其他活动的奢侈品，而是在人类形成的关键时期，与语言、工具的复杂化等同时出现的另一种重要能力。一部分美学家据此提出人的真正特质应该是审美和艺术，这一大胆的观点仍在争论中，但艺术创造和审美能力在人类形成过程中所起的作用应当比我们现在所猜测的要大得多，这一点当无疑义。审美人类学的任务包括具体研究人类早期的艺术才能与人类的形象创造力、利用形象来表现事物与抽象的观念，并通过这种活动来表达情感、探索未知世界、与他人沟通的能力等。审美人类学认为，艺术能力可能大大提高当时人类的视觉定位、双手并用能力、空间、时间、观察认识能力，并创造出符号表达和抽象思维能力，从而创造出人类早期文化的决定性的、非语言的、适应性的符号化能力，为语言的出现、工具制造技能的提高创造条件。近年来，台湾人类学家李亦园提出中国传统文化“三层次均衡和谐说”，认为中国传统文化无论在精英文化还是民间文化的层面都以人与自然、人与自我、人与社会的均衡和谐为最完善的理想境界，以“致中和”为人与文化发展的最终目标。[①] 这是从中国本土材料出发而建构的较完整的人类学理论。它虽未直接涉及中国传统艺术与审美问题，却为我们提供了一个整体上理解中国文化精神的理论依据，从而使我们能将中国美学的特点放到中国文化的整体特点中去认识。

最后，基于文化相对论立场对东西方文化传统的兼容，通过对不同文化形态的深入研究来达到对人类不同区域族群文化的相互理解与和谐共存，是人类学研究的最终目标。在社会发展普遍规律的研究上，张光直提出，以中国为代表的“连续性”宇宙观和文明发展道路，不同于以西方文明为代表的“破裂性”宇宙观和文明发展道路，从而为我们重新审视人类文明发展的一般规律提供了不同以往的视角。[②] 列维－斯特劳斯和张光直都对艺术和审美活动在人类

① 参见李亦园《传统文化的三层次和谐》，载《人类的视野》，上海文艺出版社 1996 年版。

② 参见张光直《连续与破裂：一个文明起源新说的草稿》，载《中国青铜时代》，生活·读书·新知三联书店 1999 年版。

发展道路上所起作用十分重视，审美人类学从他们的理论中获得一些极有价值的启示。列维－斯特劳斯对野性思维即具体性思维与人类审美感觉对世界的把握和理解方式上的一致很感兴趣，并认为野性思维天然地具有美学价值。实际上，他认为野性思维与理性思维作为人类思维的两种并行形式分别对应于艺术和科学两种人类感知世界的方式。在理性思维占据主导地位的现代社会里，野性思维以艺术和审美活动为避难所而存在着。张光直则认为在连续性的文明发展道路中，艺术起着沟通人与万物、神灵世界与现实世界的作用，与此相反，在破裂性的文明发展道路中，艺术属于人所创造出的人工环境的一部分，其作用是将人与原始的自然环境相分离。在新的人类思维和文化发展规律的观照下，东西方美学体现了各自所属的文明发展道路的特点，同样，东西方美学的特征都可在文化的背景下得到很好的解释。东方美学中审美思想与具体艺术实践活动血脉相连，美与伦理、宗教、政治等其他思想范畴间的互通互渗、重视感性的具体经验等思维特征更能体现人类审美思维的普遍特点；而东方美学那种体现在对文学、艺术、人生经验的具体描述中，注重“因物缘情”“灵性抒发”的片段式的阐释方式也更具有开放性和灵活性，更适合对现实的审美感悟的及时和真实的表述，也与人们现实的审美感受过程更为契合。从某种意义上说，以二元对立为哲学基础、以抽象思辨为思维方式、以想象性活动为内容、以建构形而上的美学思想体系为目标的西方美学再也不能代表美学发展的方向，也不应该被视为最能表达人类审美经验的内容和特点的唯一思想体式。与此相反，曾被视为幼稚、不成熟的东方美学以其注重人与自然和谐关系的哲学基础、感性体悟的思维方式、将审美指向艺术和人生实践活动为内容、把保持对多变的艺术和现实生活的敏锐观察和解释批判能力作为目的的特点，更符合人类学和美学发展的方向。在传统的人类学理论中，美与艺术往往被视为某种经济和社会组织形态的衍生物或文化的花边而存在，这是传统人类学理论中一种虽未明言但却挥之不去的倾向，恰恰在这一点上，审美人类学为我们提供了不同的视角。审美人类学赞同格尔兹的一个著名观点：人类的共性恰恰就表现在文化的多样性之中，那么，对文化而言，正如历史所证明的那样，能够对不可捉摸的、不断变化的未来保持适应性的文化，也往往能具有较强的生命力，这种适应性表现在对不同环境所持有的探索态度和对不同文化的开放程度上。对任何一种文化而言，保持开放兼容心态与对现存秩序及其传统的尊重态度，都是必不可少的，实际上这也构成了文化的上层建筑的两大主题，在宗教、道德规范等方面主要体现了稳定性的因素，而探索和开放态度主要体现在艺术和审美领域。艺术总是文化中最能接受新的体验、新的主张的一个领域，它能使人们在一个受保护和控制的范围内去进行新的和可变的尝试，作为文化的先遣者走在演进道路的最前面，为政治、社会、道德、宗教等方面的变化提供经验。在伟大艺术的内部，蕴涵着文化的创新和探索的渴望，当面临新的环境挑战时，人们可在艺术中汲取创新的活力和勇气，去应付不可预知的未来。因此，创新在艺术中所占的地位和艺术在文化中所占的地位可作为审美人类学独有的文化进步评判标准，为审美人类学对美的研究、对人类文明进程的研究和美与艺术在现实生活中作用等问题的研究提供新的角度。

四、审美人类学介入现实的实践途径

审美人类学离不开对民众现实生活的感悟和参与，它必须从日常生活中寻找资料，其研究成果最终也应该应用于现实社会生活中。审美人类学之所以需要在世纪之交的中国再度阐扬，缘自中国各区域各民族丰富多彩的文化事象为审美人类学研究者提供了理论阐释的广阔空间，美学研究者自觉或不自觉的对人类学材料的关注与人类学领域对审美文化习俗的调查和研究，为审美人类学从潜在的自发研究转变为自觉的理论总结，积累了深厚的学术基础和文化底蕴，而人类学经世致用的学术传统以及积极介入现实的指导变迁理论，还有当今急剧变迁的区域民族文化，促使我们去探究各族群文化的内在逻辑和文化更新机制，引导新时期的社会改革与文化建设的发展路向，使之更能体现美的规律和美的原则。审美人类学以实践美学的理性，介入当下中国学术现状与特定区域、特定民族的社会现实生活之中。在审美人类学的观点看来，“中国文学”“中国美学”“中国艺术”“中国文化”这些人们习以为常的词汇，实际上是形而上的高度虚拟的概念。中国文学、美学和文化的研究，需要实现从笼统的自上而下的演绎法到自下而上的归纳法的根本转变。因为“中国”的内涵和外延，包括中国境内各个区域迥然不同的文化，包括56个民族相互区别的文化创造与传承模式，相互间的差异是十分明显的，各自独特的艺术成就和审美价值的实现方式，不应该由于人口的多少和经济实力的强弱影响价值判断的指针。汉族文学是中国文学的主流和主体，但是，汉族文学不等同于中国文学，中国少数民族的“三大史诗”，即藏族的长达150万行的《格萨尔王传》、蒙古族的长达20多万行的《江格尔》、柯尔克孜族的《玛纳斯》，其艺术成就和审美价值，将之置于世界文学史上都毫不逊色，理应拥有一席之地。但是，许多冠以“中国文学史”“中国美学史”的著作，对包括“三大史诗”在内的55个少数民族的文学精品以及许多“活态”的审美经典著作，只字未提，对少数民族当中传承的行之有效的心灵愉悦方式熟视无睹。尚未摸清中国各区域各民族的文学与美学家底，而试图构筑理论体系只能是以偏概全。

美学研究回归到“感性之学”的原点，就有必要参照社会现实外在客体对人的视觉和听觉等感官所产生的影响，研究人类生存境况的困顿如何造成美的失落，而在文化建设和旅游开发中，如何尽可能地渗透美的要素，使周遭的环境更为赏心悦目。随着现代科技的发展，高楼大厦可以在相对短的时间内建成，社会生活中纯正而高雅的审美趣味的养成则需要长时间的熏陶，而全民族审美文化品位的提升，甚至需要付出几代人的艰苦努力。文学艺术在民众中的传播，满足人的物质文化需求的同时，满足更高层次的精神生活的需求，是未来文化演化的正确方向。费孝通先生指出：“我认为文化的高层次应该是艺术的层次，这是我对生活的一种感悟，但再进一步我就说不出来了，因为我自己在这方面的感觉也还没达到很深的程度。我所致力的还只是要帮助老百姓吃饱穿暖，不要让他们饥了寒了，这一点我可以体会得到。但再高一层次的要求，也就是美好的生活，这是高层次的超过一般的物质的生活，也是人类今后前进的方向，我就说不清楚了。但我能感觉得到，所以把它讲出来，而且把它抓住，尽力推动人类的文化向更高的层次发展，也就是向艺术的境界发展。”[①]从费先生的这段话，我们发现审美人类学介入人民大众美好生活的建设的路径及其广阔的前景。文学艺术的起源本来就是和原始初民的社会生活融为一体的，而社会分工的精细化导致文人阶层的出现，诗人、作家、艺术家应运而生，由此造就了一座座文学艺术的高峰。当代社会生活中艺术与日常生活的某种断裂，促使人们重新省思文学艺术的原初形态及其同社会生活的水乳交融的密切关系。在当代中国的社会和文化条件下，促使“生活艺术化”“艺术生活化”，既是文学艺术创作复兴之路，也是审美人类学大有用武之地的广阔舞台。

五、余论

对客观存在于美学和人类学发展史上各个时期的审美人类学学术资源进行系统梳理，并且结合当前美学和人类学研究的实际情形进行新的阐发，需要美学与人类学界有志于此的学人通力合作，共同促使立足于21世纪中国区域族群审美文化研究的审美人类学的基本概念和理论方法，得以更为清晰而准确地阐明。这确实还需要经过一个渐进式的较长的过程。1998年以来，笔者着力于文艺学与少数民族文学、美学与人类学的沟通、交融和科际整合，在珠江流域中上游的桂北—漓江流域、桂中—柳江流域、桂西—红水河流域，开展摸底式的调查，初步建立起若干调查基地，试图以审美人类学的理念和方法，介入当地的精神文明建设、文化建设和旅游开发，收到初步的成效，发表了若干论

① 费孝通：《更高层次的文化走向》，《民族艺术》1999年第4期。

文，深感中国区域民族文化资源的浩博精深。[①] 在中国各民族的一系列民俗文化系统中，现实功利目的、审美目的、信仰目的往往相互交织着存在于一个统一体中。功利性的一面使民俗文化行为能面对现实而保持一种开放性，信仰的层面使其保持与历史传统和文化固有规则的联系，而审美和艺术则在两者间保持一种张力和平衡，并使民俗文化行为笼罩上一层美丽的光环，展示出一种生生不息的生命活力。正是由于有了这层神秘的光环，野性与理性相交融的审美活动才能以民俗行为系统为基础而延续。“探究处于众多个案中的一项个别案例，洞识众多不同世界中的一个世界所取得的成就，就能发现这些成果虽小却来之不易。而倘若没有这样的志向，客观性就会成为虚妄的借口，宽容就会成为虚设的伪装。”[②] 在中国这片古老而神奇的土地上，正在经历深刻的社会变革，社会主义市场经济理论模式的成功实践，使中国文化特别是审美文化处于极为复杂的活跃状态中，有一种难以言传的神韵在缥缈流淌，对它的捕捉，已超出了现有单一学科研究的范围。审美人类学理论期望将现代科学精神与人类的感悟力相结合，对“四时行焉，万物生焉”中蕴藏的“天地间大美”保持谦恭的态度，用心灵和行动加以体悟。

（原文载于《文学评论》2002 年第 4 期）

---

① 参见覃德清《审美人类学：价值取向与方法抉择》，《民族艺术》1999 年第 3 期；王杰、海力波《马克思的审美人类学思想》，《广西师范大学学报（哲学社会科学版）》2000 年第 4 期；王杰、海力波《列维－斯特劳斯与审美人类学》，载王杰主编《东方丛刊》2001 年第 2 辑；张利群《论民族审美人类学领域的开拓和扩展》，《广西民族研究》2001 年第 2 期；覃德清《恬淡劲健的人生　人类文明的范本——红水河流域人文资源的审美特质与精神文明建设的战略构想》，载唐正柱主编《红水河文化研究》，广西人民出版社 2001 年版；覃德清《激扬民族潜能　共创和乐美境——论 21 世纪壮族地区精神文明建设与可持续发展战略》，《广西民族研究》2000 年第 4 期；《东方丛刊》（广西师范大学中文系主办）2001 年第 2 辑、第 4 辑“审美人类学”专栏。

② Clifford Geerts, *Local Knowledge*, Basic Books, 1983，p.16.

审美人类学如何可能

——以埃伦·迪萨纳亚克《审美的人》为例

户晓辉

考察中国和西方的美学立场，我们会发现一个共同特征，即它们都是从普遍的意义上来建构和立论的。换言之，无论是中国的还是西方的传统美学，在绝大多数时间里都没有把自己的研究对象明确地限定在中国或西方。对美学研究的主体对象不作限定，就意味着在“类属”的意义上指“人”，这种美学研究就具有适用于整个人类的潜在前提。因此，从普遍意义上建构起来的传统美学似乎天然就是研究整个人类的审美现象或者适合整个人类的审美现象的，这似乎就意味着中国和西方的传统美学早已具有了各自的“审美人类学”。

既然如此，为什么还要提出一个“审美人类学”呢？这个问题可以转换为王锦民先生提出的另一个问题，即从整体上看，为什么两个都是从普遍意义上构建的美学系统到头来却成了两个特殊的东西。[①] 这个问题之所以会成为一个问题，是因为如果仔细审视中国和西方的传统美学，我们就会发现，它们的“普遍性”或“普适性”是可疑的：因为在历史上，中国传统美学基本上没有把西方或其他民族纳入思考对象的范围，但它的思考和结论也没有明确地限定在汉族或中国人之内，所以它潜在着一个普适性的前提；相反，西方传统美学往往明确宣称把整个人类都纳入了对象范围，但它和欧洲的整个认识论范式一样，都是以欧洲中心主义为潜在前提的，因此，它对非西方社会审美现象的研

---

① 参见王锦民《作为“过程”的美学研究》，载祝东力、章启群、王锦民《中国美学的省思》，《社会科学报》2002 年 12 月 5 日。

究多半以西方的概念体系和审美标准为依据，与此同时，由于其潜在的西方中心主义的认识论前提，以研究异文化为己任的西方人类学在长期的实践中对非西方文化中的审美现实也视而不见。

这种局面自20世纪50—60年代起才有所改变，进入20世纪90年代，“审美人类学”或“美学人类学”的说法才正式提上当代人类学的议事日程。审美人类学的介入使我们发现原来在普遍意义上建构的美学体系都是有局限的。在一定意义上，“审美人类学”的提出就是因为传统的在普遍意义上建构的那种“审美人类学”成了问题之后才是可能的或必要的。也就是说，在严格的意义上，我们不能把中国或西方传统的美学研究称为“审美人类学”，因为我们在此提出的“审美人类学”完全具有不同的含义。

应该说，“审美人类学”的提出是人类学的文化相对主义意识进入美学研究领域的一个产物。我曾经认为，审美人类学的重心是用人类学的方法和视野研究不同民族的“美学”现象，或者是研究不同民族如何看世界、如何感知世界。[①]它的一个基本的方法论前提是在承认和尊重不同民族与文化的审美现象的差异性的基础上来研究人类美学的共同特征或本质。或许我们可以用美国学者埃伦·迪萨纳亚克的《审美的人》一书来说明审美人类学赖以成立的基本条件和特征。

首先，审美人类学以对传统美学研究的反思为基本特征和出发点。在我看来，审美人类学并不把文化相对主义推向极致，也就是说它不奉行极端的文化相对主义立场。在充分尊重和理解不同民族或文化的审美差异的同时，它也研究人类审美行为和审美心理的一致性和普遍性。审美人类学之所以可能，正是以不同民族或文化中存在着审美现象（无论这些审美现象有多么不同）为前提，换言之，审美人类学必须从特定的立场上“发现”或建构不同民族或文化的审美现象并使这些现象成为自己研究的对象，而且这些审美现象相互之间还

① 参见户晓辉《中国人审美心理的发生学研究》，中国社会科学出版社2003年版，第136—137页、第181—182页。

必须具有可比性。如果不同民族或文化的审美现象之间是不可通约的或不能比较的，审美人类学也就无法成立或存在。在这个意义上，它就必须对传统美学的普遍性作彻底的反思，在反思之前，它不能轻易地或不假思索地使用所有传统美学的现成概念或工具。例如，迪萨纳亚克在《审美的人》这本书中试图重新思考人类艺术和审美行为的起源和各种表现形式。她以达尔文进化论的“物种中心主义”立场把整个人类看作一个整体，这必然涉及审美人类学的视野和基本方法。在很大程度上，我们甚至可以把她的这项研究看作审美人类学研究的一个精彩的个案。显然，作者要研究的问题已经被许多学者研究过了，她的重新思考首先必须有一个新的立场或角度。她从审美人类学的立场写道：

> （人类学的普遍反省已经使人们认识到）所有个人都用他们自己的语言和教养中固有的那些未被觉察而又不言而喻的先入之见来看世界。因此，一个人对另一个人的解释从来不可能是纯粹的和客观的。尤其是人类学这个领域本身来自西方传统对非西方民族的文化剥削和主宰中固有的一些未经反省的原则。19世纪和20世纪早期的人类学这门学科的奠基者们被禁锢在他们文化的那些隐含观念之中；这些观念不仅影响了他们在“野蛮人”以及他们所研究的“土著”中所寻求的东西，而且也影响了他们后来对“材料”的解释。人类学思想发展过程中的所有大人物的著作逐一被重新检验和解构。我们已经发现，他们给自己的学科强加了沙文主义的意识形态范畴，这些范畴不仅内在于他们的思想中，也内在于需要用书写传播他们的观察时所强加的进一步歪曲之中。
>
> 今天的人类学家们如果觉得除了对异文化作带有偏见的和不充分的观察和解释、只能受天生就无力做任何事情的牵制或压制，他们大概会得到人们的谅解……他们现在写到书写问题，考察以前的人类学家及其沙文主义式的发现或者其研究背后以意识形态为基础的概念，或者在他们自己的田野报告中表明他们的世界观如何受到书写他人世界观的反思过程的影

响。今天的研究不再是对其他文化实践和信仰的权威描述和分析，而常常是记录了两种信仰体系的一次特别的相遇，或者是对描述另一个生活方式的不可能性的反省。[①]

以审美人类学的眼光来看，当代西方艺术哲学家们在断言艺术只有两个世纪的历史时，实际上忽视了一个事实，即抽象的艺术概念只是西方文化的一种建构，因为只是在18世纪晚期——在启蒙时代的英国和德国——和后来，美学的问题才得以命名和发展，“审美”才逐渐被看作一种独特的经验。作者指出，18世纪之后的西方逐渐被称为艺术的那些东西——绘画、雕塑、陶器、音乐、舞蹈、诗歌，等等——在从前是用来体现或强化宗教的或市民的价值的，即使有也极少是出于纯粹西方意义上的审美目的。所以，我们一定不能忘记，尽管“艺术”作为一个概念似乎诞生于商业社会，因而也只有大约两个世纪的历史，所以是相对的，甚至是可以丢弃的，但是各种艺术总是和我们在一起的。美、崇高和超越之类的观念还有人类状况的种种真理：爱、死亡、记忆、苦难、权力、恐惧、失落、欲望、希望等等都应该作如是观。这些已经是全部人类历史中的艺术与审美的内容和诱因。在努力揭示艺术行为的这种深层实质之时，作者主要关注的不是当代社会，甚至也不是早期文明以及传统的或通常所说的“原始”社会。相反，她认为，我们必须寻找原人，即100万—400万年前存在的早期人科已经具备的一种行为倾向。我们的这些祖先是用两条腿走路的动物，生活在非洲热带大草原的小型游帮之中。他们狩猎、争夺、吃腐肉并且采集食物，和人科做的一样，直到公元前1万年左右，在世界一些地方开始出现了定居的农业群落。人科进化的这个连续过程的某个地方将会出现一种行为倾向，它有助于拥有这一倾向的个体（而且推而广之，也包括其成员拥有这一倾向的某个社会群体）比那些没有的个体和群体生存得更好。但是，艺术

① ［美］埃伦·迪萨纳亚克：《审美的人——艺术来自何处及原因何在》，户晓辉译，商务印书馆2004年版，第115—116页。

意志的这种核心或公分母并非和今天或其他地方的艺术不相容的一种行为倾向，它也是像我们的人科祖先这样的动物的特征。[1]显然，审美人类学仅仅批判西方传统美学思想的局限是不够的，因此，迪萨纳亚克指出："不是要仔细搜罗前现代文化的母题和活动以用来复制；认为它们比我们糟糕而施舍它们或者认为它们比我们好就对之加以浪漫化；或者把它们的艺术、史诗或现代作家纳入我们的人文学科的课程并且认为这样的姿态就足够了，物种中心主义者将考察和比较这些文化，以确定其独具特色的习俗试图满足的潜在需求。文化及其制度、习俗和人工制品——尽管它们都不尽相同——是满足人类基本需求的手段。而且这些需求的本质，正像在更大范围里可以实现的满足一样，通过接受如下现实才能发现，人性是我们在其上研究（但并非用那一个取代另一个）人文学科的潜在景观。两者共同构成我们的本质。"[2]

作者在这里实际上表明了审美人类学的出发点和传统人类学的差异，审美人类学的反思不是从进化论意义上的所谓"原始艺术"和"原始美学"开始（西方古典人类学研究恰恰是这样做的），而是必须从当代社会开始。美国学者雅克·马凯在界定审美人类学时强调："在我们寻求对艺术和审美现象进行跨文化研究时，原始艺术并非一个好的起点；它把我们带回到当代西方的观念上，实际上，后者是唯一可能的出发背景。人类学家也是受文化束缚的；相信我们可以采用一个超文化的立足点，这不过是一个天真的幻想。"[3]但我在此想指出的并不是要离开文化的此时此地的限制，而是强调对这种限制本身的自觉：审美人类学的反思之所以有必要把目光首先对准当代的此时此地，是因为正像有了当代人类学的觉悟和视野才可能产生审美人类学一样，所谓"原始艺术"或"原始美学"也只是因为有了现代美学的概念和意识才可能呈现为一种

① 参见［美］埃伦·迪萨纳亚克《审美的人——艺术来自何处及原因何在》，户晓辉译，商务印书馆2004年版，第70—74页。

② ［美］埃伦·迪萨纳亚克《审美的人——艺术来自何处及原因何在》，户晓辉译，商务印书馆2004年版，第29—30页。

③ Jacques Maquet, *Introduction to Aesthetic Anthropology*, Addison-Wesley Pub.Co.,Inc., 1979，p.8.

研究对象。换言之，审美人类学所研究的审美现象并不“起源”于古代甚至远古时代，而是“起源”于现代或当代，审美人类学的反思不能止步于对当代人类学认识论的反思，而应该进一步反思自己的方法论前提，即审美人类学的研究对象是我们用特殊的理论视野和方法建构起来的“对象”，正像一切历史都是当代史一样，审美人类学的“对象”也“起源”于当代视域的建构。在这方面，迪萨纳亚克的反思是不够彻底的。她在论述人类学的反思过程时，对自己的立场似乎没有采取足够的反思态度。在写作过程中，她一方面认识到，“我们”西方人如何把幻想和需要投射在“他者”身上，这些投射多半迎合了帝国主义的、殖民主义的、精英主义的、种族主义的、性别歧视的和其他沙文主义的偏见。另一方面，由于她的写作还肩负着对西方社会以及后现代文化进行自我批判的“使命”，这就使她在论述所谓非西方社会的艺术和审美现象时，也会不自觉地流露出一种被她本人批判过的理想化和浪漫化倾向。因而，我认为，虽然她在具体的论述中，似乎对自己面临的困境有了清醒的意识，但对于进化论本身所具有的“悖论”特点，却认识不足。作者似乎没有意识到，当她把达尔文式的物种中心主义用于整个人类的艺术和审美现象时，的确获得了一种统一性和普遍性，但这其中同样暗含着把整个人类的历史发展纳入单一的直线历史模式的危险。这就提醒我们，审美人类学的反思必须时刻把目光对准自己。在一定程度上，我们可以把《审美的人》看作当代美学向知识论转向的一部代表性著作。和知识论美学的其他“分支”如实用主义美学以及审美人类学一样，迪萨纳亚克也对康德的审美“无利害”说提出了批评，但她似乎和许多实用主义美学家一样，对自己所倡导的这种“新美学”的哲学基础和出发点还缺乏足够清晰的认识和论述。实际上，我认为，包括审美人类学在内的知识论美学可以批评和解构康德的经典美学理论，但“武器的批判”不能代替“批判的武器”，它必须明确自己的出发点与康德意义上的传统美学是根本不同的，至少就知识的逻辑形态来说，传统美学是从演绎法得出普遍性的知识，而知识论美学则从归纳法中得出普遍性的结论，这个结论可以被证实或证伪。

其次，审美人类学是生活世界的美学。“生活世界”是从胡塞尔现象学中借来的一个概念，它在20世纪20年代的胡塞尔那里获得了中心的意义。其最基本的含义是指我们各人或者各个社会团体生活于其中的现实而又具体的环境。它是一个非课题性的、奠基性的、直观的和主观的世界。审美人类学既然认识到西方美学和艺术观念的局限性，就需要超越精英式的、博物馆式的美学观，在不同民族的精神世界或生活世界中考察审美现象及其功能。雅克·马凯认为，审美人类学可能成立的两个条件是：（1）被研究的审美现象应该潜在地是普遍的；（2）这些现象可以用人类学的经验方法加以确认、观察和分析。[①] 以迪萨纳亚克为例，她在非西方国家（主要在斯里兰卡，也包括尼日利亚、马达加斯加和巴布亚新几内亚）生活了近20年的经验以及对人类学和生物学的熟悉使她认识到，“对其他时代其他地方的艺术的了解提醒我们：它们已经以势不可挡之势成为人们生活必不可少的一部分。艺术远非边缘的、官能紊乱的、琐屑的或空想的，而是人类最严肃和最重要的事情的组成部分。”[②] 她主张把艺术和审美看作活动而非结果，看作一系列行为而不是一类物品。由此看来，在我们知道的几乎所有人类社会中都存在着一些艺术和审美形式。在这些社会中，艺术和审美消耗大量的生活资源，也要花费人们大量的时间和精力；它们给人带来愉悦，使人感觉良好，连孩子都能够自发地卷入艺术活动之中。制作和欣赏艺术或美的这种普遍性直接暗示出，有一种重要的嗜好或需要被表达了出来。迪萨纳亚克在此发现，像我们以往那样仅仅认为艺术及相关的审美态度完全来自文化习得，是不够的，她试图证明，它们也是生物的或“自然的”。她认为：“把艺术看作一种生物需求不仅能够给我们提供一种更好地理解艺术的方式，而且通过把艺术理解成我们的自然组成部分，我们就能够把自

---

① Jacques Maquet, *Introduction to Aesthetic Anthropology*, Addison-Wesley Pub.Co.,Inc., 1979, p.45.

② ［美］埃伦·迪萨纳亚克：《审美的人——艺术来自何处及原因何在》，户晓辉译，商务印书馆2004年版，第13页。

己理解成自然的一部分。”[①]

最后，审美人类学是一种经验研究，它有助于把西方传统的美学研究从形而上学转变为一种确切的知识。可以说，审美人类学不是从一个先验的哲学体系出发，而是利用逻辑演绎和经验归纳的一种知识化美学。它允许有多元的出发点，并且在具体的论证过程中检验自己的假设或论点的合理性或有效性。它在很大程度上可以恢复美学作为感性学的本来面目，因为西文“美学”一词的希腊语词根“aisthetikos”的意思就是“属于感觉的”。在我看来，审美人类学需要以哲学思辨作为理论基础，但它本身是对不同民族和不同文化中的复数形式的审美现象和审美经验（以区别于任何单一民族或文化的审美现象和审美经验）的认识和研究，因此，它一方面不能脱离研究对象的审美经验，另一方面也不能离开研究者本人的审美体验。在《审美的人》中，迪萨纳亚克不仅对包括西方人在内的数十个民族在歌舞、仪式、诗性语言中产生的艺术体验和审美经验做了系统的描述和总结，而且在这个过程中还经常提到她自己的体验。我在翻译的过程中时时能够感到她作为一个女性学者所具有的那种体察入微的情感和经验。她在论述时不仅不回避这些东西，还要把它们穿插在行文中，让它们时时流露在笔端，并且从中归纳出一些发人深省的问题。这就启发我们：审美人类学的研究本质上是不同民族和文化的审美现象或美学体系的一种对话活动，既然它不能用某个民族或文化的美学标准评判和臧否另一个民族和文化的审美现象，那么，它就应该在不同民族或文化的审美现象的相互启发和参照下开启新的可能性维度，使我们对人类审美的或诗意的生存不断产生新的理解。至少，审美人类学为我们提供了这种新的理解契机和可能性。

（原文载于《广西民族学院学报（哲学社会科学版）》2004年第5期）

① ［美］埃伦·迪萨纳亚克：《审美的人——艺术来自何处及原因何在》，户晓辉译，商务印书馆2004年版，第64页。

审美人类学的问题阈

［美］托尼·弗洛里斯 / 文、张良丛 / 译

一、理论的介入

在回顾近些年来审美人类学时，我非常震惊。一方面，当我坐下来评论近十年来所阅读和听到的东西时，我吃惊地发现，竟然有如此多的著作，如此大的理论进步，可得到如此有用的民族志的财富，如此精妙的思想构造。在回顾近些年来关于审美人类学研究著述时，我倍感吃惊。一方面，对近十年所读到和听到的东西进行评述时，有如此多的东西令我吃惊：如此多的著述，如此大的理论进步，如此唾手可得的民族志财富，还有如此敏锐的思想。如果审美人类学作为后续的发展，纳入人类学教材的最后几章，一大批德高望重的学者就不再将它当作无聊的东西，甚至还会有人会把它作为研究工作的中心。另一方面，当我从书桌旁边堆积的书籍和杂志中站起来时，我也很惊讶（或许这样有点傻），还有如此多的东西没有研究，在民族志材料中有如此多的隔阂，如此多的理论盲点和文化偏见。这些材料既激起了我的兴趣，又使我感到很无奈。

当我开始思索所理解的“审美”问题时，相关术语如“艺术”或“文学”就成为需要讨论的部分。这篇文章的主题是关于口传和视觉艺术的，主要是小说、诗歌、雕刻、绘画和素描。因为，我认为如音乐、舞蹈之类的其他表现方式不太重要或对理论知识的贡献稍微小一些，而且因为人类学家写作的大部分著作是关于口传和视觉表现方式的。的确，对审美的其他焦点的忽视（将在下

文中讨论），是当代人类学的问题之一。

现在，让我们从最通常意义上定义和普遍理论的问题开始。因为，人类学的长处是详细叙述的民族志、归纳法以及中距理论（middle-range theory）在描述性细节中的嵌入，很少有人尝试对美学进行广泛的理论化研究。在这段时期，马凯（Maquet）的《审美人类学导论》是最好的一般性介绍。然而，马凯仍然局限于他建立一门学科以及在人类学传统研究方式和传统西方“艺术观念”中发现一种研究方法，他确定了从（对于历史化的特殊社会和文化而言的）“艺术”中区分出“审美属性”（当他发现这些对人性而言是普遍的时候），进一步区分“有意图的艺术”和“变形的艺术”。马凯的著作是简洁的、概括的、明智的；它没有开拓新天地，但是提供了一个可以立足的坚实基础。许多其他尝试也有或多或少的成就。例如，安德森（Andersen）的《原始社会的艺术》大量涉及艺术的功能、象征符号、艺术家生活和作品、转换中的艺术，但是他的著作太集中于“艺术”了。莱顿（Layton）的《艺术人类学》是一部更为成功的概要性和综合性著作。虽然他没有对审美现象提供许多新见解，但是尤其是在开头几章里，他对当前的定义、功能、形式价值以及视觉交流等问题提供了清晰的、有益的讨论。他的关注点局限于视觉艺术，所以，他的问题不是讨论一般意义上的审美，而是特殊的视觉维度的审美。这种限制是非常有益的，假如莱顿有不成功之处，那就是他读了太多东西并且想把它全部融合进这本著作中。审美人类学现在最需要的是，明智地拒绝或至少是搁置许多观念，然后从其他方面全新开始。

还有一些目的更加集中的理论专论，但有趣的是，它们对方法和理论给予了一样的关注。当然，这不是个别性的链接理论和方法的失败案例，而是在人类学中普遍存在的问题——不能认知或清楚这两个方面的联系和区别。许多著作都在这个问题上遭受到某种程度的痛苦。无论如何，这些更为集中的理论性著作在它们的兴趣点上有着更加清晰的方法。例如，鲁麦斯克（Lomax）的里程碑式的著作《民歌风格和文化》，就是围绕“语音学”跨文化分析，试图描绘出一个具有世界歌曲风格的地图，目的是揭示风格的多样性，例如开嗓式或闭喉式唱法，或者在舞蹈中对于身体躯干的使用方式，以及在社会秩序方面，诸如社会阶层或性行为的控制方式等都呈现出多种样态。鲁麦斯克的著作已经从方法论的角度经受了批判，但据我所知，其著述并没有获得应有的理论性的详尽批评，也没有任何人系统地接受鲁麦斯克的挑战。

同样地，在早期著作中，卡沃利斯（Kavolis）也试图寻找某种相关性，并因此推定各种因素在艺术表达中的影响。在研究中，他归纳了艺术与经济、政治、社会结构、分层体系、社会阶级、宗教、宇宙观和价值取向的关系。他没有试图解释这种关联（假设它们已正确得出）可能暗示着艺术的定义、含义或功能或者人类生活中存在的审美感知力。假如视觉空间的组织会随着社会分层的程度而变化，那么我们如何思考诸如对空间的物理感知，物体在空间中的图形，人们在精神—社会世界中的影像？什么反映什么？什么影响什么？怎样和为什么？也就是说，像丹德斯（Dundes）所做的那样，在他另一部关于民间传说的、理论—方法论著作中所指出的，审美系统揭示的是“本土认知范畴”和“世界观范式”[①]。这暗示我们应该探寻深层次的、隐藏在人类生活之下的模式机制，但是对我们搞清在什么地方和怎样寻找是无用的，在某种程度上绝对不是有益的，因为它后来会采用一系列相当简单的和过时的弗洛伊德的、精神分析的观念和术语。

然而，对一般著作而言，最终我们必须转向人类学仍在努力的、采用民族志而不是人种学的、特殊的而不是一般的方法。对总体的研究工作而言，我们最终应该转向人类学尽力采用的民族志的而不是人种学的、特殊的而不是一般的方法。出版这类成果的媒介机构发表的是民族志专论或杂志论文（我们将在下面简单地分类讨论），需要着重说明的是，我们搜集到大量的、丰富的和有用的关于各种艺术的文章。从维英格特（Wingert）的《原始艺术》时期开始关

---

① A.Dundes, *Analytic Essays in Folklore*, The Hague: Mouton, 1975, p.xi.

注对象、“文本”和作品的背景，或者弗雷泽（Fraser）的《多面的原始艺术》中有文章研究了原始艺术分类的方式，经过编辑的文集在精致性和涵盖面上都有所提高。奥登（Otten）和乔普林（Jopling）的书为我们关注的时代提供了一个参照系。他们仍然需要去统计过去博物馆陈列的“原始艺术”，用一种知情的、经验的、特殊的、语境的——简单地说，“人类学的”分析非西方文化中的各种各样的艺术以对抗旧的博物馆关于“原始艺术”的展演机制。仍然有许多人坚持陈旧的观点和假设，例如他们使用的术语“原始的”。在1971年还有许多新的和必要的事物，但在1984年，它们需要被重新吸纳和修改。例如，（艺术批评者研究的）作为艺术的艺术和（人类学者研究的）作为文化符号的艺术与结构功能主义者强调的作为社会构成部分的艺术之间的区分。接下来的搜集以这类作品为基础，对民族志语境中的艺术保持强烈兴趣，继续把重点放在技术和材料、经济因素、多种类型的变化和起源、部落社会的艺术家的个性和作品、认知原则和在社会中拥有的权力上。这些著作中，比较突出的是福兹（Forge）、格林豪尔夫（Greenhalgh）和麦格武（Megaw）、布莱金（Blacking）等人的作品。他们提供了这篇评论中余下的关注、假设和问题。

非常遗憾的是，当前的这些热点会忽略最初的兴趣所在——“文本”或审美产品本身。当然，把文化作为整体的观点是一个巨大进步，我们不用返回博厄斯式的、早期单独的民间传说的文本搜集。同样，有时候一个文本对其自身而言是有价值的。例如，腓力比关于阿依努尔人的史诗、神之歌、人之歌的富有魅力的书籍对于营造这个丰富的传统有巨大的价值。当思（Dance）对文本的搜集也是很有价值的，因为他给我们提供了一个20世纪70年代非常有用的材料集合，因此成为一个时代的制造者。虽然如此，但绝大部分人认为，文本的表现是不够的，更需要的是文本分析。视觉艺术不是可以用言辞表达的，而是通过非语言机制和非语言意义而发生的。需要强调的是，即使解释语言艺术的意义也不是非常容易转化为普通语言。基于这种认知，很少有人类学家实际去分析任何纯粹的形式平面（formal plane）。文本的搜集，带有涉及文化背景的介绍和批注或说明。有许多研究，如库伯（Cooper）的《香港的木雕艺人》，就设法讨论了一个根本没有涉及形式品质的艺术传统。的确，库伯在整本书中仅仅向我们说明了一件雕刻品。然而，也有少数研究在某种程度上涉及形式因素，如菲尼根（Finnegan）研究诗歌及其技巧。然而，哈尔姆斯（Hymes）对美国叙事诗的优秀研究和汤普森（Thompson）的有趣而范围广泛的对非洲艺术的静止和运动的研究就不是这样了。现在最需要的是通过一系列著作去研究形式方面——线条、规模、颜色、比例、韵律、声音、节奏、作用力、活力、方向性——也要努力去把形式品质和社会文化语境或指示物阐释清楚。

这些都使我们要重新返回问题语境。为了纠正早期的、热情的、天真的对“原始艺术”的“鉴赏”,（作为部分纠正）大概涵盖20世纪50—70年代的结构—功能主义出现，人类学需要说明被称之为“语境论”的方法。这种立场的观点是，艺术必须放到文化语境中。不能被抽象为它源起的地点、时间和人，也不能被表现为独立的事物。理解各种的形式，人们必须紧密关注它的文化特殊性和由文化决定的意义、用法和功能。根据博物馆和时常关注非西方民族审美形式的业余爱好者提供的材料，除了需要警示隐藏的理论偏见，人们几乎不能拒绝这种方法。强调语境或背景的同时，人们会无意中暗示：艺术形式是独立的，与背景是截然不同的。强调艺术形式的意义来源于其文化语境，艺术是文化和社会的镜子，可能会无意中意味着，本质的真实性、“真实之物”根本就不存在于艺术中，而在语境中。与墨菲（Murphy）一样，即使那些深刻理解审美和社会生活之间复杂关系的人也会陷入思考，“对人类学家而言，研究口传文学是调查文化和社会组织的一种方式”[①]。而且，把艺术看作镜子会带来真实的危险，不在于紧张和变化，而在于现状、正式结构、优势族群的意识形态。[②]

---

① W.P.Murphy, “Oral Literature”, *Annual Review of Anthropology*, Vol. 7, 1978, p.113.

② For a discussion of this point, see T.F.Fratto: “Undefining Art: Irrelevant Categorization in The Anthropology of Aesthetics”, *Dialectical Anthropology*, Vol. 3, 1978, pp.129-138.

值得庆幸的是，在最近的著作中，这种偏见已经被认识到，并且被充分纠正过来。A.L. 劳埃德（Lloyd）引用路易斯·阿姆斯壮（Louis Armstrong）的话说道："所有民间乐曲：至少我从来没有听说是由马创作的。"① 这段引用的话可能是假的，但这种观点是非常明确的。乔治（Georges）的一篇文章非常有用，我们可以引用过来："通过故事，人们告诉那些编故事的人讲故事的行为。"②

正如综述中所言，理论导向已经被那些研究口传艺术而不是视觉艺术的，尤其是民俗学者所控制。原因之一可能是，研究视觉艺术的人类学家注重的是"文本"，如真实的、物质的对象，历史遗留下来的实在物。民俗学者和其他口传艺术研究者就必须脱离具体的东西，因为他们的自然状态的"文本"很明显存在于头脑、嘴巴和其他活人的行为中。因此对民俗学者而言，"文本"是一个实在的概念，非常容易理解。就字面意义而言，民俗学者所言的语境就是文本。另外一个因素是，这种先在的导向可能是西方知识分子文化的一个意外事件，虽然如此，但是很重要。因为艺术作为一个种类已经深深嵌入我们的分类系统中，这非常容易理解，（虽然我认为是伪造的）有这么多客观清晰的表征物，同样研究他们的人已经觉得，他们至少有坚实的基础，并且认为他们正在研究事物的真实性和特性。在没有这样的保证的情况下，民俗主义者会处于较不舒服但显然在经验上是更为合宜的位置。在威廉·索恩斯（William Thorns）在 1856 年发明术语之前和之后，民俗学者不得不经常痛苦地去解释、定位和准确地确定什么是他们研究的对象。但是，在 20 世纪 60 年代中后期，美国民俗学者开始重新思考他们的学科。丹·本 – 阿摩司（Dan Ben–Amos）在 1971 年出版的书中写道："走向民间传说的语境论"，重新定义民间传说的观点成为一个方法，并且整个学科开始改变了。这种解释，部分是语言学影响的结果，尤其是 60 年代的社会语言学（民族志所涉及的）；还有部分是受到语境研究

---

① A.L.Lloyd, *Folk Song in England*, London: Laurence and Wirhart, 1967, p.12.

② R.A.Georges, "From Folktale Research to the Study of Narrating", *Studia Fennica*, vol. 20, 1976, pp.159–173, 175–176.

成果的影响；部分还源于传统的、口头分享的、一直变化的民俗学者研究的材料影响。无论如何，在20世纪70年代中期，民俗学者研究的不是一个实体文本，而是一个过程或一系列过程。

其实，从简单表述到口传文学（oral literature）的概念化，这仅是一个传播过程的半个步骤，并且几乎立即采用了这一步骤。正如墨菲（Murphy）所言，口传文学是"一系列的言语类型，部分构建了一个言语社区的语言资源"。因此，我们应该关注"讲话者的交流意图"和"在社会互动中的作为交流策略的口传文学形式的功用"。[①] 现在，作为交流的口传文学被看作一个蕴含着被人们分享的理念、价值和行为的事件。

假如这种范式的一个关键词是"交流"，另外一个关键词就是"表演"。在最近出版的很多著作中，学者们在两种意义上来讨论作为表演的口传文学。第一，他们强调口头艺术（verbal art）是涉及真实的、鲜活的、变化的、有动机的人的行为形式，同样需要加以研究。这看似是一件简单的事情，实际上是一个真正的进步，它脱离了具有科学态度的社会科学的非个性化和具体化，走向了一种经验的人文主义。就此而言，它就像社会语言学。通过戴尔·哈尔姆斯（Dell Hymes）所说的"什么样的知识和这种知识是如何形成的之间，或进一步说，在传统知识责任的假设和表演责任的假设之间"[②] 的关键性区分，它提供了表演这个词汇的第二种意义。表演被看作是基于文化知识的，但它是在一个语境中自发地、渐变地起作用的。

口头艺术的所有酝酿，现在已经为非口头艺术研究接受了，结果被以下观点改变：艺术作为交流和表演的事件，意义的承载不仅靠语言，而且靠非语言性的载体，意义不仅被高端事情而且在人们之间也被创造，正如弗里德曼（Freedman）所言，艺术不是"任何事物的表现"，也不是作为"关系的"表现。

---

① W. P. Murphy, "Oral Literature", *Annual Review of Anthropology*, Vol. 7, 1978, p.116.

② D.Hymes, "Breaking into Performance", in D.Ben-Amos and K.Goldstein (eds.), *Folklore: Performance and Communication*, The Hague: Mouton, 1975, pp.11-74.

正如乔伊纳（Joyner）在最近的评论中指出的那样，对表演的这种新强调会被认可，但它不应该成为学者的所有领域。假如它是与重新关注传统、变化和个体交融在一起，那么它就会对真实的文化过程的整体研究有所助益。实际上，我想补充的是，它可以让我们重新思考传统问题。假如我们集中关注那些表演、学习、教导、交流等的人，我们将会重新意识到真正的主题不是过程、社会或文化，而是人。传统不是，也从未是过去的事情，而是与其他人做事或说话的现在的人。

记住这种观念，或许我们马上会把注意力转向在最近的审美人类学研究和写作（或未被研究或写作）的一系列主题的调研中。重新回顾，人们会被许多领域的繁荣和其他相关领域的沉寂景象震惊。

在某种程度上被语言学所影响的，与表演派相伴随的，非常繁荣的方法被称为“族性美学”（ethnoaesthetics）。其模式来源于族性科学（ethnoscience）或“新的民族志”，指向“音位学”的研究，这种方法的兴趣是发掘一个民族的审美感受和对审美现象的独特理解。许多研究集中于一个民族的审美选择或判断标准，而另一些人则强调一个民族对审美经验或现象的分类，这种分类就关涉与西方当代相关的“艺术”类别。还有少部分人致力于对于人群的不同部分的族性美学问题研究，例如，普通人、艺术家和鉴赏家。有少部分人竭力把族性美学和物质条件或经济状况联系在一起。很明显，这种非常有前途的方法已经有了一个很好的开始，但是仍然有大量的工作需要去做，就是揭示出世界各个民族分类和理解审美是有多样方式的。在具有观念的、观察观念的、享受观念的那些人和得益于审美现象的那些人的观念中，有一个很清楚而重要的区分。很久以前，人类学家会问：“什么是艺术？”而我们现在则会问：“什么是美？为谁而美？在什么条件下？”“什么时候和在什么条件下才是审美的艺术？”等等。

在涉及特殊主题的具有丰富多样性的专论中，这种复杂性主题是非常明显的。许多人关注的是传统的地理学领域；许多人关注特殊的类型或类型自身的问题，虽然这些问题更多的关涉口传文学研究而不是视觉艺术研究；许多人关注一个特殊问题或主题，例如人的身体或隐喻，或象征倒置。

我们曾经非常遗憾地错过和极为需要的是，把目光转向研究社会文化语境中的独特的个体及其创造性。自20世纪60年代以来，仍然需要这种研究，很少有研究关涉真实的、个体的人，只有少数以普通的、理论化的方式涉及人类的意义和审美产品的功用。

二、审美人类学的政治性

当然，人类学很长时间都采取结构—功能主义的观点，主张艺术不但是镜子，而且能增强社会结构。在一段时间内，这种观点是菲舍（Fischer）、卡沃利斯（Kavolis）等人的重要著作的主线，他们把社会条件当作决定艺术风格，是通过认知、价值定位和个性的中介实现的，大约在近十年内，这种静态的图像被对动力学的关注取代了。人类学开始非常关注人类审美能力、多样的艺术形式的可能性，以及它们在社会行为和变化中的中介作用。这导致民族志可以采取两种形式的一种。它们可以在语境变化中关注艺术，不管这种变化是文化接触传入的，还是殖民强迫传入的，或受到现代化的影响。他们可以把艺术看作一种修辞，一种机制，由此人们可以影响、说服、解释或重新解释他周围的世界。现在这种研究真正全盛，它们提供了非常有益的知识，延伸的范围非常广泛，从对艺术一般能力的讨论到在人类社会世界的无序和混沌中创造和赋予秩序，再到把艺术形式看作特殊的社会变化的反应，再到把艺术研究作为有意和无意的操控人类社会条件的策略，再到我的思想，都是最有前途和重要的方法，艺术研究成为一种给无力的人提供某种力量的方式。这种工作即将到来，虽然仍处于开始阶段，但是它最终最有希望改变审美人类学，并真正地转变我们对于文化本身的理解。

艺术研究这种变化根源于艺术和政治的关联。这也是一个相对近期的趋势，它当然不像人类学中的一般趋势，但它正在获得力量和合法性。以早期的著作为基础，与人类学相关，但并没有进入人类学，这个学科开始研究复杂的、非常晦涩的审美与权力的关系。在最简单、最明显的水平上，这里仍有精英分子赋予艺术的功用问题。例如，掌握权力的人不仅垄断休闲和“鉴赏”教育，而且积累一定种类的艺术品，他们也有机会去鼓励、购买或支配艺术、艺术家，艺术市场会增强他们在社会结构中的位置。如何、为何？在什么条件下？这仍需要研究。而且，这些问题仅仅开始探索权力问题。正如汉娜（Hanna）所言，艺术与“权力的关系体现在表达和交流的力量上，社会控制和政策冲突、竞争，对部属或其威胁的反应上，对权力实行的约束、纠正和改变上”[①]。艺术或许可以用来支配和反抗支配，操纵和挑战，对秩序严密社会的结构保持灵活选择。

这些因素是不容易观察和描述的，因为其关系是隐晦的，通过意识形态作为中介的。在几次激烈的讨论中，这已经非常明白了：必须考虑到成为基础、支持和证明权力合理的精神结构，因为劝诱性的要远远大于暴力公然威胁性的介入，这样权力得到了实现。困难在于，意识形态很少是公开的，而且它经常是无意识地被掌握，或至少是以多种方式隐藏在拥护者的心中。正如墨菲所引用的阿尔都塞（Althusser）和巴特（Barthes）的观点，神话（或艺术）可以被解释为“具有变形的功能或意图”，那么人类学家的任务就是揭示藏在意义或功能背后的“真实”。当然，这是一个比较棘手的事情，尤其是在一个民族自我言说的精神结构和观察者或分析者所说的之间，很明显缺乏对应性。任何时候在社会结构的分析中，都有一个真实的问题，在我主张的这种类型的研究中尤其尖锐。其中关键问题是，弱势群体为何以及如何接受，并且再生产出强势者的意识形态，从而从内部强化了压迫？尤其是审美快感与创造性如何被融入这样的体制之中？许多民族志学者开始提供材料来回答这样的问题。最有用的是关于社会阶级和艺术的，其中很多学者研究了精英能成为艺术品的掌握者或使用者的方式。一些人考察了

① Hanna, “Movements Towards Understanding Humans through the Anthropological Study of Dance”, *Current Anthropology*, Vol. 20, 1979, p.15.

各种艺术形式在阶级结构中的位置，还有阶级结构对艺术的影响；一些人强调了复杂而未被承认的物质因素对审美表达的影响。其中最引人注意的是尝试把审美现象建基在整个政治经济系统上。例如费瑞思（Faris）把面具、雕像、文身和生产方式（尤其是与控制生产方式的因素）联系起来；达科（Dark）把艺术当作美拉尼西亚的"重要人物"（big men）的一种体现声望的物品和经济控制方式；普拉提斯（Prattis）和库克（Cook）把因纽特人和瓦哈卡（Oaxaca）人的艺术和工艺品放到了资本主义世界系统的语境中。

这种观点引人注意的是对那些目前被称作"第四世界"的关注。不是那些已经或相对自治的，或者至少是刚刚被认可"原始的"或"部落式的"的人；也不是那些在结构复杂的社会中长期居于"下层社会"的"俗"民。第四世界包括那些作为附属的、被边缘化的人，即那些不再以原始隔离的、自治的状态生活，同时又被排斥在复杂的现代社会整体之外的人。据格雷本（Graburn）确切的描述和分类，这种社会秩序产生了"机场艺术"（airport art），或"文化融合的艺术"。[1] 对于这些人而言，艺术可能是：灭绝的、传统的和功能性的，商业的和批量生产的、仅仅为游人制作的"纪念品"，复兴的、同化的精致艺术或通俗艺术。[2] 这些艺术品（或为手工艺品）可能具有一些重要功能，如展现某种生存状态或者是作为实现自尊的手段。但是，一些研究表明，这并不意味着审美品质的降低。

在艺术和美学的政治属性研究繁荣发展中，出现一个明显的、令人奇怪的疏漏——艺术与性别不平等关系的问题。只有少数研究提及在艺术内容上反映出的性别差异问题。[3] 性别和创造力，艺术中的性别差异问题目前仍未得到普遍重视。除了少数例外，想象力形式仍然使得父权秩序具有选择的、可能性的

---

① N.Graburn, "Art and Acculturative Processes" , *International Social Science Journal*, Vol. 21, 1969, pp.457-468.

② N.Graburn, *Ethnic and Tourists Arts:Cultural Expressions from the Fourth World*, Berkeley: University of California Press, 1976, p.5 ff.

③ Hanna, "Movements Towards Understanding Humans through the Anthropological Study of Dance" , *Current Anthropology*, Vol. 20, 1979, p.95.

观念，仍然没有被研究。更不用说，对艺术类学生的男性偏见的思考。在一次激烈的讨论中，比什弗（Bishop）提出，以男性为中心的人类学在理论上是研究“分类法、二分法、角色理论、静态平衡理论、因果律”的，而女性的则被表述为“含糊不清性、多重性、过程性、连续性和复杂的关系性”方面的①。情况可能并非如此，但在审美和艺术中，性和性别因素没有被充分关注却是明显的事实。

同样没有被人类学家看重的一个政治素材，是我们自己的社会和时代中的艺术。多年前，玛格丽特·米德（Margaret Mead）呼吁我们将非西方文化研究中得出的观点和方法运用于西方文化的研究。格雷本在普通西方人的审美判断方面进行了专门研究，同时提倡对“西方文化趣味的属性、代际性、领导性”进行深入研究，尤思木（Useem）和狄马吉奥（DiMaggio）论证了美国艺术受众的精英特质，格林豪尔夫（Greenhaigh）研究了欧洲的前哥伦比亚艺术趣味。穆克奇（Mukerji）对文艺复兴时期大众和精英的共时性表现进行了历史分析，阿德勒（Adler）对美国当代艺术家、艺术批评家、艺术学者的境况进行了重要的、深入的民族志研究。因此，这样的著作还是有一些的。我们需要更多、更深入的这类研究，同时我们也需要像托勒森（Thoresen）那样，将注意力转移到那些我们无意建立起来的范式。正如我在开篇所说，关于美学和艺术的设想是我们文化的一部分，是受制于我们的理智的，只有将我们的分析能力转向我们自己的认识论、我们自己的意识形态、我们在世界政治体系中的位置时，我们才有可能获得关于这些问题的清晰认识。

而且，现在有一个需要考虑的新因素，这就是当前的研究对象的文化水平大大提高了，伴随着迅捷的大众传媒和更高的政治敏感度，当前的研究对象更加能意识到那些关于他们的描述是什么，同时还倾向于与那些把自己视为民众内部文化权威的外部专家进行对话。一个人群的审美能力和审美的表现形式

---

① S.S.Bishop, “Third Person Feminine, a Review of Language Gender and Society”, in B.Thomas, C.Kranard, and N.Henley (eds.), *The Women's Review of Books*, vol. 1, 1984, pp.15–16.

是属于那个人群的。在未经授权的情况下我们无权涉足，也无权在他们不知情或未经他们同意的情况下，以任何形式或因任何目的而去除掉它的任何一个方面。

我们生活在一个虚假的非政治世界中。过去我们倾向于在非政治的框架下研究审美形式，好像它们不存在于一个权力关系的语境之中，也好像我们自己不在这个不均衡的权力结构之中。最近这种情况有所改变。也许有人希望这种趋势继续。但我希望有更多的关于美学和权力的民族志研究。我希望日后的研究在以下方面能有所区分：

自治人群的艺术

处于支配地位人群的艺术

阶级社会中处于下层阶级的艺术

第四世界的艺术

被征服者的艺术

阶级社会中处于上层阶级的艺术

作为大众商品流通的艺术

我期待对人类在政治和经济结构中的人工制品进行全面深入的研究。简而言之，我所期待的并不是政治人类学，而是更具有真实政治性的审美人类学。

三、走向反思的审美人类学

若如上所说均已实现，这样的政治性分析将可能彻底消解我们现在的认知逻辑，令人欣喜的是这种消解已经开始了。很多研究者提出质疑：西方分类体系中的“艺术”是否适合于一切普遍性的人类经验，是否适用于区分其他人类创造性行为。如果“艺术”仅是西方知识分类中的一个概念，那么执意将其视为一个具有跨文化合理性现象的研究企图只是自我证明的练习。对研究和写作的分门别类，唯一的真实理由是为了研究的方便，人们需要一些区分。显而易见，我们把整体分类视为天然的是非常危险的。在其他社会中，被我们视为“艺术”的常常与其他人类活动没有什么分别，例如房屋建造、烹调食物或者是维护血亲关系。每一项都有其物质基础；每一项都以正式的方式组织它的各个元素，运用文化所赋予的语法，使用比例原则、对比原则、重复原则等；每一项都有额外的象征意义；每一项都允许在群体和个体层面的解释和创造力；每一项都具有社会功能；每一项都需要改革和创新。由“艺术”所产生的分析法同样可以适用于文化的其他方面，反之亦然。文化人类学的近期研究加强了这一观点，视文化为本质上的模式，或者是模式的模式。克利福德·吉尔兹（Clifford Geertz）是这方面当之无愧的领袖。他说：“研究一种艺术模式，就是要探索一种鉴赏力，这种鉴赏力本身就是源于整个文化秩序‘集体构造’（collective formation）；一个特定的人群拥有他们完整的经验，同时他们自身形成并形塑这个整体；一些事物使这些经验物化、具体化（或在口头艺术的语境中称为‘真实化’），即将人的某种特定的思想观念外化为物质世界的一部分，这样人们便可以用眼睛看到头脑中的观念”[①]；艺术家（或具有文化创造力的人）创造出具有唤起或深化模式的力量的东西。当然，这一观念可以追溯到本尼迪克特（Benedict），但却是在詹姆斯·费尔南德斯（James Fernandez）的著作中得到更加详细的阐述，他提出：“与我们意识到的相比，审美取向（aesthetic preference）更多反映了社会结构，或社会结构本身就是审美取向的表现。”[②] 这意味着人类学家对艺术形式［例如，线条、规模（mass）、动态感、节奏、音质、对比度等］忽视是很严重的，可能导致对社会组织的重要原则的忽视。这也意味着，人类学应该是解释性的，也是经验性的学科。同样，拉比诺

① C.Geertz, “Art as a Cultural System” , *Modern Language Notes*, Vol. 91, 1976, p.1478.

② J.Fernandez, “The Exposition and Imposition of Order: Artistic Expression in Fang Culture” , in *The Traditional Artist in African Societies*, 1973, p.63.

（Rabinow）和沙利文（Sullivan）指出，必须有一个人文主义的计划，其重点在于文化意义的多元性、复杂性、植入性；专注于被研究的、移情的部分，包括观察者和被观察者的语境，文化的多声部性，人类文化系统本质上的开放性，以及由人类学家实现的，而我们必须接受并承认的事实，即任何一种解释都是具有争议的，任何知识都是过程性的。在民族志作品中可以找到大量这方面的例子，但是关于模式、模式内部的稳定性，在一个给定的文化系统内部模式之间协调性的缺乏，这些问题还没有得到应有的重视。

当然，这仅仅是人类学对于审美形式多样性忽视的一个部分。直到最近，在音乐研究的领域中兴起了音乐人类学（ethnomusicologists）的研究取向，这一取向区分了形式和语境（contextual）问题。同时发表于 1979 年的赫尔顿（Hernden）和麦克劳德（McLeod）的《作为文化的音乐》，布莱金（Blacking）和凯莉依诺霍姆（Kealiinohomoku）的《表演性的艺术：音乐、舞蹈、戏剧》之后，我们能够看到这方面的转向和令人欣喜的进展。这两本著作总结了时至当时的相关著作，划定了研究领域，建立了研究规范和方法论，并且为此后许多音乐人类学学者提供了研究问题；在这两部著作之后，没有任何理由再延续人类学在音乐研究方面的失败。

迄今为止，舞蹈研究同样是一个被忽视的领域。在 19 世纪 70 年代后期，舞蹈研究著作才真正印刷出版。“舞谱学”（Choreology）以四年的时间跨越了人类学对于视觉艺术近百年来研究的阶段和范式。从文本研究到跨文本研究，到镜像理论，到功能理论，再到交往行动理论，人类学关于舞蹈的研究极大扩展了舞谱学的视野。特别是当它超越了建立舞谱记号的障碍之后，开始考虑舞蹈的社会语境和社会功能，肢体移动和社会文化舞台风格的重要问题时，舞蹈研究立即成为诠释性研究的前沿。凯普勒（Kaeppler）关于汤加文化表层和深层的结构研究[①]，汉娜和罗伊斯（Royce）分别做的普查均是这方面的代表性著作。

① A.Kaeppler, “Dance in Anthropological Perspective” , *Annual Review of Anthropology*, Vol. 7, 1978, pp.31-49.

然而即使有这么多进展，也一直存在这样一个问题：人类学家仍然是以西方社会语境下的“艺术”观念来研究这些审美形式和审美表现。这不只是被称为“工艺品”的编织品、陶瓷制品等产品遭到轻视；事实上，人类最基本的、维持生存的生产性的、审美层面意义的行为都遭到忽视。食物，它的生产和转化、赠予和分享，它的意义，都被忽视了。人类用于遮蔽和自我保护的设施、它所提供的保暖性和舒适性，衣物的生产，在房屋和村庄这样的空间内生活方式的组织，这些功能都被忽视了。性欲，在生育和抚养孩子过程中实现的生理上和文化上的再生产功能也被忽视了。在生命历程中，性别角色中，在人际关系中的自我定义和表达也被忽略了。也许是因为这些基本的活动都是发生在传统的女性生活空间内，尽管这些活动充满意义，极富表现性和诠释性，且对于社会存在的延续性具有重要意义，却还是不为以男性为中心的人类学家所重视。又或许是因为这些活动根植于物质事实上，使得费力建立起权威知识的学科成员感到不舒服了？

不管作为个别的，还是总体的学科，我们该检查自己的动机和假设了。我认为这方面已经开始了。在最近的几年里，我们看到被称为“反思人类学”（reflexive anthropology）的进展。在近期的一些著作中，私人因素不断受到关注。正如鲁比（Ruby）所言，这一趋势部分原因在于，被研究者的自我意识和回答意愿增强；研究者来自不同的阶级和社会背景。一个文化存在多个研究领域，人类学家更多地融入其研究中，同时还有来自马克思主义学者持续而有力的批判。这不仅意味着我们关注到民族志学者的在场和作用，以及我们已意识到我们的知识包袱，更意味着这一学科发展了精密的和力量强大而持续的和总体性的反思，“返回自身，将自我视为研究对象”①。

最后应指出，这种反思人类学是基于更深层次的关注（尽管其基础没有或许没有被承认），不仅只是对艺术自身，而且是对人类生活品质的关注，其中艺术和审美能力是有益于此。就在十年前，玛格丽特·米德写道：“我们需

① J.Ruby（ed.）, *A Crack in the Mirror:Reflective Perspective in Anthropology*, Philadelphia: University of Pennsylvania Press, 1982, p.2.

要打破存在于艺术家、艺术作品、艺术受众间的二元对立，并应意识到任何模式化的人类活动，如一场足球比赛、一群在保龄球馆玩保龄球的人，都比那些在美术馆或者音乐厅中疑惑而恭敬的观众更接近一种艺术形式，即使他们所欣赏的是美术或音乐领域中的杰作。仅从将艺术视为特别精致的生活的一部分这一视角来看待艺术，我们就降低了它在整体生活存在中的意义。如果是这样，'艺术家'和我们所有的生活意义都是被赋予的。"[①] 在当下的社会中，艺术的处境很糟糕，这并不是因为艺术差，而是因为现存艺术的社会结构造成了人类生活共性的枯竭和大众审美能力的欠缺。

这些能力是多样的。它们包括对模式的创造，美的感知和创造，意义的表达，情感的交流，精力的集中，成果的引导……也包括对贝特森（Bateson）所谓的"优雅"的坚持[②]。这就是说，审美能力使得我们平衡秩序（秩序是必要的，但却能变得具有压迫性）与混乱（混乱是令人恐惧的，无秩序的，但却包含着一切可能性）。这意味着，美学被视为一种"不和谐因素"（dissonance），它反对基本的、控制性的社会信仰，创造并物化了文化"事实"的对照物。[③] 艺术家和诗人（或者可以说，那些实践他或她的审美能力的人），是具有颠覆性的魔术师，他们拒绝抽象而停留在具体的实在层面，与超然性相比，更倾向于内在性（immancence），与客观化相比更倾向于人格化，他们揭露意识形态，嘲笑它的赤裸裸，他们拒绝秩序并坚持可能性。[④] 如果是这样，那么审美产品可以看作人类的最基本活动——创造和自由的体现。进而，美学研究将可能成为具有巨大自由性、持续发展的人类学的一个重要方面。

（原文载于《马克思主义美学研究》2012 年第 1 期）

---

① M.Mead, "Art and Reality from the Standpoint of Cultural Anthropology", *Education*, Vol. 94, 1974, pp.386-387.

② G.Bateson, "Style, Grace and Information in Primitive Art", in Forge (ed.), *Primitive Art & Society*, London: Oxford University Press, 1973.

③ J.Schwartzman, "Art, Science, and Change in Western Society", *Ethos*, Vol. 5, 1977, pp.239-262.

④ S.Diamond, "Subversive Art", *Social Research*, Vol. 49, 1982, pp.856-877.

地方性审美经验：审美人类学研究的关键词

王大桥

康德指认美是无利害的快感、无概念的普遍性、无目的的合目的性形式和人类的共通感，意味着他的形式主义美学或纯粹美学与日常世界发生了严重断裂，重建美与日常世界的联系一直是现代美学话语中的重要议题。理论与经验之间的紧张关系也是当代美学研究无法回避的一个重要问题，学界对不断地清洗具体的美感内容以适应既有理论的美学研究范式有着较多反思，国内近年兴起的审美人类学的学科旨趣就在于还原特定族群的地方性审美经验，审美人类学对审美经验进行文化人类学意义上的阐释无疑是现代美学研究的新路径。

一

康德所设想的美学经验的普遍性原则遭受挑战，在布迪厄看来，康德是将自己所属阶级的美学习性普遍化为审美判断的标准，美学经验赖以发生的美学性情取决于一定的阶级习性，审美场域中行动者拥有文化资本的多寡决定了其审美趣味的纯粹与否。不过在托尼·本尼特看来，布迪厄的《区隔》依然刻写着康德式的美学话语。但布迪厄重建美学与社会生活联系的学术旨趣还是清晰明确的，对美与社会场域、习性、文化资本之间的关系考察对审美人类学研究极具启发性。

纯粹美学欣赏的社会条件在认识论美学视野中被严重忽视，如何对审美话语社会建构过程的条件进行分析却是审美人类学思考的重要命题。在审美人类学重建美学话语的学术追求中，“地方性审美经验”是一个重要的概念。这个概念的理论来源应该归于格尔兹的“地方性知识”[1]的启发，人类学在诞生和发展的过程中，采用各种方法试图用经济全球化的眼光来整合人类的文化经验，并且把这些经整合过的人类文化“经验”纳入社会进化的发展框架中，普遍主义是它的内在追求。对异文化的深入了解受制于“我族中心主义”和“文化批判”的研究态度，如何摆脱文化误读触及异文化的情感结构始终困惑着人类学的研究。另外，经济全球化和现代化浪潮摧毁文化的地方性和民族性，使得文化变得同质和空洞。系统地描述整个世界的文化多样性依然是人类学所持守的学术理想。20 世纪 60 年代的阐释人类学到后现代知识视野中的实验民族志，文化相对论贯穿其中，比如就美国人类学的现代史背景而言，“我们最好将解释人类学看作是文化人类学在二三十年代所倡导的，并以之为学科建设基础的相对主义传统的复兴和精致化”[2]。相对主义主要以解释人类学的面目出现，面对不可否认的政治和经济权力的全球性结构，“作为相对主义和解释人类学实践化身的民族志，向发源于西方而依然占据特权地位的全球均质化观点、普同化价值观、忽视或削弱文化多样性的社会思潮及其对现实的界说提出了挑战”[3]。

格尔兹认为在阐释中不可能重铸别人的经验世界或经历别人的经历，而只能通过别人在构筑其世界和阐释现实所用的概念和符号去理解他们。他说文化的研究“不是探索规律的实验科学”，而是“一种探索意义的阐释性科学”，阐释是对“理解”的理解。[4]个人、自我和情感是传统民族志架构难以反映的问题，格尔兹对特定族群的情感和经验的文化差异和表现形式进行细致的考察，在《巴厘的人、时间与行为》中，格尔兹谈论“巴厘人的心智”，用个案解说

① ［美］克利福德·吉尔兹：《地方性知识——阐释人类学论文集》，王海龙等译，中央编译出版社 2004 年版。吉尔兹，又译格尔兹。
② ［美］乔治·E. 马尔库斯等：《作为文化批评的人类学——一个人文学科的实验时代》，王铭铭等译，生活·读书·新知三联书店 1998 年版，第 55 页。
③ ［美］乔治·E. 马尔库斯等：《作为文化批评的人类学——一个人文学科的实验时代》，王铭铭等译，生活·读书·新知三联书店 1998 年版，第 56 页。
④ 参见［美］克利福德·格尔兹《文化的解释》，纳日碧力戈等译，上海人民出版社 1999 年版，第 5 页。

并帮助开创了民族志中文化的人观研究，这帮助我们理解地方性经验的美学维度：对意义的研究，认为："文化的分析是（或应当是）意义的推测，对这个推测进行评估，从较好的推测引出解释性的结论，它不是去发现意义的大陆，不是绘制它的无形的景观。"[①] 在格尔兹的理解中，人类经验是无法概括和抽象的，当然就不会是普适的，建立在人类有限和局部生存经验之上的地方性知识也就拥有了特殊性：所谓"知识"，是随着我们的创造性参与正在形成中的人类经验，与特定的族群经验相联系，不是超时空的客观知识，知识的主体是特定时间和场合中具有连带关系的共同体。

正是由于知识总是在特定的情境中生成并得到辩护的，因此我们对知识的考察与其关注普遍的规则，不如着眼于如何形成知识的具体的情境条件。如果说传统人类学关注的是人类的共同经验，那么，阐释人类学则关注人类的地方性经验。地方性知识强调人类经验的特殊性以及所持有的文化相对主义的立场，对审美人类学的"地方性审美经验"概念的形成有着重要的影响。

二

对地方性审美经验作为审美人类学核心概念进行研究的是王杰，其对审美人类学研究对象的表述有一个渐进的过程："中国审美经验""民族审美经验"和"地方性审美经验"。"中国审美经验"强调中国当下的审美问题怎样与传统美学资源结合，过去和现在都可概括为中国审美经验。在审美人类学看来，"中国美学的理论根基，应该建立在中国经验的文化人类学解释的基础上，这包括中国特有的生产方式、生活方式、社会组织制度，以及由此制约的心理习惯和审美习俗，这些都决定着中国人的思维方式、情感特征和表达方式"[②]。

① ［美］克利福德·格尔兹：《文化的解释》，纳日碧力戈等译，上海人民出版社 1999 年版，第 23 页。

② 王杰：《地方性审美经验中的认同危机——以广西那坡县黑衣壮民歌在南宁国际民歌艺术节上的呈现为例》，《文艺研究》2010 年第 9 期。

王杰认为以“中国审美经验”及其审美表征为基础，探索中国文化的情感结构，有可能建立区别于西方美学的中国美学。“在西方以视觉性形象为基础，以‘视觉性隐喻’为理论框架的美学理论，已经出现深度危机的情况下，建立在中国文化和中国审美经验基础上的以流动性的声音性形象为基础（乐、诗、词、曲等），以‘韵’和‘意境’为核心范畴和表征机制的‘中国美学’具有越来越重要的理论价值和意义。‘中国美学’首先是对以中国文化为基础的丰富多彩的审美经验和艺术体验的理论概括；其次，从某种理论层面和某种意义上，如果我们能在现代学术方法和学术理念的背景下加以理论化和系统化，‘中国美学’是具有普世性的，可以成为日益多元化的世界美学发展潮流中一种重要的学术资源和理论发展的动因。”[①] “民族审美经验”注重各个民族艺术现象审美问题的研究，比如黑衣壮民歌、纳西古乐等。

而“地方性审美经验”更明确地强调地方性、本土化，地方性审美经验必然与全球化产生矛盾，在经济全球化的趋势下，文化的地方性色彩越来越重，标准化、同质化在经济领域内可以接受，与经济领域不同，文化领域强调丰富性、多样性，地方性审美经验可以为新的文化、文化产业、美学理论提供新的成功经验，对新的特殊的不同于其他族群的审美经验进行研究。“地方性审美经验”是王杰在研究少数民族审美文化时尝试提出的理论概念，用于概括和指称全球化语境下非西方主流文化在审美维度上的存在方式和存在形态，其对“地方性审美经验”进行描述性定义：“人类学意义上的具有地方性文化特点的感知世界的方式，包括处理人与自然关系的方式，以及不同性别、不同年龄、不同阶层的人们的文化认同和文化区分的感性文化层面，还包括由于这种不同的感知方式和处理外部世界的方式而形成的不同的审美意义。具体性和特殊性是‘地方性审美经验’的主要特征。文化、习性、文化传统、语言、习俗、认

① 肖鹰：《人类语境中的“美”——“美”的概念再阐释》，《清华大学学报（哲学社会科学版）》2003 年第 1 期。

知模式、象征符号等等，均为‘地方性审美经验’的基本要素。”[①] 地方性审美经验的要义包括以下几个方面：其一，地方性审美经验的蕴涵是人类学意义上，是地方性审美文化的主体规定；其二，特定族群可以通过审美活动在审美心理上获得民族认同或文化认同；其三，具体性和特殊性是主要特征；其四，地方性审美经验是小型社会边缘文化群体和少数民族全部文化活动和文化认知的感性体验。从地方性审美经验的描述性定义中，可以看到格尔兹和西方马克思主义人类学思想的影响。

王杰在《地方性审美经验中的认同危机——以广西那坡县黑衣壮民歌在南宁国际民歌艺术节上的呈现为例》一文中以广西那坡县境内黑衣壮山歌为个案，考察其从 2000 年被“发现”，到 2001 年、2002 年在南宁国际民歌艺术节上的呈现，以及 2004 年在南宁国际民歌艺术节期间的“东南亚时装秀”的表演，分析少数民族民歌在全球化条件下呈现的“审美经验被撕裂”的现象，从而论证“地方性审美经验”与少数民族艺术的内在联系及当代特征。文化、经济和审美（或艺术）之间相拥相抗的整体生活图景在现代化的过程中有被撕裂的危险，文化和经济全球化对难以通约的地方性审美经验造成了强力压迫，地方性审美经验被剥离具体社会情景固化为某种文化符号时，碎片化成为其最终的宿命，深刻的悲剧性其实已经蕴含其中了，广西那坡县黑衣壮两次走向南宁国际民歌艺术节的历程很好地说明了这些。民歌作为黑衣壮族群生活于其中的文化生活，一旦成为“被看”和“表征”的对象，经验世界的“断裂感”就可能产生。正如生活于传统中的人们不知道传统，一旦反思和表征传统，就已经离开了传统。无论是“被迫”还是“自愿”，黑衣壮的“民歌”从具体生活情景中被拔出在大众文化舞台上表演的时候，地方性审美经验的整一性可能面临破碎。问题或许不在于民歌是否在舞台上表演，而是拔出以后的民歌疏离了心灵世界，真实的生活方式被制作成无法表征自我的“审美幻象”被他者“凝视”，

① 郑元者：《艺术起源与“美”的情境性》，《华南师范大学学报（社会科学版）》1998 年第 3 期。

对于参与制作审美幻象的“李丽娜”们来说，“伤害被大写”就容易理解。

黑衣壮族群在大山深处有条不紊地过着传统的日常生活，在文化开发的政府行动中，“被迫”走到镁光灯下，无论情感世界是怎样的受伤，但现代化过程中物质生活的改善却是显而易见的，因此第二次南宁国际民歌艺术节上的自发行为可以理解。王杰认为黑衣壮民歌在经济利益推动下参与到大众文化合唱中，悲壮的努力换来的依然是失败的情感体验，这加剧了意义世界的破碎。“从弄文屯黑衣壮的努力可以看出，他们先是寄希望于学术话语的力量，后来又寄希望于商人的经济资本力量，但都归于失败，因此导致很深的创伤和文化认同方面的危机。”[①] 黑衣壮“被抛”的创伤记忆表征着他们也许不愿接受的事实：他们游离在社会发展的边缘。地方性审美经验在现代性过程中从经济、文化场域中剥离出来，价值世界遭遇危机，黑衣壮族群的疏离感强化了“被抛”的情感记忆。在全球化背景下，黑衣壮审美经验的矛盾结构是无可避免的事实性存在，经济和文化性事件如果是黑衣壮在现代化过程必须经受、承担的个人生活或集体性生活的意识事件，就生活整体而言，他们不是参与到现代性生活中，而是早就卷入这种生活的激流，无论其愿意与否。地方性的审美经验互相重叠、交织、组织，这种组织围绕着一个主体，或者说，这种组织造就一个主体。这个主体也许是个人，也许是集体。如果说黑衣壮的地方性审美经验是一种自组织，那么一些相对更为有序的经验不断把相对无序的经验组织起来；现代性的无序经验如果超出这个族群的经验范围很远，在抚慰他们情感创伤的同时，改变地方性审美经验的结构方式可能是有效的解决方式。

格尔兹主张从文化持有者的内部眼光来进行民族志的描述，实际上即便这样，民族志的描述依然只是观察者所能感觉到的某个族群的文化经验，观察者描述的经验与被描述对象对其自身文化的经验还是两码事，客观的民族志在这个意义上成为不可能。而描述某种文化中的个体是如何“经验”他们的文化经

---

① 王杰：《地方性审美经验中的认同危机——以广西那坡县黑衣壮民歌在南宁国际民歌艺术节上的呈现为例》，《文艺研究》2010 年第 9 期。

验的，这可能是审美人类学有效的思考路径。王杰成功地改造了托尼的习性概念，建立了地方性审美经验与审美习俗之间的强力联系，审美习俗或审美习性的改造问题就成为解决黑衣壮认同危机的有效途径。

三

审美经验的地方性是人类审美活动的一个基本事实，对地方性审美经验的研究可以松动全球化语境中文化的同质性。中国美学话语实践对“普遍美”的质疑大致有两种努力方向：其一，强调“美”的情境性；其二，强调中国美学的地方经验。这两条研究路径与审美人类学视域中“地方性审美经验”的研究旨趣有较大差异。

肖鹰曾认为审美人类学视域中的“美”是普遍性的，主要阐释人类审美经验的共通性，审美文化学才是考虑在不同文化体系中（语境）美的具体价值意义和表现特征。“审美人类学着重于探讨‘美’在人类存在层次上，即人与世界最基本的生存关系上的价值和意义内涵，那么，审美文化学是在审美人类学的基础上，探讨和揭示‘美’在不同的文化体系（语境）中的具体的价值意义和表现特征。”[①] 肖鹰所言的审美人类学的理论依据主要是康德意义上的哲学人类学，人类具有共同的有机体结构以及一些基本的生存经验和相应的基本价值，所以存在跨文化的审美标准，认为在具体的文化语境中讨论“美”产生的社会条件，那是“审美文化学”的任务。郑元者立足于当代马克思主义人类学美学的学科视野，从艺术起源这一核心问题着眼来理解和阐释“美”的情境性特点。[②]“地方性审美经验”在郑文的理论框架中虽然获得理解的可能，但“地方性审美经验”作为概念毕竟还没有正式被讨论。李波“通过比较不同文化区

---

① 肖鹰：《人类语境中的“美”——“美”的概念再阐释》，《清华大学学报（哲学社会科学版）》2003 年第 1 期。

② 参见郑元者《艺术起源与“美”的情境性》，《华南师范大学学报（社会科学版）》1998 年第 3 期。

域中的审美事实，分析在审美情境中审美主体与不同文化区域中的审美客体发生关系的方式，勾勒美感与文化、美感与人、美感与审美情境等的多维关系，并综合研究美感的复杂性”[①]。李波质疑“美感普遍性”是否成立，从美感研究的“本体论”“认识论”到“艺术人类学”的范式转变进行考察和论证。李波的“审美情境”不仅包括“人类学情境”，也包括“哲学”和“心理学”情境，但在这些“情境”中，人类学所言的“地方性情境”可能被弱化了。

2005年4月上海师范大学进行了题为“中国美学的地方经验与世界价值”的学术研讨会，“地方经验是会议组织者借鉴了人类学‘地方性知识’一词并加以改造的概念，意在强调中国文化和美学在结构上的特殊性、形态上的复杂性，在普适性研究外提倡对具体中国美学问题进行微型叙事研究”[②]。刘士林认为“江南文化和齐鲁文化”是中国文化两种最重要的地方经验，虽触及地方性审美经验的概念，但是“江南文化和齐鲁文化”更多的是区域性文化，其文化经验中的情感维度还没有完全凸显出来。程相占明确地使用“地方性审美经验”的概念来讨论其与生态美学的关系，他认为“地方性审美经验是生态智慧的集中体现，通过深入分析审美经验的深层结构，可以清楚地解释审美经验的特殊性与普遍性之间的关系，从而为美学研究构建一个符合生态精神的跨文化语境——审美生态系统”[③]。不过，生态美学理论视野中的“地方性审美经验”与审美人类学所言的“地方性审美经验”问题指向不同。

在审美人类学看来，“不同民族和地区的审美经验表达了该民族成员对现实生活关系的审美态度和审美价值倾向，从不同的审美经验出发研究不同民族和地区的审美活动和审美规律来反映该民族的人们的思维方式和审美机制，从而发现该民族审美活动方面的特殊性。尤其是在经济全球化条件下，少数民族和边缘群体的审美习俗的传承与演变过程，探寻他们的审美需要以及审美需要

① 李波：《审美情境与美感——美感的人类学分析》，博士学位论文，复旦大学，2005年。

② 种海燕：《探索中国美学学科建设的新理念与新框架——“中国美学的地方经验与世界价值”学术研讨会综述》，《新疆大学学报（哲学·人文社会科学版）》2005年第4期。

③ 程相占：《生态智慧与地方性审美经验》，《江苏大学学报（社会科学版）》2005年第4期。

的表达方式和审美交流活动等”[①]。地方性审美经验与少数民族和边缘群体的审美习性、情感结构联系着，可以借此反思经济全球化语境下中国美学经验的特殊性。

（原文载于《文艺理论与批评》2013 年第 1 期）

① 王杰：《审美幻象与审美人类学》，广西师范大学出版社 2002 年版，第 148 页。

审美交流：审美人类学的关键词

张良丛

审美人类学是当代美学与人类学交叉形成的新形态，并形成了新的问题域。其中，审美交流就是审美人类学问题域中凸显的重要问题之一。与一般美学的理解不同，审美人类学认为，审美不只是一种精神性活动，其背后潜藏着习俗、道德、宗教等文化内容，构成一种文化机制。这种文化机制不是凸显在审美交流的表面，而是潜藏在审美交流的深处，直接决定了审美交流的形态和内涵。由此，审美交流不仅是个美学的问题，更是一个文化的问题。从美学史上看，审美交流问题并不是一个新问题，在现代美学和后现代美学中也有各自的言说形态。在对审美交流的三种阐释维度的纵向考察中，审美交流问题就具有了理论价值。

一、审美交流的现代美学阐释

审美交流的问题，在古典美学那里并没有成为一个问题。审美交流是与主体有着紧密联系的问题。古典美学的核心是“美是什么”的追问，审美主体并没有纳入它的理论视野，导致古典美学对审美交流问题漠视。作为一个重要的学术问题，对审美交流加以研究是现代美学所确立的。现代美学突出了审美活动的主体问题，自然会关注到主体之间的交流活动。但是，现代美学视野中的审美主体是放到一个特殊的领域中：审美想象。现代美学核心的主题之一：想象与现实的关系。“西方现代美学一直围绕着想象与现实的关系展开。由于现代人和现代艺术所承受的沉重的文化压力和现实压力，现代美学极力割断想象与现实的关系，把思辨的焦点聚集在想象的哲学本质和审美功能方面。”[①] 割裂审美与现实的关系，把审美当作一个独立自主的领域，有着自足的规则，不受他者的限制。也就是说，审美交流的问题只是审美领域中的一种自主性的活动。从总体上看，现代美学视域中的审美交流呈现出这样几个特点：

首先，现代美学认为审美交流是一种审美领域的精神性交流，否定审美交流与日常交流有直接联系。现代美学是一个复合体，其内部流派纷杂。但是，它们都有一些总体特征，其中最为突出的特征是审美自律性，也就是认为审美领域是一个独特领域，有自己的法则，不受其他领域的法则左右。审美自律性的提出，是社会发展的必然结果。封建经济向资本主义经济形态的转变，直接带来了艺术家从对宗教、宫廷和保护人的依赖转向对市场的依赖，对市场的依赖就可以使艺术、审美组成一个独立的王国，建构自己的法则，从而才能走向自律。这个转向是艺术自律的社会根源，也是艺术走向审美自足的根源。18 世纪中叶，法国哲学家巴托提出了“美的艺术”的观点，也正是这种潮流的总结。同时，艺术在自身实践和理论话语的总结方面进一步推动了审美自律性成为普遍接受的话语观念。“一方面是艺术实践的发展，使得绘画、雕塑、诗歌、音乐和建筑这样的门类逐渐发展出倾向于审美欣赏的性质，因而与其他实用性、功利性技艺活动区分开来；另一方面，对艺术的这一发展十分敏感的哲学家、美学家和艺术家，也开始以理论话语的形态讨论艺术这个划时代的转变。”[②] 艺术和美学话语从实践和理论两个层面推动了审美领域的独立。自此，审美与政治、经济、宗教等领域分离开来，开始遵循自己的内在逻辑。应该说，审美自律是现代美学的一大发明，对于美学自身的成长是必要的，大大促进了美学发展。但是，现代美学确立了审美自律性，也直接割裂了审美与日常经验的关联，探讨审美问题，也只能以美学的话语去探讨，而且这种理论话

① 王杰：《审美幻象研究：现代美学导论》，广西师范大学出版社 1995 年版，第 5 页。
② 周宪：《审美现代性批判》，商务印书馆 2005 年版，第 216 页。

语也成为艺术阐释的话语，直接影响了艺术实践，艺术实践走向了自言自语的曲高和寡的境界。由此，在现代美学的理论语境中研究审美交流，我们首先必须认识到审美交流是一种审美领域的审美主体间的精神性交流，与其他价值领域没有联系。

在审美自律性的观念笼罩下，现代美学的审美交流有了共同的基础。这就是以承认美感的普遍性存在为基础的。这个原则是从康德《判断力批判》中提出的美学的基本原则。在书中，康德提出了审美判断的四个方面："美是无一切利害关系的愉快的对象。""美是那不凭借概念而普遍令人愉快的。"[①]"无目的的合目的性，无概念的必然性。""这共同感是有理由被假定的，而且不是根据心理的观察，而仅仅是作为我们知识的普遍传达性的必要条件。"[②]人类存在的共同性不是建立在概念上，而是建立在共同情感上的。正是在"人同此心，心同此理"的条件下，不同的审美主体才能实现审美交流。

其次，审美交流是一种教化性的单向流动。现代美学强调了艺术与非艺术的区别，审美经验与日常经验的差异，突出了艺术和审美作为一个与众不同的价值领域的存在，其目的是导向一种精英主义的价值取向。"现代主义艺术通过自恋和自律，通过高雅趣味和审美价值的坚持，保持着一种鲜明的对抗姿态和批判立场……自律论、自恋倾向和精英主义必然殊途同归。"[③]精英与大众的区分，其潜在的主题就是启蒙运动确立的对大众启蒙的思想路线。因此从审美交流的角度看，现代美学确立的审美交流是单向的，即精英对大众的启蒙。现代美学的审美救赎、审美拯救的主题就体现了这种审美交流的价值导向。这种价值导向凸显是建立在大众的审美趣味是低下的、庸俗的，需要拯救和启蒙的基础上的。此种观点，必然不为后现代美学思潮所容。

再次，审美交流的基本途径：想象。这个原则也是诞生于浪漫主义美学，

---

① ［德］康德：《判断力批判》（上卷），宗白华译，商务印书馆 1964 年版，第 57 页。
② ［德］康德：《判断力批判》（上卷），宗白华译，商务印书馆 1964 年版，第 77 页。
③ 周宪：《审美现代性批判》，商务印书馆 2005 年版，第 306 页。

由康德做出了系统的阐释。浪漫主义诗人、艺术家和理论家，强烈感受到工业社会导致的人与自然的分裂、人与人之间联系的断裂、感性与理性的对立等方面，希望从民间和远古文化中，重新恢复人类感受经验的完整性，建立人类与自然、个体与个体、感性与理性的交流，从而达到自由的境界。他们寻找到的基本途径就是想象。对此，王杰先生指出："想象不仅伴随着巨大的情感和热情，而且绝对自由，不受外在现实世界的干扰和支配。现实生活在一切方面都已经异化了，破碎了，美好而完整的世界仅仅作为一个美丽而动人的梦而残留在意识的深处。人与人之间在血缘上、情感上和理智上相互联系的纽带断裂了。人不再信任他人，也不再具有共同情感交流的媒介（远古的祭坛、中世纪的教堂）。因此，诗人们从梦中获得灵感，从远古神话和乡野秋愁中寻求心灵的寄托。由英国浪漫派诗人所提出的这个主题，经过德国古典哲学的系统论证，成为近百年来美学和艺术理论著作最基本的主题。"① 接受了浪漫主义美学理论余脉的康德美学，也确立了想象在审美活动中的核心地位。"为了判别某一对象是美或不美，我们不是把［它的］表象凭借悟性连系于客体以求得知识，而是凭借想象力（或者想象力和悟性相结合）连系于主体和它的快感和不快感。"② "审美的反思就是靠这种想象力在万物面前遨游。"③ 想象构造的审美幻象成为构造独立的自由世界和达到超越性的必然途径，也成为审美交流的基本途径。

总之，现代美学的视野中，审美交流是其理论体系中的重要问题。审美在现代美学中被赋予的特殊地位和使命，决定了审美功能的基本指向。审美成为一种交流、沟通的神圣之物，直接与人类自由的目标和生存发生了关联。审美救赎、审美解放等主题都是关注了审美交流所指向的最终目的。因此，审美交流问题在现代美学中凸显出来，成为精神解放的一个重要工具。

---

① 王杰：《审美幻象研究：现代美学导论》，广西师范大学出版社 1995 年版，第 5 页。

② ［德］康德：《判断力批判》（上卷），宗白华译，商务印书馆 1964 年版，第 39 页。

③ ［德］H.G. 伽达默尔：《美的现实性——作为游戏、象征、节日的艺术》，张志扬等译，生活·读书·新知三联书店 1991 年版，第 27 页。

二、审美交流的后现代美学阐释

后现代美学解构了审美精英主义，把审美还给了现实生活。从审美交流的角度看，其语境论和间性观念把审美放到了一个复杂的文化语境中，注意到了审美的复杂性，从而使审美交流可以从更为广阔的视角加以阐释。如前所述，后现代美学所突出的主题，与现代美学既有直接的关联，更有着明显的对立倾向。后现代美学对审美交流的阐释也呈现出不同的样态。在现代美学看来，审美交流主要是一种对自由的企望，一种达到审美自由的途径。因此，以浪漫主义为代表的现代美学突出自律性、审美个性、天才的创造，通过审美想象来达到对现实的超越，以此来回归企望的自由家园。与之相对应，后现代美学把审美重新回归生活，消融艺术与生活的界线，提倡日常生活审美化，显现日常生活中无处不在的审美观念。它还取消艺术与非艺术的区分，雅俗之间的区分、大众与精英的区分，为日益崛起的通俗艺术、大众艺术提供了理论支持。后现代美学是“后现代文化的一个有机组成部分。后现代美学志在向‘美学霸权主义’发动挑战，志在取消传统美学家所人为设置的形形色色的僵硬的界限，特别是取消美学与非美学的区别。一句话，志在否定拥有特权的审美王国，弄坍传统的‘审美空间’”[①]。“我们可以将后现代美学看作一种‘破坏美学’。”[②]后现代语境中的美学与现代美学相对立，抛弃了现代美学的很多观念，重新构造一种美学形态，从而对审美的理解也具有了与现代美学迥然不同的形态。后现代美学的核心方法论就是解构思想。解构主导了后现代思潮，成为其基本特征。从审美交流的角度看，后现代思潮提出另一个观念：间性观念具有重要的学术价值。这个观念直接实践了解构的思想。间性观念包括主体间性、文本间性和文化间性。间性观念的实践就解构了主体或文本的神圣性和唯一性，打破了它们的封闭性，把主体投入到更为广阔的文化语境去了。

① 王治河主编：《后现代主义辞典》，中央编译出版社 2004 年版，第 247 页。
② 王治河主编：《后现代主义辞典》，中央编译出版社 2004 年版，第 252 页。

由此，后现代语境中的审美交流也与现代美学的理解具有了差异性。首先，审美交流去除了神圣性，走向了感性经验的沟通。这与审美活动在后现代的理解是一致的。后现代的审美活动被放在了一个平凡的位置，失去了解放、拯救、救赎人类的宏大叙事主题。审美活动甚至成了现实生活的点缀。审美交流也不再具有神圣性，只是审美经验、审美趣味的沟通，也是人类众多的交流方式之一。在后现代美学这里，审美失去了神圣性，走向感性领域的自我放逐。这使得几家欢乐几家愁，有人欢呼雀跃，有人呐喊批判。但是，大众文化、消费文化所带来的日常生活审美化，的确呈现了审美的这种平常化或平庸化。

其次，后现代美学冲破了审美自律的疆域，把审美重新放回到复杂的社会文化中，美和艺术具有了多重理解。审美交流从个体精神中走出来，变成一种复杂的活动。也就是说，审美自律是一种人为的理论建构，是现代美学建构的一个神话，掩盖了审美与意识形态等各方面的复杂关系。审美作为人类的基本活动，与人类生活各个领域有着错综复杂的关系。审美自律是相对的，从来就不是绝对的。后现代美学形态以解构的思想为内核，拆解了现代美学自律性神话和审美纯粹性，恢复了审美复杂性，这是必然的结果。由此，以后现代美学的视角来看，审美交流也不再是审美活动中的审美主体之间的精神性交流，而是伴随着意识形态等复杂的非审美因素在其中。审美交流的政治功能、文化功能等方面就自然进入其中了。

再次，后现代美学秉承的多元性价值观，使审美交流不再具有教化的意味，而变成一种平等的沟通。后现代美学对美学权威主义的批判，必然导致美学多元主义的出现，多元必然会否定独一无二的权威。也就是说，审美活动不存在绝对的、高高在上的、需要人们去膜拜的审美权威。审美趣味、审美理想是多元的，具有差异性的。承认审美的多元性，也必然带来审美交流阐释的平等性，即审美交流的主体是平等的，不存在启蒙、教化之类的问题。这也是现代文化哲学的主体间性和文化间性观念在美学中的实践。主体间是平等的，文化间是平等的。因此，审美交流的平等性必然是后现代美学的必然结果。

上述两种形态的审美交流，是从美学发展史上的两种美学形态理论系统总结出来的，显示出审美交流的不同理解和变迁。现代美学把审美当作一个独立的、自律性的领域，审美交流过于注重想象所构造的虚拟世界，缺乏对审美复杂性的认识，在虚构的王国中自怨自艾。同时，对于文化权威的认可，对于天才等少数人的推崇，必然会导致现代美学的审美精英主义倾向，忽视了审美创造活动之外的接受者的主体性。而后现代美学则打破了现代美学的藩篱，使美重新回归日常生活，尤其是间性观念的提出，使得主体之间、文化之间形成一种新的理解方式。因此，站在后现代语境中加以审视，审美交流的研究必须突破现代美学的视野，具有新的理解方式。后现代美学值得借鉴，但是我们也不能盲从后现代美学的规则。这就需要介入新的理论资源，从而对现代美学和后现代美学加以综合的审视，使认识更为全面。审美人类学作为当代美学和人类学交叉学科，其理论体系具有了别样的形态。在审美人类学的视野中，审美交流具有了另一种阐释的可能性。从美学史的知识形态看，当代审美人类学的建构就是在现代美学和后现代美学之间的第三条道路。站在后现代的语境中，借鉴和吸收现代、后现代美学的有益因素，又从人类学对异域的文化实践和审美实践中获得新的理念和参照系，审美人类学得以形成新的理论形态。

三、审美交流的人类学阐释

不同国家和社会具有差异性的文化传统，人类文化是多样的。这个问题在美学上反映似乎很少。现有的美学存在着一种西方文化殖民主义的痕迹。我们所面对的审美观念、美学思想几乎都是西方美学的表述，似乎现代形态的美学只有西方美学一种范式。然而，在审美人类学的视野中，文化传统是美学思考的一个重要的参照系。美是与其文化语境不可分割的，存在着多样的形态。美与不美的判断与文化传统有着直接的联系。理解美、审美，首先要确定其处于什么样的审美传统中。因此，审美观念的阐释必须与地方性文化相联系，否则就会得出似是而非的结论。

早期的人类学从两个方面确定了其理论支点："其一，通过对非工业社会的文化习俗、社会惯例以及日常经验的组织方式的研究，证明了工业化社会在历史尺度和理性精神方面的优越性和合理性……其次，通过研究非工业社会的文化以及这种文化的思维方式和表征危机，发现原始文化貌似蒙昧的文化表征方式却异常有效地保持着个体与社会、情感体验与历史过程之间的整体性和完整性。"[①] 以异文化作为反例来证明西方文明的优越性是一种殖民主义的文化心态，具有明显的自恋倾向。而把原始文化当作一种精神回归的家园也具有明显的浪漫主义的色彩。这两种方式都具有一定的理论缺陷。当代人类学把异文化当作一种与自我文化对比的参照系，肯定了异文化对当代文化阐释的意义，关注到现代文化中人的生存的危机性，开创了一条重要的文化反思、文化批判之路。异文化成为当代文化自我批判的参照，也成为自我建设的参照。发掘异文化表意系统的文化机制，并与本土文化相互参照，从而提出新的阐释，这是当代文化批判的出路。

"在有文字，尤其是工业社会的传统艺术形式已经丧失了如此多的作为传达消息、信息和教导的重要性。以至于我们很难意识到前工业社会和无文字社会传达信息的形象的重要性。"[②] 工业社会一切文化因素都纳入理性审视的范围，很多传统交流信息的方式都失效。艺术作为一种交流方式的失效就是一个重要的方面。而在相对落后的无文字的民族中，艺术具有重要的交流功能。非洲的尤鲁巴人有一种表意方式，就是在各种在雕像、陶钵等物体上，甚至在脸上雕刻各种各样的线条。这些线条具有包括审美在内的各种各样的意义。对此吉尔兹指出："不同深度，不同长度的线条，在他们面颊上画过，留下疤痕，可

① 王杰：《审美幻象研究：现代美学导论》，广西师范大学出版社 2002 年版，第 43—44 页。

② Hatcher, Evelyn Payne, *Art As Culture: An Introduction to the Anthropology of Art*, Westport: Bergin & Garvey, 1999, p.142.

以作为他们部落姓氏的识别标志，个人妩媚惑人的符码，以及身份地位的标识。”[①] 由此，我们可以看出线条在尤鲁巴人的文化中具有了特殊的意义，而且已经构成一种文化习俗，直接左右了尤鲁巴人的文化创造。尤鲁巴人之所以具有这种文化习俗，在于他们对于文明化的理解。“尤鲁巴人把线条和文明开化连在一起了。”[②] 线条是文明的标志，代表了身份地位、社会层次、出身、美丑等方面。线条与美的联系，也就是说线条成为美丑的分界线，这种审美理解的方式似乎很难用现代美学的观念加以阐释，只有放到尤鲁巴文化中才有意义。这种审美观已经把审美与文化习俗紧密地融合在一起，纯粹的美学并不能说明它，只能从深层次的文化机制才能阐释清楚。这个深层次的文化机制就是，尤鲁巴文化认为的，“文明开化就是线条，线条的刻画就是美”的文化观念。由此，我们看到人类学本身具有各种各样异文化考察的经验，注意到不同文化传统的审美差异性，因此对于审美的理解也直接把文化机制或审美传统联系在一起。与之相关，以人类学的方法来理解审美交流，我们也必须首先关注对其有决定作用的文化机制或审美传统。

人类学向来关注不同的文化语境中的认知、表意实践等方面的差异性。在审美人类学的视野中，审美交流本身并不简单的是一个审美问题，更是一个文化问题。也就是说，在不同的文化机制或文化模式中，审美交流的达成有着各自不同的模式。因此，对于审美交流，审美人类学首先把其看作一种文化交流，注意到其背后的文化机制、文化模式。

虽然，我们强调审美交流的文化机制，但是我们不是说审美交流就是文化交流。审美交流与文化交流是具有差异性的，具有自己的特点。“审美交流不同于日常生活交流以及文化交流，它使用的是具象性的媒介，但传达出某种超

---

① ［美］克利福德·吉尔兹：《地方性知识——阐释人类学论文集》，王海龙等译，中央编译出版社 2000 年版，第 127 页。
② ［美］克利福德·吉尔兹：《地方性知识——阐释人类学论文集》，王海龙等译，中央编译出版社 2000 年版，第 127 页。

验性、永恒性的符合于人类内在尺度的要求。”① 也就是说，审美交流虽然与日常交流和文化交流有着直接的联系，但是审美交流是具象性的，直接指向了人类内在经验世界的完整性，是对人类异化状态的一种抗争。在人类学看来，审美交流具有几个不同的层次：人与自然的交流、人与人之间的交流、人与超验性的交流。人与自然的交流凸显的是人的本源性，与大地的关联。人与人之间的交流既有信息的传达，更是审美推进人类经验整体性的方式。人与超验性的交流指向了一种超越具象的精神皈依，凸显了人类精神的超越性。当然，作为审美交流，这三个方面都是借助审美媒介的方式达到的。三者也相互联系构成一个完整的整体，指向了人类经验的完整建构。审美交流的这三个方面在现代美学中并没有得到全面的关注。现代美学在封闭型的审美领域中，缺乏对审美交流与其他文化形态的联系的考察，因此，对审美交流的阐释并不全面。因此，需要新的视角加以阐释，从而获得相对全面的认识。

另外，人类学对于审美交流的考察还注意到两个方面：一是身体是审美交流的基础。作为审美活动主体存在的身体，既是肉体的存在，又是文化建构的结果。伊格尔顿在《审美意识形态》中早就指出，身体是审美活动的物质基础。此时的身体并不是自然的肉体，而是文化的身体，蕴含了以意识形态为内容的文化属性。身体是行为的展演和文化的规训的载体，审美交流在很多时候是借助于身体的行为而实现的，其中最为重要的是仪式行为。二是审美交流需要媒介。这个媒介是多样性的。可以是具体性艺术和现实的审美现象，也可以是蕴含审美的其他的文化形式（如仪式）。但是这些媒介要发挥作用，必须通过心理的建构而发生作用，即审美幻想的建构。经过心理的接受和建构，作为审美交流媒介的审美对象，也超越了其自身，而变成一种为各种形式的思想所扭曲的审美幻象。审美对象成为融合主体因素的幻象，审美交流也就成为意识形态的争夺的战场。

① 王杰：《审美幻象研究：现代美学导论》，广西师范大学出版社 2002 年版，第 50 页。

总之，审美交流问题在不同的美学理论话语系统中，侧重了不同的维度，体现出不同的价值指向。但是，应该指出的是，在审美人类学的视阈中，审美交流的问题张力获得了最大限度的释放，扩大了它的多重含义。审美交流负载了文化的含义，审美传统的内涵，审美制度的保障，以地方性经验弥补了审美与日常经验的分裂，从而使审美活动获得了三重交流深入体验。因此，审美交流既是一个审美人类学的问题，也是它的关键概念。

（原文载于《马克思主义美学研究》2013 年第 2 期）

审美人类学视野中的审美认同研究

尹庆红

全球化背景下，身份认同问题日益凸显，成为当今学术界特别关注的话题。身份不是自发产生的，也不是一成不变的，而是在复杂的社会过程中被“文化”建构起来的产物。文化的表现形式是多种多样的，不同的文化形式都在群体的身份认同中起到了重要的作用。与人的情感、价值和审美等精神层面密切相连的各种艺术形式和审美活动如舞蹈、音乐、歌曲、视觉艺术、文学、戏剧以及传说等无疑也都在身份认同的形成过程中起到了重要的作用。在跨文化的交流中，艺术和审美实践往往成为群体表征其身份意识、争取政治、经济权利的重要的途径。从审美人类学的角度研究审美认同，可以揭开群体认同建构中的不同方面。

一、人类学视野中的认同问题

认同问题是当今全世界遇到的共同问题，已经成为当代社会生活中一个极为重要的现象。“在每一个地方，我们都遭遇到认同的话语。而且，人们所讨论的不仅仅是认同问题，还涉及变化问题：新的认同的涌现，旧的认同的复活，现存认同的变迁。”① 认同问题也是国内外学术界特别关注的一个热门话题。那么，何谓认同呢？认同译自英文“identity”，在英文中有多种含义。一

① Richards Jenkins, *Social Identity,* London: Routledge, 1996, p.7.

是指同一性，即哲学上指的两个或更多的名称指的是“同一个东西”或两者具有相同的特征；二是指人格心理认识上的一致性及由此形成的关系，心理学上的认同概念最早是由弗洛伊德提出的。在心理学范畴，认同就是指“一个人将其他个人或群体的行为方式、态度观念、价值标准等，经由模仿、内化，而使其本人与他人或群体趋于一致的心理历程”[①]。在社会心理学中，认同是建立个体与社会之间关系的必要机制。“认同是心理学中用来解释人格统合机制的概念，即人格与社会及文化之间怎样互动而维系人格统一性和一贯性，认同是维系人格与社会及文化之间互动的内在力量，从而是维系人格统一性和一贯性的内在力量，因此，这个概念又用来表示主体性、归属感。”[②]这样，对认同问题的讨论从哲学上的“同一性”到心理学上的“自我”，然后到社会心理学的个体心理与集体归属的关系，认同含义的外延逐步扩大，主要指个人认为自己与所处的特定的社会地位、文化传统或民族群体的统一，如身份、地位、利益和归属。我们通常说的现代化所带来的认同问题主要是从个人和社会的关系这个角度而言的，它已经由哲学上的事实判断转变为社会学上的价值判断和意义探求。“一般说来，认同与人们对他们是谁以及什么对他们有意义的理解有关。这些理解的形成与先于其他意义来源的某些属性有关。认同的一些主要来源包括性别、性别倾向、国籍或民族以及社会阶级。”[③]关于认同问题的讨论由哲学、心理学领域进入社会学领域和人类学领域。种族认同、民族认同、族群认同、文化认同等成为学术界研究的热点。正如周宪教授所说：“假如说九十年代以前的热点问题是意识形态与霸权，那么九十年代以后，认同问题取而代之则成为焦点问题。”[④]对认同问题的研究也由心理学、哲学等领域延伸到教育学、社会学、人类学、文化研究、政治学、媒体研究等诸多领域。尤其是随着全球经

① 张春兴编著：《张氏心理学辞典》，上海辞书出版社 1992 年版，第 122 页。
② 沙莲香主编：《社会心理学》，中国人民大学出版社 2002 年版，第 4 页。
③ [英]安东尼·吉登斯：《现代性与自我认同——现代晚期的自我与社会》，赵旭东、方文译，生活·读书·新知三联书店 1998 年版，第 38 页。
④ 周宪：《文学与认同》，载周宪主编《文学与认同：跨学科的反思》，中华书局 2008 年版，第 185 页。

济的快速发展和新科学技术的发明和运用，全球化迅速在全球范围内延伸，以及学术界中的文化研究的兴起，文化认同愈加成了学者们关注的话题。

在全球化时代，文化认同越来越成为世界范围内的问题，在一定程度上具有普遍性和共同性。但是，如果片面强调文化认同的普遍性和共同性，就会导致对认同问题的民族的、文化的、地域的、种族的等特殊性、具体性和差异性的忽视。因此，我们要“对‘认同’的概念‘去本质化’理解，把特定的认同包括民族认同不是看作普遍的，而是看作具有历史的、文化的具体性”[①]。由于各民族和地区的人们在社会发展过程中创造了各具特色的文化模式，各种文化模式之间既具有相通性，更具有差异性，因此，文化认同总是跟具体的地域、民族、族群联系在一起。不同地域、民族、族群中的成员对认同危机的反映是不同的，形成认同的途径也是多种多样的。我们在看到文化认同问题具有全球性、共同性特征的同时，指出其具体性、多样性、差异性特征，无论在理论上还是在实践上都是极其重要的。

文化认同的核心就是“我是谁”“我从哪里来”“我要到哪里去”？这一问题涉及人们在民族认同、国家认同、集体认同上所做的选择，对于生活在同一地区和集体的人们来说，文化认同反映了个人和集体之间的关系和矛盾。许多研究表明认同与人的精神、情感、归属、意义等密切相关，认同问题的核心是文化认同。无论是民族认同、社会认同、自我认同、身份认同等都包含着文化认同的内容，所有这些认同问题都通过文化认同危机的形式表现出来。那么什么是文化呢？按照人类学的看法，人类社会的文化是一个庞大的系统整体，文化具有不同的表现形态，可以分为“物质文化（生产技术、生计知识、生态系统、生活方式、饮食、居住、衣饰等）、制度或社会文化（婚姻家庭制度、社会组织、政治组织、等级和阶级制度）和精神文化（风俗习尚、法律、道德、

① Sharon J. Macdonald, “Museums, National, Postnational and Transcultural Identities” , *Museum and Society*, No.1, 2003.

行为规范、宗教信仰、民间科艺、心理意识、价值观念等）”[①]三个层次。文化的内部结构就像一座金字塔，在底层是物质文化，中层是制度和社会文化，在它的顶层是精神文化。文化各层次之间既自成体系，又以各种直接或隐性的方式相互影响，不同层面的文化对人的生活影响是不同的。因此，文化的变迁所引起的文化认同问题在不同的文化层面上的表现也是不同的。在物质文化层面，由于现代生活方式使人们的物质生活和行为交往更为方便，使得传统的生活方式、生产方式、家庭模式、行为礼仪、节日庆典、人际关系等发生变化并带来认同的危机。由于这一层次的文化认同与生活的需求密切相连，变化也比较快，认同的危机并不深刻，人们很容易在新的物质文化中认同现代的生活方式。认同问题也会在制度文化层面上表现出来，但由于社会制度、政治制度、国家形态、民族、阶级等具有较强的国家意识形态色彩和历史文化传统的深远影响，涉及一个民族和国家的存在，不是由个体自由选择的，是最难变化的层面。个体感受最深刻的认同危机是来自精神层面的危机。一个民族的文化理念、思维模式、宗教信仰、道德价值、审美观念、审美理想、审美趣味等是民族成员对本民族文化的认知和感情归属的核心部分，是维系民族认同感的最深层的纽带。文化认同的危机的实质是由精神、情感、意义、价值、审美观念的变化而引起的焦虑和困惑。

文化的各个层面都有助于民族、族群、群体认同的形成，那么作为文化中精神层面的文学、艺术等各种审美形式也都有助于群体认同的形成。安德森在《想象的共同体：民族主义的起源与散布》中考察现代民族国家的兴起时指出，小说和报纸是形成现代民族国家共同体的重要条件，民众通过阅读小说和报纸，借助想象的作用与自己未曾谋面的无数同胞兄弟形成共同体。[②]霍米·巴巴也延续了这种文化认同建构的分析方法，他主编的《民族与叙事》一书考察

① 黄淑娉、龚佩华：《文化人类学理论方法研究》，广东高等教育出版社 1996 年版，第 9—10 页。

② 参见［美］本尼迪克特·安德森《想象的共同体：民族主义的起源与散布》，吴叡人译，上海人民出版社 2005 年版。

了小说的出现与民族认同感的增强之间的联系。[1]英国的学者将这种分析模式运用到视觉的审美形式如建筑、风景、绘画、雕刻等在形成民族国家认同中的作用。[2]这些对阅读和视觉审美形式与民族认同关系的研究都表明："在文化的很多方面，尤其是各种类型的审美形式在集体认同形成中起到了重要的作用：舞蹈、音乐、歌曲、视觉艺术、文学、戏剧和讲故事。有些表现形式是传统的，也有一些是当代的，但所有这些形式多有助于本土认同的形成。因为每一种表现形式都可以说是表达和建构了本土认同。"[3]每一种审美表现形式与宗教、政治等其他文化形式一样共同形成了群体认同。人类的文化形式是多种多样的，不同的文化形式在形成文化认同中的作用是不同的。因此，从审美人类学的角度来研究文化认同问题，有利于研究艺术、审美形式在文化认同中的重要作用。

在中国，随着改革开放的步伐越来越快，全球化的影响也越来越深。在外来文化的影响下，人们的生活方式、价值观念都发生改变，只要有不同的文化接触和冲突，就必然带来文化认同的危机。随着现代文化渗透到少数民族地区，也对少数民族地区的传统文化造成冲击，少数民族群体的审美认同机制受到破坏，从而使少数民族人们对本民族传统的审美观念、审美价值、审美理想、艺术风格的认同出现危机。另外，在全球化的刺激下，地方文化、少数民族文化又出现某种程度的"复兴"："原生态民歌"话语的出现、少数民族艺术的保护与开发、非物质文化的保护、各种仿古建筑的出现、民间艺术的复出、少数民族文化旅游村的出现等。这些现象都表明，在全球化语境中，少数民族艺术和审美实践在少数民族认同、地方文化认同的形成中起到了越来越重要的作用。

---

① Homi K. Bhabha, ed., *Nation and Narration*, London and New York: Routgledge, 1990.

② Dana Arnold, ed., *Cultural identities and the aesthetics of Britishness*, Manchester and New York: Manchester University Press, 2004.

③ Steven Leuthold, *Indigenous Aesthetics: Native Art, Media, and Identity*, Austin: University of Texas Press, 1998, p.5.

二、艺术表达与审美认同

审美人类学认为，艺术的"'风格'既是一个美学范畴，同时也是一个社会学范畴……风格指的是一种在具有同一种倾向的许多艺术作品之中反复出现的、形式方面的构图成分……还具有一种次要的规范性意义。它包含着某种选择原理——根据这种原理，人们就可以把各种不相关的特点与相关的特点区别开来。同时，它也是目的论的原理，并且为感知确定取向。它虽然不是超越时间的美学原理，但是，它在一个时期内就像审美形式这个概念本身一样具有规范性"①。这说明，审美类型和文化形式反映和构成了社会群体之间的边界，审美类型之间的边界与群体之间的社会边界是相对应的。反过来，这些不同的审美类型也通常有助于构成群体之间的边界。高雅艺术和低级艺术就是一个很好的例子，布迪厄认为古典音乐不仅更容易受到上层阶级听众的喜爱，而且这种显示了上层阶级身份的文化消费，在上层和下层阶级之间产生了一个社会边界。不同的听众喜欢不同的艺术和音乐类型，艺术类型在种族、性别、年龄、民族、性取向和其他群体之间产生了社会边界。因此，当个体在欣赏和认同于某一特定的艺术作品时，还会对艺术作品表现出来的风格特征进行区分，从而产生一种自我的文化归属意识。"审美认同是艺术类型对社会群体的文化结盟，通过审美认同，群体就意识到某种艺术类型是代表了'我们的'或者'他们的'艺术、音乐和文学。于是，艺术类型的边界就变成了社会的边界。"②这样，在跨文化语境的审美活动中，审美认同不仅体现在审美主体对审美对象产生审美愉悦，而且在审美判断中会把审美对象与其他艺术类型进行区分，从而产生身份意识和群体归属感。例如，当一个英国人在欣赏《茉莉花》这首歌曲时，他的审美判断会告诉他，这是一首中国的民歌。当一个江苏人在欣赏《刘

① ［德］卡尔·曼海姆:《文化社会学论要》，刘继同、左芙蓉译，中国城市出版社 2002 年版，第 83 页。

② William G. Roy, "Aesthetic Identity, Race, and American Folk Music", *Qualitative Sociology,* Vol. 25, No. 3, Fall 2002.

三姐》的歌曲时，他的审美判断会告诉他，这是一首广西的民歌，这样，欣赏者的地域身份意识便在审美活动中产生了。当然，需要强调的是，“审美认同并不意味着一个群体中的每一个成员都认可该群体的审美标准，而是意味着这不是一个非常精确而一成不变的形式。并不是所有的白人都像黑人喜欢心灵音乐那样更喜欢乡村和西部音乐。但是人们认识到他们是该群体中的成员，是与特定的审美类型相联系的。比如某些黑人可能并不喜欢爵士乐，但是他们经常以此为骄傲。个别的芬兰人或许以西贝柳斯（Sibelius）为荣，即使他们从来不听他的歌，因为他们认同芬兰”[①]。群体成员或多或少地认同属于“他们的”特定的音乐类型。认同总是产生于差异，审美活动中的身份意识一定是在跨文化的语境中，在“他文化”的观照下，不管主体对审美对象是认可还是排斥，主体的身份意识都会激发出来。同样，“群体也可以采用一种审美认同，占有文化边界来巩固群体的边界。他们声称某种艺术类型是属于他们的，并且将他们的群体认同与‘他们的’艺术类型的审美标准结合在一起，这样坚持某种审美标准就成了他与群体认同的衡量标准”[②]。在跨文化的审美活动中，审美主体在认同某种审美理想、艺术风格时，也就把它与另一种审美类型和艺术风格区别开来，审美认同起到了群体认同和区分的功能。

身份认同是一个建构的过程，同样，“审美认同通常是在自我意识的文化计划中被构建出来的”[③]。群体成员可以通过“特殊的表征策略”来建构该群体的审美认同。在一定的社会关系结构中，在外来文化的激发下，群体通过审美认同的表征策略“有意地巩固或侵蚀审美类型之间的边界来联合和推翻社会边界”[④]。这说明群体的审美认同也不是固定不变的，不同的艺术风格、审美类型、

---

① William G. Roy, “Aesthetic Identity, Race, and American Folk Music”, *Qualitative Sociology,* Vol. 25, No. 3, Fall 2002.

② William G. Roy, “Aesthetic Identity, Race, and American Folk Music”, *Qualitative Sociology,* Vol. 25. No. 3, Fall 2002.

③ William G. Roy, “Aesthetic Identity, Race, and American Folk Music”, *Qualitative Sociology,* Vol. 25. No. 3, Fall 2002.

④ William G. Roy, “Aesthetic Identity, Race, and American Folk Music”, *Qualitative Sociology,* Vol. 25. No. 3, Fall 2002.

审美标准和审美理想等对群体的审美趣味的塑造具有重要的作用。“审美认同的发展不是个体趣味的事情而是社会建构的结果。而且，类型的建构通常涉及群体之间边界的建立。黑人音乐和白人音乐相互竞争并相互反对。”[①]个体和群体可以通过控制审美经验的表达来创造某种艺术形式和审美实践，来建构他们的集体身份，这就牵涉如何表达群体的审美经验问题。尤其是在当今多元文化的语境中，相对于主流文化而言，处在相对边缘地位的地方文化、少数民族文化、亚文化等弱势地位的群体，面对传统的审美价值和艺术风格受到强烈冲击时，他们的审美认同问题更加突出。因此，我认为在跨文化的审美活动中，审美认同问题主要体现在：一方面，审美认同是个建构的过程，艺术和审美实践在群体的身份认同中起到了重要的作用；另一方面，群体往往又借助艺术和审美的形式来表征其群体的身份意识。

审美认同问题的凸显与西方20世纪后半叶社会政治的变化有关。“二战”前后，反殖民化运动高涨，一个抵制殖民化的全球现实已经凸现出来。殖民地人民为了取得国家独立和民族解放，常常把民族—国家身份和领土完整、文化传统联系起来，宣扬一种民族主义的认同，把全民族的成员团结起来抵制外敌争取民族独立。反殖民运动不仅促使民族国家的独立和解放，也增强了民族国家的身份意识。随着旧的殖民体系在全球范围内的瓦解，殖民统治者放弃了对殖民地的直接的暴力控制。反殖民运动的形式也由暴力斗争转向以文化的形式来争取政治、经济权利的文化政治。这种文化政治不仅表现在殖民地国家和地区，也反映在原帝国主义国家内部。“反殖民运动产生于暴力斗争、意识的提高和身份的重建，同时也使人们重新审视久已腐烂了的欧洲时代的黑暗面，也要求对美国的经济繁荣进行新的解读。”[②]20世纪60年代以来，在美国、欧洲等帝国主义国家，反殖民运动激发了各种民权运动和社会运动，黑人权利运动、

① William G. Roy, “Aesthetic Identity, Race, and American Folk Music”, *Qualitative Sociology*, Vol. 25. No. 3, Fall 2002.

② ［美］科内尔·韦斯特：《新的差异文化政治》，载罗钢、刘象愚主编《文化研究读本》，中国社会科学出版社2000年版，第149页。

和平运动、绿色运动、女性主义、有色人种、青年人、同性恋等运动风起云涌，差异文化政治成为主要的政治活动形态。它根源于阶级、种族、性别、年龄、民族、地区等差异，也根源于价值观念的多元化和异质性、文化多样性、文化多元主义。这种差异政治主要表现在身份政治上，也就是认同政治，为争取个体身份认同的政治斗争。罗扎克指出，“我们生活在这样一个时代，个人认同的找寻及个人命运定向的私人体验本身都变成是一种主要的颠覆性政治力量”[①]。可以说，身份政治是一种“为承认而斗争”的政治形式。各种边缘化的群体都想通过赢得自己的身份来表征他们的特殊性，以及与其他团体和个人的差异。另外，原殖民地国家在取得民族—国家的独立后，其内部也存在着不同地区、民族、种族、阶层、群体之间的差异，当独立统一的民族主义认同思想相对弱化时，这些不同群体要获得新的认同的情感基础又是什么呢？“从这些世界性的经验中我们可以归纳出一些发展路径，对民族主义的诉求看来仅仅是被一些政治团体用作暂时的权宜之计，譬如被政府、政党、行动团体等用来制造民族团结的感情基础，而一旦这个民族已经形成了，战争已经打赢了，外国统治者已经被驱逐了，那么，国内的人们——各团体、各阶层、各宗教和种族组织就开始寻找构成他们的认同和自尊的源泉的新的焦点。”[②]民族主义的式微促使人们在更为基本的群体联系中寻求群体的归属感。不同地区、民族、阶层、群体的成员都要追求政治、经济、文化上的平等。文化多样性和文化多元主义也带来了政治理念、社会政策制定上的矛盾和冲突。在某种程度上，艺术风格和审美实践就成了实现群体认同的重要途径。“审美的生活方成为群体通过审美实践来参与竞争和做出反应的一个因素。争取群体认同的斗争常常涉及通过风格和审美实践所表达意义的斗争。例如音乐、艺术、着装中的反抗风格

---

① ［英］安东尼·吉登斯：《现代性与自我认同——现代晚期的自我与社会》，赵旭东、方文译，生活·读书·新知三联书店1998年版，第246页。

② ［英］C. W. 沃特森：《多元文化主义》，叶兴艺译，吉林人民出版社2005年版，第1—2页。

在青年文化和非裔美国人文化中随处可见。”[1]通过音乐、艺术、着装等带有鲜明的群体特色或地方风格的艺术和审美实践往往成了少数族裔、边缘群体成员表达自己的声音、争取政治和经济权利的主要形式。“音乐还是强有力的身份标志。很多边缘群体使用音乐是为了自我认同——把整个群体集合到一起来，而在很多情况下，则是针对一种强势文化的冲击而提出他们自己的文化形式，或者是为了表达社会和政治评论的需要。”[2]不同的民族和地区的艺术和审美实践都带有明显的地方特征，它不仅是加强群体认同的重要文化形式，也是表达反抗、争取权利的重要方式。

近年来，许多人类学家研究了当地人们怎样利用艺术和审美实践来抵制殖民主义、推翻种族主义、消除僵化的意义模式、改善自己或群体的地位、捍卫他们的身份受到挑战的观念、去重新发明身份等等。[3]控制审美经验的表达就成了表达政治诉求的重要方式。音乐和舞蹈往往是首选的艺术形式，“它们是审美场所的要点”。因为“音乐也许比其他艺术形式都更能超越本土性，以达到形成民族统一感的目的，其中主要原因并不是音乐能在产生地以外的地方立刻得到他人的理解，而是它可以被普遍化——或者至少是被‘国家化’。音乐同时也能提供一种反抗民族—国家霸权指令的手段”[4]。南非约翰内斯堡的黑人音乐与舞蹈运动为审美实践和集体认同、政治目标之间有意识的联系提供了一个很好的例子。“在约翰内斯堡，南非黑人把音乐和舞蹈用作一个积极手段，其目的是都市化，通过获得上流社会身份的重要标志而提升自己的地位、抗议压制行为、拒绝被划入下等社会阶层，以多种方式改变自己的社会意识和社会

① Steven Leuthold, *Indigenous Aesthetics: Native Art, Media, and Identity*, Austin: University of Texas Press, 1998, p.18.

② ［美］威廉·A. 哈维兰:《文化人类学》，瞿铁鹏、张钰译，上海社会科学出版社 2006 年版，第 437 页。

③ Jeremy MacClancy. ed., *Contesting Art: Art, Politics and Identity in the Modern World*, Oxford and New York: Berge, 1997, p.2.

④ ［美］迈克尔·赫茨菲尔德:《人类学：文化和社会领域中的理论实践》，刘珩、石毅、李昌银译，华夏出版社 2009 年版，第 313 页。

存在。”[①] 在那里，音乐和舞蹈是黑人表达身份、反抗霸权、争取权利的重要方式。“我们可以说，表演精彩节目就是参与社会行为，而参与社会行为就是致力于个人价值政治学——可转化为更高层次的权力语言。”[②] 因此，可以说：“早期的审美认同的场所是在宗教仪式语境中，最近的审美认同是在政治和经济目的语境中。”[③] 在反对主流政治、经济、文化压迫时，少数族群和边缘群体的审美认同不仅是以艺术和审美的形式表达族群身份的重要方式，也是与争取他们的政治、经济、文化权利密切相连的。

20 世纪后期，全球性的大众传媒出现，使得全球范围内的文化交流跨越了事件和传播之间的距离，把来自不同地区和民族的艺术、语言和事件同时展现在我们的日常生活中。“根据全球传媒的实践对我们日常生活行为的影响来考虑，我们对全球媒介的依赖鼓励我们把每一件事都变成表征和自我表征的问题，变成对图像的操作、管理和达成一致的问题。在我们表征实践中的这个转变也影响了我们的人类学，从而促使我们同样根据表征和自我表征去思考文化和社会生活。”[④] 文化表征和艺术表现成为当今文化交流的重要方式，并且影响到政治和经济领域的竞争。这种“世界性的广播表征和我们这个占支配性的全球政治主题以及民族主义的结合，有力地扩大了政治的审美化，而这成为 20 世纪欧洲和北美现代主义的一个关键成分。民族主义必然依靠图像——神话、视觉肖像和展览，依靠国家剧场和仪式，所有这些都自然而然地引起人类学的兴趣。民族主义和文化自然是密切相连的，诉求于民族认同利益的观点，通常与人类学家证明他们文化合理性相类似。在人类学内，政治的审美化成为文化的审美化甚至是社会自身的审美化”[⑤]。如今，我们都身处多元文化的舞台之上，

---

① ［美］迈克尔·赫茨菲尔德：《人类学：文化和社会领域中的理论实践》，刘珩、石毅、李昌银译，华夏出版社 2009 年版，第 310 页。

② ［美］迈克尔·赫茨菲尔德：《人类学：文化和社会领域中的理论实践》，刘珩、石毅、李昌银译，华夏出版社 2009 年版，第 311 页。

③ Steven Leuthold, *Indigenous Aesthetics: Native Art, Media, and Identity,* Austin: University of Texas Press, 1998, p.18.

④ James Weiner, ed., *Aesthetics is a Cross-cultural Category*, London: Layout, 1994, p.1.

⑤ James Weiner, ed., *Aesthetics is a Cross-cultural Category*, London: Layout, 1994, p.1.

出于竞争的需要，艺术已经变得日益重要。在很多少数民族、边缘地区都面临这样的问题，如果他们没有文化自觉意识，自己不主动地去表征自己的身份，他们的身份就会被别人“窃取”而且会被错误地表达。可以说，在当代全球化和大众传媒文化中，身份表征带有竞争性的特点。当然，艺术变得日益重要，其背后的政治和经济原因是很明显的。我们都喜欢自己决定自己，谁也不愿意被别人表达。“要想把自己表达给别人，艺术就是这种表达的最有力的媒介之一……而且，如果社会之间的结构性差异的程度，似乎还将继续被不可阻挡的全球资本主义的发展稳定地腐蚀着，那么，艺术就成了声称文化差异的一种关键的方式。其中，没有哪个因素是首要的，而是它们的相互影响促使艺术作为一个当代跨文化竞争的主要场所而出现。”[①] 因此，可以说，反军事、政治的殖民化运动结束了，但文化的反殖民化运动还将继续。而且文化的解放任务更长久更艰难，因为殖民主义对殖民地的侵略本质上是一种文化侵略。殖民者在控制一个国家和民族并掠夺它们的财富时，还要歪曲、诋毁、破坏它们的文化和历史，将它们的风俗习惯说成一种神秘落后、没有价值的东西。“把从前无代表或错误地被代表的人类团体的权利作为出发点，在政治和知识上过去将其排除在外、盗用其指意和再现功能、否认其历史真相的领域，为自身辩护并表现自身。”[②] 因此，边缘地人们要重新自己表征自己的族群文化和身份、形象和审美标准。在当今这个相对“和平”的多元文化时代，艺术表征不仅是文化交流的重要形式，也是政治、经济竞争的重要场所。相对于主流文化而言，边缘文化、少数民族文化、亚文化群体在面对传统的审美价值和艺术风格受到强烈冲击时，他们的艺术、审美与身份认同问题更加突出。全球范围内的大众传播媒介和艺术生产手段，使得曾经被压制人群的审美经验和艺术创造有机会得到表达和传播，不同群体的审美价值和艺术表达都可以在全球范围内传播。如来自

① Jeremy MacClancy. ed., *Contesting Art: Art, Politics and Identity in the Modern World*, Oxford and New York: Berge, 1997, p.2.

② ［美］赛义德：《东方主义再思考》，载罗钢、刘象愚主编《后殖民主义文化理论》，中国社会科学出版社 1999 年版，第 5 页。

非洲的黑人音乐和印度的舞蹈、非洲的面具、中国的武术都可以在世界各国迅速地得到传播、买卖和欣赏。而且这种现象在我们的生活和意识中变得日益普遍和明显。审美与文化多样性、文化与社会边界、社会边界与文化标志物，审美认同等问题就自然浮现出来。在多元文化的格局中，由于各群体之间存在不平等的差异，而处于弱势地位群体的身份意识格外强烈。

三、审美认同问题的研究现状

在西方人类学界，一些对审美人类学感兴趣的学者对非西方社会的艺术、审美与认同的研究可以简单地分为两个阶段。在早期审美人类学研究中，主要是研究非西方社会不同地区的艺术风格与地域的关系。如主要研究艺术的风格、类型、流派与地方性文化身份的关系，也涉及艺术类型的创造，风格的类型与文化分布、部落和艺术流派联系在一起。在美国，这种风格分析是与文化分布和文化传播论学派联系在一起。[①] 后来在马林诺夫斯基等人的文化功能学派的影响下，人类学更感兴趣于同一地区、同一社会内部，艺术与不同阶级、部落、群体之间的身份关系，这种身份关系很大程度上是由艺术在社会中的功能决定的。如研究艺术人类学的莱顿，通过对哈根地区的居民身体装饰的研究，发现他们的身体图案都表达了特殊的意义。“任何其他艺术形式，自我装饰带有它自己的象征物品并传递不能用其他媒介准确重复的信息。”[②] 也就是艺术往往是与个人身份联系在一起的，也与部落群体的身份联系在一起，不同的艺术形态与不同的部落和群体相区分。列维－斯特劳斯通过对毛利人的文身研究，表明：“文身不只是装饰。如我们在谈到西北沿海时所注意到的，它们不仅是高贵地位的标志和社会等级中身份的象征，亦是充满精神的和道德的含义

---

① Howard Morphy, “The Anthropology of Art” , in Tim Ingold, ed., *Companion Encyclopedia of Anthropology,* London and New York: Roultedge, 1994.

② ［英］罗伯特 · 莱顿:《艺术人类学》，靳大成等译，文化艺术出版社 1992 年版，第 117 页。

信息。毛利人文身的目的不只是把一幅图画印上肉身，也是把共同体的所有传统和哲学烙到头脑里去。”[①] 这种装饰有一个自我包含的视觉交流体系，使其在每种社会场合都可以找到自我认同的集体，同时也可以显示自己与其他民族及族群的不同。

大多数早期的关于艺术与地理身份、族群身份之间的关系的研究，都是把身份看作固定的、不变的，因而地方性的艺术带有某种地方性的身份特征。随着全球性移民越来越普遍，许多来自不同文化背景的人在新的地方重新组成新的群体，在许多国家出现所谓“第四世界”“没有实体的社区”。审美人类学研究越来越强调艺术身份与流动性地理的关系、艺术与文化边界的脆弱性等。[②] 这些新的群体用艺术和审美实践重新建构他们的历史和重新设计他们的群体形象，原来的族群艺术正在成为“没有边界的艺术”，成为现代传媒争夺的资源。有学者把那种通过竞争而占用其他族群的文化形象称为“身份的盗窃”[③]，探讨艺术展示与文化认同的关系以及背后的动机。伦敦大学人类学家苏姗教授说，在当今全球化背景下，“艺术世界无可否认是根据传媒和市场而不是文化的边界来划分。不可低估新技术在这个发展中的作用。新技术把价值置于图像（image）中、技术内在的再生性，支撑了跨民族社区的频频出现，这种社区是通过图像的循环来维持对祖国的联系，而设计就涵盖了这些方面。对图像的新感觉使我们可以在艺术品中发现新的意义”[④]。审美人类学也关注到非西方社会的艺术在西方文化的影响下所产生的焦虑和变迁以及艺术形式与族群的文化认同之间的关系。

文化研究学者对艺术、审美与认同的研究，主要集中在移民、难民、流散人群，研究他们在离开自己的祖国和家乡后的身份危机和焦虑意识如何体现在

---

① ［法］克洛德·莱维－斯特劳斯：《结构人类学》，谢维扬、俞宣孟译，上海译文出版社 1995 年版，第 27 页。

② Susanne Kuechler, “The Anthropology of Art”, in Victor Buchli, ed., *The Material Culture Reader*, Oxford and New York: Berg, 2002.

③ Harris, Jonathan, *Identity Theft: The Cultural Colonization of Contemporary Art*, Liverpool: Liverpool University Press, 2008.

④ Kuechler, Susanne, “The Anthropology of Art”, in Victor Buchli, ed., *The Material Culture Reader*, Oxford and New York: Berg, 2002.

文学、艺术等形式上。尤其是关于流散的犹太人、黑人、印巴人、印第安人、海外华人等移民的文学艺术的研究成果比较多。在文化多元主义观念影响下，文化研究学者对少数族裔、弱势群体、亚文化群体、底层人群的艺术形式、审美观念与族群身份进行广泛的研究。这类研究成果主要自 20 世纪 80 年代陆续出现，近 20 年来越来越多。如美国学者斯蒂文以美国印第安人的歌舞艺术为研究对象，从审美经验的角度研究本土人如何利用现代传媒，通过对审美经验的表达来表征他们的群体身份，探讨了审美经验在群体认同中所扮演的角色。[①] 也有学者对美国墨西哥裔的奇卡诺艺术的研究，指出奇卡诺艺术在他们争取政治、文化利益方面起到了“美的身份”（Beautiful Identity）作用。[②]

中国大陆学术界对艺术、审美与文化认同的研究比较晚，早期关于文化认同的研究成果主要是对西方研究成果的介绍较多。在海外华语世界，关于文学、艺术与认同的研究比较早。“身份认同问题，在中国大陆文学中或许并不特别突出；而在中国台湾、香港、澳门以及欧美、东南亚等地区的华文文学中，身份认同却是一个相当令人瞩目的问题：它涉及个体与族群的主体建构意识，也关乎个人与族群的现实生存境遇和文化境遇；它既与中国近现代以来的社会历史变迁相关，也与特定国家和区域的政治文化生态存在密切联系。”[③] 近年来越来越多的学者从文学的角度研究文化认同问题，并取得了一些成果，尤其以南京大学中文系学者的相关研究成果比较丰硕。[④] 但这些研究都是对汉民

---

① Steven Leuthold, *Indigenous Aesthetics: Native Art, Media, and Identity*, Austin: University of Texas Press, 1998.

② Chon A. Noriega, “Beautiful Identities: When History Turns State’s Evidence”, in Michael Berube, ed. *The Aesthetics of Cultural Studies*, Malden and Oxford: Blackwell, 2005.

③ 朱立立：《身份认同与华文文学研究》“导言”，上海三联书店 2008 年版，第 1 页。

④ 这可能与南京大学中文系的 985 课题“中国文学与文化认同”有关。相关成果有周宪《文学与认同》，《文学评论》2006 年第 6 期；《“合法化”论争与认同焦虑——以文论“失语症”和新诗“西化”说为个案》，《南京大学学报（哲学·人文科学·社会科学版）》2006 年第 5 期；周计武：《流亡与认同》，《文艺理论研究》2007 年第 5 期；孙蓉蓉《“以盛唐为法”与民族审美认同》，《文学评论》2007 年第 6 期；以及周宪主编《中国文学与文化的认同》，北京大学出版社 2008 年版；周宪主编《文学与认同：跨学科的反思》，中华书局 2008 年版；赵宪章主编《汉语文体与文化认同研究》，中华书局 2008 年版；等等。

族文学的研究和关注的比较多，还没有把中国少数民族的文学艺术与文化认同纳入研究的视野。

20世纪90年代以来，全球化的影响也波及中国的农村、边远地区、少数民族地区，一方面给传统文化带来了冲击，地方传统文化、少数民族文化的认同危机日益凸显；另一方面全球化也刺激了地方文化意识、少数民族文化意识的觉醒。少数民族文化领域的这些新现象引起学者们的注意，并尝试从美学的角度去研究少数民族地区艺术、审美和文化认同的关系。王杰教授曾在谈到审美人类学研究时指出，在全球化背景下少数民族文化艺术发生了巨大变化，具有不同于传统社会的价值和意义，因此，"要研究艺术与族群认同和文化身份的构建之间的关系、审美经验与现实审美活动如何作为文化理想的潜意识表述的问题。在全球化的今天，艺术与身份认同、审美与文化表述相互间的关系问题正日益引起人类学、美学、文化研究、文学批评等多学科的注意"[①]。王杰早在2002年开设审美人类学课程时，多次在课堂上谈到艺术、审美与认同的问题，但都还没有表述于文字。其后通过对南宁民歌节和黑衣壮的研究，并在《民歌与当代大众文化——全球化语境中民族文化认同的危机及其重构》一文中提出审美认同的概念[②]，但也还有待于从学理上做进一步的研究。人类学者王建民教授也在研究少数民族的文化变迁时，指出艺术与文化身份之间的密切关系："在当代社会，急剧的社会变迁和文化转型也使人们更多地以艺术作为维系价值规范的延续和寻求心理安慰的手段，人们认识到艺术对人们具有极为重要的价值。艺术与族群政治、性别角色、利益诉求、阶级象征、文化身份展示的内在的、密切的联系，尤其是艺术在文化再生产和再创造中的作用等也都纳入了艺术人类学的视野。艺术被赋予更多的意义，成为族群认同、身份诉求

① 王杰：《美学研究的人类学转向与文学学科的文化实践——以南宁国际民歌艺术节的初步研究为例》，《广西民族学院学报（哲学社会科学版）》2004年第5期。

② 参见王杰《民歌与当代大众文化——全球化语境中民族文化认同的危机及其重构》，《广西民族大学学报（哲学社会科学版）》2006年第6期。

的表述途径。”[①]此外，从美学角度来研究艺术、审美与认同的还有广西民族大学的范秀娟教授，她在其博士学位论文中，通过对黑衣壮族群对民歌种类的接受，从喜欢本族群双声部的“诗敏”到学习其他族群的单声部“伦”再到接受“流行音乐”的变迁，指出黑衣壮族群对异文化的两次审美认同改变了黑衣壮的文化传统。[②]虽然这些研究比较早地关注到艺术和身份、审美和族群认同的问题，但客观地说，这些研究才刚刚起步，很多停留在现象的描述和印象上，还有待进一步从学理上阐发。如今，艺术和身份、艺术与族群认同得到越来越多的学者关注，并认为这是当代审美人类学研究的重要领域。[③]因此，从艺术和审美的角度研究文化认同可以“揭开民族认同建构中的不同方面”[④]，以及不同的文化形式在表征民族身份中的具体作用。在全球化对少数民族地区带来的深刻影响的背景下，探讨少数民族和族群的艺术、审美和族群身份建构的关系，也就是探讨少数民族的文化艺术、审美活动如何参与族群认同建构并创造了怎样的新的表现形式，以及什么样的条件和语境和文化机制将有助于这一文化认同过程的形成。我们如何去创造这样的文化语境和条件，希望对探讨民族文化认同途径的多样性和民族文化认同建构具有一定的理论意义。

（原文载于《马克思主义美学研究》2011年第2期）

① 王建民：《艺术人类学新论》，民族出版社2008年版，第30页。

② 参见范秀娟《黑衣壮民歌的审美人类学研究》，广西师范大学出版社2013年版，第153—164页。

③ 近年来许多学者在对非物质文化遗产的保护研究中，注意到艺术和审美在族群认同中的重要作用。如方李莉《遗产：实践与经验》，云南教育出版社2008年版；董晓萍《全球化与民俗保护》，高等教育出版社2007版等著作都涉及了艺术和族群认同的关系，但未展开研究。

④ Dana Arnold, ed., *Cultural identities and the aesthetics of Britishness*, Manchester and New York: Manchester University Press, 2004, p. 7.

审美制度：审美人类学的核心范畴

向　丽

在美学漫长的发展历程中，“美是什么”始终是一个难以破解的历史之谜。无论是传统美学还是后现代美学研究，都由于偏向于审美特性和审美的意识形态性双重属性中的其中一极而无法使“美”自由地显现。因此，寻找审美和艺术既受制于意识形态又与它保持距离的原则[①]，就成为当代审美意识形态理论的核心命题之一。就目前研究现状而言，审美意识形态理论仍然大多局囿于从意识和观念的层面探讨审美和艺术与意识形态的性质及其区分，对于审美意识形态的“物质基础”[②]研究的相对匮乏，不仅是审美意识形态理论长期处于争论和僵持状态的重要原因之一，而且因此无法真正解答美学话语自身萎缩和混乱的问题。

在某种意义上，可以毫无夸饰地说，一部美学史就是关于“美”的显现与遮蔽的历史。而现在的问题是，我们将如何“看见”这种显现与遮蔽？当理论的繁盛与误读以极为特殊的方式纠缠在一起，它召唤着我们以一种独特的视角

① 参见［英］特里·伊格尔顿《马克思主义与文学批评》，文宝译，人民文学出版社 1980 年版，第 23 页。

② 参见路易·阿尔都塞关于意识形态有一个重要命题：“意识形态拥有一种物质的存在。”即，个体与其真实存在条件的想象性关系本身被赋予了一种物质的存在，强调每一个被赋予某种“意识”的主体，只要他相信那些“观念”，那么，他必须“按照其观念行事”，因而必须将他自己作为一个自由主体的观念，刻写在他的物质实践的行动中。参见［法］路易·阿尔都塞《意识形态与意识形态国家机器》，载［斯洛文尼亚］斯拉沃热·齐泽克、［德］泰奥德·阿多尔诺等《图绘意识形态》，方杰译，南京大学出版社 2002 年版。在此，提出研究“审美意识形态的物质基础”的重要性意即提示这样一个基本事实：任何审美和艺术现象都存在于某种既定的文化语法之中，因此必定诉诸特定的仪式、话语、行为等表达方式以显现自身。当然，就审美和艺术的最终的物质基础而言，仍然要回溯到人类的物质生产实践之中。

重新进入事情本身。“审美制度”[①]问题正以其对于审美和艺术形构和嬗变的物质基础、作用机制，审美制度的建构与解构之维及其影响等一系列问题的聚集与纵深探讨，成为当代美学与政治学、人类学、社会学、经济学、文化学等相连接，从而真正介入社会生活关系的不可逾越的关键问题。

一、审美制度的基本内涵

审美制度范畴的提出有其深厚的学理基础。关于制度与审美 / 艺术之间关系的探讨主要有阿瑟·丹托（Arthur Danto）的“艺术界”理论，乔治·迪基（George Dickie）的艺术习俗论，皮埃尔·布迪厄（Pierre Bourdieu）的场域、惯习论，霍华德·S. 贝克尔（H.S. Becher）的艺术界理论，彼得·比格尔（Peter Bürger）的艺术 / 文学制度论，雅克·朗西埃（Jacques Rancière）的审美体制论，布达佩斯学派（Budapest school）对艺术制度论的批判，国内关于文学制度的阐释以及当代美学关于“审美意识形态”问题的讨论等。“审美制度”作为在美学与人类学跨学科视野中被提炼出来并加以研究有其独特的理论和实践意义，并且很大程度上正是建构于对这些相关研究成果的分析和反思的基础上。

（一）尽管各种艺术制度论之间有其差异性，但都主要围绕具体社会语境

---

① 值得注意的是，尽管国内外关于制度与审美、艺术、文学的关系之研究和讨论相对而言并不多见，但国内关于这方面理论的引介在译法上却十分繁杂，例如有“艺术制度”“艺术习俗”“艺术惯例”“文学制度”“文学体制”“文学建制”等。从总体上看，它们的研究理念有相通甚至重合之处，只是因为研究者和译者从自身理解和研究的视角和侧重点取“制度”（institution）中的其中一种表现形态来命名，如习惯、习俗、惯例等，因此需要从学理上对此加以厘清并发掘其更深层的理论基础，在译法上不宜过多地纠缠于具体称谓问题，关键仍然在于对“制度”本身的理解。就“制度”本身的丰富内涵而言，采用“审美制度”的提法能够在更深广的层面涵盖该类研究中的不同视角和侧重点。

中各种制度性因素和机构[①]对于艺术的生产、交换、传播和消费等过程的影响进行考察和理论阐释，从而揭示具体的艺术观和艺术实践是某种被建构和规范的存在之事实。阿瑟·丹托强调艺术史和艺术理论对于艺术认识的重要性，他指出："把某物视为艺术必须具有某种肉眼不能看到的东西——艺术理论的氛围、艺术史的知识，即一种艺术界。"[②]迪基则强调艺术界的制度性框架对于审美和艺术的建构之事实，在他看来，传统美学通过指明艺术的必要条件和充分条件来为它下定义，这种观点过于封闭和陈旧。他在对传统美学中影响最大的美学理论即艺术模仿说和表现论进行批评的基础上，企图找到界定艺术的第三条道路："既避开传统定义的困难，又吸收近来分析研究的深刻见解。"[③]在迪基看来，这第三条道路的核心就是寻找艺术品的第三种关系属性，即艺术品与社会生活之间的关系。迪基认为只要改变为艺术下定义的逻辑起点和思路，从被传统美学忽略的艺术品的隐性的非外观方面，并且把作品放到它们的制度性背景中进行考察，是可以发现艺术品之间的共性的，也因此可以将艺术与非艺术相区分。在此意义上，迪基批评了莫里斯·韦兹认为艺术是不可定义的观点。他在《什么是艺术？：一种制度性分析》一文中进一步规定："类别意义上的艺术品[④]是：1. 人工制品；2. 代表某种社会制度（即艺术世界）的一个人或一些人授予它具有欣赏对象资格的地位。"[⑤]尽管这种关于艺术的界定其调和性及由此造成的对现代派艺术的过分宽容使其遭致诸多批评，也使得他对该界定相

---

① 各种制度性因素和机构主要包括国家及社会制度（政治制度、经济制度、文化制度等），艺术品的展出场所（博物馆、剧院、音乐厅、美术馆、画廊等），神圣化或认可机构（学院、出版社、沙龙等），生产者和消费者的再生产领域（艺术学院、书店、各种传媒、广告公司等）、专业化的各种代理人（经纪人、批评家、艺术史学家、收藏家等），文化习俗或惯例（传统节庆、仪式、禁忌、日常生活习惯等）等，对审美和艺术的生产、交换、传播和消费等具有重要的中介作用。

② Arthur Danto, "The Artworld", *The Journal of Philosophy*, Vol. 61, No. 19, Oct. 15, 1964, p. 580.

③ George Dickie, *Art and the Aesthetic: An Institutional Analysis*, Ithaca & London: Cornell University Press, 1974, p. 20.

④ 迪基认为艺术的种概念诸如小说、悲剧、雕刻、绘画等全部或部分是开放的，可能缺少必要的和充分的条件，因此是不能定义的，而艺术的类概念仍然可能是确定的，有界限的，因而是可以定义的。

⑤ George Dickie, *Art and the Aesthetic: An Institutional Analysis*, Ithaca & London: Cornell University Press, 1974, p. 34.

继进行了三次修改[①]，但在针对“艺术授予说”有可能滑入还原主义和经验主义的极端形态从而提出批判的同时，从这一不完备的艺术定义包含的问题框架中去重新思考艺术却是非常必要的。

布迪厄主要从社会学的视角提出，理解场域的逻辑如何与反思社会学相关。他以一种开放式的研究探讨了形形色色的场域，并指出，根据场域概念进行的思考实则是从关系的角度进行的思考，“场域可以被定义为在各种位置之间存在的客观关系的一个网络（network），或一个构型（configuration）”[②]。在他看来，场域同时是一个争夺的空间，这个空间交叠着特定的利益形式与幻象，同时也在场域的边界内获得维持与强化。也正是在此基础上，布迪厄指出，艺术场域在自主化的过程中逐渐制度化，艺术品的生产“主体”，亦即艺术品价值和意义的授予者和阐释者，是一系列介入这一场域的行动者，他们通过文化资本和社会资本的美学运作，具有了阐释与变形的如同巫师般的神力。因此，艺术自身的规定性既不存在于它的特殊性之中，也不诉诸审美主体所谓的审美态度，而是必须从制度本身寻找艺术品与日常生活物品之间的区分和差异的原理。[③]与此相应地，布迪厄同时意识到，惯习（habitus）[④]既来自社会制度，又寄居在身体之中。亦即，它既是一种制度建构的存在，同时其存在又具有身体性与情感性。并且他指出，惯习与场域之间具有两种内在关联方式：一方面，场域形塑着惯习，惯习是场域的身体性产物，另一方面，惯习有助于将场域建构为一个充满感觉与意义的感知世界。[⑤]正是在制度与身体双向建构与某种制衡

---

① See George Dickie, *Art and Value*, Mass: Blackwell Publishers, 2001, pp. 52-73.

② ［法］皮埃尔·布迪厄、［美］华康德:《实践与反思——反思社会学导引》，李猛、李康译，中央编译出版社 1998 年版，第 133—134 页。

③ See Pierre Bourdieu, “The Historical Genesis of a Pure Aesthetic”, *The Journal of Aesthetics and Art Criticism*, Vol. 46, 1987, p. 201.

④ 布迪厄特别强调惯习（habitus），不同于习惯（habit），它是深刻地存在于性情倾向系统中的，从实践操持的意义上的生成性的创造性的能力。参见［法］皮埃尔·布迪厄、［美］华康德《实践与反思——反思社会学导引》，李猛、李康译，中央编译出版社 1998 年版，第 165 页。

⑤ 参见［法］皮埃尔·布迪厄、［美］华康德《实践与反思——反思社会学导引》，李猛、李康译，中央编译出版社 1998 年版，第 171—172 页。

中，审美制度显现其流动的差异性与复杂性，叠合着审美与政治和权力的纷争与博弈，这是我们在打破传统美学“纯粹凝视”的浪漫与暴力时所应当重新看到的。

贝克尔提出的艺术界理论，展现出了与布迪厄的某种联系与疏离。他在与阿兰·佩森关于“界”与“场”的对话中指出，场是一种被各种各样权力与力量建构和包裹的特殊空间，但它更多地被作为一种关于被划界和规制的存在而加以讨论，因此场在很大程度上受制于一种被筛选和缝合的总体结构。这种受制于总体性规制的场在贝克尔看来，是不可能对艺术的行为与活动以及审美和艺术的嬗变做出合宜的解释的。贝克尔指出，相较而言，“界”不是一个密闭的单位，并且更具有经验性的基础。因为，“界”“所讨论的不是‘力量’‘轨迹’‘惯习’（如果你是从物理学给予这些术语的专业意义上来理解它们的话，这在社会生活中是不能观察到的），而是我们可以观察到的事情——人们在做事情”①。贝克尔坦言，这样的观点主要得益于美国社会学家、符号互动论的主要倡导者赫伯特·布鲁默关于“社会学研究的是人们如何一起做事”的观念的影响。他十分重视细读和个人经验在研究中的重要性，同时强调艺术品不是个人创造的产物，由一系列参与者共同编织的协作网络与活动，才是探索艺术的大有可为之路。因此，他特别关注艺术活动的进程，也尤其重视艺术界在打破界限从而形成创新的可能性与具体机制。这与托尼·本尼特对于布迪厄所坚持的惯习的“统一性”的批评在精神旨趣上是相通的。② 在群体性协作的活动网

---

① ［美］霍华德·S.贝克尔：《艺术界》，卢文超译，译林出版社2014年版，第344页。

② 本尼特肯定布迪厄的著作开启了围绕文化资本、教育系统、阶级形成和分化等问题展开的诸多问题，对于布迪厄所强调的经济、社会地位确实可以影响阶级（层）成员的审美品味以及对于文化资本的获得能力，从而影响不同阶级（层）成员作用于社会的方式，也是不予否认的，但本尼特对于将阶级（层）之间的区隔绝对化以及视工人阶级的政治能力具有天生的“贫弱性”的简单法则却深表质疑。他甚至认为，就连布迪厄本人最后也不得不承认，惯习并非一种恒定不变的统一体，而是一种个性化的、流动性的变体。参见［英］托尼·本尼特《分裂的惯习（habitus clivé）皮埃尔·布尔迪厄著作中的美学与政治》，付德根、王琨涵译，《马克思主义美学研究》2009年第2期；郑从容《一种“自下而上”的位移——论本尼特实现左派知识分子文化目标的现实途径》，《马克思主义美学研究》2009年第2期；等等。

络中，探讨审美和艺术的叠合性建构与流动性，这在很大程度上打开了审美制度问题研究的经验性维度，同时也为在一种更为开放性的情境性中发掘与阐释审美制度批判的可能性提供了灵动的空间，包裹于场域与惯习之中的博弈性力量也得到了某种释放。

在这种释放与展演中，朗西埃的“艺术的审美体制”论则显得有些特殊，它不仅谈论审美和艺术如何被建构，而且探讨如何通过“可感性的分配”和“歧感”建构审美制度，从而将美学与政治连结起来，这也正是朗西埃美学思想中惹人注目的地方。朗西埃指出：“一座缺损的雕像，如何成为一件完美的作品……一段加速的蒙太奇，如何表达共产主义的可感现实。这种种转型，并非来自一些个人的凭空幻想，它们的逻辑，从属于一个认知、情感、思考的体制，这个体制，我便称其为‘艺术的审美体制’（régime esthétuqye de l’ art）。”[①] 这里所言及的“转型”既是授予机制所产生的“变形”，同时也是由于可感性的分配而形成的特殊美学效果。这种在审美体制下形成的变动，正是艺术与生活的联通和创新，也是对于艺术边界的松动性与新生性的较好注解。朗西埃在力图恢复美学作为一门感性学的基础上进而指出：“‘美学’是可感性经验的重构。”[②] 这种重构本身蕴藉着革命的动力与可能性，亦即“当统治的自然秩序被无分者之分的出现而打断时，政治便存在了”[③]。于此，“打断”本身是一种对所谓不证自明的“自然秩序”的质询与反抗。不仅如此，在朗西埃看来，“不平等从根本上说是一个关于感知（perception）的问题”[④]。感性的分享同时也是感性的区分，而“解放”这个永恒的话题也远不止于诉诸国家机器的革命行动，它更根本地在于对此种区分的警惕与反观，使感知

① ［法］雅克·朗西埃：《美感论：艺术审美体制的世纪场景》，赵子龙译，商务印书馆 2016 年版，第 4 页。
② ［法］雅克·朗西埃：《美学异托邦》，蒋洪生译，载汪民安、郭晓彦主编《生产》第 8 辑，江苏人民出版社 2012 年版，第 196 页。
③ ［法］雅克·朗西埃：《歧义：政治与哲学》，刘纪蕙等译，西北大学出版社 2015 年版，第 25 页。
④ ［法］让－菲利普·德兰蒂编：《朗西埃：关键概念》，李三达译，重庆大学出版社 2018 年版，第 14 页。

的重新分配能够持续性地变得可能，从而激活与实现政治的潜能。朗西埃对于五月风暴的反思，与自己的老师阿尔都塞尴尬的决裂，为“来自下层历史”和“不可见的”书写与发声，对传统精英启蒙者权威的挑衅等，都是在对审美感知的重新塑造中提出了平等和解放的问题。同样地，朗西埃也对于布迪厄各安其位的区隔论和解放叙事提出了自己的质询，从而以一种打破封闭边界的方式将制度、感知、革命、政治等搅拌与再生产，这也正是审美制度问题研究的张力所在。

在关于艺术制度和审美制度的讨论中，被建构的审美和艺术往往是我们面对的直接文化事实，然而，制度往往是一种被缝合好的存在，因此，它需要重新被打开和审视。彼得·比格尔在承认艺术被制度化和意识形态化的事实之基础上，就特别重视从艺术自身的特殊性和必须干预现实生活的观点出发，力图揭示各种制度性因素和机构及其运作机制对于现实生活关系的遮蔽，以及对艺术的挪用的动机和秘密所在，并高度重视先锋派对艺术制度抨击的价值和意义。然而，他同时也为先锋派的反制度化运动的重新被制度化的命运持一种悲观态度。[①] 在此，彼得·比格尔提出了艺术制度批判的重要性及其困境问题。布达佩斯学派则提出了另一种艺术制度批判模式，以阿格勒丝·赫勒（Agnes Heller）为代表，她主要通过区分人类世界的三个领域，指出作为自为对象化的艺术与审美领域不具备制度化的可能性条件，艺术制度论也因此丧失合法化的学理基础。[②] 与彼得·比格尔侧重于就艺术在其被制度化中沉沦甚至成为主流意识形态的共谋者提出艺术制度批判相比较，布达佩斯学派从学理方面首先对艺术被建构和制度化的可能性提出了质疑和否定，并对艺术制度化现象持强烈拒斥态度。该学派强调在为艺术与制度之间划界的基础上探讨艺术的独特性和超越性，对于艺术制度论中的调和主义确实起到了重要的反拨作用。但，它

---

① 参见［德］彼得·比格尔《先锋派理论》，高建平译，商务印书馆 2002 年版，第 122—124 页。

② 参见傅其林《论布达佩斯学派对艺术制度理论的批判》，《中南大学学报（社会科学版）》2005 年第 3 期。

倾向于将艺术和审美视为某种纯粹非功利性的存在，其精英主义立场使其无法更深刻地理解和阐释美的复杂性、特殊性、矛盾性等特征以及艺术作为意识形态形式的特殊性问题。

综合以上艺术制度论以及两种艺术制度批判模式来看，“艺术制度”与“艺术制度问题研究”是两个需要严格区分的概念和事实。前者展现艺术如何被建构，后者则是对这种建构关系的反思和批判，两者共同探讨了艺术如何在被建构与能建构的关系中生成的问题，缺少其中任何一个环节，对艺术的理解都将是不完备的。审美制度问题研究也正是在此意义上提出了研究思路的两个层面：“美”如何作为一种被建构的存在？（审美制度问题如何显现？）以及“美”如何作为一种能建构的存在？（审美制度批判如何可能？）

（二）文学的制度化问题近年在国内外学界逐步得到了关注和重视。彼得·比格尔指出，文学制度在作为总体性的社会体系中服务于特定的目标，它通过审美的符号建构特定的边界发挥其反对其他文学实践的功能。它宣称一种无限的有效性，正是这种制度决定着在特定时期什么才被视为文学。而这种规范正是制度的核心内涵，它在生产者和接受者的行为模式方面都产生了重要的影响。[①] 国内关于文学制度问题的研究，主要将文学制度视为文学生产、流通和消费过程中形成的社会机制和文学空间，是文学在其不断发展过程中形成的一套制度形式，是政治、经济等外在因素对文学的渗透及文学自身的发展以适应这些外在因素而发展的结果，对文学产生制约和引导作用。该研究强调，文学不再是纯粹的意识观念和语言形式，其背后隐含着知识、结构、欲望与权力之间的多重矛盾与纠葛，并指出了文学与制度之间的矛盾性：一方面，文学制度为文学提供了生存空间和生产与接受的场所；而另一方面，文学制度又限制着文学的自由与个性，体现了文学自主性与文化社会化之间的张力，并由此引

① See Peter Bürger, *The Decline of Modernism*, Cambridge: Polity Press, 1992, p. 6.

发了文学制度的当代转型问题。[①] 这对于深入探究审美制度诸问题具有重要的借鉴意义，但审美制度与文学制度之间在具体的生产机制、作用机制以及功能等方面都有着细微而重要的区分，这些都需要做纵深性的比较研究。另，无论是艺术制度还是文学制度研究，除了强调文学和艺术自身的特性之外，从观念到实践层面，它们都不可能逾越对审美现象的复杂性和特殊性问题的探讨。鉴于此，审美制度研究将“美”的历史性生产与再生产凝练为主题应运而生。

（三）审美意识形态理论研究自苏联美学家阿·布罗夫初步阐释意识形态的复杂性，并提出审美 / 艺术作为意识形态形式的特殊性问题 [②] 以来，对该问题的探讨就从未间断过。从马克思主义美学传统来看，其思考的出发点是：在异化的社会条件下，审美启蒙意识如何产生？对于该问题的解答，它的高明和深

① 国内文学制度问题研究具体可参阅以下相关著述：旷新年《制度化的文学与文学化的制度》，《天涯》2003 年第 3 期；张颐武《现代性“文学制度”的反思》，《文学自由谈》2003 年第 4 期；王本朝《文学制度：现代文学的一种阐释方式》，《文艺研究》2003 年第 4 期；旷新年《文学存在的权力与制度》，《湖北大学学报（哲学社会科学版）》2003 年第 6 期；王本朝《文学制度与文学的现代性》，《湖北大学学报（哲学社会科学版）》2003 年第 6 期；王本朝《中国现代文学的生产体制问题》，《文学评论》2004 年第 2 期；何平、贺仲明、张光芒、汪政《制度场域的文学存在——关于“文学制度与文学书写”的对话》，《文艺评论》2004 年第 6 期；王坤《文学制度对文学主体活动的潜在建构》，《江苏教育学院学报（社会科学版）》2005 年第 3 期；陈晓明《文学：一种奇怪建制？》，《当代文坛》2006 年第 3 期；孙小光《文化语境下的文学制度研究》，《中北大学学报（社会科学版）》2006 年第 6 期；史冬冬《论文学研究和文化研究语境中的“体制”》，《内蒙古社会科学（汉文版）》2006 年第 3 期；王本朝《中国当代文学制度研究（1949—1976）》，新星出版社 2007 年版；张利群《论文学制度合法性与合理性依据》，载王杰主编《东方丛刊》2008 年第 3 辑；范国英《文学制度与文学的边界》，《社会科学家》2008 年第 9 期；胡希东《文学制度研究：中国现当代文学研究的新维度》，《博览群书》2009 年第 6 期；范国英《茅盾文学奖的文学制度研究》，中国社会科学出版社 2009 年版；饶龙隼《中国文学制度论》，《文学评论》2010 年第 4 期；张均《中国当代文学制度研究（1949—1976）》，北京大学出版社 2011 年版；吴义勤主编《文学制度改革与中国新时期文学》，文化艺术出版社 2013 年版；丁帆《文学和文学史的制度研究——“中国现当代文学制度史”项目研究小议》，《当代作家评论》2013 年第 3 期；洪子诚《当代的文学制度问题》，《中国现代文学研究丛刊》2015 年第 2 期；武善增《论“文革”文学制度的重建》，《文学研究》2015 年第 2 期；丁帆《文学制度与百年文学史》，《当代作家评论》2016 年第 5 期；逄增玉《东北解放区文学制度生成及其对当代文学制度的预制》，《文学评论》2017 年第 4 期；赵普光《体制的“磁场”——文学评奖与 20 世纪 80 年代文学制度的重建》，《文学评论》2017 年第 6 期；魏巍《文学制度与当代少数民族诗歌研究》，《兰州大学学报（社会科学版）》2018 年第 4 期；饶龙隼《文学制度层位论——兼述“制度与文学”命题的设立及缺陷》，《文史哲》2019 年第 1 期等。

② 阿·布罗夫指出，审美是意识形态的一种变体，艺术是与政治、宗教、哲学、道德等并列的一种审美意识形态。在马克思的思想里，只有具体的意识形态，没有绝对抽象的意识形态。艺术作为意识形态现象，其特殊实质就在于“审美方面”。参见［苏］阿·布罗夫《美学：问题和争论》，凌继尧译，上海译文出版社 1987 年版，第 41—42 页。

刻之处在于，就在人们习焉不察的日常生活中寻找审美启蒙的真正力量，从而实践其从对日常生活批判到重新占有日常生活的伟大变革。而这一切都来源于对马克思关于经济基础与上层建筑划分思想的深入发掘，在此表现为对审美意识形态的物质基础的追问。然而，由于特殊的政治、历史文化原因，在西方马克思主义美学研究视域中，这个根本性的问题在总体上并没有得到充分的重视和研究。[①]中国马克思主义美学则十分重视审美意识形态的现代作用问题，强调审美活动的最终目的是把握可以实现的未来，并且在将审美意识形态理论放在实践的层面加以探讨的基础上形成了新的理论模式。[②]在国内，自20世纪80年代以来，“审美意识形态”在作为对文艺“政治工具论”的反拨之意义上被提出，随即围绕该理论范畴的合法性问题展开了激烈的争论。争论的焦点集中在对“意识形态”的理解以及审美和艺术与意识形态之间的关系问题上。意识形态本身的复杂性、含混性、庞杂性、诡异性，审美与意识形态之间若即若离的关系，以及论者主要从观念层面上对此加以讨论是争论长期处于僵持状态的重要原因之一。在此意义上，对审美意识形态的物质基础的探讨就有可能成为解决问题的突破口，而以“审美制度”为核心范畴的审美人类学研究将使这种探讨成为可能。

审美制度概念的提出和研究是在审美人类学这个新的生长点上对审美意识形态问题研究的进一步探索，是“审美人类实现人类学与美学尤其是马克思主义美学深层整合的标志和重要成果”[③]。它以经典马克思主义美学、西方马克思主义美学、中国马克思主义美学以及当代社会审美经验为思想资源，并在美学与人类学的契合与边界之处提出问题。从字面上看，“审美制度”似乎是一个十分奇怪而生涩的语词组合，但凡听到该名称的人第一反应一般都会质疑：“审美怎么会是一种制度呢？”似乎审美与制度之间的任何关联都是令人反感

① 亦有例外，例如阿尔都塞强调将讨论的重心从意识形态的观念层面转移到意识形态的“实践”方面，伊格尔顿的文化政治美学思想等都值得深入发掘和借鉴。

② 参见王杰《当代中国语境中的审美意识形态理论》，《文艺研究》2006年第8期。

③ 王杰：《审美幻象与审美人类学》，广西师范大学出版社2002年版，第156页。

和无所适从的，或有人从美学专业角度评判，审美制度本身就是一个非美学问题。在此，关于该问题的争辩之关键实则在于对“制度”本身的理解。

制度（institution）是一种基本的文化存在形态，它具有十分丰富的内涵和外延，而不仅仅局限于被条文规定的规章制度。20世纪中后期，新制度主义研究开始将其探讨的重心从规则转向了观念、资本与规制等制度的隐性存在样态。制度不仅包括正式规则、程序和规范，而且包括为人的行为提供“意义框架”的象征系统、认知模式和道德模块。从制度的产生和作用机制看，制度主要分化为从人类经验中演化出来的非正式制度和被自上而下强加执行的正式制度。其中，非正式制度是指人们在长期的社会生活中逐渐形成的惯例习俗、伦理道德、文化传统、价值观念及意识形态等对人们行为产生的非正式约束和规范。这种界定打破了制度与文化概念之间的界限，倾向于将文化本身也界定为制度。①

制度的产生和演变是人类社会发展历程的某种缩影和社会表象的深层结构表征，从根本上而言，制度是保障和规范人们的各种行为方式和活动的基础和条件。英国社会人类学家马林诺斯基指出：“如果我们要对自己的文明或任何其他文明中个体的存在作一描述，就得将个体的活动与组织化生活的社会配置，即与盛行于该文化中的制度系统联系起来。另外，依据具体现实对任何文化的最佳描述都在于列举和分析该文化的所有制度。”②随着人类社会历史发展的日益复杂化，尤其是20世纪后半期以来文化研究的日渐拓展和深入，制度的内涵和外延变得愈来愈难以界定，但我们仍然可以把握其基本的理论内涵。

（一）制度首先是一种文化现象。文化哲学和人类学研究一般将文化区分为物质文化、制度文化和精神文化三个层面。其中，制度文化以物质文化为基础，是人们为反映和确定一定的社会关系并对这些关系进行整合和调控而建立

① 参见薛晓源、陈家刚主编《全球化与新制度主义》“前言”，社会科学文献出版社2004年版。

② ［英］B·马林诺斯基：《科学的文化理论》，黄建波等译，中央民族大学出版社1999年版，第61页。

的一整套规范体系，也因此成为精神文化的外显，而文化则是制度起源和发展的基础。关于“文化”，泰勒曾经给出了一个经典的定义：“文化，或文明，就其广泛的民族学意义来说，是包含全部的知识、信仰、艺术、道德、法律、风俗以及作为社会成员的人所掌握和接受的任何其他的才能和习惯的复合体。”[①]在此，制度作为一种特殊的文化形态，它涉及人类社会生活的方方面面，也因此区分于现代汉语中意识形态化了的一般社会制度和政治制度。

（二）“制度”本身是一个历史范畴和关系范畴。马克思把制度、制度变迁纳入社会、历史、现实生活关系以及人的存在与发展的历程中加以考察，通过生产力和生产关系的相互作用，阐释人类社会发展的经济制度和社会制度的基本特征和发展趋势。于此，制度是一个在具体历史语境中具有中介作用和整合功能的关系范畴。正是制度使相关对象之间真正联系起来，并发生相互作用。简而言之，社会关系中所蕴涵的规范性的内容体现出就生发、型构为特定的制度形态。

（三）制度是一种动态的建构过程及其产物。英国著名的马克思主义批评家雷蒙·威廉斯在他的《关键词：文化与社会的词汇》中对制度的涵义和演化历程做了一个大致的梳理：

> Institution 是一个表示行动或过程的名词。这个词在某一个阶段，变成一个普遍抽象的名词，用来描述某个明显的、客观的与有系统的事物。实际上，用现代的意涵来说，就是一种被制定、订立的事物……在早期的用法里，它有一个明显的意涵，指的是一种创造的行动——在某个特殊的时刻被制定、订立的某种事物——但是到了 16 世纪中叶，演变出一种普遍的意涵，指的是用某种方法确立的惯例（practices）……从 18 世纪中叶起，institution 与后来的 institute 开始被用在特别的机构组织的名称里：“Charitable Institutions”

---

① ［英］爱德华·泰勒：《原始文化：神话、哲学、宗教、语言、艺术和习俗发展之研究》，连树声译，广西师范大学出版社 2005 年版，第 1 页。

（慈善机构，1764）以及18世纪末期以来的一些机关名称："Mechanics' Institutes"（机械学会），"Royal Inistitute of British Architects"（英国皇家学会）……"Institut National"（国家学会）……同时，在19世纪中叶，这个普遍意涵——指涉一种特别的或抽象的社会组织——在institutional（制度化的）与institutionalize（使制度化）的词义演变中得到确认。在20世纪，institution已经成为一个普通的词，用来表示一个社会中任何有组织的机制。[①]

总体而言，制度即一种在长期的社会发展中被建构和规定的组织方式、实践、惯例、习俗和法律[②]，它是从个人的习惯（个人行动的常规性）到群体的习俗（一种自发的社会秩序）、从习俗到惯例（一种非正式约束）、从惯例到正式制度（正式规则约束）这样一个内在于社会过程中的动态逻辑发展着的整体。[③]在新制度主义研究中，制度分为正式制度和非正式制度。其中，非正式制度一般是不成文的或无形的，是人们在长期的交往关系中无意识形成的，它是正式制度的延伸、阐释或修正。把意识形态作为制度的一种形态，是道格拉斯·诺斯的发明，在此之后，很多学者把意识形态归于非正式制度，并且认为在非正式制度中，意识形态处于其核心地位。[④]尽管正式制度具有很大的强制性，但它只是制约和影响社会观念和行为的规范性因素中的一小部分，而非正式制度作为直接从人们的日常生活经验中产生的文化形态，则有可能通过更为缜密的方式内化于人们具体的社会实践之中，甚至在某种程度上成为正式制度的预成模式。

（四）在人类社会漫长的发展历程中，制度主要发挥着两种基本功能[⑤]。

1．确定界限。确定界限是制度最为基本的功能，制度通过一系列的规则为人的活动划定了界限。"制"给予了边界，"度"又留下了空间。边界标志社

① ［英］雷蒙·威廉斯：《关键词：文化与社会的词汇》，刘建基译，生活·读书·新知三联书店2005年版，第242—243页。

② *The Oxford Compact English Dictionary*, New York: Oxford University Press, 1996, p. 354.

③ 参见韦森《经济学与哲学：制度分析的哲学基础》，上海人民出版社2005年版，第195页。

④ 参见辛鸣《制度论——关于制度哲学的理论建构》，人民出版社2005年版，第108页。

⑤ 参见辛鸣《制度论——关于制度哲学的理论建构》，人民出版社2005年版，第115—119页。

会共同体认可的行为准则，在界线以内的行为，得到社会认可、赞赏、鼓励，超越界限的行为，则会受到社会排斥、舆论谴责和权威部门的裁治。制度于此成为行为的框架，它规范与协调着人在社会中的行为，规定着人的活动空间及其创新的可能性。

2. 形成秩序。人类社会秩序是有意识而为的，与社会等级的分类和体系化相关，在这一点上，人与动物相区分。

据此，在具体的社会历史语境中，“动态的建构和规范”以及在此过程中形成的特定秩序和模式，是“制度”的深层内涵，意识形态处于其核心地位。“审美制度”即对“什么是美”以及“如何审美”的某种建构和规范，是将各种制度性因素对审美和艺术活动的渗透和影响，以及审美作为一种特殊的制度如何在此生成的问题作为主题加以集中表述和提升而形成的范畴。简而言之，审美制度是对审美和艺术与其他领域之间边界的划分原则、划分的机制及其合法性进行生产、维持和解释的制度性框架，而对这种边界的划分和话语解释权力的争夺正是审美意识形态斗争的委婉形式。审美制度问题研究的中心议题指向“美如何作为一种被建构与能建构的存在”。该研究将重心由对“美”的先天规定和抽象玄思转向对审美与社会相关联方式的具体研究，无疑是理解审美现象的复杂性和特殊性问题的较好切入视角。

具体而言，“审美制度是文化体系中隐在的一套规则和禁忌，它包括了文化对成员的审美需要所体现的具体形式也即社会文化对审美对象的选择和限定；包括了成员的审美能力在不同文化中和文化的不同语境中所表现出的发展方向和实质，当然还包括了受不同的审美需要和审美能力限制所产生的特定文化的审美交流机制。此外，审美制度也体现在物质和环境的范畴上，包括了文化所给予的艺术创造的技术手段和历史形成的社会对艺术所持的接受态度和审美氛围”[①]。可见，无论是关于“某物何以成为审美的对象”还是“人们如何给

---

① 王杰：《审美幻象与审美人类学》，广西师范大学出版社 2002 年版，第 159 页。

予此对象以特定的审美判断”，审美制度都是一种隐在的规定性力量。

首先，从制度的类型来看，审美制度属于非正式制度形态，即，它是指人们在长期的社会生活中逐渐形成的习惯习俗、伦理道德、文化传统、价值观念及意识形态等对人们的审美观念和审美活动产生的非正式建构和规范。特里·伊格尔顿指出，在《社会契约论》的经典片段中，卢梭论述了最有意义的法律，即一种不是铭刻在大理石碑或铜表上，而是铭刻在公民内心里的以风尚、风俗，尤其是舆论的方式不知不觉地用习惯的力量代替权威的力量，与主体的快乐幸福相统一的法律。并且他指出，在这种“不是权威的权威”与康德的向主体回归的“无法之法”两种话语中，一种普遍的法律完全存在于自由、个体的化身中，不管这些化身是政治主体还是审美的艺术品的各种因素。法律只是在自发的相互和谐中起作用的、自律的、自我控制的各种特性的集合体。[①]而这种普遍的法律在审美领域则表现为审美制度的运行机制，其不同于一般社会制度的突出特点就在于它不是依靠理性推演，通过政治、法律等手段形成后相对固定下来的制度，而是随着社会的发展变化自然地形成，它进入日常生活经验领域，并且以习俗的方式内化为一种主体性的力量。

其次，审美制度以“接纳”和“排斥”逻辑为潜在的神圣化原则，“美”于此被历史地生产与再生产出来。这种神圣化原则表现在对审美和艺术与其他社会领域之间划界，并通过各种制度性因素和机构，授予这种边界以合法性地位的一系列物质和话语实践之中。在该原则的情感性话语支配下，审美制度决定着在特定时期什么才被看作“美”的以及通过怎样的方式才能接近、认可，甚至获取这种“美”，它也因此渗透于制约着审美活动生产者和接受者的观念和行为模式的社会分类框架之中。因为，它同时意味着什么是应当生产并被授予为合法的，哪些是应当排斥和压制的，从而俨然成为审美等级秩序的制造者和阐释者。于此，审美制度从其诞生伊始就潜在地包含两种互相矛盾的功能：

① 参见［英］特里·伊格尔顿《美学意识形态》（修订版），王杰、付德根、麦永雄译，中央编译出版社 2013 年版，第 8—9 页。

一方面，审美制度保证欲望在其划定的边界内部获得充分的表达和满足，因此，“认定规范永远会带来限制是一种错误的想法。事实上，这只是一种愚蠢的浪漫主义妄想”[①]。另一方面，审美制度通过模糊和置换欲望表达的对象，将人的某些真实的需要更深地压制于无意识层面并日益将其逐出边界的外围，从而使之成为一种不可表达的虚无的存在。正是这两种功能使审美制度成为一个极富争议性却具有内在张力和自我调适性的范畴。审美制度赖以建构的神圣化原则往往通过特定的主体例如民众、利益集团、政府、精英及其特殊的作用机制获得其生产与再生产的现实基础。事实上，审美和艺术从来就不可能是一个绝对的纯粹自律性的领域，即使在现代社会体制中，美学在与宗教、科学、政治学、经济学、社会学、法律、医学等领域区分开来，表现为理论化、专门化的知识形态时，它也仍然是某种权力的隐秘表征。因为，“在看似单纯的艺术和审美活动的背后总是存在着社会权力的制约和多种话语的交锋，通过象征和隐喻的手段来表达着社会生活的变化和实质”[②]。而审美制度和艺术生产方式等概念有助于揭示和研究审美和艺术背后的“power”。[③]布迪厄将“场”描述为由各种位置关系构成的一个空间，它与其他领域的“场”之间又形成一定的相互关系，尤其是和“权力场”相对的位置和关系。审美制度作为生产和维持特定审美话语和审美活动的体制性力量，它在审美场域与其他场域之间，艺术与社会、艺术与权力、想象与规则等因素之间建立起联系，从而使美学不再是单纯的文本书写，而是通过对审美和艺术产生的历史背景，审美话语的生成、维持、流通和传播背后的制度运作机制等的深入考察，真正进入美学的文化书写之中。

再次，审美制度的产生、发展和变化总是在一定的语境和审美关系中发

---

① ［英］泰瑞·伊格顿：《理论之后——文化理论的当下与未来》，李尚远译，台湾商周出版社 2005 年版，第 28 页。

② 王杰等：《审美人类学视野中的“南宁国际民歌节”》，《民族艺术》2002 年第 3 期。

③ 参见王杰《略论民族艺术在当代文明冲突下的作用》，《山东大学学报（哲学社会科学版）》2003 年第 6 期。

生，从而体现出不同的审美价值和意义。审美和艺术的建构只能是历史性地生成，因此，审美制度为它们设定的边界并非坚不可摧，审美制度也因此不断遭到质疑和挑战，从而在不同的历史阶段中生产出新的美学思潮、模式和理论。与此相伴而生的是，“美”在历史、现实与意识形态的多重关系中显现出来。问题仅仅在于，我们如何把握这些多重关系，把握审美和艺术与其他意识形态之间的边界，从而深入探讨审美制度如何作为一种特殊的制度形态。

二、审美制度研究理路

审美制度是关于“什么是美”以及“如何审美”的某种建构和规范，审美制度问题研究则是对这种建构和规范如何形成、变化及其原因和实质等一系列问题的探讨、反思和批判。因此，“审美制度”不等同于“美”本身，而只是“美”的显现与遮蔽的方式，“审美制度”也因此并且仅仅在此意义上与“美”相关。关于该问题的研究主要通过对审美制度问题如何显现，以及审美制度批判如何可能的具体探讨，从而通达对“美”如何作为一种被建构与能建构的存在的追问。

审美制度问题如何显现？从根本上讲，是关于各种制度性因素和机构对审美和艺术的渗透，以及审美如何作为一种特殊的制度形态在此生成的问题，前者属于审美制度的外部研究，后者属于审美制度的内部研究，两者共同指向对“美”如何作为一种被建构的存在的探讨。审美现象从来就不是一种单纯的、孤立的文化现象。人们对“美”的看法，对艺术与非艺术的区分以及关于具体审美和艺术现象的评价，都不可避免地受到社会中存在的各种制度性因素和机构的作用和影响。在很大程度上，特定的审美观和审美活动是由社会建构的各种区分制度和神圣化原则的运作机制与社会成员以自身的认知方式和行为方式对这些制度的认同、贯彻和审视两方面的合力造成的。“根据后现代主义的圣经，我们从来不可能抵达或到达一个没有经过中介的现实。在我们与我们对不用言词而占有意义的向往之间存在着无法改变的、不可逾越的间隙、裂缝和断裂。结合永远被延迟了，一种无可挽回的延异存在于我们和其他一切之间。”[①]极富反讽意味的是，意识形态往往神秘性地充当着弥合这种断裂的中介。然而，个体试图与现实相结合中所必须经历的延异于此只是被虚假地扬弃了。因为，在这种结合中，中介已经从过程转变成现实内容本身，我们最终所能到达的现实只能在变形中获得表征。任何一种话语和实践都不可能是纯粹自足的存在，而是叠合着多重权力关系的制约和交锋，审美话语和活动亦如此。

文化研究表明，审美与意识形态之间并非简单的对抗关系，而是具有巨大的互渗性和包容性。事实上，在我们对“美”百思不得其解的同时，审美自律性神话已自行解构。然而，那些无视或否定审美和艺术存在于一定制度性框架和氛围中之事实的批评家依然沉醉于这种神话之中而不自觉。这一方面与传统美学理论家对具体的美学和艺术问题缺少关注，根源于他们有一种避免不确定性和争议性的普遍的惯例化倾向，不愿使美学暴露自己，进入无处隐藏或遮蔽的开阔之地，即不愿放弃从科学那里搬来的安全感有关；[②]另一重要的原因在于，审美和艺术本身具有形象性、情感性、想象性甚至无意识性，在此意义上，审美与意识形态的内在联系和张力使审美制度成为意识形态的基本形态之一，它往往以“自然化”“合法化”“纯粹化”的面目出现，并且意识形态的种种策略和运作机制隐匿其中，已无法完全从繁盛的审美活动中剥离出来。与此相应的是，人们在享受审美话语的许诺和抚慰的同时，往往有意或无意地将提供这种服务的主体遗忘。近来马克思主义的伟大贡献之一，就是已经揭示出审美和艺术怎样在深层次上也是政治性的，因此积极探索审美话语背后隐藏着的政治意蕴和文化“暴力”，揭示意识形态通过审美的方式实施其潜移默化的同化功能的具体运作机制及其实质，从而对这种遗忘提出了质疑和挑战。

---

① ［美］埃伦·迪萨纳亚克：《审美的人——艺术来自何处及原因何在》，户晓辉译，商务印书馆2004年版，第291页。

② 参见［德］阿多诺《美学理论》，王柯平译，四川人民出版社1998年版，第559页、第594页。

“许多世纪以来，主宰美学讨论的就是美的概念，这是一种固恋，让哲学家对这种语言的丰富多彩视而不见，并向他们掩盖了它的逻辑。”[①] 因此，只有当“文本形态的审美制度”被置入复杂的现实语境中并作为对象被审视时，审美制度的全部内涵和价值才得以显现出来。“文本形态的审美制度”在此主要指以理论、主义、学说、思想等形态建构和规范关于“美”的概念的方式及其产物。其生产的主体时常光顾博物馆，长期接受正规的美学史、艺术史教育，从文本中习得特定的审美经验和审美话语，也因此授予该审美制度以不容置疑的权威性和安全感。然而，这种美学安全感却往往来自哲学对审美和艺术的剥夺。

审美和艺术与社会必须以某种方式相关联，并且，“在所有时代都存在着从历史上看是具体的审美实践的体制化”[②]。从人们的审美意识诞生伊始，审美和艺术就以一种体制化的形式被生产和再生产出来。文化人类学研究表明，在以神性和自然共同体为基本结构的前现代社会中，并不存在我们在现在意义上所使用的“美”和“艺术”概念，我们现在所谈的绘画、音乐、雕塑、舞蹈、诗歌等艺术门类，在当时往往被应用于表达宗教祭祀、祈求丰收以及表征人与自然、人与人之间特定关系的仪式之中，起到体现和强化宗教意味和各种社会关系的功用。前现代社会中的审美制度的存在是他律性的，换言之，仅处于萌芽状态的审美意识由于从属于认知、宗教和伦理等价值而无法成为相对独立的领域。自启蒙运动以来的现代化历程中，出现了美学和艺术领域中的“立法者”，他们规范着美学话语的生产。审美和艺术作为社会区分的产物，逐渐与政治、经济、宗教等价值领域区分开来，并不断从自身内部寻求其存在的合法性依据。审美场域在自主化过程中逐渐制度化，纯粹的凝视应运而生。[③] 它通

① ［美］阿瑟·丹托：《艺术的终结》，欧阳英译，江苏人民出版社 2001 年版，第 25 页。

② ［德］彼得·比格尔：《先锋派理论》“英译本序言”，高建平译，商务印书馆 2002 年版，第 40 页。

③ See Pierre Bourdieu, “The Historical Genesis of a Pure Aesthetic”, *The Journal of Aesthetics and Art Criticism*, Vol. 46, 1987, pp. 203-209.

过在审美和艺术与社会生活之间引入差异和区分来生产关于审美权力的神圣性原则，然而，审美和艺术却在这种宏大叙事中进入冬眠状态，美学话语表面的繁盛已无法掩饰其由于拒绝经受现实生活的洗礼而造成的萎缩和表征危机。这只能证明，审美和艺术若只为自身缘故而存在，那么它将无法以此存在。在后现代社会中，审美和艺术的立法权和阐释权下放给普遍公众。科技和商品作为新的意识形态以一种更隐蔽的方式对日常生活进行全面渗透，造成了触目惊心的“全面审美化”想象奇观。审美和艺术在传统艺术界僵硬的边界崩溃的同时释放出应有的生命力，但相伴而生的是审美和艺术被其他意识形态巧妙地挪用、整合和同化，艺术的审美启蒙功能甚至于此堕落为一种虚假的诺言和富余的谈资。据此，在商品已成为美的社会，审美和艺术必须重新要求在与其他事物的区分中获得自身的规定性，但这绝不意味着审美制度历史形态的简单回归。审美制度在它的每一个历史阶段的产生和变迁都是针对前一阶段中审美的特定制度化形态提出批判，审美现象的复杂性使这种批判内卷于“美”的神秘性之中。“神秘的东西”一方面是不可言说的，另一方面却是可以自行显现的，并且就在审美制度的规范性和解构性的交替中显现。

审美制度作为审美意识形态的具体表现形式，体现出与意识形态的强制性、合法性、隐秘性、遮蔽性等既相似又有所区分的特征，其特殊性在于审美与意识形态之间的内在张力。即，一方面，意识形态所蕴藉的权力关系通过审美和艺术活动获得潜移默化的表达；另一方面，审美制度中的审美维度同时生长出反观和批判这种表达的力量。审美自身的独特性使其不可能成为完全被建构的存在，不仅如此，它还通过特殊的方式如审美变形，具有审视这种建构关系并在特定情境中重构这些关系的能力。

在希腊语中，批判一词“krinein”的意思是“分开”“区分”。批判的目的在于将意识形态中的真理与非真理区分开来。[①] 有两种批评必须首先区分开来：

① 参见［德］彼得·比格尔《先锋派理论》，高建平译，商务印书馆2002年版，第70页。

"教条的批评将自身与它所批评的对象对立起来，将自己看成是真的，将对象看成是非真的。这种批评始终外在于他的对象……与此相反，辩证法批评则是内在的。它进入所批评理论的对象的实质之中，并从其夹缝和矛盾之中汲取决定性的刺激。"[①] 真正的批判并非对对象的外在否定和剥夺，它不从任何既定的原则和立场出发，而只关注事物本身，并且让它显现。无原则的批判于此成为人类历史上一切真正思想发生的隐秘动机。[②]

"美"并非一种外在的规定，而是自身如其所是地显现出来的状态。审美制度批判旨在使之成为可能，它将在两个层面上同时展开：在理论层面上，研究审美意识、审美形式、审美活动以及审美理论等一切审美现象与其他意识形态之间相互作用、转换和生产的隐秘关系。一方面，审美制度问题研究关注"美"在这种关系中被遮蔽的存在，将那些企图缝合意识形态与现实之间裂缝的制度化形式作为直接审视的对象。批判在此表现为"除魅"和"去蔽"，即揭示那些冠冕堂皇的美学话语背后隐藏着的物质利益和政治权力关系及其对"美"的有意挪用、整合和同化机制。另一方面，敏锐地捕捉审美与各种意识形态相交流时产生的新的审美经验，并在理论上加以说明和提升。[③] 批判在此表现为区分与划界，而不简单等同于否定。在实践层面上，审美制度批判不是一种意识形态式的批判，即这种批判要求在日常生活世界中有所作为，而不仅仅作为一种理论和话语重构模式。在马克思看来，重要的不是解释世界，而是如何改造世界。艺术的审美启蒙力量不是来自艺术及其理论（艺术和理论本身也可能异化），而是来自艺术使人们"看见"现实与意识形态之间的断裂，从而唤起人们对不合理现实的批判、超越和重构的冲动和实践。于此，审美作为意识形态形式的特殊性以及审美活动与历史进步的关系等问题才有可能在批判

---

① ［德］彼得·比格尔：《先锋派理论》，高建平译，商务印书馆2005年版，第60页。

② 参见彭富春《哲学与美学问题》，武汉大学出版社2005年版，第24—25页。

③ 鉴于意识形态的两面性：一方面，意识形态是个体与他人和社会相交流的必要中介，并且能够使个体在日常生活中被抑制的需要得到象征性的满足；另一方面，意识形态的虚幻性阻碍着人们对现实生活关系的认识与改造。因此，审美制度批判并非对内化于审美之中的意识形态的完全否定，而是在厘清两者的辩证关系的基础上使它们有所区分从而获得自身的规定性。

中成为真实的命题。

然而，无论是在理论层面还是实践层面上，审美制度批判都举步维艰。审美和艺术并非一种纯粹自足性的存在，而是各种现实生活关系的编织和再生产。这使得任何试图将审美和艺术从制度的制约中完全剥离出来的愿望都最终归于失望，因为，批判在此不是否定，而只是区分，即区分美本身与被建构的美的事物。而此区分是十分难以把握的，因为，现代审美神话总是将各种被建构的“美”直接宣扬为美本身。

例如，在资本主义社会中，统治阶级意识形态往往通过缜密的收编机制以情感的、象征的、无意识的方式将审美和艺术织入其精心编撰的信仰系统和权力结构中，甚至将其贬抑为既有权力和再生权力的无足轻重的点缀，而恰恰又是权力的被审美化，使得这种奇特的挪用机制变得近乎无懈可击。“如果说审美是危险的、模糊的，这是因为身体中存在反抗权力的事物，而权力又规定着审美。”[①] 这使得审美和艺术变得异乎寻常的复杂，被权力规定着的美难以与权力相疏离，它甚至使权力直接成为美的象征，而对于审美与权力之间关系的简单否定却又往往使审美制度批判成为一场失掉对象的战争，甚至于此走向自身的反面。

但，批判也并非不可能，并且也正因为这种艰难而弥显珍贵。在伊格尔顿看来，“美学是朴素唯物主义的首次冲动——这种冲动是身体对理论专制的长期而无言的反叛的结果”[②]。因而构成了美学的人类学基础和意义，它表明，在审美寻找自身存在的依据和发展的动力时，任何理论上的修辞学策略和激进主义都将无济于事。“马克思主义的创始人已指出艺术是反映社会存在的一种意识形态，这是一个根本性的、十分重要的观点，但尚待我们紧密结合人类历史和艺术的发展去加以具体实证的研究，作出有充分说服力的、系统深入的分析

---

① ［英］特里·伊格尔顿：《美学意识形态》（修订版），王杰、付德根、麦永雄译，中央编译出版社2013年版，第17页。
② ［英］特里·伊格尔顿：《美学意识形态》（修订版），王杰、付德根、麦永雄译，中央编译出版社2013年版，第1页。

论证。”[①] 当传统的美学研究范式已无法完全提供这种可能，这只能意味着美学重构将再次发生。

审美人类学是美学尤其是马克思主义美学与人类学在当代学术背景中跨学科交融的必然产物，“它尝试着理清审美现象与其他文化现象之间错综复杂的联系”[②]。这就必然要求在努力寻找美学与人类学之间深层契合点的基础上，研究当今仍然活着的文化事实，探讨“美”在不同的文化语境中的不同表现形态、特征、功能以及造成“美”的复杂性和特殊性的深层原因。其研究理念主张将关于异质文化或“他者”的研究与当代文化危机的思考结合起来，从而建构一种更加富于平衡感的审美文化观念。而“审美制度这一概念的提出和对此进行的研究探讨是审美人类学实现人类学与美学尤其是马克思主义美学深层整合的标志和重要成果”[③]。正是审美人类学以其高度的学科际属性和不断磨炼的敏锐的田野洞察力，为探讨“美”如何作为一种被建构和能建构的存在提供了独特的反观视角和广阔的经验解读空间。也唯有如此，审美制度问题研究才有可能真正进入关于审美与现实生活的关系，审美和艺术作为意识形态形式的独特性以及日常生活中审美启蒙如何可能等马克思主义美学基本问题的内核。

“审美人类学侧重于对审美与艺术的制度层面加以研究，即通过对审美与艺术符号在文化语境中的具体表现找出在其背后隐藏着的被社会约定俗成的一套规则与禁忌。”[④] 以“审美制度”为核心范畴的审美人类学研究在关于“美”的探讨和阐释方面逐渐显现出其独特的优势：

1. 审美人类学强调在活态的语境中研究“美”，从而要求将审美和艺术从形而上层面拉回到现实生活中，美学研究的问题意识才有可能由此产生，并且凭借对日常生活以及日常生活中产生的审美需要的考察和分析，寻找到解答问

① 刘纲纪：《马克思主义美学在当代的发展问题》，载《马克思主义美学研究》第 1 辑，广西师范大学出版社 1997 年版，第 34 页。

② Jacques Maquet, *Introduction to Aesthetic Anthropology*, Malibu: Undena Publications, 1979, p. 52.

③ 王杰：《审美幻象与审美人类学》，广西师范大学出版社 2002 年版，第 156 页。

④ 王杰：《审美幻象与审美人类学》，广西师范大学出版社 2002 年版，第 159 页。

题的现实资源和路径。

2. 在活态语境中历史地探讨马克思主义美学的基本问题是审美人类学与传统美学和传统人类学相区分的重要标志。即，把“美”作为现实社会文化的重要组成部分之一，将研究的重点放在审美感知和活动得以形成的整个社会文化机制中，揭示被遮蔽的和未被充分重视的审美和艺术的非显性存在状态，并积极探讨其向现实生活转换的可能性。

3. 审美人类学在充分借鉴现代人类学研究理念和方法开拓探讨“美”的新维度的同时，力图为人类学寻找哲学和美学根基，在美学与人类学真正契合之处发掘审美意识形态的物质基础，从而使我们能够“察觉”到“美”的显现成为可能。

美学的合法性来自两个方面：一方面，美学与其他价值领域相区分从而成为相对独立的学科；另一方面，美学必须同时与现实生活保持广泛的联系。在此意义上，“美学是一个现代主义既发明了它同时又解构了它的学科”[①]。审美人类学力图使传统美学研究从想象性的精神活动转变为作用于现实生活的实践活动，从而把握美学建构与解构的向度。它将使我们“看见”在审美与意识形态的糅合与间距中，“美”是如何被历史地生产和再生产出来的。

审美制度问题研究正是由于强调来自具体历史语境中的审美现象的历史性和现实性，因而成为对所有缺乏历史自觉的理论和幻觉的批判[②]，同时，它对于从科学那里搬来的美学安全感的主动放弃，使它进入鲜活的审美文化现象从而获得自身表达的语言。于此，审美制度问题研究将成为恢复和激活美学对现实问题的思考和批判以及寻找出路的能力的有力尝试。

---

① ［美］弗雷德里克·詹姆逊:《单一的现代性》，王逢振、王丽亚译，天津人民出版社 2005 年版，第 15 页。

② 参见［德］彼得·比格尔《先锋派理论》“英译本序言”，高建平译，商务印书馆 2002 年版第 40 页。

三、审美人类学视野下的审美制度问题研究

“审美制度”与“审美制度问题研究”是两个不同的概念和事实。简而言之，“审美制度”是对何为“美”以及如何评价审美和艺术的某种建构和规范，它决定着在特定时期什么才被看作“美”和“艺术”，它也因此渗透于制约着审美和艺术活动生产者和接受者的观念和行为模式的社会分类框架之中。而此分类和划界与人们在不同的历史时期以及依据不同的视角所产生的审美意识形态有着紧密的关系。“审美制度问题研究”则包含了对于此种“看”是如何被建构的以及如何重构此种“看”的探讨。具体而言，审美人类学视野下的审美制度问题研究主要包含以下两个方面：（1）如何探讨非西方“美”与艺术的“西方”建构事实及其影响；（2）如何理解包括非西方/地方性审美经验在内的审美和艺术的复杂性和特殊性，主要探讨作为复数的“美”和艺术是如何被建构和再生产的。

关于“他者”的描述与想象实则是一种意识形态凝视。范丹姆曾指出，“尽管不常诉诸书面表达，但这种非西方人不展示任何审美感知能力的观点却早已是不言而喻的……长期以来，非西方社会中的艺术品往往被认为只是作为宗教和巫术的附属物而存在。或者更普遍的是，它们似乎被当作仅仅是意义的功能性工具，从它们的制造者和使用者的视角而言，它们不涉及任何审美的维度”①。在相当长一段时期内，非西方艺术的审美维度并没有得到应有的重视和发掘，不仅如此，其与西方审美意识形态相异的艺术形式甚至遭致暴虐性的夸张描述。例如，“弗思以原始部族的面具为例，进一步分析了西方人对待原始艺术的态度。他指出，西方人常用诸如‘阴险的眼睛’‘暴虐的凸唇’等字眼来描述原始面具，将其视为粗暴野蛮的产物……原始艺术的非自然主义的特征也妨碍了对它们的接受，如扭曲的身体、狭长的面部、炫人的眼睛、喷张的大

① ［荷］范丹姆：《审美人类学导论》，向丽译，《民族艺术》2013年第3期。

嘴，此类人物形象，让绝大部分西方人对它们避而远之”[①]。而雅克·马凯则通过分析引入欧洲的第一批非洲人形塑像的遭遇，在很大程度上也解释了此种误解产生的原因。然而，这些加诸其上的言辞和评价并不能代表当地人的真实看法和心态。事实上，非洲雕像的怪诞性是非洲民族对如何与神灵产生联系的希望与想象在艺术作品上曲折的形式反映，其表现力量及其付诸的特殊表达方式已经持续性地获得当代艺术家的肯定。

在原始民族看来，让西方人不可理喻的艺术特殊的形式中蕴藉着巨大的神性和魔力，这种魔力是西方人仅凭肉眼的直观主义所根本无法理解的。这实质上就必然涉及作为一种特殊的意识形态形式的“看”或“看作为”（Seeing-as）。“看作为”是一种特殊的心理状态，在其中起决定性作用的是观者的观念及这种观念与对象形式之间构成的复杂关联。“鸭—兔图形”则形象地表征了这种观看的差异性。这一用线画成的图形，有时候起看来像鸭的头，有时候看起来像兔子的头。“鸭—兔图形”本身包含着的两者皆可性或多元可能性，本身就指涉了关于审美对象的阐释和变形的多元性，而“一个对象，无论是艺术作品还是自然客体，关键在于你把它‘看作’什么和用什么方式去看，用观察的方式，将之看成物理对象，它就成为物理对象，用体认的方式，将之看成审美对象，它就成为审美对象。因此，‘看作’成了审美态度的关键”[②]。在早期西方学者关于非西方艺术的想象与描述中，此“看”并非一种自然主义的眼光，而是一种自上而下的俯视，其中必然包含了历史所建构的某种特权。

在迪基的艺术制度论中出现了一个值得关注的美学提问方式的转变，即从“艺术品是什么？”向“某物何以成为艺术品？”的转变，问题的重点放在艺术品如何获得被认可的资格上。尽管迪基对其艺术制度论有过一定的修改，但“授予”仍然是理解迪基艺术制度论的关键，它强调特定艺术品存在的复杂的权力结构，并于此暗示了艺术的“制度性”。在此要追问的是，谁拥有艺术

---

① 方李莉、李修建：《艺术人类学》，生活·读书·新知三联书店2013年版，第165—166页。
② 张法：《迪基〈美学导论〉与中国美学原理写作的差异》，《人文杂志》2006年第4期。

授予的权力？这种艺术授予行为又是如何被认可的？在丹托之后，迪基同样在艺术界中寻找这种权力的来源，他将“艺术界”明确规定为艺术品赖以存在的特定历史的复杂情境和制度性框架，并且指出，赋予某物以艺术品的资格的活动就在其中进行。于此，授予的权力来自艺术界共同体的集体意识，它是一种权威，是一种相对稳定的集体约定，更是艺术界共同体必须遵守的“看”的方式，即思考、分析艺术的方式。

在关于非西方艺术的收纳和评价中，这种“看”所包含的权威感是有一定制度性机构保障的，并且于此得以强化和聚集。例如，在现代社会的种种建制中，早期博物馆不愧为一种奇妙的变形机构。[①]那些被展演其中的来自非文字社会的人工制品通过“集中”与“给人看”已远离它们原初的功能，并迅速升格为“艺术品”。由作为与日常生活或特定仪式融为一体的世俗或神圣的物品转变为艺术品，其中必然包含了对它曾经的功用和宗教内涵的某种抛弃或悬置，同时也是审美态度灌注其中使之具有审美特性使然。然而，在授予其作为“艺术品”的种种装饰性光晕中，一种强权主义的罢黜仪式同时运营其中。一方面，在关于究竟哪些人工制品可以进入博物馆以及如何进入博物馆这种神圣化场域的讨论中，人们对于艺术的看法往往立足于西方人的眼光。某物之所以被选择，通常是因为它们在某种程度上与西方关于艺术品的观念相一致，而并没有从由它们所产生的特定语境中去考察。这种物品之所以能够获取“进入”资格，中间必然经过阐释。而在阐释具有把实物这种材料变成艺术品的功能的同时，阐释本身是变形的。[②]另一方面，阐释同时也是一种区分。在将那些来自非文字社会中的人工制品与在文明社会中尤其是西欧和北美社会中的艺术品相比较中，它们往往被视为拙劣和低级的，甚至仅仅因为能够作为维护和强化西方文明秩序的权力和荣耀才获其存在的可能性和合理性。于此，阐释者正是

---

① 参见向丽《审美制度问题研究——关于“美”的审美人类学阐释》，中国社会科学出版社2010年版，第121页。

② 参见［美］阿瑟·丹托《艺术的终结》，欧阳英译，江苏人民出版社2001年版，第36页、第41页。

通过他们选择的他者来建构自身，这种精妙的策略可能带来的结果是，在这种神圣化的秩序中，来自边缘群体的“艺术”将面对这样的困境：要么不被看成艺术，要么被主流文化收编。“总问题领域把看不见的东西规定并结构化为某种特定的被排除的东西即从可见领域被排除的东西，而作为被排除的东西，它是由总问题领域所固有的存在和结构所决定的。”[①] 这充分地显现出了西方审美意识形态的根植性和再生性。而究竟是怎样的制度性机构和运作机制构筑了此总问题领域并使其发挥了接纳与排斥的功能，则是审美人类学在祛除西方传统审美观的遮蔽性并使艺术的特殊性得以显现所需探讨的重要问题。

不仅如此，西方审美意识形态还作用于非西方艺术的生产与再生产。“真正为了审美目的而创造的原始艺术是为数极少的，而且往往是外来影响的一种结果。爱斯基摩人的艺术就是如此：白种人的来到，使爱斯基摩人突然涌现出一些非常美丽的雕刻品，并创造了版画艺术。这种所谓的‘美丽’不但不是爱斯基摩人原来创作艺术的动机，实际上是白人根据自己的趣味对爱斯基摩人艺术家提出某种要求的结果，这种所谓的‘美丽’也就相当于行家们所说的‘走味’……如果一种原始艺术变化到‘美’复文明艺术一样，那么也就意味着原始艺术真正的死亡，或者说，它的躯壳尚存，而灵魂则已死亡。”[②] 这种“西方”建构的神话在不断地发生，在一个个被制造出来的“美学盛宴”下，非西方艺术的原生殖力在走向萎缩甚至断根。

在审美人类学视域中，非西方艺术的“西方”建构已是一个不可忽略的理论话题，对此话题的正视和探讨有益于我们反观非西方艺术的被建构史，从而恢复非西方艺术自身的特殊表达方式及其价值意义。任何民族的艺术都有自己“看”的方式和表征形态，其形构机制及其影响，也只有回到其赖以存在的语境中才可理解。

---

① ［法］路易·阿尔都塞、艾蒂安·巴里巴尔：《读〈资本论〉》，李其庆、冯文光译，中央编译出版社 2001 年版，第 18 页。

② 方李莉、李修建：《艺术人类学》，生活·读书·新知三联书店 2013 年版，第 242 页。

普列汉诺夫在《没有地址的信》中写道："人的本性使他能够有审美的趣味和概念。他周围的条件决定着这个可能性怎样转变为现实；这些条件说明了一定的社会的人（即一定的社会、一定的民族、一定的阶级）正是有着这些而非其他的审美的趣味和概念。"[①]于此，普列汉诺夫指出了审美艺术现象中存在的两个基本事实：（1）人天生就是审美的动物或人天生具有审美的能力；（2）审美现象由于不同的语境而呈现出一定的差异性。于此，审美的趣味和概念所诉诸的"艺术品"和"艺术现象"也由于不同的建构性因素和建构机制而呈现出其特殊性和复杂性。在此，语境是审美/艺术潜能向其具体表现形态转换的中介性力量。

无可否认，语境化研究是人类学方法的典型特征之一，其具体表现为："研究某种特定的文化时，人类学通常将收集到的实证资料置于其更大的社会文化母体之中，并且通过在这些资料之间发展出系统性的联系，从而使这些认真收集到的资料得到语境化的研究……在尝试着对审美偏好的文化相对性作出有条理的解释时，这种关于审美偏好和它的框架之间的系统性联系的研究也许是需要的。"[②]语境是历史给予的规则，是关系的编织，是各种意识形态形式互相作用的过程和结果。尽管某一对象在外观上符合我们的视觉习惯，甚至使用了我们所熟知的某些艺术表现手法和形式，但它的真实存在很可能与我们所想象和理解的相去甚远。理解这种审美和艺术现象的前提是，必须熟悉该文化在其制度性背景中的表现惯例，它在社会的地位及其发挥作用的方式。

审美制度论也十分强调语境对于艺术的建构作用，丹托强调理论氛围对于艺术之建构作用，迪基强调艺术界的中坚力量及其授予权对于艺术之建构作用，如今，"艺术界"理论主要强调这一基本事实：艺术活动是一种由诸多人或多种角色参与合作的活动，这些人拥有相似或一致的美学观念和理解。艺术

---

① ［俄］普列汉诺夫：《没有地址的信 艺术与社会生活》，曹葆华等译，人民文学出版社 1962 年版，第 17—18 页。

② ［荷］范丹姆：《审美人类学导论》，向丽译，《民族艺术》2013 年第 3 期。

界的中坚力量是艺术家、报纸记者、各种刊物上的批评家、艺术史学家、文艺理论家、美学家等等，正是他们以其话语和行为规定和影响着人们对于审美和艺术的看法，即具有授予某物是否可以成为艺术品的资格。但这仍然忽略了一些在艺术界之外的艺术现象的形构与再生产问题。因此，在审美人类学视野下，审美制度理论应当得以拓展和延伸，诸如，“制度性因素”及其建构机制等问题都需要再度发掘与阐释。

审美和艺术是一种被建构的存在，作为文化意义上的“美”和艺术，对其产生影响的建构性因素的探讨就不能仅仅局囿于艺术界的中坚力量，而是涵盖了更多无形的因素，诸如除了国家及社会制度（政治制度、经济制度、文化制度等），艺术品的展出场所（博物馆、剧院、音乐厅、美术馆、画廊等），神圣化或认可机构（学院、出版社、沙龙等），生产者和消费者的再生产领域（艺术学院、书店、各种传媒、广告公司等）、专业化的各种代理人（经纪人、批评家、艺术史学家、收藏家等）之外，根植于民间的文化习俗或惯例、传统节庆、信仰、仪式、世界观、日常生活习惯等，也都对审美和艺术的生产、交换、传播和消费等具有重要的中介作用，因此也应当成为考察的重要对象。不仅如此，“艺术品取决于物质和技术的生产媒介，而生产媒介以社会劳动体系为先决条件；艺术品用审美的形式和内容‘反映’或‘编码’了其所在时代的社会结构；艺术品所负载的价值并非在一切时代都是必然有效的，仅仅对那些在特定社会背景下‘消费’它们的特定社会群体才有效”[①]。艺术品的价值和意义就在于其在特殊语境下的有效性，要了解此种有效性，“艺术品”的建构性因素及其效应是需要加以探讨的。

丹托认为，艺术的认定以及把艺术与其他事物相区分的东西是“眼睛无法看见的理论氛围”，他借助于一种“哲人之例”把自己的观点应用于非西方艺术，这个例子是关于两个相邻却又彼此隔绝的非洲部落：罐子村（the Pot

① ［英］奥斯汀·哈灵顿：《艺术与社会理论——美学中的社会学论争》，周计武、周雪娉译，南京大学出版社 2010 年版，第 11 页。

People）与篮子族（the Basket Folk）。他们都制造罐子和篮子，但在感知上，罐子村所制造的罐子和篮子并不能与那些篮子族所制造的事物相区别。然而，罐子村所造的罐子是艺术品，他们所造的篮子却不是；反之，篮子族所造的篮子是艺术品，而他们所造的罐子却不是。但是，这两种文化的艺术品都对该部落具有深刻的精神上的重要性，象征了他们与宇宙秩序、生与死等的关系，而非艺术品的物品则缺乏独特的意义，仅仅只是一种实用物品。于此，使某物成为艺术的是一种“理论氛围”，而不是对那一概念语境一无所知的人所感知的某些属性。[①]“理论氛围”于此不再局囿于人们习得的艺术史知识，而扩大为渗透于地方文化之中的历史与理论，可引申为人们对某物与人和世界之间的某种深刻联系的感知，而且此种感知使得他们对该物产生特殊的情感。因此，尽管在一些非西方社会中，“艺术品”的产生最初并非为“纯粹凝视”而制造，但在其生活历程中，随着各种关系的聚焦，制造者也会非常重视其审美性。例如，他们会对其“艺术品”的构造和装饰考虑得极为细致。用埃伦·迪萨纳亚克的话来说就是，“使其特殊”“苦心经营”和塑造它们。此苦心经营蕴藉着当地人对寄托于该“艺术品”之中的情感功能的根深蒂固的需要。因此，在语境中通过探讨“艺术品”的形式及其象征意味；当地人如何描述和评价“艺术品”；当地人对该“艺术品”的“珍视”是如何体现的等问题，我们可以经验到并阐释当地人的审美标准，“艺术品”的审美维度也于此得以发掘出来。而在审美人类学视域中，对“艺术品”审美维度的发掘以及对于该物如何成为“艺术品”的阐释又不同于形而上艺术概念的封闭象牙塔式的话语建构，它有着更为繁复庞杂的建构网络，并且，艺术在某些方面日渐呈现出其形式化和专业化的特征。

大卫·诺维茨（David Novitz）指出：“决定把一件人工制品视为艺术品，这一决定是根据一些标准而做出的，而这些标准则与某个社会历史形成的那种

---

① 参见［美］诺埃尔·卡罗尔编著《今日艺术理论》，殷曼楟、郑从容译，南京大学出版社 2010 年版，第 263—264 页。

生活有很大关联；这些标准是有意义的，这仅仅是因为其社会定位，即信仰、偏爱、价值以及社会配置（social arrangements）等这些因素，它们在一个既定时期盛行于某个社会之中，并且使这些特征（而非那些特征）成为艺术性的标志。”[①] 或者换句话说，如果我们不明了某物属于某种文化并且与其发生某种关系时，我们也无法将其识别为艺术品。这可以说是对丹托、迪基等人的艺术制度论的某种拓展，因此能够在一定程度上将通过对西方现代艺术界的考察而提出的审美制度论引向关于非西方艺术以及边缘地区地方性艺术的研究之中。

信仰、偏爱、价值以及社会配置与地方文化习俗或惯例、传统节庆、仪式、世界观、日常生活习惯等有着紧密的联系，它们是互相生长、互相渗透的，并且共同作用于文化和艺术的生产与再生产之中。它们指涉了在认证审美和艺术的体制性机构出现之前更为缜密而无形的制度性因素，而在非西方社会尤其是在一些边缘地区，制度性因素对审美和艺术的建构要远比制度性机构对审美和艺术的建构的事实普遍得多。

诸如信仰，其广义既包括了民间宗教信仰，也包括了对某些原则的认同和维系，因此它决定了某种特殊的“看”是否可能以及如何可能。布迪厄指出：“艺术品价值的生产者不是艺术家，而是作为信仰的空间的生产场，信仰的空间通过生产对艺术家创造能力的信仰，来生产作为偶像的艺术品的价值。”[②] 某物之所以被看作是“艺术品”，很大程度上正是因为它首先已被包含在被建构的艺术范畴所能涵盖的范围之内。在西方社会和现代社会中，这种“艺术范畴”更多地为“艺术界”的中坚力量、主流文化、社会精英等所建构，“看”的主体了解并长期习得关于艺术的编码知识或艺术的各种制度化形态，并在意识形态凝视中成为这种编码程序的不自觉的维护和再生产者。而在非西方社会和一些边缘地区，这种所谓的“艺术范畴”则更多地来自与生活的关联，我们

① 转引自［美］诺埃尔·卡罗尔编著《今日艺术理论》，殷曼楟、郑从容译，南京大学出版社 2010 年版，第 295 页。

② ［法］皮埃尔·布迪厄：《艺术的法则：文学场的生成和结构》，刘晖译，中央编译出版社 2001 年版，第 276 页。

探讨的问题将是，该“艺术品”如何在该文化所包含的日常生活事项、传统节庆、仪式以及各种社会配置中被聚集，并透析出该文化的世界观、价值观以及审美偏好。这源于这样一个基本事实：某物之所以被重视并加以欣赏，之所以被选择为“艺术品”或被认为是“美”的，是因为它聚焦了某种重要的因素和情感。因此，对于审美和艺术的研究要尽可能地涵盖这些相关方面，并且厘清“美”和艺术与这些建构性因素之间的多维联系。

在人类学领域中，关于审美和艺术的研究渐至展现出与形而上学之美学研究不一样的路径。例如，20 世纪上半叶至今，关于艺术的人类学研究概况，雷蒙德·弗思（Raymond Firth）指出，“一战”之前甚至“一战”期间，人们对于艺术的人类学兴趣是极其有限的。即使是关于所谓原始艺术的关注的增长主要也是由于艺术与商业的联系，而不是民族志方面的关注。“二战”后，关于艺术的人类学研究逐渐兴盛起来，这主要表现在如下几个方面：1. 关于异域艺术的田野研究在不断增长，并且关于艺术的批评性分析变得更有穿透力；2. 关于个体艺术家的风格和创造力的复杂性研究已经出现；3. 对于比较美学以及艺术作为交流的媒介以及组织和传播知识的因素的兴趣也在不断增长。[①] 而随着审美人类学和艺术人类学的产生和发展，艺术如何被建构及其影响也已经得到了不同程度的探讨，为该艺术制度问题研究提供了很好的田野资源和理论基础。在国外，对审美制度问题的研究主要集中在探讨语境、社会结构、艺术圈 / 网络 / 框架、经济 / 商业、政治 / 权力、审美变形、“美感所在”、媒介、仪式等对于艺术的建构与再生产。在国内，该研究主要体现在探讨生产方式、经济活动、宗教信仰、仪式、民间各种“权威”“权力”、技术、传媒等对艺术的草根性和再生性的影响，呈现出民族性、前现代性、现代性、后现代性对于“美”和艺术的生产与再生产的“杂糅性”建构关系。

然而，作为审美制度问题研究，在具体语境中，关于“美”的建构性因

---

① Jeremy Coote and Anthony Shelton (eds.), *Anthropology, Art, and Aesthetics*, Oxford: Clarendon Press, 1992, pp.20–22.

素有哪些，其具体的建构机制如何及其对于审美和艺术生产与再生产的影响，仍然是一个重要的但并未得到充分重视和发掘的问题。审美人类学并不回避“美”和艺术中的意识形态问题，问题只在于如何去理解审美和艺术中的意识形态维度，而审美制度问题研究将是为一种解答。

（本文选自向丽《审美制度问题研究——关于“美”的审美人类学阐释》，中国社会科学出版社 2010 年版。内容有所增补。）

中　篇

审美人类学的视野与方法

人类学与美学

[德]恩斯特·格罗塞/文、和 欢/译、张浩军/校

一

一般而言，人类学对人文学科的意义如今已在实践中得到了充分证明，因而不再需要理论论证。在所有试图运用人类学观点来解决人文学科问题的领域——比如伦理学、法律史、国家学以及宗教哲学，我们的知识都得到了丰富，我们的观念也都得到了意想不到的改造和拓展。因而，通过人类学为人文学科重新进行奠基的观点在某种意义上是有道理的。无论如何，人类学比较研究方法的引入都是一种进步，尽管目前我们还无法完全估量其重要意义。

当其他科学已经走向成功之时，唯独有一门科学依然顽固不化，不愿走上新的道路。迄今为止，美学尚未受到人类学的影响，它几乎从未把目光投向人类学在它面前展开的这个非同寻常的素材上。这种固执乍看之下难以理解。不仅因为人类学方法的优势对于美学来说如此显见，更重要的是，它对美学的意义在很久以前就已经被大家明确地认可了。

有时人们声称，是丹纳（Taine）把人类学方法引入了美学。法国学者无疑为美学的复兴做出了突出贡献，但丹纳无缘分享这一荣誉。尽管，丹纳在其著名的关于意大利绘画艺术讲座的导言［后来他将这篇导言以《艺术哲学》（*La Philosophie de L'Art*）为名出版］中赞同这一法则，即：每件艺术作品都是“精神和周边道德风尚的总体状况的统一整体”。此外，他着重指出，人们只有通

过对不同时代和不同民族的艺术与文化进行比较，才能揭示支配艺术创作的规律。他的崇拜者忽略了一件很重要的事情，这个在1865年提出的理论其实早在1719年阿贝·杜波（Abbé Dubos）就已经在他的《诗与画的批判反思》（*Réflexions critiques sur la poésie et la peinture*）中提及。在该书第三部分，阿贝提出了这样一个问题，事实上，这一问题自此便成了美学中最重要也最难回答的问题之一："为什么艺术会在某些民族产生，并在某几个世纪盛开出如此绚烂的花朵，而在其他情况下却举步维艰呢？"对此问题的回答是："有可能是这样。任何一个民族所特有的品性都依赖于它所生活的这一地区的特殊氛围。因此，当一个国家缺乏某些类型的天才和人才的时候，就无法给出孕育艺术作品的那个特殊环境。"正如人们所看到的，这个结论有些含糊不清，但更重要的是人们在这条道路上探索着。杜波在他的研究中持续使用人类学的比较研究方法，而丹纳更是对这个方法的使用范围进行了拓宽。因为他对现代美学的研究不仅仅局限于欧洲的民族文化，其中包括亚述人、波斯人和埃及人，除此之外他还把印度人、中国人、墨西哥人和秘鲁人也列入了思考范围。

杜波并不是当时唯一一个使用这种方法的人。在18世纪的一些英国和法国的艺术评论家那里，可以发现某些类似想法。18世纪末，比较研究在艺术比较和各国诗歌比较中的使用方法很类似。赫尔德（Herder），这个人文学科领域里的培根，以其饱满的热情与活力掌握了这种方法。在他的一生中，他总是不厌其烦地去完成和推进他的研究。在一封谈论人类进步的信中他说道：

> 诗歌是一个民族的另一种表现形式；它的形态会根据语言、风俗、习惯以及当地气温、环境，甚至因为当地的方言而改变。比如民族的迁徙，语言的混合与改变；比如新的对象打动了人心；比如人们的爱好发生了变化，他们设定了新的奋斗目标；比如在图片和概念的合成中，新的样本对其发挥了作用。如同合成的图片以及概念的模型及对它产生的影响。即使像舌头这样小的器官运动方式都有一些细微的改变，耳朵也习惯了另一种

声音。诗歌的发展和变化的方向在各个国家是不一致的，即使在一个国家它也有一些变化。

他斥责用傲慢和不解的态度审视其他民族的艺术。他的结论是：

自然的方法是，每一朵花都应该因时因地地在它该生长的地方生长，都应该能从根部观察到花冠。最谦卑的天才痛恨排名和比较。他宁愿成为村庄里的第一，也不愿成为国王手下的第二。地衣、苔藓、蕨类植物以及各色芬芳的花朵，每一次绽放都是在最恰当的时刻。

——人们必须承认，在此赫尔德对诗歌的欣赏不仅是建立在对人文知识的全面理论解析上，更重要的是对诗歌的全面欣赏。此外，恰恰是人类学材料的有价值的部分，审美体验和民族的初始产物没有得到充分的认识。除此之外，赫尔德对初始一些不可理解的现象有过详细的说明，那为什么接下来的美学家没有继续向这个方向探索。实际上这只是一个很小的进步，并不是不可以解释的。

在 18 世纪，人类学材料既非特别丰富，也不够可靠。不过，异国的文化产物不再稀奇。阿贝・杜波在 1719 年的时候曾经说过："目前欧洲有丰富的来自中国、东印度的产品，瓷器以及其他珍奇之物。"收藏家拥有这些珍宝，却只是简单地把它们摆在橱窗供人观赏。多数情况下，人们甚至懒得找出它们的起源和记录。旅游者从陌生的国度带来不少艺术品。不过，仅仅通过对文字和图案的研究，很难给其一个完整的评价。更重要的是，在这种情况下，他们也缺少当代的一些条件，比如说通过看专业报刊来填补一些基础性的材料。

在此期间，如果不是有那么多美学家对所谓的野蛮艺术的漠不关心，所有这些缺陷都很难成为永远的障碍。赫尔德的时代也是温克尔曼和歌德的时代，他的人类学的愿望屈从于具有绝对统治地位的希腊的艺术理想。现在仅剩一门艺术备受博学群体的青睐：古代艺术。

浪漫主义使美学家的视野再次拓宽，但浪漫主义精神有点不适合推动严肃的科学工作。此外，人类学资料里最为有价值的部分仍然是被忽视了的，这种忽视是有一定后果的。当他们可能要从证明的事情中得到一个更加广泛、更加坚实的基础的时候，在这些年我们所掌握的所有的科学知识中，思辨狂潮永远不会在美学中独霸天下。当人们没有了诸如美第奇的“维纳斯”或是《神曲》这样的艺术品的时候，他们肯定不愿意赘述关于艺术本质的神秘幻想。思辨哲学对所有的科学产生了灾难性的影响，对美学造成的破坏更是史无前例的。它不仅没有促进新的进展，还丢掉了原有的东西。思辨美学家从理智直观的高度鄙视那些18世纪的粗俗的经验主义者。在他们看来，绝对的美带着神秘的光环在理智直观中显现自身。在这一时期美学家说出来的话从来没有这么响亮，也从来没有过如此的空虚。人们从那些迷茫和空洞的定义中几乎读不到科学，所以从这个方面来看，那是美学最低迷的时期。

如今，单纯的抽象推理很少存在于科学研究领域。自然科学的空前繁荣不仅推进了自身的发展，更是振兴并解放了人文学科，美学在此受到了很大的影响。大多数为世人所敬仰的具有代表性的科学家都在自然科学领域有卓越贡献。在德国，费希纳和赫尔姆霍茨（Helmholtz）各自在《声音感觉学说》以及《基础美学》开始了新方向。在英国，继赫伯特·斯宾塞之后的生物作家格拉特·艾伦（Grant Allen）尝试追踪美学情感的发展。丹纳虽然不是一个自然科学家，但他尝试用自然规律去解释艺术史的方法完全是建立在现代科学基础上的。

在此基础上更令人吃惊的是，现代的美学不是一个孤立的学科，但它却没有尝试运用人类学的任何方法。尽管人类学会偶尔地试探接触，美学却依然保持对它的疏远和冷漠。例如威廉·霍姆斯（William Holmes）在美国陶瓷和纺织艺术的风格上的出色工作。但这种情况不会持续很长时间。现在可以完全肯定地说，美学研究正在逐渐转向人类学。这不仅由于越来越多的收藏品、书籍以及杂志不允许对人类学的忽视，更重要的是，美学家必须看到，他们大部分的问题只有在人类学的帮助下才能得到解决。

二

和思辨美学相比，现代美学的好处是它的问题都能解决。思辨美学自认为已经解决的问题却往往还悬而未决。美学关注的是体现在其内部和外部世界的表现的美的感受和活动。什么是审美感受呢？快乐和痛苦的感受是和其他感受不同的，因为它是通过感觉和认知直接产生的。当我们观察一个构建精准的化学仪器的时候，我们的感受是喜悦；这种感受不是通过针对仪器本身表现出来的兴奋心情，而是基于对它功能服务的认知基础上产生的：这种感受是间接的，它不是由美感而发的。当我们看到一个希腊陶器花瓶中的花绽放的时候，我们的感受已经超过了满足。这种感受不取决于这个容器的表面的作用，它仅仅居于它本身的形状和颜色。这种感受是直接的，它是美感。美学活动可以很容易地被定义为那些会造成直接或间接审美情怀的活动。首先他们体现于大众的不同领域的艺术作品。美学的作用是探索审美活动和审美感受的条件和发展的性质。

我们相信，在人类学的帮助下有很大一部分的问题可以得到解决。不过也有些美学问题不需要直接运用人类学理论。事实上审美感受并不像我们以前所提例子中那样简单。研究者致力于审美感受本质的研究，他们试图去研究分析，区分出现的不同联系与差异，他们区分审美感受和其他感受的不同，同时也从心理学和生理学角度进行探讨。在此科学家更多地运用了心理学和生理学的研究方法。人类学方法对美学是可有可无的，但是仅仅视觉感受就可以让人们肯定审美的意义。

每个审美感受都有两个条件：一个是主观兴奋者，另一个是客观兴奋源。我们尝试从数学理论上来分析，我们先从客观条件上看哪些对象能够诱发高兴或不高兴？又或者以传统美学的方式提问："什么是美的，什么是丑的？"

基础性研究是有必要的。在冒险进行复杂的解释之前，人们必须先弄清楚一些简单的关系。有一个特殊原因，为什么美学必须要坚守这个原则。一个审美客体依其本性会激起我们的感受。然而，根据一条由日常经验反复验证的心理规律，理智活动在以同样的尺度减少，而情感活动则在以同样的尺度增加。当我们被感动的时候，我们是没有办法安静地研究和思考的。一个美的事物天生就会吸引人的目光。实践多次证明，当感情活动变强的时候，客观分析能力就会变弱。当我们激动的时候就无法冷静地分析和思考。复杂的艺术品更能够激发人们的兴奋。相比之下，人们对一个简单的波纹图案所产生的审美冲动要比观看“西斯廷圣母”弱得多。从中我们可以得到结论，美学调查只有在艺术品尽可能简单的情况下才能得到成功。面对复杂的审美现象，人们往往会失去冷静审判的能力。丹纳没有意识到这个危机，这也许是他最大的错误。费希纳充分认识到这个危险并且很好地避免了，这是他在美学上最大的贡献。在他的“学前班”，他对审美感受发生的客观条件的确定性的证明都是使用简单例子，并第一次使用实验的方法。他最好的方法就是他所说的“使用的方法”。这个方法指的是把“人们通常使用的物体作为研究对象”，主要是通过感官可以分析的对象。比如说费希纳做了以下工作，研究不同的长方形对人的感觉的影响，为此他衡量了很多长方形的物体，如画廊的图片、书籍、信纸、信封、名片、现金券、巧克力、卫生纸包装袋以及砖；他发现大多数物体都接近黄金分割。也少会有人质疑美学试验方法的价值，因为大多数人都不能忽视费希纳的应用存在的片面性，他所获得的结果也是很有局限性的。费希纳的研究局限于西欧的文化，他只考虑了我们的兴趣。他甚至没有提到在其他文化区域对研究对象以相同的方式考察的必要性。他似乎相信，我们的审美感受的客观条件就是一般意义上说的审美感受的客观条件。但是这个想法是基于什么理论的呢？——如果这个理论是正确的，它就必须是建立在对所有民族的美学的比较研究基础之上的。这样的研究，费希纳没有做过，其他的美学家也没有尝试过，更不用说是实行了。这个研究的必要性是不言而喻的。人们会如何评判一个提出繁殖学理论的生物学家，在这个过程中从来没有学习过其他脊椎动物繁殖的形式？同样地，人们要怎样评判一个美学家，他的理论最多不过是适用于一部分民族的审美欣赏，而他认为这是一个通用的审美欣赏准则。我们没有否认，审美欣赏存在普遍客观的适用于所有民族的方法。我们只能说，人们不能在没有对所有民族进行研究之前就妄下结论。有一点人们现在就可以声称：一些目前具有绝对性美学的原则，在现实中只具有有限的有效性。比如说费希纳只对一部分日本挂轴进行了测量，它们的长宽比不同于欧洲绘画，大都不太符合黄金分割的比例。日本人的这个审美原则可以轻易地推翻以上得到的审美原则。由于日本的艺术具有非常高的欣赏价值，已经发展得很成熟，人们不能简单地忽略它的存在。同时它们也非常的奇特，以至于人们甚至怀疑我们以前解释过的那些绝对的审美感受的客观条件是错误的。倘若不受东亚的影响，西方的工艺装饰艺术会更加青睐对称。事实上也很好理解，为什么人们得到结论，对称的装饰艺术要比一般的不对称的装饰艺术更加受人喜爱。因此对称排列的偏好上升为普遍的美学准则。日本的民族手工艺和欧洲手工艺具有同样高的水平，他的工艺研究表明，不对称性是装饰风格的指导原则。这一事实证明了，对于美学来说，人类学方法的价值也许比所有的理论研究更加重要。尽管如此，提供了高度发达艺术的民族的美学也许不是最好的美学。相反，正是这些民族的美学作品依旧处在一个较低的文化层次上。美学家号称对原始艺术的“野性”的研究是美学中最卓有成效的研究。因为在十分简单的关系下你会发现丰富的多样性。在这里开展的工作，必定事半功倍。事实上只要在这里进行简单而重要的研究就可以得到正面的结果，美学发展的缓慢速度正是最好的证明，因为事实上除了一些特殊的研究，到目前为止美学还使用以上研究方法。

当然，人们不应否认对于原始民族艺术作品的研究是需要克服重重困难的，特别是涉及纹饰艺术的时候。绝对不是所有我们初看之下是纹饰艺术的在现实中就是纹饰艺术。我们认为有彩绘的装饰品或雕刻的人物像，有可能是有其他用途的，也许是一个私人的图标或是一个宗教符号。澳大利亚人有奇怪的线条纹饰艺术，看上去与在仪器上绘制的是那么相似。假若你不知道它是原始的字符，那么我们可能会认为它就是纹饰艺术。另外可能不少澳大利亚盾牌和投掷板上的所谓纹饰艺术也是这样的符号。在大多数情况下，人类学是有绝对能力来诠释这些图案的意义——在希沙立克，布格贝格的纺织锭盘（Spinnwirteln）上的十字记号无疑是有宗教含义的。但不幸的是，还有不少符号无法被人诠释，往往连制造者自己也无法给出一个满意的解释。如果你问他为什么在他的仪器上画这个人物，他就会回答说，他的祖先也是这么做的。

幸运的是，这些看似困难的其实并不是很大的障碍。因为即使纹饰艺术图案没有直接的美学意义，但实际上在大多数情况下，它还是有间接美学意义的。尽管唤起审美感受不是它最初真实存在的目的，但审美感受还是影响了对它的选择。人们只需观察一下基督教信仰标志的十字架的各种形态，它的存在形式在很大程度上只需用美学来分析即可。美拉尼西亚条纹装饰中的各种飞禽图案，有可能起源于宗教思想，但是就它的表现特征而言，毫无疑问，最重要的是从审美出发的。我们要承认同样的理论也适用于几乎所有这些原始的民族用来装饰其身体、设备以及武器的符号和标识。它们就像在墙壁上的《古兰经》中的阿尔汉布拉（Alhambra），它首先要唤醒的是欣赏者的宗教情感；但接下来，它纤细、婀娜、逼人心魄的线条也唤起了人们的审美意识——字符与条纹装饰在这里有相同的作用。它们的存在应富有意义，同时也需要人们对它们的欣赏。美学家不需要局限于那些只具有纯粹的美学特性的条纹装饰。如果除此之外，那些条纹的审美结构在制造之初还有其他作用和目的，也是完全可以被接受的。

虽然到目前为止我们谈论的大多数都是美术作品，这并不是说明只有这个领域才适合用于人类学的研究方法。所有其他的审美领域，诗歌、音乐、舞蹈全都适用和需要以这种研究方法。然而，在某些领域，在实际使用中可能会存在较大的困难，但还没有大到足以颠覆一个成功的工作。对于各项研究的结果都只是保持在混沌的猜测阶段。不管这些结果的内容如何，但有一件事是肯定的——它们会给那些反复重复的问题一个回答，审美感受是否客观而普遍？

三

人们每天都可以观察到一个现象，对于一个对象或是一个事物，一些人会对它产生很好的美学印象，另外一些人对它却无动于衷。如何解释这种现象呢？这两种情况下的客观因素是相同的，那么其原因就必定是各种主观因素，即在这些人迥异的审美感受中。事实上像审美印象的易感性那样表现出如此引人注目的个体差异的事物很少，即使是在亲近的家庭圈子中，你也无法找到两个品位完全相同的人。就像人类学家撇开一些特例从典型的头骨中介绍一个种族一样，我们在此研究的是一个民族的典型的审美感受。这是一个早已知道、没有争议的事实，一个民族通常对一个特殊的美感刺激源有特殊的认知和偏爱，它们的确不同于其他民族。这些民族的差异是那么的明显，连现代文化的国际化过程都没影响到它们。德国人相对法国人而言，对音乐有更精髓而深入的理解，而他们对形状与颜色的理解却通常滞后于其他西方邻国。在泰奥菲勒·戈蒂埃（Theophile Gautier）的文学作品中，耀眼夺目的法国式色彩和江户人赏梅时的情致是完全不同的。日本美学的色彩感受已经向着丰富而柔美的方向发展了，就像德国人对音乐的感受对于日本人来说也是生疏的。而在不同时期，审美感受在各民族间的差异也是不可以被忽略的。费希纳引用了一篇写“神秘事件”的音乐历史的文章，

> 有些在一个时期的耳中听起来错误而荒谬的旋律组合，在其他时期听来是那么的美丽而自然。11世纪圭多·阿雷佐（Guido of Arezzo）可怕的四度和音顺序摧残着我们的耳朵，仅仅自我超越能力强的专业歌手，才能通过他们的歌喉驾驭这些旋律组合。但在中世纪，它们却一定是被认为非常悦耳的。

我们对于形状和颜色的欣赏历经了多次的转变。文艺复兴时期绚烂的色彩、丰富的形式、优美的辞藻，洛可可细腻而宁静的声音；古板而冷清的殖民时期：在几个世纪间分裂、对立！同一个民族对完美教堂的理解从哥特式大教堂转变到基督教教堂。同样是这个民族，先热衷于霍夫曼瓦尔道（Hoffmannswaldau）的浮夸，50 年之后就为歌德的简单自然所吸引。事实上，民族的喜好在持续地转变。审美感受在个别的时代和民族是如何产生出差异的呢？费希纳说：

> 品位的不同不仅取决于人类本性所固有的多样性，同时也和个人的成长经历和方式，如受过的教育相关。另外，与他们所处的知识文化氛围也是一致的。总的来说，人们可以追踪贯穿整个民族和时代的重要时刻，个人审美的差异的发展隶属其中。就对文化和艺术的历史的实践而言，这是一个崇高而美丽的事业。

如果如上面描述的只分析“文化和艺术史”，我们可能会失望而归。文化氛围对于品位的影响在一般情况下很普遍，但是在一种特定情况下想找到精确而合适的解释往往是徒劳的。在你通读过几十本“文化、艺术史”之后，到头来人们在了解所有这些通用的确定的解释的前提下还是要谦虚地承认，从整体上看，我们离“那个崇高而美丽的事业”的解决方案还很远，就像老杜波一样。如果不考虑到问题的特殊高难度性是导致大部分他的解释不到位的原因，那是不公平的。历史文化问题常常是非常复杂的，即使是最锐利的眼睛和最有耐心的手也是无法解开的。然而，如果我们认识到了这件事正确的一面，就可能会有更好的结果。正确的一面就是最简单的一面，还有那些相对透明的关系，就像存在于文化水平较低的民族的那些。这一点是当今的研究的成功，而这一点也总是被忽视，我们耽误时间和精力，最终还是无法解决问题。人们会告诉我们，诠释原始民族品位的工作不可能很简单。当然，即便是最简单的社会问题也是非常复杂的。我们所想表达的是，原始民族的关系即使再复杂，相比那些文明的民族，他们在任何情况下都要简单明了得多，所有对他们的解说也没有那么的复杂。可能因为他对于我们来说还是十分难以理解，但是可以肯定的是，一门科学，如果不能解决一个简单的问题，那它就不能解决相对复杂的问题，即使它满怀信心。

四

丹纳说："每件艺术品都是当代文化的集合。"民族和时代的观点与倾向对艺术家的发展具有相同的意义，就像是气候和土壤条件对植物的生长来说是一样重要的。有了精神的温度，就像是有了身体一样。如果我们分析这些事物，就要注意三个要素——种族、环境以及时代，这就是现有精神产物的总和。这种精神的温度创造的不是艺术的个人，但是将其发展。我们假设自然总是能创造出相同数量的智慧的头脑，但只有在精神温度有力的时代下，所有这些特定的才华被真正地发展了。如果他们不衰亡，其余的也就枯竭了。艺术的发展同样也是无情的，这是自然选择的规律，就像是植物群和动物群的发展一样。我们相信这些类型是与丹纳的实际情况相对应的，我们还是不想忘记提醒大家，他的著名的"艺术法"只是暂时的假设，并没有确定的令人信服的说服力。一个真正的艺术科学的"法"不是建立在一些或多或少的模糊的在生物现象和社会现象之间的相似性，重要的是"精神温度"和艺术在艺术史的各种现象中关系的证明。这种验证是丹纳经常尝试的，尽管从来没有过令人满意的方式。无论是在他"英国文学史"还是在他关于希腊雕塑的论文中，还有荷兰及意大利的绘画中，都没有他的《艺术哲学》的身影。如果你没有被现代自然科学术语的绚烂外表以及驾轻就熟所蒙蔽的话，我们可以看到，丹纳所倡导的如同赫尔德一样，无非就是一些艺术会被环境和民族特点所影响的很模糊的、很一般的想法。我们之前已经说过为什么丹纳的成果是有缺陷的，尽管他有天才的敏锐洞察力，尽管他有广博而坚实的知识。

他的研究和观察的次数实在是太少了，而且他的研究对象难度系数又太高。在这里我们也必须认识到美学的其他问题也是不可避免的。如果有可能的话，在这种关系中获得一个更深、更详细的洞察，一方面要建立在自然和文化条件之间，另一方面建立在艺术历史现象之间，原始民族的文化是唯一一个丰富同时又是简单的研究材料。

然而，乍一看我们探索这种原始的条件中似乎存在很多因素，非但不会解决问题，更容易混淆问题。假如你发现澳洲原始土著人经常表现出非常特殊的绘画天分，你就会面对这样一个事实，那是一个不解之谜。他们中的大多数都是澳大利亚绘画，大部分艺术品，比如布拉夫・史密斯（Brough Smyth）在他的作品《维多利亚的原住民》所映射的一样，第一时间就表达了“难以置信”的想法，这个奇妙的超凡构思以及生动地呈现人类和动物的形式，其实来自最贫穷和最无知的“野蛮人”的手中。在描述的材料中，人们没有发现让人感到奇怪的事情，这些勇士、袋鼠、食火鸡和鱼都属于澳大利亚的日常所见。因为他们的先进技巧让我们感到怀疑和吃惊，也颠覆了我们对“野蛮人”的艺术能力的成见，甚至他连破解谜题的特殊的洞察力都不需要。撇开对材料的要求，完成这些我们看到的画的要求是什么？最重要的是两个必要的属性：首先，是与之相关的犀利的见解以及对于相关形式的深刻印象；其次是在绘制时使用的系统、精细而均匀的感觉训练。我们真的有理由相信这澳大利亚土著人拥有这两个属性吗？它们必须是现存的，而且它们必须在澳洲原住民中具有了一个非常高的程度。因为没有它们，这个部落早已从地球上消失得无影无踪了。澳洲大陆大部分特有的气候条件使其作为一个原始的民族，如果他们没有良好自然条件来发展技术条件，耕作的进步几乎完全不可能。事实上，当地人的生活大部分都取决于捕猎的数量。如果猎人没有敏锐的观察力，猎物显然会非常的少，这使他们获得了不同的野生动物行为及习性的详尽知识。游客告诉我们的基本上是一致的，澳大利亚的土著人在这个方面很了不起。然而，只对动物跟踪和盯梢是不够的，他们必须要了解猎杀这件事。在此澳大利亚人偏爱使用奇特的回旋镖、飞镖，它已经为世人所知了。练过这种飞镖的人都知道，这个东西在使用初期是很难正确操控的。事实上，为了正确使用这个武器，让它有个正确的飞行轨道，需要掌握一系列的细小肌肉的微动作，人们只能逐步地巩固所学的知识，不断地实践，手脚不灵活的人是无法掌握的。澳大利亚人很了解他们的飞镖，扔出去的时候要保证绝对的安全，因此他们必须有一定的灵敏度以及精巧的手法。换句话说，他们还要有一定的绘画水平。因此澳大利亚的绘画具有一定的促进审美的能力，这也是在为生存而挣扎的当地人发展必要的活动。我们的解释首先肯定只是一个猜测，当我们看到其他狩猎民族非常类似的才华的时候，这种假设越来越重要，就像布须曼人、因纽特人还有北美印第安人那样。但这个猜想几乎是板上钉钉的事情，就像原始农耕的种族，就像大部分中非部落那样，必须拥有维系他们生命的两个不可缺少的能力，绘画天才却远远落后于狩猎的民族。我们能够用比较令人满意的方式展示出澳大利亚绘画技巧神秘的一面，首先，显然因为澳大利亚的部落生活是非常简单的，其次是因为其他的民族也存在着类似简单的关系，我们可以与澳大利亚人相比较。我们有能力确定证明荷兰美术天才发展的缘由吗？——我们很怀疑，但是我们可以借助这样一个事实，这个证据直至今日既不是从丹纳那里也不是从其他美学家那里开始进行的。解决文化和艺术的关系问题的意愿肯定是存在的。尝试解决这个问题的人并不都是不重要的人物。但是如果直至今日，所有的努力，所有的天才都还没有被肯定，只是一些模糊的泛泛之谈，那也只能非常乐观地说它是科学知识。那么人们是否应该提出问题：这个研究方法本身就是错误的？我们已经回答了这个问题。我们看到了幻想的根本缺陷，在解决最复杂的问题之前都没有把简单的问题解决。我们首先要找到一个完善的研究方法对原始民族的文化的基础条件进行解析，之后才能仔细探寻原始民族的艺术本身。这是事实，这条路，这条美学探索之路，是一段长期而艰巨的弯路，但是历史告诉我们，科学并没有总是笔直的道路。

五

在所有美学工作中，没有什么比艺术发展史更加需要人类学的方法，它的使用是如此的直接和必要。不过就像在其他情况下一样，它们很少被使用——至少它的使用力度没有达到我们认为必要的阶段。人们相信通过历史方法可以解决艺术活动的起源问题。人们探究历史给我们留下的古老艺术。但如果你认为，在希腊的史诗或埃及的建筑中发现的艺术起源足够建立确切的基础理论，那人们就忘记了，历史上的艺术的开端绝不等同于广泛意义的艺术的开端。人们忘记了历史片段只能照亮一小段文化发展的道路，而迄今为止更大的部分是陷于史前的迷雾当中。当尼罗河的历史暮光升起，照亮了巨大的金字塔，但是这样的历史建筑也还不是一个文化变革的开始。埃及人民在有强大组织能力建筑这个四方城堡之前已经走过了很长的路。人们把希腊时期称为人类的少年时期，但在现实中，历史上的希腊只不过是个年轻的民族，甚至史前的希腊也不是很古老的。施里曼（Schlieman）发现的文化遗迹比起中非部落的原始文化更接近我们。荷马史诗告诉我们，如果要研究原始艺术，不要从一个已经具备了坚实的社会结构以及先进的技术的民族开始。塔西佗（Tacitus）笔下的日耳曼人是一个原始民族吗？他们推动农业和畜牧业，他们制造了金属的武器，他们已经总结出了颇有成效的法律规则：事实上，他们已经拥有了所有的这些文化成就……也许包括了所有人类掌握的最基本的东西。如果人们告诉我们，所有这些人不是更原始的人，他们的艺术也不是最原始的原始艺术，那它也肯定是现阶段已经研究的最原始的艺术。更早的原始艺术，我们已经难觅其踪了，历史的曙光没有办法照耀到原始的开始。然而历史的方法让我们在这里陷入了窘境，因此我们必须寻找另一个方法。事实上在没有历史曙光的照耀下，我们也是可以找到一个前历史的向导的。传说中的上古历史，通过人类学还能发现至今仍在活生生的存在。直至今天，澳大利亚土著人还挥舞着砍凿的粗糙的石质工具，就像布歇·德·彼尔特（Boucher De Perthes）在索姆河流域的洪积发现的一样。捕猎驯鹿的猎人把像艺术品一样绚烂雕刻的骨质鱼叉留在了多尔多涅河的洞穴里，它们与因纽特人的狩猎武器十分相似。观察当今的一些民族，它既未发展农业也没有畜牧业，在恶劣的环境下用最原始的武器和工具进行斗争，只有尚未发展的社会组织，他们生动地给我们展现了史前的艺术。我们不能想当然地做一些结论。或许我们可以把那些人民的艺术称为史前艺术，但是我们能因此证明它就是我们的史前艺术吗？难道没有可能性，不同种族和民族的艺术活动的起源会很不相同？在我们看来，我们可以非常肯定地否定这个问题。当人们看到所有民族的原始文明，它可能属于任意人类学的类型，但其本质是相同的，相同的社会制度，相同的想法，至少对于我们来说，我们相信艺术活动是依赖于人类活动而存在的，艺术的起源在任何地方都是一样的。我们相信，艺术科学没有必要不使用其他社会科学也使用的方法：把消失的史前时代用现代的人类学内容来重新构建。我们只需要提及摩尔根、卢伯克、泰勒的名字，他们已经在此发现了全新的知识。这些在此之前不能理解的奇怪的习俗在比较人类学的光辉中，奇怪文化残余突然获得了意想不到的意义，它们给很大一部分至今为止还在黑暗中永远消失的群体一个重见天日的机会。事实上，比早期的毫无根据的猜测，我们如今可以说我们拥有科学前提以及文化发展的基础——还有谁能比人类学比较研究方法更为成功的呢？我们再次重申：绝对没有理由从一开始就怀疑艺术科学这种方法的研究不是硕果累累的。如果一个人想去做这样的尝试，那么就不要再浪费更多的时间。现在的批评来自四面八方，民族的艺术正在经历一个快速下降的过程。当地的特产被随处可见的便宜的欧洲制品逼得无法生存或是受到了强烈的影响。当然人们也采取了一些措施确保土著人的艺术不会从地球上消失。人类学在过去的几十年推动了不懈的收集活动，目前一些有特点的物品已经被放到了博物馆的橱窗中。我们的藏品直至目前或者在将来会越来越丰富，但我们不得不承认，收藏品只是很小的一部分。艺术科学的主要任务是探索艺术和文化之间的合理关系，在互动中寻找艺术和文化，这个任务可以被完美解决。到目前为止，这样的研究（至少是关于土著艺术的研究）几乎都是一笔带过，从来没有有条理地整理过，类似的情况也发生在社会学出现以前对于家庭形式的研究。美学的权利和责任在这个方面完成了变化。最重要的首先是在自己的领域，然后在其他领域让人意识到，这是一个重要的问题，而且要清晰而明确地描述这个问题。只有这样，这些民族才能有条不紊地、彻底地开始美学研究。

本文论述的目的是展示出在美学中人类学比较研究方法的重要性和必要性，对于经验主义美学尤其如此。思辨的方向遗忘了所有这些必须要考虑的方面。我们已经充分认识到我们绝对还没有谈到新的隐藏的真理。似乎更确切地说，所有我们已经提到的这些都已经是很清楚的了，也许再次强调指出它还是很有用的——至少不是第一次，把对于任何人来说都可以理解的事说出来也许更有用。

（原文载于《民族艺术》2013 年第 4 期）

恩斯特·格罗塞与审美人类学的诞生

[荷]范丹姆/文、李修建/译

在学术史上，“人类学”和“美学”这两个概念的结合是相当晚近的事。只是20世纪70年代以来，几位西方学者，主要是人类学家，才开始将这两个概念以一种系统的方式联结在一起。可以想见，当学术先驱将这两个内涵丰富的概念联结到一起时，就注定会出现多元性的结果。不过，大多数学者是将“人类学”视为一种独特的方法，而“美学”则被当作运用人类学视角进行研究的学科。这种研究更多属于西方社会人类学和文化人类学之下所进行的传统的文化研究。此外，所有这些研究全都强调视觉方面，并且倾向于“美学”（指由各种视觉刺激物所引起的定性经验）和“艺术”（指图像的创作和语境性应用）的合并。[①]

杰里米·库特（Jeremy Coote）和安东尼·谢尔顿（Anthony Shelton）对20世纪末人类学中的这些研究雏形进行了反思，他们在1992年指出“在艺术人类

① 重点参考雅克·马凯的《审美人类学导论》[*Introduction to Aesthetic Anthropology*, Malibu: Undena Publications, 1979(2nd rev. ed.; Orig. 1971)]和《审美经验：对视觉艺术的人类学透视》(*The Aesthetic Experience*: *An Anthropologist Looks at the Visual Arts*, New Haven: Yale University Press, 1986); Ursula Kubach-Reutter, “Überlegungen zur Ästhetik in der Ethnologie und zur Rolle der Ästhetik bei der Präsentation völkerkundlicher Ausstellungsgegenstände”, *Eine Studie zur Museumsethnologie*, Nürnberg: GFP-Verlag, 1985; Sylvia Schomburg-Scherff, *Grundzüge einer Ethnologie der Ästhetik*, Frankfurt: Campus Verlag, 1986; Wilfried Van Damme, *Beauty in Context*: *Towards an Anthropological Approach to Aesthetics*, Leiden: Brill, 1996。亦可参考 Carol F. Jopling, *Art and Aesthetics in Primitive Societies*: *A Critical Anthropology*, New York: Dutton, 1971(《原始社会的艺术和美学：一种批判性的人类学》); Charlotte M.Otten, *Anthropology and Art*: *Readings in Cross-Cultural Aesthetics*, New York: Natural History Press, 1971(《人类学和艺术：跨文化美学读本》); Coote and Shelton, *Anthropology, Art and Aesthetics*, Oxford: Clarendon Press, 1992(《人类学、艺术和美学》)。

学内部，好像出现了一种‘审美人类学’，也可以将之视为艺术人类学的补充”①。实际上，他们设想的是“一种未来的审美人类学”，其轮廓还有待确立。②这篇文章并没有考察以后的发展情况，它本应关注近来在中国学界出现的“审美人类学”。③相反，它建议将人类学和美学之间的明确关联延伸至19世纪末期。

1891年，德国哲学家、民族学家和艺术学家恩斯特·格罗塞（1862—1927）发表了一篇名为《人类学和美学》的文章。在这篇纲领性的论文中，他力图提升这两个领域的多方互动。然而，格罗塞的论文并没有得到后来那些将人类学和美学结合在一起的学者的关注（这一疏忽，更多是由于这篇文章的发表年代与对这一话题重燃兴趣的间隔已久，而非有意忽视）。④本文将解说并分析格罗塞的原作。第一部分介绍格罗塞的学术生涯，重点介绍他1891年文章发表之前的学术形成期。然后讨论他所使用的“人类学”（ethnology）和“美学”两个概念，概括格罗塞认为这两个领域在方法论上结合之后，必须处理的美学中的三个基本主题。这三个主题分别关注审美普遍性的可能性，审美偏好的文化相对主义的阐释，以及人类审美或审美活动的起源。本文提出，这些观点是从经验的、语境的和跨文化的视角提出的，并且认为，格罗塞是第一个提出应用系统的人类学方法研究美学的学者。

一、恩斯特·格罗塞：学术形成期

恩斯特·格罗塞于1862年出生于普鲁士的施滕达尔县。在当地的文科中学毕业之后，他分别在柏林大学、慕尼黑大学和海德堡大学学习。帕梅拉·埃尔布斯－梅（Pamela Elbs-May）是格罗塞的传记作者，她1977年写成的硕士论

① Coote and Shelton (ed.), *Anthropology, Art and Aesthetics*，Oxford: Clarendon Press，1992，p.7.
② Coote and Shelton (ed.), *Anthropology, Art and Aesthetics*，Oxford: Clarendon Press，1992，p.8.
③ 比如，《柳州师范高等专科学校》2008年第3期发表的以“审美人类学”为题目的一组文章。
④ 2009年，本人在网上搜索“Ethnologie und Ästhetik”时，在Kokorz（2001）的参考文献中发现了格罗塞的文章。

文即以格罗塞为题，后来又出版了有关格罗塞生平和事业的著作。根据其书，格罗塞接受了广泛的人文课程教育，最终可被视为一名哲学家。① 在格罗塞的著作《艺术的起源》英译本“编者序言”中，译者和编者弗里德里克·斯塔尔（Frederick Starr）注意到格罗塞“学习哲学和自然科学”②，可能依据的是作者本人提供的信息。

不管怎样，从格罗塞的著作中可以明显看到，他知道达尔文的生物学，对诸如实验心理学等新科学兴趣盎然，对其“客观的”而非“推测的”方法尤为赞赏。事实上，在格罗塞的学术形成阶段，自然科学正在蒸蒸日上，它所秉持的经验主义和“客观主义”对像格罗塞这样的学生颇具吸引力，会将他们带入人类学这一生机勃勃的领域。这些学者经常有医学背景，其科学态度意味着激烈地反对人文学科的立场。③ 在某些情况下，摒弃的不仅是人文学科的解释学或阐释学的路径，而且还包括其传统的研究主题。尽管格罗塞接受的是人文学科教育，并且对其主题展示出终生兴趣，而他却是将自然科学的方法视为革新人文学科的人物之一。以此观之，新的科学观应以经验为基础复兴人文学科，从而使其摆脱推测性的特点，并且承担探讨人类文化事务的合法性模式或规律的任务。

格罗塞 1887 年提交给哈雷大学的博士论文题目“文学科学：目标及其方法”（The Science of Literature: Its Goal and Its Procedure），已经明确显示了他对人文主义的话题与系统的科学方法的双重兴趣。用斯塔尔的话说，这一研究试图“表明以自然科学方法研究诗歌史的必要性和可能性”④。特别要指出，在他的论文中，格罗塞力图为文学成为一门经验性和普遍性规律的学科奠定基础。他

---

① Pamela Elbs-May, “Ernst Grosses Wirken an der Freiburger Universität und seine Museumtätigkeit”, in E. Gerhards et al., *Als Freiburg die Welt entdeckte: 100 Jahre Museum für Völkerkunde*, Freiburg: Promo Verlag, 1995, p.173.

② Frederick Starr, “Editor’s Preface”, in *E. Grosse*, 1897, p. v.

③ Andrew Zimmerman, *Anthropology and Antihumanism in Imperial Germany*, Chicago: University of Chicago Press, 2001.

④ Frederick Starr, “Editor’s Preface”, in *E. Grosse*, 1897, p. v.

提出学者应将文学作品与精神生活、性格，甚至作者的生理状况，以及创作作品时的各种物质与社会文化环境变量进行系统的结合。考虑到这种研究的复杂性，格罗塞建议，在进行更为复杂的个案研究之前，不妨先从最简单的环境中的最简单的文学表现形式（比如一首儿歌歌词）入手。这种研究方法还能更好地考察文学出现以及发展的总体状况。在格罗塞后来有关美学和视觉艺术的著作中，同样使用了类似的自下而上的研究方法。

在他的博士论文中，格罗塞将自己视为“语境”文学研究传统中的一员，这一传统是由赫尔德（Herder）、孔多塞（Condorcet）、斯塔尔夫人（Staël）、孔德（Comte）和丹纳（Taine）所代表的。这些学者不是把文学作品看成艺术创作，而是将之视为“时代和气候”的产物。不过，格罗塞尤其受到了英国哲学家和社会文化进化论者赫伯特·斯宾塞（Herbert Spencer, 1820—1903）的著作的影响。具体而言，他相信斯宾塞提出的“进化的伟大法则”能够主宰自然万物，亦可应用到文学上面。[①] 事实上，格罗塞在论文中将自己定位为哲学唯物主义者，而在他后来的著作中，这一立场就远不醒目了。

在弗莱堡大学提交的资格论文中，格罗塞继续对斯宾塞的“不可知”的概念进行批判性分析。凭借这一研究，他在 1889 年得到了大学任教资格证书，在弗莱堡大学担任无薪老师。格罗塞在 1890 年出版了《赫伯特·斯宾塞的不可知论原则》一书，书中表明斯宾塞的认识论有前后矛盾之处。[②]

作为任教资格的一部分，格罗塞需要做一次“试验讲座”。埃尔布斯 - 梅提到，这一讲座名为“人类学对美学的意义”。显然，本文所探讨的文章即以 1889 年的此次讲座为基础。在试验讲座之后，格罗塞的第一次讲座课程便专注于“原始艺术”。这使他成为目前为止在欧洲或其他地区讲授此课程的第一人。

格罗塞在他的“文学科学”中，只是间接地提到了人类学，尽管这一研究

---

① Grosse, Die Literatur-Wissenschaft, ihr Ziel und ihr Weg. Halle. [Inaugural-Dissertation]， 1887， p.35.

② 参见詹姆斯·伊沃拉奇（James Iverach，Review of Grosse's "Herbert Spencer's Lehre von dem Unerkennbaren." *The Critical Review of Theological and Philosophical Literature* 1: 97–101， 1891）对该书的评论中，赞扬了格罗塞所做的明晰而公正的分析以及尖锐的批评。

具有原则性的普遍视野，不过他在随后的年代里，对这一处于发展中的领域变得更为通晓。格罗塞似乎尤为熟知同时代的盎格鲁－撒克逊进化论人类学（他的著作和斯宾塞之间的联系似乎是可信的）。例如，他在 1891 年的论文末尾亲切地提到了进化论学派的代表人物摩尔根（Morgan）、卢伯克（Lubbock）和泰勒（Tailor）。

埃尔布斯－梅指出，没有证据表明格罗塞上过人类学的课。不过她认为，他可能是在柏林跟随阿道夫·巴斯蒂安（Adolf Bastian，1826—1905）学过人类学，因为他曾在这位德国人类学领军人物的“纪念文集”[①]中出过一份力。[②]格罗塞在著作中的确没有引用过巴斯蒂安的观点，不过很明显，他所使用的人类学概念与这位柏林学者多有相同之处。事实上，在 H. 格林·潘妮的评价中，“在 19 世纪 80 年代早期，巴斯蒂安的人类学视野已被德国学者广泛接受”[③]。基于亚历山大·冯·洪堡（Alexander von Humboldt，1769—1859）的世界主义视角和自然科学方法，巴斯蒂安将人类学提升为一种非推测性的比较科学，它研究全世界的文化，运用经验归纳法探究人类本质。格罗塞的人类学工作具有类似的世界主义和科学态度。不过，格罗塞的盎格鲁－撒克逊进化论视角迥异于巴斯蒂安和他的绝大多数德国同人，而巴斯蒂安对于文化多样性问题，坚持一种历史特殊论的方法。[④]

---

① “Über den Ethnologischen Unterricht”，in *Festschrift für Adolf Bastian zu seinem 70*, Geburtstage，1896，pp. 598–604.

② Pamela Elbs-May, “Ernst Grosses Wirken an der Freiburger Universität und seine Museumtätigkeit”，in E. Gerhards et al., *Als Freiburg die Welt entdeckte: 100 Jahre Museum für Völkerkunde*, Freiburg: Promo Verlag, 1995，p.173.

③ H. Glenn Penny，“Bastian's Museum：On the Limits of Empiricism and the Transformation of German Ethnology”，in H. G. Penny and M. Bunzl（eds.），*Worldly Provincialism*：*German Anthropology in the Age of Empire*, Ann Arbor: University of Michigan Press，2003，p.101.

④ 潘妮在《文化的对象：帝制德国时期的民族志和民族志博物馆》（*Objects of Culture*: *Ethnology and Ethnographic Museums in Imperial Germany*，Chapel Hill: University of North Carolina Press，2002，pp.17–29.）中对巴斯蒂安的观点进行了简洁阐释。亦可参见 Chevron（Anpassung und Entwicklung in Evolution und Kulturwandel. Erkenntnisse aus der Wissenschaftsgeschichte für die Forschung der Gegenwart und eine Erinnerung an das Werk A. Bastians. Wien: Lit Verlag，2004）和 Fischer, Bolz, 和 Kamel［*Adolf Bastian and His Universal Archive of Humanity*：*The Origins of German Anthropology*（《巴斯蒂安和他的世界性的人类档案馆：德国人类学的诞生》），Hildesheim: Georg Olms Verlag，2007］。

考虑到学生时代的格罗塞对人类学的兴趣的参考资料基本匮乏，埃尔布斯－梅提出，哲学家阿洛伊斯·里尔（Alois Riehl，1844—1924）很可能影响到了他对于人类学主题的关注。里尔是一位实证主义者，1882 年至 1896 年任弗莱堡哲学教授，经常讲授人类学课，那一时期，格罗塞亦在此担任教职。①

格罗塞对于人类学的兴趣亦可从他的著作《家庭形态与经济形态》中见出。在该书导论中，他声称知识的积累尚不允许写一部非推测性的“家庭发展史”。实际上，他批判了进化论学者路易斯·H. 摩尔根（1818—1881）在 1877 年出版的《古代社会》中书写这样一部历史时，所持有的简单的线性发展观，以及缺乏经验性的例证。格罗塞建议代之以集中于建立家庭组织方式和经济组织类型的常见关系。他以世界各地的各种社会为基础，认为这种关系不仅存在，而且在每个案例中，所观察到的家族形式皆是最适合于当地的经济条件和需要。在他 1887 年的论文中，已经明显地体现出了“语境的结构主义”方法，这篇专题论文又展示了格罗塞的文化研究所具有的“功能主义”倾向，此乃斯宾塞的另一特点。

格罗塞为何会有兴趣将艺术和美学作为人类学调查的主题？我们很有趣地看到，弗莱堡大学从 1860 年开始进行了一项人类学收藏。格罗塞早在 15 岁时看到橱窗里的日本物品之后，就一直对日本艺术充满兴趣，他在 1889 年成为弗莱堡大学人类学博物馆的荣誉馆长。

1894 年，格罗塞荣膺弗莱堡大学哲学和人类学杰出教授之职。有段时间，柏林大学想聘请他为该校人类学家，尽管直至 1926 年格罗塞方才获得弗莱堡大学全职教授的职位，他还是一直待在了弗莱堡，并于 1927 年终老于此。不过，他的教学亦有所中断，第一次是游历欧洲，接着是在 1907 年至 1913 年长期待在日本和中国。1900 年，他以弗莱堡大学的艺术理论讲座为基础，出版

① Pamela Elbs-May, “Ernst Grosses Wirken an der Freiburger Universität und seine Museumtätigkeit”, in E. Gerhards et al., *Als Freiburg die Welt entdeckte: 100 Jahre Museum für Völkerkunde*, Freiburg: Promo Verlag, 1995, p.174.

了《艺术科学研究》(*Kunstwissenschaftliche Studien*)一书。在格罗塞逗留“远东”之后，他的研究重点放在了东亚艺术(比如格罗塞 1922 年对毛笔画艺术的研究)。

格罗塞最著名的著作当为《艺术的起源》，该书出版于 1894 年，被翻译成了数种语言。[①] 很偶然的是，在此书中，他从未提及 1891 年的论文，这或许是该论文为人所忽视的一个原因。艺术史家和知识分子史研究者乌利希·皮夫斯特勒(Ulrich Pfisterer)最近对格罗塞的著作重燃兴趣，认为该书乃是“一部极为杰出的成果”。在对 1900 年左右德语世界的艺术研究的新发展的分析中，皮夫斯特勒观察到，格罗塞的书名产生了一些误导。事实上，格罗塞的著作并不像同时代的许多著作一样以进化论的术语探讨“装饰”的起源，该书“实际上……尝试以一种严格的客观而科学的方法为基础，更新艺术学学科”。格罗塞的努力包括跨越时空的全球性视角，以及跨学科的研究方法。

对格罗塞 1894 年的著作的简单描述，已然表明书中某些观点与他三年前发表的美学论文有相同之处。不过，除了“客观科学”所可能具有的冷静与理性，我们还应加上一位青年学者的激情，他一腔热忱地为美学研究寻求并促进新机遇。在他关于艺术的著作中，格罗塞回到了论文中的几个主题。不过，两部文献的侧重点并不相同，一个是将艺术学作为主要概念，另一个探讨的是美学，尽管这两个概念之间并非泾渭分明。格罗塞的著作无疑值得在观念史的语境中加以细读。前两章详细的导读从知识史的角度颇有助益，某种程度上因为它们与当代艺术研究中的重要内容——全球性和跨学科——相提并论。此外，有人或许希望将格罗塞的著作作为弗朗兹·博厄斯 1927 年出版的《原始艺术》的样板来加以考察。不过，本书主要聚焦于 1891 年的论文，这篇文章不仅提出了与美学相关的一些观点，而且对人类学的观念多有理论性的强调。

---

① 除了上面提到的英文版(1898, 1899, 1900, 1914, 和 1928 年重印)，该书还有俄文版(1899)、法文版(1902)、西班牙文版(1906)、日文版(1921)和中文版(1937 年版，1984 年再版)。

二、作为对跨越不同时空的民族进行比较研究的人类学

事实上，我们期望能从19世纪末期的一篇意图关联着“人类学”和“美学”的论文中得到什么，尤其是，结果表明，它以人类学的眼光来探讨美学？从当代英语世界的视角来看，人们可能会注意到格罗塞没有使用“Anthropologie”这一术语。对他以及绝大多数同时代的人来说，这一术语指的是体质人类学，关乎不同人种的观念，他对这一话题并不感兴趣。格罗塞间或会使用“Race”（民族）这一大众用语，不过他没有将民族的概念作为一种解释性的科学工具附加任何重要意义。相反，他强调人类的生物一致性，其成员共享着心理能力，这种观点符合巴斯蒂安所探索并为社会文化进化论者所坚持的“人类心理一致性”。

格罗塞的确倾向于将世界文化分成几种类型，大致与同时代进化论者的分类一致，即假设人类文化经历了从“野蛮”到“文明”的进程，不过，他的分类是基于相互关联的生态、经济和社会文化因素，而非种族特征。以上简略提及的格罗塞思想的这一维度，破除了19世纪末德国人类学界被种族观念笼罩的简单老套的观点。事实上，人们正在努力纠正这种偏颇之见，同样具有误导性的观点是认为彼时的德国人类学研究主要出于殖民的考量（据称，它毋宁说是受到巴斯蒂安的世界主义和科学观的影响）。①

根据亚当·弗朗蒂塞克·科拉尔（Adam František Kollár）1783年的定义，人类学（ehtnolog，Völkerkunde，ethnologia）这一概念出现于18世纪末的著述中，指的是一种描述性和历史性的关于“民族的科学”。通常认为，在19世纪中叶的德语世界，随着人类学学会和人类学博物馆的建立，人类学发展壮大，并成为一门独立学科。不过，直到19世纪末20世纪初，大学里面才设置人类学教席。格

① Matti Bunzl and H. Glenn Penny，“Introduction：Rethinking German Anthropology, Colonialism,and Race”，in H. G. Penny and M. Bunzl（eds.），*Worldly Provincialism*：*German Anthropology in the Age of Empire*, Ann Arbor: University of Michigan Press，2003，pp.1–30.

罗塞 1891 年的文章表明了知识界的兴奋之情，即在世纪之交的学界出现的人类学愿意采用一种世界主义的视角。

对格罗塞而言，人类学就其最抽象的意义来说，指的是对世界各种“民族”进行比较研究，每个民族都要在其环境和社会文化的维度上进行总体性的研究。在格罗塞 1891 年的文章中，他概要性地回顾了应用“人类学方法”研究艺术理论问题的学者，于此可以清楚地看出人类学的跨文化比较和广泛的语境研究的特点。[1] 关于格罗塞富有启发性的知识史实践，即聚焦于艺术而非美学的研究，本人已有专文论述。[2] 此处提一下他所涉及的学者足矣，他们是杜波长老［Jean-Baptiste（l'Abbé）Dubos，1670—1742］、赫尔德（Johann Gottfried Herder，1744—1803）和丹纳（Hippolyte Taine，1828—1893）。格罗塞指出，这些学者全部运用了一种跨文化的比较视角，尽管尚处于萌芽时期，突出了不同民族的艺术的差异。然后更显拙稚的是，他们试图引用诸如“气候”等环境或语境因素（杜波、赫尔德、丹纳），以及“当地风俗和精神”的混合（赫尔德、丹纳）去解释这些差异。

这些初步的讨论表明，格罗塞以一种真正的全球性的跨越不同时空的观念来进行跨文化比较。他的观察囊括了欧洲诸民族（实际上，丹纳将他的比较限定于欧洲），关注过去与现在的文化（比如杜波谈及的“墨西哥人”）。对格罗塞来说，人类学的比较视野就不仅仅限定于他所称的全世界的“欠发达民族”或“处于文化低级阶段的民族”。尽管如此，他将这些民族视为最后的“人类学宝藏”，并且指出早期的文化比较研究者或是忽视（杜波、丹纳），或是低估（赫尔德）了他们的艺术和文化。格罗塞宣称，更为糟糕的是，在他所处的时代，人们对它们依然视而不见。他声称，尽管人文学科的所有其他分支都成功

---

① Grosse, “Ethnologie und Aesthetik”, *Vierteljahrsschrift für wissenschaftliche Philosophie*, 1891, 15/4, pp.393-396.

② Van Damme, “Ernst Grosse and the ‘Ethnological Method’ in Art Theory”, *Philosophy and Literature*, 34/2, pp.302–312.

地融合了人类学最有趣的材料，而“美学”却顽固地拒绝考察这些材料。[1]

三、作为研究艺术的情感特质的美学

在1891年的文章中，格罗塞在两种相互关联的意义上使用“美学”（Aesthetik）这一术语。他对这一概念做了一个定义。他写道：“美学是对发生于内部和外部经验世界的审美感受和审美活动的研究。”[2] 他在康德和斯宾塞意义上解释审美感受，指出审美感受是快乐和不快乐的感觉，它和其他感受的区别在于不假外求。他意在指出，审美感受不是由任何观念或功能的考量引发的，一个物件只凭其形式本身即能引起美感。审美活动是那些能够直接或伴生审美感受的活动。这些活动首先在艺术品中显现出来。“美学的目标，就是考察审美感受和审美活动的本质、条件和发展。”[3]

格罗塞亦在相当不同的意义上使用“美学”，将其作为艺术研究的理论之维，虽然艺术的地位被设想为首先是示例并激发审美感受。在文章末尾可以看到这样一个例子，在格罗塞讨论“艺术和文化”的关系的段落中，将其视为艺术学的首要课题。他提出“美学”应该指导这一领域的研究，识别并敏锐地提出问题，让它们引起学术界的注意，并提出解决问题的方法。在后来的著作中，他使用“艺术哲学”这一术语，表示给艺术研究提供理论指导的研究领域。

自从鲍姆嘉通（Alexander Baumgarten，1714—1762）在18世纪中叶提出“美学”（Aesthetica）这一概念以来，“美学”实际上被赋予了多样性的意义。对鲍姆嘉通来说，美学之意义相当不同，属于对感性认识的研究。康德采纳了这

---

① Grosse，“Ethnologie und Aesthetik”，*Vierteljahrsschrift für wissenschaftliche Philosophie*，1891，15/4，p.392.

② Grosse，“Ethnologie und Aesthetik”，*Vierteljahrsschrift für wissenschaftliche Philosophie*，1891，15/4，p.398.

③ Grosse，“Ethnologie und Aesthetik”，*Vierteljahrsschrift für wissenschaftliche Philosophie*，1891，15/4，p.398.

一认识论，不过在他的后期著作中，美学指的是对优美和崇高的研究，而不限于或不再主要是对艺术的研究。黑格尔将美学等同于“艺术哲学”，这种解释尤其使与艺术有关的理论问题被纳入“美学”名下。格罗塞1891年的文章中对美学的第二种用法同样体现出了这种倾向。

尽管格罗塞对美学的明确界定突出了“审美感受”和“审美活动”，他的文章只是间接地提及了这两个方面。相反，他将重点放到了“审美产品”，即能够体现和激起审美感受的物品上面。生产和使用这些物品之人的审美偏好，便可通过这些人工制品的视觉特性推断出来。考虑到格罗塞在具体时空中的跨文化视角，这种方法论立场意味着他将审美情感和以一种特定的媒介表达审美情感的能力视为人类的共性。事实上，格罗塞假定存在全人类的审美需要以及普遍的艺术冲动，从而产生了绘画、雕塑和装饰，以及歌曲、舞蹈和诗歌。此外，他始终如一地将这些人类表现方式视为艺术（Kunst），而不管它们所产生的时间和空间如何。尽管在这种语境中对“艺术”的应用被当代某些人嘲讽为一种西方概念帝国主义，不过将之看作具有解放价值显得更为恰当，它表明认识到了生产者的完满人性，并且尊重他们的表现能力（实际上，在涉及欧洲之外的文化时，人们亦反对使用“艺术”这一术语，常常谴责19世纪的西方学者未能认识到这些文化中的表现性作品的艺术性或审美性。从中亦可见到同样的批判态度）。

通过强调人们可以形象化地考察被认定为艺术的对象，以便确立当地的审美偏好，格罗塞的方法明显有别于20世纪下半叶的实证研究所采用的认识论和方法论，为20世纪末新生的“审美人类学”（anthropology of aesthetics）提供了基本材料。因为这些研究不是集中于艺术或审美对象本身，而是文化成员对这些对象的描述性的可评估的反应。

不过，格罗塞对人工制品的强调，与当时的人类学是完全同步的。以新出现的人类学博物馆为主要基础，人类学倾向于将对人工制品的研究作为人类研究的“客观”方法。这一方面最为杰出的代表是巴斯蒂安，他在1868年至

1873年创立了柏林人类学博物馆，他将博物馆的藏品作为一个实验室，通过各文化生产的物品来对其进行考察。[①] 巴斯蒂安将这些物品视为“民众观念的化身”，甚至一个民族的“民众心灵”的“唯一印记”[②]，如此，就赋予了这些物品在文化研究中的特殊地位。巴斯蒂安将人工制品作为研究的起点，格罗塞认同这一认识论价值，尽管两位学者都同意，物品需要在其所生产的文化之中进行考察。

和人类学一样，格罗塞将“美学”首先视为一种科学。因此，他强烈反对浪漫主义时期美学的思辨化，而拥护以科学精神为特点的发展取向。事实上，他反对的是从18世纪末盛行起来的哲学美学，格罗塞向前发展出了实证的方法。他激烈反对浪漫主义时期的“思辨的混乱”，对这些美学家的工作予以特别批判。这些浪漫主义美学家完全无视杜波和赫尔德所探索的实证的和跨文化的研究方法，陶醉于“对艺术本质的神秘幻想”，只关注欧洲艺术中的经典个案。格罗塞强烈谴责这些思辨性的倾向，他声称：“美学家的言辞从未像这一时期如此完美，也从未如此空洞。如果说这些混乱和空洞的概念式幻想能被称为科学的话，那么从所有方面来看，它都是美学科学最为贫乏的时期。”[③]

思辨美学在19世纪继续大行其道，格罗塞提到在他所处时代还能明显感到。不过同时，新方法得以发展，将美学视为一门科学的观念受到认真对待。格罗塞感到，作为自然科学复兴的一部分，美学在重整旗鼓，自然科学的从业者亦开始探讨美学问题。其中，他提到了费希纳（Gustav Fechner，1801—1887）所做的贡献，他的《基础美学》（*Vorschule der Ästhetik*）出版于1876年，该书对审美评价进行了实验研究。在该书著名的章节中，费希纳提出需要发展自下而上的美学，反对自上而下的美学。格罗塞对这种新的经验美学表示欢

---

① 参见潘妮《文化的对象：帝制德国时期的民族志和民族志博物馆》，特别是第1章，以及费希尔等主编的《巴斯蒂安和他的世界性的人类档案馆：德国人类学的诞生》。

② Paola Ivanov，“Bastian and Collecting Activities in Africa during the 19th and Early 20th Centuries”，in M. Fischer, P. Bolz, and S. Kamel（eds.），2007，p. 238f.

③ Grosse，“Ethnologie und Aesthetik”，*Vierteljahrsschrift für wissenschaftliche Philosophie*，1891，15/4，p.396.

迎，他认为它所探讨的问题相比思辨美学要谦逊适度得多。不过“现代美学”提出的问题至少是可以解决的。这阐明了格罗塞的工作所体现的根本性的方法论。科学必须从简单出发，渐至复杂；如果它首先没有解决相对简单的问题，那么它就不能进行更为复杂的问题。

不过，格罗塞认为，即使是经验美学也没有将人类学提供的数据考虑在内。格罗塞对费希纳的《基础美学》的讨论可以表明他的批评态度。费希纳考察了各种长方形所带给人们的视觉愉悦程度。为了达此目的，他采用了他提出的实验美学的三种方法之一，即应用的方法（另两种方法为选择的方法和生产的方法）。应用的方法考察的是艺术品和其他物品，“假定在这些物品中所发现的最为常见的特征，将会得到使用这些物品的社会成员最为广泛的接受”[①]。费希纳测量了日常使用的各种长方形物体的长宽比，比如画框、书籍和桌子。他得出结论，这些长方形物体的比例通常符合著名的黄金分割，其很久以来即被视为具有特别的审美价值。

格罗塞赞扬费希纳认识到美学科学的研究需要从最简单的层次开始着手，不过他怀疑费希纳的结论是否具有普遍有效性。因为费希纳的实验限定于“西欧文化范围之内”，其物品恐怕意在迎合西欧人的趣味。格罗塞提到，费希纳只要量量日本人的立轴画就足以发现，并不是所有文化都会使用黄金分割率。格罗塞注意到费希纳从来没有提出实验研究应该关注欧洲以外的文化，他和其他人也从来没有计划，遑论执行一项囊括全世界所有民族的“审美产品”的研究。格罗塞声称，这种比较研究显然是大有必要的，以免落入仅靠世界上的一个或若干案例即得出普遍理论的陷阱。其中所透露出的信息很是明显了，也就是说，即便是“现代美学”，同样需要人类学提供支持。

---

① Daniel E.Berlyne，*Aesthetics and Psychobiology*，New York: Appleton-Century-Crofts，1971，p.11.

四、以人类学方法研究美学：三个主题

我们回到美学，格罗塞认为只有以一种系统的跨文化的比较方法来看待人类学数据，美学问题才能得到正确解决。可以看到，在他的文章的下半部分有三个基本的主题。

第一个主题关注的是如今所称的“审美普遍性”问题。格罗塞一度提出，总有一天，人们只能面对艺术或审美对象的人类学研究成果进行思考。不过，他认为这点非常清楚，人类学的研究成果，并且只有这些成果，才能使人们最终解决“时常徒劳地重复的老问题”，即美学中是否有普遍性的问题。“普遍有效性，审美感觉的客观条件”指的是审美对象的性质对人类具有普遍的吸引力。此前曾表示要提防实验美学研究所得出的“普遍化”的危险，因为其只适合于欧洲，或依据的只是世界上的几个案例，不过，他补充说不应排除审美普遍性的存在。

按照费希纳的应用方法，跨文化比较研究需要在美学中建立其普遍性，应该将其“经验数据”所涉及的人工制品假定为体现了当地人的偏好。然后，对这些物品的视觉特征的深入分析，应该能够导向关于其创作时的审美原则的确立。除了认识论，很显然，这种研究方式提出了一些严重的方法论问题。至少有两点需要注意。人们如何确定某一文化中的物品旨在引起审美愉悦？如果这个问题能够顺利解决，那么，物品的哪些性质能够产生审美效果？格罗塞意识到了这些方法论的问题。

值得注意的是，如果只是由于这个原因，那么他从来没有考虑费希纳为“人类学美学”提供的其他两种方法，即选择的方法和生产的方法。这两种方法分别集中于人们传达审美偏好，以及指导他们创作能够引起愉悦情感的作品的原则。格罗塞提出的方法论聚焦于从一种文化的艺术形式中推导出审美偏好，这使我们想起人类学收藏在 19 世纪晚期德国人类学中所扮演的角色。格罗塞提出的探讨审美普遍性的研究程序，尽管有疑问甚或成问题，原则上说，

可以被一名在拥有来自全世界的各种丰富的藏品的博物馆工作的耐心的研究者所执行。[①] 此外，这种方法允许格罗塞在一种真正的穿越时空的全球意义上研究审美偏好，包括那些依赖于人们所描述的观点实际上不切实际或不可能的情况。并且，他很可能会认为这些观点要比他所提议的具有“客观性”的研究工作更加缺少科学性。[②]

不过，使格罗塞更为兴奋的不是审美普遍性的确立，而是人类学的视角揭示了某种所谓审美原则的普遍有效性是错误的。在指出日本立轴的边长并不遵循黄金分割率之后，他给读者提供了一个更为刺激的例子。格罗塞写道，欧洲装饰艺术以对称为特征，从这一现象可以得出结论，对称要比非对称更受人青睐。然而，他声称，在日本，恰恰是非对称成为当地装饰风格的主导原则。尽管在《艺术的起源》的一个脚注中，他的观点有所缓和，在 1891 年的论文中他补充说：“这一事实即可证明人类学方法对美学的价值要比其他任何理论探索更为优越。”[③]

人类学提供给美学的第二个问题是“审美相对主义”或“美学中的文化相对主义”。格罗塞没有使用这样的术语，不过他在文章中用了“趣味的民族差异”[④] 的表述。不过，在他介绍“民族趣味”的地方，格罗塞的兴趣发生了某些转移。从对假定的遵守审美原则（比如对称或非对称）的文化变动的探讨中，他继续思考对于给定的艺术形式或艺术风格的偏爱，以及伴生的杰出类型中所体现的文化差异。格罗塞想到的是他视为“长期形成和普遍接受”的一般规律。因而，德国人被说成偏爱音乐，而法国人则更喜欢形式和色彩，所以对绘画和雕塑情有独钟。格罗塞给人的感觉是，通过某个特定社会的兴盛的或只是

---

① 亦可参见格罗塞《艺术的起源》第 148 页以后，他本人开了个头，包括分析已经出版的样本。

② 亦可参见齐默曼《帝制德国的人类学和反人道主义》，他认为 19 世纪德国人类学的口头或书面资料并不值得信任，应将其当作阐释性的东西而非客观现实。

③ Grosse，“Ethnologie und Aesthetik”，*Vierteljahrsschrift für wissenschaftliche Philosophie*，1891，15/4，p.402.

④ Grosse，“Ethnologie und Aesthetik”，*Vierteljahrsschrift für wissenschaftliche Philosophie*，1891，15/4，p.405.

流行的艺术形式或艺术风格，即可推断出对于这种艺术形式或艺术风格的共同的文化偏好。

在谈论审美偏好的文化差异时，格罗塞还增加了历史的维度。这种“历时性的审美相对主义”的考量不仅加强了他的观点，而且进一步强调了他的跨越时间和空间的综合性的比较视野。格罗塞援引的例子出自过去的欧洲。它们并不从文化的角度关注对独特的艺术形式或艺术风格的相对偏好，看重的是特定的艺术领域内的趣味的文化变迁。格罗塞指出，欧洲音乐、绘画、建筑和文学的历史足以表明，各个领域中的审美偏好会随着时间发生变迁。因而，格罗塞根据费希纳列举的一个例子，从中看到了欧洲音乐欣赏的转变。11 世纪作曲家圭多·阿雷佐（Guido Arezzo）所调度的和音关系对于当时的听众来说一定是悦耳美妙的，然而今天的听众却觉得颇为刺耳和难受。类似地，在视觉艺术中，形式和色彩亦有相当的变化，例如，从文艺复兴到洛可可到帝国风格——“在数百年间”可以看到明显的差异。如格罗塞的结论所示，尽管他的历史性讨论没有对欧洲内部的地域传统加以区分，不过“民族趣味总是处于不断的变迁之中”[①]。

在确定不同民族和不同时代的审美偏好存在各种差异之后，格罗塞说道，从逻辑上说，下一步该是如何解释它们了。他指出，究竟何种因素决定了一个民族的艺术趣味的问题，已被提出好多次了，但是给出的答案皆不能令人满意。它们太过空泛肤浅，仅仅以无比模糊的术语提到环境和文化因素的影响。格罗塞认为，这种情形尽管令人失望，不过他并不感到奇怪。不仅因为这一问题着实困难，而且尝试回答时就将重点探讨欧洲文化，这意味着文化环境通常极为复杂，即使最聪明的研究者也会感到困惑。所以，他建议学者首先应将注意力转向在原始民族中所发现的“相对简单的条件”上面。对“即使是最野蛮的民族的趣味”进行解释亦非容易之事，不过他认为，野蛮民族的诸方面条件

---

① Grosse，“Ethnologie und Aesthetik”，*Vierteljahrsschrift für wissenschaftliche Philosophie*，1891，15/4，p.406.

更为清楚易懂，研究起来要比文明民族容易一些。只有当这些比较简单的案例解决之后，美学才有可能转移到有着更为复杂环境的“民族趣味”研究上来。

通过将关注重心转到当地的情况，格罗塞更加鲜明地贯穿了他的“取消种族隔离”的观点，提出对美学中的文化相对主义问题采取某种语境方法。为了理解格罗塞心中形成的这一特别的研究方法，我们有必要注意，格罗塞在文章后面提供的不是考察趣味的语境，而是在一种既定的媒介中所表现出的艺术天才具有文化上的变迁性的观念。在对何种原因造成了澳大利亚土著绘画具有特殊品质的初步分析中，格罗塞提出了用今天的术语可以称之为“人类行为生态学”的方法。这种方法尤为关注自然环境和气候对当地物质生存条件的影响，它会接着影响到社会所关心的个人技能，其中就包括艺术创作的技能。

简而言之，格罗塞提出由于自然环境不适合发展农业，澳大利亚土著被迫依靠狩猎和采集为生。为了更好地搜寻和捕获猎物，男性猎人发展出了敏锐的视觉和良好的视觉记忆能力（以追踪野兽），同时也培养出了矫健而协调的运动能力（以投掷飞去来器和长矛）。这些高度发达的视觉和运动技能也在精良的绘画创作中得到了发展。①

不过，格罗塞给出的“发展的”方法论处方令人有点讶异的是，他并不认为遵循这种方法，人们终有一天就会找到答案，至少没有同样的信心，比如说清楚“荷兰的绘画天才产生”的原因。②

格罗塞认为，借助人类学的帮助，美学这一学科可以提出的第三个也是最后一个问题是“艺术的发展史”。事实上他声称，没有其他美学问题比“艺术活动的起源”更需要将人类学数据纳入考察之列。③如果有人像格罗塞那样倾向于将“艺术活动”等同于“审美活动”，那么就要注意前面述及的他的一个

① Grosse, “Ethnologie und Aesthetik”, *Vierteljahrsschrift für wissenschaftliche Philosophie*, 1891, 15/4, pp.409–412.

② Grosse, “Ethnologie und Aesthetik”, *Vierteljahrsschrift für wissenschaftliche Philosophie*, 1891, 15/4, p.412.

③ Grosse, “Ethnologie und Aesthetik”, *Vierteljahrsschrift für wissenschaftliche Philosophie*, 1891, 15/4, p.413.

观点，起源和进化的问题要遵从他的约定，即美学的任务是“考察审美感觉和审美活动的本质、条件和发展”。格罗塞对人类的艺术或审美行为本身所谈甚少，而是将重点放在了从人类学提供的数据探讨艺术或审美行为。

为了推进以人类学的方法探讨艺术的起源，格罗塞大张旗鼓地宣称“历史的方法”只会将我们带回第一件作品诞生的年代。正如格罗塞时代的考古发现所示，那显然不是最早的艺术品所出现的时期，因为考古发现的早期艺术品乃为旧石器时代的，这点非常清楚。[①] 不过格罗塞发现诉诸史前史和考古学来研究起源问题并无助益，因为考古学并不能提供艺术品所揭露出的文化环境。

相反，人类学可能会提供给我们大量的语境细节。学者可以借“艺术和文化”之间的关系进行系统性的研究，而格罗塞认为这种关系对于理解任何艺术形式都是极为重要的。如果我们考虑到格罗塞在此采用了古典进化论学派的观点，那么就很容易理解当代人类学研究对于考察艺术的起源问题的意义。格罗塞赞同当时英国的学术氛围，并不认同德国人类学，他声称当今生活于人类过去的各个阶段的野蛮民族能够为当下提供很好的借镜。在这些代表了人类阶段性文化发展的“活化石”中，当代狩猎民族，比如澳大利亚土著民族，具有独特的地位。据称他们生活于最为简单的经济和社会条件之中，能够为人类文化的开端提供一个窗口，最初的艺术亦是如此。这就是格罗塞在 1894 年出版的《艺术的起源》一书中所探讨的主题。

五、结语

格罗塞 1891 年的论文的主要贡献在于，提出了人类学能够并且应该为美学中的问题提供解决之道。美学主要被视为一个理论研究领域，其中的问题被阐述，并提出一套方法论。在格罗塞看来，美学首先关注的是“审美感觉”，

① 参见 Pfisterer 对当代学术著作以及常见的科学文献对 19 世纪晚期考古发现的旧石器时代的欧洲艺术品的讨论所做的广泛而深入的评价。

尤其是以艺术作品表达出的审美感觉，以及我们在艺术品中所体验到的审美感觉。与艺术相关的主题也可能就是美学的主题，比如，人们认为，不同的文化和不同的时期具有不同的艺术成就。格罗塞看到欧洲对于“艺术和美”的反思有一个理论传统，但是他质疑18世纪末以来形成的“美学”。他特别批判其所关注的问题相当具有局限性（美学是“欧洲中心主义的”），以非经验性的方法论解答这些问题（美学被作为思辨哲学的一个分支）。当时的经验美学本有可能克服后一弊端，然而其后来的发展仍然缺乏欧洲之外的维度。

格罗塞相信，如果美学转向人类学，那么这种情形总的来说就会得到纠正。通过吸收人类学的数据和方法，对艺术的情感性的研究就能超越其过时的欧洲中心论，放弃无价值的思辨特点，从而更接近自然科学的精神。为了成为一门特有的科学，美学应该像人类学一样，以一种全球性的跨越时空的视野形成基本的问题域。为了回答这些问题，它需要依赖于经验数据，其中就包括人类学提供的数据。在对调查中相关现象的明显差异进行解释时，与人类学对语境的强调相一致，科学的美学需要考虑这一现象及其所发生的环境之间的系统关联所提供的解释性价值。

在格罗塞看来，科学的另一特点，就是在研究复杂的问题之前需要先研究相对简单的问题。在美学研究中，无论是欧洲还是欧洲之外的美学，都可以先研究日常使用的简单的器物的审美价值，而非直接面对复杂的艺术品。不过，在问及与艺术品或审美对象与它们的文化环境之间的关系相关的语境性问题时，格罗塞认为最好先从人类学研究的某些社会中的一些简单的条件入手。

总体上感觉，在格罗塞的研究中，他认为人类学应该作为美学的辅助科学。考虑到美学在格罗塞论文中的突出地位，这篇文章叫作《美学与人类学》而非《人类学与美学》或许更为合适。不过，我们还可做出阐释，格罗塞的最终建议是，在成为一门更具科学性的学科的过程中，美学应以人类学为楷模，以经验为基础，以语境为导向，进行跨文化的比较研究。从这个角度说，这篇文章的题目《人类学与美学》就获得了一种新的意义，它强调了人类学对于美学学科的引导作用。

不管怎样，格罗塞之后的美学家并没有诉诸人类学数据，更别说以人类学的视野、方法和路径去研究美学了。作为一门学科，20世纪美学首先并且主要仍为哲学美学。研究人员对他们归纳出的艺术和经验进行反思，通常不考虑非西方文化，也不考虑更为经验性的学科所提供的数据。① 追随费希纳的脚步，在心理学领域最终发展出了经验美学或实验美学，不过它几乎没有体现出格罗塞所倡导的跨文化的原则。

至于人类学，艺术和美学的人类学研究在20世纪缓慢地发展着，它几乎没有采纳格罗塞所提出的大问题以及比较方法。研究者们更多集中于以“田野工作”为基础的特定研究，尤其是对非洲和大洋洲社会的研究。②

在深入研究现场的情况下，艺术的起源很自然地不再成为人类学研究的一个课题，其所建构的进化论范式也一并受到了冷遇。不过，格罗塞的更为原创性的建议，即通过人类学的数据和视野对审美普遍主义和审美相对主义进行系统性的研究，尽管其远没有受到进化论的影响，却同样没有被人类学家接受。本来，格罗塞提出的以物质为中心的方法论就没有被后来从事田野调查的学者赞同，他们更青睐对于审美偏好的描述性资料。至于对审美普遍性的研究，“现代的”人类学家只有等到积累了足够的描述性的跨文化数据之后，才有可能做出存在这种普遍性的任何结论。然而，文化相对主义主宰了20世纪的人类学，确立普遍性的兴趣明显减小。实际上，20世纪的人类学家和格罗塞一样，对于探讨审美观念的文化变迁满怀兴趣。不过，只是在格罗塞提出了考察审美的相似性和差异性的系统方法，以及语境性的分析趣味的文化多样性等

① 亦有例外情况，如杜威的《艺术即经验》(1934)，他具有跨文化的视角；还有《鸟、兽和其他艺术家：论艺术的普遍性》(Scharfstein, *Of Birds, Beasts, and Other Artists*: *An Essay on the Universality of Art*, 1988)，他不仅具有全球性的视野，而且还注意到了“自然科学”所提供的灵感。亦参见《艺术无边界：对艺术和人性的哲学探讨》(Scharfstein, *Art without Borders: A Philosophical Exploration of Art and Humanity*, 2009)。

② 比如，参考墨菲和帕金斯主编《艺术人类学读本》(2006)，他们对20世纪的艺术和美学的人类学研究情况进行了考察。(即［澳］霍华德·墨菲、［美］摩根·帕金斯:《艺术人类学：学科史以及当代实践的反思》，蔡玉琴译，李修建校，《民族艺术》2013年第2期。——译者注)

观点之后数十年，人类学家才逐渐开始对诸多文化中的审美偏好问题产生了兴趣。在人类学领域对美学中的普遍性和文化相对性的系统研究重又提上议程，却经过了一个世纪。[①] 在那时，格罗塞的纲领性提议和解释性方法已被遗忘了。

（原文载于《民族艺术》2013 年第 4 期）

---

① 参考［荷］范丹姆《语境中的美：美学的人类学方法》，同样对 20 世纪文化人类学所涉及的美学中的普遍性和文化相对性的问题进行了探讨。（重点参考第三章和第四章。）

论范丹姆的审美人类学研究及其在中国的可能性

李修建

范丹姆（Wilfried Van Damme），1960年出生，身高一米有九，是个土生土长的荷兰人，就职于荷兰莱顿大学（Leiden University）。莱顿大学创办于1575年，是欧洲最负名望的大学之一。这所学校的汉学研究院，历史悠久，知名于世。我们所熟知的荷兰汉学家，比如精通东方文化，写出了《琴道》《长臂猿考》《中国古代房内考》《中国绘画鉴赏》，以及风靡西方的《大唐狄公案》的外交官高罗佩（Robert Hans van Gulik），著有《佛教征服中国》的许理和（Erik Zürcher），皆曾就读或任教于此。另外，写有《游戏的人》《中世纪之秋》等诸多名作的著名文化史家赫伊津哈（Johan Huizinga），亦曾在该校执教，并担任过校长。

范丹姆没有这么大的名气。相反，他显得有些默默无闻。他所从事的审美人类学研究，在西方学界洵非显学，甚至称得上门庭冷落，专事这一研究的，可以说寥无几人。

不过，乏人问津，并不意味着缺少价值。实际上，从世界范围来看，艺术人类学和审美人类学研究正得到越来越多的关注。至少在中国，这一趋势非常明显。[①]以审美人类学而论，广西师范大学专门设有审美人类学研究中心，已出版相关丛书近20种。中南民族大学彭修银主编的《民族美学》辑刊，每期都有多

① 关于国内外审美人类学的研究状况，可以参看冯宪光、傅其林《审美人类学的形成及其在中国的现状与出路》，《广西民族学院学报（哲学社会科学版）》2004年第5期；向丽《走向跨学科的美学研究——近年来审美人类学研究综述》，《民族艺术》2006年第3期；向丽《国外审美人类学的发展动态》，《国外社会科学》2010年第2期；覃德清《中国审美人类学研究的回顾与反思》，《柳州师专学报》2008年第2期；张良丛《论审美人类学的学科建构和价值诉求》，《东方论坛》2010年第4期。

篇文章涉及审美人类学。国内若干学术期刊，亦设置有相关专栏。显然，国内已经形成了一批对审美人类学进行关注和研究的学术队伍。与此同时，范丹姆的研究亦受到了中国学界的关注，目前至少有两篇硕士论文专门以他的研究为题目。[①]此外，还有若干硕博论文，以审美人类学解读少数民族的艺术和文化。[②]

可以说，一方面，范丹姆在中国找到了学术知音；另一方面，中国审美/艺术人类学界亦对他的研究充满兴趣，希望增进了解和认知。下面，我从范丹姆的治学特点、他的研究值得关注之处，以及可能对中国学界提供的借鉴三个方面，略做论述。

一

范丹姆大学阶段就读于比利时根特大学，所学专业为艺术史和考古学，后在比利时鲁汶大学获得社会文化人类学硕士学位。1993 年，他于根特大学获得博士学位。现为莱顿大学人文学院教授，荷兰蒂尔堡大学特聘教授（2010—），曾任英国东安格利亚大学客座研究员（2000），比利时根特大学客座教授（2005—2013）。

硕士阶段，范丹姆研究的是非洲的美丑观（conceptions of beauty and ugliness）。以此为基础，他发展出了运用系统的人类学方法研究美学的观念。相关成果，即是他 1993 年完成、1996 年出版的博士论文，《语境中的美：论美学的人类学方法》（*Beauty in Context: Towards an Anthropological Approach to Aesthetics*）。除了审美人类学，范丹姆近年亦关注世界艺术研究，主要成果是他与凯蒂·齐尔曼斯（Kitty Zijlmans）合编的《世界艺术研究：概念与方法》（*World*

① 杨丽芳的《怀尔弗里德·范·丹姆审美人类学理论研究》（硕士学位论文，广西师范大学，2002 年）和曹婷如的《怀尔弗里德·范·丹姆的审美人类学方法论研究 》（硕士学位论文，广西师范大学，2014 年）。

② 如龚黔兰《信仰与美——回族文化的审美人类学研究》（博士学位论文，中央民族大学，2003 年），范秀娟《黑衣壮民歌的审美人类学研究》（博士学位论文，山东大学，2006 年），后者已由广西师范大学出版社 2013 年正式出版。

Art Studies：*Exploring Concepts and Approaches*，2008）。

显然，在当前学术产业化的时代，范丹姆的论著可谓有限。究其原因，除了荷兰的大学教师课业繁重，少有空闲，更在他于《语境中的美：论美学的人类学方法》一书倾尽心力，基本思想和主要观点都已囊括其中。我们知道，在人文社科领域，从不以量取胜。很多人终其一生可能就写出了一本书，而很多时候，一本书就足以奠定一个人的学术地位，成为经典。范丹姆的这本书出版虽近 20 年，仍是这一领域最为重要的著作。

纵观范丹姆的研究，我认为至少体现出了以下两个特点。

一是跨学科、跨文化的开阔视野。

范丹姆虽是人类学专业出身，然而，似乎由于经济方面的原因，他没有做过田野。他是一名完全依靠文献的“摇椅人类学家”。在人类学界，这并不是一个好的称呼。马林诺夫斯基之后，田野调查成为一名人类学家的必经之路和“过渡仪式”。不做田野，便很难称为人类学家。据说，列维 - 斯特劳斯因为田野做得不多，竟至受到同行轻视。尽管晚近出现了对于田野作业的诸多反思与批判，如保罗·拉比诺的《摩洛哥田野作业反思》，克利福德和马库斯主编的《写文化：民族志的诗学与政治学》，甚至奈吉尔·巴利带有十足调侃意味的《天真的人类学家》。但是，这些作品和思潮，反对的是传统田野调查所形成的认识论和方法论，却不反对田野本身。

是不是说，一位学者，如果不做田野，就不能搞人类学了？或者大胆一点，声称自己是人类学家？作为同样没做过田野的“天涯沦落人”，我自然不认同这一观点（当然，我不会无知到声称自己是人类学家，顶多是个对美学和艺术人类学怀着兴趣、投身学习、正在研究的人）。实际上，一位学者，只要运用了人类学的材料、方法和视野，去研究人类学的相关话题，即使不做田野，又有何不可呢？如今所能接触和利用的人类学文献，皆是专业的人类学家所为，已非 19 世纪末叶和 20 世纪初年可比。对这些文献进行阅读、分析、对比、提炼，自可获得诸多成果，比如范丹姆的工作。如果说“摇椅人类学家”

总是带着贬义色彩，将这类学者称为“书斋人类学家”，应当更为合适。

说得严重一点，我觉得范丹姆比一般的人类学家更像“人类学家”，因为他持有极为开阔的人类学视野。他在本书多次重申，他力倡一种跨文化与跨学科的研究思路，他将人类学方法总结为经验性立场、跨文化视角以及对社会文化语境的强调，在他的研究中贯穿了这一方法论。

在莱顿大学人文学院的网站上，他自述研究领域有：审美人类学、艺术人类学、世界艺术、世界美学。这四个领域实际上互相交叉，不易分别。范丹姆之所以于审美人类学和艺术人类学之外，又提出世界美学和世界艺术，同样与他的视野与定位有关。他认为，传统的人类学通常指的是对非西方小型社会的研究，所以，审美人类学和艺术人类学会给人造成这样一种印象，即以为它们是对非西方小型社会中的审美和艺术的研究。世界美学和世界艺术研究就是要排除这种定见，将视野投向全世界各个文化中的审美和艺术现象，在跨文化和跨学科的综合性视野中对其加以研究。

二是发掘新材料的史家功夫。

范丹姆在一篇文章中有一段话，我很是服膺。他说：“一些思想史研究者积极看待以往的学术成果，以及能够从中学到什么。这使一些被后来的成见所遮蔽的研究的潜在价值，得到重新认识。正如拉里·夏纳（Larry Shiner）所说，思想史的一个任务就是‘让那些落败的、边缘的或被遗忘的事物发出声音’……追寻或记录学术史，尤其是在人文学科中，有助于人们更好地认识知识和观念建构的偶然性，以及它们的传播或断裂。”[①]

诚然，学术史的探寻，可以更好地梳理和把握整个学科发展脉络，以此为基础探索学科的有效性和可能性，从而为学科建设和学术演进打下牢固基础。范丹姆对于所引拉里·夏纳的话，定当心有戚戚焉。他的另一研究领域，就是对于审美 / 艺术人类学学术史的研究。他钩沉索隐，致力于挖掘早期相关研究

---

① ［荷］范丹姆：《20 世纪以前艺术的跨文化研究史论》，李修建译，《民族艺术》2014 年第 3 期。

文献，在这方面已经做了大量工作。近年来，他相继写出了《20 世纪以前艺术的跨文化研究史论》《早期艺术人类学研究中的认识论和方法论》等论文，并于 2014 年组织了一次关于西方早期艺术人类学研究的研讨会。

其中最为重要的工作，当属他对格罗塞写于 1891 年的一篇名为《人类学与美学》的文章的发现。格罗塞出版于 1894 年的《艺术的起源》，是我们最为熟悉的艺术人类学著作之一。然而，这篇 1891 年的文章却鲜有人知，西方学界亦是如此。范丹姆在 2009 年查阅资料时，发现了这篇文章。他在阅读之后，大为重视。为此，他向中西学界积极推荐此文，在他的推荐下，格罗塞此文已被译成了英文和中文。[①] 他还撰写了两篇文章对此文进行解读，分别为《恩斯特·格罗塞与审美人类学的诞生》和《恩斯特·格罗塞和艺术理论的“人类学方法”》[②]。范丹姆认为，格罗塞在这篇文章中提出了审美人类学关注的若干重要问题，指出人类学能够并且应该为美学问题提供解决之道。格罗塞的最终建议是，美学应以人类学为楷模，以经验为基础，以语境为导向，进行跨文化的比较研究。格罗塞的这一观点，简直和范丹姆的主张如出一辙。

如此一来，范丹姆令人信服地把审美人类学的开山人物推到了格罗塞，而非某些学者所认为的博厄斯（1927 年的《原始艺术》），抑或在其《美学史》中提及“审美人类学”这一词汇的鲍桑葵，后者毕竟是在哲学的意义上使用这个术语，与文化人类学的旨趣相距甚远。

二

范丹姆的审美人类学研究中，有两点尤为值得关注。

一是生物进化论。

---

① 参见［德］格罗塞《人类学与美学》，和欢译，张浩军校，《民族艺术》2013 年第 4 期。

② 参见［荷］范丹姆《恩斯特·格罗塞和艺术理论的“人类学方法”》，李修建译，《广西师范大学学报（哲学社会科学版）》2013 年第 5 期。

提及进化论，我们会首先想到达尔文，想到赫胥黎，想到严复翻译的《天演论》，想到“物竞天择，适者生存”与“优胜劣汰”等这些早已深入人心的“口头禅”。在19世纪末20世纪上半叶，在亡国灭种的危难边缘，进化论的观念激励着中国人奋发自强，维新与革命。此后，带有强烈进化论色彩的唯物史观又长期垄断思想界。那种把马克思主义庸俗化、简单化、教条化了的思想观念，一度主宰了人文社会科学界的教学和研究，让人早生厌意。再者，受后现代思潮的强烈影响，人们变得反感、反对宏大叙事，相信一切东西都是不确定的、碎片化的、被文化或社会建构的。由此，目前的中国学界，很难对进化论燃起兴趣。

不过，应该看到，由于神经科学、基因科学、心理学等等科学的发展，近几十年来，进化论在西方又成为一种虽说边缘却有影响的思潮。以美学而论，我在国外亚马逊网站上，以“evolutionary aesthetics”为关键词搜索，结果出现众多相关图书。如：

埃卡特·沃兰德（Eckart Voland）和卡尔·格拉默（Karl Grammer）的《进化论美学》（*Evolutionary Aesthetics*, 2003）、弗拉基米尔·彼德罗夫（Vladimir Petrov）等人主编的《进化论和对美学、创造性与艺术的神经认知方法》（*Evolutionary And Neurocognitive Approaches to Aesthetics*, *Creativity and the Arts*, 2007）、芭芭拉·克里德（Barbara Creed）的《达尔文的屏幕：进化论美学、电影中的时间和性展示》（*Darwin's Screens: Evolutionary Aesthetics*, *Time and Sexual Display in the Cinema*, 2009）、丹尼斯·达顿（Denis Dutton）的《艺术本能：美、快乐和人类进化》（*The Art Instinct: Beauty*, *Pleasure*, *and Human Evolution*, 2009）、丽扎·奥斯杜克（Riza Ozturk）的《哈代悲剧叙事中人类伦理的进化论美学》（*Evolutionary Aesthetics of Human Ethics in Hardys Tragic Narratives*, 2011）、《进化论和生物学给音乐、声音、艺术和设计以灵感：首届国际学术研讨会论文集》（*Evolutionary and Biologically Inspired Music*, *Sound*, *Art and Design: First International Conference*, 2012）、安简·查特吉（Anjan Chatterjee MD）的《审美的脑：从演化角度阐释人类对美与艺术的追求》（*The Aesthetic Brain: How We Evolved to*

Desire Beauty and Enjoy Art, 2013）、卡提亚·曼多奇（Katya Mandoki）的《不可或缺的审美过剩：人类感觉的进化》(*The Indispensable Excess of the Aesthetic: Evolution of Sensibility in Nature*, 2015）等。

以上列举的几本图书都出版于近几年。再早一些的著作，如进化论美学领域比较知名的美国学者迪萨纳亚克（Ellen Dissanayake），出版有《艺术是为了什么?》(*What Is Art For*？，1990)、《审美的人：艺术来自何处及原因何在》(*Homo Aestheticus: Where Art Comes From and Why*, 1995，中译本 2004)，她近年又出版了《艺术与性行为：艺术是如何出现的》(*Art and Intimacy: How the Arts Began*, 2012)，一以贯之地从生物进化的角度来解析美和艺术的发生。新西兰学者斯蒂芬·戴维斯（Stephen Davies）近来出版《艺术物种：美学、艺术和进化》(*The Artful Species: Aesthetics*，*Art*，*and Evolution*, 2015)，在波兰克拉科夫召开的第十九届世界美学大会上，曾设专组讨论此书。

请允许我再掉掉书袋，从手头的几本书中，复述或摘抄几则有趣的相关材料：

> 美国心理学家海因斯在 1992 年做了一个实验，她向 88 只绿长尾猴（雌雄各半）分组展示了 6 种不同的玩具，观察哪一种玩具玩得时间最长。结果表明：雄性猴子玩球和警车的时间是雌性的 2 倍，雌性猴子玩布娃娃和厨房用锅的时间是雄性的 2 倍。图画书和毛绒玩具狗在猴子中的受欢迎程度相当。总起来说，雄性猴子和男孩一样，比女孩更爱摆弄东西。对于此一实验，人们至少明确了一个问题：不同性别的个体对于不同玩具的偏好，并不仅仅由家长和电视广告决定，也就是说，并非仅仅是社会文化的建构，生物学也在发挥着作用。①
>
> 艺术就像是山雀嘁嘁喳喳地鸣叫：展示智慧的方式，性交能力的象征。

① ［瑞士］雷托·U. 施耐德:《疯狂实验史Ⅱ》，郭鑫、姚敏多译，生活·读书·新知三联书店 2015 年版，第 212—213 页。

美妙的歌喉赢得勇士的心或者抱得美人归，无论是雄性还是雌性，也无论是英雄还是狗熊。音乐和羽毛赢得性的能力。难怪硬摇滚歌手吉恩·西蒙斯的名字也与基因拼写相同。（第 46 页）

虽然不同的文化对美的品位各有不同，但有一点是相同的：权势名望就是美。身份地位的标志在变，身份地位的吸引力没有变，哪怕富有的小青年认定，身份地位的真正标志就与布满砂砾的街道有关，那也不会变。第三世界的男人喜欢女人丰满白皙。工业化国家的男人喜欢女人身体纤瘦，皮肤棕色。不管身份地位高的标志是什么，我们都得设法勾搭上它。

然而，有一个女性美的标准是坚如磐石的——实际上，就是骨骼与脂肪之比。几乎所有的文化都达成了共识，意见近乎一致。不管什么地方的男人都欣赏一样的腰部与臀部之比：0.7 比 1，也就是说，腰的大小正好是臀部大小的 70%。（第 167 页）

拿居住在热带雨林的雅诺马马女人的照片给美国男人看，他们挑出的最漂亮的女人跟雅诺马马部落里的男人挑出的一模一样。美洲男人和亚洲男人不约而同地对最撩人的美洲和亚洲女人达成一致意见。南非和美国的男人对想上哪些南非和美国女人有共识。中国、印度、英国的男人对哪些是辣妹看法相同。女性美永远是身体健康、会生儿育女的标志。男人想要成熟的女人。（第 168 页）[①]

在这个对遗传学着迷不已的时代，当“思维、大脑和行为”取代“种族、阶级和性别”成为学术界的口头禅，当“认知”成为一些人文学科圈子的魔咒，我们希望能用某种确定的办法来测量“天才”也就不足为奇了。从

① ［美］乔·库尔克：《精子来自男人 卵子来自女人》，张荣建等译，重庆出版社 2009 年版。书中还有大量很有意思的观点。

> 人体测量学到颅相学，从“杰出”到智商，从浪漫主义的理想化到由委员会来指派天才，从“心理测量学”和“历史测量学”到DNA和认知谱系图，这个世界似乎是要把天才的秘密特质一扫而光。我们不仅不满足于给这些特质一个名字（诸如怪异、聪慧、原创性、僭越、傲慢、着魔的悲怆），还要想尽办法去分类、推算、罗列和比较，就像天才是一个可以识别的对象，而不是极度主观和难以捉摸的品质似的。①

以上罗列与引述的书目和文献，篇幅稍长。我意在表明，范丹姆所倡导的生物进化论，在西方有其思想基础和学科背景，值得引起我们重视。

范丹姆之强调生物进化论，是以他对人类学的整体性理解为基础切入的。他对人类学有几个层面的解释，其中之一近乎“原教旨主义”的。16世纪的德国人文学者首次使用了人类学（anthropologia）这一术语，指对“人的本质”的研究。其时，人的本质被视为由肉体和灵魂，物质和精神构成，乃身心合一的。因此，人类学指的是研究人的所有方面，既包括解剖学和生理学，还涉及社会文化行为，以及人的精神。当在这个层面上使用人类学时，范丹姆的审美人类学研究，既关注人的生物层面，亦关注人的精神（文化）层面。前者解释的是人类审美普遍性的问题，后者解释人类审美特殊性的问题。

的确，人类的审美现象存在很多的共通性和普遍性，诸如上引材料中提及的男孩和女孩的审美偏好，自然、身体、艺术等审美对象中所呈现出的某些形式美法则。对此，范丹姆《语境中的美：论美学的人类学方法》在第三章“美学中的普遍主义”有专门论述。书中引用众多心理学家、人类学家、艺术学家的经验性数据，总结出了对称、平衡、清晰、光滑、明亮、朝气等审美原则，认为它们具有跨文化的审美普遍性，能够引起所有人的审美愉悦。对此应做何解释？范丹姆基于相关研究，认为对称、平衡和清晰能够让人产生秩序感。这

① ［美］玛乔丽·嘉伯：《赞助艺术》，张志超译，中国青年出版社2013年版，第173页。

种秩序感，一方面能够使人象征性地体验到一种秩序和稳定，那是与威胁人们生存的混乱相抗后获得的，另一方面有助于人们更好地认知外部世界。[①] 回归到人的生物性，来对这些审美问题加以解释，无疑是令人信服的，也是有必要加以瞩目的。

二是审美人类学具体研究方法。

人类的审美活动一方面存在着共通性，另一方面更存在着特殊性。即便形式上体现出的同样的审美偏好，其背后所蕴含的社会文化语境、审美理想和价值观念，也可能具有天壤之别。正如方李莉所说："当我们进入人们具体日常生活的审美经验的研究，甚至用人类学田野考察的方式，进入一个个具体群体或个人的审美经验的研究后，我们就会发现以往那种传统的、大一统的、放之四海皆准的审美原理或本质是很难完全成立的。每个民族与每个民族之间，每个个人与每个个人之间，在审美的体验和标准上有一定的相同之处，但与此同时还存在有他们与众不同的群体经验和个体经验。"[②]

因此，对审美的特殊性进行解释和探讨，乃审美人类学的题中应有之义。

范丹姆将文化人类学的研究方法归结为三点：经验性、语境性和跨文化比较。这三点从宏观着眼，体现出了鲜明的人类学的学科特性。那么，当一名人类学家深入某一具体文化之中，对其审美活动进行研究时，有哪些具体的研究方法可以运用？在其运用过程又有哪些细则需要考量？

在《语境中的美：论美学的人类学方法》第六章中，范丹姆依据丰富详赡的个案研究文献，总结了四种方法：艺术批评研究、艺术家研究、审美批评研究、艺术品研究。他重点论述了前三种方法。对于其中涉及的具体问题，他都详加剖析，比如，以艺术批评研究而论，范丹姆讨论了这样一些问题：如何观察艺术批评，需要观察哪些方面？如何引导当地人进行艺术批评？应选择何种

---

① Wilfried van Damme, *Beauty in Context, Towards an Anthropological Approach to Aesthetics*, Brill, 1996, p.103.

② 方李莉：《审美价值的人类学研究》，《广西民族学院学报（哲学社会科学版）》2004 年第 5 期。

身份的人作批评？其中会面临什么样的困难和问题？凡此诸种，他条分缕析，娓娓道来。在具体的审美批评实践中，他着重强调了对当地所用审美词汇的考察，并主张寻求本土学者的帮助，让当地人参与到其研究中来。此外，他还倡导要将当地各种口头文学视为重要的参考资料。无疑，范丹姆所概括的相关方法和注意事项，在实际研究过程中极具可操作性。

在具体研究中，对于从艺术品自身推导审美属性的方法，范丹姆表示怀疑，指出其中有诸多不利因素。外部研究者的认知往往与当地人的理解大相径庭。他举了一个非常具有说服性的例子。据美国人类学家费尔南德斯的研究，非洲芳族的雕像以其对称性受到欣赏，在西方人看来，对称性体现出了一种静态。实际上，在芳人眼中，对称性增强了雕像的动感和活力，这种活力才是雕像受到青睐的真正原因。因此，范丹姆提倡，在具体研究中，最好综合运用以上多种方法，以期得到特定文化或社会的可信的审美图景。在他看来，一旦这种图景确立起来，作为孤立的分析对象的审美偏好与其他社会文化领域之间的关系，就会得到更为深入的研究。

三

我们认为，范丹姆的研究，能为国内的相关研究提供参考与借镜。其参考价值，至少体现于两个领域。

一是美学和艺术学研究。

1750 年，德国哲学家鲍姆嘉通创建了“美学”这一学科。19 世纪末 20 世纪初，美学引入中国，至今已逾百年。20 世纪五六十年代和 80 年代，中国曾有过两次美学热，盛况空前，催生了大批研究者。80 年代末，中国社会发生急剧转型，美学热遽然变冷，美学研究者或“逃向”其他领域，或结合时局，开拓新的领地，如 90 年代的审美文化，21 世纪以来的日常生活审美化、生活美学、环境美学等。

有一点不变的是，美学在诞生之初就归属哲学，以思辨为业。西方的美学大家，无一不是哲学大家，诸如康德、黑格尔、海德格尔、尼采、克罗齐、维特根斯坦，晚近的福柯、德里达、罗兰·巴特、列维-斯特劳斯等，莫不如是。中国的美学专业设在哲学系，同样继承了这一思辨传统。作为现代性进程的一部分，我们不仅引入了美学这样一门学科，更接纳了西方的概念范畴、话语体系、致思方式乃至价值观念。当以这样一套知识系统来回望、审视、清理中国传统和本土的美学资源，进行美学理论体系的建构，以西释中，往往会有“水土不服”的现象。有些时候，研究者立意做成“中国风格”的，实际上还是不乏西方色彩。

美学自身有一定的封闭性，正如一位西方学者所论：“一方面，美学话语在界定自身范围时似乎规定了兴趣范围、探究方式和程序方法。另一方面，它又似乎对与其规则、修辞或语法不一致的探究方式漠然置之，而美学就是依照这些规则、修辞和语法探讨其主题、得出结论的。”[①] 美学所固有的思辨性和难免的蹈空性，加重了其自身的困境与危机。如何破解这种僵局？美学研究者做出了很多尝试，我以为，范丹姆提出的经验主义、语境主义和跨文化比较的视野，能给中国美学和艺术学研究提供一些新的思索。

实际上，范丹姆的这些观点，中国学者多少已有所论。如国内审美人类学的代表学者王杰和海力波，在2000年的一篇文章中指出：“中国美学的理论根基，应该建立在中国经验的文化人类学解释的基础上，这包括中国特有的生产方式、生活方式、社会组织制度，以及由此制约的心理习惯和审美习俗，这些都决定着中国人的思维方式、情感特征和表达方式。”[②] 他们强调的是中国经验和中国语境。

在艺术学领域，李心峰是国内最早进行艺术学学科建构的学者。他借鉴日本的艺术学研究，结合本土理论实践，在20世纪80年代末90年代初即形成了相对成熟的艺术学体系，尝试进行元艺术学、民族艺术学（实际上相当于今天的艺术

① ［美］于连·沃尔夫莱：《批评关键词：文学与文化理论》，陈永国译，北京大学出版社2015年版，第9—10页。
② 王杰、海力波：《审美人类学：研究方法与学科意义》，《民族艺术》2000年第3期。

人类学）、比较艺术学等领域的理论建构。李心峰所谓的比较艺术学，其中就包括对不同文化、民族、地域艺术的比较，他已充分注意到文化人类学与比较艺术学之间的相互促进作用。[①] 此外，李心峰提出的“开放的艺术”的观念尤为值得重视，在他看来：“开放的艺术可视之为一种通而不隔的艺术。在艺术世界的内部与外部之间，艺术的价值与其他人类价值之间，本地域、本民族、本文化圈艺术与其他地域、民族、文化圈的艺术之间，在艺术世界内部不同艺术门类、风格、流派之间，打破壁垒，消除界限，相互沟通、交流、影响、渗透，而又不丧失自我，这便是开放的艺术。”[②] 这种宏阔的观念里面，就涵括了跨文化比较的视野。

我们可以借鉴李心峰先生“开放的艺术”之说，倡导一种“开放的美学”。“开放的美学”强调跨学科性和跨文化性。范丹姆所主张的经验主义、语境主义和跨文化比较，应用于“开放的美学”，并不是号召美学研究者走出书斋，进入田野，上山下乡，从事民族志调查。美学的思辨传统根深蒂固，源远流长，此前虽有格罗塞美学应当结合人类学文献的倡导，此后又有实验心理学的尝试，但都非主流，难被广泛接受。毋宁说，这一观念是主张美学研究者应持有一种开放的视界，目光既能向后，投向纵深的历史；亦能向下，投向现实丰富生动的审美经验和审美活动；更能向外，除了紧盯西方，还要注视相邻或遥远的异域，投向那些被忽视却应该值得关注的少数民族文化、非西方文化。在跨文化比较中，我们更能见出同中之异，异中之同，更能确立自身的特异性。[③]

将研究视野深入具体的社会文化语境之中，以此为背景理解审美活动和审

---

① 参见李心峰《比较艺术学的功能与视界》，《文艺研究》1989 年第 5 期。

② 李心峰：《开放的艺术》，《文艺争鸣》1995 年第 1 期。

③ 当然，国内美学界已开拓了诸多新的领域，已有诸多相关研究。如上面提及的生活美学、环境美学、生态美学，还包括都市美学等等。除了西方美学的研究，亦有学者进行其他文化中美学的研究，如叶渭渠、唐月梅的《物哀与幽玄——日本人的美意识》（广西师范大学出版社 2002 年版），李心峰的《日本四大美学家》（中国文联出版社 2021 年版），邱紫华的《东方美学史》（上、下卷）（商务印书馆 2003 年版）和《印度古典美学》（华中师范大学出版社 2006 年版），邱紫华与王文革的《东方美学范畴论》（中国社会出版社 2010 年版），彭修银的《东方美学》（人民出版社 2008 年版）等。邓佑玲的《中国少数民族美学研究》（中央民族大学出版社 2011 年版）则是国内为数不多的少数民族美学的研究之作，另有数部具体少数民族美学的研究著作，兹不赘举。张法的《美学导论》（中国人民大学出版社 2011 年版）以及诸多论著，则很好地贯彻了跨文化比较的视野。

美范畴，依据广泛的文献（包括田野文献）进行跨文化的比较，在这些研究的基础之上，进行中国自身的美学和艺术学理论体系的建构，或能有新的收获。

二是艺术人类学领域。

近年来，国内的艺术人类学研究发展迅猛，越来越多的研究者对其发生兴趣，投入这一领域。不过，由于研究者的学科背景、研究取向等方面的原因，相关研究亦不可避免地存在着不少问题。比如田野作业不够扎实，对具体社会文化语境的探讨不够深入等。

在这些以具体的艺术个案为对象的论著中，我感觉有一个比较大的问题，或者说倾向，就是几乎全部在关注研究对象的创作过程、社会功能、传承和保护，再有就是艺术品本身的风格特色。而对研究对象的“美”，对象之美呈现在哪些方面，对于社区成员有何功能，社区成员如何评价对象之美，其背后体现出了怎样的社会文化语境和价值观念等诸多问题，少有关注。而这些问题，恰恰是范丹姆的书中所关心和强调的。

上述研究倾向，一方面，与国内非物质文化遗产保护运动的促进有关，作为一种国家行为，非遗保护客观上极大地促进了相关研究，但其富有功利性的问题域，不可避免地限定了研究者的研究视野，引导研究者一股脑地关注传承与保护、开发与利用的问题；另一方面，“美”确实是一个不容易言说的领域，范丹姆的书中对此亦多有所论。英国学者盖尔（Alfred Gell）在《艺术与能动性》（*Art and Agency*）等论著中就力倡为艺术祛魅，把美逐出艺术人类学的研究领地，将艺术视为一种具有社会能动性的“物”。盖尔的观点影响很大，如英国汉学家柯律格（Craig Clunas）的《雅债：文徵明的社交性艺术》（*Elegant Dehts the Social Art of Wen Zhengming*），美国艺术人类学家纳尔逊·格雷本的若干文章[①]就是践行了这一观念。不过，这一观点亦引起很大争议，在西方多有

① Nalson Glaburn, “From Aesthetics to Prosthetics and Back: Materials, Performance and Consumers in Canadian Inuit Sculptural Arts; or, Alfred Gell in the Canadian Arctic”, in Brigitte Derlon et Monique Jeudy-Ballini (eds.), *Les cultures à l' oeuvre- Rencontres en art Michèle Coquet*, Paris: Biro Editeur, 2005, pp. 47-62 .

文章争鸣。罗伯特·莱顿和范丹姆都不同意这一观点。我们对其亦很难产生认同，如果艺术离开了美，它的“能动性”还会在吗？日本柳宗悦所倡导的民艺运动，其精髓所在，不正是对“民艺之美”的发现和体认吗？

实际上，国内艺术人类学研究者，亦对审美问题有所强调。如周星，他明确提出：“在笔者看来，除了对种种艺术现象的跨文化研究，艺术人类学的对象范畴还应该涉及‘美’在不同文化中的建构以及‘美’和艺术之在人类内心的意义。”[①] 他近年撰写的《汉服之“美”的建构实践与再生产》[②]《“萌”作为一种美》[③] 等论文，就很好地践行了他的艺术人类学观。方李莉对于艺术之“美”亦非常看重，她以艺术人类学视角写成的《中国陶瓷史》（齐鲁书社 2013 年版），有大量篇幅涉及对陶瓷之美的探讨。此外，尚有诸多学者发表有相关成果，恕不一一列举。

总之，我们还是呼唤在国内审美人类学和艺术人类学研究中，多一些对“美”的普遍性、特殊性与复杂性的关注和探讨，以人类学作为一种根本性的精神，拓展出关于美和艺术研究的新向度和新空间。

（本文原载《民族艺术》2015 年第 6 期）

---

① 周星：《艺术人类学及其在中国的可能性》，《广西民族大学学报（哲学社会科学版）》2009 年第 1 期。

② 参见周星《汉服之“美”的建构实践与再生产》，《江南大学学报（人文社会科学版）》2012 年第 2 期。

③ 参见周星《“萌”作为一种美》，《内蒙古大学艺术学院学报》2014 年第 1 期。

论美学：从社会人类学的视角

[英] 罗伯特·莱顿 / 文，关祎、邢书宇 / 译

一、人类学的研究范围与研究方法

人类学是一个内容广泛的学科，其中生物人类学研究人类进化方面的问题，包括解剖与健康，社会人类学研究人类社会的多样性、文化及其在国际社会中的位置方面的问题。社会人类学提供了几种跨文化美学研究或审美学研究的视角，具体来说包括跨文化与审美多样性的研究，以及美丽的物品（包括身体装饰、陶艺品以及岩画艺术等）所具有的社会功能的研究。法国社会学家涂尔干（1858—1917）深受结构社会人类学理论的影响。涂尔干的主要思想是社会科学研究，他将其称为“社会事实”，换句话说，就是社会互动的自然属性。在《社会学方法的准则》一书中，涂尔干指出，法国的语言、货币、法律独立地存在于任何特定个体之上；它们是通过社会互动而存在着的。因此它们“不应与生物现象相混淆”，因为它们具有象征性和行动性，且不属于存在于个体意识之中的心理现象[①]。涂尔干不否认生物学或心理学对于解释人类行为的价值，但他也坚持认为社会学在解释人类社会与文化方面具有重要的作用。

在涂尔干之后的时代，英国人类学家拉德克里夫－布朗（Radcliffe-Brown）和马林诺夫斯基（Malinowski）深化了涂尔干方法的一个方面，也就是功能主

① Durkheim, E.,*The Rules of Sociological Method*, trans. S. Solovay and J. Mueller, New York: Free Press,1938[1901],p.3.

义。功能主义解释社会习俗的存在如何影响社会秩序。当时对于无文字社会的历史以及考古学知识知之甚少，功能主义对于某种习俗之本源的推测性解释就较为警惕。后来的学者们（如，吉登斯，1984）摒弃了功能主义的现时性特质，并继承了马克思的社会系统历时性的动态研究，但仍然保留这样的一个前提，即必须在现时的社会体系语境中研究社会实践。

在法国，另一些人类学家们深化了涂尔干社会逻辑方法论的第二个方面，即，解释习俗在其特定的文化认知系统中的意义，也就是结构主义的办法。结构主义同样警惕构建历史。例如，范热内普（Van Gennep）将“抢婚”解释为新娘同其婚前生活的本家分离开来的一种戏剧化的表现，而不是想象中的过去男性通过武力抢夺配偶的一种遗存。范热内普认为，所有伴随着社会状态改变的过渡仪式都由三个部分组成，首先是从其社会中的旧位置中分离出来，在通过一个阈限期之后重新进入其社会中的新位置去。由于法国的布迪厄（Bourdieu）和德里达（Derrida），以及美国的写文化学派，结构主义已经演变成了阐释性人类学，阐释一个或多或少由人为文化构建的异文化是否能够依照人类学传统被可靠地解读为一种熟悉的模式。特别是自布迪厄以来，人类学家有时更愿意记述“习性”而不是文化。布迪厄指出，即使在同一个文化社区中，每个人都构建他们自己的习性，通过观察先辈们的行为和言谈。研究是什么因素促使个人习性逐渐整合成为文化共识便成为一个重要的研究论题。

事实上，社会学家韦伯对于社会人类学的这种分化趋势早有预见，他吸收了德国哲学，对解释与理解做出了区分。风俗活动被解释为独立存在于其实践者中的普遍规则，但其文化含义必须通过文化成员的主观理解进行解读。相类似的，那位生于德国的人类学家博厄斯（Boas）也曾独立将解释与理解的区别引进美国的社会人类学研究中。[①]

---

① Layton, R., *Australian Rock Art: A New Synthesis*, Cambridge: Cambridge University Press,1992,p.184–186.

社会人类学对于阐释美学及其学科语境方面所做出的贡献可参见丁伯根[1]的“四个问题”。丁伯根的问题是针对动物行为解释的。他指出，功能性以及历史性的解释可以被细分为四个方面的问题。将其变换成社会科学可作如下表述：

基本问题

◆习俗的作用是什么，例如其实践者的功能性结果。

◆实践活动如何经由时间发展变化（演进）。

次要问题

◆是什么促成或促进了习俗的形成（被对手攻击的恐惧，饥饿）。

◆社会实践是如何在个体中发展的（这个问题可能会诉诸进化心理学和文化习得两个方面）。

丁伯根自己的许多研究都关注银鸥个体在与其配偶、子女以及对手之间进行互动时的姿势和叫声。有效的沟通是至关重要的，但丁伯根不仅仅只关注这种二元间的可观测行为，他还提出假设，认为这种仪式化的行为是由基因诱发的。此外，丁伯根主要研究一对海鸥间如何作为个体进行互动，他并不关心合作行为政治，而这通常是小规模社会中的艺术与仪式的一个方面。那么，除了进化生物学所给出的解释以外，人类学又能为美学研究的功能以及演进做出什么样的贡献呢?

问题一：美学研究的社会功能

美国人类学家弗朗兹·博厄斯（Franz Boas）在其《原始艺术》一书中给出了大量的小规模社会中艺术的对称性、韵律性的例子，并总结道：“我们不能

---

① Tinbergen, N., “On Aims and Methods in Ethology” , in *Zeitschrift für Tierpsychologie,* 20: 410–433,1963.

把这一世界性趋势归结为任何其他的基本诱因，而只能把它归结为是一种形式感觉，换句话说，一个美学冲动。”[①] 基于博厄斯的理论，多萝西·沃什伯恩[②] 编纂了一个论文集，有力地阐述了小规模社会中艺术的对称性和韵律性循环出现的特质。

然而，其他一些学者注意到了美学作为一种通用学科所存在的问题，也就是有一种将我们自己的概念体系强加于他文化的风险。在研究不熟悉的人类文化时，要理解他文化所认知的“美”，确实需要理解与解释。本土美学价值观可能会将普遍特质同当地社会中的一些特殊特质相融合。

罗伯特·汤普森（Robert Thompson）发现，对尼日利亚的约鲁巴人雕塑形式进行评估，有“基本普遍”标准，如精致的样式、闪亮光滑，以及细致对称的构图，还有文化特殊标准，如面部的划痕代表一个人像被照管的田地一样具有社会属性，而不像毫无标记的野树林。[③] 戴维斯[④] 指出，巴厘岛审美观的一些方面非常易于解读。塔克苏（Taksu）代表的是伟大的仪式表演者所具有的神力，白萨克（Becik）代表的是元素与精湛技艺之间的统一与平衡。其他的一些特质则更具有文化特殊性。传统的巴厘岛房屋的比例关系则是以其居住者的躯体作为依据的。巴厘岛的艺术和音乐则体现了一种避免空白的趋向。[⑤]

为了解读巴厘岛的美学观，戴维斯在我们熟知的社会中搜寻了最为相近的类似物：巴厘岛的竞技音乐表演就像是欧洲的体育竞赛；巴厘岛的观众们的反

---

① Boas, F., Primitive Art. New York: Dover.Boone, S. A. (1993), “Radiance from the Waters: Mende Feminine Beauty” , in R. L. Anderson and K. L. Field eds., *Art in Small-Scale Societies: Contemporary Readings*, Englewood Cliffs, NJ: Prentice Hall, pp. 303–308,1955,p.58.

② Washburn, D. ed., *Structure and Cognition in Art*, Cambridge: Cambridge University Press,1983.

③ Thompson, R. F., “Yoruba Artistic Criticism” , in W. L. d’ Azevedo ed., *The Traditional Artist in African Societies,* Bloomington: Indiana University Press,1973, pp. 19–61; Lawal, B., “Some Aspects of Yoruba Aesthetics” , in R. Anderson and K. Field eds., *Art in Small-Scale Societies: Contemporary Readings*, Englewood Cliffs, NJ: Prentice Hall, 1993,pp. 309–316.

④ Davies, S., “Balinese Aesthetics” , in S. Feagin ed., *Global Theories of the Arts and Aesthetics*, Malden: Blackwell, 2007a，pp.21–29.

⑤ Bateson, G., “Style, Grace and Information in Primitive Art” , in A. Forge ed., *Primitive Art and Society*, Oxford: Oxford University Press, 1973，pp.235–255.

应则类似于欧洲观众对流行音乐（而非经典音乐）的反应。这种最贴切解读的研究在人类学研究中得到了很好的构建，像马林诺夫斯基这样的奠基者在其太平洋特洛布里恩群岛间贸易的研究中，也已经使用了这种研究方法。生活必需品的传统贸易是通过与独木舟领袖交换价值连城的臂带和项链来完成的，而当地的领袖则负责保证和平的贸易过程。为了解释为什么这些看似毫无用处的东西具有如此高的价值，他将体育奖杯或皇冠上的宝石与之相较。

循环出现的美学主题的人类学表述，也就是将他文化中的审美愉悦感解读为一种精神能动性。安东尼·福吉（Anthony Forge）对新几内亚的爱伯兰姆人（Abelam）进行田野考察，他提出，尽管爱伯兰姆艺术家们缺乏美学词汇，但他们仍然可以在创作中探讨形式和比例，但社会中的其他普通成员则对形式和设计有不同的解释。“一个技艺高超的艺术家满足于他的审美感知，并且美的创造并不因美丽本身而获得褒奖，而是将美视为是一种力量。”①霍华德·墨菲（Howard Morphy）后来又更加细致地阐释了澳大利亚北部雍古人（Yolngu）艺术家们非常注重营造出一种欧洲人所能理解的审美感官，但是“欧洲人通常意义上所理解的审美感官在雍古人看来代表的是一种祖先力量”②。每个雍古族氏族都拥有一种独特的图样，代表了其图腾祖先的迁徙。图样将活着的人与远古的祖先无形的联系了起来。雍古人神圣绘画的一个最为重要的特质是完成图具有一种波光粼粼的效果，它们是由精细的交叉影线构成的，完美地传达出蕴含在作品中的祖先的创作神力。

关于西方美学观的通用效力，阿尔弗雷德·盖尔（Alfred Gell）基于与上述相类似的案例，提出了更为详尽的阐释。盖尔断言：“‘审美态度’是启蒙运动宗教危机与西方科学主义所造成的特殊历史产物……（这就造成了）美和神

① Forge, A., “The Abelam Artist”, in M. Freedman ed., *Social Organization: Essays Presented to Raymond Firth*, London: Cass, 1967, pp. 82–83.

② Morphy, H., “From Dull to Brilliant: The Aesthetics of Spiritual Power among the Yolngu”, in *Man*, 24 (n.s.): 21–40,1989,p.23.

性的分离。”[1]他指出，在印度（像古代世界一样）美学被归为宗教哲学的范畴，由此“通过将其归为艺术范畴，我们已经使神像失去了效力”[2]。

站在功能主义的立场上，盖尔指出，人类学的任务应该是研究艺术在其社会中所具有的用途，而不是它的心理学基础。他认为，艺术人类学应当关注审美原则是如何在社会互动过程中被调动起来的。西方人将出色的艺术作品归因于作者个人的艺术灵感，而美拉尼西亚的特罗布里恩岛民则将这种技艺归因于神奇的魔力。“美拉尼西亚美学观是关注效力，即完成作品的能力，而不是关注‘美丽’。”[3]盖尔的主要结论是，艺术是被用来扩展创作者、拥有者以及使用者的能动性的。在这里，吉登斯所阐释的“能动性”一词，是指个人改变他人行为的能力。盖尔指出，艺术品“代替”人，唤起了创作者或拥有者的反应，这种反应与其自身应有的反应相同。这种现象的一个有趣的例子是，将真人大小的警察的二维照片放在商店和办公室里以减少盗窃。盖尔的个案主要来自非西方文化。特洛布里恩岛民同其他岛上的仪式伙伴间所进行的项链和手臂的交换超越于其原来的拥有者，流通十分广泛，但却始终承载着原拥有者的声望。印度教或佛教的雕像则承载着神。

事实上，盖尔并不否认图样的通用性，但他把通用性归结为相同的社会功能。盖尔吸收后来的沃什伯恩和克劳的研究[4]，他指出，“存在着一种相当于‘通用美学观’的表面纹样；同样的对称性组合……出现在世界各地”[5]。盖尔提出装饰艺术的特质具有两个功能。装饰图样编制出它们自己的咒语，因为“我们永远不可能完全了解它所蕴藏的复杂关系”[6]。它们还能迷惑、吸引，或者恐吓观者。

---

① Gell, A., *Art and Agency: An Anthropological Theory*, Oxford: Oxford University Press,1998,p.97.

② Gell, A., *Art and Agency: An Anthropological Theory*, Oxford: Oxford University Press,1998,p.97.

③ Gell, A., *Art and Agency: An Anthropological Theory*, Oxford: Oxford University Press,1998,p.94.

④ Washburn, D. and D. Crowe, *Symmetries of Culture: Theory and Practice of Plane Pattern Analysis*, Seattle: University of Washington Press,1988.

⑤ Gell, A., *Art and Agency: An Anthropological Theory*, Oxford: Oxford University Press,1998,p.160.

⑥ Gell, A., *Art and Agency: An Anthropological Theory*, Oxford: Oxford University Press,1998,p.80.

问题二：美学进化论

有假设认为，美学的演进依据达尔文公理，即生物的进化是通过争夺更适于繁殖的有机体来实现的，有机体表现出由基因控制的行为各异性。杰弗里·米勒[①]提出假设，认为艺术是由一种男性吸引配偶的仪式表演形式演进而来的。雄性园丁鸟建造大而精巧的鸟巢，并用花朵、水果、树叶、蝴蝶羽翼和其他鸟类的羽毛来加以装饰。这种构造吸引雌性并影响其选择特定的配偶。米勒认为，更新世时期人类群体的一夫一妻制与女性选择给男性的类创造力带来了一种选择压力，这也就促进了艺术与舞蹈的产生。园丁鸟装饰物与人类艺术之间的进化类比，就相当于鸟鸣与人类语言之间的类比。米勒还关注功能主义人类学者们强烈反对的一项谬误，即依照未知（人类进化早期艺术的一种想象的功能）来解释已知（当代艺术）。他的思路使人联想到弗洛伊德对乱伦禁忌的解释，弗洛伊德认为图腾制度与食物禁忌起源自一个想象的原始人类家庭，家庭中的父亲被他的儿子杀掉了[②]。

西利托（Sillitoe）记述了新几内亚高地的沃拉人（Wola）如何从园丁鸟和天堂鸟的装饰物中获取灵感。他们用鸟的羽毛装饰帽子，在村庄宴席的舞蹈时佩戴，这样便能吸引外村的人在交换体系中与之结成联盟，由此在政治自治的村庄间形成同盟并减少战争的发生。因此，为了适应生活在非政治中心化社会里的特定功能型语境，他们借鉴了鸟类的行为（见下文）。天堂鸟吸引色彩没那么鲜艳的同种类鸟，“就像观众来参观我们的盛装舞蹈一样”[③]。沃拉人发现园丁鸟的行为非常具有吸引力，因为它不仅模仿交换宴席中被宰的猪所发出的嚎叫声，而且在它们装饰舞蹈场地时还使用了猪的粪便。

然而从西方的视角来看，沃拉人对鸟类繁殖生物学知之甚少。在宴席中跳舞的男性需要禁欲，要避免与女性有致使其虚弱的接触。他们认为装饰鸟巢的

① Miller, G., *The Mating Mind*. New York: Doubleday,2000.

② Freud, S., *Totem and Taboo: Some Points of Agreement between the Mental Lives of Savages and Neurotics*, trans. J. Strachey. London: Routledge,2001 [1913],p.164.

③ Sillitoe, P., “From Head-Dress to Head-Messages” , in *Man*, 23 (n.s.): 298–318,1988,p.304.

雄鸟也在实施禁欲，沃拉人认为羽毛色彩暗淡的雌鸟是为了包容那些同雌鸟一样不那么优良的雄鸟。西利托对于沃拉人仪式的阐释是基于鸟类装饰物在沃拉文化中的特殊含义的结构主义阐释，前提是在我们与他们之间具有一个二元对立的态势，具体来说“他们”是潜在的同盟但也是潜在的敌人。沃拉人在人类情境与园丁鸟及其观者之间做了个结构性的类比。通过效仿雄性园丁鸟，舞者表达出想与观者结为盟友的愿望。

去掉伪历史的部分，米勒的理论从某种程度上来说还有救，但只能把它看作艺术的“代价巨大的符号型理论”的一种应用。扎哈维[①]阐释了雄孔雀尾巴作为一种生殖健康信号的演进过程。那些拥有又长色彩又鲜艳的尾巴的雄性孔雀对比那些尾巴又短色彩又黯淡的雄性孔雀来说，显示着前者更为健壮，就像那些最会装饰鸟巢的园丁鸟一样。最成功的雄性是那些在竞争性演进压力与繁殖之间做出了最好的权衡，同时还避免了猎食者的。由此我认为，关于展示自己的沃拉男性（他既要给男性留下深刻印象又要吸引女性），这是一个更恰当的功能性类比，尽管这并不是艺术的社会功能的通用性解释[②]。

关于进化起源美学的一种更具说服力的阐释是面部对称性与生殖健康的研究，这项研究十分庞大且还在不断发展壮大。桑希尔（Thornhill）与他的团队最早在这一领域展开研究，并发表了数篇论文[③]，他认为人类面部的对称性是生殖健康的一种表现，由此我们必须认识到并重视对称性的重要性。从跨文化的视角来看，更多标志着健康的面部特征包括均匀的肤色、平滑的皮肤、明亮的

① Zahavi, A., “Mate Selection: A Selection for a Handicap” , in *Journal of Theoretical Biology*, 53: 205–214,1975.

② Davies, S., “Ellen Dissanayake’ s Evolutionary Aesthetic” ,in *Philosophical Perspectives on Art*. Oxford: Oxford University Press, 2007b，pp.103–118.

③ Thornhill, R. and S. Gangestad, “Facial Attractiveness” , in *Trends in Cognitive Science*, 3/12: 452–460,1999.

眼睛以及有光泽的头发[1]。莱伊等人[2]深入细致地研究了抗寄生虫特性与面部美感之间的基因关联。

尽管有证据表明，在小规模社会中，财富、地位以及工作能力等品质也会影响人们对婚姻价值的判断[3]，但仍有跨文化的证据表明生殖健康与审美之间存在着关联。塞拉利昂的门迪人（Mende）希望女性是美丽、优雅、靓丽且精心装扮的，但他们也同样希望她们是善良、有耐心、有爱心的。十分出众的美貌被认为是危险的，因为美丽的门迪女孩可能会变得傲慢与自恋。汤普森（Thompson）研究了西非约鲁巴（Yoruba）雕塑的审美观。他发现，光亮平滑、身体各部位的解剖精准度、细致对称的结构，以及对人青壮年时期的刻画等都属于雕塑的评价标准。比柏克发现中部非洲莱加人（Lega）十分喜爱象牙雕，它们经过抹油和抛光外表闪亮有光泽，这种技术"被称为库邦吉雅（Kubongia），意思是带来和谐、创造和谐……也就是美的象征"，他们也用同样的方法来装扮自己的身体[4]。

然而，我要再次提醒，尽管面部美感提供了一种假设性的解释，解释为什么我们进化出了一种重视对称性的能力，但是它仍不能解释这种能力如何在近代人类文明中发挥作用。麦克马纳斯（Mc Manus）指出，我们能够凭直觉发现并欣赏艺术中的对称与平衡，以黄金分割[5]为例，这表明在性选择过程中进化而来的认知能力如今被运用到了其他领域中，例如，欣赏蒙德里安的抽象绘画（参看

---

① Symons, D., "Beauty is in the Adaptations of the Beholder: The Evolutionary Psychology of Human Female Attractiveness", in P. R. Abramson and S. D. Pinkerton eds., *Sexual Nature/Sexual Culture*, Chicago: University of Chicago Press, 1995, pp. 80–118.

② Lie, H., G. Rhodes, and L. Simmons, "Genetic Diversity Revealed in Human Faces", in *Evolution*, 62: 2473–2486,2008.

③ Borgerhoff-Mulder, M., "Kipsigis Women's Preferences for Wealthy Men: Evidence for Female Choice in Mammals?", in *Behavioural Ecology and Sciobiology*, 27/4: 255–264, 1990.

④ Biebuyck, D., *The Lega: Art, Initiation and Moral Philosophy*, Berkeley, CA: University of California Press,1973, p.179.

⑤ McManus, I. and P. Weatherby, "The Golden Section and the Aesthetics of Form and Composition: A Cognitive Model", in *Empirical Studies of the Arts*, 15: 209–232,1997.

戴维斯对迪萨纳亚克艺术进化理论的评述[①])。

二、审美表达之起源的考古学证据

最古老的石器工具发现于奥杜瓦伊峡谷（Olduvai Gorge），由此被称为“奥杜瓦伊砍砸器”，它并不具有明显预先设想好的形状。大约150万年前，它们被阿舍利文明（Acheulean）代替，阿舍利文明时期的“手斧”或多或少呈现梨型，这表明明显的双侧对称被采用到了设计中。手斧的制造在非洲和欧亚大陆持续了非常长的一段时间，直到大约20万年前，那时出现了一个前现代人种，直立人。有估算显示，大约百分之一甚至五十分之一的器具显示出了明显超越于实际操作需要的对称性与规则性[②]。

这或许可以归结为制造者对于纯粹美的追求，也可能是出于某些尚未可知的深层社会原因。考古学家科恩和米森[③]认为男性制作手斧更深远的动机在于通过展示其精湛的技艺从而吸引配偶。尽管很难对这个假设进行检验，但公平地讲，他们确实预测了这种与性有关的技能展示可能产生自某种特定的环境，并可以进行各种检验。

我们的种群（即现代人类）最有可能的发源地是在非洲。岩画艺术突然间开始出现在旧石器时代——最早的人类现代社会中，且十分成形，其存在一直延伸到欧洲，这种现象几乎可以断定是历时20万年的漫长的深层行为与认知进化的结果，最早发生自非洲，并随着直立人不断传播到了欧洲和亚洲[④]。

---

① Davies, S., “Ellen Dissanayake’s Evolutionary Aesthetic”,in *Philosophical Perspectives on Art*, Oxford: Oxford University Press, 2007b, pp.103–118.

② Corbey, R., R. Layton, and J. Tanner , “Archaeology and Art” , in J. Bintliff ed., *A Companion to Archaeology*, Oxford: Blackwell, 2004, pp.357–379.

③ Kohn, M. and S. Mithen , “Handaxes: Products of Sexual Selection?” , in *Antiquity*, 73: 518–526. (1999).

④ McBrearty, S. and A. Brooks , “The Revolution that Wasn’t: A New Interpretation of the Origin of Modern Human Behaviour” , in *Evolution*, 39: 453–563,2000.

德埃里克[1]认为，今以色列卡夫塞斯地区（Qafzeth）十万年前的现代人类墓葬中所使用的穿孔赭石色贝壳是私人饰品的一个证据。赭石的使用，最早的证据来自南非的霍伊森波特文明（Howieson's Poort），大约在距今五万到七万年之间[2]。南非海岸边布隆伯斯洞穴（Blombos）的考古发掘点的年代属于上述时期，那里发现了越来越多的表面饰以赭石的残片，这些残片当时是用来涂绘平行的交叉影线的。因为这些线条是故意而为之且显然不是出于其有用性，所以布隆伯斯物质显示了一种博厄斯冲动或者说形式情结。这些雕刻品大约有七万年的历史（《科学》2002 年 1 月 10 日）。

最古老的具象派岩石艺术发现于法国的肖维洞穴（Chauvet），那里绘有两只犀牛与一只野牛的岩画可追溯到距今三万年前[3]（克劳茨，2001）。法国与西班牙旧石器时代早期的洞穴艺术持续存在于距今三万年到一万两千年前之间。非常明显的是，肖维洞穴里特定的动物形象已经十分成形了。虽然动物形象很少并行排列或者相互联结，但是在拉斯科（Lascaux）(距今一万一千年前）发现了一个非常特殊的构图，图中两个背对而立的野牛，牛腿和尾巴对称交叠着。关于早期旧石器时代艺术比较早的理论承认远古艺术家具有无可否认的形式表现力，早期理论可以说是纯粹关注艺术的艺术研究。然而，这个理论很快就遭到了否定，因为远古的狩猎采集民不会仅仅出于在当时来说毫无意趣的创造冲动而花费时间在石灰岩洞穴里游走，一定是由于一些重要的社会功能。从那以后，一系列不同的阐释被相继提出：认为艺术是图腾制度、交感巫术，或者萨满信仰的一种实践。年代较近的狩猎采集文化岩石艺术中有些具有上述功能的图案，用这些图案同洞穴或洞穴间的动物图案相对比便可以检验上述假设，然

---

① D' Errico, F., "Technology, Motion, and the Meaning of Epipalaeolithic Art" , in *Current Anthropology*, 33: 185–201,1992.

② Barham, L., "Possible Early Pigment Use in South-Central Africa" , in *Current Anthropology*, 39: 703–710,1998.

③ Clottes, J. ed.,*La Grotte Chauvet: l' art des origins*, Paris: Seuil,2001.

而结果尚不确定[1]。

在世界的其他地方，纳米比亚南部的阿波罗 11 号洞穴中发现的落石板上的绘画可追溯到距今一万九千年至两万六千年之间[2]。澳大利亚南部的几何型岩石艺术可追溯到距今一万年前并一直持续至今，也就是所谓的“点”或“帕普尼亚”（Papunya）传统，与墨菲所研究的雍古人艺术相类似，描绘的都是神话时期祖先的迁移。然而，不论是艺术的生态背景（从露天到石洞）或是构成特质（从毫无关联的图形到具有叙事性的构图）都发生了变化，那便没有理由认为艺术的文化环境以及功能始终是保持不变的[3]。

从进化视角来看，人类与其他物种之间最为显著的两个差异是：

（1）许多物种都具有社会性行为，但是人类社会组织结构的复杂性是绝无仅有的。

（2）对于许多物种来说，学习都是至关重要的，但是人类的文化传承也是绝无仅有的。

当我们探讨问题三和问题四的时候，这些差异便尤为显著，也这是社会文化人类学在关注艺术的研究时所十分关注的。这里同涂尔干的理论相关联，通过研究自然形成的社会互动的属性，从生物学与心理学角度看社会差异本身。对于习性这一重要概念的阐释则是通过研究个体的文化习得是如何逐渐融合并形成了当地文化共识的。

问题三：是什么促成或促进了习俗的形成

为阐释本章节的内容，现以巴布亚新几内亚高地的社会团体为例，该地的

---

① Sauvet, G., R. Layton, T. Lenssen-Erz, P. Tac ̧on, and A. Wlodarczyk, “Thinking with Animals in Upper Palaeolithic Rock Art” , in *Cambridge Archaeological Journal*, 19: 319–336,2009.

② Wendt,W. E., “‘Art mobilier’ aus der Apollo-11 grotte in Südwest-Afrika” ,in *Acta Praehistorica et Archaeologica*, 5: 1–42,1974.

③ Clegg, J., “Correlations and Associations at Sturt’ s Meadow” , in M. Smith ed., *Archaeology at ANZAAS* ,Perth: Western Australian Museum,1983.; Layton, R., *Australian Rock Art: A New Synthesis*. Cambridge: Cambridge University Press,1992,p.236.

社会频繁遭受村落之间的战争。他们刀耕火种的生计方式不足以维持一个由某位社会精英长期统治的社会，正如人类学家马歇尔·萨林斯（Marshall Shlins）对美拉尼西亚的平等政治制度与波利尼西亚的社会等级制度所进行的经典对比研究[①]。园艺社会缺乏狩猎采集社会所具有的避免争端的灵活性，因为他们花费数月的时间努力种植农作物，由此与园艺紧密联系在了一起。而这些农作物对于邻村来说是个巨大的诱惑。但是园艺文明在联合战争中也缺乏维持一个政治集中社会的力量。正如约格·赫伯林[②]对亚马逊地区园艺社会的研究，新几内亚高地居民生活在政治独立的村庄里并依赖于通过邻村联姻建立起来的结盟，由此减少冲突。赫伯林认为，每个村庄都试图表现得"强硬"，而并不轻信他人。如果交换关系中的伙伴背叛了他们，他们将会进行致命的武力打击，惩罚旧日伙伴已不可为，因其不是被杀死就是被迫逃亡。[③]

为了应对这种政治不稳定性，新几内亚高地的社会常常举办交换庆典，在庆典上，主办村庄期望能向盟友以及潜在的敌人彰显其社会组织的凝聚力，由此吸引愿意联盟的联姻者，并且也通过向邻村人提供奢侈丰盛的宴席使其深受恩惠。因此，这种庆典美学部分地产生自社会结盟行动，并由其特定的生态和社会环境所促进。

主办方在庆典中主要的目的是通过统一的身体装饰向同盟者发出信号，暗示其作为自己潜在的战斗力量。迈克尔·欧瀚兰（Michael O' Hanlon）阐释了瓦基山谷（Wahgi）的村民们在庆典宴席中所达成的统一战线的长度。他们的头饰必须保持在一定的位置上而不能滑落。在一场引人注目的表演中，舞者们应有光亮的打扮和统一的装饰。如果他们做到了，旁观者们会说，"他们的皮

---

① Sahlins, M., *Stone-Age Economics*. London: Tavistock,1974.

② Helbling, J., "The Dynamics of War and Alliance among the Yanomami", in G. Elwert, S. Feuchtwang, and D. Neubert eds., *Dynamics of Violence*, Berlin: Dunker and Humblot, 1999,pp.103–115.

③ Helbling, J., "The Dynamics of War and Alliance among the Yanomami", in G. Elwert, S. Feuchtwang, and D. Neubert eds., *Dynamics of Violence*, Berlin: Dunker and Humblot, 1999,pp.108–109; Layton, R., *Order and Anarchy: Civil Society, Social Disorder and War*, Cambridge: Cambridge University Press,2006.

肤有光泽……他们都不会死去”[①]。如果氏族内部纠纷尚未得到解决，或者其盟友因人情债务尚未得到偿还而感到愤怒，上述目标便无法达成。可怕的是，如果观众们说：“他们盾牌上的羽毛颜色不够深……斗士们的双腿也站得不够稳当”[②]，那就表示他们过于弱小、会被打败。在准备表演的过程中，氏族成员们会试图通过向彼此忏悔罪行或抒发怒气来解决正在酝酿中的纠纷，他们或许还会听从善良的旁观者们的建议，一同回到他们的“魔力战争之屋”并进行深入交谈。欧瀚兰绘制了图示来描述仪式表演的场面，仪式表演中主方与客方两个对立的方阵在舞蹈场地中交叉行进，两队人都试图将对方的表演拉入自己的鼓点节奏之中，以显示队伍的强盛，与此同时，观看的人群会朝向舞者向前挤进一到两英尺。观众中的女孩子若被舞者吸引将会抢走他的鼓并引领他跑到一边求爱。“人群之中总是有非常激烈的涌动和追逐，因为年轻的观众们急于观看健壮的女孩如何攻击并驱赶对手。”[③]

不难看出这种行为的进化优先顺序，但总体的情况要比其他物种的社会性行为复杂得多。我将在结论中重述这一点。

问题四：社会性实践如何影响个体

在前几节的论述中，提出了关于小规模社会审美表达进化基础的一些论述，这里还有一些关于现存的各种文化传统的论述，他们的价值观与工艺技术是通过“习得”来进行传承的。阿兰[④]研究了六个不同文化环境中的儿童艺术。他发现每个研究样本都显示出了内在统一的风格，但样本之间也存在着显著的差异。巴厘岛研究样本中有 60% 出现了具象的图形，而在密克罗尼西亚的研究

① O' Hanlon, M.,*Reading the Skin: Adornment, Display and Society among the Wahgi*, London: British Museum,1989,p.119.

② O' Hanlon, M.,*Reading the Skin: Adornment, Display and Society among the Wahgi*, London: British Museum,1989,p.128.

③ O' Hanlon, M.,*Reading the Skin: Adornment, Display and Society among the Wahgi*, London: British Museum,1989,p.198.

④ Alland, A.,*Playing with Form: Children Learn to Draw in Six Cultures*, New York: Columbia University Press,1983.

样本中则仅有15%。巴厘岛儿童更倾向于将绘画铺满整个页面，而中国台湾儿童则更喜欢用一些不相连的部分组合成一幅图。在所有这些研究中，儿童们显然都是在各自的文化环境中学习成人的艺术审美观。欧瀚兰对瓦基山谷庆典艺术的研究，阐释了在新几内亚交换仪式举行集体表演之前进行了集中的沟通与协商，由此达成了一致的个人装饰风格，而在此之前人们更倾向于采用各异的羽毛装饰和身体彩绘。

在各大洲的许多农业社会中，各家各户除了农业产出还都有一些艺术或手工艺制品。俄罗斯经济学家恰亚诺夫[1]对这一现象的功能性做出了著名的论述，他指出，农业年是由农忙时节与农闲时节（种植与收割之间的空当）交替构成的。农闲时节农户会把劳力转移到手工艺制造方面去。恰亚诺夫提出，家户所能支配的土地越少，他们对手工艺制造的依赖就越多。这就使得家户非常依赖于手工艺品在当地或外地市场上的成功销售。

玛格丽特·安·哈丁[2]对一个墨西哥村庄的审美标准趋同性进行了研究，该村大约有300名村民，主要从事陶器制作。该村主要烧制两种陶瓷，一种是普通的红色器皿，供日常使用，另一种是上了青釉、雕饰精美的器皿。每年的狂欢节上，两种陶器都在当地的市场上出售，但青釉器皿的价格至少高出50%。当地的装饰风格主要是边缘上绘有接连不断的花卉或由水平线分隔开来的几何图案。尽管制陶人都学习过标准的系列设计图样，但制陶人的作品仍具有很大的多样性，这主要取决于与设计有关的技术和知识。当地最多产的制陶人每年都在制作陶器，通过对他的访问，哈丁挑选了一系列陶器进行研究。她发现，圣荷西村（San Jose）最权威的艺术家们一致认为上好的作品必须绘画精细、图样整齐地排列于边缘处且相互之间没有交叠[3]。由于陶器主要是在当地市

① Chayanov, A. V., *The Theory of Peasant Economy*, ed. D. Thorner, B. Kerblay, and R. E. F. Smith. Madison, WI: University of Wisconsin Press,1966.

② Hardin, M. A. "The Structure of Tarascan Pottery Painting" , in D. Washburn ed., *Structure and Cognition in Art*, Cambridge: Cambridge University Press, 1983, pp. 8–24.

③ Hardin, M. A. "The Structure of Tarascan Pottery Painting" , in D. Washburn ed., *Structure and Cognition in Art*, Cambridge: Cambridge University Press, 1983, p. 8, p.22.

场上出售，因此购买者的喜好大大地影响着制陶人的创作目标，这也就促使当地审美共识得以形成。

哈里·斯尔福[①]在研究西非传统阿散蒂帝国（Asante）的现代木雕时，对这一更加复杂的个案进行了阐述。斯尔福研究的村庄是由阿散蒂国王在19世纪建立起来的，房屋的手工艺装饰主要是国王钦定的皇家标志的制作。然而到了殖民时期，国王对设计图样的控制力日渐衰弱，与此同时，传统手工艺品市场逐渐形成。在斯尔福做田野考察期间，在村里的雕刻艺人中逐渐形成了一个三层的风格体系。最盛行的风格是一种创新作品，主要描绘阿散蒂传统寓言故事以及当代生活活动，但整个风格是一种非传统的“自然主义”的。一件成功的创新作品可以卖很高的价钱，但创新也是具有风险的，只有富庶的艺术家才能承担得起失败的风险。中等层次的雕刻艺人通过临摹高层次著名艺人所创作的成功创新作品来规避风险，这也有可能造成市场上供过于求的局面，由此迫使主流艺人不断地创作更新的作品以确保其较高的市场价位。较低层次的雕刻艺人，比如一些不成功的成年人或者仍然在学习雕刻的青少年，他们急于能够赚点收入，且没有任何声望，经不起失败。他们主要服务于由欧洲游客构成的巨大市场，游客们对作品的识别力不强，他们的作品便配合欧洲人对“野蛮原始”非洲文化的幻想。因此他们主要创作一些耳熟能详且并非阿散蒂传统风格的非洲雕刻。对他们来说，维持生计的压力远远大过偏离传统所招致的骂名。因此，所有三种风格的雕刻艺人们虽然掌握着各种各样的工艺技术，复杂的市场环境与文化传统之间的互动，使得雕刻艺人们各自较为成功地适应了三种不同的社会经济生态，这对于艺术创新起到了或促进或抑制的作用。

① Silver, H., “Calculating Risks: The Socio-Economic Foundations of Aesthetic Innovations in an Asante Carving Community”, in *Ethnology*, 20: 101–114,1981.

三、总结

面部美感的研究所提出的证据基本证实了偏好对称的审美观是在我们的生物进化过程中产生的，但这仅仅是整个理论的一部分。上述论断是具有说服力的，因为它可以在人群之中进行实验验证。然而，杰弗里·米勒对艺术起源的环境进行了想象性的重构，这表明功能主义者们对于构建历史的危险采取警惕的态度，仍然是有道理的。如果说沃拉人是以其庆典头饰和舞蹈来效仿园丁鸟与天堂鸟的行为的话，那并不是因为他们的仪式是人类早期社会的遗存，而是因为他们注意到了人类与鸟类行为之间的类似之处，这也启发了米勒。新几内亚高地其他的一些社区发现了另外一些同鸟类行为的类似之处。哈根山（Mt. Hagen）村民告诉安德鲁（Andrew）和玛丽莲·斯特拉森（Marilyn Strathern），他们用“丘特树”（Kilt tree）的树脂装饰他们在仪式中佩戴的假发，“这个可以帮助男性吸引女性……因为丘特树的红花颜色非常鲜艳，能够吸引大批的鸟群，我们也是用同样的方法来吸引女性”①。园丁鸟类似性并不是唯一的例子。

如果人类仪式像丁伯根研究的银鸥一样简单的话，那么心理倾向进化论将在所有研究中起决定性的作用。人类文化与社会结构的复杂性要求研究分析不仅局限于心理学。正如涂尔干所指出的，社会与文化具有这样的一种特性，它们影响着个体所固有的心理和生理倾向，决定它们何时被怎样唤醒。新几内亚高地的仪式表演很显然地直接影响着参与者的成功繁衍：成功的表演能够吸引婚姻伴侣并震慑潜在的敌人。然而，成功的压力也是巨大的，因为园艺文明的政治非集中制所形成的社会秩序具有特殊的挑战性。表演不仅仅是局限于个体之间的（至少，在瓦基女子开始从舞蹈队伍中拽出男子之前），而是存在于整个社会合作体系之中的。

农耕社会中成功的艺术家和手工艺人们可以提高家庭收入和物质生活水

① Strathern, A. and M. Strathern, *Self-Decoration in Mount Hagen*, London: Duckworth, 1971.

平，他们也就更倾向于把孩子抚养至成年，但圣荷西村青釉器皿上的装饰绝不是他们生殖健康的象征。它是间接地与农业经济生产循环相关联的，农忙时节需要大量劳动力进行种植和收割，接着进入农闲时节整个家庭的劳动力闲置，于是出现了手工艺品市场经济。斯尔福研究的阿散蒂木雕是个更为复杂的个案，表明社会构成的环境起到了至关重要的作用，或许对于采用怎样的艺术工艺手段进行创作起到了决定性的作用。

（原文载于《内蒙古大学艺术学院学报》2014 年第 1 期）

艺术、美学与文化人类学：回顾与展望

［美］理查德·L. 安德森 / 文、刘翔宇 / 译

由于“人类学”关系到对人类的系统性研究，因此也就毫不奇怪，自 19 世纪末这一研究领域创始以来，人类学学者们在他们关于众多社会的研究和著作中吸纳了艺术以及艺术的本土观念。回顾对艺术和美学的文化人类学研究的历史，其中一再出现的两个主题表现得非常明显：发现和探究既引人关注又具有可行性的问题的努力，以及这些活动被更为广泛的文化运动粉饰的程度。

第一代人类学家试图回答这样一个问题，即人类的文化习俗或习惯是如何在过去几千年中演化成现在的样子？关于视觉艺术，美国人 W.H. 福尔摩斯（W. H. Holmes）、弗兰克·库欣（Frank Cushing）以及奥蒂斯·梅森（Otis Mason）猜测人工制品上的最早装饰是技艺的巧合导致的结果。比如，有些早期陶瓷壶表面的交叉影线图案，是在篮子里面塑造黏土而形成的。随着时间的推移（这一理论认为）这些图案被逐渐赋予了诸多意义，最终这些有意义的图案和图形逐渐自我再创造。因此，有人说抽象艺术逐渐演化为再现艺术。然而，另外一些学者，如瑞典的哈吉马·斯托普（Hjalmar Stolpe），则持有相反的观点。斯托普认为，艺术首先是再现性的，但随着时间的推移，图案和图形逐渐被简化，最初的意义逐渐丧失，最终形成了跟我们周围的可见世界完全没有关系的抽象图案。

一、现代时期的艺术人类学

毫无疑问，在给生物科学带来革命的进化论的影响下，单线文化进化论也得以发展起来。然而，人们逐渐发现，对动植物奏效的理论并不适合解释人类的习俗和习惯。在美国，弗朗兹·博厄斯（Franz Boas）将学者们带离了人类学的进化理论。他认为这些理论存在两个缺点：首先，不管是关于艺术、婚姻、宗教或其他，这些理论常常基于错误的或肤浅的信息，这一问题在后来由于深入的人类学田野调查方法的发展才得以解决。

其次，博厄斯指责进化理论家们有着民族中心主义的倾向，他们认为欧洲和美国的习俗和习惯位于假想的进化阶梯的顶端，某一事物越是不像它在西方的对等物，就越是居于进化阶梯的下端。博厄斯在哥伦比亚大学开创了首个美国的人类学学术研究项目。自 1903 年起，他就向一代美国人类学家阐述他关于艺术的观点，最终在他极具影响力的著作《原始艺术》(1927) [①] 中发表了他的观点。在他的影响下，出现了一大批力图描述（不一定能够理解）许多非欧美的（虽然常常是美国原住民的）艺术传统的研究和著作。时至今日，我们可以说，早期进化论者的观念引人关注但不具有可行性，而博厄斯及其弟子们的民族志描述虽然具有可行性，但在今天的用途有限，至少在揭示艺术在人类文化和思想中的作用方面。

正如生物学中达尔文进化论在 19 世纪的单线文化进化论中得到共鸣一样，20 世纪早期欧美艺术界出现的现代主义运动很可能对随后的艺术人类学研究产生了影响。当博厄斯和他的学生们正在记录被认为即将消失的文化细节的这一时期，布罗尼斯拉夫·马林诺夫斯基（Bronislaw Malinowski）、拉德克利夫-布朗（A. R. Radcliffe-Brown）等学者在欧洲提出了社会文化的功能主义范式。功能主义者的关注点在于理解传统的习俗和信仰如何组织起来形成统一的社会整

---

① Franz Boas, *Primitive Art*, New York: Dover, 1955; 1st ed.Oslo: Aschehoug, 1927.

体秩序，以及特定的实践如何促成了这一整合。20 世纪现代主义艺术的中心假设是，对艺术的最高观念就是艺术至上主义（为艺术而艺术），将艺术看作宗教、意识形态甚或表征服务的想法肯定是堕落的。也许因为这一观念在 20 世纪上半叶的欧美知识界占了统治地位，以至于当时那些朝气蓬勃的功能主义者很少花时间思考艺术的功能。

不过，对艺术和美学的跨文化研究兴趣在 20 世纪 60 年代得以复苏，有些学者开始用功能主义视角来研究艺术。比如，罗伊·西贝尔（Roy Sieber）的“面具作为社会控制的媒介”和《非洲艺术与领导才能》[①] 中的论文都反映了一种日益增强的意识，即尽管有现代主义艺术原则，艺术能够在人类生活中发挥着重要作用。西贝尔是个艺术史学家，他很明智地认为非洲艺术是“为生活而艺术”而非“为艺术而艺术”。[②]

正由于对于人类文化的精神维度越来越感兴趣，才出现了人类学家对非西方艺术的众多新研究和著作。1971 年出版了《人类学与艺术：跨文化美学读物》[夏洛蒂·M. 奥登（Charlotte M. Otten）编][③]、《原始社会的艺术与美学：评论文集》[卡罗尔·F. 乔普林（Carol F. Jopling）编][④]。每本书中都有 24 篇重要的论文，涉及从描述性的和考古学的（如 Frank Willett 讨论了尼日利亚的早期雕塑传统）到社会文化的[如厄娜·甘瑟（Erna Gunther）的“西北海岸印第安人艺术”]内容，但都特别强调艺术的认知、象征和哲学维度[如约翰·费舍尔（John L. Fischer）的“作为文化认知地图的艺术风格”和詹姆斯·W. 费尔南德斯（James W. Fernandez）的“论非洲芳人美学中的对立与生命活力原则”]。到 20 世纪 80 年代中期，人类学家们出版了三部关于这一领域的

---

① Fraser, Douglas, and Herbert M. Cole, eds., *African Art and leadership*, Madison: University of Wisconsin Press, 1972.

② Roy Sieber, Masks as Agents of Social Control, *African Studies Bulletin*, Vol.5, No. 11, 1962, pp.8–13.

③ Charlotte M. Otten, ed., *Anthropology and Art: Readings in Cross-Cultural Aesthetics*, Garden City, NY: Natural History Press, 1971.

④ Carol F. Jopling, ed., *Art and Aesthetics in Primitive Societies*, New York: Dutton, 1971.

全面综合研究著作[①]，每一部著作都试图总结迄今为止关于非西方艺术的最重要的发现，论题涉及艺术家、风格传统、象征主义和艺术的功能。

这一时期另一个重要的发展是，以前相互分离的独立学科之间发生了越来越多的互动关系。比如，类似丹尼斯·达顿（Denis Dutton）和唐纳德·基恩（Donald Keene）这样的哲学家也开始研究非西方艺术和美学。

二、审美经验

跨学科之间积极对话的一个成果就是，学者们对于美学的比较研究兴趣日浓，即本土艺术哲学，以及这些理论与西方既有的理论之间的关系的研究。

一个根本的争议在于，"art"（艺术）一词，连同它背负的西方文化行囊，是否可以用于非西方民族的表现性文化。对某些学者来说，答案是否定的。在他们看来，一个最主要的原因是世界上的许多语言中，并没有一个词汇能够直接翻译为英文"art"。鉴于这一事实，雅克·马凯（Jacques Maquet）将"art"（艺术）等同为"aesthetic experience"（审美经验），即将某件物品当作一件艺术作品（在正常合拍的人身上以及正确的情景中）进行欣赏领会时所获得的与众不同的心理状态，而非以认知的、实用的或个人的眼光来看待它。据此推理，如果人们将某件物品视为实现重要目的的功利性手段，或者作为宗教和政治实践的一个附属品，或是商业世界的无用之物，人们就不是把它当作艺术来回应。正如马凯对艺术品的评论："被观看是它们恰当且仅有的用途。"[②] 他写道：

---

① Richard L. Anderson, *Art in Primitive Societies,* Englewood Cliffs, NJ: Prentice Hall, 1979. Richard L. Anderson, *Art in Small-Scale Societies*, 2nd, rev. ed. of *Art in Primitive Societies* (originally published 1979) , Englewood Cliffs, NJ: Prentice Hall, 1989. Evelyn Payne Hatcher, *Art as Culture: An Introduction to the Anthropology of Art*, 1st ed. published 1985,Westport, CT: Bergin & Garvey,1999. Robert Layton, *The Anthropology of Art*, 2nd ed. 1st ed. published 1981, New York: Cambridge University Press,1991.

② Jacques Maquet, *The Aesthetic Experience: An anthroplogist looks at the visual arts*, New Haven, CT and London: Yale University Press,1986, p.26.

“审美对象激发完全无功利的想象。”[①]

利用这一“艺术”定义，马凯得出结论说，世界上大多数社会很少有或没有艺术，他认为，在当代城市情境之外，人工制品大多是为了功利性目的而制作的，只是增加了几个（如果有的话）非功利性特征而已。他写道：“对于那些制作它们的人来说，我们称之为‘原始艺术’的物品不是艺术，他们能否制作除了视觉享受之外没有其他用途的其他物品？是的，但这样的物品很少而且无关紧要。”[②]

马凯的观点反映了现代主义的形式主义审美观，即，艺术作品的形式维度是很重要的；他的著作对于检验形式主义在非西方艺术适用性的限度方面很有价值。甚至可以认为，由于当代西方人成长于艺术的形式主义思维盛行的环境中，马凯明确地做了我们都想做的事情，即给予艺术引发的超越体验以特殊地位。在这种体验中，让人们对艺术作品倾心的，不是它的技术、社会或经济价值，而是它非凡的独一无二的形式。

三、非西方审美体系

从哲学家莫里斯·韦茨（Morris Weitz）[③]的一篇较有影响的文章中，可以找到对于非西方艺术和艺术哲学的研究很是有用的一种方法。韦茨指出，虽然许多有智慧有思想的人试图确定“艺术”的唯一而明确的特性，但这些努力没有一个能够经得起时间的考验。因此，韦茨认为艺术不应是具有唯一特性和“封闭”的，他提出了一种“开放的”艺术定义，这一定义包含了几个特性，他

① Jacques Maquet, *The Aesthetic Experience: An Anthroplogist Looks at the Visual Arts*, New Haven, CT and London: Yale University Press,1986, p.33.

② Jacques Maquet, *The Aesthetic Experience: An Anthroplogist Looks at the Visual Arts*, New Haven, CT and London: Yale University Press,1986, p.66.

③ Morris Weitz, “The role of theory in aesthetics” , in *Aesthetic Inquiry: Essays on Art Criticism & the Philosophy of Art,* ed. Monroe C. Beardsley and Herbert M. Schueller, Belmont, CA: Dickenson, 1967, pp.3–11. Originally published in *Journal of Aesthetics and Art Criticism,* Vol.15, 1956, pp. 27–35.

称之识别标准（recognition criteria），通常与大多数或所有特定时间和地点中的“艺术”相关事物发生联系。在我的一本名为《卡莉欧碧的姐妹：艺术哲学比较研究》[①] 的著作中，我将韦茨的识别标准稍作修改，将艺术定义为“精巧地编码于有美感而动人的媒介上的、重要的文化意义”。[②] 这是一个极为宽泛的定义，因为“重要的文化意义”既可以存在于神圣领域，也可能存在于世俗领域；艺术家非凡的（与他或她的同伴相比）“技艺”可以是人工的，也可以是概念上的或想象中的；对艺术的可能的“美感而动人的”反应，包括从纯生理的到完全心理；艺术赖以生产的“媒介”包括视觉、表演和文学活动。这一定义不仅反映了大多数西方人对于他们认为能称之为“艺术”的大多数物品的想法，而且同样很好地符合了西方之外的人们对于自己文化中某些独特物品（那些被认为独特的、能够归入某种区别于其他事物的有名字或无名字类别的物品）的看法。[③]

关于许多文化中没有与英文“art”相对应的词汇这样的东西，应当注意到，许多文化中也没有能够直接翻译为英文单词“kinship”（亲属关系）和“language”（语言）的词汇。毋庸讳言，这些文化不仅有着亲属关系和语言系统，而且其成员还意识到亲属与非亲属、语言与非语言之间的区别。类似的，即使在既没有专业美学家也没有明确的艺术哲学的文化中，对它们的物质文化和知识文化的研究表明，在艺术的根本性质、艺术在人类事务中的作用以及用以区分好的艺术与不太好的艺术 [④] 的标准等方面，这些文化都有着可以识别的观念。某些例子可以论证这一重要观点。

---

① Richard L. Anderson, *Calliope's Sisters: A comparative Study of Philosophies of Art*, 2nd, rev. ed. 1st ed., published 1990, Upper Saddle River, NJ: Prentice Hall, 2004, p.277.

② 虽然马凯（连同其他几个人）特别看重被称作“审美经验”的心理模式，但这一品质却没有出现在我提议的艺术定义中。原因有二：其一，虽然某些人可能认为在自己有着审美体验时能够很明确地察觉到，但审美经验的超越性和转瞬即逝的性质，使得我们不可能足够明确地定义这种经验，以使得某人能够在他人尤其是其他文化中的人有这种经验时能够察觉得到。其二，通常被西方人或其他认为是艺术的物品很少能够激发纯正的“审美经验”。（Anderson 1989：14–16）

③ Cf. Cynthia Freeland, *But is it Art?* Oxford: Oxford University Press, 1992. Ellen Dissanayake, *Homo Aesthe-ticus: Where Art Comes From and Why*, New York: Free Press, etc., 2001.

④ Cf. Richard L. Anderson, *Calliope's Sisters: A Comparative Study of Philosophies of Art*, 2nd, rev. ed. 1st ed., published 1990, Upper Saddle River, NJ: Prentice Hall,2004.

四、非西方美学的三个案例

传统上，北美北极圈内的许多因纽特人群落用若干媒介制作艺术品。虽然大多数男人雕刻象牙之类的物品，但只有为数不多的雕刻技艺被得以公认。有些用象牙雕刻成了玩具，另外还有做成护身符的，这些护身符赋予其拥有者以独特的能力。有些群落中的女人用文身装饰身体，经常把自己装饰得赏心悦目，有时是希望为自己和孩子保障一个好的将来。音乐和舞蹈也受到因纽特人的重视和喜爱，尤其是在漫长、寒冷和黑暗的冬季月份。因此传统的因纽特人已经认识到艺术对于他们生活的重要性。

因纽特人重视艺术，不仅仅因为艺术能给他们带来物质利益，他们还把艺术看作各种彼此分离、截然不同的超自然世界、人类世界和自然世界相互联系的一种方式和手段。比如，在19世纪的一个因纽特人的故事中，乌鸦作为一个神物遇见了亚当。当看见亚当时，乌鸦“耸起翅膀，挺起角喙，就像一个面具，一直挺到头顶，马上变成了一个男人”[①]。乌鸦用黏土塑造了一个人形，“当这一塑像在它手里变干，乌鸦在它上面轻轻挥动翅膀……出现了一个漂亮的女人，站在亚当旁边”[②]。因此，通过拿掉艺术品即面具，乌鸦将没有生命的泥土变成一个有生命的女人。这类艺术变形的主题在因纽特民族志的其他地方也出现过：在因纽特人的审美范式中，艺术使得自然界、人类和超自然力量之间能够交流和沟通。[③]

园耕社会（horticultural society）也有审美体系，而且常常比像因纽特这样的狩猎采集社会更为明显和复杂。比如，生活在西非的2500万约鲁巴人，长久以来一直将那些为各种重要的舞蹈仪式雕刻面具的人（称作 gbenegbena）与

---

① Edward Nelson, *The Eskimo about Bering Strait,* Washington, DC: 18th Annual Report–Bureau of American Ethnology,1899.

② Edward Nelson, *The Eskimo about Bering Strait,* Washington, DC: 18th Annual Report–Bureau of American Ethnology, 1899, p.454.

③ Cf. Richard L. Anderson, *Calliope's Sisters: A Comparative Study of Philosophies of Art*, 2nd, rev. ed. 1st ed., published 1990, Upper Saddle River, NJ: Prentice Hall, 2004, pp.50–52.

那些雕刻如研钵这样实用日常用品的人（称为 gbegibegi）区分开来（Bascom 1973：64）。约鲁巴语言中包含了诸如 didón（闪亮的光芒）等约鲁巴评论家用以讨论雕刻木人优缺点的单字构成的词汇，这些评论家虽然从其他工作中赚取生计，但他们对艺术的敏锐洞察力却被广为认可。① 某些学者，其中有些是约鲁巴人，阐释了其中的审美内涵。② 这一思想体系涉及了艺术与美、艺术与善，以及尘世中短暂的艺术与精神领域中永恒艺术之间的关系等问题。

最后，西方传统之外的复杂社会有着自己独特的美学思想。中美洲兴盛于西班牙统治之前一个半世纪的阿兹特克帝国，其统治者为当时社会的精英阶层，这一少数群体被称作哲人（tlamatinime），也就是我们现在所称的哲学家。有一首诗这样描述哲人阶层：

> 他是方向，其他人的真正导师……
> 他是真理的老师，从不停止反驳……
> 他为人们举起一面镜子……
> 他让人们警觉和明智……
> 他的光芒照耀世界……③

---

① Robert Farris Thompson, "An aesthetic of the cool: West African dance", *African Forum,* Vol.2, No.2, pp.85–102, 1966. Robert Farris Thompson, "Esthetics in traditional Africa", *Art News*, Vol.66, No. 9, pp.44–45, 63–68, 1968. Robert Farris Thompson, "Yoruba artistic criticism", in *The Traditional Artist in African Societies,* ed. Warren L. d' Azevedo, Bloomington: Indiana University Press, 1973, pp.19–61. Robert Farris Thompson, *African Art in Motion: Icon and Act in the Collection of Katherine Coryton White*, Berkeley: University of California Press, 1974.

② Rowland Abiodun, "Verbal and visual metaphors: Mythical allusion in yoruba ritualistic art of Orí", *Word & Image,* Vol.3, No. 3, pp.252–270, 1987. Babatunde Lawal, Some aspects of Yoruba aesthetics, *British Journal of Aesthetics* Vol.14, No. 3, pp.239–249, 1974. Robert Farris Thompson, *Black Gods and Kings*, Los Angeles: UCLA Museum of Ethnic Arts, 1971. Anderson, Richard L. *Calliope's Sisters: A Comparative Study of Philosophies of Art*, 2nd, rev. ed. 1st ed., published 1990, Upper Saddle River, NJ: Prentice Hall, 2004, pp.138–63.

③ Miguel León-Portilla, "Philosophy in ancient Mexico," in *Archaeology of Northern Mesoamerica,* ed., Gordon F. Ekholm and Ignacio Bernal, Vol. 10 of *Handbook of Middle American Indians,* ed. Robert Wauchope. Austin: University of Texas Press, 1971, p. 448.

像西方的哲学家一样，阿兹特克哲人也探索关于艺术的问题。阿兹特克流行宗教的中心信仰是世界将会被创造和毁灭五次，已经发生过四次这样的毁灭，第五次即最后一次毁灭即将来临。最终的大灾难是不可阻挡的，但人们广泛地相信仪式惯例，尤其那些涉及血祭的仪式，至少能够延迟世界末日的来临。然而，那些善于思索的哲人提出了另外的观念。他们认为，这个世界的万物注定要毁灭，如其中一位哲人写的“玉石粉碎，鸟羽飘零”，唯一能够永恒的就是艺术，他们将艺术富有诗意地当作“鲜花和歌唱”。

艺术何以具有神奇的力量能够永恒存在？有些哲人简单地认为，总有一天会毁灭这一世界的众神可能会暂时被艺术“收买”；另有一些哲人认为，虽然艺术品的物质实体的生命可能是短暂的，但它的抽象本质和永恒精神会继续存在。还有哲人认为，当人们完全沉浸在艺术中时，时间会停止；如果时间停止，未来以及万物的灾难性终结就不会靠近，这的确是很深远的洞察。

上述三个关于非西方社会美学体系的简要描述并不能准确地反映它们所在的文化。每种文化的艺术观念都比本文描述的要复杂得多，而将这些观念应用到真实的艺术实践本身就是一个复杂的主题。然而，这些信息的确会引导出关于一般美学的几个结论，其他民族志案例也能够证实这些结论的正确性：

——审美原则，即为艺术生产提供概念基础的抽象观念，似乎都构成每种文化的一部分。

——艺术哲学因不同的社会而有很大差异。比如，在某些地方，似乎更强调艺术的潜在精神维度；而在另外一些地方，艺术在世俗领域发挥更大的作用。然而这些差异并不遵循任何简单的模式：某些小型社会和复杂社会都强调前者，而另外一些小型社会和复杂社会则更加重视后者。

——虽然在美学体系的内容方面不存在明显的跨文化模式，但这些体系的结构似乎常常有着规律性的差异。复杂社会的美学体系常常更加显性和微妙，并常是小批专家的领地；而大多数小规模社会的艺术哲学相对不那么复杂和微妙（这儿必须强调“相对”一词，因为上述三个品质在一定程度上也出现于小规模社会中）。[1]

——艺术远远不是文化蛋糕上的非实用糖霜，它在每个社会中都表达了重要的意义。因纽特人的艺术观念提供了自然、人类和超自然之间的联系，阿兹特克人的信仰中认为通过给上帝提供“鲜花和歌唱”（艺术）能够延迟不可避免的世界末日的来临。

——艺术家非凡的技艺，制作艺术品所使用媒介的美感品质，以及艺术生产和艺术源起的地域和时代所特有的风格，都对审美生产发挥影响和作用，因此，这些也就值得我们在世界艺术研究中加以关注。

——最后，上述美学信息能够帮助人们理解和欣赏来自其他文化的艺术作品。没有什么能够阻止人们只是将来自异域的艺术品当作一个现成品来做出回应，这是将自身的文化和情绪投射到其上的罗夏克模式。毋庸讳言，每个人都不可避免地对每件艺术品有着自己独特的反应和感受，但上述美学信息只会大大拓宽这种反应。

五、最新进展

20世纪90年代，关于非西方艺术和美学体系的文献增多了，但这一流行的趋势分成了两条不平衡的路径。对非西方文化的人类学研究一直保持着描述性和经验主义传统，依然有限地持续存在，正如关于澳大利亚土著艺术的长篇巨著《牛津土著艺术文化指南》就是覆盖面很广的一个范例。这一学科的成熟度也在詹妮特·C. 贝罗和露丝·B. 菲利普斯（Janet C. Berlo and Ruth B. Phillips, 1998）的艺术史著作《北美土著艺术》中表现得非常明显。

然而，正如我们所注意到的，艺术研究不可避免地反映了周边的学术趋势。到1990年，后现代运动已成为第二个更大的学术研究方向的渊源，其中

① Cf. Richard L. Anderson, *Calliope's Sisters: A Comparative Study of Philosophies of Art*, 2nd, rev. ed. 1st ed., published 1990, Upper Saddle River, NJ: Prentice Hall, 2004, pp. 255–276.

较少探讨真实的艺术作品或与那些真实的制作者对话。相应地，后现代运动更多地研究这一学科本身以及学者们所采纳的理论框架。“art”和“aesthetics”（“艺术”与“美学”）等词汇是否适用于非西方的文化这一古老的问题被再次提起。而且，这一学科的名称过去曾经、现在依然在全面地进行争论，其中有不同的叫法，如“世界艺术研究”、“世界美学”、“跨文化美学”（transcultural aesthetics）、“文化间美学”（intercultural aesthetics）等，各自有着不同的边界和侧重点（关于这些术语的详细讨论，参见范丹姆 2006）。[①]

经验主义者和后现代主义者之间的激烈争论在 20 世纪 90 年代达到白热化，到 21 世纪初开始降温。现在看来，我们似乎可以从这两个范式中采撷最有利的信息，以便能够打造一个有着经验主义基础但又能高度意识到其中的政治和主观维度是重要而不可或缺的学科（或交叉学科）。

后现代分析家有效地消除了存在纯净、本真、且不受外界影响沾染的社会这一权宜构想，同时，他们也引入了挑战，即试图理解在一个全球化和技术手段使得时空大为压缩的后殖民世界中人们的生活和相互关系。

六、展望：全球舞台上的非西方艺术

迎接艺术和美学的这一挑战的方法之一就是看看我们印象中的传统社会在今天都发生了哪些变化。经过研究发现，类似“文化残杀”这样肤浅的观点被证明是过于简单化的。让我们仔细思考一下上文简要描述其美学系统的三个群落。

北美洲北极圈内的因纽特人依然有着与众不同的文化，并继续生产着与众

① Wilfried Van Damme, “World aesthetics: Biology, culture, and reflection”, in *Compression vs. Expression: Containing and Explaining the World's art,* ed., John Onians, 153–187, Williamstown, MA: Clark Art Institute, 2006.

不同的艺术，但这儿的文化和艺术与过去有着很大的差异。[①] 在阿拉斯加，自从19世纪末的淘金潮给他们带来大量的游客和财富以来，因纽特雕刻师们一直在雕刻工艺品并销售给外来游客。有些工艺品是西方人工制品的象牙翻版，如克里比奇牌戏计分板曾一度在诺姆市很是流行。但是，就艺术和艺术观念的全球性流动来说，福神像（billikin）更引人关注。这一形象本来是堪萨斯市学校的一位教师于1908年发明（事实上获取了专利）的，被称为“万物之神”，这个丰满如佛一样的形象被选作1909年的阿拉斯加—育空—太平洋博览会的标志。很快，因纽特雕刻师们就制造出成百上千的小牙雕福神像。虽然传统的因纽特艺术比较保守，在过去的漫漫岁月里，其艺术风格变化非常缓慢，但20世纪的阿拉斯加雕刻师们在福神像方面显示出相当显著的创造力，他们生产出各种富有想象力的令人眼花缭乱的形象，比如带有乳房的石磨人偶。[②] 福神像的创新也表现为其他方式：这个大概受东方文化启示而出现的形象又重新回到了东方。结果，在日本，人们可以买到福神像冰激凌，在大阪的神社对着一英尺高的福神像许愿，或观看1996年发行的喜剧电影*Birrikin*，电影中的主要角色有着能够让人们实现愿望的神力。

正如在阿拉斯加——加拿大的北极地区也有着预料不到的艺术发展。到20世纪20年代，加拿大工艺品协会和哈德逊湾公司一直在推广和营销因纽特人制作的象牙工具和人形模型。1948年，加拿大艺术家詹姆斯·休斯顿（James Houston）鼓励哈里森港口（现在的伊努朱瓦克）的人们用皂石雕刻人物，这种材质容易找到，比海象的长牙柔软。最后，休斯顿还在多塞特角的因纽特人社区引入了版画复制、蜡纸、凹雕艺术、平版印刷。这两项创新的结果是给因纽特人的艺术生产带来了革命。正如在阿拉斯加，加拿大中部的因纽特人在他们的新材质上表现出很强的创造力，他们的努力在南方市场上获得了回报，使

---

① Cf. Richard L. Anderson, *Calliope' s Sisters: A Comparative Study of Philosophies of Art*, 2nd, rev. ed. 1st ed., published 1990, Upper Saddle River, NJ: Prentice Hall, 2004, pp.56–62.

② Dorothy Jean Ray, *Eskimo Art: Tradition and Innovation in North Alaska*, Seattle: University of Washington Press, 1977, p.45.

得艺术品的销售成为本来可能会被殖民经验破坏和掠夺的地区的最大单一收入来源。

虽然现代西方很喜欢指责市场对于非西方艺术的影响，但要切记两个因素。首先，很少有类似的批评针对那些挣得盆满钵满的西方艺术家；其次，正如因戈·赫塞尔（Ingo Hessel）指出的，艺术品的销售给因纽特人带来了收入，能使他们维持其他更加传统的生活方式，否则这些传统可能会很快消失掉。①

在很大程度上，因纽特人的“市场艺术”衍生自与他们的传统艺术所不同的一套审美价值。首先，当代因纽特艺术家比过去更加自觉地为他们的创造力和技法而感到自豪。同时，北极的艺术家将市场艺术看作表达因纽特身份的一个手段。当地居民们很高兴地说，每个进行艺术生产的社区都有着与相邻社区不同的风格。而且，因纽特人也很为他们的艺术品能有助于外人对他们的看法而感到自豪。因此，有位名为鲁比·昂纳纳克（Ruby Angrnanaaq）的贝克湖艺术家说道：“印刷和绘画是我们与南方人分享我们过去以及现代生活的思想的方式；这些是我们向其他世界传递的讯息。”②（应当注意，现在有些因纽特雕刻师成为更为严格意义上的“艺术家”：他们强调形式过于叙述式讯息，他们的雕塑和绘画在博物馆和艺术馆中展出并销售。）

关于西非，罗伯特·法利斯·汤姆森（Robert Farris Thompson）写道，曾经“随着奴隶贸易、内战和现代化，约鲁巴人的传统文化和宗教艺术似乎注定要消亡”③。幸运的是，正如汤姆森所说，约鲁巴人的艺术没有消失。首先，来到美洲的约鲁巴人也带来了自己的文化和艺术，这些文化和艺术很快与其他西非、中非以及西欧的文化融合起来，形成了独特的杂糅艺术形式。某些新的艺

① Ingo Hessel, Dieter Hessel (Photographer) and George Swinton, *Inuit Art: An Introduction*, New York: Harry N. Abrams, 1998.

② Harold Seidelman, JamesTurner, and George Swinton, *The Inuit Imagination: Arctic Myth and Sculpture*, Reprint, 1st ed., published 1994, Seattle: University of Washington Press, 2001.

③ Robert Farris Thompson, *Flash of the Spirit: African and Afro-American Art and Philosophy*, New York: Random House, 1983, p.16.

术形式，如伏都教（voodoo）的艺术[①]依然相对孤立，但其他艺术形式，如非洲艺术对于西方流行音乐的影响，不仅渗透到了西方，而且还散布到了世界其他地区。

同时，回到尼日利亚，许多约鲁巴艺术家将约鲁巴艺术和西方的艺术传统融合起来。其中最著名的是有个叫双胞胎七七（Twins Seven-Seven）的艺术家，他从在奥绍博镇会见了马巴利·马巴约（Mbari Mbayo）俱乐部的成员后开始绘画。奥绍博镇本身就是在全球各地很活跃的跨文化交流中的一个范例。虽然自20世纪中期奥绍博的传统艺术就已经消失，但这个镇上的确还有几处以19世纪返回尼日利亚的奴隶们带回西非的建筑风格造成的“巴西”或“圣萨尔瓦多”式样的房子。这些，加上奥绍博作为每年重要节日的举办地，吸引了奥地利画家苏珊娜·温格（Suzanne Wenger）于1950年搬到奥绍博学习约鲁巴诗歌和哲学。后来，在德国出生的乌利·贝尔（Ulli Beier）和他的英国艺术家妻子乔治娜·贝尔（Georgina Beier）也来到奥绍博。到20世纪60年代，这三个人组织成立了版画坊，他们的马巴利·马巴约俱乐部成了各种艺术活动的温床，培养出许多现在非常知名的约鲁巴艺术家，包括刚刚提到的双胞胎七七。[②]

对于阿兹特克人来说，他们关于世界末日的预言的确实现了，但不像阿兹特克法典预想的那样。然而，法典的内容在过去是正确的，因为如果说1521年以前的阿兹特克文化达到了永生，也主要是通过艺术实现的：著名的“太阳石”和栖身在仙人掌上嘴里衔着一条蛇的鹰的形象。二者对于阿兹特克人都有着重要意义，它们也许是今天墨西哥最著名的国家象征。与阿兹特克的认同也不是政治说辞。比如，当你参观墨西哥城的佐卡罗广场（zócalo），你会看见年轻人在表演阿兹特克舞，它们与历史上所能获得的原始资料所载一样准确。白

---

① Cf. Robert Farris Thompson, *Flash of the Spirit: African and Afro-American Art and Philosophy*, New York: Random House, 1983, pp.161-191.

② Cf. Jean Kennedy et al, *New Currents, Ancient Rivers: Contemporary African Artists in a Generation of Change*, Washington, DC: Smithsonian Institution Press, 1992, pp.58–86.

天，他们会身着阿兹特克服饰，腿上贝壳的咯咯脆响，给强有力的击鼓声增添了一种神秘的嗡嗡声的背景音，这些在阿诺奇提兰挖掘的遗址以及展示阿兹特克雕塑、羽毛马赛克和其他视觉艺术的博物馆都可以看得到。这些舞者们很乐意接受捐赠，游客们对他们很感兴趣，而大多数旁观者都是墨西哥游客。夜晚参观佐卡罗广场，你会发现更大的人群在跳舞，一方面是为了自娱自乐，另一方面也为了与他们的土著居民阿兹特克祖先发生联系。虽然大多数人在欢快地表演传统舞蹈时身着西式服装，但他们的舞蹈风格是阿兹特克的，腿上带着咯咯作响的贝壳。

阿兹特克艺术也以其他形式存留下来。迭戈·里维拉（Diego Rivera）、何塞·克莱门特·奥罗斯科（José Clemente Orozco）、大卫·阿尔法罗·西凯罗斯（David Alfaro Siqueiros）和墨西哥壁画运动（可以说是拉丁美洲历史上最重要的艺术运动）的其他成员，常常将西班牙统治之前的主题融入他们具有强烈政治情感的作品中。同时，现在的墨西哥食物，无论在墨西哥还是在美国以及其他许多国家都非常受欢迎，都模仿了中美洲土著烹饪法：玉米饼和玉米粉蒸肉、巧克力辣沙司和其他用洋葱做的辣调味汁，正如今天墨西哥食物一样，也是阿兹特克传统食物的特色。

但是，如果说阿兹特克艺术以某些形式生存下来的话，那么阿兹特克的“鲜花与歌唱”（艺术）美学似乎已经消失了，即使是在依然生活于墨西哥、操阿兹特克语的一百多万纳瓦尔特人之中。20世纪60年代对一个偏远的阿兹特克村落的调查研究表明，那儿的人非常珍视陶器，并不是因为它们可以作为礼物献给那些至少可能暂时拯救世界的诸神，而是因为它们精致的技艺，陶器上面的具象图案被认为描述了身体的健壮健康和耐力。

我认为，因纽特人、约鲁巴人和阿兹特克人是传统社会创造性地适应当代、后殖民和全球化世界的三个例子，它们对今天研究艺术和美学的人来说也是最令人振奋的挑战之一。对于这些变化中文化传统的经验性调查是远远不够的，这些调查常常使用其他研究中收集上来的物品。而且，如果数据不足，那么综合推理几乎是不可能的。[1] 这也许是人类学家长久以来对异域的他者比对融合了土著和外来因素的文化更感兴趣的结果；或许是因为，虽然“本真的”传统艺术的来源日渐稀少（因此艺术品本身也越是受到追捧），但市场艺术的数量继续激增，它们的新奇性使得它们不可能成为博物馆收藏和鉴赏家们的候选对象。

面对“世界艺术研究”的呼声，忽视市场艺术就是忽视了今天世界上生产的大多数艺术。在东亚美学研究方面非常知名的学者艾略特·多伊奇（Eliot Deutsch）曾经写道：“美学理论常常是自命不凡的……每个理论都只是与艺术的某种可能性有关，但不像它们所声称的与艺术（art）相关。”当非西方文化的艺术被纳入艺术界（一个非常合理的要求）时，这种情况表现得尤为明显。[2] 我认为，在 21 世纪，要求将市场艺术纳入世界艺术研究的视域同样是合理的，原因有二。

首先，市场艺术与传统艺术之间的界限充其量可以说是模糊的。一方面，市场艺术有着自身的传统和历史，有时它们的历史会回溯几百年之久；另一方面，传统艺术也会为了“市场”而制作，无论是要进行祖先祭拜仪式的成员委托制作的约鲁巴木质面具——他们在每年的舞蹈表演中需要使用新面具，还是众多文化中的艺术家制作的艺术品——因为某个来访的人类学家说他 / 她要购买或是用什么有价值的物品与它交换。当然，也有极端的情况，在我们视野的一端，有个因纽特父亲在雕刻一个玩具鱼叉供儿子玩耍；在另一端，墨西哥陶工辛苦劳作，挖掘、加工泥土，制成器皿，然后收集燃料烧制，所有这些都是因为他们唯一的收入来源是向外人出售陶器。但是在这两个极端之间，还有着

---

① See also Tyler Cowen, *Creative Destruction: How Globalization is Changing the World's Cultures*, Princeton, NJ: Princeton University Press, 2002. Nelson Graburn, “Ethnic and Tourist Arts Revisited,” in *Unpacking culture: Art and Culture in the Colonial and Post-colonial Worlds,* ed. Ruth Phillips and Christopher Steiner, Berkeley: University of California Press, 1999, pp.335–353. Timothy D. Taylor, *Global Pop: World Music, World Markets*, New York: Routledge, 1997.

② Eliot Deutsch, *Studies in Comparative Aesthetics*, *Monographs of the Society for Asian and Comparative Philosophy 2*, Honolulu: University Press of Hawaii, 1975, x–xi.

许多不同的动机，其中任何一个都不能被斥为不重要或索然无味。

而且，对于他们的艺术品，市场艺术的制作者们常常不仅仅只会说“我想卖掉它”。几十年来，大多数纳瓦霍编制用品都是提供给纳瓦霍保留区之外的地区。但是，正如盖里·威瑟斯彭[①]的详细研究所表明的，纳瓦霍编制用品的创作有着复杂而微妙的哲学视野。类似地，在本人的研究中，我也发现美国的流行艺术有着能够辨别的、多样性的和持久的美学原则体系基础[②]。

其次，另一个要增强关注全球舞台上市场艺术的理由是，有着太多的有意义的和重要的问题值得探索。其中有：

——艺术与其他文化力量的相互关系，其中最重要的关系似乎是政府 / 政治、经济 / 技术和文化认同之间的关系。

——当一种文化受到另一种文化的影响时，会发生变化。文化中的某些元素可能被摒弃，另一些可能被原封不动地采纳。然而，更为常见的（我认为是更有意义或引人注目的）是那些导致产生杂糅艺术的例子，杂糅艺术类似但并不复制它们的文化传统，其中会接纳某些外来的元素，但这种接受只有在这些元素经历了能够使得它们与接受文化相匹配的某些变化之后才会发生。如此重新阐释的结果可能是短暂存在的，但常常会在新的归宿中以新的和持久的身份出现。

——关于“本真性”概念的争论是不可避免的。正如达顿[③]所表明的，确定一件艺术品“本真”与否的程度，无论从这一词汇的任何一个可信的意义来讲，都不是件容易的事情。

——在经济和政治全球化讨论中经常被提起的两个问题也与艺术的全球性

---

① Gary Witherspoon, *Language and art in the Navajo universe*, Ann Arbor: University of Michigan Press, 1977. Gary Witherspoon, “Self-expression and self-esteem in Navajo Weaving”, *Plateau*, volume 52, No.4, 1981, pp.29–32. Gary Witherspoon and Glen Peterson, *Dynamic Symmetry and Holistic Asymmetry in Navajo and Western Art and Cosmology*, New York: Peter Lang, 1995.

② Richard L. Anderson, *American Muse: Anthropological Excursions into Art and Aesthetics*, Upper Saddle River, NJ: Prentice Hall, 2000.

③ Denis Dutton, “Authenticity in art”, in Jerrold Levinson ed., *The Oxford Handbook of Aesthetics*, New York: Oxford University Press, 2003, pp.258–274.

互动相关。首先，随着技术使得当下的时空变得越来越小，今天艺术变化的方式从性质上与过去有什么不同？其次，随着时间的推移，世界上的艺术正在变得日益同质化还是异质化？虽然人们普遍认为是前者，但考恩指出，尽管不同文化之间的差异越来越小，但任何特定文化中的人生（艺术）选择的多样性却一直在增加。

七、结论

在过去一百多年里，对于艺术的系统性和跨文化研究取得了很大进展。目前，关于这一话题我们有了更多的讯息，也有着关于这些讯息的更多思考方式。但艺术在不断地发生变化，而且现在变化的速度比以往任何时候都要迅速。引发的结果是，摆在我们面前的是一个巨大而令人兴奋的挑战，即描述和理解全世界正在出现的众多艺术和艺术理论。

（原文载于《民族艺术》2014 年第 6 期）

美学人类学：一种跨文化的方法[①]

[美] 罗素·沙曼 / 文、孙文刚 / 译

像一曲未终止的交响乐一样，文化从来都不是一件完善的艺术作品。它的表现力需要人们不断地重新创造，而它的增值就源自这个创造的过程。[②]

引　言

尽管越来越多的人类学者认识到美学在文化分析方面的作用[③]，但是美学——尤其是与日常生活直接相关的美学——几乎很少出现在社会分析中。它与从共同的、可观察的认知过程中移除出去的主观的、定性的感官活动相联系，这使得它已经被社会科学探究排除在外。这种立场忽视了审美经验的现象

① 本文经作者和原发表期刊授权，译自 Russell Sharman,The Anthropology of Aesthetics:A Cross-Cultural Approach. *JASO*, 28/2,1997, pp.177-192.

② David M.Guss, *To Weave and Sing:Art,Symbol, and Narrative in the South American Rain Forest*, Berkeley:University of California Press.1989. p.67.

③ See Jeremy Coote and Anthony Shelton (eds.) , *Anthropology Art and Aesthetics*, Oxford: Clarendon Press,1992; David M.Guss,*To Weave and Sing:Art,Symbol, and Narrative in the South American Rain Forest*, Berkeley:University of California Press 1989; Howard Morphy, *Ancestral Connections:Art and an Aboriginal System of Knowledge*,Chicago:University of Chicago Press1991.;Howard Morphy, "From Dull to Brilliant:The Aesthetics of Spiritual Power among the Yolngu" , in Coote and Shelton (eds.) , *Anthropology Art and Aesthetics*, Oxford: Clarendon Press, 1992 pp.181-208; Jeremy Coote, "'Marvels of Everyday Vision' :The Anthropology of Aesthetics and the Cattle Keeping Nilotes" , in Coote and Shelton (eds.) ,*Anthropology Art and Aesthetics*, Oxford: Clarendon Press，1992 pp.245-273; Anthony Shelton, 'Predicates of Aesthetic Judgement:Ontology and Value in Huichol Material Representations' ,in Coote and Shelton (eds.) , *Anthropology Art and Aesthetics*, Oxford: Clarendon Press，1992 pp.209-244.

学方面，而支持了一种僵化的、康德式的审美无功利的美学观。在这篇论文中，我将对当代西方美学中的康德基础提出批评，试图为审美系统去建立一种人类学的模式，从而使西方读者在一个更具包容性的美学内涵下重新定位。为此，这篇论文的理论基础表现在两个方面：（1）美感是价值和经验之间的纽带；（2）审美表达是一种通过价值重组或转换的经验的再创造。

这里提出的美感概念把一种认知过程和大量记录的作为对经验的定性或情绪的反应整合在一起。同时，它还对西方的，尤其是休闲阶层在其特定的语境中提出的、作为世界历史中建构的众多美学系统之一的审美无功利态度的审美观念提出了普遍适用的批评。

审美表达的概念将创造性表达的积极的、过程化的方面和一个到目前为止仍主要集中于对孤立的表现性产品，或者“艺术客体”研究的分析性框架整合起来。同时它也确定了一种理论化的审美系统，作为对结构或实践困境的一种潜在答案，也就是说，如何将创造性实践和结构模式整合起来。

一、重新界定美感

美感是连接价值和客体或事件等感性经验的纽带。这一美感观念源自鲍姆加登对希腊观念的系统阐述[①]及康德的《第一批判》[②]，这两者都涉及定性感知的认知过程。此处提出的概念指的是一种包含形式和功能的价值关联的跨文化系统。

亚历山大·鲍姆加登（Alexander Baumgarten）在1750年最初使用“aestheticae”这一术语时，主要指的是一种“感觉的科学”，即“一种在从感觉上认识事物

---

① Alexander Gottlieb Baumgarten, *Reflections on Poetry:Alexander Gottlieb Baumgarten' s Meditationes philosophicae de nonnullis ad poema pertinentibus* (transl.Karl Aschenbrenner and William B.Holther) ,Berkeley:University of California Press.1954 (1735) .

② Immanuel Kant, *Critique of Pure Reason* (transl. J.M.D.Meiklejohn;Everyman' s Library 909) , London: Dent, 1934 (1787) .

时，能够指导低级的感知能力科学”[1]。鲍姆加登把美学看作哲学的一种补充，而哲学与理性认知事物有关，因此各种感觉被排除了。在各种感觉的低级认知能力的作用和影响下，鲍姆加登强调美学在任何对真理的哲学追求中的重要性。

鲍姆加登的美学吸收了古希腊人关于与无形的或只能被思考的事物不同的物质世界理解的观念。这并不意味着要把感官知觉从认知能力中排除出去；事实上它要依赖感觉去建立理解。康德（Kant）委婉地在他的《纯粹理性批判》一书的开始就得出这一结论。康德把“直觉”或感性定义为认识和客体直接发生联系的一种方式。观念产生于思想之中，而一切思想在某种程度上和直觉联系在一起。[2] 通过这种方式，认知在本质上和直觉经验紧密相连。乔治·米尔斯（George Mills）巧妙地论证了定性的感官知觉和认知之间的关系：“经验像一条河，河的一岸是认知的，另一岸则是定性的，只谈认知经验或定性经验就如同认为河只有一岸一样，都是不正确的。”[3] 如果大脑的认知能力没能把一些价值附加于经验，那么就不可能有定性的感官知觉。

从认知或定性意义上来说，美感是普遍的，尽管对于客体和事件的定性回应必然会带有既定社会环境的色彩。依靠语境，一种审美反应可能由“一把椅子完美的功能用途，一个朴素的想法，或一种解决问题的优雅”[4] 等引起，更不用说一张祈祷毯子的功效或马蒂斯（Matisse）绘画中颜色的特殊使用。然而，这种普遍性从文化上讲仍是具有可变性的，它使得一个审美体系的观念在社会

---

① Alexander Gottlieb Baumgarten, *Reflections on Poetry:Alexander Gottlieb Baumgarten' s Meditationes philosophicae de nonnullis ad poema pertinentibus*（transl.Karl Aschenbrenner and William B.Holther）,Berkeley:University of California Press, 1954（1735）, p.78.

② Immanuel Kant,*Critique of Pure Reason*（transl. J.M.D.Meiklejohn;Everyman' s Library 909）, London:Dent, 1934（1787）, p.41.

③ George Mills, “Art:An Introduction to Qualitative Anthropology” ,in Charlotte M.Otten（ed.）, *Anthropology and Art:Readings in Cross-Cutural Aesthetics*（Texas Press Sourcebooks in Anthropology）, Austin, TX:University of Texas Press,1971（1957）, pp.85-86.

④ Howard Morphy, “From Dull to Brilliant:The Aesthetics of Spiritual Power among the Yolngu” , in Coote and Shelton（eds.）, *Anthropology Art and Aesthetics*, Oxford: Clarendon Press, 1992, p.181.

形成的人类学模式的发展中尤其有用。

在他的第三批评——《判断力批判》[①] 中，康德建构了一个最早的和最有洞察力特征的文化特殊的审美体系。康德声称一个对象被认为是美的，观者必须完全超然于任何关于对象的实用考虑之外。这种美学观可能被认为是西方精英社会的观点；因而，就其本身而言，康德的讨论为一种文化的美学观点提供了一个有用的分析。遗憾的是，康德所陈述的文化上特殊的美感观念的哲学权力已使其他很多学者认为"美学"在任何西方之外的语境中不适用。[②] 然而，这种论点取决于两个有关美学的误解（部分来自康德的第三批判），即判断力的关键性用途是西方独有的，以及有关形式功能的评价是非西方独有的。

判断力是西方关于艺术成果的唯一的修饰语，这种看法排除了审美判断在非西方语境中可比较运用的可能性。反对这种看法的明显论据是这种极其相似的审美判断的观念在大型的、具有社会等级的亚洲社会被发现。此刻我意在论证在不同的非西方语境中判断的用途，在这里，"非西方"指的是各种小型的、非国家性质的社会。

基于这种典型的反对将美学作为一个跨文化分类的论点，非西方的表达形式往往和日常文化活动有着密切的联系，在那里每个社会成员都是一个"艺术家"，所有文化产品都不因他们自己的权利而被判断为"美的"或"丑的"[③]。哈里·R. 西尔韦（Harry R.Silvel）针对加纳阿桑特人和他们的雕刻品为我们提供了一个记录翔实的在非西方环境中运用审美判断的例子。西尔韦把当时不断增

---

① Immanuel Kant, *Critique of Judgement*（transl.James Creed Meredith）,Oxford:Clarendon Press, 1952（1790）.

② See Joanna Overing, "Against the Motion（1）",in James A.Weiner（ed.）, *Aesthetics is a Cross-Cultural Category: A Debate Held in the Muriel Stott Centre, John Rylands University Library of Manchester,on 30th October 1993*, Manchester: Group for Debates in Anthropological Theory, Department of Social Anthropology, University of Manchester, 1994, pp.9-16; Alfred Gell, On Coote' s "Marvels of Everyday Vision", *Social Analysis*, No. 38, 1995, pp.18-31.

③ Joanna Overing, "Against the Motion（1）", in James A.Weiner（ed.）, *Aesthetics is a Cross-Cultural Category: A Debate Held in the Muriel Stott Centre, John Rylands University Library of Manchester,on 30th October 1993*, Manchester: Group for Debates in Anthropological Theory, Department of Social Anthropology, University of Manchester, 1994, pp.9-16.

长的阿桑特雕刻市场描述成一个欣欣向荣的逐渐壮大旅游产业的产物。[①]阿桑特人为了西方的市场而雕刻，并且以此市场来制定审美决策，和那些利用西方审美判断观念的艺术品相比，阿桑特的雕刻坚持着一种手工艺的等级制度。此外，雕刻师也不把自己制作出来的每件产品都看作美的。阿桑特人自有其一定的“评判”审美表达的标准。从其他文化传统中借用的满足旅游者要求的风格被认为是“概念上费解的，丑陋无比的，或明显惊世骇俗的”[②]。他们认为那些体现“阿桑特人真实审美”的雕刻品要比任何艺术创造都要好。阿桑特人讨厌西方消费者所欣赏的那些风格，由此证明存在着一种不同于西方的本土审美（an indigenous aesthetic），而类似的判断力的使用被看作美的条件。

另一个非西方环境的审美判断的例子可在霍华德·墨菲（Howard Morphy）记录的澳大利亚东北部阿纳姆地的雍古族树皮画家那里找到。[③]虽然审美在雍古族创造树皮画方面起着一个重要的功能（在某些情况下，甚至这些对象本身就不是要拿去展示的），但一位“艺术家”的成功还是依赖于那些左右他或她的审美判断。霍华德·墨菲描述了一种实例，即一幅树皮画遭到了一些正在观看它制造过程的 Djinang 人的抵制。据墨菲的理解，“抵制的理由是清楚的：这个图形太像一只鳄鱼，一种伊尔里加（yirritja）地区的物种”[④]。技术娴熟的画师并没能足够准确地描绘正确的 Djinang 地区的物种——蜥蜴，因此这幅画受到了抵制。

这些例子表明，非西方人会对对象的附着价值作审美判断，并不是因它的社会或精神功用才关注美的评价。难道这不能证明有关形式的价值功能是非西方传统的独有特征吗？难道没有非西方组织出于他自身的原因将价值与对象或

---

① Harry R. Silvel, Beauty and the “I” of the Beholder: Identity,Aesthetics, and Social Change among the Ashanti, *Journal of Anthropological Research*,Vol.xxxv, No.2, 1979, pp.191-207.

② Harry R. Silvel, Beauty and the “I” of the Beholder: Identity,Aesthetics, and Social Change among the Ashanti, *Journal of Anthropological Research*,Vol.xxxv, No.2, 1979, p.200.

③ Howard Morphy,*Ancestral Connections:Art and an Aboriginal System of Knowledge*,Chicago:University of Chicago Press, 1991.

④ Howard Morphy, *Ancestral Connections:Art and an Aboriginal System of Knowledge*,Chicago:University of Chicago Press, 1991, p.158.

事件联系起来的例子吗？这些问题的答案是值得讨论的，但这种潜在的假设促使他们去思考。正如上述的民族志例子所暗示的，在非西方的语境中，美的观念几乎与康德的鉴赏无功利无关，而直接与社会或仪式实践相连。在非西方语境中，一位艺术家的成功对一种特殊媒介的创造性使用的依赖往往小于他或她对有效显示其文化世界观能力的依赖。因此，对于大多数非西方的民族来说，美的观念与社会或精神功用密不可分。然而，即使在西方语境中，美"本身"也很少能离开功用。不仅非西方的美的鉴赏把实用有效作为一种审美反应，而且在很多方面类似于西方审美鉴赏，这种西方的审美鉴赏与其说对艺术对象的功能方面不是那么关心，还不如说它对其评价如何在社会中被接受感兴趣。现在我们必须把分析转向考查这个命题，即形式的价值功能是否只限于非西方社会。

皮埃尔·布迪厄（Pierre Bourdieu）在《区隔：品位判断的社会批判》（以下简称《区隔》）[①] 中动摇了康德美学观点的普适性，他通常所说的作品涉及法国社会的趣味和等级区别。布迪厄证明无功利的鉴赏既不是普遍的，甚至也不是整个西方的，而是一个习惯于享受可支配时间和资源的精英阶层的存在的产物。对于布迪厄来说，西方的劳动阶层，或任何有等级的国家和社会，他们看待每一件事都根据它的功能，然而仍然能觉察出美。布迪厄写道："超然，无功利，淡漠——这些审美理论被频繁提出以至于把它们作为认识艺术作品的唯一方式，对于艺术作品到底是什么……人们最终忘记它们真正意味着抽离、超然、淡漠，换句话说，拒绝自我投入和严肃对待事物。"[②] 对于那些不习惯去支配时间和资源的人来说，生存都没有被理所应当地予以考虑，每一句话、思想或行动都需要自我的投入。这种投入或依赖并不会使美感成为不可能，实际上它指出了一个可供选择的审美体系的存在，这个体系由依赖对象和事件价值的

---

① Pierre Bourdieu, *Distinction:A Social Critique of the Judgement of Taste*（transl.Richard Nice）, London:Routledge & Kegan Paul, 1984（1979）.

② Pierre Bourdieu, *Distinction:A Social Critique of the Judgement of Taste*（transl.Richard Nice）, London:Routledge & Kegan Paul, 1984（1979）.p.34.

劳动阶层用一种根本不同于精英阶层的方式建构。在现代法国社会，至少有两种同时运作的审美体系，它们用相互排斥的方式依赖价值，但是两种都是理解周围世界的有效方式。

康德认为功利主义的考虑毁坏了审美经验，无功利鉴赏的观念在西方以外的小型的、非国家的社会中是找不到的；根据布迪厄的研究，在西方的某些阶层中也没发现有这种观念。因此，康德式的审美似乎受限于一个大型的国家社会的精英阶层，受限于解释它在东方大型社会出现的事实。康德的判断力批判和激发它的审美经验，是他自己作为一个知识精英设计的适用于自己的经验的产物，和欧洲其他很多哲学一样，它符合一定的世界通则。然而，即使接受康德的观念具有有限的适用性，但也并不能否认这种论点，即“审美”这一术语只涉及康德的无功利的观念，因此它不能被应用于跨文化，或者说得更明白些，不能被应用于跨等级上。但是单就康德的无功利鉴赏的概念在各阶层或文化的应用而言，这一论点可能还有一些功绩。

然而，在有些非西方的例子中也能看到“西方”倾向的存在。以养牛为业的南苏丹尼罗特人（Nilotes）就提供了一个有益的例证。关于丁卡人（Dinka），杰里米·库特（Jeremy Coote）描述了一个对于养牛人来说共同的困境：究竟是饲养一只显眼的小牛犊作为种牛还是阉割它用于公开表演。[①]这个例子说明在非西方语境中，形式和功能之间有着重要的冲突。在这里，丁卡人操控了一种介乎于哪一个漂亮和哪一个实用之间的审美区隔，这与西方形成了对照。这并不是说一个被留作种牛的小牛犊看起来不漂亮，而是说那个纯粹根据视觉外观专供特殊用途的牛是一种与丁卡养牛人和西方艺术收藏家相似的分类。

在他对库特论文的批评中，阿尔弗雷德·盖尔（Alfred Gell）确信丁卡年轻人更关心的是拥有显眼的奶牛所给予他们的社会区别，而不是奶牛所具有的

① Jeremy Coote, “‘Marvels of Everyday Vision’:The Anthropology of Aesthetics and the Cattle Keeping Nilotes”, in Coote and Shelton (eds.), *Anthropology Art and Aesthetics*, Oxford: Clarendon Press, 1992, p.252.

任何内在的与黑白标记结构相关的美。[①] 在这个意义上，似乎是对一个显眼的小牛犊的无功利鉴赏促进了它的表演，这实际上是另一个非西方的未能将功能与形式割裂的例子。毫无疑问，盖尔的论点是建立在阅读布迪厄在《区隔》中讨论的基础上，更不用说对西方精英社会中作为社会决策者的艺术角色的日常观察。

对西方精英在社会使用上的趣味所做的一项彻底的调查出现在索尔斯坦·凡勃伦（Thorstein Bunde Veblen）的《有闲阶级论》[②] 中。如果康德的审美在任何语境都存在，那么它也肯定在这里存在。凡勃伦描述了围绕金钱竞争的工业社会精英所有的活动——相对于其他人，精英阶层出现的连续的财富增长。当积累的财富使劳动和有效消费不必要时，荣誉就被赋予，因此休闲和浪费成为精英社会地位的标志。在这种语境中，一种作为财富和休闲标志的美的观念就在社会中建构起来。换句话说，美的对象“浪费地和病态地适用于它们表面的用途”[③]。正如在康德的构想中，有闲阶级成员在移除其实用语境的对象上感知美。

凡勃伦用两只勺子的观照作为例子[④]，一只是手工制作的银勺子，另一只是机器制造的铝勺子。手工锻造的银勺子可能比普通的、机器制的铝勺子能提供更多的审美愉悦。因为前者更贵重，包含更复杂生产过程，但在可用性上并没有任何明显的增加。然而，如果仔细观察，我们就发现这只所谓的手工锻造的银勺子在现实中仅是一只十分精巧的手工制品的赝品，只因为一只赝品制作得如此巧妙以至于给人留下同样的线和面的印象，使用者从这个审美对象的观照中所产生的愉悦可能会立刻下降。

这把仿制的勺子，制作起来更便宜，也更容易购买到。它之所以失去了作

---

① Alfred Gell,On Coote's "Marvels of Everyday Vision", *Social Analysis*,No.38,1995, pp.23-24.

② Thorstein Veblen, *The Theory of the Leisure* Class（Dover Thrift Editions）,New York:Dover, 1994（1899）.

③ Thorstein Veblen, *The Theory of the Leisure Class*（Dover Thrift Editions）,New York:Dover, 1994（1899）.p.78.

④ Thorstein Veblen,*The Theory of the Leisure* Class（Dover Thrift Editions）,New York:Dover,1994（1899）.

为美的对象的价值，是因为它比一只真正的手工制作的勺子更实用。在更实用的同时它也减少了浪费，因此有闲阶级成员认为它缺少作为美的价值。这种对勺子之美的定性评价依赖于对它的鉴赏而不考虑它的实际用途，这并不是因为审美判断中某种“纯粹”的观念，而是因为这些阶级地位的保持依赖于炫耀性的浪费和放弃劳动，而这些正是有闲阶级社会身份的普遍标志。凡勃伦解释说：“炫耀性浪费的要求是一种约束规范，这种规范选择性地形成和维持着我们对于美的感觉，影响着我们对可被合法证明的美和不能被合法证明的美的区分。”[①] 这种对对象的无功利的鉴赏建立在有闲阶级审美体系的基础上，但是仅仅在谈及对象的可用性上讲求“无功利”，并不针对观察者的态度。有闲阶级对审美经验的社会效用极感兴趣。

康德在《判断力批判》中提出的审美模式引发了很多有关审美观照的有价值的探究，但是它为民族志研究留下了大量可试验却不切实际的理论。美感的功利方面其表现是跨文化和跨阶级的，这种审美体系的要素和这种定性评判一种独立审美经验的能力一样必要。丁卡展示奶牛的社会功用并没贬低对奶牛经验的审美附加值。事实上，它是丁卡人审美体系中一个必要的方面。在丁卡，法国的劳动阶级或工业的有闲阶级中有“一种不言而喻的感觉互惠”[②]，无论审美经验的是一只显眼的小牛犊、一杯廉价的啤酒，还是一只手工制作的勺子，这种互惠都来自经验的价值附加。

康德开始在他的第一批判中终结了对美感的讨论：这是对象或事件经验的附加值。这也是一个有关定性评价的认知过程，像认知被社会化一样，美感也是社会建构的，因此将其作为人类学探究的领域是切实可行的。审美体系“使一种经验方式具体化”[③]，用其直观即时性弥合了理性的、物质对象的经验世界

① Thorstein Veblen,1994（1899），*The Theory of the Leisure Class*（Dover Thrift Editions），New York:Dover, p.79.

② Terry Eagleton, *The Ideology of the Aesthetic*,Oxford:Basil Blackwell, 1990, p.75.

③ Clifford Geertz, *Local knowledge:Further Essays in Interpretive Anthropology*,New York:Basic Books, 1983, p.99.

和非理性的、主观的经验世界。对于墨西哥西北部的维乔人（huichol）来说，美与清晰相近，这“不仅指的是他们对客观环境的感受，而且指他们对潜在的感性现象本质的认知和理解”[①]。如果社会科学希望把握社会形成的复杂多变的过程，那么它必须学习维乔人如何去掌握客观物质世界和体现在美感中的共同主观经验的强力影响。

二、重新界定审美表达

审美表达是人类对经验的再创造，这一创造要借助美感的重构或变形所产生的附加价值。审美表达贯穿整个创造性的过程，其不仅包括作为创造性产物的艺术对象或事件，而且包括文化语境和制作过程。创造性作品由表现形式制作出来，并不断地在艺术表现的体制化场所和日常活动的世俗领域进行文化形式的重组。这样，审美表达体现了跨越静态社会结构和动态人类实践间理论鸿沟的文化生产的修补（bricolage）。

西方以及专注于艺术对象的人类学学者，已经将心思转向一个更有用的对于审美表达的关注。美学和“艺术”观念的融合不仅导致了美学作为上述批判的概念限制，而且也导致了作为西方文化静态的“纯艺术”范畴从属的美学观念的颠倒。

在西方审美中有一个“艺术”的范畴，它涉及对象或事件的某一形式特质的附加价值，它保留价值却忽略了语境。在西方人的眼里，特洛布里安（Trobriand）群岛的独木舟船头的一块甲板被认为是一个“艺术”对象，无论人们认为它是通过与库拉交换的冲浪方式切割而成，还是通过博物馆天花板悬挂切割而成，对于它的审美鉴赏并不依赖其文化语境。伴随“艺术”作为一种

---

① Anthony Shelton, “Predicates of Aesthetic Judgement:Ontology and Value in Huichol Material Representations” ,in Coote and Shelton（eds.）, *Anthropology Art and Aesthetics*, Oxford: Clarendon Press,1992, p.237.

跨文化范畴而来的问题是其本身的特殊的西方内涵终结了。西方的艺术物品，无论它是意大利的壁画还是杜尚的小便池都被孤立地观察和评价。从非西方文化提取的各种物品在语境方面同样受到孤立的评价，并且因此而被纳入西方审美中。

孤立地专注于艺术，已经将西方普遍的审美形式概念局限于那些主要的视觉形式。这在很大程度上是由于现实中需要移植非西方审美形式以便去影响西方的读者，这导致人们对像雕塑和绘画这样的艺术对象的重视。库特（Coote）恰当地指出，这样的重视低估了诗歌、舞蹈和其他艺术[①]，也排除了语境在任何创造性产品的审美经验中的重要性。几乎任何一个创造性产品都不能从一个特殊环境中孤立出来予以经验。正如安东尼·西格尔（Anthony Seeger）所论述的，如果要孤立地研究音乐，那么研究者就会与视觉、感觉和嗅觉要素的审美经验失之交臂。[②]在某种意义上，音乐就脱离了物质和文化的语境。审美表达包含着创造性过程的每一个方面，把对象和事件置于特殊的审美环境中，这对其意味深长的经验来说至关重要。

艺术是对象和事件的一种定性范畴，而美学则是把一个像“艺术”这样的特殊文化范畴纳入其全部价值附加体系进行融合的评价过程。艺术是西方审美中一种重要的但非常独特的方面。事实上很多语言似乎都缺乏一个可翻译为“艺术”的词，这说明了其非常独有的特征。雅克·马凯（Jacques Maquet）建议任何一般性的美学研究必须从一个词语中有“艺术”一词的社会开始，但是这却在“我族中心主义”的角度限制了审美表达对艺术的理解。[③]

正如西方所认识的，他者文化的审美体系中并没有给西方所理解的“艺术”这一术语留下空间，因为他们的表达形式不同；但是这并不表示他们缺少

---

① Jeremy Coote, “‘Marvels of Everyday Vision’:The Anthropology of Aesthetics and the Cattle Keeping Nilotes”, in Coote and Shelton（eds.）,*Anthropology Art and Aesthetics*, Oxford: Clarendon Press,1992, p.246.

② Anthony Seeger, “Music and Dance”, in Tim Ingold（ed.）,*Companion Encyclopedia of Anthropology*, London:Routledge,1994, pp.686-705.

③ Jacques Maquet,*The Aesthetic Experience:An Anthropologist Looks at the Visual Arts*, New Haven,CT: Yale University Press,1986, p.10.

审美。一位居住在英格兰的来自厄立特里亚（Eritrea）库纳马族（Kunama）的朋友最近与我交谈了她对于圣诞节期间许多商店出售精心制作的饰品的看法。这种在装饰性物品上投入大量精力的观念对于她来说是异质的，因为数年的战争几乎没给库纳马留下什么物质文化遗产。因此，库纳马审美以表演为中心。她还热情洋溢地描述了葬礼上表演的老年舞者，那位舞者已经完全沉浸在生命体验中和人们用高跟鞋一连好几天敲打地面作为舞蹈节奏的声音中。简单的一杯咖啡变成一种包含三小时的用合适材料挑选、烘烤和酿豆的审美表达，这种精细的制作流程并不亚于圣诞节饰品的加工。

美学和艺术的观念融合不仅限制了美学作为一种西方的范畴，而且它还掩盖了探寻表达过程的美学潜力。例如，因纽特人重视形式表达的过程，尤其是雕塑，他们常常很少关心对象本身。[①] 正如很多作家所写的那样，为了关注微小的雕塑，因纽特人经常放弃通过生产过程从灌输意义中孤立出来的偶像崇拜的对象。美学人类学首先关注表达过程，产品事宜的重要性低于其生产。艺术作品只是一个行为，或一种表达行动。美学人类学既关注艺术作品，又关注其他的以特定文化的方式诉诸感官表达的生产过程。因此，美学“提供给我们一个有效的、跨文化的、部分包含‘艺术’的探究领域，但并不贬低后者的历史和文化特殊性”[②]。

作为生产过程的体现，审美表达是一个文化转型的动态部分。文化形式和那些形式所承载意义的不断变迁，已成功地规避了在人类互动中探索具体模式的复杂社会理论。诸如克利福德·格尔兹（Clifford Geertz）[③]，马歇尔·萨林

---

① Edmund Carpenter, [Unitled comment on] “Method of Studying Ethnological Art” by Herta Haselberger, *Current Anthropology* ,Vol.II, No.4, 1961.pp.361-363.

② Jeremy Coote, “The Anthropology of Aesthetics and the Dangers of ‘Maquet-centism’ ” , *JASO*,Vol.XX, No.3,1989, p.232.

③ Clifford Geertz,*The Interpretation of Cultures:Selected Essays*,New York:Basic Book; 1973, Clifford Geertz, *Local knowledge:Further Essays in Interpretive Anthropology*,New York:Basic Books,1983.

斯（Marshall Sahlins）[①]，玛丽莲·斯特拉森（Marilyn Strathern）[②]和皮埃尔·布迪厄（Pierre Bourdieu）[③]等学者已经接受了社会理论和实践相结合的挑战。格尔兹的“深描”（thick description）试图通过翔实的民族志描述来揭示文化的“意义之网”的复杂性，从而去避免解释模式的纠缠。萨林斯的历史视角告诉他用社会结构过程的描述可以随着时间的推移以动态的方式再现意义。斯特拉森认为人们互动是因情况而异的和不断再生产的，“局部的联系”致使社会结构灵活多变，有时甚至非常脆弱。布迪厄谈到了社会策略，文化成员有多种选择来决定行动过程。这样，行动就可以预期而不是预测，这仍然有相当大的操作和解释空间。

审美表达的分析必须建立在这些作品和其他注重创造实践和社会理论结合的作者的基础上。审美分析是一种文化生产的现象学过程，在此过程中，一个概念的修补被用来证明一个物质现实用一种结构的和动态的方式来生产意义。列维－斯特劳斯（Lévi-Strauss）把修补（bricolage）的概念当作其文化生产观点的一个隐喻。[④]修补匠（the bricoleur）是一种众业兼通的灵巧手艺人——代表着本土或地方，他是社会意义的生产者。当生产者试图表达意义时，可供其选择的工具和物品是有限的，因此他们在意义生产中的操作空间也非常有限。这些要素被“预先限制”，因为每一种要素都代表关于时间经验的一个方面。作为文化生产者，修补匠只有有限的用于象征的对象和事件，它们对于这个组织的所有成员都具有意义。

尽管列维－斯特劳斯的修补的概念是抽象的，但是审美表达却用一种人们

---

① Marshall Sahlins,*Islands of History*（Social Science Publications 363）,London:Tavistock.1987（1985）.

② Marilyn Strathern,*Partial Connections*（Association for Social Anthropology in Oceania:ASAO Special Publications,No.3）,Savage,MD:Rowman&Little-field,1991.

③ Pierre Bourdieu,*Outline of a Theory of Practice*（transl.Richard Nice;Cambridge Studies in Social and Cultural Anthropology,No.16）,Cambridge:Cambridge University Press, 1977, 1972; Pierre Bourdieu, *The Logic of Practice*（transl.Richard Nice）,Cambridge:Polity Press, 1990, 1980.

④ Claude Lévi-Strauss, *The Savage Mind*,Chicago:University of Chicago Press, 1966.

可以互动和操作的方式使经验具体化。[①] 进一步说，表达形式中的意义结构不仅指涉具有社会意义的经验，而且它们自身就是维系价值的有意义的经验。审美表达这种既是能指又是所指的双重角色在修补匠的处理中扩大了指示物的集合，从而也增加了可能的意义结构。阿兰·P. 梅里安姆（Alan P.Merriam）对这个过程做了简明扼要的总结，他认为“关涉艺术的有四重组织模式：观念，导致的行为，产生的结果，反过来反馈这个观念”[②]。这样，“艺术体系……既能产生新的意义或合乎语境的表达意义的方式，也能隐藏旧的意义和联系”[③]。人们创造文化，不是用一种静态的法则体系和可预测的行动，而是用一种动态的过程，在这一过程中，可能的意义结构在审美表达中连续增加。

把物质语境中的实践加入列维－斯特劳斯的修补概念，这允许人们在调和强调一个预先限制活动的潜在社会结构的麻烦时保留它的优雅。尽管修补匠处理有限的形象和符号中限制了可能一致的意义结构，但是它并没有限制某个特定选择的生产。参与审美表达的创造性生产暗含着米尔斯所说的“风格”，即“来自人类经验的要素选择和其在新结构中的重排”[④]。在这种文化生产理论化中，“物质社会的世界被艺术家（即每个人）改变，同时艺术家也被物质社会的世界改变”[⑤]。讲某种语言的人受限于表达一种能被听着理解的思想所用的可能的词语安排，但这并不意味着相同思想的表达每次只能用相同的方式。侧重审美表达的文化理论为在许多有关社会结构的文献中缺失的人类能动

---

① Clifford Geertz, *Local knowledge:Further Essays in Interpretive Anthropology*,New York:Basic Books, 1983, p.99.

② Alan Merriam, “The Arts and Anthropology” ,in Charlotte M.Otten（ed.）, *Anthropology and Art:Readings in Cross-Cutural Aesthetics*（Texas Press Sourcebooks in Anthropology）, Austin, TX:University of Texas Press, 1971（1964）, p.98.

③ Howard Morphy, *Ancestral Connections:Art and an Aboriginal System of Knowledge*,Chicago:University of Chicago Press, 1991, p.141.

④ George Mills, “Art:An Introduction to Qualitative Anthropology” ,in Charlotte M.Otten（ed.）, *Anthropology and Art:Readings in Cross-Cutural Aesthetics*（Texas Press Sourcebooks in Anthropology）, Austin, TX:University of Texas Press, 1971（1957）, p.72.

⑤ Toni Flores Fratto, “Undefining Art:Irrelevant Categorization in the Anthropology of Aesthetics” , *Dialectical Anthropology*,Vol.III,No.2, 1978, p.136.

性（human agency）提供了空间，也对给予人类制造的创造性选择以形式的可识别的结构模式做了阐释。

戴维·盖斯（David M.Guss）关于委内瑞拉叶库纳人（Yekuana of Venezuela）的研究为我们提供了一个特别富有洞察力的文化审美表达作为经验再造的例子[①]，在这个例子中，价值被重构或转化，甚至在那些以其文化实践的长久永续而自豪的叶库纳人中，意义的转化通过审美表达而发生，当审美表达用创造性的和动态的方式转化目前一套集体指示物时，它就重构了面向过去的有意义的附件。

很多叶库纳人的日常活动以与神秘过去和祖先冒险的联系为中心。讲故事在叶库纳人中并不像在许多文化中那样是一种体制化的言语活动；当然，所有活动都满载祖先神话的方方面面。正如盖斯所描述的，“讲一个故事……是编织一个竹篮，就像去制造一只独木舟，去准备多花薯蓣（barbasco），去建造房屋，去清理公园，去生育，去死”[②]。无论是编织的，雕刻的还是修饰的，神话叙述中的创造性都与技术的掌握而不是创新或改变相关，因为重构附载祖先经验的价值才是至关重要的。

随着世界人群的不断涌入，叶库纳人必须用一种创造性的方式去处理这些新的经验和联系，以便重构这种卓越的祖先经验。要达到这种目的，其中的一个方式是通过叙述把周围的景物合并到瓦纳迪（Wanadi）——这位叶库纳文化中从宇宙中心而来的英雄的神秘飞行中。随着叶库纳人对于外部世界体验的增加，神话中的瓦纳迪所遭遇的地理特征和文化群体也不断增加。因此，“围绕西班牙人到来的历史事件，伴随着他们引进的新技术，被重新解释为叶库纳人富有意义的符号语言”[③]。这样，当符号与随着时间而改变的经验关联时，祖先

---

① David M.Guss, *To Weave and Sing:Art,Symbol, and Narrative in the South American Rain Forest*, Berkeley:University of California Press,1989.

② David M.Guss, *To Weave and Sing:Art,Symbol, and Narrative in the South American Rain Forest*, Berkeley:University of California Press,1989, p.4.

③ David M.Guss, *To Weave and Sing:Art,Symbol, and Narrative in the South American Rain Forest*, Berkeley:University of California Press,1989, p.60.

的卓越经验就被重构。盖斯解释说：“无休止地操作这些（符号）的能力保证了文化继续作为一种动态的可处理新信息和观念的思想模式。”[①]神话讲述中所运用的表达形式唤起与某些体验相关的意义，并以一种动态的方式将其整合，重构了叶库纳人的价值。

在重构某种价值时，叶库纳人使用的另一种转化意义的审美表达方式是通过修饰或空间布置使人和事物社会化。物品、人甚至历史（正如上述所描述的）必须接受被当作明显的叶库纳人的文化印记。在一个叶库纳人的家里，妇女被象征性地认为位于男人之下，即远离中心。这种安排在家庭之外的花园里被完全转换。[②]在新花园创建相关的仪式中，叶库纳人表现出男女权力的倒置以便“人化”自然和确保建成一个多产的花园。在三天中，人们歌唱、跳舞和畅饮，搬进花园之前，妇女们替代了男人，在家庭中居于核心地位。这让妇女们能够成功地“开垦”土地，耕作清理土壤。在种地转化成为叶库纳人生活中的一种有意义的部分时，音乐、舞蹈、食物和建筑皆被用作表达方式。审美表达中经验再造的观点，它通过操控维系集体经验的价值而重构或转换意义，这很适合萨林斯关于通过历史建构或再造社会结构的观点。萨林斯声称：“一种文化的变形是其再生产的一种模式。”[③]他还说：“文化的每一次再生产都是一种改变，在运转情况下，通过分类，当今世界被精心策划，从而获得了某些新颖的经验内容。”[④]叶库纳人与外部世界越来越多的联系已经迫使萨林斯所说的“符号的功能再评价”[⑤]以长期形成的一套影响审美表达内容的观念

---

① David M.Guss,*To Weave and Sing:Art,Symbol, and Narrative in the South American Rain Forest*, Berkeley:University of California Press,1989, p.61.

② David M.Guss,*To Weave and Sing:Art,Symbol, and Narrative in the South American Rain Forest*, Berkeley:University of California Press,1989, p.33.

③ Marshall Sahlins,*Islands of History*（Social Science Publications 363）,London:Tavistock.1987［1985］, p.138.

④ Marshall Sahlins,*Islands of History*（Social Science Publications 363）,London:Tavistock.1987［1985］, p.144.

⑤ Marshall Sahlins,*Islands of History*（Social Science Publications 363）,London:Tavistock.1987［1985］, p.149.

整合了新的体验。

如同修补匠们一样，人们通常通过一套熟悉的概念来建构对社会和物质世界有意义的情感。在盖斯对叶库纳人的美学分析中，他主要关注一些特殊的统一这些表达形式的审美观念。像“中心性”（centrality）和“野蛮 / 驯服”（wild/tame）等观念渗透在叶库纳人的审美体系中，并因此预示他们与另一些人和世界交流的方式。在一个审美体系中特殊的审美观念表现形式在其他语境中也会出现。库特用例子证明丁卡人如何在牛犊中发现令人满意的特质，像形成鲜明对比色和弯曲的犄角，在诸如珠宝、陶器、分支圣坛，甚至是舞蹈的表现形式中被重复使用。[①] 墨菲解释雍古族人的审美是如何建立在祖先权力的观念上的，这种权力与视觉辉煌相连，这种观念被通过交叉影线表现在绘画中，它旨在用某种亮度高的食物或可视的油脂提供一种闪烁的效果。[②] 在雍古族歌曲和诗歌中，这种交叉影线和光泽构成闪烁的辉煌，多脂的食物轮流被唤起。对于当代特立尼达拉岛（Trinidad），丹尼尔·米勒（Daniel Miller）把很多形式诸如起居室的构造和用途，蛋糕装饰中表现的“覆盖”“精巧”和“封闭”确定为特殊观念。[③] 在每一个特殊审美观念的例子中都可以看到综合了所有文化审美的表现。尽管文化生产的弥合显示在一种审美体系中，这些观念被拆分开，并重新与一种不断改变新世界的新理解联系在一起。

在文化生产的修补中，通过审美表达，意义以一种经验不断再生产的方式从触手可及的事物中构建出来。这可能限制意义构造的结构自身被不断地再生产，因为每一次新的体验都会导致其发生转变（transformation）。大约 60 年前肖恩·奥法奥兰（Sean O’Faolain）记述的爱尔兰的情况可以应用到任何文化

---

① Jeremy Coote, “‘Marvels of Everyday Vision’:The Anthropology of Aesthetics and the Cattle Keeping Nilotes”, in Coote and Shelton（eds.）, *Anthropology Art and Aesthetics*, Oxford: Clarendon Press, 1992, pp.245-273.

② Howard Morphy, “From Dull to Brilliant:The Aesthetics of Spiritual Power among the Yolngu”, in Coote and Shelton（eds.）, *Anthropology Art and Aesthetics*, Oxford: Clarendon Press, 1992, pp.181-208.

③ Daniel Miller, *Modernity:An Ethnographic Approach.Dualism and Mass Consumption in Trinidad*,Oxford: Berg, 1994.

语境："爱尔兰人是年轻的和真诚的。她知道荆棘丛生的某个地方，它忍受着这代人已尽力去达到的现实——不，请你注意，这个观念……我们正试探性地生存着。"[①] 这样，所有的文化参与者都在试探性地生存着，当他们费力处理现有世界的观念而提出某种相似意义时，他们就保留一种与过去的联系。

三、结论

这篇论文的目的是描画一个丰富的美学理论轮廓，而不是去概述当前主导社会科学和流行哲学的理论。正如上面所概括的，美学观念既是跨文化的和文化相对的，当把它们看作一个整体时，对于社会科学家来说，它就给社会文化过程提供了另一种依然无形的观察。这种社会化的过程，道德价值的生产，以及身份的建构都大量吸收了一种文化审美的方方面面。

特里·伊格尔顿（Terry Eagleton）把这种最终具有约束力的社会秩序的力量描述为"习惯，虔诚，情绪和感情"，并把这些力量的形成归因于审美经验。[②] 一种特殊文化语境中的审美经验必须通过社会化的过程予以过滤（filtered）。新入组织的成员不仅要熟悉该组织的交流方式，而且要了解其理解感官世界的方式。这样，才有为一个特殊组织所共有的审美倾向，从而在潜意识层面上建立一种社会联系（a social bond）。虽然这种联系无法用语言说清楚，但是对某些经验价值的每一种理解都能分享一定的经验。因此，文化成员倾向于通过政治和经济的手段在意识层面保持联系。

库特（Coote）探讨了"什么是道德上善的有望展示有价值的审美特质，以及什么样的展示有价值的审美特质才有望被认为是道德上善的"[③]。虽然期望

① Quoted in Michael Sheehy, *Is Ireland Dying? Culture and the Church in Modern Ireland*,London: Hollis & Carter, 1968, p.58.

② Terry Eagleton, *The Ideology of the Aesthetic*,Oxford:Basil Blackwell, 1990, p.20.

③ Jeremy Coote, "'Marvels of Everyday Vision' :The Anthropology of Aesthetics and the Cattle Keeping Nilotes" , in Coote and Shelton（eds.）,*Anthropology Art and Aesthetics*, Oxford: Clarendon Press, 1992, p.266.

并不总是令人满意，但是美学和道德之间的确有一种观念的联系。好与坏，或对与错的区别，来自延续审美体系的价值联系的同一过程。美属于那种诉诸社会化感觉的经验，它触发着无数个不同的深嵌于一种认识世界的文化方式的联想，因此，感觉到那些经验是对的和好的。美与道德间的联系建立在一个重要的审美体系的意识形态层面之上。如同意识形态一样，美学提供了一种从文化上认识世界的特殊方式，并且“为社会成员提供一种模式，基于这种模式他们可能（并暗示应该）建立他们的信仰，他们的行为和他们的特征”①。从文化角度讲，一种特定的审美体系是独立的，依赖于它的群体作为整体，就像伊格尔顿的“新主体”，能建立“一条与直接经验一致的法则”②。这种“全面的真实的‘是’”从其中发展出“富有强制力的‘应当’”③，把其存在归功于审美经验。不同于意识形态的是，一个审美体系不断通过群体的日常活动进行重组或变形，从而导致它的要求因人而异，因此很少受到统治精英操控。

身份的结构也取决于一种文化审美的集体认同，或一种认识世界的特殊方式。这种集体认同建立在一种全体成员维系价值的共享的历史经验之上。正如上面所指出的，伊格尔顿声称：“与专制主义的强制机构形成对照，这种最终的社会秩序的约束力将是习惯，虔诚，情绪和感情。”④这些“习惯，虔诚，情绪和感情”能自己成为某些强制机构的产物，像奴隶制，它给一群人们对于世界的感官知觉涂上颜色，因此他们用一种相似的方式认知和表达美。在雍古族中，审美表达沟通了族群关系和宗族联系。⑤同样，这些表达会相互融合或排斥从而建立族群身份的边界。

罗格·亚伯拉罕（Roger Abrahams）声称社会和审美形式间存在着一一对

① Toni Flores Fratto, “Art,Folklore,Bureaucracy and Ideology”, in *Dialectical Anthropology,* Vol., No.3/4, 1986, p.250.

② Terry Eagleton, *The Ideology of the Aesthetic*,Oxford:Basil Blackwell,1990, p.20.

③ Clifford Geertz, *The Interpretation of Cultures:Selected Essays*,New York:Basic Book, 1973, p.126.

④ Terry Eagleton, *The Ideology of the Aesthetic*,Oxford:Basil Blackwell,1990, p.20.

⑤ Howard Morphy, *Ancestral Connections:Art and an Aboriginal System of Knowledge*,Chicago:University of Chicago Press,1991.

应的关系。而不是把表达性事件看作附带的，“我们现在可以倾听我们的调查对象，他们一直在告诉我们正是在这些事件上，一个民族对自己描述得最充分，看待得最严肃（甚至当这个事件有趣地实现）”[①]。库特以及其他越来越多的人都支持这种观点，他们坚持认为“在其他所有因素都相同的情况下，世界上活动的人类对其审美满足最为重视”[②]。如果真是这样，那么社会化的过程、道德及上述形式身份只是大量确定的社会现象的一部分，通过对审美体系的分析可以更好地理解。本文旨在促进提高当前社会科学对审美分析作用的认识，从而推进其在社会研究中的实施。

（原文载于《民族艺术》2017 年第 5 期）

① Roger D. Abrahams, *The Man-of-Words in the West Indies:Performance and the Emergence of Creole Culture*（Johns Hopkins Studies in Atlantic History and Culture）,Baltimore,MD:The Johns Hopkins University Press,1983, p.xxiv.

② Jeremy Coote, "'Marvels of Everyday Vision'：The Anthropology of Aesthetics and the Cattle Keeping Nilotes", in Coote and Shelton（eds.）,*Anthropology Art and Aesthetics*, Oxford: Clarendon Press,1992, p.269.

雅克·马凯对审美人类学的总体建构

孙文刚

据荷兰当代审美人类学家范丹姆的研究，大约在19世纪末，德国哲学家、民族学家和艺术学家恩斯特·格罗塞就已提出了人类学和美学互动的设想，并发表了题为《人类学和美学》的文章。[①]之后，在20世纪20年代，人类学家弗农·布莱克（Vernon Blake）又积极主张学者们在研究非西方的田野工作时，要考虑到本土性的审美观念。[②]二战后的几十年里，美国人类学家、非洲和澳洲本土的人类学家对美国本土、大洋洲，尤其是非洲社会的审美观的研究更是蔚为大观。[③]尽管如此，从学科史角度来看，人类学和美学交叉以至最终形成"审美人类学"这门新的学科却是比较晚的。直到20世纪70年代，美国加州大学洛杉矶分校人类学系教授雅克·马凯（Jacques Maquet）才首次命名和定义这一学科，并对其进行了系统的建构。

---

① See Wilfried van Damme, "Ernst Grosse and the Birth of the Anthropology of Aesthetics", *Anthropos* Vol.107, No.2, 2012: pp.497-509; 中译版见《恩斯特·格罗塞和审美人类学的诞生》，李修建译，《民族艺术》2013年第4期。格罗塞的论文参见：Grosse, Ethnologie und Aesthetik,*Vierteljahrschrift für wissenschaftliche Philosophie*.15/4,1891，pp.392-417; 中译版见《人类学与美学》，和欢译、张浩军校，《民族艺术》2013年第4期。

② Vernon Blake, "The Aesthetic of Ashanti", in Robert Sutherland Rattray, *Religion and Art in Ashanti*, Oxford: Clarendon Press, 1927, p.344.

③ ［荷］范丹姆：《审美人类学：经验主义、语境主义和跨文化比较——范丹姆教授访谈录》，李修建译，《民族艺术》2013年第2期。

一、审美人类学的学科定位

西方近代以来，有关学术研究（或学科）的分类一般被认为包括三个分支：自然科学、社会科学和人文学科。然而，随着社会的发展和各种研究对象的相互交叉，学术研究中这种三分鼎立的局面日益模糊起来。审美人类学在今天是被当作一门独立的学科来对待的，但这门学科的属性人们往往并不清楚。面对这一复杂的问题，马凯在最初创立这一学科时提出了他自己的理解。归结起来，其主要意思有三个方面：1. 审美人类学是人类学发展中出现的分支学科，它是社会科学；2. 审美人类学关注人类审美现象和审美经验，它也是一种人文学科；3. 审美人类学是批判性知识。马凯认为，审美人类学正是在这种学科的相互交叉和边缘的领域建构起来的一门独特学科。①

（一）审美人类学是社会科学

人类学是整体性、综合性的社会科学。它以研究人及其文化的科学知识为最终目标。按照人类学家哈维兰（William A. Haviland）的理解，人类学可以划分为四个领域，即体质人类学和三个文化人类学的分支学科：考古学、语言人类学和民族学。体质人类学主要研究作为生物有机体的人类，而文化人类学主要研究作为文化创造者的人类。②就审美人类学来看，它所研究的艺术和审美现象都是人类社会的文化创造，因此，审美人类学研究应该遵守人类学社会科学研究的一般要求。这些要求是什么呢？马凯在 1964 年曾为纪念美国人类学家梅科维尔·赫斯科维茨（Melville J. Herskovits ）撰写过一篇名为《人类学中

---

① See Jacques Maquet, *The Aesthetic Experience:An Anthropology Looks at the Visual Arts*, New Haven:Yale University Press, 1986, p.243.

② 参见［美］威廉·A. 哈维兰《文化人类学》（第 10 版），瞿铁鹏、张钰译，上海社会科学院出版社 2006 年版，第 8 页。

的客观性研究》(*On "Objectivity in Anthropology"*)的文章。[①] 在这篇论文中，他认为，人类学和其他知识一样，主要研究各种社会文化现象，其最终目标是追求人类心智活动的客观性知识，即对研究对象的描述符合对象本身的知识。为了达到这一目标，人类学一般会采用三个连续的研究步骤：第一步，研究者进入田野，寻找事实性资料，即寻找与其研究对象或研究假说密切相关的各种田野资料；第二步，扩大观察范围，并将搜集到的各种事实性资料进行概括，将其综合成一般性的陈述；第三步，从描述性的概括中提取逻辑性推理，进行人类学理论的归纳。因此，审美人类学延续了作为社会科学的人类学所使用的一般研究范式，它需要做充分的田野资料的收集，并在此基础上经由观察——分析——理论三个步骤来展开研究。

（二）审美人类学也是人文学科

然而，审美人类学毕竟还是和一般的人类学研究有着一定的不同，这个不同就是这门学科还具有人文学科的特点。这主要表现在三个方面：第一，研究者所选的视角可能会有所不同。比如同样是给一所房子拍照，拍照者所选的放置相机的点可能会千差万别。如果考虑到这种研究视角的不同，那么这门学科的研究中就会增加很强的主观性。实际上，在审美人类学研究中，这种研究视角的主观性特点可能表现得更为突出，因为什么是艺术，什么是审美，如何评价一个东西是美还是丑等等，这些问题都是模糊的，有争议的。因此，审美人类学将艺术和审美等理解为一种“社会建构的现实”，我们的目的就是要去了解这种现实，并加以描述。第二，即使研究者所选的研究对象相同，但仍然难以免除这种研究中的主观性。在审美人类学研究中，我们所面对的人类的可观

---

① 梅科维尔·赫斯科维茨（Melville J. Herskovits，1895—1963），美国文化人类学代表人物，早年曾师从“美国人类学之父”——弗朗茨·博厄斯（Franz Boas,1858—1942），后任教于西北大学（芝加哥）人类学系，著有《人类及其创造》（1948）、《文化人类学》（1955）等书。1948 年赫斯科维茨在西北大学创立美国最早的非洲研究中心，在该中心非洲研究项目的资助下，马凯于 1956 年成为西北大学的人类学客座教授。1963 年赫斯科维茨去世，马凯撰写了这篇纪念文章，它是一组纪念文章中的第六篇，发表于《当代人类学》杂志（*Current Anthropology*, Vol.5, No.1, Feb.,1964, pp.47-55）。

察的行为，研究者需要对其潜在的意义进行解释，而这种解释与每个观察者所具有的人类学知识、知识技能、想象力、教育背景、直觉、洞察力等都有着联系，这种研究者主体介入，无疑会使审美人类学的研究具有一定的人文意味。第三，人类的艺术创作和审美活动等往往与价值观念、宗教信仰、符号和象征体系等密切相连，而这些都会涉及情感、意义、经验等心理和精神性内涵，因此，有很多时候审美现象的研究是无法经由外在的田野观察、数据分析等方法完成的。例如，像审美人类学研究的主题之一审美经验，它就是一种内在的现象，这些现象无法从外部进行观察，而应该透过经验法向内部观察。总之，审美人类学的研究绝不像自然科学家研究客观现象那么简单，这门由人来研究人的所作所为的学科，无论如何都具有一种人文学科的属性。

（三）审美人类学是批判性的知识

科学研究中由于人的主观性介入，是否会影响理论的科学性和有效性呢？西方的研究者很早就注意到了这个问题。如古尔德就曾指出："自然是客观的，而且自然是可知的，但是我们只能朦胧地通过眼睛看到她——而且遮蔽我们自己视力的许多云雾是我们自己制造的：社会文化的偏见，心理的偏好，智力的局限。"[①] 马凯对此问题则持乐观的态度。他认为社会科学研究中的这种人文学科的特色已经被注意到了，为了更好地使社会科学研究的结论尽量接近和客观对象的事实本身，西方社会已经建构了一种"批判性知识"的范式。

"批判性知识，是指在持续关注认知价值的每个步骤下所建立的知识。按照定义，学者们具有这种持续关注。为了在不同学术领域都能获得所能企及的最为确实的事实，他们使用明确的概念和可信赖的工具，他们小心谨慎地检查自己的观察，他们避免对研究结果做毫无根据的推断，他们的逻辑推理相当严

① 参见［美］威廉·A. 哈维兰《文化人类学》（第 10 版），瞿铁鹏、张钰译，上海社会科学院出版社 2006 年版，第 6 页。

谨。”[①] 批判性知识不同于“日常知识”。日常知识的获取通常无须求证，可以快速决定，而“批判性知识”这种研究通常的逻辑起点是理论，即一种经过仔细推敲的现实，之后是由理论衍生而来假设，最后再以经验观察的形式来检验。从理论到假设再到观察，这是批判性知识的三个步骤。批判性知识所建构的新的现实放入先前建构的系统中，通过这种不断循环的批判，人们所建构的知识就一步步接近对象的客观性，它的有效性也会变得越来越普遍。

对于马凯来说，他所要建构的审美人类学就是一种批判性的知识，它研究的起点是人们已建构的各种“艺术”的现实（如“原始艺术”、现代艺术和各种被认为的审美现象），然后从这些现有的人们建构的艺术品的观察中，建立一种科学的假说，然后通过跨文化的分析和观察，证明这种假说的正确性，从而对现有的艺术建构提出合理的补充，以此接近审美对象的真实。马凯的这种审美人类学的建构，正如有论者所评价的那样，他并不否认艺术的建构性，但不同于传统观念的是，他是要质疑和检讨西方艺术架构的一元论和“我族中心”。审美人类学要“避开如艺术史、哲学、实验心理学、精神医学、艺术市场这类专业团体的特殊化观点，将艺术建构于日常生活的现实之中”，将“艺术的建构权，交给生产或欣赏该艺术的特定文化的成员，而不是受西方影响的艺术专家”，然后“通过跨文化比较的宏观，解释不同文化里‘美感物品’（aesthetic object）的个人、人类与文化的面向”[②]。即从这里建构一种更加完善、更加包容的多元艺术和审美观念。

总之，马凯认为审美人类学是人类学的一种发展，但其也呈现出人文学科的特点，审美人类学就是要在现有的艺术和审美建构的基础上，通过人文学科的经验与社会科学的观察和跨文化研究，从而获得有关艺术和审美的批判性知识。

---

① Jacques Maquet, *The Aesthetic Experience:An Anthropology Looks at the Visual Arts*, New Haven:Yale University Press, 1986, p.243.

② 参见袁汝仪《文学人类学与艺术教育》，载黄壬来主编《艺术与人文教育》（上册），台湾桂冠图书股份有限公司 2002 年版，第 223—235 页。

二、审美人类学的研究内容

在对审美人类学这门学科的属性做了定位后，马凯接下来要对该学科的研究对象做些界定。实际上，在《审美人类学导论》一书的开篇，马凯就提出："审美人类学是运用人类学的方法来研究审美现象。"[①] 然而审美现象的范围何其广阔，内容何其丰富，审美人类学究竟研究的是它们的哪一个方面？或者说它们中哪些才能进入人类学的视野被予以研究呢？况且，在这门新的学科创立之前已有艺术史、艺术批评、心理学美学、哲学美学、社会学美学等研究艺术和审美现象的方法和学科，审美人类学学科在审美现象的研究上如何才能与上述学科的相关研究区分开来，而彰显出自己的特色？这是需要进一步讨论的问题。审美人类学的研究内容需要做更为具体的界定。

（一）人类学对艺术和审美现象研究的要求

格罗塞曾在《艺术的起源》中主张建立"艺术的科学"，它要求以"客观的科学研究和观察"作为基础，而不是以"飘忽无定的、主观的、在根据上同纯科学的要素完全异趣的想象做基础"的[②]，这就如同我们知道"一个自然的爱好者对于植物界美观的赞美，可以有极多的启发和兴味；可是无论如何，它不能代替植物学者的研究，同样，知道一个有才具的人对于艺术的主观见解，有时也是很有益，而且是很有趣的；可是无论如何我们不能不拒绝把它作为科学的建立和正确的知识。学术的主要原则，在乎无论什么时候，无论什么地方都没有什么歧义"[③]。马凯继承了格罗塞，甚至还可追溯至实验美学的鼻祖费希纳等前辈学者的观点，他所要建构的审美人类学首先是属于社会学科的人类学的分支，而且其最终要获得的是批判性的知识。因此他认为，为了使艺术和审美

---

① Jacques Maquet, *Introduction to Aesthetic Anthropology,* Malibu:Undena Publications, 1979, p.3.

② 参见［德］恩斯特·格罗塞《艺术的起源》，蔡慕晖译，商务印书馆 1984 年版，第 3 页。

③ 参见［德］恩斯特·格罗塞《艺术的起源》，蔡慕晖译，商务印书馆 1984 年版，第 3 页。

现象顺利进入人类学科学的研究程序，能够经得起人类学讨论的检验，必须首先对其做一些人类学的要求。这些要求马凯认为主要有两个：

第一，“因为人类学是实证的，所以审美现象必须要予以界定，以便其能在通常的人类学观察技术中被识别出来。而这些技术通常需要某些来自人类学家的解释”①。同时，“人类学的技术排除内省或心理分析，因此，当论及审美现象的定义时，我们心中所想的不是对其‘本质’或‘实在’做多少陈述，而是首先想到允许我们将其与其他现象区别开来的显著标准，但是这些标准必须和其‘本质’紧密联系”②。第二，“因为人类学是比较性的，所以定义的有效性不会受限于一种文明，或是一些同类文明（如有文字或无文字文化，工业或非工业社会）”③。人类学家“研究的现象应该具有潜在的普遍性”④，他们的视野应该涵盖任何人类集体的文化现象。因此，审美人类学的基本定义必须是跨文化的。

马凯对审美人类学的研究对象所做的这两点要求，我认为其意图主要有三个方面：第一，这种要求有助于将审美人类学和传统的思辨美学研究区别开来。在西方传统美学研究中，有一种长期占主导的追问各种审美现象本质，亦即本体论的美学研究模式，其所采用的主要是一种自上而下的方法。从古希腊的美学家柏拉图到德国古典主义时期的黑格尔，这种本体论的模式始终主张从一个先验的形而上的概念（如柏拉图的“理式”，黑格尔的“绝对理念”）推演出一套美学的逻辑体系。这种研究最终使美学成为纯粹的思辨美学。第二，这也有助于使研究者从审美判断和审美评价的争议中解脱出来。格罗塞在《人类学与美学》一文中说：“人们每天都可以观察到一个现象，对于一个对象或是一个事物，一些人会对它产生很好的美学印象，另外一些人对它却无动于衷。如何解释这种现象呢？这两种情况下的客观因素是相同的，那么其原因就

① Jacques Maquet, *Introduction to Aesthetic Anthropology,* Malibu:Undena Publications, 1979, p.4.

② Jacques Maquet, *Introduction to Aesthetic Anthropology,* Malibu:Undena Publications, 1979, p.4.

③ Jacques Maquet, *Introduction to Aesthetic Anthropology,* Malibu:Undena Publications, 1979, p.4.

④ Jacques Maquet, *Introduction to Aesthetic Anthropology,* Malibu:Undena Publications, 1979, p.45.

必定是各种的主观因素，即在这些人迥异的审美感受中。事实上像审美印象的易感性那样表现出如此引人注目的个体差异的事物很少，即使是在亲近的家庭圈子中，你也无法找到两个品味完全相同的人。”[①] 美与丑的两种审美评价的分野，其原因就必定在于主体方面。而这一点历来被很多人类学家认为是非常棘手的事情。艺术人类学者哈彻尔（Evelyn Payne Hatcher）在其《作为文化的艺术——艺术人类学导论》中指出：“艺术形式的多样性以及影响人们审美情趣的因素的复杂性给人留下了极为深刻的印象，以至于他们放弃了这个问题，他们会说一切都是相对的，因此无法对人的品味做出解释。”[②] 审美人类学研究者范丹姆在谈到美学的这一特点时也曾坦言：“我们在美学研究中所面对的所有的主要概念，在某种程度上都是不确定的、含混的，或更委婉、更肯定地说是模糊的、易变的和开放的。实际上什么才是我们所意指的‘美’呢？它是如何与‘审美价值’的概念以及另一个众所周知的难以捉摸的概念‘艺术’相联系的？精确地说，什么才是‘审美经验’的本质，以及作为一种推论，后者如何与令人愉悦的经验的其他形式相关的？”[③] 的确，关于美的本质的问题和美的评价的问题哲学家、美学家等已探讨很久，但这些美学主题仍然是不确定的，“在某种程度上，正是由于美学术语的不确定性，美学似乎经常视为被某种飘忽不定的光晕所环绕，这往往使学者们在未开始研究前就已望而却步”[④]。在马凯看来，美的本质的问题和美的评价等虽然是重要的问题，然而，由于审美人类学的定位之一是实证的社会科学，而关于对象“本质”或“实在”的探讨是内在的过程，为了适应人类学客观性和科学性的研究标准，审美人类学所要研究的内容必须是那些能在“通常的人类学观察技术中被识别出来”的东西。第

---

① 参见［德］恩斯特・格罗塞《人类学与美学》，和欢译，《民族艺术》2013 年第 4 期。

② See Evelyn Payne Hatcher, *Art as Culture:An Introduction to the Anthropology of Art*, Lanham, New York, London: University Press of America, 1984, p.201.

③ Wilfried Van Damme, *Beauty in Context–Towards an Anthropological Approach to Aesthetics,* Leiden, New York, Köln: E.J.Brill, 1996, p.13.

④ Wilfried Van Damme, *Beauty in Context–Towards an Anthropological Approach to Aesthetics,* Leiden, New York, Köln: E.J.Brill, 1996, p.13.

三，20世纪50年代以来，由于美国著名人类学博厄斯及其弟子赫斯科维茨等人的极力宣扬，以及后现代主义文化的影响，文化相对论成为风靡西方的文化人类学思潮。在这种背景下，文化和审美的普遍主义受到普遍的敌视。然而，马凯在审美人类学的研究中发现，东西方社会在艺术和审美建构方面虽然极为不同，但毕竟还有一些普遍关注的问题，如审美静观（aesthetic contemplation）与冥想（meditation）、审美所在（aesthetic locus）、非工具形式（noninstrumental form）等，因此他对审美的普遍主义持一种乐观、开放的态度。他试图通过研究人类社会在审美方面的普遍性，为研究不同群体间的跨文化交流提供依据。

在明确了以上要求或前提后，马凯顺理成章地进入他关于审美人类学研究内容的考察之中。不过，我们经过对比研究发现，他在这一问题上的看法是发展变化的。前期的《审美人类学导论》和后期的《审美经验》两书在对审美人类学研究内容的界定上仍存在一定的变化。下面我们将做些具体论述。

（二）审美经验论

当代美国著名的美学家托马斯·门罗很早就指出："过去美学曾一度被看作是一种'美的哲学'，一种主要旨在说明美和丑的本质的学科"[①]，而到了当代，"美学的研究范围进一步扩大。除了传统的审美价值的问题之外，它还进而包括了对艺术及与艺术有关的种种经验类型和行为的全部理论研究"[②]。传统本体论美学的消歇使得审美经验凸显出来成了当代美学研究的主题。审美人类学作为以各种人类学理念和方法研究人类审美活动的学科，其是否也应该对当代美学研究中的"审美经验"这一主题作出自己的回应？是否可以将"审美经验"这一内容纳入自己的研究范围？对此问题，马凯的认识是纠结的。在《审美人类学导论》一书中，由于事先从人类学角度对艺术和审美现象做过实证性

① ［美］托马斯·门罗：《走向科学的美学》，石天曙、滕守尧译，中国文联出版公司1985年版，第146页。
② ［美］托马斯·门罗：《走向科学的美学》，石天曙、滕守尧译，中国文联出版公司1985年版，第147页。

和非内省的要求，因此，他认为艺术和审美对象所激发的静观性“审美经验”是不利于人类学研究的。同时他又认为，主体精神状态的经验虽然无法证实和公正描述，但可以通过将审美要素从主体转向客体，将心智态度的意识转化为感知对象的特质，从而在审美对象的非工具性形式的研究中实现对主体心理状态的识别。在后来出版的《审美经验》一书中，马凯对于审美经验的态度发生了很大的变化：“我看不出因为不适合传统的某一学科框架而将经验性资源排拒在外有何好处？我认为凡是（与视觉艺术）有关的部分均应纳入考虑。”①究其原因，一方面来自他对审美经验的跨文化研究。通过将西方审美经验和东方冥想比较，他发现作为审美经验的人类学之源的静观性意识具有普遍性。因此可以从人类学角度对其展开研究。另一方面则是由于他吸收了托马斯·门罗的“新自然主义美学”②研究方法，进而将之发展为审美人类学研究的“诠释观察法”。他认为，审美经验虽然很多方面无法转变为数字的变量，但仍不失其重要性。这种全人类普遍的内在现象，虽然无法从外予以观察，但审美人类学者可以通过“诠释观察法”向内观察。这种经过仔细观察人的内在生活而得到的资料不应该被摒弃在人类学的研究领域之外。出于上述两方面的考虑，审美经验最终被马凯纳入审美人类学的研究范围，而且成为其中一个非常重要的研究内容。

（三）审美交流论

20世纪以来，尤其60年代以后，随着传播学、信息论、阐释学、接受美

① Jacques Maquet, *The Aesthetic Experience:An Anthropologist Looks at the Visual Arts*, New Haven:Yale University Press, 1986, p.42.

② 托马斯·门罗所倡导的“新自然主义美学”是一种“广义的实验美学”。这种美学研究既不同于传统的“自上而下”的哲学思辨美学，也不同于费希纳所开创的“自下而上”的心理实验美学，而采取的是一种美学研究的“中间道路”。托马斯·门罗1928年提出这一科学的、描述的和自然主义的美学研究方法。“这种方法具有广泛的经验性和实验性，但不局限于数量的测量，也不是把艺术批评和哲学的洞察仅仅当作假设，而是主要从以下两个方面找出客观的资料—— 一方面是对艺术形式的分析和对艺术形式发展史的研究；另一方面是对艺术生产、欣赏和教育的心理研究。”（[美]托马斯·门罗：《走向科学的美学》，石天曙、滕守光译，中国文联出版公司1985年版，第180页）

学、读者反应理论等的相继出现和影响，审美交流成为美学研究中的一个非常重要的问题。审美人类学作为一门致力于不同人类族群跨文化研究的科学，审美交流自然也是其视阈中的重要主题。然而，审美人类学研究不同文化主体间的审美交流，必须依赖一定的中介才能完成。至于这种中介究竟是什么，它有着怎样的特点，不同理论学派有着不同的认知。在这方面，马凯做出了有益的探索。他吸收了索绪尔、皮尔斯、雅各布森等人的符号论思想，以及英国文艺理论家克莱夫·贝尔的“有意味的形式”等观点，再结合他自己的审美经验论以及人类学的相关理论等形成了他自己独特的审美交流论。

（四）审美机制论

文化人类学以研究人类文化安身立命。对于文化，英国著名人类学家泰勒早在一百多年前就已做了界定：“文化是包括知识、信仰、艺术、法律、道德、习俗和身为社会成员的人所获得的任何其他能力与习惯之复杂整体。”[①] 根据这一定义，“文化的内涵大体不脱两个层面：一是内在的情感与认知层，二是外在的物质与行为层面。一个族群之所以互相认同被视为一个共同体，因其成员共享一些指导性的情感与认知，如无形的哲学、美学、宇宙观、价值观、意义体系、信仰体系、行为模式、符码、规范等，以及复杂的相关产品，如艺术创作、教育内容、道德标准、分类系统、宗教、传说、仪礼、习俗、律法、语言、日常用品等……有形者可以直接观察得到，无形者则必须通过对后者的观察来诠释”[②]。因此，审美人类学需要将各种艺术审美现象（包括艺术品和审美物品、艺术和审美观念）看作文化，把它们和人类活动的文化层面联系起来，研究其生成和发展的审美机制。

长期以来，西方美学在研究审美时往往是与文化绝缘的。以柏拉图为代

① Tylor, E.B. *Primitive Culture*, London:J.Murray, 1871,p.1.
② 袁汝仪：《文学人类学与艺术教育》，载黄壬来主编《艺术与人文教育》（上册），台北桂冠图书股份有限公司 2002 年版，第 223—235 页。

表的理念论美学，其将理念世界（美的本质）和现实世界（美的事物）截然分开，认为现实世界是虚假的，只有理念世界是一切宇宙万物的本原。理念是先验的，是自给自足、不增不减和永恒存在的，所以它不受文化差异的影响。18 世纪后半叶至 19 世纪前半叶，西方美学是浪漫主义主导的时代。以康德等人为代表的浪漫主义美学研究者认为，艺术和审美的创造来自天才。天才无须学习而自然进步，天才受先天禀赋所启，因自身的独特力量所驱策而进行艺术和审美创造。这种内在驱力是不受社会和文化影响的。马凯认为，无论是形上理念论还是浪漫主义天才论，它们两者都割裂了艺术审美现象和文化间的联系，所以审美人类学所要做的就是将各种艺术审美现象还原至其原生的文化语境中，通过对文化系统的分析，从而阐释艺术和审美现象生成和发展的复杂机制。

三、审美人类学的研究方法

方法历来受到科学研究者的重视。德国的哲学家莱布尼茨很早就指出，科学的本质不在于它的对象，而在于它的方法。[①] 有着“人类学之父”之称的英国人类学家泰勒在创立这一学科之初就强调：“人类学的当务之急是加强人类学的方法，并将其系统化。”[②] 马凯也十分重视审美人类学的研究方法，他在界定该学科的研究对象的同时，也对该学科的研究方法做了探讨。

（一）田野工作

文化人类学者对不同社会的文化进行跨文化了解时，前期有一个必备的训练，这个训练就是“田野工作”（也称“田野调查”）。而田野工作被认为是

① 参见麻国庆《走进他者的世界：文化人类学》，学苑出版社 2001 年版，第 15 页。
② 黄淑娉、龚佩华：《文化人类学理论方法研究》，广东高等教育出版社 1996 年版，第 27 页。

“现代人类学的基石”[①]，是人类学最主要、最基本的方法之一。审美人类学以丰富的艺术和审美现象为研究对象，而这些对象就直接来自田野工作。“人们普遍认为真正的人类学知识均源自于田野调查。决定某项研究是否属于‘人类学’范畴的唯一重要标准实际上就是看研究者做了多少‘田野’。”[②]从这种意义上讲，田野工作也是将审美人类学和一般的哲学美学、艺术史、心理学（格式塔、精神分析等）美学等分开的一条标准。

“田野工作”是实证研究的基本途径。人类学早期的“田野”，一般指的是远离欧洲都市文明、远离现代工业区的边缘地区、少数民族地区、原始部落、荒岛土著聚居地等。罗格·M. 基辛（Roger M.Keesing）认为：“田野工作是对一社区及其生活方式从事长期的研究。从许多方面而言，田野工作是人类学最重要的经验，是人类学家搜集资料和建立通则的主要根据。”[③]在这方面曾产生过大量著名的田野工作的民族志成果，如布朗尼斯劳·马林诺夫斯基的《西太平洋上的航海者》、拉德克利夫－布朗的《安达曼岛人》、玛格丽特·米德的《萨摩亚人的成年》、伊凡普里查的《努尔人》、贝特森的《纳芬人》等。但在全球化一体化的今天，“随着通讯和科学技术的进步，这个世界正在变成一个越来越同质化、一体化并相互依赖的地方，而且随着这一过程的发展，真正的奇风异俗以及它所代表的文化差异，正在逐渐消失”[④]。在这种背景下，“今天的人类学已不是只研究过去，或只研究文明世界以外的原始社会了。它的一个重要使命是探讨在欧化影响下的生活领域，甚至研究我们西方社会的制度……在全世界各民族的政府、教育、经济及其他社会慈善事业的实际问题中，人类学证明它是能够作出贡献的”[⑤]。

---

① ［美］C·恩伯—M·恩伯：《文化的变异——现代文化人类学通论》，杜杉杉译，辽宁人民出版社1988年版，第98页。

② ［美］古塔、弗格森编著：《人类学定位——田野科学的界限与基础》，骆建建等译，华夏出版社2005年版，第2页。

③ ［美］R.M. 基辛：《当代文化人类学》，台湾巨流图书公司1981年版，第21页。

④ ［美］乔治·E. 马尔库斯、米开尔·M.J. 费彻尔：《作为文化批评的人类学——一个人文学科的实验时代》，王铭铭、蓝达居译，生活·读书·新知三联书店1998年版，第187页。

⑤ ［英］雷蒙德·弗思：《人文类型》，费孝通译，商务印书馆2009年版，第159页。

纵观马凯一生的人类学研究轨迹，无论是他20世纪40—60年代的非洲艺术和社会研究，还是70—80年代的南亚佛教研究，或是后来的美国城市社区艺术的研究，我们都可以看到这一方法在其研究中的熟练运用。我们单以他的两本审美人类学专著《审美人类学导论》和《审美经验》来看，就随处可以发现其中涉及的大量来自不同社会和族群的民族志资料。如他在谈到短暂的冥想很普遍时，就举了他在斯里兰卡所看到的："在斯里兰卡，儿童们被鼓励在每天的一开始，以冥想的姿势坐个几分钟，默祷众生免于受苦并能成道，他们在心里静静地用慈爱重复这些语句。有些斯里兰卡人终其一生都维持这个习惯。市井男女在每个满月日和其他庆典期间，会受邀在寺庙里冥想，许多人都会参加。"① 可以说，马凯一生在田野调查中生活，也在生活中做着他所感兴趣的各种田野调查。他的大量的著作是其一生人类学田野调查的真实记录，也是其整个生活的缩影。难怪其在一次采访中会说道："一个学者在社会科学中写，但不一定是作家，我觉得我就是。要成为一名作家并不仅仅意味着'写得好'（这是我尝试做的，但对我来说英语是第二语言），它是指一个人的专业研究和人的生命不是两个独立的隔间班次，在我的学术兴趣——从社会学人类学，从撒哈拉沙漠以南的非洲到南亚，从社会分层和到权力美学和象征性思维。我的著作反映和平行于我的个人行程的展开、承诺和经验，进而洞察和深入的学术努力。"②

（二）跨文化比较

跨文化比较是人类学研究中最为古老和重要的方法之一。说其古老，是因为有关人类学的资料记载中很早就存在这种研究方法雏形。古埃及第19王朝的金字塔中就有埃及人、亚洲人或闪米特人、南方黑人、西方白人等不同族群

---

① ［美］贾克·玛奎：《美感经验—— 一位人类学者眼中的视觉艺术》，武珊珊、王慧姬等译，台湾雄狮图书股份有限公司2003年版，第92页。

② Contemporary Authors Online,Gale:Literary Sources Center,2004. 数据库访问时间为2015年7月19日。

的绘图；古希腊历史学家希罗多德曾广泛游历西亚、北非、希腊一代，其遗作《历史》中就记录了这些地区不同族群的体型特征、生活习俗，制度信仰等；中国古代记载人类学资料的典籍浩如烟海，从商周甲骨文等文献中有关各部落族群的习俗、语言、服饰等记载，到《山海经》中对先秦古国古族民俗信仰、特征习惯的记录，再到司马迁《史记》中对匈奴、西南夷、东越、南越等族群的列传，以及之后大量出现的各种民族志、地方志、风土记、见闻录、游记、旅行传记等等，这些古老的人类学资料大多是由当时的一些学者、官员、旅行家等对异族、异己文化和社会生活的记录，其中随处可见中原文化和各少数民族之间的跨文化比较。由此可见，跨文化比较是人类学研究中的一个历史悠久的传统。

说其重要，主要是因为自从人类学这门学科产生后，这一方法受到人类学研究者的普遍欢迎。他们自觉地运用这种研究方法，撰写了一大批民族志作品，提出了一些有新意的观点。如泰勒的《原始文化》和摩尔根的《古代社会》就被认为是该学科早期运用跨文化比较研究的两部典范之作。在《原始文化》一书中，泰勒广泛地利用民族志资料，进行跨文化的比较，在此基础上对各种文化的特征予以分类，研究其起源和发展，判定文化的高低，并按由低到高的顺序排序，从而得出文化按阶段发展的规律。摩尔根的《古代社会》一书则对美洲印第安人、希腊人、罗马人、澳洲土著、希伯来人、夏威夷人、阿拉伯人、南印度人等族群、部落的政治观念、家族观念、亲属制度、财产观念等进行了广泛的跨文化比较研究，阐述了全面的社会进化理论。此外，像巴霍芬的《母权论》、弗雷泽的《金枝》等古典进化派人类学家们在研究文化的起源、发展和进化规律中主要运用的也是跨文化比较这种方法。

在法国和德国，与人类学古典进化派差不多同时出现了两位著名的艺术和美学研究学者。一位是写作了《艺术哲学》的法国艺术史家丹纳。他很早就运用了人类学跨文化比较的方法，对公元前 5 世纪的希腊、15 世纪的意大利、17 世纪的荷兰艺术做了研究，但他的研究仅限于欧洲文化内部的比较。另一位是出版了《艺术的起源》一书的德国艺术社会学家格罗塞。在该书中，他对费希纳的《基础美学》中只将实验限定于西欧文化范围的研究提出了批评。他宣称要建立一门“艺术科学”，按照他的计划，艺术科学研究中最重要的一个方法就是跨文化比较。他说：“艺术科学的研究应该扩展到一切民族中间去，对于从前被忽视的民族，尤其应该加以注意。”“艺术科学研究者如果还不明白欧洲的艺术并非世间唯一的艺术，那就不能原谅了。”[①] 马凯继承了这些前辈学者观点，在《审美经验》一书中，他将艺术看作一种社会建构的“现实”，是“一群人共同的心智建构”。在具体的研究中，他对东方社会的印度、中国、日本、斯里兰卡以及西非、中非、欧美等国在不同社会、不同语境中所建构的“现实”进行广泛的跨文化比较。在他看来，人类学者在研究来自异文化的艺术时，“并不是将一个集体观点和其所生产的物品做比较，而是将之拿来和一个学术群体或者我们社会所建构的另一个集体现实相比较”[②]。虽然这种跨文化的研究可能会潜藏着西方殖民意识和白人优越性观念与“野蛮人”社会文化的不同程度的冲突和对立，但是他依然认为，审美人类学研究中的这种跨文化比较非常重要，因为它可以有效避免观察者因其个人的特殊观点而形成的“我族中心主义”，从而有助于“批判性的知识”的形成。

（三）现象学方法

在具体的研究中，很多审美人类学研究者已经发现，“西方学者对于非西方文化的某些重要方面的研究，是从在通常意义上带有一定文化偏见性的文化背景中着手的，尤其会局囿于某种理论框架”[③]。这种偏见无疑会妨碍研究结果的客观性。如何摆脱文化误读以及对异文化先入为主的情感结构，这始终是一

① ［德］恩斯特·格罗塞：《艺术的起源》，蔡慕晖译，商务印书馆 1984 年版，第 17 页。

② ［美］贾克·玛奎：《美感经验—— 一位人类学者眼中的视觉艺术》，武珊珊、王慧姬等译，台湾雄狮图书股份有限公司 2003 年版，第 37 页。

③ Wilfried Van Damme, *Beauty in Context–Towards an Anthropological Approach to Aesthetics*, Leiden, New York, Köln: E.J.Brill, 1996, p.11.

个令所有研究者困惑的问题。对此，研究者提出了自己的看法。语言人类学家派克（K.L.Pike）提出人类学研究的两种视角："insider"和"outsider"，后来又结合语言学术语"phonemic"和"phonetic"创造出"emic/etic"两种理论。前者是文化承担者本身的认知，代表着主位的世界观；后者是利用一种外来文化的观念认知、剖析异己文化，代表的是客位的世界观。阐释人类学家克利福德·格尔兹（Clifford Geertz）认为人类学就是阐释，为了准确把握研究对象的实际情况，他倡导从"文化持有者的内部眼界"（from the native's point of view）去"深描"（thick description）各种文化现象。马凯的审美人类学研究则认为，要准确了解特定语境和族群的审美观念，研究者需要首先将西方艺术史、哲学家、艺评工作者等专业权威已建构的审美观念悬置起来，要通过田野调查和日常生活地观察直观和经验特定语境中的审美现实，从而最终把握某个族群的独特审美经验。这种研究实际上就是一种现象学的方法。[①]

（四）经验观察法

这是马凯提出的审美人类学研究（尤其是在审美经验研究中）的一种独特方法。正如前文所述，马凯所要创立的审美人类学是人类学和美学的交叉学科，其兼有人文学科和社会科学的双重属性，并且最终要获得的是批判性知识。对于马凯来说，批判性知识的标准模式为：理论—假设—观察。这种模式在人文学科和社会科学中广泛存在，并且在两者第三个环节有着明显的区别。社会科学的观察主要是用科学测量来证实，而人文学科则主要使用诠释观察法。两种方法均可以用于审美现象研究，而且事实上也都取得了一定的研究成果。如人类学者约翰·L. 费舍尔（John L. Fischer）的文章《作为文化认知地图的艺术风格》[②]就是使用社会科学变量分析方法研究艺术审美现象最佳案例。而

① 参见孙文刚《语境中的美：审美人类学的研究路径》，《中央民族大学学报（哲学社会科学版）》2015年第5期。

② John L. Fischer, " Art Styles as Cultural Cognitive Maps" , *American Anthropologist,* New Series, Vol.63, No.1, Feb.1961, pp.79-93.

马凯本人则在使用诠释观察法研究卢旺达不平等社会结构中取得了一定的成果。[①]审美人类学要获得批判性知识，则可以根据情况选择研究方法。比如对于审美经验的研究而言，由于其研究的主要是一种内在现象，它的很多方面无法转化为数字变量，而且这些现象也无法从外观察，这时候可以使用经验法向内观察，这就是经验观察法。这种方法一方面强调研究者应该主动涉入研究对象内部，分析自己的意识；另一方面则强调内在的观察像田野观察一样，必须符合科学研究的效度和信度，仔细观察、记录自己的内在经验，并注意和他人的经验互相参照，只有这样，最终才能得到批判性知识。马凯提出的“经验观察法”和托马斯·门罗提出的“新自然主义美学”研究方法异曲同工，它们都旨在调和传统的“自上而下”的哲学思辨和“自下而上”的科学实验的研究方法。门罗的“新自然主义美学”是一种“广义的实验美学”，即“从广义上理解，美学研究中的试验态度，应该是那种尽量利用从各种可能的研究途径和方式中所得到的有关审美经验的本质的全部线索的态度”[②]。广义的实验美学不同于费希纳狭义的“实验美学”，它的优点在于将审美经验的感性材料纳入自己的研究领域。马凯的经验观察法也认为：“我们的研究领域不应该局限于传统认为‘可观察的部分’：可触及的工艺品和可见的行为；也不应被局限在一致原则或因果原则所左右的逻辑领域。”[③]而应该大胆地将艺术品、审美对象、风格、社会网络、审美静观性经验等这些人们建构的“现实”通通纳入研究范围，通过经验观察从而做出科学的描述。

---

① Jacques Maquet, *The Premise of Inequality in Rwanda.A Study of Political Relations in a Central African Kingdom*, London:Oxford University Press, 1961（french ed.1954）.

② ［美］托马斯·门罗：《走向科学的美学》，石天曙、滕守尧译，中国文联出版公司 1985 年版，第 18 页。

③ Jacques Maquet, *The Aesthetic Experience:An Anthropologist Looks at the Visual Arts*, New Haven:Yale University Press, 1986, pp.250–251.

四、审美人类学的学术视野

审美人类学作为对人类的审美之维进行跨文化、跨学科研究的一种尝试，马凯在对其的建构中充分考虑美学和人类学这两门学科的固有优势，他的审美人类学学科理论具有整体论、面向当代、多感官、语境论、日常生活等的多种学术视野。

（一）整体论

这是人类学的基本原则之一。人类学把人类文化看作一个整体，而“任何一种文化现象都有满足人类实际生活需要的作用，即都有一定的功能。它们中的每一个与其他现象都相互关联、相互作用，都是整体中不可分割的一部分”[①]。所以，人类学研究者要“在最可能最宽广的背景中观察文化的各个部分，以便理解它们的相互关系和相互依存性”[②]。这正如纳米尼亚人类学家罗伯特·戈登所说的：“社会学家或政治学家可能就花瓣而考察花朵的花瓣之美，而人类学家则站在山顶上，俯视田野之美。换言之，我们尝试并赞成较宽广的视角。”[③] 人类学研究如此，审美人类学研究亦然。马凯认为：“艺术并不是一种简化了的理念性形式；而是并存于其他系统，如哲学、宗教信仰和政治理念。艺术并不置身于支持它的社会组织（如学院、艺术学校、博物馆和商业艺廊）之外，也离不开整个社会机构网络（如政府、种姓和阶级、经济机关及私人公司），并且它和组成社会物质基础的生产体系也有关联。”[④] 在人类学文化整体观的视野中，人类文化的诸种形态，如物质文化、精神文化、制度文化等并不是

---

① 黄淑娉、龚佩华：《文化人类学理论方法研究》，广东高等教育出版社1996年版，第124页。

② ［美］威廉·A.哈维兰：《文化人类学》（第10版），瞿铁鹏、张钰译，上海社会科学院出版社2006年版，第14页脚注④。

③ ［美］威廉·A.哈维兰：《文化人类学》（第10版），瞿铁鹏、张钰译，上海社会科学院出版社2006年版，第14页。

④ ［美］贾克·玛奎：《美感经验——一位人类学者眼中的视觉艺术》，武珊珊、王慧姬等译，台湾雄狮图书股份有限公司2003年版，第35页。

截然分裂的，它们相互之间具有普遍的联系。审美作为一种具体的文化形态，“实际上也沉积或显现在器物之类的有形文化之中，也反映在不可观察的心智活动的潜隐过程，而美的价值实现更是同社会组织关系息息相通”[①]。因此，审美人类学研究不能只考虑审美现象本身，而应该把其看作无数个文化因素的交汇和整合。体现在具体研究中就是，不能只着眼于特定的审美现象文本研究，而是应该将其放置该审美现象产生的特定群体的整体的审美习俗、审美风尚的宏阔背景下去研究。

审美人类学研究中的这种“整体论”视野对该学科的发展有着重要的意义和价值。而以王杰、向丽等人为代表的中国审美人类学研究者提出的“审美制度”研究——通过对审美和艺术符号的在文化语境中的具体表现来找出在其背后隐藏着的被社会约定俗成的一套规则与禁忌——正是审美人类学研究中的“整体性”视野的一种回应和体现。

（二）面向当代

人类学家弗思在其 1938 年出版的《人文类型》一书中指出：“人类学是一门年轻的科学，只有不到一百年的历史，而且，在一个时期内，人类学家们又从好古的兴趣出发，满足于研究‘原始’的习俗，忽视甚至有意排除对非西方人民和西方文明接触后所发生的变化的研究。但是近来，尤其是最近这二十多年来，他们在研究文化接触的后果，特别是研究现代文明在文化上强加于人所引起的变化方面，尽了很大的努力。”[②] 马凯对此也有着清晰的认识，他说：“人类学在‘原始艺术’之外研究得很少，但人类学不能再被限制在我们称之为民族学的阶段，以及对无文字社会的观察研究上了。”[③] 因为一方面，“随着通讯和科学技术的进步，这个世界正在变成一个越来越同质化、一体化并相互依赖的

---

① 覃德清：《审美人类学：价值取向与方法抉择》，《民族艺术》1999 年第 3 期。

② ［英］雷蒙德・弗思：《人文类型》，费孝通译，商务印书馆 2009 年版，第 162 页。

③ Jacques Maquet, *The Aesthetic Experience:An Anthropologist Looks at the Visual Arts*, New Haven:Yale University Press, 1986, p.3.

地方，而且随着这一过程的发展，真正的奇风异俗以及它所代表的文化差异，正在逐渐消失”[①]。因此，“今天的人类学已不只是研究过去，或只研究文明世界以外的原始民族了。它的一个重要使命是探讨在文明影响下的生活领域，甚至研究我们西方文明的制度”[②]。另一方面，现代艺术和审美现象随着时代和社会的发展层出不穷。德国美学家沃尔夫冈·韦尔施在《重构美学》一书中认为："美学必须超越艺术问题，涵盖日常生活、感知态度、传媒文化，以及审美和反审美体验的矛盾。”[③]美国人类学研究者萨拉·迪基（Sara Dickey）在《人类学及其对大众传媒研究的贡献》一文中认为人类学者可进入大众传媒领域进行研究，因为“媒体不仅以其内容，而且以其可能的形式，比如审美和叙事习惯（熟悉好莱坞电影的人一眼就能从南亚电影中看出好莱坞味），为我们提供着想象的余地。新闻、小说、广播剧和电影使我们接触到别样的经历、现实和审美准则。它们让我们意识到真正的不同，也给我们些‘东西’，让我们想象另一些存在”[④]。

在这种背景下，我们如果还故步自封于原始艺术、土著艺术等的审美遗存的分析，而对新出现的各种艺术和美学现象，如都市大众艺术、前卫艺术、流行艺术、影视传媒艺术、大地艺术、装置艺术、行为艺术等现代、后现代艺术和审美现象等置之不理，这肯定不利于当代审美人类学学科的发展。然而，在研究马凯的审美人类学著作中，我们欣喜地看到，马凯在这方面开了一个好头。在《审美人类学导论》和《审美经验》两本书中，他淡化了对作为“文化残留物”的原始艺术的分析，而对中国的禅宗山水、日本的茶道和枯山水园林艺术以及苏联的社会主义现实主义等非西方的“艺术”和“审美形式”做了分

---

① ［美］乔治·E. 马尔库斯、米开尔·M.J. 费彻尔：《作为文化批评的人类学——一个人文学科的实验时代》，王铭铭、蓝达居译，生活·读书·新知三联书店 1998 年版，第 187 页。

② Firth, *Human Types:An Introduction to Social Anthropology*, London:Thomas Nelson and Sons Ltd., 1938, p.184.

③ ［德］沃尔夫冈·韦尔施：《重构美学》，陆扬、张岩冰译，上海译文出版社 2002 年版，序言第 2 页。

④ 中国社会科学杂志社编：《人类学的趋势》，社会科学文献出版社 2000 年版，第 241 页。

析，甚至还对欧洲工业化国家现代以来新出现的环境设计以及达达主义、波普艺术、抗议的艺术等现代艺术做了审美人类学的分析。马凯的审美人类学探索对中国当前的审美人类学研究有着重要的启示。以王杰、覃德清、海力波、范秀娟等人为代表的中国审美人类学研究者，秉承马克思主义美学的基本理论，认为审美人类学研究的学术目标应该为："不仅要认识世界，还要求改造世界，在认识审美现象的同时，还要改造旧的审美关系，创造新的审美关系，以审美的眼光来建设新世界。"① 其具体的行动是，积极地用审美人类学的理念和方法介入区域精神文明建设、文化建设和旅游开发，主要对广西黑衣壮民歌、国际民歌艺术节以及广西非物质文化遗产的保护等做了研究。方李莉则认为："作为审美人类学的人文关怀，不仅限于乡村和边区民族，也应该关注都市，关注都市的大众艺术、现代艺术。"② 在最近的一次访谈中，上海交通大学人文学院的王杰教授坦言："我认为未来审美人类学的研究重点是都市文化，特别是上海这样的国际性大都市。从少数民族地域转到现代城市，从民间艺术转向现代艺术，从民歌转向电影等现代综合艺术等，研究重心从静态的熟悉的原住民转向流动的迁徙的漂泊的'外省人'，等等，这必将是审美人类学研究的新趋势。"③

（三）多种感官的审美属性

马凯在《审美人类学导论》中提到多种感官的审美现象，他说："审美构形（aesthetic configurations）的主要目的是通过形式激发审美意识。形式可能会涉及词语，如在诗歌中；涉及声音，如在音乐中；涉及运动，如在舞蹈中；涉及形状，颜色，体积和比例，如在视觉学科中。"④ 虽然他的审美人类学研究主要着眼点是视觉艺术，但他对多种审美现象的注意无疑给审美人类学研究提供

① 王杰：《审美幻象与审美人类学》，广西师范大学出版社 2002 年版，第 169 页。
② 方李莉：《审美价值的人类学研究》，《广西民族学院学报（哲学社会科学版）》2004 年第 5 期。
③ 张永禄、王杰：《文化自觉与审美人类学研究——王杰教授访谈录》，《民族艺术》2014 年第 5 期。
④ Jacques Maquet, *Introduction to Aesthetic Anthropology*, Malibu:Undena Publications, 1979, pp.62-63.

了一种重要的视野，那就是审美作为一种感性的现象，其形式是丰富多样的，因此我们必须要注意多种感官的审美现象研究。实际上，马凯的这种研究视野是正确的。一方面，这种视野契合美学学科最初的论述，即认为美学主要是研究人的感觉的学科。但是长期以来，正如美国当代著名美学家阿诺德·柏林特（Arnold Berleant）所认为的——由于西方经典哲学美学所遵从的主要是基督教传统和身心二元论的遗产，所以人们大多重视视觉和听觉两种“高级”感官，尤其是视觉审美现象的研究，这无疑是一种偏见和歧视。[①] 因为人类的审美现象以及由此所产生的审美经验是十分丰富的，其不仅仅借助视听觉体现出来，其他的所谓的“低级”感官在审美现象和经验产生上具有同等的重要性。因此，审美人类学研究要回归美学最初的词源学意义，就必须对视听审美现象之外的在传统中称为“低级”感官，如“嗅觉”“触觉”“动觉”等审美现象展开研究。

另一方面，这种视野也和20世纪60年代以来西方兴起的“感觉人类学”的研究不谋而合。“感觉人类学主要是探讨感觉的体验如何因各种感觉所具有的意义、所获得的重视不同，而在此文化中是这样，到了彼文化中又是另一样。它同时也关注这些差异对社会组织的形式、自我和宇宙的观念、情绪的控制以及其他文化领域会产生什么样的影响。”[②] 康斯坦茨·克拉森（Constance Classen）在《感觉人类学的基础》一文中指出：“感觉不仅是一种生理也是一种文化活动。视听触味嗅不但是把握自然的手段，也是传递文化价值的孔道。”[③] 她还认为：“感觉人类学若要成为文化研究的又一新途径，须得推翻三个流行的前提。第一个前提是将感觉视作‘外界的窗口’，也就是质地透明，不含文化杂质的东西。”[④] 感觉不只是纯生理的现象，而是受社会规定和文化构成

① See Arnold Berleant, “The Sensuous and the Sensual in Aesthetic”, *Journal of Aesthetics and Art Criticism*, Vol.23, No.2, Winter,1964, pp.185-192.

② 中国社会科学杂志社编：《人类学的趋势》，社会科学文献出版社 2000 年版，第 222 页。

③ 中国社会科学杂志社编：《人类学的趋势》，社会科学文献出版社 2000 年版，第 212 页。

④ 中国社会科学杂志社编：《人类学的趋势》，社会科学文献出版社 2000 年版，第 213 页。

的影响，“通过一个社会所特有的感觉模式，可以窥见这个社会渴望什么，关注什么，分做怎样的五花八门三六九等，方方面面之间又是如何你来我往的”[①]。第二个前提是把“视”看作文化上唯一重要的感觉。从古希腊的柏拉图、亚里士多德把视觉和理性联系在一起开始，一直到19世纪末20世纪初照相、电影等极具影响的视觉艺术的出现，视觉被认为是诸种感觉中最为重要者。克拉森认为：“偏重文化的视觉（或视听）成分而蔑视其他感觉现象，会导致一个社会本来息息相通感觉系统的破裂。”[②]这尤其表现在人们对人造艺术品的阐释上。她举例说：纳瓦霍人的沙画就是如此。对于纳瓦霍人来说，沙画的审美远不止于视觉，创作于祛病禳灾仪式中沙画，不仅要进入人们的眼帘，而且还要贴到人的身上去。按照纳瓦霍人的想法，把沙子贴到人的身上并不是把画给“毁”了，相反，“把通过视觉再现获得的治疗效力以触摸的方式转移到病人身上，恰恰是作品的完成。按纳瓦霍人的宗教，如果对沙画视而不见，不去触摸，那是对神的不敬，这种视觉上的狂妄是要遭到双目失明的报应的”[③]。而西方的艺术收藏者仅对沙画的视觉图案感兴趣，他们想办法把这种艺术拍成照片或是粘在画布上“固定”下来，这样纳瓦霍人的沙画的触觉部分就被人为地抛弃了，而这方面的价值在其语境中正是最为重要的东西。[④]要推翻的第三个前提是那些反对唯视觉论而主张用听觉模式来代替的观念。因为不同文化在感觉意义上具有潜在的差异，因此，任何感觉模式都应针对具体文化具体感觉序列而做出具体考察。[⑤]

总之，对审美人类学研究而言，视、听、触、味、嗅、动等感官的审美现象都具有同等重要的审美价值。超越传统美学研究中的视听至上，恢复对多种感官的审美现象的同等探讨乃是今后审美人类学研究的一个方向。

① 中国社会科学杂志社编：《人类学的趋势》，社会科学文献出版社2000年版，第214页。
② 中国社会科学杂志社编：《人类学的趋势》，社会科学文献出版社2000年版，第215页。
③ 中国社会科学杂志社编：《人类学的趋势》，社会科学文献出版社2000年版，第215页。
④ 参见中国社会科学杂志社编《人类学的趋势》，社会科学文献出版社2000年版，第215页。
⑤ 参见中国社会科学杂志社编《人类学的趋势》，社会科学文献出版社2000年版，第216页。

（四）语境论

“语境”（context）是人类学的核心术语之一，也是当今被众多学科频繁使用的一个词语。在人类学界，最早关注语境问题的是功能主义人类学家马林诺夫斯基。他曾把语境划分为两种，一种是“情景语境”，另一种是“文化语境”，前者指言语行为发生时的具体情境，后者指说话人生活于其中的社会文化背景。美国当代著名人类学家、民俗学家、表演理论的代表人物理查德·鲍曼在《美国民俗手册》一书中将语境分为两大层面：文化语境（cultural context）和社会语境（social context），并进一步细分为六个小的语境层面，即意义语境（context of meaning）、制度语境（institutional context）、交流系统语境（context of communicative system）、社会基础（social base）、个人语境（individual context）、情境性语境（situational context）。[①] 人类学对于语境问题的研究对于审美人类学研究有着深刻的启示。马凯的审美人类学认为，艺术和审美都是“社会建构的现实”，因而其都是具体文化和历史语境中的产物。因此，审美人类学“不再热衷于对美、艺术的本质等问题的抽象推理以建构放之四海而皆准的宏大理论体系，而是将艺术现象和审美活动还原到其所产生的具体文化体系中阐释，使美学思辨与具体的审美艺术经验重新联系起来”[②]。

（五）日常生活

将“日常生活”纳入学术研究视野，这是马凯审美人类学的一个独特贡献。在《审美经验》一书中，马凯指出：“我认为一个好的研究程序，应首先根据日常生活现实来考虑艺术，而不是哲学家，评论家，甚至是艺术家所建构的较特殊的现实。”[③] 审美人类学坚信“美”并不是独立于生活之外的一个价值

---

① Dorson Richard, ed. *Handbook of American Folklore*, Bloomington: Indiana University Press, 1983, pp.362-386, 转引自杨利慧《神话与神话学》，北京师范大学出版社 2009 年版，第 248 页脚注①。

② 王杰、仪平策主编：《文艺美学的学科定位和发展趋势研究》，人民文学出版社 2010 年版，第 205 页。

③ Jacques Maquet, *The Aesthetic Experience:An Anthropologist Looks at the Visual Arts*, New Haven:Yale University Press, 1986, p.8.

体系，日常生活才是艺术的真正发源地和各种美的观念的栖息地。因此，审美人类学放弃对各种审美现象做本体论追索，主张对当代人的日常生活予以关注。审美人类学通过“日常生活”中的各种审美现象、美学话语、审美事件、审美经验的研究，试图发现其背后隐藏的经济体制、政治权利、意识形态、文化压迫、宗教信仰、亲属关系、宇宙观和价值取向等复杂机制并做出深刻剖析。“日常生活”之所以能进入审美人类学研究的视野，其原因有三个：第一是后现代主义文化的影响。柏拉图所开创的本体论美学研究范式，不仅导致了美与现实生活的二元对立，而且还使美学成为抽象玄思的学科。然而，随着西方社会进入后工业社会，后现代主义文化兴起，长期以来人们对审美本体的崇拜轰然崩塌，“商品拜物教”成为日常生活中的一种基本原则，审美幻象被大量复制、流通成为文化商品。这使得审美与日常生活间的界限越来越模糊，“科技和商品作为新的意识形态以一种更为隐蔽的方式对日常生活进行全面渗透，造成了触目惊心的‘全面美学化’想象奇观”[①]。“在后现代主义中，由于广告，由于形象文化，无意识以及美学领域完全渗透了资本和资本的逻辑。商品化的形式在文化、艺术、无意识等等领域是无处不在。”[②]因此，后现代主义文化背景下产生的审美人类学必须将“日常生活”纳入自己的研究视野。

第二是研究者对“日常生活”的重新发现。特里·伊格尔顿认为，传统学术界几个世纪以来一直对芸芸众生的日常生活视而不见。然而，“今天，大家普遍公认，日常生活就像瓦格纳的歌剧，错综复杂，深不可测、晦涩难懂，偶尔也会单调乏味，因此显而易见值得探索”[③]。马克思在《德意志意识形态》中的话同样富有启发性，他说：“德国哲学从天国降到人间；和它完全相反，这里我们是从人间升到天国……我们的出发点是从事实际活动的人，而且从他们

---

① 王杰、仪平策主编：《文艺美学的学科定位和发展趋势研究》，人民文学出版社2010年版，第235页。

② ［美］杰姆逊讲演：《后现代主义与文化理论》，唐小兵译，北京大学出版社2005年版，第145页。

③ ［英］特里·伊格尔顿：《理论之后》，商正译，欣展校，商务印书馆2009年版，第6页。

的现实生活过程中还可以描绘出这一生活过程在意识形态上的反射和反响的发展。”[①] 他还提出：“不是意识决定生活，而是生活决定意识。”[②] 在他看来，感性的、具体的现实生活是哲学的基本出发点，人类的一切意识、思维、观念、精神等都只能从生活中去寻找。马克思有关“现实生活”“生活世界”的研究，不仅为西方文化研究开辟了全新路径和领域，而且也开启了西方学术界对“日常生活”探讨的大幕。马克思之后，很多西方马克思主义者和文化研究者，如乔治·卢卡奇、安东尼奥·葛兰西、亨利·列菲伏尔、阿格妮丝·赫勒、柯西克、雷蒙德·威廉斯、理查德·霍加特、戴维·英格利斯、约翰·费斯克等都对“日常生活”从不同角度做了探讨。尽管他们的观点形形色色，但有一点是相同的，即他们都承认“日常生活”是各种隐秘的社会秩序、权力关系或意识形态的交集。这些思考和论述对审美人类学研究有着重要的启示。

第三是日常生活的历史性发展。在以采集和狩猎为主要特征的原始社会，“原始人的全部生活和活动都是日常生活，或者反过来说，衣食住行，饮食男女等日常活动涵盖了原始人的全部生存领域，原始人的世界就是一个典型的日常生活的世界”[③]。到了以农业文明为主的传统社会，“原始日常生活在人的全部存在领域中的一统天下已被打破，从日常生活这个人类社会或人的世界的母体或原生态中已经分化出非日常的社会活动领域和自觉的精神生产领域。人类社会或人的世界的次生态的出现形成了日常生活世界与非日常生活世界共存的格局。但是，在农业文明条件下，非日常生活世界相对不发达，而日常生活结构依旧强有力地统治着人的世界，左右着人的存在方式，只有少数人才有机会进入非日常生活世界，而绝大多数人则终生停留为自在的日常生活主体”[④]。在现代工业社会，“随着越来越多的人走出日常生活世界，非日常生活世界的领域

---

① 中共中央马克思恩格斯列宁斯大林著作编译局编：《马克思恩格斯选集》（第一卷），人民出版社 1995 年版，第 73 页。

② 中共中央马克思恩格斯列宁斯大林著作编译局编：《马克思恩格斯选集》（第一卷），人民出版社 1995 年版，第 73 页。

③ 衣俊卿：《现代化与日常生活批判：人自身现代化的透视》，人民出版社 2005 年版，第 275 页。

④ 衣俊卿：《现代化与日常生活批判：人自身现代化的透视》，人民出版社 2005 年版，第 285 页。

急剧地扩大，结构更加复杂化，而日常生活世界的领地则在急剧缩小，它被现代工业文明所切割与重建，被挤到后台，作为私人消费领域而退隐到背景世界中，成为人类社会的潜基础结构”[①]。到了后现代社会（或后工业社会），商品经济、科学技术、政治、文化、审美等非日常生活全面渗透各个社会领域和精神领域，日常生活和非日常生活两者合二为一。这种情况体现在美学中，即日常生活成为“美”生成的唯一场域，审美和日常生活相互渗透，审美不再是高高在上的精英的特权，而是借助日常生活的经验被生产和呈现出来。因此，日常生活就自然而然地成为审美人类学研究的一个主要对象。

五、结语：关于马凯审美人类学总体建构思想的评价

20世纪60年代以后，随着西方后现代主义思潮的盛行，以及人类学对非西方文化（包括审美）研究的不断深入，传统抽象思辨的美学研究陷入了深刻的危机，长期的宏大叙事和西方一元论的表述体系也显得无能为力。在这种文化背景下，雅克·马凯提出并建构的审美人类学可谓正当其时。他的审美人类学着眼于人类文化的整体性视野，关注不同社会对于艺术审美经验的建构，并对其间所展开的跨文化的审美交流，以及审美现象生发的复杂机制等做了深入研究，在这些方面，马凯的审美人类学做出了开创性的探索，并取得如下几方面的成就：1. 马凯创造性地提出了“审美人类学”（Aesthetic Anthropology）这一术语，从而使运用人类学方法，或从人类学视域探讨审美问题的相关研究有了自己的学科名称；2. 在研究内容上，他首次明确地将审美经验论、审美交流论、审美现象的生发机制（审美机制）等三个方面作为该学科的研究重心；3. 在研究方法上，他广泛使用人类学的田野考察、主位—客位、现象学、跨文化比较等方法，还对社会科学和人文科学研究方法进行创新融合，创造并使用

① 衣俊卿：《现代化与日常生活批判：人自身现代化的透视》，人民出版社2005年版，第289页。

了经验观察这一独特的审美人类学研究方法；4.在学科属性上，马凯充分认识到该学科的复杂性，明确地将审美人类学定位为“批判性知识”。这一定位不仅点明了艺术和审美等作为人类心智建构的特点，而且还有助于将其纳入跨文化的检测，以便确保审美人类学研究的效度和科学性。此外，马凯在审美人类学研究中所体现出的独特的整体性、语境论、日常生活、跨感官、面向当代等学术视野也对当代审美人类学研究具有一定的启示价值。

（原文载于《马克思主义美学研究》2017年第1期）

审美人类学：研究方法与学科意义

王　杰、海力波

尽管审美人类学这一名称仍很少为学者们所使用，但近年来学术界出现一种倾向，企图把美学与文化人类学结合起来，以找出美学新的研究方向与内容，不少学者也都在自觉或不自觉地从事着这一领域的研究。在本文中，我们将探讨审美人类学作为一个学科的可能性，对它的研究方法和学科意义提出初步的看法，以就教于学术界的专家学者们。

一、审美人类学的可能性

是否有必要开展审美人类学研究还应当从当代美学面临的危机谈起。美学面临的危机在中国学术界是一个既重要又沉重的话题。在中国现代化进程中，从王国维开始直到现在，美学都与社会发展、社会现代化进程直接相关，并承受着西方强势话语的压力，是学者们对中国命运思考的折射。

随着中国社会的变化发展，从20世纪80年代后期开始，就有学者讨论美学的危机，这表现在：（1）80年代以后，美学话语在学理层面出现某种断裂，一方面倾向于大众化的“审美文化”，另一方面退守体现人文精神的文学批评。在某种意义上，80年代后期开始出现的审美文化研究，正是美学自身深刻危机的表现。作为学术话语，审美文化研究最基本的内涵就是美学的世俗化、日常生活化，即把美学研究与现实的大众文化、现实的消费文化相结合，这使得美学从文化边缘向文化中心过渡。美学现在确实成为社会的中心话语之一，但就在关于美和美学的一片众声喧哗中，美学自身的活力萎缩了。其实，美学从产生到发展的很长一段时期内，一直是一种边缘话语，一直是与社会物质领域的现代化进程相对立的文化力量。[①]以德国古典美学为例，从温克尔曼到莱辛，再到康德、席勒、黑格尔，都有一种很强的乌托邦精神，这是美学能对社会进行清醒反思与批评的基础。一旦美学的立场与物质性的要求、社会主流愿望相共鸣，它的批判力，它那不同于现实话语的超越性也就丧失了。因此，美学与意识形态的关系问题就成为很多理论家思考的重要问题。（2）美学的语言学转向：这也是学术界多次讨论的问题，但却是一个迟到的问题。西方美学已经经历了语言学转向这一过程，历史不会重复，中西方美学在语言学转向方面其学术背景与目的都是不相同的。在我们看来，当代中国美学的语言学转向并不能看作美学的实质性发展，它恰恰暴露了美学自身危机的一个方面，即美学转向或变成文学批评。美学应包括文学批评，美学与文学批评有内在的联系，但文学批评只能是美学的组成部分和功能之一，而非全部。当然，美学的语言学转向是有其合理性的。传统美学是黑格尔时代美学的继承与发展，它具有浓厚的形而上学色彩，思辨性很强，语言学转向使美学能借鉴现代语言学系统的理论和方法，增强其实证性和可操作性，更好地把握与辨析一些抽象的理论问题。但是，语言学转向最基本的理论资源来自索绪尔和雅各布逊的语言学，其理论框架是二元对立，它作为一种哲学方法论，在后结构主义兴起后，已经受到深刻的批评。[②]如果美学仅限于叙事学，仅限于对文学作品叙事结构的分析，显然大大缩小了其研究的范围，对自然美、社会美以及其他美学方面就会丧失分析能力。（3）美学研究的心理学转向。它对美学的发展产生了很大动力，把美学从形而上学的纯粹的理论思辨中解脱出来，使美学与人的审美经验、现实生活经验建立起联系。但心理学美学所吸收的弗洛伊德的精神分析、马斯洛的需

① 参见［美］丹尼尔·贝尔《资本主义文化矛盾》，赵一凡等译，生活·读书·新知三联书店 1989 年版。

② 关于索绪尔语言学与二元对立概念框架的关系参见《Untext——后结构主义文选·导言》。

求层次论、拉康的心理学方法等在西方学术界也走向了某种危机。西方心理学的学术资源是西方社会文化心理，20 世纪西方社会文化心理的最基本特点是个人主义和自恋倾向。西方文化的自恋性从古希腊开始，发展至 20 世纪，已趋登峰造极。物极必反，这是一个规律。1986 年詹明信在《跨国资本主义时代的第三世界文学》一文中指出，在后现代文化条件下，西方心理学、美学、文化哲学的学术动力已面临枯竭，需要从第三世界国家的文化中寻找新的文化动因[①]，这一观点在西方和中国的学术界都引起了巨大反响。西方美学的心理学派中，最富于成果和生命力的是精神分析的方法和理论。在精神分析理论中，自恋性是与俄狄浦斯情结相联系的，这种自恋性或者说对自我的高度关注，是西方文化自文艺复兴以来不断发展的巨大的内在动力，尤其在自恋文化被精神分析理论指明和系统化后，它成为 20 世纪西方文化得到繁荣发展的基础之一。但正如伊格尔顿在《美学意识形态》中所指出的：俄狄浦斯情结已走向苍白，丧失了文化的内驱力。[②] 自恋文化发展到今天，已丧失了往更高层次发展的能力，对西方心理学而言，找不到走出自恋性文化的学术资源和理论方法。西方心理学自身尚存在危机，建立在心理学基础上的中国心理学美学自然也存在着学理上的危机。

中国美学的理论框架来自西方，在消化、容纳中国的学术资源时，这种学术话语体系与中国话语系统发生冲突，来自西方的各种理论之间也具有相斥性。由此提出了如何有效利用中国的学术资源的问题，这就需要认真研究中国经验的人类学阐释问题。中国美学的理论根基，应该建立在中国经验的文化人类学解释的基础上，这包括中国特有的生产方式、生活方式、社会组织制度，以及由此制约的心理习惯和审美习俗，这些都决定着中国人的思维方式、情感特征和表达方式。当代西方学者也认识到了这一点，并开始对东方和中国文化

---

① 参见［美］詹明信《晚期资本主义的文化逻辑：詹明信批评理论文选》，陈清侨等译，生活·读书·新知三联书店 1997 年版，第 516—546 页。

② 参见［英］特里·伊格尔顿《美学意识形态》，王杰等译，广西师范大学出版社 1997 年版。

加以异乎寻常的关注。佳·查·斯皮瓦克1992年发表《论艾柯》一文，认为西方哲学、美学、心理学的自恋情结已走向极端，建议转向对东方文化的研究，以寻找文化发展的新模式。她认为西方文化以那喀索斯（古希腊神话中的美少年，因迷恋自己在水中的倒影，而变成水仙花，喻指自恋性，与视觉思维相联系）为象征，东方文化则具有与西方文化不同的心理特点，以艾柯（古希腊神话中那喀索斯的情人，求爱被拒绝后化为山谷中的回声，喻指恋他性，与听觉思维相联系）为象征，东方文化所表现出来的兼爱、利他、含蓄、流动性等特点，正是西方文化走出以主客体二元划分为基础，以自我为中心的文化发展模式的一个重要参照系。[①] 在这样一个学术背景下，作为中国学者应当妥善地利用中国特有的学术资源，包括典籍中的大传统，也包括长期被忽视的存在于民间的小传统，以图在理论上有所贡献。我们不应仅局限在搜集、整理自身学术资源的水平上，还应当以此为基础，去做出理论阐发，这样才能发展中国美学，并在世界学术界发出自己的声音。

（一）美学与人类学的联系

美学与人类学有着漫长的、相互联系的历史。可以这样说，美学在其发育的早期阶段，就与人类学有着一种内在的联系。美学与人类学的联系早在浪漫主义文学运动时已经存在。人类学与浪漫主义文学运动、浪漫主义美学运动有很深的联系。例如英国湖畔派诗人华兹华斯、柯勒律治的文论中都提出了一个很重要的思想：诗歌应当到民俗中、到乡间去寻找已经逝去或模糊的传统，把这些传统找出来，用文学的方式加以表现，才是真正的，最好的诗歌。他们的观点与人类学观点不谋而合，到乡间去寻找已经消逝的文化传统，正是人类学的田野作业强调的。维柯的《新科学》既是一部美学著作，也是一部人类学著作，是美学与人类学融为一体的著作。在该书中，维柯提出一个曾对马克思

① 参见［美］佳·查·斯皮瓦克《论艾柯》，载《新文学史》(*New Literature History*) 1993年第1期，第17—43页。

《人类学笔记》产生重要影响的观点：诗是人类的母语。维柯所讲的诗是广义的诗，在人类早期指神话，在浪漫主义时期是艺术，它表达着人类最基本的要求、欲望，是人与人之间进行深刻交流的媒介，人可以通过诗这种母语，超越种族、阶级、时代的界限进行交流。浪漫主义文学运动和美学运动在研究对象上与人类学有许多共同之处：它们都对原始社会、原始文明（主要是神话）抱有巨大的兴趣，都对社会进步后乡村民俗中仍以某种形式保存的远古神话的残留抱有巨大兴趣，这体现了两者有着共同的理念。

在德国古典美学阶段，美学与人类学曾处于“热恋”关系。德国古典美学从温克尔曼开始，到黑格尔、费尔巴哈，是美学最辉煌的时期之一。这一时期美学之所以取得很高的成就，原因之一就是美学吸取了当时人类学研究提供的资料和思想资源，在一些伟大的美学家身上和著作里都可找到这种影响。康德的哲学、美学思考都建立在人类学之上，康德认为哲学的基本问题是人是什么？这同时也是一个地道的人类学问题。但康德与文化人类学家不同，他没有对某个种族、文化进行具体的研究，而是从哲学的角度进行探讨，开创了哲学人类学的先河。费希特的哲学讨论了自我与非我的关系，即主体性与他者的关系，认为自我与非我是一种辩证的关系，人通过非我来发展自我。20 世纪文化人类学研究的一个重要问题是讨论不同民族文化自我的形成、发展问题，从中隐约可以看到费希特的影子。黑格尔《美学》用历史主义的方法讨论了主体与对象（环境）的关系，先后有环境压倒主体、主体与环境相平衡、主体压倒环境三种关系。主体与环境的关系问题在当代美学中又被再度提出，80 年代以来，西方有学者建议把黑格尔主体与环境关系的理论称为人类学的美学，认为他所讨论的人与环境的关系，正是人类所面临的最基本的问题。黑格尔之后的现代主义艺术思潮和美学思潮，其特征是以主体为中心，人的存在和利益压倒环境，这种人类中心论正是 19—20 世纪美学中占支配地位的理论倾向。但西方美学界近年来又出现了环境美学，力图打破人与环境相对抗的文化僵局和理论困境。黑格尔的思想从康德那里延续下来，对人与外在环境的关系进行了深入的思考，他提出的三种关系模式在某种意义上包括了人类文化的基本类型，直到今天，他的观点对美学研究和文化人类学研究都还具有一定的指导意义。可以这样说，在德国古典美学时期，美学事实上走在了人类学的前面，美学以哲学人类学或审美人类学的形态引导着当时人类的整个精神世界，引导着人类学。

20 世纪的美学和人类学关系变得更为复杂、丰富。两者的关系从美学影响人类学研究到人类学发展影响美学研究，从一方受另一方影响变为相互影响。这种影响在以下学者身上体现得较为明显：如诺·弗莱的文学理论和美学理论很大程度上以文化人类学为基础，他的原型批评理论在西方文学批评史上是一个重要转折，是西方批评理论从文学内部文本研究向文化研究转折的标志。在原型批评理论和实践中有大量人类学的方法、理论、材料，它的方法论基础就是人类学。还有，在 20 世纪上半叶，英国文学批评中就出现了直接以人类学命名的文学批评学派，也称剑桥学派。该学派用人类学的资料来解释文学作品，进行比较研究，在对古希腊戏剧等方面的研究上有很多实证成果。此外，萨特的美学、文学理论受人类学的影响也很大。20 世纪上半叶人类学在法国得到蓬勃发展，出现涂尔干、莫斯等有重要影响的学者、学派。对萨特影响最大的是人类学关于个体和他所创造的文化对象之间复杂的辩证关系。萨特早期所作的《影像论》就具有很强的人类学色彩，他把人所创造的审美对象称为影像，就人与影像的复杂关系提出一系列重要而有影响的意见。有一点值得注意，列维 - 斯特劳斯与萨特一直存在着对话性的关系，萨特的思想中一直有列维 - 斯特劳斯的影子。列维 - 斯特劳斯《野性的思维》最后一章就是与萨特的对话。在列维 - 斯特劳斯结构主义的影响下，在 20 世纪 60 年代以巴黎为中心形成了文化人类学结构主义学派，其影响延续至今。与列维 - 斯特劳斯同时的马克思主义理论家阿尔都塞对美学和人类学两个领域都产生了重要的影响。在阿尔都塞学派的形成过程中有两个现象值得注意，一是阿尔都塞五人小组中就有两人是人类学家，可见阿尔都塞的理论与人类学的密切联系。二是阿尔都塞的意识形态理论特别强调仪式的作用，从主体的生产和再生产的角度开展对认同的研究，认为主体的再生产通过认同机制而实现，阿尔都塞曾引用帕斯卡尔的话“对待上帝，一跪下就是承认”[①]来说明认同具有的巨大力量。意识形态的力量来源于社会性的仪式，通过仪式而产生个体的文化认同。如果说阿尔都塞的理论与文化人类学理论有什么不同的话，那么可以说阿尔都塞侧重对现代社会中仪式作用的研究，而人类学侧重研究古代社会的仪式。审美活动在远古社会中与一定仪式相联系，那么在现代社会的审美活动有没有一种“无形的祭坛”存在着，也就是说审美活动是如何被文化常规所约定俗成的。阿尔都塞的审美意识形态理论开创了研究这一现象的道路和方法。

精神分析美学与人类学也一直存在着密切联系，前者讨论个体自我，而后者讨论社会自我或文化自我。精神分析理论的发展遵循从个体的心理情感的研究走向普遍性的社会心理情感研究的轨道。弗洛伊德早期研究个体的精神障碍，但他的晚期著作明显地转向了对普遍性心理现象的研究，可视为重要的人类学著作，弗洛伊德对图腾、禁忌、宗教等文化现象提出的观点已成为人类学的经典理论。在他之后，荣格对无意识的研究，更是大量使用了人类学的方法和材料。拉康的精神分析理论之所以得到重大发展，影响远远超出了精神分析和心理学的范围，主要受益于两个方面的重要影响：一个是语言学的影响，这一点已为大家所熟悉；另一个是人类学的影响，这是国内学术界没有注意的，其实，人类学理论和方法对拉康精神分析的影响丝毫不亚于语言学。拉康对隐喻和换喻的著名研究一方面来自语言学，另一方面来自人类学，或者说他的表述方式借用一些语言学的概念系统，但内容方面却来自人类学。法国在20世纪90年代初出版了B. 西律尔尼克的人类学著作《感情粮食》就提出了情感人类学的概念。这本著作通过人类学材料和精神分析证明人类情感的人类学基础，它能通过基因遗传延续，并对后代产生重要的影响。从理论内涵上说，情

① ［法］路易·阿尔都塞：《意识形态和意识形态的国家机器》，李迅译，《当代电影》1987年第3期。

感人类学与审美人类学存在着许多共同之处。[1]实际上当代的人类学研究早已不满足于对原始民族和远古文化遗存的研究，而发展到对人的重要的精神品质进行人类学的研究。此外，米·巴赫金的美学和诗学也明显受人类学的影响，他对陀思妥耶夫斯基的著作和拉伯雷《巨人传》的分析都大量使用了人类学方法和材料。他的美学和诗学与以往的美学理论不同，关注民间、普通人、仪式以及人的身体，这些也都是人类学研究的基本对象。

（二）审美人类学研究的学理基础

审美人类学研究的学理基础首先是现实提出的要求，其次是学理上的根据。现实的要求是推动理论发展的重要原因。首先，后殖民主义文化理论引发出问题和理论机遇。后殖民主义理论产生于西方学术界，对中国学术界和美学研究已经产生了强有力的挑战。很多西方学者意识到中国的学术资源还未充分阐发和理论化，有着极广阔的发展余地。后现代、后殖民主义、西方马克思主义理论家纷纷关注中国，关注中国的人类学、美学资源，力图做出学术上的概括，我们中国学者应该做什么？应该怎么做？这是当代中国美学应该思考并做出回答的。其次，关于中国民间文化资源如何开发利用的问题。对民族民间审美文化资源的理论阐释，是进行开发利用的基础。我们已经开始认识到民族民间文化资源具有极大的商业价值和文化价值，并试图对此进行挖掘，但如果这种挖掘和利用没有充分的实证调查和理论研究作为基础，就有可能导致对资源的破坏。如某省举办的国际民歌节，投入大量的资金、人力，但结果却未尽如人意，在举办时间、方式、群众参与等方面都有不少缺憾，这有一个是否符合文化习惯和人类学规律的问题。任何文化都具有强大的强制性力量，少数民族文化和民间文化作为活的文化，其传统与现代生活的结合方式是一个需要认真研究的问题，由于各种文化小传统自身的特殊性，这种结合方式可以有许多模

---

① 参见［法］S. 奥迪《B. 西律尔尼克的人类心态学：情感性造就了人类》，《国外社会科学》1994年第3期。

式，理论研究的价值和意义就是探讨其中能够闪光的结合方式。最后，关于东方文化的表达机制问题，在今天这个问题已经变得十分重要了，斯皮瓦克就曾提出并强调这一问题。人对同一现实生活的体验，受不同文化教育的人，处于不同文化背景中的人其欲望的表达方式是不同的。每一个民族都有自己独特的审美表达方式，不加以认真的研究，就会形成误解，如南宁国际民歌节期间壮族导游的服饰绚烂多彩，采用大红色基调，让一些导游小姐感到别扭，因为在壮族文化中，只有出嫁才穿这样的服装。其实，壮族传统审美习惯倾向于蓝、灰、黑等色，这些艳丽的服饰只能说是“伪壮族服饰”。审美表达机制的研究已成为美学的重要课题，对东西方，对不同民族间的审美表达媒介与审美表达的不同机制的研究，必将推动对美学基本问题的研究，也有利于加深对东方美学问题的理解和把握。

从学理上考虑，这也是美学和人类学自身发展的要求。西方美学自身有两个重要的基础：一是以视觉思维、造型艺术为基础，强调主客体划分，感性和理性划分、艺术与现实生活相区别的美学理论；二是西方美学具有较强的欧洲中心论和与此相伴随的男性中心论色彩。当代美学必须超越这两点才能得到发展，审美人类学恰好为这种超越提供了可能。人类学非常关注母系文化，进入男权社会后，母系文化被压入文化边缘和无意识状态，但仍以艺术变形的方式加以表达。审美最主要的形式即视觉和听觉，相对于其他感觉方式而言，听觉是最精神化和超肉体性的，然而，长期以来美学在音乐性形象的研究方面未得到应有的发展。人类学在研究原始文化、民族文化时，通过少数民族艺术的调查可搜集到大量原生态的音像资料，这些资料对美学的学科发展，对研究音乐性形象的审美表达机制，建立一种超越主客体对立，超越理性与感性截然划分的理论框架提供了学术资源。从人类学的角度看，以往的人类学偏重于对人类生活物质化层面的研究，今天的人类学则需要对人类精神领域做更多的探索，否则人类学无法进入当代人文科学前沿开展富于建设性的学术对话，无法进入存在着种族危机、生态危机、信仰危机时代有关人类文化价值的深层次讨论。

这些讨论与对话往往涉及人的精神、情感、想象、幻想等高层次品质，但这些品质对个人和社会集团行为的影响的研究目前还不够。人类学是研究人性的科学，人性的最高体现，一是伦理，一是审美，而这两方面的研究都有待加强。因此，人类学也需要往美学、审美的方向发展。

二、审美人类学的研究方法

简单地说，审美人类学应该是一门用人类学的方法和概念系统来研究和阐释美学问题和审美现象的理论。因此，审美人类学的研究应当是在田野调查基础上，比较分析不同种族、民族在审美习惯、审美制度、审美传统方面的区别与联系。在目前的学术背景下，主要研究各少数民族活跃的审美文化。

在方法上，我们认为审美人类学应加强实证研究。美学擅长对人类最精微、复杂的情感和思想做出研究、评价，传统美学的弱点在于缺乏实证基础，与此相应，人类学却擅长对人类社会的基础和物质文化等方面做出研究，有一整套田野调查、实证分析的具体研究方法。在审美人类学研究中，人类学方法是重要的基础，通过这种跨学科的研究，引入实证方法来改造美学中的唯心主义色彩和形而上学倾向。

此外，在方法论上还应坚持多元化的方法论原则，把人类学、精神分析、经验美学、审美意识形态理论等多种方法结合起来，在某种基础上统一起来、协调起来。没有方法的多元化不行，只有方法多样而没有统一的目标和效果，没有不同方法之间的协调也是不行的。

从学科性质上看，审美人类学应属于人类学的分支学科，但由于人类学存在着一整套成熟的、学院性很强的规范，如将审美人类学简单定性为人类学，很可能会用某些僵化的规范来拒斥有价值的东西。因此，为了学科的发展，应将审美人类学定性为复合性交叉学科，类似于西方学术界的文化研究。然而审美人类学研究又不同于西方的文化研究，区别在于审美人类学以经济全球化时代弱小民族和少数民族的审美体验和文化实践为基础，在不同民族文学（艺术）生产方式的比较研究的基础上，通过对艺术品（文本）的产生和交流方式的具体研究，探讨现实的审美关系，探索审美需要——文化书写——文本书写三者之间复杂的转换关系，阐释少数民族文化中积极健康的审美交流方式，从而为超越以工具理性为基础的现代艺术生产方式和审美交流方式提供可资借鉴的文化资源和学理根据。在研究的初期阶段，我们认为，审美意识形态和文学（艺术）生产方式这两个观念在把人类学、精神分析和美学的方法结合起来的过程中具有十分重要的意义。

对于中国西南山区的少数民族而言，古朴的野性思维、典雅规范的古典文化、条分缕析的现代化原则是以一种叠合性和互相容纳的形式共存的。作者1986年参加在广西三江县举行的“三月三”国际民歌节上，就为侗、苗、瑶族姑娘身着民族服装，手持重新装饰过的折叠花伞载歌载舞的场面感到惊奇，现代工艺生产的折叠花伞与古朴的野性文化很好地融合在一起。在这里，野性与现代性并不截然对立。这样的例证可以举出很多，问题在于怎样做出理论上的说明。

在理论上，审美意识形态是社会现代化进程中的伴生现象，其中的标志之一是审美和艺术的专业化和独立化。[①] 在中国西南山区，出现了一种既不是现代意义上的审美意识形态，也不是口传文明中的神话，而是一种这两者的意义都能显现的另一种文化样式。在我们看来，对这种文化样式的研究和说明在理论和实践方面都具有重要的意义。用一般人类学的方法显然不能完全说明这种现象，只能是在审美意识形态的理论框架里用人类学的方法，也就是说，在后现代文化的参照下用人类学的方法做出实际的研究。马克思早就指出，人体解剖对于猴体解剖是一把钥匙。[②] 在对待当代中国西南少数民族文化现象和审美活动的研究方面也是如此。

---

① 参见［英］特里・伊格尔顿《美学意识形态》，广西师范大学出版社1997年版，第十四章。

② 参见中共中央马克思恩格斯列宁斯大林著作编译局编《马克思恩格斯选集》（第二卷），人民出版社1995年版，第23页。

三、审美人类学的学科意义

对于中国的人文科学和美学研究而言，整整一个世纪主要是以西方（包括苏联）美学的理论与方法作为“拿来”和借鉴的对象，这是必然的，也是必要的。然而，在后殖民主义和经济全球化的现实条件下，简单地引进或拒绝西方各种理论已经被事实证明是错误和有害的。在与西方思想和学术对话的时候，由于某种不平等的学术关系，我们不容易正视自己的弱点和不足，而且在中国人文科学和美学研究比较薄弱的一些地方，西方学术界和美学界自身也陷入某种困厄，例如关于音乐性形象的审美机理的研究，关于积极、健康的审美交流模式的研究，都需要拓宽研究领域，挖掘新的学术资源。审美人类学的研究，可以帮助我们从另外一种立场和眼光来理解和认识我们自己。在这一点上米·巴赫金的对话理论是十分富于启发性的，巴赫金曾经写道：“理解者针对他想创造性加以理解的东西而保持外位性，时间上、空间上、文化上的外位性，对理解来说是件了不起的事……在文化领域中，外位性是理解的最强大的推动力。”[①] 对于理论形态的中国美学而言，西南少数民族的审美活动无疑具有这样一种文化上和理解上的“外位性”。我们认为，在当前的学术语境中，开展审美人类学研究，具有以下几个方面的价值和意义：

1. 把少数民族文化传统中的美学资源引入美学研究中来。以往的美学基本上是西方美学加上一些中国居主流地位的汉民族美学，少数民族美学从未进入美学研究的主体，面对着精英艺术、美学与大众化艺术、美学的深深裂痕，引入少数民族美学可使美学发展不那么偏激，也有利于美学研究开拓一些新的领域。

2. 对社会和文化发展过程中的重要问题进行研究，以便从学术的角度做出解释并提出建议。自从中央和国务院做出西部大开发的战略决策以来，西南地

① ［苏］巴赫金：《巴赫金全集》（第四卷），河北教育出版社 1998 年版，第 363—371 页。

区的经济、文化问题引起了各界人士的高度重视。由于少数民族地区经济和文化发展的不平衡现象显得较为突出，怎样发展的问题自然而然提出来了。云南的丽江[①]、昆明，广西的南北钦防都走出了自己的发展道路，认真研究和说明其中的学理依据，探讨审美文化在区域经济发展中的地位和作用，也许是当代美学参与社会发展的一种方式和途径。

3. 审美人类学研究可丰富发展西方学者提出的“弱小者话语”理论的研究。西方学者从 20 世纪 80 年代后期提出该理论，着重研究黑人、女性等弱势群体的话语，并以压迫—反抗的模式作为理论的核心。中国少数民族文化资源、文化类型要远比西方黑人、妇女亚文化丰富，在审美上也更富于积极意义。通过对中国各民族共生、文化上互相影响渗透的研究，找到比弱小者话语更复杂、更辩证的模式，这是审美人类学应该努力奋斗的一个目标。

（原文载于《民族艺术》2000 年第 3 期）

① 关于云南丽江文化建设与社会发展的关系参阅景宜《节日与生存》，作家出版社 2000 年版。

审美价值的人类学研究

方李莉

一

德国现象美学家莫里茨·盖格尔认为，“审美”的价值应当毫无保留地被理解为“艺术”的价值。[①]而作为研究审美现象的美学家，他们感兴趣的不是个别的艺术作品，也不是特定的美学客体，而是审美价值的那些普遍法则，也就是美学原则在审美客体中的体现。也就由此看到审美人类学和艺术人类学的研究有相一致的地方，还有不完全一致的地方。审美价值的那些普遍法则的研究有两种方式，一种是试图自上而下地得出结论，希望从某种单一的第一原理——诸如艺术即模仿，或者从审美的角度来看，有价值的东西是多样性中的统一——出发得出结论的方法；另一种是自下而上的方法，这种方法首先承认，审美经验和人们日常生活的一般经验之间的鸿沟是不存在的。也就是说，我们不应当把审美的经验从其他经验中孤立出来，与此相反，我们应该把审美的经验和其他所有的经验融合起来，并且把审美经验放到心理世界的一般框架中去。前一种研究方法，由于它的孤立性和封闭性，而遭到抛弃。而后一种方法由于它的开放性和广泛的联系性，在美学的研究领域中越来越受到青睐。也就是说这种自下而上的研究，为审美人类学的研究打开了缺口。

当我们进入人们具体日常生活的审美经验的研究，甚至用人类学田野考察

---

① 参见［德］莫里茨·盖格尔《艺术的意味》，艾彦译，华夏出版社1999年版，第5页。

的方式进入一个个具体人的审美经验的研究后，我们就会发现以往那种传统的，大一统的，放之四海而皆准的审美原理或本质是很难完全成立的。每个民族与每个民族之间，每个个人与每个个人之间，在审美的体验和标准上有一定的相同之处，但与此同时还存在有他们与众不同的群体经验和个体经验。

随着后工业社会的发达，西方文化的强势传播在摧毁着世界不同文明不同的形态，现代意识的题旨在于统一，在于全球化。统一固然带来了文明的进步，但从另一个角度也毁灭了文明的多样性。为了矫正现代化及全球化的弊端，后现代文化开始以地方性文化挑战自启蒙运动以来的“大叙事”思想。认为那种“总体理论”“全人类性”“总规律”的大话和思维观是最值得质询的。而人类学家们对各民族文化的田野报告为这些质询提供了丰富的资料。人类学家吉尔兹更是在其《地方性知识——阐述人类学论文集》一书中，以“地方性”的立场，对“大叙事”笼统的宏观思想方式进行了颠覆。同时提出了深度描写和理论诠释的人类学研究方法，“深度描写”要求能做到以大析小，以小见大，既有形而上学的透析，又有形而下学的认知。在形而上的理论构筑方面能把握其深层结构，抽象地、规律化地进行探讨。在形而下的操作层面上则从认识论基础入手，收集、阐释资料，提供新知或矫正已知（如对“常识”的研究），以批判的态度对人类学知识进行重新清理和审视。这正是一种自下而上的研究方式，是值得审美人类学借鉴的。

二

审美人类学虽然是一门新学科，在人类学研究领域，有关专门的审美的专著并不多。但如果我们仔细梳理起来，发现其中涉及审美内容方面的却不少，几乎所有的有代表性的人类学家都或多或少在其著作中涉猎过这一方面的研究。这是因为人类学对文化的研究是一个整体的研究，审美与艺术是人类文化的重要组成部分，因此当一个人类学家对一个区域的文化进行个案研究时，包含在其中的审美和艺术部分必然会进入他们的研究视野。而这些以往的研究，包括田野考察资料，为审美人类学研究的方式及理论建树提供了坚实和宽广的学术基础。

以下我们可以看看一些人类学家们通过大量的田野考察资料论述的一些不同的美学观点，以及他们对审美对艺术的不同看法。首先我们看看人类学家是怎样认识艺术和审美与技术、与表现形式及表现内容之间的关系的。美国人类学家博厄斯认为，人类的一切活动都可以通过某种形式具有美学价值。但怎样让人感觉到它具有美学价值呢？他认为，当工艺达到一定的卓越程度，经过加工过程能够产生某种特定的形式时，我们把这种工艺制作过程称之为艺术。[①]同时他还强调了艺术与形式的关系，他说："世界各族人们的创作证明，理想的艺术形式主要来自具有高超技术的匠人在实践中提高了创作的标准，它们有可能是原有标准形式的一种富于想象的发展。但如果没有形式的基础，那么，想要创造出给人美感的愿望也就不复存在了。""由于形式反映了过去的经验，或形式有某种象征，在形式上表达了一定的内容时，人们的艺术享受又增加了新的成份。形式和内容的结合使人们的意识从平庸淡漠的日常生活中得以升华。"因此，他认为，我们必须记住艺术效果的双重源泉。其一仅以形式为基础，其二是以与形式有关联的思维为基础。[②]

而人类学家爱米尔·斯蒂芬在详尽地论述了美拉尼西亚的艺术之后得出结论：技术上的创造，其动机并不能充分说明何以会产生艺术形式。他认为，一切装饰都有代表性，艺术的来源在于一种不自觉的思考过程中。在这种思考过程中，形式同看到的印象是完全不同的，而艺术的来源也存在于一种把形式永久化的欲望之中。[③]在表现形式是艺术中的重要组成部分上，人类学家和美学家及艺术理论家的看法是一致的，说明其有普遍的存在价值和意义。

---

① 参见［美］弗朗兹·博厄斯《原始艺术》，金辉译，上海文艺出版社 1989 年版，第 3—4 页。
② 参见［美］弗朗兹·博厄斯《原始艺术》，金辉译，上海文艺出版社 1989 年版，第 4 页。
③ 参见［美］弗朗兹·博厄斯《原始艺术》，金辉译，上海文艺出版社 1989 年版，第 7 页。

同时，在人类学家的眼里，艺术不仅仅有它的技术性，以及形式上的审美性，还应该有着更宽广的社会价值与精神价值。列维－斯特劳斯在比较西北沿海和卡丢维奥人之间的艺术时认为，在这两种艺术中，艺术都与社会组织有密切联系：图案和主题表达出等级的差异、贵族特权以及声望的等级。这两种社会是以相似的等级线来组织的，其装饰艺术的作用是说明在等级制度下的等级地位，并使之合法化。[①] 也就是说艺术不仅仅是有审美的功能，还有社会组织的功能，其实这种现象不仅仅表现在原始的部落艺术中，在封建社会的艺术中也同样如此，中国古代的艺术足以说明这一点。因此，其具有普遍性的规律与价值。其社会组织的功能还在于，在部落盛大的集会中，共同的舞蹈和唱歌时审美经验的相互沟通，共同举行仪式时那种超自然体会的相互感染，可以把一个团体在强烈的感情之下团结起来。

另外，列维－斯特劳斯还认为，这些部落艺术“不仅是高贵地位的标志和社会等级中身份的象征，亦是充满精神和道德含义的信息。毛利人文身的目的不只是把一幅图画印上肉身，也是为了把共同体的所有传统和哲学烙到头脑里去”[②]。对于原始人的纹面，他的看法是：“装饰实际上是为脸而创造的；但从另一种意义上说，脸是注定要加以装饰的，因为只有通过装饰的途径，脸才获得其社会的尊严和神秘的意义。装饰是为脸而设想出来的，但脸本身只有通过装饰才存在。”[③] 也就是说，在土著民族中，许多脸上、身上、日常器用等上面的图案装饰，有比美重要得多的社会含义和精神含义，它常常赋予被装饰对象的生命，使其由一个无生命的死的物变成一个能与使用者在精神上沟通的、具有某种神性的生命体。

在马林诺夫斯基看来，任何文化的存在都有它一定的功能性，而艺术也是

---

① 参见［法］克洛德·莱维－斯特劳斯《结构人类学》，谢维扬等译，上海译文出版社 1995 年版，第 276 页。

② ［法］克洛德·莱维－斯特劳斯：《结构人类学》，谢维扬等译，上海译文出版社 1995 年版，第 279 页。

③ ［法］克洛德·莱维－斯特劳斯：《结构人类学》，谢维扬等译，上海译文出版社 1995 年版，第 284 页。

如此。他认为，无论我们看到的泥塑的偶像、图腾的雕刻和油画，或者注意那些关于冠礼、丧礼、祭礼仪式中的服饰装扮、音乐、歌舞、颂诉、哭泣等，我们都可以发觉人们是在通过这些艺术化了的手段，而力图接近一种超自然的实在，以它们为一切希望所寄托的对象，和一切信念的源泉，总之，这方面会激动和影响他们的生活。[①]

他还认为，在写实的艺术中，常含有许多正确的观察和研究周围环境的动机，同时，艺术的象征和科学的图解也是常联合在一起的，审美的动机在不同文化的水准上，都会使知识统一化和完整化。无论是音乐、美术还是戏曲、工艺，往往都是艺术和知识的混合物。

而且艺术在技术、手艺和经济的发展中也是重要的动力之一。人类必须不断地变动物资，这就是文化在物质方面的基础。手工业者喜爱他的材料，骄傲他的技巧，每遇一种新花样为他的首创时，常感到一种创造的兴奋。在稀有的难制的材料之上创造复杂的、完美的形式，是审美满足的另一种根源。因为，这样造成的新形式，是贡献给社会中所有人士的礼物，可以借此提高艺术家的地位，增高物品的经济价值。[②]由于上述种种功能，艺术对于技术、经济、科学、巫术和宗教，便都有影响。所以，当我们研究一件原始的艺术品，只有把它放在它所存在的制度布局中，只有分析它的功能，以分析它与技术、经济、巫术，以及科学的关系，我们才能给其一个正确的文化的定义。[③]

以上，马林诺夫斯基对艺术的定义，不仅谈到艺术的实用性和功能性，以及艺术与其他人类生活各领域的相互关系，而且还涉及了工匠们在劳动时所体现出的纯粹性的审美愉悦感。在美学的领域里，审美和艺术被作为一个独立于其他学科，并摆脱了日常生活所纠缠的价值体系来研究，但在人类学家通过对土著民族的考察后所得出来的对艺术和审美的看法中，我们可以感觉在原始的

① 参见［英］马凌诺斯基《文化论》，费孝通译，华夏出版社 2002 年版，第 272 页。
② 参见［英］马凌诺斯基《文化论》，费孝通译，华夏出版社 2002 年版，第 281 页。
③ 参见［英］马凌诺斯基《文化论》，费孝通译，华夏出版社 2002 年版，第 284 页。

土著民族的生活中，艺术和审美并不是一个可以独立于日常生活以外的价值体系，它深深地融化在当地人生活中的方方面面。甚至许多土著人的日常生活场景本身就是一种审美和一种艺术的表达。

正如吉尔兹在他《地方性知识——阐释人类学论文集》一书中，引用了德国艺术家卡尔·魏兹对巴厘人生活的记录："巴厘人的语言中没有艺术和艺术家这个词，但他们的生活中充满着节日、庙宇、想象、珠宝和装潢、礼物的绚丽和富贵堂皇。这一切验证着他们对形式制造和嬉戏有着无尽的享受。他们有着无尽的幻想、丰富的形式，以及在其手、心、身和无穷无尽的事物上无与伦比的表现力。它充满着直接性，盈溢着神圣的美感，饱含着丰饶，在这些农民中一种真正的从大自然的艺术本质中生成的生命的狂热在生长，而在不断地从其自身中翻新其生命力。"在这一描述中我们看到的是不懂得什么叫艺术、什么叫审美的巴厘人的生活，在我们看来他们的生活本身就是一种充满着审美形式的艺术。因此，艺术的经验、审美的经验与日常生活的经验是很难完全割裂的，而且艺术和日常生活的界限究竟在哪里，它没有硬性的规定，不同的时代和不同的生活情境会有不同的划分标准。

而且如果我们再深入一步地了解，我们还会发现，原始土著人的艺术生活并不总是充满着美的，而美也并不总是代表着愉悦、快乐和幸福，代表着真和善。在他们的生活中，除我们感到美和善的一面，也存在着在我们看来是倒错、狂野残忍的一面。如他们的火葬、他们的人牺燔祭，甚至他们的食人习俗。于是，吉尔兹在书中，向我们描述了巴厘人的一场惊心动魄的人牺燔祭，一位酋长去世了，在焚化他的尸体时，他的三位年轻的王妃也要在火焰中献身燔祭。这是一场绚丽的象征的大展露，一次奢华的个人毁灭的娴静的美的庆典，是一首献给毁灭的贞洁的赞美诗，当然它是在最显赫意义上显示这些的。一方面，11 层高的鎏金的塔，缀花的剑射向那布制的巨蟒，制成狮形的饰金披紫的棺木、缭绕的敬神的香雾、鼓乐响器、奇异的香料、红色的火焰等，在视觉上产生的美感令人头晕目眩；但另一方面，是烧焦的骨骸、人祭的巫师、梦游的寡妇、无动于衷的看客。[1] 在这里美对应的不是善，不是快乐，而是恐惧，是死亡。

同样的场面我们还可以在桑迪的《神圣的饥饿——作为文化系统的食人俗》一书中看到。在北美印第安人的酷刑仪式上，整个过程残忍、恐怖，但同样充满美感。当俘虏被抓来后，他不仅会遭到酷刑，而且还要受命唱歌，歌声由小而大，以至周围的人一起和之，充满了整个森林。人们还要为他举行告别宴会，俘虏知道他的命运，宴会后他会遭到酷刑而死，尸体将被人分食。但他无所畏惧，还与人们边歌边舞。那歌声、那舞蹈的悲壮、雄浑以及穿透人生命的刺骨的魅力，恐怕在现代文明社会的艺术中是不可能感受到的。

对于俘虏的这种面对死亡的坦然和坚毅的表现，桑迪的看法是："俘虏在仪式期间的行为——他的耐性、容忍、勇气和对酷刑的被动接受——是他成为面对巨大痛苦还能表现出高度自制的忍耐力的模范，同时也为这种行为表现提供了一种模式。在这种行为中，他表现出邪恶孪生子的能力——邪恶孪生子答应通过面具赋予人类以力量、去忍受痛苦。在酷刑的整个过程中，这名俘虏努力抵抗他的捕捉者，争取自己与他们之间的平等。"这"不只是个人的自尊心能够激发这个俘虏去接受他的角色。还因为所有的易洛魁部落所共享的超自然体太阳神和战神都在目睹这场酷刑。由于俘虏以适当的方式扮演他的角色，又由于他没在祭祀（这是一种需要酷刑仪式主持人协作才能完成的技艺）的早晨死去，所以他就与这些超自然体成为一体，同时，他也与休伦部落成为一体。最后，一种乌洛波洛斯联合体似乎得以重建"[2]。在这里我们看到，仪式中的俘虏并没有将自己看成一个个体，而是将自己个体的生命融入一个生他养他的集体中，他的生命和宇宙力量相互之间的交流，使他相信自己的灵魂可以与宇宙一样得到永存。而这一切幻象的出现，一切力量的给予，一切崇高感的提升不

---

① 参见［英］马凌诺斯基《文化论》，费孝通译，华夏出版社 2002 年版，第 53 页。
② ［美］P.R. 桑迪：《神圣的饥饿——作为文化系统的食人俗》，郑元者译，中央编译出版社 2004 年版，第 214 页。

仅来自生命的信仰，还来自艺术的表现。可以设想，如果没有他自己和周围人的歌声、舞蹈，没有仪式主持人深沉的致辞，没有四周响起的鼓点声和其他的音乐声，人面对死亡时便不可能有这样的坦然和勇气。

无论是我们前面所看到的献身燔祭，还是酷刑仪式，在我们看来是欺骗的、残忍的、愚昧的、狂野的、倒错的。但在这些土著民族看来却是庄严的、神圣的，是他们与超自然的神沟通、是使自己融入永恒的宇宙的一种方式。艺术是文化最本质的组成部分，不同的文化其艺术的表现形式不同，对审美的理解也不同。

在这里我们看到，美不完全是客观的，它是一种情感的判断，而作为情感的判断就很难有普遍的有效性。而且，在这里我们看到的艺术、看到的美也不再只是西方美学理论中所定义的，是一种让人感觉到愉悦和欢乐的形式。它还包含着苦难、恐惧、死亡，同时也包含着惊人的勇气，坚韧不拔的意志力，一种义无反顾的献身精神。愉悦和欢乐只是美的一种表浅的形式，它还应该连接着人类更深层次的有关灵魂的追问，有关生命本质的追问。

而且艺术是否就等同于美、是人们为了美的享受而创造出来的，这样的问题，在这里同样也遭到了怀疑。那些曾给予了现代艺术家如毕加索、马蒂斯等人以灵感，并引发了一场现代艺术革命的原始面具、原始雕刻艺术，其制作的动机远不是为了美，为了娱乐，而是为了在仪式中扮演诸神，为了运用诸神的力量来治病，来挡住龙卷风，来驱逐坏心肠的女巫，并给部落带来次序。这些面具和木雕的形象往往是恐怖的、丑陋的。“这些面具尽是些表现口部攻击和愤怒之情的可怕的脸相，着成黑红两色的面具，被赋予充满欲望的脸。它们有巨大的、作凝视状的眼睛；长长的、隆起的和经常呈弯曲状的鼻子，从眉间一直延伸到嘴唇，嘴巴总是张着，并且被戏剧性的扭歪。”[①] 在谈到对原始部落中的面具艺术的看法时，他认为，那些带孔的、交替地表现图腾祖先的许

① ［美］P.R. 桑迪：《神圣的饥饿——作为文化系统的食人俗》，郑元者译，中央编译出版社 2004 年版，第 207 页。

多样子——有时心平气和，有时愤怒，一会儿为人样，一会儿为兽样——的面具……它们的作用是提供一系列中介的形式，保证从符号到意义、从巫术状态到正常状态、从超自然的现象到社会现象之间的转换。[①]

艺术是文化象征符号的意义系统，一个民族的艺术品常常是通过它们所运用的象征符号来表现他们自身，为了理解艺术家的意图，我们必须理解他使用的象征性符号。如果一个观念是该文化的组成部分，那么它必然为大家所享有。如果它确为大家所共享，那它必然通过明确的媒介传达出来。这些可感知的信号不是别的，正是象征。所以，人们所观察到的艺术品，只不过是一种文化的有形表现，因此，心理结构的表达要依据该文化的视觉表现的惯例进行。人们很难想象一个文化的外来者在一件作品面前所唤起的意义，恰恰就是艺术家的意图。因此，艺术品与其文化背景之间的关系尤其重要，而一组艺术品的价值就在于它和它的文化结构之间所表现的特征关系之中。

人类学家莱顿在他《艺术人类学》一书中介绍了一个非洲民族莱加人的入会典礼仪式，他通过这个例子告诉人们艺术和当地人的文化关系是如何在仪式中得到表现的。“莱加人生活在刚果东部，那里是稠密的赤道区或热带雨林，有丰饶的植物环境，繁盛的动物群，包括猴子、羚羊、啮齿动物、大象、野牛、豹。他们的经济建立在打猎、捕鱼、采集和种植香蕉为主的农耕混合基础之上。”[②] 莱加人的艺术和其生活及生产劳动关系紧密，如“‘莱加人口头文学中充满了动物的角色和捕猎的情境。’取自动物世界的比喻，隐喻，分类，充斥于举行割礼和入会典礼仪式上的说教中”[③]。

莱加文化中心是布瓦米会社。布瓦米的目的是满足生活的三大需要，这就是：巩固亲族联系，通过与割礼有关的强化训练，多育后代。他掌握

① 参见［美］P.R. 桑迪《神圣的饥饿——作为文化系统的食人俗》，郑元者译，中央编译出版社 2004 年版，第 207 页。

② ［美］罗伯特 · 莱顿：《艺术人类学》，靳大成等译，文化艺术出版社 1992 年版，第 10 页。

③ ［美］罗伯特 · 莱顿：《艺术人类学》，靳大成等译，文化艺术出版社 1992 年版，第 10 页。

着魔法。布瓦米的入会仪式是一次道德教育，它要通过格言、舞蹈和包括数千种雕刻品组成的崇拜物的精妙解说才能完成。

……

仪式上至少有35种树叶，布瓦米成员能描绘出树的“生长”率，树的高度、硬度、树冠的宽度、根肿的实心，或者气生根茎，它在森林中的位置，它在森林结构中的相对分布，以及它对人和动物的用途。从树中提取的物质作为香料和颜料用在布瓦米典礼仪式上，各种不同的动物还提供了颅骨、嘴、羽毛、牙齿、骨头、蹄子、爪、甲壳、皮、角。有时它们以自然状态出现，有时又以珠串、服装、柳条制品作为装饰。这些人工制品、祭祀用肖像的基本用处之一，是向人们显示其与众不同的熟练的艺术技巧。更重要的是，入会仪式上有一只篮子，盛着那些自然物和人工制品。篮子里盛着比巴克描述的东西，几个动物的头骨，蔬菜果品，穿山甲壳，一个动物刻像和两个人像。它用黑布蒙盖，盾和矛捆缚在它上面。这些搭配物整合为一个整体，以分类排列的物品的整体构成，传达出与某个仪式相符合的全部观念。在典礼仪式上，领舞者拣起这些东西，用它们伴舞，向坐在待入选位置上的人显示它们，并向他们展示和解说与之有关的隐喻格言。[①]

通过对莱加人的典礼仪式的介绍，使我们看到，在土著民族的生活中，艺术活动和艺术品的制作不仅是一种具有象征性的符号系统，同时还是一个教育系统、知识系统，当地人就是通过这一系统来传播他们的历史文化、道德观念、生产技术、生活常识，甚至包括性方面的知识等。在这里艺术不单单是一种优雅的审美形式，更重要的还是一个庞大的、复杂的、囊括了当地人生活的方方面面的意义系统。

---

① ［美］罗伯特·莱顿：《艺术人类学》，靳大成等译，文化艺术出版社1992年版，第10—11页。

三

作为研究审美形态的美学被称之为哲学的一个分支，多年来哲学一直被人们视作一种第二层次的学科。这就是说，人类学谈论的是属于第一层次的社会事实，而哲学的研究则是在第二层面上展开的，这个层面远离日常生活的现实世界。它本身不直接谈论社会事实，而谈论人类学家对这些社会事实的谈论；它关心的不是社会事件的本身，而是人类学和普通人思考这些事件的方法。以此类推，美学所关心的就是艺术批评家和艺术史家等思考和谈论艺术的方式，它所要解决的就是这样一些谈论中产生的概念问题——围绕着类似模仿、再现、表现、形式、内容、直觉、意图、艺术品等的意义而产生的问题。

审美人类学，顾名思义，是试图将人类学和美学这两个不同的研究方式、两个不同的研究学科，以审美和艺术作为中介，开创出一个新的研究领域。本人认为这是一条可以探索的研究之路，也是一个可以行之有效的研究方式。本人以上的论述就是让读者们看到，以往的人类学家对艺术和不同民族的审美形式及心理的考察及研究，为审美人类学的研究提供了丰富的资源，打下了雄厚的基础。如果沿着这条路走下去，其研究的方向将会由欧洲美学的中心走向一个更宽阔的视野。

但这里要值得注意的是，传统美学的研究是一种远离社会事件的抽象思辨，其研究的方式是从概念到概念，虽然可以产生许多深奥的名词和术语，但也很容易空对空。虽然想到的是用自下而上的研究方式，但却始终停留在形而上的圈子里，走不下去。因此，作为审美人类学来说，将人类学的田野考察和个案研究的方式结合到以往的美学研究中，无疑是一个学科上的革命，因此，在审美人类学的研究中，田野考察是真要放在一个重要的位置，不能像以往的研究一样，仅仅停留在名词和概念上。

当然，作为传统的人类学的田野考察，在实证主义研究遭到质疑的同时，也遭到了来自多方面的质疑。尤其是人类学田野考察中的价值中立及客观描述让人感到可疑，因为作为研究者，在描述所面对的考察对象时，不可能不打上其文化背景、教育背景、兴趣爱好等方面的烙印。尽管如此，通过本人近十年的田野考察体会，仍然认为，田野考察对于人类学研究来说是非常重要的。尤其是在社会发生急剧变迁、社会知识更新加速的今天，面向社会事件的研究尤为重要。以艺术研究来说，如果我们还只是用以往人类学家在各土著民族所做的田野报告为资料，我们就会发现，我们已经远离了现实。

在全球化迅速展开的今天，已经没有任何地区可以幸免遭到工业文明和现代信息的浸染，“地域性已无可避免的与全球性彼此关联起来。人们对某些地点的密切依恋与认同仍然存在着，但这些地点本身已被脱域出来了；它们不仅是对基于地域性的实践与卷入的表述，而且也受到了日益增多的来自远距离的影响”[①]。再也没有了纯粹传统的社区，所有的文化都在加速地改变，许多地区的文化不再是当地人熟悉的意义系统，而在很大程度上是在表现远距离关系的地域情境。包括土著部落的艺术、民间乡村的艺术。一方面这些乡村艺术受到现代化的冲击，发生了从创作主体到创作目的到制作手段、表现题材、消费对象的改变，同时它也不是在被动地接受。它们也在“脱域”，也就是通过市场、通过旅游，离开它们土生土长的环境和区域，进入城市，甚至进入国际。脱域机制的发展，是社会行动从地域化情境中提取出来，并跨越广阔的实践空间距离去重新组织社会关系。现代工业化和后工业化的文化和艺术在影响乡村，同样，乡村富有传统魅力的文化和艺术也在影响着整个世界。

这是一个互动的杂混的时代，也是一个不断学习的时代。没有任何人和任何事物可以停滞不前，何况艺术本身就是一个时代文化的本质的体现，它不可能是一个静态的，没有生命的，只是躺在手术台上等待着我们去解剖的“尸体”。

作为审美人类学的人文关怀，不仅限于乡村和边区民族，也应该关注都

---

① ［英］安东尼·吉登斯:《现代性的后果》，田禾译，译林出版社2000年版，第95页。

市，关注都市的大众艺术、现代艺术。在摄影、录像、录音等技术快速地向数字化发展的过程中，人们艺术表现的手段越来越丰富，人们对生存空间的认识也越来越多样化，不仅有现实的生存空间，还有虚拟的生存空间。世界的现实图景包括各种视觉形象的感受，都在人们的眼睛里发生着剧烈的改变。传统的架上绘画的发展已呈弱势，装置艺术、行为艺术、多媒体艺术，不仅打破了现成物和艺术品之间的界限，打破了艺术话语和日常生活话语之间的界限，也打破了艺术门类与门类之间的界限。

如果我们现在还在远离社会事实的变化，还在死守艺术的纯洁性和自律性，还在将其作为一个封闭的空间，高高在上，自我建造各种远离社会真实的理论，是毫无价值的。由此看来，审美人类学的发展和出现，对于以往的美学无疑是一次革命，甚至是一次地震。它将会修正或改变传统美学中的许多理论，甚至包括美的重新定义，美和艺术的关系的重新定义等。这一切的定义将有待于大量的田野考察成果的出现和诠释，而不是凭空的想象。

（原文载于《广西民族学院学报（哲学社会科学版）》2004 年第 5 期）

让艺术和审美研究从实践出发
——艺术人类学之学术意义的一种阐释

何 明

在西方，古典美学（包括艺术学或文艺学）根据抽象的理性人的认识论出发研究美及艺术问题，演绎出一个又一个抽象而庞大的美学理论体系。进入 20 世纪以后，以批判德国古典美学尤其是黑格尔美学为开端的现代美学，无论人本主义（非理性主义）美学还是科学主义（实证主义）美学，都反对从概念、理论模式出发的模式，回避甚至拒绝对美的本质等思辨性问题的回答，强调从艺术实践和审美经验出发，对有关艺术和审美经验的具体问题做出解释或回答，然而由于没有建立起系统的学术范式和操作方法，也可能受到美学附属于哲学的学科模式的影响，也可能未脱出以哲学为“元话语”科学的学术传统，现代美学尽管取得了一些新的思想和知识，但终究未能令人信服地取得实质性突破。在中国，尽管有着悠久的注重描述艺术实践和审美经验的传统，但由于作为学科意义上的美学属于近代以来从西方移植而来的“舶来品”，西方古典美学的抽象的理性人认识论范式长期居于主导地位，被西方现代美学所回避甚至拒绝的诸如“美的本质”等思辨性问题仍然成为美学研究者不得不回的命题，并成为长期争论不休的主题，而社会和日常生活中丰富多彩的艺术活动与审美经验却少有人问津，甚至被漠视，从而使 20 世纪 80 年代的“美学热”迅速降温并未曾显露出丝毫复苏迹象。

面对美学的困境，以参与观察、描述与解释具体文化为出发点的人类学介入艺术及审美问题研究，在美学与人类学之间架构起一个跨学科领域或人类学的一个新的分支学科——“艺术人类学”（art anthropology），让那不食人间烟火的“形而上”美学回到琐屑但却鲜活的艺术实践以及审美经验[①]，或许不失为一条有效路径。

一、“纯思”的困境：艺术和审美研究从实践出发的诉求

纵观西方古典人文学科和社会科学，其主导的认识论是把人设定为理性的人，以此为出发点运用思辨方法演绎出一个又一个理论体系，哲学、美学、史学如此，政治学、经济学、法学也未能完全脱此干系，尽管其中有唯物与唯心、唯理论与经验论、形而上学与辩证法等学派或思想体系上的差异，也有各个学科因研究对象和方法上的不同而具体研究路径有别，但其既深且固的认识论却是相同至少是相近的，这就是以理性的人为出发点。其他学科的例证在此不一一赘述，仅就本文讨论的论题范围之内的学科——美学做一简要说明。

早在西方美学的摇篮期——古希腊时代，柏拉图从自身先在前的“理念”来解释美和艺术，认为只有理念世界的美才是真正的美，艺术是理念“摹本的摹本”或“影子的影子”，从而奠定了理性主义美学思想基础。亚里士多德用“四因”说（即质料因、形式因、动力因、目的因）解释美和艺术，提出了著名的“摹仿”说，认为作为创造因的艺术家，乃是摹仿自然或神那样的创造，来创造艺术作品，摹仿自然或神那样的赋予物质、材料以形式，来完成艺术作品的形式。作为古希腊“最为博学的人”（恩格斯语）和自然科学家，亚氏将自然科学的一些方法用于美学和艺术的研究，使其美学体系含有科学理性的成分，同时作为古典形式逻辑的奠基者，其《诗学》充满了严密的演绎推理，开创了西方美学的思辨方法的先河。

---

① “实践”的含义较多，本文基本采用黄宗智先生在《认识中国——走向从实践出发的社会科学》（《中国社会科学》2005 年第 1 期）一文中的用法，所指主要是相对于理论和表述，但笔者需要补充的是，其中应既包含人的活动及其结果（如音乐、舞蹈、美术等），也包含人的经验。

伴随着近代自然科学的发展，理性主义形成了较为完整的体系，夸大理性和思辨在认识中的作用，极力推崇甚至绝对化演绎法，贬低感觉经验在认识中的地位，以此为基础解释美和艺术，运用“形而上”的思辨构建思想体系。而将这种学术或理论取向推向顶端的人物便是声名显赫的德国哲学家黑格尔。黑格尔有一句众所周知的名言，即：“凡是现实的都是理性的，凡是理性的都是现实的。”① 他极力推崇理性，运用绝对理念的哲学体系解释美和艺术，提出了著名的“美是理念的感情显现”② 论断，演绎推导出逻辑严密、语言晦涩的美学体系。著名的哲学家罗素都感叹：“黑格尔的哲学非常艰深。我想在所有大哲学家当中他可说是最难懂的了。”③ 唯理与思辨，可以说是黑格尔美学最突出的两大特征。④

理论体系内在逻辑的统一、严密并不等于就是获得了真实性的知识或真理性的结论，因为人们对难以令人信服地解释经验事实或人的实践的理论是不会满意的。早在 19 世纪末，英国著名批评家沃尔特·佩特便对古典美学做了这样的批评：“愈是抽象地规定美就愈变得没有意义和毫无用处。给美下定义，不应该是抽象的而应该是具体的；不应去发现一种万能的公式，而应该去发现这样的公式，它应该是一种能明显地适合于这种或那种美的特殊表现的公式，这才是真正美学研究者的目标。”⑤ 西方古典美学就面临着这样的尴尬：艺术家们希望美学家能告诉他们怎样去感受一个美的对象，怎样把一种审美经验制作成一件艺术作品，而美学所提供的概念、命题、理论等实在让他们不知所措，如谁都无法按照“美是理念的感性显现”去审美与创作。

到 19 世纪末 20 世纪初，西方美学家不再满足于对古典美学的抽象臆测和

---

① 有人将此句中的“理性”译成“合理”，本文依朱光潜先生《西方美学史》下册（人民文学出版社 1979 年版，第 471 页）的译法，认为译成“理性”更符合黑格尔哲学体系。

② ［德］黑格尔：《美学》（第 1 卷），朱光潜译，商务印书馆 1979 年版，第 138 页。

③ ［英］罗素：《西方哲学史》（下卷），马元德译，商务印书馆 1976 年版，第 276 页。

④ 参见朱立元《评黑格尔〈美学〉体系的构架》，《学术月刊》1984 年第 2 期。

⑤ ［英］沃尔特·佩特：《文艺复兴·序言》，转引自朱狄《当代西方美学》，人民出版社 1984 年版，第 318 页。

智力游戏，与哲学一起开始突破理性主义和“形而上”的思辨模式，寻找新的学术路径。诚如美国哲学家怀特所说：“几乎 20 世纪的每一种重要的哲学运动都是以攻击那位思想庞杂而声名赫赫的 19 世纪的德国教授的观点开始的。”[①] 这位德国教授就是黑格尔。在这种批判中形成了以人本主义（非理性主义）和科学主义（实证主义）为代表的两大思潮。[②] 同样，现代西方美学在批判以黑格尔为代表的古典美学的过程中出现了令人眼花缭乱的众多美学流派，但仔细辨析其核心思想倾向和主导研究方法，这些纷繁的美学流派大体可归入人本主义（非理性主义）和科学主义（实证主义）两大阵营。直觉主义、存在主义、精神分析、现象学、符号学、解释学、美学等可归入人本主义思潮，其共同特征是反对理性决定审美和艺术的理论，突出主体尤其是审美主体的情感、想象、感觉等心理体验在审美和艺术中的地位，重点研究艺术和审美中的非理性因素；逻辑实证主义、自然主义、形式主义、实用主义、结构主义、分析哲学、格式塔心理学美学等美学可归入科学主义思潮，其基本特征是反对运用逻辑演绎的方法研究审美和艺术，强调对具体的艺术问题和审美经验做出实证性归纳分析。尽管这两大思潮之间在理论和方法取向上形成长期对峙状态，然而在理论取向和研究方法上也存在着一些相同或相近之处，如在研究的出发点上，都反对从概念、理论模式出发的模式，回避甚至拒绝对美的本质等思辨性问题的回答，强调从艺术实践和审美经验出发，对有关艺术和审美经验的具体问题做出解释或回答。此外，两大思潮之间在各个时期都存在着不同程度的相互交融、渗透和综合的倾向。[③]

然而，包括人本主义和科学主义各家各派在内的西方现代美学，在具体艺术问题和审美经验的研究上却未能真正建立起完整并具有操作性和实效性的学术规范及方法，而只指出了方向和获得了一些思想成果，犹如只会用语言描

---

① ［美］M. 怀特编著：《分析的时代》，杜任之主译，商务印书馆 1981 年版，第 7 页。

② 参见夏基松《现代西方哲学教程》“绪论”，上海人民出版社 1985 年版，第 1—28 页。

③ 参见朱立元主编《现代西方美学史》“导论”“结语”，上海文艺出版社 1996 年版，第 1—35、1037—1053 页。

绘宏伟的远景却无法提供施工图纸一样，难以取得实质性的成果。当然，我们也不能责怪美学家，因为他们是思想家而不是工程师。但总是在描绘蓝图却永远不见落实的宏论，长此以往必定会受到憎恶。美学思想家们应成为将其蓝图绘制成“施工图纸”的“工程师”，需要把其学术指向变成有效成果的知识和工具。

二、田野调查与文化整体观：人类学使从实践出发成为可能

现代美学寻求回答或解释有关艺术和审美经验具体问题的学术取向，为人类学介入艺术和审美问题研究提出了学术诉求；而人类学所特有的以田野调查为基础，对文化进行整体把握的学科特性，使人类学的艺术和审美研究具有了从实践出发的可能性。

作为学科意义的人类学创立于19世纪中叶的西方社会，与哲学、美学等众多的人文学科和社会科学学科相比，人类学实属非常年轻的“小兄弟”了，但却是在现代社会和现代科学土壤所孕育出的现代学科。科学实验、直接观察、理论概括、实践验证等科学精神和研究范式催生了人类学的诞生，而达尔文的生物进化论、实证主义哲学奠定了人类学的早期学术范式。尽管当时的人类学家如泰勒、弗雷泽等人的研究方法尚未完全摆脱古典学科的“案头作业”模式而被称为“摇椅上的人类学家”，但他们对旅行者和探险家们亲历亲闻的高度关注与研究，已经透露出重视经验事实和实践的学科倾向。而摩尔根对美洲土著民族的亲身考察及其成果《易洛魁联盟》和《古代社会》开创了人文学科和社会科学从实践出发的学术取向和研究范式，这一学术取向和研究范式经过博厄斯和马凌诺斯基等人类学大师的田野调查实践及总结而得以强化与成熟，成为人类学特有而基本的学科特征。

直接面对调查对象、亲自对其进行系统深入的观察把握并用以“证实”或“证伪”的田野工作，成为人类学至今仍恪守的最基本的研究方法。田野工作

要求研究者对一个特定的社区进行直接和持续的观察，并融入研究对象的社会文化之中，甚至努力像研究对象那样生活与思考，马凌诺斯基对自己的田野工作做过这样的描述：

在我把自己安顿在奥马拉卡纳之后不久，我就开始融入到村落生活之中，去期盼重大的或节日类的事件，去从闲言碎语以及日常琐事中寻找个人乐趣，或多或少像土著那样去唤醒每个清晨，度过每个白天……当我在村落中漫步时，我能看到家庭生活的细节，例如梳洗、做饭、进餐等；我能看到一天的工作安排，看到人们去干他们的差事，或者一帮帮男女忙于手工制作。争吵、说笑、家庭情景，这些通常很琐细、偶尔具有戏剧性但却总是有意义的事情，构成了我的、也是他们的日常生活氛围。应当记住，土著们每天频繁地看见我，便不再因我的出现而好奇或警惕，或被弄得忸怩不安，我也不再是我所研究的部落生活的一个干扰因素，我的突然接近也不再像一个新来者对每一个蛮族社区总会发生的那样会改变它了。

……

我也经常违反礼节，那些土著人由于对我足够熟悉，会毫不迟疑地指出来。我必须学着如何行为，而且在一定程度上，我有了何谓举止好坏的“感觉”。加之我已经能够从他们的陪伴中得到愉快并能参与他们的游戏和娱乐，我开始感到我确实地与土著人接触上了。这当然正是田野工作得以成功的初始条件。[①]

马凌诺斯基所描述的这一过程，就是田野调查中经常采用的重要方法“参与观察”。

人类学的田野工作及其“民族志”方法不同于一般意义的“调查”，而有

① ［英］马凌诺斯基：《西太平洋的航海者》，梁永佳、李绍明译，华夏出版社 2002 年版，第 5—6 页。

一整套完整的规范。人类学家里弗斯对此总结道："强化的研究工作，必须对研究对象的规模有所限定，还必须使研究深化。其最典型的做法是让（人类学者）在某个社区或四百至五百人的社群中生活一年以上，同时研究他们的生活和文化的所有方面。在此社区或社群中，研究者能够对当地的所有人有所认识，能够研究当地生活习俗具体的体察，能够用当地话来进行调查，而超越一般的印象。"[①] 人类学（主要指奠定了自身学科规范之后的现代人类学）的基本要求是用整体文化观的视角在特定时间里，对特定地域即社区的特定人群或族群进行系统的观察、调查、研究并对理论观点进行验证，也就是说，田野工作具有以下要求或规范：其一是亲历性。人类学要求研究者亲自到达研究对象的社区，并在那里持续生活与工作一段时间（一般要求是 1 年以上），以获得直接而完整的体验和知识。其二是整体性。许多学科（包括早期人类学即古典人类学）的调查及其所采用的研究资料往往是零碎的，即根据其理论构架或学术观点阐述的需要截取不同时间、不同社区、不同人群的文化资料或同一文化的不同方面的资料进行连接与组合，即所谓"碎片化"，从而使其结论无法进行验证。人类学则"旨在通过最细致的观察，提供有关某一生活方式的全面图景"，要求研究者以文化整体观的视角和方法对研究对象进行全面系统的把握与研究，"在于使文化元素场域化，在于在各文化元素之间设立了系统的联系"[②]。即使研究选题所选择的是某一角度或某一侧面，也必须在整体把握研究对象及其文化基础之上展开，而不能根据理论构架的需要任意截取文化片段。其三是边界性。受近现代自然科学实验方法的影响，现代人类学抛弃了传统人文学科和社会科学对研究对象经常不做严格明确界定的做法，要求明确地确定研究对象，并开创了"社区"研究法，将研究对象限定在一定的地域范围、人群（族群）范围之内。其四是内在性。人类学要求对经验事实进行完整、全面

---

① 转引自王铭铭《想象的异邦——社会与文化人类学散论》，上海人民出版社 1998 年版，第 268—269 页。

② ［美］乔治·E. 马尔库斯、米开尔·M.J. 费彻尔：《作为文化批评的人类学》，王铭铭等译，生活·读书·新知三联书店 1998 年版，第 44 页。

的体验与描述，但其学术目标绝不是纯粹经验和事实研究的累积，而是要探索“文化的逻辑”或“实践的逻辑”。只不过是通过对研究对象的观察、体验与研究所获得的，而不是通过研究者自己的逻辑演绎和思辨直接获得；更不是外内性地贴到研究对象上去的，而是从研究对象之中“拧出”其内在的逻辑和理论观点。

人类学的上述认识论、学术范式和研究方法使它获得了“文化科学”和“走向实践的社会科学”的名称，尽管反思人类学对马凌诺斯基、博厄斯等人创立的学术模式提出批评与挑战，但从总体上说仅是对现代人类学将田野工作、“民族志”撰写及文化研究的一些问题绝对化倾向和认识论的“矫枉过正”，从文化经验事实或实践出发的研究路径仍然被作为基本学术规范。

三、难题的破解：人类学方法介入艺术与审美研究的途径

人类学介入艺术和审美问题研究，美学和艺术学（文艺学）对人类学研究的关注，都已有上百年的历史。

人类学研究的对象是文化，作为人类文化重要构成部分，艺术必然地进入到人类学的观察与研究视野。早在19世纪后期，被称为“人类学之父”的泰勒给人类学的研究对象“文化”下定义时便明确地把艺术纳于其中，他说：“从广义的人种论的意义上说，文化或文明是一个复杂的整体，它包括知识、信仰、艺术、道德、法律、风俗以及作为社会成员的人所具有的其他一切能力和习惯。”[①] 此后，另一位古典人类学家弗雷泽的巨著《金枝》（1890年）则收集并分析了大量“原始民族”的艺术资料，不仅成为早期人类学的代表性成果，而且被美学、文艺学、民间文学等学科视为经典之作。现代人类学家们对艺术同样给予了高度关注，并对艺术进行了专门研究，其中具有代表性的是美国人

① ［英］泰勒：《原始文化》，蔡江浓编译，浙江人民出版社1988年版，第1页。

类学家博厄斯，他于1926年出版的《原始艺术》被视为人类学系统研究原始人的艺术和审美活动的经典之作。人类学传入中国后，同样也非常重视对艺术的研究，中国人类学的开创者蔡元培先生曾撰写过《美术的起源》等文章，著名人类学家凌纯声先生在其《湘西苗族调查报告》和《畲民图腾文化的研究》等著作中搜集整理了大量的民间文化艺术并做出了精彩的论述，林惠祥先生的《文化人类学》中对原始人的人体装饰、器物装饰、音乐舞蹈和诗歌等进行了专门讨论，岑家梧先生的《史前艺术史》《图腾艺术史》和《中国艺术论集》为中国早期人类学家研究初民艺术的典范之作。[①]

人类学对艺术和审美问题的关注与研究，尤其是“民族志”内包含的大量有关异文化的艺术材料，成为美学和艺术学（文艺学）研究艺术起源等问题以及理论建构的重要素材和思想来源。格罗塞、普列汉诺夫等国外学者和朱狄、邓福星、章建刚等国内学者对艺术起源的研究，引用了大量的人类学调查与研究成果。“原型批评”等美学理论是在弗雷泽《金枝》的有关资料和理论基础之上形成的。而结构主义人类学的代表人物列维－斯特劳斯同时被美学界视为结构主义美学的重要代表人物。

人类学与美学的相渗互动，在欧美国家于20世纪80年代激发出一批学者开展介于两个学科之间的跨学科研究的热情，完成了一批重要研究成果，如罗伯特·莱顿的《艺术人类学》，沃尔夫冈·伊塞尔的《走向文学人类学》，哈彻的《作为文化的艺术：艺术人类学导论》，布洛克的《原始艺术哲学》，安东尼·泰特罗的《本文人类学》等。中国美学界的一些思想敏锐的中青年学者郑元者、易中天、王杰等人也于20世纪90年代开始涉足这一分支学科的研究，并发起成立了“中国艺术人类学研究会”，出版了一批开创性的学术成果。这一学术动向引起了王建民等人类学界的学者们的关注，他们从人类学的视角对“艺术人类学”的学科建设提出了建设性的意见，认为其目前还处于学科的草

---

① 参见王建民《中国民族学史·上卷（1903—1949）》，云南教育出版社1997年版，第102—317页。

创时期，迄今为止尚未见到按照人类学的学科范式和研究方法完成的调查研究成果。从总体上看，当前我国的艺术人类学研究所采用的研究方法主要是传统美学的理论思辨，所谓“交叉”仍处于美学研究运用人类学的调查资料以及从其思想理论中获得启示或佐证的阶段，如果说对人类学的研究方法有所运用的话，所用仅是泰勒、弗雷泽等古典人类学的文化资料比照的方法，现代人类学的田野工作和“民族志”方法还未能渗透到美学研究之中。

交叉学科的形成一般来说有一个从跨学科研究到学科形成的过程。跨学科研究主要是在不同学科的学者们从其他学科中引用佐证资料、获得思想灵感、借理论模式等方面，而交叉学科形成的主要标志则是学科范式和主要研究方法的整合。因为学科范式和研究方法是一门学科确立的基础和关键。从这个意义上说，美学与人类学的互动目前仍停留于跨学科研究的阶段，所开展的工作主要属于材料、思想互用的表层渗透阶段，学科范式和研究方法的深层渗透还处于探索时期，由此可以说，“艺术人类学”作为一个交叉学科目前还没有真正形成。

笔者认为，创建艺术人类学的关键环节是把人类学的田野工作和“民族志”方法引入艺术和审美问题的研究之中，根本目标是解决当代美学本体论即“美的本质”“艺术的定义”“艺术的特征”等消解之后提出的有关艺术和审美经验的具体问题的分析，尤其是实证性研究需求，开辟一条从经验事实和实践出发研究艺术及审美问题的新途径。这也是创建艺术人类学学科的基本依据和价值所在。

（原文载于《云南社会科学》2005年第5期）

田野工作与艺术人类学、审美人类学学科建设

王建民

以参与观察为特色的田野工作被认为是当代人类学的最重要学科特点之一。当我们讨论艺术人类学和审美人类学时，应当明了田野工作在学科定位中的意义。同时，在学术实践中，怎样进行艺术人类学和审美人类学研究，也需要对田野工作研究方法和方法论有更多关注。本文从理论和方法论的讨论入手，并结合国内外同行的研究实践，强调田野工作对艺术人类学和审美人类学学科建设的重要作用。

一

从现代社会科学和人文学科的发展历程来看，在理论和方法论上的定位在界定学科方面起着十分重要的作用。艺术人类学和审美人类学作为新兴学科，在我国刚刚起步。一些大学和研究机构已经开始招收人类学专业、文艺学专业或艺术学专业艺术人类学方向的博士或者硕士学位研究生，相关的一些研究成果也在陆续出版。尽管发展时间不长，却已显出红红火火之势。

不过，在火热之中，作为研究者应当冷静地思考。在学科发展的初期就应当在理论和方法论方面有所定位和确认。近年来，国际学术界对人类学与艺术的关系进行了重新认识，其中不少讨论是从理论方面入手的，如乔治·马库斯和弗雷德·R. 迈尔斯主编的《文化的交流》中对艺术与人类学关系的重新认

识[①]，詹姆斯·克利福德用反思人类学的理论对艺术领域的分析[②]等。国内学术界王杰[③]、王建民[④]、郑元者[⑤]、易中天[⑥]等人也分别就相关问题发表过意见。如此的讨论，特别是国内学者的讨论，与前述多专业招收艺术人类学研究方向的状况一起，表现出对艺术人类学或审美人类学学科特点和定位认识的多元性。这种多元性是与学者们的学科背景、学术训练、基本理念、现实场景等诸种因素有关的。如果处理得当，多元性可能会是推动学科发展的重要动力。反之，则会影响学科的发展方向，使之在热闹之后仅是昙花一现。

每一门学科都是在对研究目标、对象、概念工具和手段的认识当中来定位的。界定艺术人类学和审美人类学时的选择本身来自学术背景不同的学者们的不同标准，就具有某种相对的多样性。人类学家并没有把他们的研究限制在人类学的生物人类学、考古人类学、语言人类学和文化人类学这些分支学科之内，在人类学努力保持其学科特性的同时，人类学也与其他人文和社会学科有着十分密切的联系。比如说，艺术人类学和审美人类学与艺术研究的其他相关学科之间就有跨越学科边界的需要。人类学家通常是一只脚站在田野土地上，另一只脚站在学科内。而作为艺术人类学和审美人类学不仅有这样的立场，还应该一只脚站在人类学学科，另一只脚站在艺术相关学科或美学学科。

国际学术界近年来的研究和学术交流也十分强调跨学科的研究模式。2004年7月18日至23日在巴西召开的第16届国际美学大会的主题是“美学的改变”（Changes in Aesthetics）。研讨重点是与当代美学的扩展相关的实践与理论，包括人类学、社会学、生态学、时尚、记号语言学、艺术教育、民俗学、心理

① George E.Marcus and Fred R.Myers (eds.) , *The Traffic in Culture: Refiguring Art and Anthropology*, University of California Press, 1995.

② James Clifford, *Predicament of Culture: Twentieth-Century Ethnography, Literature, and Art*, Harvard University Press, 1988; James Clifford, *Routes: Travel and Translation in the Late Twentieth Century*, Harvard University Press , 1997.

③ 参见王杰《审美幻象与审美人类学》，广西师范大学出版社2002年版。

④ 参见王建民《艺术人类学研究的新视野——王建民教授访谈录》，《东方丛刊》2003年第2辑。

⑤ 参见郑元者《艺术人类学与知识重构》，《文汇报》2000年2月12日。

⑥ 参见易中天《艺术人类学》，上海文艺出版社1992年版。

分析、科技和其他知识领域。会议组织者对文化多样性的美学给予了强调。[1]

人类学与其他学科的交叉和互渗越来越普遍，这也成为当代我国艺术人类学和审美人类学发展的重要条件。研究艺术人类学和审美人类学的学者在一定程度上应当是艺术家或者美学家，否则就难以更有效地发现和搜集有研究价值的东西，也不能充分理解他们在研究中所发现的那些东西的意义。从我个人的体会来说，在学习和研究艺术人类学的过程中，不仅相关艺术实践给我带来许多启发，我更不断得到从事艺术研究和教学的其他学科的朋友们的帮助，并从其他学科获得了很多有用的知识。跨学科活动可以说是一种关于研究对象及其相关各种侧面的整体思想，艺术人类学和审美人类学必须考虑到各种不同文化中的艺术本体和审美观及相关的各个方面。

然而，学科的统一性与纯洁性是必须同时考虑的。[2] 尽管目前国内研究艺术人类学的学者来自不同的学科，有人类学、艺术学、美学等多种研究背景，既然是艺术研究和人类学的结合或者研究艺术和审美的人类学，艺术人类学和审美人类学作为人类学的分支学科或交叉学科，就应当具有人类学的性质。在明确这样的学科定位时，需要在学科特点上与研究艺术或者美学的其他学科有所区别。大部分人类学家以研究人类文化为重点，他们强调文化相对论的观念，主张不能用自身文化的观念去判断其他文化的价值，力求说明多样性的文化存在的意义。艺术人类学和审美人类学也应当具有这样的关怀，不能想象一种具有强烈的文化中心主义或民族中心主义倾向的研究会是出自当代人类学家之手。艺术人类学和审美人类学应当以对多元审美观、艺术观和多种艺术现象、艺术活动的阐述为己任，突破现代工业文明建立后出现的西方中心论的局限，在中国还要突破沿袭数千年的文化中心主义的理念，当然还有其他各种类型的民族中心主义或族群中心主义意识。

---

① 巴西美学协会网（http://www.kmbeventos.com.br/XVICongressoInternacionaldeEstetica/）。

② 参见弗朗克·阿瓦莱-佩列雷《从纯洁性的欲望到统一性的要求：面临跨学科研究考验的人类学诸学科》，乔亚译，《第欧根尼》（中文版）1993年第1期。

人类学家对艺术的分析是建立在对整体性的把握之上的，以理解人类社会与文化。人类学所说的整体性既关注生物现象，又关注社会现象。换句话说，人类学家既研究人类的生物特征，又探讨他们的社会和文化环境。他们还主张文化的不同部分之间是整合的，比如说，人类学家研究舞蹈就不能仅仅记录和描述舞蹈动作，还要关心舞蹈表演者、观众的经历和感受，了解舞蹈的社会文化背景和社会结构对舞蹈的影响，研究舞蹈表达的族群认同和政治诉求、舞蹈体现的社会文化及艺术家个人风格、舞蹈创作和表演中的社会文化理念等内容，甚至在舞蹈训练中对身体形态及身体观念的改变等等。在人类学家看来，不能仅仅就艺术的某一种特定方式去谈论艺术，而应当将艺术置于更广泛的背景之中。

当代人类学田野工作的特点之一是在语境化中进行诠释。人类学家通过将所观察的个案材料嵌入一个特定的分析文本中，可能会指出某一部分的细节与更大的语境之间的整体的、广泛的关联性。人们正是根据某些细节与其他观察到的细节之间的关联，用适用于这一语境的概念来解释一系列观察到的现象。

在文化人类学界一直存在着一些理论争论，这些争论集中在三个大的论题上：（1）生物决定论与文化建构论，在对人类行为和理念的解释中，应当给予生物的特性以更优先的地位，抑或最好视之为文化构成习得的产物；（2）观念作用论与文化唯物论，观念作用论是通过研究人们对他们生活的解释及对他们更为重要的意义的思考来理解文化的一种视角。而文化唯物论则是试图通过首先考察生活的物质方面（自然环境）及人们如何在特定的环境中生存来了解文化；（3）个人主观能动性与结构，涉及个人在超出个人控制的结构之中究竟能够发挥多大程度的作用的问题。[①] 人们对一些具体现象的理解与在这三个方面的不同立场有直接的关系，如果再考虑到每一问题的争论中又有并非站在极端的不同的立场，在对艺术的实地考察和研究中，学者们就可能提出各自不同的多样化的解释。

---

① Barbara D.Miller, *Cultural Anthropology*, Boston: Allyn & Bacon, 2002, pp.9–12.

库拉圈在功能学派人类学家看来，是将一个广泛地区上的许多人用确定的社会形式联系在一起的网络。在这个网络里，人们受到确定的关系和互惠责任的约束，因而要共同遵守非常细微的规则和礼俗。这些库拉交易中的臂环和项圈等手工艺术品是作为一种财富在库拉圈内流通、收藏和展示的，在交换中，作为激发羡慕并赋予人们以社会特性和声誉的手段，这些物品有了崇高的价值；进化论者可能会将库拉与财富和价值、商业和经济关系的起源联系在一起；传播论者则会关注库拉圈交易表现的文化接触和传播现象。文化人类学家的学术取向或倾向也会有所不同，阿兰·巴纳德在讨论不同学派在历时性、共时性和互动论的视角上的差异的同时，也用社会取向和文化取向两种视角来区分不同的学派。[①]

当代人类学的新视角对艺术有了更多的探讨。一些人类学家注意到艺术作为一种表意方式，更为直接地表达着人们的认同，表达着他们对环境的认识，以及他们与其他人之间的关系。正如格尔兹所说："巴厘人，不仅在王室仪式，而且在普遍的意义上，将他们对万物之终极存在方式的综合性理解，及人们因此应该采取的行动方式，投射到最易于直接把握的感官符号中去——投射到由雕刻、花朵、舞蹈、乐曲、手式、神歌、饰物、庙宇、姿势和面具的复合体之中——而非投射到一组以推理方式把握、组建起来的确然的'信念'（belief）之中。"[②]不过，不同的族群对世界的理解方式可能会有差异，把这些有差异的本体论和世界观加以表述的方式更是丰富多彩，要了解这样的文化表达，就必须依托田野工作，以求对不同族群的艺术做出更为准确的描述和分析。艺术与包括国家、阶层、族群和性别权力、话语之间的联系也在许多个案中得到分析和揭示。

与理论的特点直接相关的是研究方法和方法论的特征。人类学与田野工作

---

① Alan Barnard, *History and Theory in Anthropology*, Cambridge: Cambridge University Press , 2000, pp.8–12.
② ［美］克利福德·格尔兹：《尼加拉：十九世纪巴厘剧场国家》，赵丙祥译，上海人民出版社 1999 年版，第 122 页。

的关系十分密切。虽然不只是人类学家才做田野工作，但是田野工作对人类学学术建设和发展的重要性却显而易见。从研究实践来看，田野工作对人类学的艺术研究一直十分重要。除了早期进化论的部分研究成果之外，绝大多数研究艺术的人类学家都亲自进行过田野工作实践。

人类学在一百多年前创立的时候，许多学者阅读旅行家、探险家和传教士的报告，并以此为根据进行研究和分析，因此被称为“安乐椅上的人类学家”。19 世纪末 20 世纪初，一些学者到国外去旅行，靠近他们所研究的人们的地方，将当地人找来，在他们下榻的豪华住宅的走廊里进行访谈。这些学者被称为“走廊里的人类学家”。这两类建立在研究者个人立场之上的研究，由于没有深入细致的田野工作，往往切断了资料与其存在的社会文化之间的联系，抹杀了资料的特定社会文化背景，也许可以服务于那些“宏大话语”的建构，却不能够为我们提供更多的面向实地研究的解释和说明。正如弗思所批评的那样，“我们关于异域艺术的许多抽象结论都是假设，很难加以验证，因为它们基于艺术生产者陌生的类推”[①]。这样，就难免有隔靴搔痒之感。应当说，我们目前的一些研究也有这种十分危险的倾向。在中国发展艺术或审美的人类学的起步阶段，应当以学科发展经验为鉴，避免动辄夸夸其谈或建构宏大话语。

博厄斯和马林诺夫斯基创立了人类学田野调查研究方法之后，人类学家就强调要依据调查者的观察和所获得的信息来描写初民社会或原始民族的手工艺品、经济状况、信仰及活动。参与观察成为文化人类学最基本的搜集材料的技术。最初，人类学家所追求的是用实证主义的方法对事实进行客观的描述和科学的解释，力求探寻社会文化发展的规律。直到 20 世纪 60 年代，实证主义的方法论依然受到大多数人类学家的追捧。

在此之后，阐释人类学的出现对许多学者提出新的挑战和方向。研究者强调对由特定历史场合的人们创造的意义进行认识和理解。在特定的社会历史

---

① Raymond Firth, “Art and Anthropology” , in J. Coote and A. Shelton (eds.) , *Anthropology, Art and Aesthetics*, New York: Oxford University Press, 1992, p.24.

环境下，用更细致的手法描述特别的文化现象，进行文本阐释和意义理解。在阐释人类学大师格尔兹看来，“人是悬挂在他们自己编织的意义之网上的动物，我把文化看作这些网，因而认为文化的分析不是一种探索规律的实验科学，而是一种探索意义的阐释性科学”[①]。按照阐释人类学的要求，民族志研究者必须在田野笔记和记录报道人所讲的故事基础上才能对民族志进行阐释和综合。

这样的一种阐释就是用移情的方式进行理解，可以叫作“移情理解”（empathic understanding）。当我们想要获知现在或过去的“他者”有意义的言谈举止的理由或目的时，就需要用移情理解。在这种模式的田野工作中，移情理解意味着研究者以某个事件或当事人的行为作为开端，力求将行动者和作为参与观察者的民族志者所处情境的“主观”定义引导出来并记录下来。研究者应该紧紧把握住那些与全部场景和特定的行为有关的、正在思考或感觉的当事人。获取知识可以使民族志学者在某种程度上理解和接受当地人看问题的立足点。尽管这种知识体系总是不完整甚或易出错误，研究者却能够用本地人的眼界来描述特定的情境。[②]

二

然而，在具备与文化人类学的其他领域研究的相同特征的同时，艺术人类学和审美人类学的田野工作也应当有其自身的特点。这种特点是由于艺术本身的特点决定的。艺术作为表意方式，有其特定的语汇、特定的表达方式和结构。有些东西是在跨文化的艺术研究中可以较为普遍使用的。以往研究艺术某一类别的学者已经创立了多种记录和表述方式，并被相关学者普遍使用，成为

---

① ［美］克利福德·格尔兹：《文化的解释》，纳日碧力戈等译，上海人民出版社 1999 年版，第 5 页。

② Thomas Schweizer, “Epistemology:The Nature and Validation of Anthropological Knowledge” , in H. Russell Bernard（ed.）, *Handbook of Methods in Cultural Anthropology*, Walnut Creek: AltaMira Press, 1998, pp.39-87.

一种特定的学术或专业语言。比如，现代舞蹈理论之父鲁道夫·拉班创造了用符号和记号代替语言文字描述的拉班舞谱，以记录和理解舞蹈动作结构与空间的关系。人们也用乐谱来记录音乐，用鼓谱来记录鼓点及其节奏。“这就要求我们大大提高自己的能力，这样才能记述和分析意识中的种种非语言的符号——行为者正是借助这些符号来表达、运用和改变他们的理念和认识的。”[①] 艺术人类学和审美人类学的深入研究与对艺术专门知识的了解和把握密切相关。掌握这些艺术门类专业记录技术和表述方式，了解艺术门类的其他专门知识，对于艺术人类学研究显然具有积极意义。

在人类学对艺术的研究中，作为获得“移情理解”的组成部分和先决条件，需要对特定场景中的艺术作品的意义进行分析和认识，也就是对艺术文本进行更好的阐释。这种阐释可以从以下七个方面入手。

第一，对艺术语言含义的理解：掌握艺术基本语汇、字词、句法等。学会欣赏音乐的音符、节奏、乐段、乐章，懂得美术构图、色彩、色调的意义，了解在舞蹈动作、舞句、舞段三个表意层级上的舞蹈肢体动作中表现出的动态语言。人类学家进入艺术研究领域，首先需要习得相关的语汇。每一种艺术类别和形式都有其自己的特定语汇。在我们所说的第一个方面的阐释中，就舞蹈而言，就需要运用拉班舞谱或者其他图片资料、电影或录像资料。身体动态语言的记录和描述是舞蹈的人类学研究的基础，要搞清楚民间舞蹈就必须从最基本的身体动态语言着手。如果想要更好地阐释艺术语汇，首先必须从细致的观察、访谈与记录开始。在对艺术语言含义理解的基础上，才能够更准确地对艺术本体进行细致的描述。

第二，对艺术更广泛的社会文化意义的理解：由艺术活动过程或艺术创作与表现行为的细节中获得这种理解。从舞蹈来说，在某种特殊场合会跳什么舞蹈，谁来主持舞蹈，什么人进行表演，观众都是哪些人，观众的参与程度如

① ［美］迈克尔·赫茨菲尔德：《人类学：付诸实践的理论》，载中国社会科学杂志社编《人类学的趋势》，社会科学文献出版社 2000 年版，第 1—34 页。

何，与舞蹈相关的动植物在人们日常生活及仪式中的地位，等等。民间音乐和美术也可以关注相似的层面。许多人类学家研究艺术时总是努力设法揭示艺术现象和艺术作品背后的社会文化意义。了解艺术语言，如果只是停留在艺术语言本身的简单叙述和初步解读上，则会显得较为肤浅。对东巴舞蹈仪式的研究不仅应当分析舞蹈仪式的动作（这是非常重要的），也要考察表演舞蹈仪式的村落的生态环境、历史记忆、当地人的日常生活和信仰体系，分析这种舞蹈仪式及其中的动作、服饰道具等和纳西人的宇宙观、时空观、价值观、神话传说、神系统、生计方式等各方面相互之间的联系，说明舞蹈仪式动作、舞句、舞段三个层级所表现出的纳西人的文化逻辑关系，进而揭示纳西人的象征和意义体系。[①]

第三，对缘由或起因的理解：把握当地人或当事者对艺术行为之所以发生的解释。也就是通过访谈获悉人们对一种民间艺术形式、一段宗教舞蹈仪式、一幅创作作品等艺术形式产生的原因或来由的说法。中国艺术研究学界对艺术起源的研究至今依然保持着很高的热情。然而，一些学者往往关心艺术的普遍起源，试图探求所有艺术的共同起源。这种讨论往往会将支持自己的立论的那些材料从特定的情境中提取出来，建构起艺术起源的某种观点。事实上，如果具体地考察在特定环境中的特定艺术形式的发生学问题，而不是泛泛而论，将会对艺术起源研究有更多的帮助。在这种面向田野工作的探索中，也可以更多地思考为什么人们会以这种而非那种解释来说明某种特定的艺术形式起因或缘由，叙述对艺术形式起源的文化建构过程，并进而引发对艺术与权力、话语、性别政治等方面的联系和互动的进一步思考。

第四，理性的理解：对人们为什么这样做而不那样做的理由和解释。研究者往往需要对那些没有经过解释的现象进行分析，解释可以依托的可能就隐藏在那些未经当地人解释的到处散落的细节之中，有时甚至是断裂的东西。人类

① 感谢北京舞蹈学院2004届研究生冯莉同学的硕士学位论文《舞仪中的文化记忆与保存——白地吴树湾村东巴祭教祖舞仪的个案分析》在这个问题上对我的启发。

学家对于各种社会文化现象做出了多样的解释，因而构成了不同的理论流派。当我们解释某种现象时，可能会有我们已经讨论的人类学基本理论争论中的不同定位及不同学术流派影响下的不同解释。

第五，对意图的理解：为什么人们选择我们观察到的这种艺术创作、表现或欣赏方式，当地人给出了什么解释。这方面的理解大概是更困难一些的，需要更深入的田野调查，搜集很多细节和故事。从人类学的观点来看，人们对他们的行动赋予意义的过程是十分重要的。“尽管某些雕像、树皮画或图像与其所描绘的对象十分接近，甚至也能与我们的视觉习惯相吻合，要想解读它们却仍不是一件简单的事。必须熟悉该文化的视觉表现主题的文化意义与表现惯例，了解这件艺术品发挥功能的方式、场合及人们对它的反应，我们才能知道它的能指与所指的关系（意指），并且发现不同的艺术风格的表现方式。”[①] 也就是说，必须熟悉地方性艺术活动的意指实践，才能解读人们的意图。然而，有时社会活动中的意义以及与之相随的文化构建甚至对于实践者本身来说也不是完全明显的。这种文化的构建由群体中生活的个人的理解形成，同时又建立起新的个人的理解。当地人给出的解释可能是各种各样的，有时需要分辨出在那些影射、反语和其他各种形式的解释中隐含的意义。有些时候，特别在当代社会中，当事人可能会给你一种往往只强调经济利益的解释。也许这恰恰是人们在采用另外一种在现在这个时代可能更容易理解的方式进行解释。

第六，对功能的理解：注意分析艺术活动中的不同行为相互之间的关系，从而认识到某一行为在整个艺术活动中的作用。人类学功能学派大师马林诺夫斯基主张，文化在本质上是一种功用性装备，文化的每一部分都作为达到某个目的的手段而存在。[②] 另外一位功能学派代表人物拉德克利夫－布朗则强调社会结构如何在时间的推移中保持自身的结构，关注艺术在维持社会结构中的作

① ［英］罗伯特·莱顿：《艺术人类学》，靳大成等译，文化艺术出版社 1992 年版，第 8 页。
② 参见［英］B. 马林诺斯基《科学的文化理论》，黄建波等译，中央民族大学出版社 1999 年版，第 132 页。

用。从功能上说，重庆秀山花灯作为一种被表述为不同族群属性的地方性艺术形式，在中国民族识别和实行民族区域自治政策之后，在当代社会中成为人们争夺的族群认同象征。在反抗种族歧视和民族解放斗争中，纳米比亚街头的壁画能够表达人们的政治诉求等等。阿德里安·格布兰兹研究了非洲丹人（Dan）的面具。他认为在丹人那里，面具能力是由拥有者的社会威望来加以衡量的，面具越古老，它汇聚的力量就越强大。人们以面具为媒介，与祖先达成沟通，这种联系对个人和社会都是必须的。面具具有高级和低级的严密区分体系，根据人地位的变化，它会在这种阶层体系中产生流动。面具制作技艺的优劣，关乎是否能够取悦祖先，并因此得到祖先的庇护，因此艺术家十分重视面具的“美感”。他认为，“美”对于丹人来说比对欧洲人更重要，面具的“美感”是取悦祖先的重要因素。因此，他认为丹人面具的功能表现在：首先，面具是超自然体的物化形式，将超自然力量施加到使生者受益的行为中，以此来确保个体和社会的延续；其次，面具被政治和宗教领袖有意识地用来阻拦外来影响。①

第七，对历史传统的理解：一种艺术实践和艺术表现形式发展的历程怎样成为某一族群或者国家的传统。在对历史传统的追溯中，一方面，由文献的爬梳了解与某种特定的艺术实践及其表现形式相关的宏观社会文化背景；另一方面，在对当事人及相关者的具体访谈叙事（历史学家将类似的研究文本称之为口述史）中，寻找民间的历史记忆，并进而发现和批评国家和政治精英建构的历史、琐碎的事件历史和外人强加的历史观。在美国新奥尔良的黑人印第安（Black Indians）利用在历史上与印第安人之间的联系，在现代美国社会中，创造出了借用印第安艺术形式表达与白人相异的族群认同的途径。在他们的叙述中，会追溯和印第安人的联系。尽管这种联系仅仅是在几位黑人与当地印第安人之间发生的，关系的追溯却成为当地黑人的集体记忆。大河之舞被赋予爱尔兰文化传承和族群团结的神圣使命，也是舞者和演出团体对爱尔兰历史的理解

① Adrian A. Gerbrands, “Art as an Element of Culture in Africa”, in Charlotte Otten (ed.), *Anthropology and Art*, New York: The Natural History Press, 1971, pp.366–383.

和记忆。[①]

上述这样的艺术人类学的阐释思路是由当代人类学的基本研究方法演绎而来的。深入的田野工作是建立上述阐释的基本条件。移情理解研究方法的要旨在于抓住当地人看问题的立场。要想建立起基于田野的深度阐释，就必须了解文化实践者内部的视野，熟悉实践者的行为和理念。当然，人类学田野工作需要认识论和方法论的指导，应当了解规范的田野工作学术程序，进行细致的案头工作和田野工作准备，拟订详细的研究计划和调查提纲，并且在田野工作中根据具体情境灵活进行调整，选择适当的报道人，建立良好的田野社会关系，发现人们在思考和感觉什么，认识当地人的主观理念是如何建构有意义的行为的，做好田野工作笔记，广泛搜集各种文本资料。这样才可以说是真正的田野工作。绝不是到了田野工作点就算是做了人类学田野工作。我们当前应当对人类学研究方法和方法论、民族志写作等问题进行更为细致的讨论，以期提高田野工作技术和技巧，从学科基础建设方面推进艺术人类学和审美人类学的发展。[②]

在进行田野工作的过程中，我们必须从具体语境入手进行分析。一个具体的艺术人类学和审美人类学研究个案应该阐释来自田野的文化现象，用细节来说明当地人在艺术活动或者审美观建构中是如何思考、如何感觉或体现，以及如何行动的。人类学田野工作必须运用专业技术积累大量的细节，艺术人类学和审美人类学这样的分支学科也应如此。田野工作材料是建立艺术人类学和审美人类学阐释的基础。没有十分扎实细致的田野调查，就不可能产生学者个人在学术上的深刻理解，必然会重蹈安乐椅上的人类学家和走廊里的人类学家的覆辙。对从事艺术人类学和审美人类学研究的学者们来说，掌握阐释工具和

---

① 参见王建民、梅雪《〈大河之舞〉的文化阐释》,《民族艺术》2004 年第 1 期。

② 笔者主持承担了国家哲学社会科学基金项目“中国本土条件下的人类学方法论研究”，正在对有关问题进行研究和讨论，希望能够在不远的将来把研究成果呈献给大家，以求推进人类学研究方法和方法论的研究。另参见凌纯声、林耀华等《20 世纪中国人类学民族学研究方法与方法论》，民族出版社 2003 年版。

手段与把握阐释理论同样重要。在中国这两门学科建设的初始阶段，尤其应当关注这些方面，在明确学科定义和基本概念的过程中，避免空谈宏大话语和理论，以求奠定扎实的发展基础，保证艺术人类学和审美人类学沿着健康的路径顺利发展。

［原文载于《广西民族学院学报（哲学社会科学版）》2004 年第 5 期］

审美人类学的形成及其在中国的现状与出路

冯宪光、傅其林

一、审美人类学的形成和意义

在人文社会科学的学科建设中，研究者始终关注着跨学科的整合。美学学科的建设与发展更为明显，20 世纪出现了美学与心理学嫁接的审美心理学、美学与社会学整合的美学社会学、美学与语言学结合的形式主义美学。随着这些跨学科的美学形态的模式化，人们开始探寻美学的新的存在形态，这催生了生态美学、新闻美学、医学美学的产生。“审美人类学”（aesthetic anthropology）[①] 在 20 世纪后期新型跨学科美学形态的语境下形成，在后现代的文化相对主义与后殖民主义思潮的推动下显得更为瞩目。虽然有学者认为博厄斯 1927 年出版的《原始艺术》（*Primitive Art*）“开创了‘审美人类学’的领域”[②]，但审美人类学是一个比原始艺术研究更为广泛的研究领域。[③] 它建立在美学与人类学这两门现代性学科之交叉点上，试图解决传统美学、人类学各自尚未触及或者不能单独解决的问题。

“审美人类学”这个术语早在 19 世纪末就被提出。英国著名美学史家鲍桑葵（Bernard Bosanquet）在 1892 年出版的《美学史》（*A History of Aesthetic*）中

① 参见袁汝仪《文化人类学与艺术教育》，http://163.13.226.19/art/inport/doc/others/9201-1.doc。

② Notes on Anderson（1989）-Preface & Chap .1 , “Intro” , http://www.udel.edu/anthro/roe/notes1.pdf.

③ N.Bannister - L.Maners, Re:Aesthetic Anthropology ？ , 1996:13:54:11, http://www.anatomy.usyd.edu.au/danny/anthropology/anthro-l/archive/march-1996/0348.html.

谈到的“亚里斯多德的美学人类学”① 事实上就是“审美人类学”这个概念。亚里士多德从人与动物的区别来研究审美，认为“模仿就是人的天赋的本性，从孩童时代起就显现出来。人所以不同于其他动物就在于人十分喜欢模仿。他们最早的知识就是通过模仿得来的。从模仿中得到快感也是一切人的天赋本性”②。这种“审美人类学”是在哲学人类学的视角来研究审美问题的，为审美的生物基础做出人类学的阐释，这是一个普遍的人的审美能力与动物的能力的区别。基于这种思路，康斯坦蒂孥（Marios Constaninou）把马克思与席勒的美学视为审美人类学，指出“马克思把感性重新整合进入心灵的沉思的生活无疑是与席勒的审美人类学一致的，他以类似的方式试图协调感性自然与理性”③。也有学者把浪漫主义的美学视为“审美人类学”。④ 这些审美人类学的概念主要从普遍的哲学人类学的角度来研究美学问题，研究的对象和所提出的核心问题是美学的。这种研究是现代美学的持续与深化，但是没有就跨学科问题提出学理上的思考。

“审美人类学”还有另外一种典型的形态。随着人类学作为一门职业性的专门学科的形成，人类学家在自身范围内涉及艺术与审美问题，形成了人类学与美学学科互相渗透、彼此影响的格局，从而形成了审美人类学。伍德（Peter Wood）认为：“在 19 世纪中期，人类学家从他们民族志调查开始，就对非西方人群的艺术与装饰工艺持有兴趣。到 20 世纪初，人类学家宣称对艺术的起源与进化具有独特的理解，到 20 世纪中期，人类学家已经发展了艺术如何在社会中起作用的理论。基于此，人类学家追求对艺术表达的社会语境，对艺术在宗教仪式的使用以及艺术与关于自我的宇宙论、世界观、观念的关系愈来愈详细的研究。”⑤

---

① ［英］鲍桑葵：《美学史》，张今译，商务印书馆 1985 年版，第 134 页。

② ［英］鲍桑葵：《美学史》，张今译，商务印书馆 1985 年版，第 77 页。

③ Marios Constaninou , “Spectral Philia and the Imaginary Institution of Needs” , in *South Atlantic Quarterly , Winter* , Vol.97 , Issue .1, 1998 , pp.137–167.

④ Eric, Gans, “Aesthetics and Cultural Criticism” , in *Boundary 2, Spring*, Vol.25, Issue .1,1998.

⑤ Wood, Peter, Anthropology and Aesthetics, http://people.bu.edu/pwood/AN593Aestheti csSyllabus2002.htm.

但是，作为一种跨学科的意识的明确表达，“审美人类学”是20世纪后期明确提出的关于跨学科建设的新兴学科。随着人类学研究的深化与拓展，传统的人类学的统一性研究范式逐步分化，出现了所谓的经济人类学、应用人类学、政治人类学、法律人类学、医学人类学、心理人类学、认识人类学、象征人类学、城市人类学，以及我们谈及的审美人类学。[①]1993年设立的学术论坛组织即理论人类学委员会（COTA）认为：“在人类学历史长河里，这门科学被分割为各种亚学科，诸如社会人类学、医学人类学、视觉人类学、宗教人类学、物质文化人类学、审美人类学等。”[②]在国外，还专门开设了“审美人类学”这门课程。20世纪70年代以来，一些国外学者出版了关于审美人类学的著作。研究文化人类学、审美人类学、象征人类学的雅克·马凯（Jacques Maquet）1971年出版了《审美人类学导论》（*Introduction to Aesthetic Anthropology*）一书。他希望开发一个新的研究艺术的方向，认为人类学对艺术的独特贡献是避开如艺术史、哲学、实验心理学、精神医学、艺术市场这类专业团体的特殊化观点，将艺术建构于日常生活的现实之中，并以跨文化比较的宏观视野，解释不同文化里审美对象的个人、人类与文化的美学，而后者又有生产系统、社会网络及理念构形三个层次。即使不见得每个文化都有可对应于西方“art”的概念或词汇，但是每个文化都有自身的审美场，当该文化成员重视某些不具实用性的形式，当这些形式对物品的外观与设计有主导作用，且当制作这些特殊物品的人，具有比一般日用品工匠高的社会地位时，不管面对的是非洲的面具、中古世纪基督教仪式用品，还是西非游牧民族的脸部修饰，该文化的“艺术”就出现了。[③]马凯1987年还出版了著作《审美经验：人类学家看视觉艺术》（*The Aesthetic Experience*：*An Anthropologist Looks at the Visual Arts*），拉微奇（Marilyn

---

① Roger Sanjek，“Urban Anthropology in the 1980s: A World View”，*Annual Review of Anthropology*, Vol.19, 1990, pp.151-186.

② COTA - Commission on Theoretical Anthropology, http://www.univie.ac.at/voelkerkunde/theoretical-anthropology/cota.html.

③ 参见袁汝仪《文化人类学与艺术教育》，http://163.13.226.19/art/inport/doc/others/9201-1.doc。

Ekdahl Ravicz）1974年出版了著作《审美人类学：美国流行艺术与概念艺术的理论及分析》（*Aesthetic Anthropology：Theory and Analysis of Pop and Conceptual Art in America*），卡茨（Roberta R.Katz）1977年出版了著作《陀纳拉、哈利斯科、墨西哥的陶工与陶器：审美人类学的研究》（*The Potters and Pottery of Tonalá，Jaliso，Mexico: A Study in Aesthetic anthropology*），布林科（Deborah Anne Blincoe）1996年出版了著作《德拉瓦尔上层人的缩影：审美人类学的个案研究》（*Miniature of the Upper Delaware：A Case Study in Aesthetic Anthropology*），这些人类学家对非西方文化的美学的兴趣日益浓郁，逐步形成了文化人类学视野中的审美人类学这门亚学科（subdiscipline）。这种模式的审美人类学也被称为族性美学（ethno-aesthetics），它采取了族性科学（ethno-science）的模式，着意于"音位学的"（emic）研究，试图发现一个群体自己的美学感受以及他们自己对审美现象的理解，研究一个群体的审美偏爱或者判断标准。[①] 它又被称之为"土著美学"（indigenous aesthetics），这是指"在世界上各种不同于西方传统的部分中发展起来的审美经验的思想"[②]。也有研究者把审美人类学界定为"跨文化美学与不同文化群体的艺术"[③]。尽管名称不同，但是它们研究的对象基本上是一致的，就是研究非西方族群的审美问题。这既是人类学进一步分化的结果，也是人类学与美学整合的结果，是一种跨学科的研究模式。

虽然"审美人类学"概念具有多种指向，但是从跨学科研究的旨趣来看，它主要侧重于美学与文化人类学的结合上，它是人类学向意义与文化等深层次掘进的表现，是人类学研究的深化，同时它也是美学研究的新的对象的选择，新的美学形态的建构。因此，审美人类学跨学科的建设对人类学与美学学科的发展具有重要的价值。

作为美学研究者，我们首先要思考的就是审美人类学跨学科的研究对美学

---

① Toni Flores, "The Anthropology of Aesthetics" , in *Dialectical Anthropology*, Vol.10, July, 1985, pp.27-41.

② Steven Leuthold, "Is There Art in Indigenous Aesthetics" , *Journal of Art's Management , Law & Society*, Vol.25, Issue 4, winter, 1996.

③ poiner, Liza, Mann of purpose, wwww.bvaphoenix.org/pdf/spring2000.pdf.

的重要意义。毋庸置疑，美学作为一门独立的学科是现代性的产物。美学与现代性的关系必然使得美学成为西方文化中心论的载体，成为西方资本主义社会的问题的征象与润滑剂。布达佩斯学派的哲学家、美学家阿格妮丝·赫勒（Agnes Heller）和费伦茨·费赫（Ferenc Feher）认为，美学的存在联系着这样的认识，“即初生的资产阶级社会本质上是充满问题的”[①]。正因为如此，美学在现代资本主义社会中具有存在的必然性。它要解决这个社会的政治、经济、人的存在等一系列的问题。历史地看，在现代性学科分化独立的过程中，各学科在建构中获得新的可能性，这就是跨学科的发展。美学在现代性的进程中分化为不同的亚学科，人类学学科本身也不断地高度发展与深化，这为审美人类学这个亚学科或者说跨学科的新学科酝酿奠定了基础。事实上，在现代美学诞生之初，审美人类学发展的可能性已经具备，这典型地体现在康德 1763 年撰写的早期美学著作《论优美感和崇高感》中。康德专门写了一节“论民族性——就其有赖于对崇高和优美的不同感受立论”，在考察了西欧各文化中的优美感与崇高感之后，他涉及非西方的东方文化中的阿拉伯人、波斯人、日本人、印度人、中国人的审美问题，涉及非洲的黑人、北美洲的野蛮人的优美感与崇高感的问题，认为：“勇敢乃是野蛮人的最大的优越性，而复仇则是他最甜蜜的欢乐。”[②] 虽然康德本人由于时代的局限没有明确的审美人类学的跨学科的意识，但是这奠定了审美人类学研究的一些基本模式，开拓了对非西方文化的美学研究的领域。这种研究是欧洲中心主义的，康德是以西方的美学模式去透视非西方的美学的，因而难以正确地对待后者在美学上的价值。他说，如果我们考察一下非欧洲世界中的两性的审美关系就会发现：“唯有欧洲人才独一无二地发见了何以要用那么多的鲜花来点缀这种强大有力的品质的感官魅力并且还要交织有那么多的道德的秘密之所在，以致他不仅是彻底提高了它那欢愉，而且还

① Fehér, Ferenc and Agnes Heller, “The Necessity and the Irreformability of Aesthetics” , in *Reconstructing Aesthetics*, edited by Ferenc Fehér and Agnes Heller , Oxford :Basil Blackwell，1986.

② ［德］康德：《论优美感和崇高感》，何兆武译，商务印书馆 2001 年版，第 61 页。

使得它非常之正当得体。”[①] 可以理解，康德倡导的审美人类学模式就是通过研究非欧洲人的美学来确证欧洲现代人的审美的优越性，设置了文明与野蛮的基本的等级框架。这是美学学科的现代性进程的一种延展。并且，人类学在19世纪得以形成并获得巨大的发展，也是与欧洲中心主义的价值意识、现代性的自然科学根基联系在一起的。审美人类学的跨学科的整合正是现代性学科体制发展的一个必然性的结果。

但是，在美学发展过程中，这种欧洲中心美学价值观至少受到两方面的挑战，一方面是美学内部的，它要挑战现代美学的抽象哲学的宏大叙事的特征及其表述体系，这直接导致了对现代美学的解构，掀起了一股怀疑主义的解构主义浪潮，这是后现代美学的典型特征。另一方面，人类学的深入发展导致了人类学家本人的文化观念的非欧洲中心化，开始肯定与认同非西方族群的审美文化、生活方式，尤其是随着非西方族群自身的民族审美文化意识的出现，族群开始试图表达自身的审美文化问题以及自身的意义问题。奥滕伯格（Simon Ottenberg）的认识具有普遍性：“我基本的关注是，虽然许多艺术博物馆展览提供了非洲艺术的积极的观点，但是它几乎没有提供这种扎根于文化的艺术的理解，联系着那些艺术的人群的文化经验的理解。由于在西方盛行着对非洲文化与社会生活的否定的观点，所以我知道机会被错过了。一种解决办法也许是探究特殊的非洲文化自己的审美评价而不是我们的审美评价的一系列展览……把西方的非洲艺术的美学标准和非洲人的审美标准对照起来一起展览是非常有价值的。”[②] 这就形成了与欧洲西方美学不同的美学价值标准，不同的审美文化表达机制，不同的审美制度。这种意识的转变是审美人类学得以形成“学”的内在的基本因素，也是其重要的学科价值。所以，在20世纪后期形成的有意识的跨学科的审美人类学虽然是现代性的学科进程的逻辑发展，但

① ［德］康德：《论优美感和崇高感》，何兆武译，商务印书馆2001年版，第62页。

② Simon Ottenberg , “Where Have We Come From ? Where Are We Heading ? Fourty Years of African Art Studies” , *African Arts*, Vol .26, Issue 1, Jan, 1993.

是它超越了西方现代美学体系。这样，它就与后现代主义获得了共识，它们都体现出文化相对主义的特征，张扬多元文化的价值立场。胡格斯－弗里兰德（Felicia Hughes-Freeland）通过研究爪哇（Java）的表演传统认为："正如后现代主义解构了西方理解的谱系学内部的公认的分析范畴，人类学承续着它的基本的工程，动摇并置疑分析的预设与分析的对象，获得一种尽可能脱离以前的观念的解释。人类学也许与后现代解构主义的风格是一致的，虽然由于其现代主义的起源，它已经具有相对的启发性。也许对艺术人类学来说，创造一个术语来显示美学正受到挑战是有益的：这就是 aesthemics 所能做的工作。"① 他为了明确地区分人类学研究中的美学与西方现代美学，特意创造了一个新术语"aesthemics"。在他看来，爪哇的美学与康德的超验美学是不同的，它能够对后者进行否定，能够对超验性说"不"。如果说康德主要把审美界定为非功利性的愉悦，那么"人类学中的美学必须包括工具性的描述"②。"对康德来说，艺术不是'日常'意义上的判断对象，艺术也没有'日常'的效用。"而在爪哇，"艺术"是一种延伸到日常知识相关的判断对象。于是，反康德的美学出现了。③ 肯格威尔（Mark Kingwell）认为，萨摩尔斯（David Summers）的审美人类学研究就是"废除现代西方的文化优越性的习惯性的设想"④。勒特候德（Leuthold）说："自从我作为学生上了审美人类学的课程起，常常怀疑把概念的艺术运用到许多土著文化的表达中的适当性。在这门亚学科中，美学指的是日常生活的方面，从问候的习惯到食物准备、公共的空间组织与宗教仪式，这比艺术包括的术语广泛得多。区别艺术与工艺、宗教仪式、物质文化或者这些语境中的娱乐是非常困难的；因而艺术作为一种独特的概念看来不能够运用到

---

① Hughes -Freeland, Felicia "Art And Politics :From Javanese Court Dance to Indonesian Art" , *Journal of the Royal Anthropological Institute*, Vol .3 , Issue.3, Sep, 1997.

② Hughes -Freeland, Felicia "Art And Politics :From Javanese Court Dance to Indonesian Art" , *Journal of the Royal Anthropological Institute*, Vol .3 , Issue.3, Sep, 1997.

③ Hughes -Freeland, Felicia "Art And Politics :From Javanese Court Dance to Indonesian Art" , *Journal of the Royal Anthropological Institute*, Vol .3 , Issue.3, Sep, 1997.

④ Kingwell , Mark, "Art Will Eat Itself " , *Harper's Magazine,* Vol.307, Issue 1839, Aug., 2003.

许多非西方的文化中。”[①] 在一些土著本土语言中甚至没有“艺术”这个术语。

因此，审美人类学通过一系列非西方的族群的美学研究，为美学获得了另一种存在形态，它颠覆了欧洲中心主义的现代美学体系，为一些边缘民族的审美文化的存在之合法性奠定了基础，有助于解构西方形成的文明 / 野蛮的审美文化等级观念，这为美学的多样性的重构提供了诸多可资借鉴的可能性途径。并且，审美人类学的开掘也是人类学自身研究的拓展，它有助于人类学家更为深入地理解、考察一个族群的文化、政治、经济等问题。它可以超越传统人类学仅仅关注现象的记录、描述而缺乏理解其深层文化意义的弊端。审美人类学跨学科的深层次的整合虽然建立在美学与人类学的学科上，却能够超越它们各自既定的局限性。

二、审美人类学在中国的现状

中国是非西方文化的多民族国家，其各个民族群体的审美文化价值具有相同之处，亦形成了各自不同的审美文化的谱系。在中国提出审美人类学的建设不论在理论上还是在实践上都是非常有价值的。尤其是随着各民族日益频繁的交流，随着各民族的自我意识的觉醒，随着西方现代性对第三世界的文化“殖民”与渗透，审美人类学在中国的建设就显得更为重要。审美人类学在中国的诞生是一个历史的过程，新中国成立前就有一些学者进行了审美人类学方面的研究，也译介了西方相关的人类学研究以及美学研究论著，但是却普遍缺乏较为明确的跨学科建构新学科的意识。只有在 20 世纪 80 年代，特别是在 90 年代以后，西方人类学的著述被大量翻译到国内，国内的人类学学科也逐步完善，美学研究也出现了新的探求的可能性，审美人类学作为一种明确的跨学科的理论建设才得以提出来。在十多年的研究中，审美人类学逐步酿成气候，取

① Steven Leuthold, “Is There Art in Indigenous Aesthetics”, *Journal of Arts Management, Law & Society,* Vol.25, Issue 4, winter, 1996.

得了较为显著的成就，尤其形成了以广西师范大学中文系为主导的审美人类学研究群体。

审美人类学在国内的提出与西方有所不同，作为跨学科的审美人类学研究在西方主要由人类学家进行，而国内的审美人类学研究首先是由美学研究者展开的。20世纪90年代初就有学者将美学与人类学进行整合，试图通过这种整合来解决文艺学、美学的本体性问题。陆贵山于1991年第3期《文学评论》上发表了《文学与人类学本体论》一文。陆先生通过对人类学本体论美学倡导者的批评来审视文学与人类学的关系。他在强调文学与人类学的结合对文艺学研究的价值的同时批判了人类学本体论的伪科学性，主张通过马克思主义的历史唯物主义来正确认识文学艺术与人类学的关系。他认为，我们不应当轻视用文化学的观点考察精神因素对文艺创作中的中介作用和文化传统对精神文明的历史发展的深刻影响，但更需将它同历史唯物主义观点统一起来，从时代和一定生活的历史条件去寻找作家和作品产生的根源。也就是说，精神文化及其神话、礼仪、宗教、风俗等诸多表现形式只是起着一个中介的作用，不是艺术之源，而是艺术之流，其归根结底还受制于特定社会的经济基础。他的思路是普列汉诺夫的审美人类学研究思路，强调社会心理对文艺的中介作用，但是还缺乏对人类学，尤其是文化人类学与哲学人类学的知识准备。邵建通过对马克思的著作的解读来探讨文艺学与人类学的结合，发表了《从人类学本体论角度论马克思主义文艺美学的建设问题》（《文艺争鸣》1992年第2期）、《艺术生产论与实践人类学》（《文学评论》1993年第3期）等论文。他不是整合文化人类学与文艺学，而是整合哲学人类学与文艺学。邵建立足于马克思的《巴黎手稿》，关注马克思的哲学人类学思想，排斥文化人类学思想，因为后者被他视为“一门经验性很强的实证科学，深受19世纪实证主义思潮的影响，在方法论上，它力倡‘历史的方法’，反对‘思辨的方法’，强调实地取证，注重原始记录，‘排斥形而上学’乃是它的本然倾向，因此它压根不会纠缠什么本体论这种形而上学的命题”。邵建对哲学人类学却情有独钟，他认为哲学人类学诞生于德国，秉承了德意志民族长于思辨的传统，它一反文化人类学的实证主义倾向，从而开辟了形而上学复兴和本体论复兴的道路。他说："既然我们站在本体论的立场上把人类学引进文艺学，那么我们就只能选择哲学人类学。"[①] 尽管他的研究有一些价值，并有明确的跨学科意识，但是他没有认识到文化人类学对文艺美学建构的重要价值，其难以获得新的突破。

真正从侧重文化人类学学科来整合美学与人类学的研究是 20 世纪 90 年代中期以来的事。不少学者提出了美学与人类学跨学科建设的设想并进行了一些切实的研究。这主要以郑元者的马克思主义的"人类学美学或者美学人类学"[②] 研究和王杰等广西师范大学学者的审美人类学研究为代表。

郑元者认识到美学与具有实证特征的文化人类学学科相结合的重要性与迫切性。在与蒋孔阳先生关于马克思主义人类学美学的对话中，他认识到美学研究的困境，认为"以往对马克思主义人类学和美学之间的关系的研究还没有充分展开。在美学研究上，定义式的研究较多，释义式的研究较少，理论性的推演较强，考证性的研究较弱。这种状况，使美学给人以某种颇不实在的感觉"。尽管人们触及美学与人类学的关系，但是往往停留在阐述马克思主义经典作家的人类学美学思想上，或者只把人类学美学作为现代西方美学史上一个美学流派，或者把人类学这一视角移置到文学批评中。因此，"健全当代形态的马克思主义人类学美学的学科体系，可以说是一个迫在眉睫的课题"[③]。这就是说要试图克服美学与人类学的简单的拼合，立足于世界美学与人类学发展的前沿，对马克思主义人类学美学进行全面系统的研究。他认为，进一步深入地发掘人类的审美关系如何可能、人类的审美创造走向何方这两大人类学美学主题的蕴涵，必然会涉及许多属于人类学尤其是文化人类学的难题。在未来的发展中，美学的许多重大问题的实质性突破，在很大程度上都有待于人类学的支持。因

---

① 邵建：《从人类学本体论角度论马克思主义文艺美学的建设问题》，《文艺争鸣》1992 年第 2 期。

② 参见郑元者《蒋孔阳的美论及其人类学美学主题》，《文艺研究》1996 年第 6 期。

③ 蒋孔阳、郑元者：《关于马克思主义人类学美学的思考》，《文艺理论研究》1997 年第 2 期。

此，“作为一门融宏观分析与微观分析于一体的边缘学科，人类学美学的健全和发展，就成为历史的必然要求”①。郑元者不仅倡导美学的价值范畴，重视马克思主义关于人的全面发展的理想设定，而且充分地关注文化人类学的具体研究。这在理论上推进了美学与人类学的深层次的整合。

并且，他把这种跨学科的意识具体到关于艺术起源的专项研究中，为审美人类学在中国的发展做出了贡献。他提出了一些重要的审美人类学的思想。他认为，艺术起源的问题在学理逻辑上包含三个层面：艺术何时（when）发生、艺术如何（how）发生与艺术何以（why）发生这三层问题，这也就构成了艺术起源的三个问题层面，或者可以称之为艺术起源的问题环“W—H—W”。②他充分地借鉴古人类学、文化人类学等实证材料，竭力向历史性与逻辑性的统一的理想境界迈进。就此，他提出的“图腾观念特化”的理论假说，较为直观地说明艺术起源的图腾观念特化原理。在他看来，“史前社会意识的具体样式，在发生学上有一种大致的历史脉络和序列，那就是原初性图腾观念→巫术观念→灵魂观念→精灵观念和万物有灵观念→人的自我神话观念，其中原初性图腾观念为史前社会意识的主干，这些观念的样式组成一个巨大的动力系统，这个系统正是艺术起源的动力机制，亦即艺术发生的规律性脉络”③。他还提出了美的“情景性”的理论，认为人类的动机与行为具有鲜明的情景性，“艺术的起源作为一个实际的历史过程，它始终离不开这种情境性，即使在因果和情境之间，也存在着内在的关联，只有把艺术起源中的因果关系放到特定的情境中去，才能达到对艺术起源的切实理解”④。郑元者的审美人类学研究与20世纪90年代初的研究一样，试图通过人类学来解决美学问题，尤其是艺术起源的问题，其侧重点在于普遍的美学问题，只是在研究上更注重逻辑与历史的统

① 郑元者：《蒋孔阳的美论及其人类学美学主题》，《文艺研究》1996年第6期。
② 参见郑元者《艺术起源序说——当代马克思主义人类学美学研究之一》，《民族艺术》1997年第1期。
③ 郑元者：《艺术起源序说——当代马克思主义人类学美学研究之一》，《民族艺术》1997年第1期。
④ 郑元者：《艺术起源与“美”的情境性》，《华南师范大学学报（社会科学版）》1998年第3期。

一，这使他的美学思想带有明显的现代性特征。但是随着审美人类学研究的深入，他的审美人类学思想又超越了现代美学体系，认识到原创性美学本身在解构西方现代美学体系的价值，这就是原始美学的价值，他对纳瓦霍人的“霍佐”（hozho）的论述充分表明了这点。[①] 纵观郑元者的研究，他的审美人类学试图整合美学与人类学，但是他研究的方式侧重于美学的审美人类学研究，从学科分类上说是美学。广西师范大学出版社 1996 年 2 月出版的汤龙发教授的专著《审美人类学——环境与人的审美建造》，以及张玉能的审美人类学研究[②] 基本上也是侧重于此的，他们提出了美学与文化人类学的整合的主张，又从哲学人类学的视角进行论述，显示出马克思主义审美人类学思想的特色。

以王杰等为代表的广西师范大学学者形成的审美人类学研究群体在国内开创了另一种途径。这就是侧重于民族审美文化的审美人类学研究，这是一种侧重于人类学的美学研究。这就接近于目前国外人类学家的审美人类学研究，体现出审美人类学的跨国际整合的姿态，具有独特的价值。他们在一系列论文与专著中，就审美人类学的跨学科性质、研究对象、主要任务、学理基础、研究方法、价值意义及其发展方向进行了较为全面的思考，也对具有中国民族特征的具体审美现象进行了阐发，为中国的审美人类学的建设与研究奠定了基础。

他们认为，就学科性质而言，审美人类学应属于人类学的分支学科，但由于人类学存在着一整套成熟的、学院性很强的规范，如简单定性为人类学，很可能会用某些僵化的规范来拒斥有价值的东西。因此，为了学科的发展，应将审美人类学定性为复合性交叉学科，类似于西方学术界的文化研究。[③] 审美人类学研究对象的“核心层次是特定族群的审美实践和审美文化创造性成果”，其研究的重要任务就是“揭开特定区域族群中被遮蔽的审美感知方式，激扬符

---

① 参见郑元者《原始问题、学术忠诚与美学生态重建》,《文艺理论研究》2003 年第 6 期。

② 参见张玉能《审美人类学与人生论美学的统一》,《东方丛刊》2001 年第 2 辑；张玉能《席勒的审美人类学》,《武汉科技学院学报》2002 年第 2 期；张玉能《〈论美书简〉中席勒的审美人类学观点》,《广西师范大学学报（哲学社会科学版）》2002 年第 4 期。

③ 参见王杰、海力波《审美人类学：研究方法与学科意义》,《民族艺术》2000 年第 3 期。

合美的规律的文化创造原则，建构充溢审美氛围的生存环境”[①]。也就是说，他们试图通过族群美学的研究达到人的审美生存的终极目的理解。王杰等人对审美人类学的学理基础进行了论证。在他们看来，审美人类学研究渊源是世纪之交人文科学与社会科学的科际整合的大背景，是美学研究领域中的人类学旨趣同人类学发展史上对诸族群审美习俗研究传统相汇融的逻辑结果。[②]他们立足于当代国内外的美学、人类学的学术背景与发展动向，立足于国内丰富的民族美学文化的现实与历史基础，认识到当代美学的危机、人类学与美学的密切关系、后殖民主义理论、中国民间文化资源的开发、东方文化的表达机制等诸方面为中国进行审美人类学研究奠定了理论与现实的可能性。[③]所以，在国内展开审美人类学研究具有现实的要求与学理的合法性。这个学科的建设具有重要的价值与意义。王杰等人概括了三点：一是把少数民族文化传统中的美学资源引入到美学研究中来；二是对社会和文化过程中的重要问题进行研究，以便从学术的角度做出解释并提出建议；三是审美人类学可以丰富发展西方学者提出的“弱小者话语”理论的研究。[④]就研究方法而言，他们主张跨学科的知识基础的训练，“审美人类学就研究的根基建立在扎实而规范化的区域文化调查的基础之上，一方面承接美学学科领域的审美人类学资源，另一方面，充分借鉴传统人类学的文化整体观、跨文化比较、主位客位转换、动态演化与文化相对论视角等学术理念和研究方法，使之成为审美人类学方法论体系的有机组成部分”[⑤]。所以，审美人类学研究要强调人类学的研究方法，“应当是在田野调查基础上，比较分析不同种族、民族在审美习惯、审美制度、审美传统方面的区别

① 王杰、覃德清、海力波：《审美人类学的学理基础与实践精神》，《文学评论》2002年第4期。

② 参见王杰、彭兆荣、覃德清《审美人类学三人谈》，《广西民族学院学报（哲学社会科学版）》2002年第6期。

③ 参见王杰、海力波《审美人类学：研究方法与学科意义》，《民族艺术》2000年第3期；覃德清《审美人类学：价值取向与方法抉择》，《民族艺术》1999年第3期。

④ 参见王杰、海力波《审美人类学：研究方法与学科意义》，《民族艺术》2000年第3期；覃德清《审美人类学：价值取向与方法抉择》，《民族艺术》1999年第3期。

⑤ 王杰、覃德清、海力波：《审美人类学的学理基础与实践精神》，《文学评论》2002年第4期。

与联系”[①]。这就必须加强实证研究。并且还要整合精神分析、经验美学、审美意识形态等理论采用的方法。

王杰等人的审美人类学研究的价值在于：第一，他们对审美人类学跨学科建设的方方面面都进行了思考，这在审美人类学的学科建设上是国内其他研究者所缺乏的。第二，他们研究的学术准备是较为扎实的，既有接受了专门的美学学科训练，长期从事美学研究的教授；又有接受了专门的人类学训练，长期从事民族学、人类学研究的学者，而且他们对各自学科的前沿态势都有所了解。这为审美人类学的研究的合法性与可能性奠定了极好的基础。这是以往国内的审美人类学研究所难以企及的，这不仅仅使他们有可能充分接近国外人类学家的美学研究，而且可能超越纯粹的传统美学研究。第三，他们立足于中国的审美人类学研究，尤其关注中国少数民族的审美人类学研究，具有十分明确的民族自我意识。这有助于建立中国各个少数民族自身的美学体系。他们这种意识是对西方现代美学西方中心主义的解构，有助于正确对待弱小民族的审美文化的价值。王杰等人认为：“审美人类学当前的重要任务应当是通过田野调查方法深入了解并分析中华本土文化尤其是其中的底层文化和边缘文化所具有的不同于西方文明的审美需要，找出其特征所在，并进而在理论上加以说明，以便超越美学思想中西方中心话语的思路。”[②]覃德清主张审美人类学是“立足于不断变迁的现实本体”，试图建立“与西方美学、人类学平等对话的机制”[③]，这有助于中国族群审美人类学在多元文化语境中的探讨。

第四，王杰等人始终关注审美人类学与马克思主义美学的结合，注重挖掘审美人类学与意识形态、权力的复杂关系，这为马克思主义审美人类学的建设提供了一些启发。这尤其表现在王杰提出的一些审美人类学研究的具体理论建构，即“审美制度”理论、审美幻象理论、仪式理论等方面。“审美幻象”理

---

① 王杰、海力波：《审美人类学：研究方法与学科意义》，《民族艺术》2000年第3期。
② 王杰、海力波：《审美人类学与马克思主义美学的当代发展》，《文艺研究》2002年第2期。
③ 覃德清：《审美人类学：价值取向与方法抉择》，《民族艺术》1999年第3期。

论是王杰的美学思想的支柱，它是具有马克思主义意识形态理论的一种创造性建构，同时也是审美人类学的理论基础。在王杰看来，“现代美学体系的核心是审美幻象，它的基础理论内涵不是由个体心理活动所界定的，而是由社会性的、物质性的和符号性的文化活动所界定的。审美幻象问题是意识形态问题”①。王杰的审美幻象理论与审美人类学是紧密联系的，前者“不仅是关于人类社会结构的理论分析，而且关注人们社会关系的物化形态，关注艺术和文化所产生的特殊变形。艺术以它特殊的方式折射出历史与现实，个体与对象，仪式和狂欢，亵渎和禁忌之间相互纠缠、彼此冲突的辩证关系”②。可以看出，王杰通过西方美学传统的理论资源建构的美学理论与审美人类学构成了一种契合。这种契合对美学与人类学的深层次整合的理论建构是颇有启发的，尽管一些理论问题还有待于进一步思考。王杰提出了“审美制度”这一重要概念。所谓审美制度，就是指“文化体系中隐在的一套规则和禁忌，包括文化对成员的审美需要所体现的具体形式，也即社会文化对审美对象的选择和限定；包括了成员的审美能力在不同文化中和文化的不同语境中所表现出的发展方向和实质；当然还包括了受不同的审美需要和审美能力限制所产生的特定文化的审美交流机制。此外，审美制度也体现在物质和环境的范畴上，包括了文化所给予的艺术创造的技术手段和历史形成的社会对艺术所持的接受态度和审美氛围”③。这新术语具有丰富的内涵和外延，它可以作为人类学与马克思主义美学的中介。应该说，审美制度或者美学制度的概念的提出不是一个新的范畴，比格尔（Peter Burger）、迪基（George Dickie）在 20 世纪 70 年代都提出了这个概念，虽然这个概念在具体阐发现代艺术中仍然存在不同的观点，但是对于原始民族的审美文化之研究，这个概念具有重要的价值，因为原始族群的审美文化具有更为明显的制度性特征，尽管不是严格社会学意义上的制度性特征。王杰

① 王杰：《审美幻象研究：现代美学导论》，广西师范大学出版社 2002 年版，第 19 页。
② 王杰：《审美幻象与审美人类学》，广西师范大学出版社 2002 年版，第 165 页。
③ 王杰、海力波：《审美人类学与马克思主义美学的当代发展》，《文艺研究》2002 年第 2 期。

通过阿尔都塞等马克思主义意识形态理论对审美制度做出了较为深刻的阐释，认为审美制度包括了审美意识形态的内容，但又超越了后者的局限，因而确信审美制度在社会文化中的中介作用。王杰还把审美理论与人类学研究的重要范畴“仪式”进行整合研究，认为仪式是审美人类学的重要研究对象：“仪式的一个重要功能是把人与自然划分开来，把日常生活现象与具有超自然力量的神秘现象区别开来。也就是说仪式能使日常生活现象具有超自然的力量、永恒的力量、最高的精神力量。仪式是对自然时间的一种重新体验与表达。”[①] 王杰试图以审美制度概念整合语境、意识形态、仪式的研究，认为：“西方理论家对语境有很大阐释，我认为语境还有更深的内涵，即语境可以被理解为一种审美制度。仪式也是一种特殊的制度。因为只有强有力的意识形态规定，才能在仪式中出现许多神奇的现象，使仪式有强烈的通神性。”[②] 综观王杰的审美人类学研究，他主要从国外美学理论，主要是阿尔都塞学派的意识形态的美学理论来建构中国审美人类学的理论，这是用现代性的美学理论来解决非现代的美学的尝试。所以，尽管他们试图关注中国少数民族的审美问题，虽然一些学者开始触及具体的族性审美现象，但是主要工作还在于理论上的审美人类学的建构，而且主要是侧重于美学的审美人类学研究。

审美人类学研究在中国不断地深入与拓展，开始呈现出不断地从理论到实践，从实践到理论的发展动向。它的研究群体不断扩大，跨学科意识日益明显，研究领域也在拓展，这为中国审美人类学研究奠定了基础，其价值是不容低估的。

---

① 王杰：《审美幻象与审美人类学》，广西师范大学出版社 2002 年版，第 196 页。
② 王杰、彭兆荣、覃德清、苏东晓：《审美人类学三人谈》，《广西民族学院学报（哲学社会科学版）》2002 年第 6 期。

三、审美人类学在中国的出路

审美人类学研究开始在中国形成自身的特征，一种具有中国东方审美文化特征的审美人类学的跨学科研究逐步在形成。它的发展前景是广阔的，这将给中国美学的研究注入新的活力，为一些美学问题的解决提供新的思路，也有助于中国人类学研究的深化。不过，作为一门在后现代语境中形成的跨学科研究，审美人类学要在中国获得良性的发展，并切实地做出一些有价值的贡献，我们应该关注它的出路。我们认为，审美人类学在中国的出路应该思考或者注意以下问题：

第一，研究者还要进一步加强审美人类学跨学科的理论问题的探讨。这不仅仅涉及该学科的学理基础、价值意义与研究方法的探讨，而且应该从美学与人类学的视角提出一些重要的审美人类学理论范畴。郑元者的“情境性”理论、王杰的“审美制度”理论都是有价值的尝试，但是要深入进行审美人类学研究，必须在更为深入的层次上提出普遍的理论问题，还应该提出富有民族特性的、人类学特性的审美理论或者审美人类学范畴，这不仅仅是传统美学研究的问题，更是理论者对具体族性美学的现象进行深入研究的结果。这种具有族性美学理论的建构是目前审美人类学研究所缺乏的。在国外的审美人类学研究中，这种研究是较为广泛的，而且富有成效。他们借助于人类学的规范基础，通过对具体的非西方的原始族群的社会、经济、政治的全面田野调查与文本解读，提出了不同于西方美学体系的另一种美学存在形态，建立了另一种美学术语与范畴。譬如，墨菲（William P. Murphy）对西非塞拉利昂中部以及东南部居民即门迪人（Mende）权力的美学建构，建构了一种非洲的超凡力量的美学，即崇高的美学。[①] 格拉波恩（N. Graburn）提出了“第四世界”的构想，认为这个世界不是由原始的或者部落人群构成，也不是由长期作为复杂社会的底

---

① William P. Murphy, “ The Sublime Dance of Mende Politics: An African Aesthetic of Charismatic Power” , *American Ethnologist*, Vol.25, 1998, pp.563-582.

层阶级的“民间人群”构成，而是由附属的被边缘化的人群组成。这些人群不再分享原始的分离或者自律，而且在现代复杂社会中被脱离了总体的整合与参与。[①] 托尼·弗洛里斯（Toni Flores）提出了“美学的政治人类学”的设想，试图在族群中“寻找在政治与经济结构内制造事物的人类之间的一种全面的合成式研究”[②]。这些审美人类学的理论建设是具有启发性的。只有在建立具有族群特性的审美理论的基础上，中国的审美人类学才能获得较大的推进与深化、具体化，既避免在一些普遍的西方美学范畴上进行抽象的演绎，又避免纯粹人类学的对经验特殊性的关注所具有的弊端。

第二，就审美人类学研究的资源挖掘问题，研究者应该兼容并蓄，力求多方面地整合已有的审美人类学资源，使这个跨学科研究能够在较为开阔的视域中展开，并获得多方面推进的可能性。资源的整合既是其发展的动力，也是其发展的营养资源或者土壤。就国内的审美人类学研究来说，这方面的工作虽然已经被意识到，但是具体的工作还有待于进一步展开。国外人类学研究中的美学研究是直接影响国内审美人类学研究的重要资源，自从人类学在 19 世纪成为一门专业性的学科起，人类学家一直不断地推进美学研究，出版了不少艺术人类学、原始艺术方面的专著，而且一些人类学家还掀起了人类学界的诗歌等艺术创作大赛。尤其是在 20 世纪后期随着人类学中的美学研究的兴盛，审美人类学的研究更为深入、全面，更显示出专业性跨学科的态势，形成了比较有影响的著述与研究模式，这无疑对国内的审美人类学研究有重要的参考价值，我们不仅要翻译一些代表作品，而且要对他们的成功与缺失进行研究，以便促进国内的审美人类学的建设与发展。

美学与哲学人类学融合的资源是探讨审美人类学的价值领域的问题，它有助于探讨意义问题，尤其是马克思主义审美人类学研究，它始终关注人的全面发展的哲学人类学的价值问题，始终关注人相较于动物所具有的意识性与创造

① Toni Flores, “The Anthropology of Aesthetics” , *Dialectical Anthropology*, Vol.10, July, 1985.

② Toni Flores, “The Anthropology of Aesthetics” , *Dialectical Anthropology*, Vol.10, July, 1985, pp.27-41.

性的问题。这对审美人类学研究无疑是一个重要的价值立场问题，否则审美人类学研究就会失去目标意识，也缺失它作为人文学科承担的人文关怀的使命。马克思主义审美人类学资源也应该得到系统的梳理，这方面的理论与资源是极为丰富的。在青年著作到晚年的人类学笔记中，马克思都在哲学人类学的价值视域中大量涉及文化人类学资源，并提出一些富有审美人类学思想的重要美学范畴。马克思之后的马克思主义美学家，从普列汉诺夫到卢卡奇、考德威尔、费歇尔、巴赫金、本雅明、威廉斯、阿尔都塞，直到当代的伊格尔顿、杰姆逊、布迪厄都承续着马克思的审美人类学思想，大量涉及文化人类学资源，尤其是 20 世纪人类学理论，并将之整合到自身的美学理论中。所以伊格尔顿认为："马克思主义批评大致可分四种，每一种都与马克思主义理论内部的一定'区域'相对应，因而也与特定的（非常笼统地讲）历史时期相对应。它们是人类学的、政治的、意识形态的以及经济的——模式。"[①] 其中，人类学批评模式是四种批评模式中"雄心最大、影响最远的一种，它力图提出一些令人生畏的根本性问题"，其重点在于解决"在社会的进程中，艺术的功能是什么？'审美'能力的物质和生物基础是什么？艺术与人类劳动的关系是什么？艺术如何与神话、仪式、宗教和语言联系起来，它的社会功能是什么？"[②]。虽然他们形成了各具特色的侧重于美学的马克思主义审美人类学思想，但是它们对我们国内的审美人类学建设是一种不可或缺的宝贵资源，因为他们提出了人类学对美学本身的基本问题的特殊解决方案。当然，王杰等学者对这些资源有所研究，探讨了马克思经典著作，尤其是晚年人类学笔记的审美人类学思想，也对本雅

① ［英］特里·伊格尔顿：《历史中的政治、哲学、爱欲》，马海良译，中国社会科学出版社 1999 年版，第 109 页。
② ［英］特里·伊格尔顿：《历史中的政治、哲学、爱欲》，马海良译，中国社会科学出版社 1999 年版，第 110 页。

明、阿多诺、阿尔都塞的审美人类学思想进行了研究。[①]西方美学理论中也有不少具有审美人类学思想的理论与批评，诸如康德把美学建构与民族性结合起来的研究，他在《实用人类学》中的美学思考，席勒的审美人类学思想，迪基的“惯例”美学理论，等等。这些具有审美人类学色彩的美学理论不断推进美学的研究，促进美学的发展，这对跨学科的审美人类学研究是有价值的，应该进行整理与研究。

另外，西方艺术，尤其是20世纪的艺术创作与人类学密切相关，后者不仅仅激发了创造者的灵感，而且直接成为艺术作品的重要对象。对这些文学艺术文本进行人类学的解读也是审美人类学应该研究的一项内容。中国美学中的人类学资源以及特定族群的审美人类学资源，是极为丰富的，应该得到深入的关注。只有多维度地整合已有的审美人类学资源，只有对这些资源进行梳理与辨析，国内的审美人类学建设才能在学术层面推进，才能够产生更为有价值的研究。

第三，审美人类学研究应该具有明确的问题意识与反思性，这是审美人类学的现实使命与其后现代的生存语境决定的。现代美学的困境在于它是现代学科体制的表现，带有强烈的宏大叙事特征，它抱着辉煌的野心，试图解决人类的根本性难题，但是结果人们发现其美学建构仅仅是一种个体意识形态的主观建构，这是现代美学的悖论。人类学也面临这种困境。在19世纪自然科学的影响下，西方社会逐步形成了人类学的学科，这门学科以翔实的考证，田野考察的方式研究非西方的社会文化，这是现代性的延续，但是这种研究方式通过

---

① 参见王杰在《马克思的审美人类学思想》(《广西师范大学学报（哲学社会科学版）》2000年第4期）与《马克思主义与现代美学问题》中尤其谈及神话研究。他认为，马克思关注的既不是某种神话或礼仪在原始人的婚姻关系或性行为方式中起什么样的作用，也不是关注这种礼仪和神话对后来的文化造成什么影响，而是始终关注着为什么本应该很平等的事情在进入了某种仪式或祭坛以后会发生神奇的变化，平凡的变成神圣的，自然的变成超自然的，个人的事情具有了普遍的社会意义。王杰虽然还缺乏足够的证据，但其根据马克思意识形态理论进行了阐释，从而认为：“远古的仪式和神话不仅仅是某种观念性的东西，它是一种实践性的意识形态，其基本功能是疏远人们与现实生活的距离，从而实现某种交流和沟通。”（王杰：《马克思主义与现代美学问题》，人民文学出版社2000年版，第96页）

对非西方文化的挖掘获得了抵制人类学学科本身的立场或者结论。因此，作为面临了现代美学与后现代精神的美学研究者，人们应该在建设审美人类学学科时具备问题意识，时刻对自身的理论与研究进行反思，这有助于审美人类学研究，并有助于研究者在西方文化与本土审美文化之间、在文化绝对主义与文化相对主义之间找到自身的立足点。带着这种问题意识与反思性，审美人类学研究应该处理一些重要的问题：审美人类学研究与现代性的关系，审美人类学与西方美学价值中心的关系，审美人类学与美学基本问题的关系。

第四，审美人类学研究方式的问题。审美人类学可以在理论角度进行思考，提出有价值的理论与范畴，这有助于这个学科的意义的深层次挖掘与价值阐释。但是这仅仅是一个方面，要推进中国审美人类学研究，要真正使美学从人类学、人类学从美学中彼此获益，不仅仅要真正在理论上建立审美人类学，而且要在研究方式上形成审美人类学研究，就必须面对人类学提出的研究方式。这不仅仅是一个手段问题，而是这门学科要推进必须具备的存在形态。虽然国内的审美人类学研究者已经提出并进行了实践。例如王杰等人从 1998 年起，在珠江流域中上游的桂北—漓江流域、桂中—柳江流域、桂西—红水河流域，进行了摸底式的调查，初步建立起若干调查基地，并初步对调查进行了审美人类学方面的阐发。[①] 有人对具有最大意义的“南宁国际民歌节”进行了田野调查并在审美人类学视域下进行了阐释[②]，也有人对阳朔县漓江古镇福利镇的民间宗教、节日活动的调查，并思考了“民间文化的审美表达”。[③] 但是不论是就田野调查的规范性来说，还是就对经验事实的阐释来讲，国内的审美人类学研究还有待于提高，这需要知识学术的储备与时间准备。美国著名的女人类学家玛格丽特 · 米德（Margaret Mead）为了进行田野考察，只身一人投入阿拉佩什（Arapeh）、蒙都哥莫（Mundugumor）、昌希里（Tchambuli）等原始族群的

---

① 参见王杰、覃德清、海力波《审美人类学的学理基础与实践精神》,《文学评论》2002 年第 4 期。

② 参见王杰等《审美人类学视野中的“南宁国际民歌节”》,《民族艺术》2002 年第 3 期。

③ 参见王杰、叶舒宪、覃德清、海力波《探寻文化的审美尺度——审美人类学与文化建设四人谈》,《南方文坛》2003 年第 1 期。

生活中，从而为颠覆弗洛伊德的俄狄浦斯情结找到有力的证据。类似的例子在国外人类学田野调查中不胜枚举。我们要实践并推进审美人类学研究，就必须在这方面深入下去，只有如此，才能够获得比较客观的第一手材料，才能较为深入地理解这个族群的审美表达机制，也只有如此，才能真正地实现美学与人类学的跨学科的整合，否则阐释者有可能停留在一些表层现象，或者被现代性或者非该族群的人们设置的为某种目的的虚构的族群文化层面，建立在这之上的审美人类学研究应该是有问题的。所以审美人类学研究应在扎实的田野调查基础上，结合该族群文化的文本材料进行美学层面的阐发，这些都应体现在研究文本中，并能够经受学术的检验。事实上，这就为具有特色的审美人类学研究的学术表达、存在形态奠定基础。我们也可以借鉴《美国民族志家》(*American Ethnologist*)、《辩证人类学》(*Dialectical Anthropology*) 等杂志上刊载的关于审美人类学的论文，它们的学术表达是规范和成熟的。因此，审美人类学的研究方式是国内审美人类学规范化的重要环节，也是与国外审美人类学研究对话的基础。

总之，审美人类学在国内日益受到学界重视，日益走向规范、成熟，其逐步向具有中国民族特色的审美人类学研究迈进。但是，这个新型的跨学科要进一步推进还要做许多扎实而具体的研究，我们期待更多的学者关注这门学科的建设与发展，期待更多具有价值的著述问世。

［原文载于《广西民族学院学报（哲学社会科学版）》2004 年第 5 期］

走向“文化批评”的美学

——审美人类学的特征、问题与当代发展

曹成竹

一、审美人类学的理论语境

审美人类学作为一门新兴学科，一方面已经取得了长足的发展，另一方面又面临着挑战和瓶颈。它的优势在于对日常美学的实证研究，这对于解释当前中国的审美现象以及应对美学问题都具有极为重要的启发性。但学术位置的边缘化和研究对象的边缘化，又限制了它的理论活力。因此，在今天这个节点上回顾其兴起的理论语境，思考其理论特征、问题及当代发展方向是尤为必要的，它有助于我们继往开来，以更加清醒自觉的态度推进审美人类学的建设，促使其将自身的理论优势发挥出来，更好地适应中国现实的迫切需要。

审美人类学的兴起，很大程度上源于西方美学在后现代理论语境和全球化背景之下的反思与调整。自鲍姆嘉通确立“美学”这一概念以来，美学便成了西方特有的产物。它既研究人的感性经验的特点及作用，同时又是在与理性主义世界观的对抗中被提上日程的。这种理性与感性的张力在康德美学中发展到了极致，康德一方面试图用理性的方式揭开审美这片领域的神秘面纱，另一方面又始终为其保留了自足自律的神圣空间，共通感、天才、想象力等因素共同构成了审美自由的游戏场所。康德美学的魅力在于，将美学从现实土壤中抽离出来，使其具有了超越现实并且反照现实的优越性。但这种对美的浪漫期许又如同空中楼阁，在解释具体丰富的审美现象和发挥审美能动作用时往往力不

从心。归根结底，以康德为代表的浪漫主义美学应看作西方哲学传统与现代化进程相交汇的产物，它既以古希腊以来的形而上世界观和目的论为支撑，又是在主体与客体、理智与情感等二元对立的结构下产生的，其目的则是弥补社会现代发展造成的人类精神世界的分裂。因为西方美学的基础和结构同西方现代世界观并无本质的差别，因此这种对抗注定是悲剧性的，类似于马克思所说的“历史的必然要求和这个要求的实际上不可能实现”[①]之间的矛盾。这里“历史的必然要求”是人的自由和全面发展，而这一要求的“不可能实现”是因为，如果回避从现实关系中理解进而解放个人，反求诸审美自由的幻象，便容易忽视并掩盖审美需求的历史必然性。布迪厄对此问题的分析可谓一语中的：“纯粹凝视的超然性不能与其面向世界的普遍性情倾向（general disposition）分离开来，而这一普遍性情则是消极的经济依赖的吊诡性产物——一种闲逸的生活——倾向于同经济依赖主动保持距离。”[②]可见，超越日常生活的“纯粹美学”的实质是艺术家和美学家阶级趣味的体现，这种趣味预设了对大众的否定和轻视，阻断了沟通与交流，而它本身反而依附于特定的经济秩序，因此兼具反叛和自我奴役的矛盾特征。

尽管浪漫主义美学的问题明显，但仍具有难以抵挡的魅力，西方现代美学正是在对其继承和批判的基础上发展而来的。其中一条线索是重新回归到人及其具体的社会现实关系问题上，试图以人的存在为核心理解并重构社会现实。尼采对美的探寻在某种程度上延续了康德美学的精英主义和形而上立场，但他的创见在于超越具体的现代社会现实，从原始艺术和仪式庆典中，从理想的古代社会的审美幻象中寻求美的本质，使自己的美学初步具有了人类学的根基。[③]将美的问题原始化、人类学化的一个最大好处，是能够暂时将西方浪漫主义美

① 《马克思恩格斯选集》（第四卷），人民出版社 1995 年版，第 560 页。

② Pierre Bourdieu, *Distinction: A Social Critique of the Judgement of Taste,* Cambridge Massachusetts：Harvard University Press, 1984, p.5.

③ 尼采在《悲剧的诞生》中反复述及的狄奥尼索斯精神，集中显现于酒神节日狂欢和悲剧表演之时，是一种原始的集体性的迷狂，带有人类学意义上的仪式化特征。

学在现实基础方面的断裂和阶级区隔悬置起来，在更为深广的维度中确立审美认同的合法性。此后无论是克罗齐或杜威，还是现象学、存在主义美学乃至精神分析美学，都以不同方式突破了传统美学形而上的思辨模式及纯粹自律的先验理想，开始从具体的层面关注艺术实践和人生问题，并注意到将日常生活作为理解审美主体之所是的出发点。另一条线索则是从人道主义和异化的角度，对现实社会关系展开批判反思，这构成了西方马克思主义美学的主要路径。西方马克思主义美学与浪漫主义美学的不同在于，它在马克思主义理论的指导下开启了一条眼光向下的革命，对于浪漫主义美学所忽视的社会基础问题进行了彻底的审视和批判。但另一方面，西方马克思主义在精神层面又与浪漫主义美学一脉相承，把精英主义传统和审美启蒙理想推向了新的高度。法兰克福学派对大众文化的否定和悲观态度，及其对现代艺术的期冀，正是这一倾向的最典型代表。①

相对于西方美学传统而言，现代美学既是一种决裂，又是一种继承发展。它并未完全跨越美学的形而上和精英主义藩篱，但已经开始关注具体的审美经验和文化问题。20 世纪 60 年代以后，文化和审美以空前彻底的方式融入了日常生活之中，大众文化也展示出丰富的向度及可能，从而成为文化领导权争夺的场所。西方美学的格局在后现代理论和全球化视野的冲击下，迎来了更加深刻的反思和变革。如何打破浪漫主义美学和现代美学固有的立场偏见，积极介入大众文化和日常生活中的审美问题，如何突破西方思想的主客对立、形而上和西方中心主义范式，以更加宽广的视野和胸怀面对全球范围内丰富多样的审美现象，这些都为美学的发展革新提出了要求，审美人类学正是在这一大背景下应运而生的。20 世纪 70 年代以来，在美学反思和文化哲学转向的启发下，西方人类学家开始对审美领域投以前所未有的关注。雅克·马凯的《审美人类

---

① 法兰克福学派的这种倾向，参见［德］瓦尔特·本雅明《发达资本主义时代的抒情诗人》，王才勇译，江苏人民出版社 2005 年版；［德］马克斯·霍克海默、西奥多·阿多诺《启蒙辩证法》，渠敬东、曹卫东译，上海人民出版社 2006 年版；［美］赫伯特·马尔库塞《审美之维》，李小兵译，广西师范大学出版社 2001 年版；等等。

学导论》和《美感经验：一位人类学者眼中的视觉艺术》为这门学科做出了开创性贡献。马凯把审美经验界定为沉思（contemplation）式的无利害的静观，同康德以来的浪漫美学并无太大区别，而他的审美对象形式理论倾向于视觉研究，对于视觉艺术之外的文学、音乐、歌谣、舞蹈等审美对象则缺乏足够的关注。但不论如何，他实证的研究方法和比较的研究视野，都显示出迥异于西方美学传统的思路，为审美人类学奠定了基础。[①] 此后，荷兰人类学家范丹姆的《语境中的美：美学的人类学路径》[②] 一书，将审美人类学的理论原则概括为"实证基础""跨文化视野"和"对语境的强调"，进一步规范了这门学科的研究立场和方法。范丹姆新近出版的《审美人类学：视野与方法》[③] 既是对已有理论的强调和总结，也是当代审美人类学研究不断扩大交流领域和影响的成果。

二、中国审美人类学的理论特征及问题

西方审美人类学在 20 世纪 90 年代初期开始引起中国学界的关注，经过 20 余年的发展，中国的审美人类学研究已经取得了丰硕的成果。关于审美人类学在中国的兴起背景和学理基础等问题，已有学者做出了详细的梳理阐释，如王杰等的《审美人类学的学理基础与实践精神》[④]，冯宪光、傅其林的《审美人类学的形成及其在中国的现状与出路》[⑤] 等文，在此不再赘述。需要强调的是，中国的审美人类学有几个特征值得我们注意，这些特征既是其中国特色的表现，又是理解其所面临的问题的关键。

第一，从理论资源来看，中国的审美人类学更偏重美学，是应对当代中国

---

① 马凯的"审美沉思"理论和视觉艺术研究，可参见［美］贾克·玛奎《美感经验：一位人类学者眼中的视觉艺术》，武珊珊等译，台北雄狮图书股份有限公司 2003 年版。

② Wilfried Van Damme, *Beauty in Context Towards an Anthropological Approach to Aesthetics*, Leiden, New York, Koln Brill, 1996.

③ 参见［荷］范丹姆《审美人类学：视野与方法》，李修建、向丽译，中国文联出版社 2015 年版。

④ 参见王杰、覃德清、海力波《审美人类学的学理基础与实践精神》，《文学评论》2002 年第 4 期。

⑤ 参见冯宪光、傅其林《审美人类学的形成及其在中国的现状与出路》，《广西民族学院学报（哲学社会科学版）》2004 年第 5 期。

美学发展困境和社会现实问题的产物。尼采曾发出感叹，人们从来没有像今天这么多地谈论艺术，同时又从来没有像今天这么少地谈论艺术。这种情况同样适用于当代社会：一方面，艺术和审美空前充斥于我们的生活之中，另一方面，人们的艺术和审美体验又是肤浅的和碎片化的，大多是感官和娱乐的满足，而缺少理性反思。中国的审美人类学正是以美学的发展困境和社会现实问题为突破口来建构自身的，这意味着其“形而下”倾向超越了浪漫主义美学的精英立场，而其理论的抽象性、思辨性和批判性又都强于一般意义上的人类学。在我看来，以美学视角为重心，以人类学方法为辅助的审美人类学研究，并不意味着其人类学基础的薄弱（虽然相对于正统人类学研究而言，我们不得不承认这一点），相反这恰恰有利于突破传统美学和人类学研究的局限性，并使两者互为补充，在更大程度上发挥各自的优势。

第二，从理论基础来看，中国的审美人类学在美学方面的一个重要学理依据是马克思主义美学。关于此问题，郑元者、王杰、海力波、向丽、傅其林等学者都做出过分析论证。[①] 的确，无论是马克思本人的美学还是西方马克思主义美学，都蕴含着丰富的审美人类学思想，他们的理论中不仅包含人类学的方法和立场，马克思主义美学对日常生活本身的关注以及对审美现代性问题的批判方法，更为审美人类学的理论提升提供了深刻的启发。可以说，将马克思主义美学同审美人类学连接起来，既源于它们之间的内在联系，也是审美人类学发展完善和应对社会现实的需要。此外，马克思主义美学在中国有着独一无二的影响和理论根基，将其作为审美人类学的理论支撑，能够进一步将审美人类学纳入主流学术话语之中，使其更易于被人们理解和接受。

第三，从理论语境来看，中国的审美人类学既受到世界范围内反西方中心

---

① 参见郑元者《蒋孔阳的美论及其人类学美学主题》，《文艺研究》1996年第6期；王杰，海力波《马克思的审美人类学思想》，《广西师范大学学报（哲学社会科学版）》2000年第4期；向丽《审美人类学与中国马克思主义美学的当代发展》，《马克思主义美学研究》2008年第1期；傅其林《审美意识形态的人类学阐释二十世纪国外马克思主义审美人类学文艺理论研究》，巴蜀书社2008年版；等等。

主义美学观的影响，在国内又带有反思以汉族为主导的文艺和美学观的意味。这种双重影响使中国的审美人类学并不像西方一样充满“异国情调”，而是更关注本国少数民族地区的审美艺术活动和文化表达机制，从而带有鲜明的“边缘性”和“相对性”特征，在当代中国的文化结构中，发挥着弱势群体的身份认同和文化抗争作用。此外，中国的审美人类学渴望在充分理解和阐释的基础上有效介入现实，这意味着理论家从美学的“立法者”到“阐释者”的转变。①与20世纪80年代中国美学家为艺术立法、为社会立法的豪情和优势地位相比，20世纪90年代以来的艺术和审美实践越来越多地听命于市场，听命于大众需求，精英式批评的影响力日渐式微。面对这一事实，中国的审美人类学尝试以更加理性和实证的态度面对研究对象，并使美学走出学术圈，在与政府、机构、企业和市场的交往与对话中发挥自身的影响。这种“阐释者”的角色并不是顺应趋势的无奈之举，而是美学面对新理论语境的一种积极主动的选择。

以上这些特征，使中国的审美人类学与其他美学流派以及西方审美人类学都有着鲜明的区别，但我们当前存在的问题也在一定程度上与之有关。首先是学科地位的边缘化问题。在梳理回顾中国当代美学发展史的众多论著中，我们较少看到论及审美人类学的部分，也较少有关于审美人类学的争鸣和热点话题，这说明在美学领域，审美人类学研究还并未得到学界的足够重视，它并未真正进入当代中国美学的主流话语之中。此外，相对于文学人类学、艺术人类学、民俗学等学科而言，审美人类学的研究对象和研究方法都尚未成熟定型，而审美人类学者在田野调查和民族志研究方面的欠缺，更使其同严格意义上的人类学研究区别开来。因此，审美人类学的跨学科优势又容易使其陷入迷失或错位。归根结底，学

① 这里我们借用了鲍曼关于知识分子从摩登时代到后现代的身份变化的经典描述。鲍曼认为，面对后现代这一复杂多元的文化语境，知识分子有两种选择，或者拒绝全球化时代的多元性和相对主义，以精英的立法者姿态藐视群氓，继续“注解柏拉图”，然而这是“最不起眼”的做法；另一种选择是成为“阐释者”，接受多元主义和知识分子身份的变化，扮演对社会威望进行权衡的角色，在知识的阐释中达成交往和对话，并得到立法者曾经拥有的利益。鲍曼的“阐释者”近似于托尼·本尼特所提倡的“实践型知识分子”，也就是能够充分利用权力机制和经济资本，以最大限度发挥现实影响力，同时又不乏批判精神和立场的知识分子。鲍曼的知识分子观，可以帮助我们从理论立场的角度理解审美人类学在中国的兴起和发展。

科地位的边缘化应当从学科理论建设方面寻找原因，也就是说，审美人类学自身理论话语的影响力还不够。因此当前的理论重点便不再是关于学科的总体论证和梳理，而应该进入更加具体的理论建设层面，从审美人类学的核心概念范畴入手，用关键词的阐释和运用来充实和扩大审美人类学的影响。审美人类学目前已经有了一些相对成熟的关键概念，如审美习俗、审美制度、地方性审美经验等等，这些概念既体现了美学理论与实证研究的结合，又具有可阐释的理论深度并具备一定的原创性，应该作为审美人类学理论建设的基点和重点。只有在理论层面有确凿的推进和概念依托，审美人类学才能够不断扩大影响，逐渐脱离美学和人类学的边缘和交叉地带，迎来自身的独立与成熟。

当前审美人类学发展的另外一个问题，是研究对象的边缘化。前面提到审美人类学研究的一个中国特色，便是以少数民族地区的艺术审美活动和文化表达机制为对象。这是其人类学属性的必然要求——既保证了研究的实证，又是在跨文化的视野下对文化审美多样性的尊重与发掘。这一立场无疑是积极的，但研究对象的边缘化也限制了审美人类学的理论有效性和活力。无论是以少数民族为研究对象还是人类学的方法，对于非少数民族地区的美学和文艺学研究者而言，都有着现实和学科方面的操作难度。更重要的是，在全球化时代和大众文化的席卷下，少数民族文化与汉族文化之间早已不是简单分明的二元对立，而是体现出融合与共谋的趋势。这可以理解为主导文化对于边缘文化的影响，但又源于主导文化对自身需要的满足或缺陷的弥补，更源于边缘文化渴望发展和融入现代社会的主动诉求。正如雷蒙德·威廉斯的文化理论所言，在“主导—残余—新兴”的文化结构中，任何一种文化如果想维持存在并且发展进步，都不可能对其他文化采取完全的排斥态度，它们之间构成了一个相互作用的张力场。[①] 在此意义上，少数民族文化的个性是重要的，其边缘地位也是值得同情和反思的，但它更重要的启发在于其跨文化、跨语境的可能。因为正

① 威廉斯的文化构型理论参见 Raymond Williams, *Marxism and Literature*, London and New York: Oxford University Press, 1997。

是在跨文化和跨语境中，审美差异得以表达，审美交流和认同得以实现，审美同意识形态的矛盾关系得以暴露，主导文化的支配和边缘文化的抵抗才得以共生。这个充满矛盾和魅力的领域无论在中国的边远地区还是内陆地区都广泛存在着，其在内陆地区的存在更是一种文化符号式的，而非原生态意义上的。这种跨文化和跨语境的“符号化审美”有着诸多重要意义和问题，因此也尤为值得关注。审美人类学已经在这方面有了一些重要的研究成果，例如对南宁国际民歌艺术节的研究、对黑衣壮民歌的研究等，但还应该进一步放宽视野，突破地域界限，发掘并关注内陆地区和主流文化中的审美人类学对象和问题，如地方博物馆和艺术馆陈列、群体文化记忆、城市移民、影视作品中的地方资源、地方性文化和风俗传统的美学特征等等，使其跨文化的、比较的视野真正走出对象边缘化的束缚，在更广阔的地域和视野中发挥理论活力。

三、走向“文化批评”的美学

当代中国文化和审美的关键特征，仍然是现代性问题。具体说来，其表达方式并不是对现代化本身的敌视或否弃，走入类似西方现代艺术的精英主义和个人主义的区隔之中，而是普通大众的日常生活与审美诉求之间的断裂或距离。这种断裂和距离不仅表现在少数民族文化对汉族文化的吸引，还表现在乡村文化对城市文化、自然文化对工业文化、怀旧文化对摩登文化、传统文化对当代文化之间的吸引。这些文化问题与中国的文艺传统、历史进程和地域城市特色等元素纠缠在一起，并以审美的方式呈现出来，构成了当代中国民族审美经验的“星丛化”表达。作为从日常生活方式切入美学问题的比较性研究，审美人类学可以而且应当对这些美学现象加以关注。总的来说，审美人类学从人类学角度进入美学问题，无论是其理论基石还是最终指向，都应该是文化问题，进一步来说，也就是对“文化中的审美”和“审美的文化机制”的探究。这既是审美人类学不能脱离的原则，又是一种总体的和相对宽泛的思路。只有在坚持原则和开阔视野相结合的基础上，中国的审美人类学才能取得更好的发展。

在此我们不妨将西方审美人类学的发展经验作为参照。可以说，无论是经典美学还是经典人类学，都有着西方特有的思维定式，而审美人类学则是以这种思维定式的僭越者的身份发展成熟起来的。今天的西方审美人类学家虽然也大量使用人类学材料，但他们的研究已经不再突出人类学对象的地域性和特殊性，而是通过各种琐碎的和语境中的审美现象，论证审美差异背后的普遍性：审美能力是人类的一种高级本能，它潜在于日常生活的方方面面而不仅仅倚赖于艺术，它有利于人类的生存和进化。例如，迪萨纳亚克便试图证明："艺术行为是普遍的和必须的，它是每个人在生物学意义上被赋予的倾向，而并非这一问题的其他解释者，包括绝大多数生物学家迄今所设想的那样，是边缘性的副现象。"[①] 范丹姆同样支持进化论美学的观点。在新近的一篇文章中[②]，他再次强调了自己的审美人类学观念，即重新思考"人类学"的最初含义——并不是正统学科意义上的异文化研究或民族志研究，而是对"人的本质"的整体性、综合性研究，它包括解剖学、生理学、社会文化行为以及人的精神等方面。随着知识的积累和笛卡尔式的现代世界观，逐渐导致了人类学的学科分工，"人"也就成为被分离研究的对象。范丹姆指出，因为"审美"在人类生活中的重要作用，使其能够将各方面重新联系起来，因此对"审美"的人类学研究实际上是对人的综合性研究。但是西方美学却走向了形而上，走向了艺术哲学，而非对"审美的人"的关注。因此他不仅提倡重新回归对"审美的人"的整体性研究，而且主张回归日常美学，即生活领域的审美现象和审美经验。这一观念无疑极大地拓展了审美人类学的研究思路和领域。

综合中国的现实经验和西方审美人类学的发展，我们应当认识到，当我们试图以"审美"为视角切入当代社会的文化问题时，需要用更加开放的态度

---

① ［美］埃伦·迪萨纳亚克：《审美的人——艺术来自何处及原因何在》，户晓辉译，商务印书馆2004年版，第33页。

② 参见［荷］范丹姆《日常生活美学：人类学的视角和方法》，李修建译，《民族艺术》2015年第4期。

扩展“人类学”的关注领域，使审美人类学走出学科地位边缘化和研究对象边缘化的局限，成为兼具实证基础，又有广泛适用性的“文化批评”美学。一方面，审美人类学并不仅仅是为了研究小型社会、少数民族或异文化的审美个性而存在，还力求在审美差异性和语境化的背后寻找规律和启示。同时对于非少数民族地区和对象而言，审美人类学同样具有存在的合理性。另一方面，审美人类学应当深入日常生活——不仅是异民族异文化的生活，同样可以是现代城市中特定群体的日常生活。正如马尔库斯所指出的那样：“人类学并不等于盲目搜集奇风异俗，而是为了文化的自我反省，为了培养‘文化的富饶性’。在现代世界，社会之间的相互依存和不同文化之间的彼此认识程度都已经提高了。在这种情况下，要实现这样的目标，我们就需要新的写作风格。在人类学中，这样的探究有赖于将我们的注意力从对异文化的描述这种单纯兴趣转移到一种更加富于平衡感的文化观念上来。文化批评（cultural critique），就是借助其他文化的现实来嘲讽与暴露我们自身文化的本质，其目的在于获得对文化整体的充分认识。”[①] 马尔库斯尝试为人类学开辟宽广的道路，以“文化批评”为目的，使人类学得以更有效地与当下生活结合起来，这与审美人类学在精神层面是最为契合的。他从更贴近城市文化和日常生活的文化研究理论中寻求启发，例如，威廉斯的“情感结构”便被他看作带有人类学民族志意味的批评概念，因为它“把受到充分描述的日常生活经验与大体系和意识形态的微妙表达结合起来”[②]。的确，这一概念既源于“可认知共同体”（knowable community，即可以在具体语境中做实证考察的小群体）稳定而自觉的生活经验，同时又受到一个更大世界（例如晚期资本主义社会现实或意识形态）的刺激而不断发展变化。“情感结构”是一个勾连文本内部世界与外部世界、作者个人经验与社会集体经验、琐碎日常生活与宏大历史语境的关键媒介，它在文学艺术中的浮

① ［美］乔治·E. 马尔库斯等：《作为文化批评的人类学：一个人文学科的实验时代》，王铭铭、蓝达居译，生活·读书·新知三联书店 1998 年版，第 11 页。
② ［美］乔治·E. 马尔库斯等：《作为文化批评的人类学：一个人文学科的实验时代》，王铭铭、蓝达居译，生活·读书·新知三联书店 1998 年版，第 114 页。

现，实际上是特定群体应对社会变迁的反应与记录。类似的文化批评观念和概念，都可以被审美人类学所借鉴。在“文化批评”的启发下，审美人类学不仅应当以更加开放的态度关注文化问题和日常生活，而且同样不能忽视对文艺现象的研究和批评。特别是在当代中国，文学、影视、音乐等文艺形态已经消弭了精英与大众的界限，并且在人们的日常美学之中发挥着重要的作用。因此以实证研究为基础，以文化批评为理念的对于当代文艺现象和文本的研究、阐释乃至批评，同样是审美人类学应当介入的领域。

以上分析启示我们，中国的审美人类学应当在理论建设和研究实践方面有新的转变，在“文化批评”的启发下，从具体概念范畴层面加强理论建设，在研究对象方面拓宽视野，使理论进一步占据学术主流，使研究更加有效地直面社会现实。而理论和实践两方面的发展实际上是相互促进的。前文提到的已经相对成熟的理论关键词，都具有灵活的适用性和丰富的内涵，可以用于更加广泛的研究对象。例如“审美制度”[①]这一概念便是如此。它兼顾审美自律和他律的双重维度，特别是“制度”一词更将研究视野从美学推进到其背后更为宽广的文化语境，既便于我们理解小型社会中独特的文艺和审美现象，又可以对都市文化、大众文化中的审美和艺术问题做出实证的、整体的研究。因此中国审美人类学的发展不妨从理论范畴入手，以更加自由宽广的视野，切入各种文化和美学现象之中，在理论与实践的结合中对当代中国的美学和现实问题做出切中肯綮的分析解答。

（原文载于《思想战线》2016 年第 1 期）

① 关于“审美制度”这一概念及相关理论，可参见向丽《审美制度问题研究——关于“美”的审美人类学阐释》，中国社会科学出版社 2010 年版。

文化经济时代审美人类学提出的问题与挑战

王 杰、肖 琼

2013年，联合国教科文组织发布《创意经济报告》，报告的主题是“迫切需要找到鼓励创造和创新的发展新途径，力争实现包容、公平和可持续的增长与发展”，明确指出人类已经进入“文化经济时代”。在当代社会，文化在社会发展中占据十分关键的重要地位，不仅是社会发展的驱动力，亦是社会发展的推动力。也就是说，人类社会经过从工业经济时代到知识经济时代，现在又过渡到文化经济时代了。那么，什么是文化经济时代？它与知识经济时代在形态和特征上有什么不同？文化经济时代中的文化又应该担负着怎样的社会功能和文化功能等，这诸多的新现象、新形态和新问题，都期待着理论做出回答和指引。本文就从这个问题介入，从审美人类学的角度来思考人类社会新形态将呈现怎样的变迁和转型，彰显文化重要性的同时又会给人类带来怎样的思想变化和观念影响，同时审美人类学面临着这些新问题、新挑战，又该做出怎样的理论回应和未来发展方向的策略性调整。

一、文化经济时代的来临和当代美学的转向

历史学家戴维·兰德斯在《国富国穷》中告诉我们的是，如果说经济发展给了我们什么启示，那就是文化乃是举足轻重的因素。马克思将文化界定为上层建筑，而把经济生产和物质生产划归为经济基础，这绝非一种简单的二元对立式的关系格局，其中蕴藉着可深入发掘的空间隐喻。尽管在此之后，西方马

克思主义理论家围绕着这个经济基础 / 上层建筑模式进行了各种各样的隐喻性阐释，最终难以形成共识，但随着社会的进步和科学技术的进一步发展，我们所看到的是，经济活动与文化活动之间的界限越来越模糊，文化因素已经不断渗透经济活动的各个领域，文化经济化和经济文化化了。在各种新的经济形式中，审美已经作为一种文化的力量或经济和社会发展的重要能动力。文化与经济的结合对人们的生活方式和思想影响有着深远的意义，改写了人们的话语表达方式，在重构文化、艺术、审美的现代内涵的同时，也重构了人们的日常生活和社会关系。

也许我们首先应该清楚“文化经济”这个概念的准确含义。什么是文化经济？它与之前我们所称的知识经济有何不同？要想清楚地回答这个问题，可能还得先厘清前面我们所提到的“文化经济化”和“经济文化化”。概言之，“文化经济化”和“经济文化化”的细微区别在于，“文化经济化”是指将文化作为资本，由此可以获得经济效益。在现代社会的精神生产和文化发展过程中，经济成分不断增加，市场手段的介入使文化活动渗透到各种经济活动之中，从而形成了新兴经济产业——文化产业。文化产业最先是遭到法兰克福学派的批判的，他们认为，文化被工业化、商品化，可以成为现代意识形态用以操控人们思想的有效途径。在法兰克福学派之后，布迪厄则通过对作为资本的文化进行分析，以独特的视角揭示了当代资本主义的新特征及其背后的“决定性”统治力量。然而，同为法兰克福学派的本雅明却认为，艺术品的复制可以把艺术从宗教仪式的古老传统中解放出来，因而赋予现代文化和艺术以审美救赎的功用。后来的英国伯明翰学派继承了这一发展方向和认识方向，矫正了法兰克福学派对于文化产业消极面的过度批判，深入地分析了文化过程中主动与受动的辩证关系。他们不再将文化视为低级民众的文化工业娱乐，而是从消费者而非生产者的角度来理解民众的文化消费，从而将文化工业看成潜在地具有颠覆性的复杂场域。

“经济文化化”是金元浦在 2002 年《求是》杂志上发表的《文化生产力与

文化产业》一文中提出的，其基本涵义是指现代经济发展中文化的、科学技术的、信息的乃至心理的要素越来越具有举足轻重的作用。随着经济运行过程中审美因素和文化内涵作用的不断增强，文化要素不断发挥重要作用，人文精神和文化资源在所需资源中所占的比重愈来愈大，各种经济产品中的文化含量不断提高、丰富，生产、流通、分配、消费各个环节中也愈来愈多地被注入文化的理念和内涵。[①]“从人类实践形态转化的逻辑和趋势来看，如果说知识经济是建立在知识和信息的生产、使用和分配基础上的经济，核心是突出知识、技术在经济增长中的价值的话，那么，文化经济则是对知识经济内涵的不断丰富和深化。文化经济包含了知识经济，是文化因素对知识经济的全面提升，其内容构成不仅有科学、技术等智力因素，同时还包括理想信念、价值观念、娱乐休闲、艺术感知等精神因素，既包含科学精神，也体现人文精神，是科学精神与人文精神的有机结合，尤其突出了人文精神、观念文化作为生产力要素的价值。”[②]如果说知识经济时代突出的是文化的经济效益，文化经济时代突出的则是文化的人文涵义，将人文精神变成了经济发展的最重要、最直接的资源，经济不再只是以获取效益和利润为根本目标，经济的根本还在于为人类的合理生活服务，回归人类自身。因此，在文化经济时代，人文精神、人性本质、伦理诉求、人的最根本的存在方式等问题重新得到思考和弘扬，再一次回归到社会话语的关注中心。

在美学研究中，人性异化和如何回归一直是现代美学所关注和思考的问题。进入现代社会，在工具理性和技术理性的思维操控下，现代人性遭到严重异化。查尔斯·泰勒从三个方面表达了他对现代性产生的隐忧：1. 个人主义。生命的英雄维度的失落，人们不再有更高的目标追求，也不再感觉到有值得以死相趋的东西。2. 工具主义理性，一种以最大的效益、最佳的支出收获比率作

---

① 关于“经济文化化”的定义有很多种，这里参考的是向晓梅等所作的界定，见向晓梅等《文化经济时代的物质产业发展研究》，广东人民出版社 2009 年版，第 39 页。

② 向晓梅等：《文化经济时代的物质产业发展研究》，广东人民出版社 2009 年版，第 38 页。

为成功的度量尺度。3. 在政治层面上，个人主义和工具主义理性的政治后果，“一种与工具理性主义格格不入的个人生活方式是难以维持的”。还有就是“自由的丧失”①。而在此背景下，审美的意义变得非凡。审美作为一种情感性的想象活动，是可以让现代人仍然体会到自由存在的最后一块飞地。如伊格尔顿所指出的，审美在现代社会中可以“突破约定俗成的能指和所指关系，消除现实世界对人的各种理性压抑，使主体体验非功利的审美愉悦，因而在现代社会中具有非凡的意义”②。所以，在现代社会中，审美始终是肩负着救赎的任务而存在的。为了捍卫美的神圣性和独特性，浪漫主义率先强调艺术的自律性，强调审美不同于理性、科学、哲学的独特逻辑，追求主体自由创造及其存在形式。如果说浪漫主义是以一种审美和伦理的生活模式来对抗当时的现代性，现代主义则不再是对现代性的单纯否定，增加了它的反思维度。它们不再是从过去而是从未来汲取源泉，用以指导人们当下的现实生活，寻找超越现代性的合理存在。

然而现代主义美学将审美从实际生活中隔离出来，审美表达中只留下纯粹的形式游戏，审美经验与日常生活经验成为对立的两轴。“在文学艺术方面，经过浪漫主义文学运动和现代派文学阶段，文学形象和现实生活体验之间的联系断裂了，形成了日常生活经验与文学的自律性世界二元对立的文化格局，文学也分裂为古典的、符号化了的过去与激进的、情感化的当下体验之间的对立。”③尽管我们每个人都必须生存于日常生活中，但传统理论往往沉迷于形而上的理性追求而对形而下的世俗的日常生活世界不屑一顾，视而不见。随着后现代社会的发展，碎裂化的特征突显，文化冲突进一步加深，伦理危机和生态危机日益严重，美学又面临着新的问题、新的要求和新的挑战。美学不再能够

① [加] 查尔斯·泰勒:《现代性之隐忧》，程炼译，中央编译出版社 2001 年版，第 2—10 页。
② [英] 特里·伊格尔顿:《美学意识形态》，王杰等译，广西师范大学出版社 1997 年版，第 109 页。
③ 王杰:《东方马克思主义美学：问题与理论》，《马克思主义美学研究》第 4 辑，广西师范大学出版社 2001 年版。

仅仅停留于形而上的层面去做乌托邦式的想象性救赎，而应该直接介入社会和生活中。这在理论界已经较好地呈现了这种美学转向，并有初步的理论论证。

在尼古拉斯·康普瑞德斯编的《转向与回归：政治思想之中的审美转向》导言中一开篇就提到了这种美学转向："如果不查阅相当数量的（经常以系统的和出人意料的方式）探讨美学与政治联系的论文，就几乎不可能出席政治理论家或政治哲学家的专业会议。更简明地说，从美学角度探讨政治生活的研究非常广泛而且与日俱增，这种现象已经越来越突出并且一以贯之，因此我们必须将其看成政治思想之中的审美转向来进行谈论。"[①] 甚至认为，自从 18 世纪后期以来，美学与政治已经完全相互浸染纠缠在一块。法国学者朗西埃则在他的《歧义》中直接宣称，政治在根本上就是审美的。朗西埃提出了一个重要概念："感觉的分配"（distribution of the sensible）。朗西埃对"感觉"的理解和其他理论家不同，分别从经验性、认知性、理性或"理据"三个层面上来理解，而政治通过对感觉的重新分布或划分发挥作用，从而突出了美学与政治的关系问题。国际美学学会前任会长阿列西·艾尔雅维奇则提出了"美学的革命"。他以 20 世纪先锋派艺术为基本对象，讨论了艺术（审美）与现实关系的一种重要的形态：审美的革命，即关于社会未来的讨论和变化首先以审美的革命的形式发生，通过先锋派艺术的实践，这种观念中的"未来"在现实中发生和得以实现。阿列西认为，20 世纪自先锋派运动产生以来，"审美"已经与政治、与社会生活发生密切的联系，审美的革命是社会现实变迁的前奏等。这些理论动态和美学观点其实就是对文化经济时代的新现象和新问题做出的理论回应，其共同点在于都强调了美学与政治和社会现实的结合。因此，当代美学研究有必要更新旧有的理论范式和研究方法，走出康德自律性美学的理论模式，重新握住与现实生活的关系，开展与现实的介入性对话。

---

① Nikolas Kompridis, *The Aesthetic Turn in Political Thought*, Bloomsbury Academic, 2014.

二、当代美学的新问题与审美人类学的理论实践

近年来，法国哲学家阿兰·巴迪欧（ Alain Badiou ）的思想正引起学术界和美学界越来越多的关注。巴迪欧最重要的观点在于他对“事件”的哲学看法。他认为，各种事件是“正在生成并随时变动的张力关系”，事件不再以“现存”或“已存”的方式而存在，事件乃是变动本身，而且是以完全不可预料的突现形式。鉴于“存在”与“事件”之间的裂缝，真正的哲学不再是始于结构的事实（文化的、语言的、制度的等），而是仅始于发生的事件。于是，巴迪欧把哲学研究的重点，由古典哲学所聚焦的“存在”转向“事件”，而哲学并不生产真理，它只获取它们，展示它们，为真理确立场所。借此，艺术就在于寻找新的图示以获得和真理事件的联结，“打破事件”的艺术产品将是现今时代把握真理性的唯一方式。因此，当代美学和艺术逐渐转向了对事件呈现和场域性的研究。

此种特殊的场域是如何敞开的？我们不妨先来关注一下当下美学领域和人文学科的关注话题和表现内容。2014 年秋，世界人文联合总会（ CHCI ）在中国香港召开，此次会议以“展演人文”（ performative humanities ）为主题，围绕新的社会发展中出现的诸如环境与信仰、世俗主义、政治归属等问题展开了广泛而深入的讨论。在传统人文学科中，人性问题被认为是不可证实也不可证伪的伪问题。随着科学对人文学科的渗透和介入，人文完全可以通过表演、游戏、事件展现等方式直接呈现在人们面前，让人们直接去感知、看到或听到。2014 年冬，在北京舞蹈学院召开了中国艺术人类学国际学术研讨会，会议主题为“文化自觉与艺术人类学研究”，与会学者在交流中达成了一种共识，即，艺术研究中的“文化自觉”不仅是一种理论性的提法，而且要求基于中国本土经验不断地形塑与聚集，这再一次凸显出美学和艺术的学科范式转换的必要性及其价值意义。而 2015 年的国际美学学会的会议主题为“修正现代美学”（ revisions of modern aesthetics ），强调要对现代美学进行调整，呈现当下美学研

究的视点转移和兴趣转移，逐渐向空间发展，注重表演性和空间性。其讨论的主题包括“现代空间与建筑理论”（modern theories of space and architecture）、“当今美学的状况”（the status of sesthetics today）、“当代艺术与中世纪艺术”（contemporary and medieval art）、“景观与媒介时代中的艺术与建筑”（art and architecture at the Time of spectacle and media）。不难发现，如上会议主题的纵深探讨都强调了生活事实的在场与理论跟进的紧迫性。

在艺术方面，例如电影艺术也更注重电影的叙事方式和表达方式，通过各种技术和技巧的处理，在事件的呈现过程中，将不可呈现的人性、人情等内在的难以描摹的存在充分展现出来，因而原生态呈现式的纪录片电影引起广泛关注。例如艾晓明的《开往家乡的列车》，用镜头忠实地记录了中国底层百姓在2008年的除夕前夕焦急等待开往家乡的列车的朴实而动人的场景。对于中国人来说，春节就是亲人团聚，共聚庆福的日子，不管平时在哪里，干什么，有钱没钱，都得回家过年，因而春运就成了中国的一个特殊文化现象。可是叙事却在这里转折性地、不可预料地展开。就在春节临近之际，铁路南北大动脉京广线中断、列车停运。在这样的突发性事件中，有政府对民工的体贴关怀，部队士兵和志愿者们的温馨演绎，人的情感寄托、伦理选择、人文关怀甚至悲剧性情感反应都在冷静而客观的叙述中一一衍化开来，带给我们一种直视和震惊的效果。开篇有一段歌曲，来自广州地铁中唱歌的外地男吉他手的弹唱，一个关于想家却不能回家的故事，与影片中的记叙情节遥相呼应，成为影片中所要呈现的主题和深刻内容的生动诠释和场景聚结。

另外，在绘画方面，汤玛士使用“拓遍中国”“以墨洗宅”等中国艺术的基本概念，追求人类学的“在场”。作者自述道：“中国城市的巨大转变带来一种建筑知识与传统的失落，把先前历史的存在抹去了，但这种残存建筑的存在却提供了先前历史的经验。关于我们所处社会的历史，往往只是被简单地在特意选择的地图、照片、书籍以及博物馆展览有所展示。我取名为‘德园’的中式挂轴试图以纪录的方法来把‘人类学的现场’转化到我的作品中。拓印刻在石头上的书画一直是中国的传统，在这里成为引起一种意识的材料，这就是历史本身以及依托于历史的物质文化。历史是活的记忆的过程，对我而言，她塑造与追溯人类的思想、激情以及行为，从而有利于确定我们自己在世界中的位置。”[①] 残存建筑的存在提供了先前历史的经验，但不能简单地在特意选择的地图、照片、书籍以及博物馆展览有所展示。有意的展示呈现得更多的是意识形态化了的东西，而汤玛士则希望通过拓和洗的方式去呈现一种巴迪欧意义上的“事件”，体现一种“人类学的在场”，从而将这些历史经验呈现并让我们实实在在地看到。以上这些艺术现象我们很明显地感受到巴迪欧的影响，具体而形象地呈现巴迪欧的“事件哲学”概念。

审美人类学是一门始终关注人性和伦理情感的学科，同时也是一门交叉性学科，在方法上，审美人类学提供了当代美学实践的诸种可能性，例如，引入实证科学乃至自然科学的方法，诸如数量统计与分析、田野调查等实证科学方法，深入到日常生活和审美经验中，并将之作为一种科学研究的对象呈现为场域，从而可以科学地探讨审美、体验、人性、伦理等重要的文化现象和文化问题。此外，审美人类学的研究方法是一种相对主义的语境式的研究方法，体现出在对待不同文化时的平等宽容的态度，关注处于社会边缘和底层大多数人们的审美经验，关注他们的价值观念、审美心理、情感需求和文化表达方式，以探讨他们的文化自觉和伦理价值。从某种意义上可以说，审美人类学恰恰站在当代美学向现实敞开的入口处。

尽管审美人类学是在美学与人类学的契合之处生长出来的一门新兴学科，但它同时又在与传统美学和传统人类学的区分中显现其特性，亦即审美人类学一方面借鉴人类学的研究理念和方法开拓新的探讨审美和艺术的空间，同时又尽可能地避免陷入传统人类学还原主义和经验主义的窠臼，而发掘和秉承人类学批评精神无疑是审美人类学能够做到这一点的重要保障；另一方面，审美人

① 转引自王杰《砖石有声　古雅深沉——谈谈汤玛士·雅可比关于中国的作品》，载《广西当代文艺理论家丛书　王杰卷》，广西人民出版社 2012 年版，第 307 页。

类学区分于传统美学，它努力尝试着将美学由一种想象性的学问转变为一门具有其坚实的“物质基础”同时能够切实地作用于现实生活关系的变革的学科。概言之，传统美学倾向于研究精神层次的问题，传统人类学则倾向于研究“物质基础”层面的问题，然而，这两个层面同构为人类社会存在的两个不可分离且交互共生的组成部分，因此，在我们探析审美和艺术的复杂性与特殊性问题时，如何恢复这两者的共在就是一个首要而关键的结点。富于意味的是，审美人类学恰恰侧重于对处于这两者间的审美与艺术的制度层面加以研究，即通过对审美与艺术符号在文化语境中的具体表现，找出其背后隐藏着的由社会约定俗成的一套规则与禁忌。而在审美人类学视域中提出的“审美制度”问题研究，尤其向我们呈现和展示人们关于“美”和“艺术”的观念与行为是如何被美学思想、艺术知识、惯例观念、政治、权力、文化政策、经济等制度性因素建构的动态性过程。

文化经济时代，审美问题的历史逻辑、表达机制、人类学基础、伦理功能发生了复杂的变化，美学问题不再是关于个体纯粹的情感问题，而是复杂社会关系和社会矛盾中的一种文化现象。巴迪欧的“事件哲学”让我们清楚“事件”其实并不等于存在，而是一个变动不居的东西，我们唯一能做的就是将这个事件的场域展开，通过科学的分析去呈现场域中所有的问题、经验、表达方法和机制因素。当然，科学的分析只能去呈现，却无法进行最终的人文性分析和提升。因此，在我们看来，审美人类学为当下美学和艺术等文化现象的研究提供方法和研究新框架。

三、中国当代审美经验与“审美流动幻象”的解释

2014 年，广西左江花山岩画文化景观被列入中国 2016 年申报世界文化遗产的唯一项目。这在人类艺术史上可谓又是一个大事件。岩画，就是刻画在山洞壁上和山崖上的图画，它们是人类祖先生活情景和思想智慧的反映，是研

究民族文化发生和发展的重要依据。而广西花山岩画作为骆越文化的历史和积淀，也蕴含着史书所缺载的壮族先民社会发展面貌与精神象征信息。从审美人类学研究视角来看，花山岩画的现代意义在于作为一种审美场域的现实个案，通过审美人类学的介入性研究和审美考察，努力通过对中国古代少数民族文化的审美表达、审美经验和文化内蕴的特殊性的深入研究，从中发掘出能够激活当下的文化表达机制和审美经验的原创力。

中国的审美经验和文化表达方式是不同于西方的。建立在中国文化和中国审美经验基础上的中国美学和艺术是一种具有较强开放性的“外播文化”，它以流动性的声音性形象为基础（乐、诗、词、曲等），以“韵”和“意境”为核心范畴和表征机制。中国古代艺术特别强调“象”的空灵、无迹可寻，“大音希声”“大象无形”是“象”的最高表达境界，所以中国的诗歌、音乐、绘画、书法等都强调要将具体的身体和物质性的场景幻化为一种空灵性的存在和流动性的形象。在现代社会，这些古代艺术以现代社会的“余韵”表达形式袅绕于我们周围，是唤起现代人们与历史进行交流对话的艺术中介。而“韵”则是中国艺术最重要也最具有现代美学意义的审美表达机制，它不同于西方文化中的“移情”“视觉性隐喻”，体现着中国文化内在的特殊的审美表达机制和情感表达机制。在西方，德国哲学家本雅明指出，现代社会中的复制技术导致了艺术的即时即地性和独一无二性的消失，从而导致了传统艺术中所包含的“灵韵”的消失。随之而来的后果在于，“在后现代主义文化场景中，‘影像’作为对现实的复制，在现代技术手段的基础上，简单的模仿机制被推向无以复回的极端。形象的无节制的膨胀正如货币的膨胀一样，其结果只能是现实感的丧失以及内在自我的萎缩”[①]。而韵是一种“远出”的声音，其表达机制不同于日常生活，它通过“远出”的声音及其缠绕和回旋，把不可表达的历史原级性的东西化为现实生活中一些静默的意象。但这些意象不是时间性的，而是空间性

① 王杰：《审美幻象研究：现代美学导论》，北京大学出版社 2012 年版，第 228 页。

的。本雅明将这些过去意象表述为现代社会中的“废墟”时强调的仍是它的视觉效果，中国审美表达机制却以“呼唤”的声音机制，通过学会聆听来自远方的回旋声音来拉伸和扩容我们的生活空间，展现和把握历史深处隐蔽的价值和意义。因此，在中国特殊的语境和背景中，通过审美人类学的理论与实践，探讨和阐释中国当代审美经验和艺术表达的特殊性，重建现代美学的理解方式和交流方式，勘破西方中心主义镜像，这对于当代美学危机的解除不乏有重要的理论参照意义。

同时，在当今消费文化经济和审美资本主义时代，语境流动复杂，呈现为威廉斯所说的剩余文化、主流文化和新兴文化等多形态、多层次、多元化的叠合。在我国，多语境叠合的文化语境现象尤为突显，传统文化的余韵、西方思潮的不断涌入、古典与现代、后现代的交杂、现实主义与浪漫主义等各种文化和思潮的多重叠合，但它却并不像西方那样表现为压倒和冲突，而是一种有机协调、和谐并处的意义结构。这种语境中形成的文化现象、文学、艺术等就具有多语境叠合、审美意义滑动等特点，理论的解释就不仅要面对不同文化、不同价值观念的不同影响，还要面对即使同一文化、同一价值观念中也存在着不同阶层、不同地域、不同身份、不同趣味的思想性冲突，这决定其必然是一种多元化的包容性视界，并不能为西方理论准确解释。可惜的是，在经济和文化全球化的今天，中国迫不及待地学习西方现代科技，毫无保留地接受了西方文明的精神和价值观念，从而造成了对原有文化传统的理解的迷失。当人们终于认识到西方文明和现代科技并不能解决中国的所有问题，却又悲哀地发现自身的传统文化早已发生严重的畸变。在审美人类学研究视域中，人类文化的差异性与共通性是并存的。我们也曾经提出“地方性审美经验”的概念，用于概括和指称全球化语境下非西方主流文化在审美维度上的存在方式和存在形态，特别是中国少数民族审美文化与经验。这一概念初步定义为：“人类学意义上的具有地方性文化特点的感知世界的方式，包括处理人与自然关系的方式，以及不同性别、不同年龄、不同阶层的人们的文化认同和文化区分的感性文化层面，还包括由于这种不同的感知方式和处理外部世界的方式而形成的不同的审美意义。”[①] 针对中国“地方性审美经验”包括文化、习性、文化传统、语言、习俗、认知模式、象征符号等方面的特殊性，我们又努力尝试着提出适合解释中国当代审美经验的“流动幻象”解释新模式。在某种意义上可以说，“流动幻象”是对中国审美经验存在方式的一种恰切表达，审美幻象可以跨时间、空间、场景、民族、宗教信仰等而流动。它不固形于过去某个时刻，而是以流动变化的形式体现出其在主客观的相互渗透和融合下美的生成形态。它的流动性，一方面由社会关系的历史变动所影响和决定，另一方面与中国美学传统强调流动性的情感表达方式相联系。因而对于当代中国的审美现象和艺术实践，审美流动幻象论可以较好地进行阐释和把握。

当然，在人类学研究中，我们也欣喜地看到，中国其他一些学者也已经关注到中国当下审美经验和文化表达方式的特殊性问题，艰难地探索理论批评与社会生活关系之间的重构问题。例如，叶舒宪目前正关注于玉石之路与丝绸之路的关系问题研究，注重对中国审美经验进行学理化阐释和提升；郑元者甚至提出“美学实验性写作”，并基于图腾美学、艺术起源学、中国当代人类学美学和中国艺术人类学等基础上，倾其 20 多年的精力和时间来极力落实和推展这种美学实验性写作，以激发美学的各种可能；方李莉致力于探讨艺术向生活转换的可能机制；王振复运用文化人类学中关于巫学的观点和方法来研究中国美学之文化根性与审美意识何以发生；而仪平策对中国审美文化偏尚阴柔方面进行人类学解释等，由此我们是否可以乐观地展望一下，这些学者的共同努力和积极探索必将促成人类学中国学派的形成。

---

① 王杰:《地方性审美经验中的认同危机——以广西那坡县黑衣壮民歌在南宁国际民歌艺术节上的呈现为例》,《文艺研究》2010 年第 9 期。

四、结语

正如雷蒙德·威廉斯所说的，人类的危机往往是理解上的危机。当代美学因为不同文化传统、不同社会制度、不同生产方式以及不同的族群、代际、性别、阶级等因素的制约，产生出审美和艺术的多元化现象。如何正确对待和阐释好当下审美和艺术的多元化现象，这是当代美学面临的迫切问题。费孝通先生在 20 世纪末就已经提出这个问题的当下性，“不同的国家、民族、宗教、文化的人们，如何才能和平相处，共创人类的未来，这是摆在我们面前的课题”①。并提出把这种“和而不同”的理念置于与异民族相处时的具体民族关系中。这对于当代美学研究和文化研究亦不失为一种明智的原则和立场。审美人类学的研究方法始终坚持人类共同发展的立场，是一种能够尊重文化差异，强调地方性审美经验的方法，通过对不同文化传统进行理解、比较、对照和阐释，从中提炼出有益当代社会整体发展的文化理论资源，指导社会的转型和发展。

我们想起不久前上映的电影《分歧者 2：绝地反击》，其实就是以一种具体的场域展开当代社会对人性及社会未来的科学分析和深刻性思考。在影片中，以翠丝为首的分歧者们与由奥斯卡影后凯特·温斯莱特饰演的大反派上演了一场激烈的终极对决。而影片带给我们的启示是，在未来世界，人对技术越来越依赖，技术完全控制了人类。人类在绝对相信技术对人的甄别和归类时，却逐渐背弃了我们的感受、感知、情感，等等。人也变得冷漠、残酷和丧失人性。技术控制了我们的感知，带给我们虚幻性的图景。但是总有一些还未泯灭人性或人类情感的人，如影片中的主人公翠丝、阿四等，他们在影片中被称为分歧者，也是被这个城市视为问题需要清除的人。他们用他们仍然留存的人性和情感去与技术主导的社会进行博弈，用他们的宽容、爱心慢慢地改变其他人的感

① 费孝通：《费孝通文集》（第十五卷），群言出版社 2001 年版，第 302 页。

受，帮助人们勘破技术性的幻象，从而接触到未来发展的真相。技术也许可以操控一切，唯独操控不了人的情感、感受和感知，而这些正是社会最稳固的结盟。在当下的技术时代，审美人类学虽然不是能够改造世界和控制世界的技术手段，但它却在对远古传统的呼唤和寻觅中，因重构人类社会的文化模式和思维感受力而潜在地改变着我们的现实、情感、经验以至世界。

（原文载于《思想战线》2016 年第 3 期）

下 篇

审美人类学实践

20世纪马克思主义审美人类学的核心问题及其发展态势

冯宪光、傅其林

在后现代，随着人文学科的危机，现代美学在场的合法性问题被提了出来。面对解构带来的焦虑，人们开始寻找美学研究新的增长点，一些学者提出了“重构美学”的设想。在马克思主义美学研究中，审美人类学逐步引起学界的关注，成为一种新的研究领域与一种新的思考美学问题的方式。就国内而言，王杰提出了“马克思主义审美人类学”的概念[①]，蒋孔阳、郑元者展开了“马克思主义人类学美学”的研究[②]；就国外而言，英国马克思主义美学家与文化理论家伊格尔顿提出了“马克思主义人类学批评”这一典型的模式，他说：“马克思主义批评大致可分四种，每一种都与马克思主义理论内部的一定‘区域’相对应，因而也与特定的（非常笼统地讲）历史时期相对应。它们是人类学的、政治的、意识形态的以及经济的——模式。”[③]他认为人类学批评模式是四种批评模式中“雄心最大、影响最远的一种，它力图提出一些令人生畏的根本性问题”[④]。虽然侧重点有所不同，但是这些主张或者研究均属于马克思主义

① 参见王杰《马克思的审美人类学思想》,《广西师范大学学报（哲学社会科学版）》2000年第4期；王杰、海力波《审美人类学与马克思主义美学的当代发展》,《文艺研究》2002年第2期。

② 参见蒋孔阳《关于马克思主义人类学美学的思考》,《文艺理论研究》1997年第2期；郑元者《艺术起源序说——当代马克思主义人类学美学研究之一》,《民族艺术》1997年第1期；郑元者《艺术起问题新探——当代马克思主义人类学美学研究之二》,《民族艺术》1997年第2期；郑元者《试论史前艺术的始源性意义：存在·活动·认知——当代马克思主义人类学美学研究之十二》,《求是学刊》1997年第6期。

③ ［英］特里·伊格尔顿：《历史中的政治、哲学、爱欲》，马海良译，中国社会科学出版社1999年版，第110页。

④ ［英］特里·伊格尔顿：《历史中的政治、哲学、爱欲》，马海良译，中国社会科学出版社1999年版，第110页。

审美人类学研究的范围。我们认为，马克思主义审美人类学就是马克思主义、美学、人类学之间展开的多方面的对话，人类学既指马克思的哲学人类学，又指 20 世纪的哲学人类学以及文化人类学，也包括马克思主义美学家中具有人类学色彩的美学思想。这三者的交融在不同的美学家的著述中体现为不同的变体，解决不同的或者相同的美学问题。本文首先探讨这一研究课题的合法性基础，然后概述 20 世纪马克思主义审美人类学的核心问题及其发展态势。

一

马克思主义审美人类学已经成为当代马克思主义美学研究的一个重要课题。问题在于，在符号能指到处漂浮的后现代语境中，这一学术课题是否具有学理上的基础，它对美学现象的阐释以及理论的建构具有多大程度的有效性。在接受这一术语之前，我们应该对之进行深入的思考，下面的探讨仅仅是一种尝试。

要确证马克思主义审美人类学的合法性，首先应该回到马克思著述本身。一般认为，青年马克思的思想主要侧重于哲学人类学，晚年的思想表现出对文化人类学的重视。但是，我们认为，马克思的哲学理论，本身就具有哲学人类学与文化人类学融合的特色，这是与马克思哲学对价值和事实的关注，对人的本质的社会性与历史性的思考息息相关的。青年马克思明确提出，“个人是社会存在物”[①]，“五官感觉的形成是以往全部世界历史的产物”[②]。布达佩斯学派的成员马尔库斯对马克思的哲学人类学有清楚的理解。在他看来，马克思的人类学思想在于把人的本质视为“一种社会的、有意识的自然存在物”[③]。这种存在物与动物构成区别，是一种追求自由的个体。但是马克思并非抽象地审视人的

---

① 《马克思恩格斯全集》(第四十二卷)，人民出版社 1979 年版，第 122 页。

② 《马克思恩格斯全集》(第四十二卷)，人民出版社 1979 年版，第 126 页。

③ George Márkus, *Marxism and Anthropology*, Trans. E. de Laczay and G. Márkus, Van Garcum Assen, The Netherlands, 1978, p.16.

超验的本质，而是把人的本质赋予社会与历史的意义。因此，马尔库斯认为："如果我们把'哲学人类学'意指为人类特性的超验的特征化，那么马克思就没有人类学，并且他也将拒绝用这样一种人类学来理解人的本质。相反，如果把人类学理解为一种对'人类本质'的一种答案，对'人本质是什么'的一种尝试性解决，那么就有一种马克思的'人类学'，只是它不抽离历史……"①在1857—1858年的《经济学手稿》中，马克思对人的发展的三种形态的论述也表现出哲学人类学与历史、社会的结合，他说："人的依赖关系（起初完全是自然发生的），是最初的社会形态，在这种形态下，人的生产能力只是在狭窄的范围内和孤立的地点上发展着。以物的依赖为基础的人的独立性，是第二种形态，在这种形态下，才形成普遍的社会物质交换，全面的关系，多方面的需求以及全面的能力的体系。建立在个人全面发展和他们共同的社会生产能力成为他们社会的社会财富这一基础上的自由个性，是第三阶段。"②这三阶段明显体现出文化人类学与哲学人类学的结合，体现了马克思唯物主义人类学的特色，富有历史性，所以张西平认为："历史观与人类学融为一个体系。"③尽管马克思主要从哲学人类学的角度来挖掘人类的本质，但是由于社会与历史的特性，马克思理论必然具备容纳侧重经验研究的文化人类学的潜在性。

事实上，青年马克思的《巴黎手稿》本身蕴含有丰富的文化人类学的资源。布赖恩·莫里斯认为，马克思在《1844年经济学哲学手稿》（以下简称《手稿》）中"比文化人类学早近一个世纪就提出了这样的观点，即文化不能被看作是自然的和天赋的东西，自然界本身也不是直接就能被人的感觉所理解接受"④。在《手稿》中，马克思对男女性别的研究，对人的自然肉体存在与社会文化存在的理解，对自然与社会文化的不断交换的认识，对洞穴生存、游牧民

① George Márkus, *Marxism and Anthropology*, trans. E. de Laczay and G. Márkus, Van Garcum Assen, The Netherlands, 1978, pp.40–41.

② 《马克思恩格斯全集》（第四十六卷）上册，人民出版社1965年版，第104页。

③ 张西平：《历史哲学的重建——卢卡奇与当代西方社会思潮》，生活·读书·新知三联书店1997年版，第184页。

④ ［英］布赖恩·莫里斯：《宗教人类学》，周国黎译，今日中国出版社1992年版，第36页。

族、野蛮人群的关注均富有文化人类学的意义。尤其值得注意的是，马克思把宗教的拜物教概念与人的异化联系了起来，他说：“在宗教中，人的幻想、人的头脑和人的心灵的自己活动对个人发生作用是不取决于他个人的，也就是说，是作为某种异己的活动，神灵的或魔鬼的活动的，同样，工人的活动也不是他的自己活动。他的活动属于别人，这种活动是他自身的丧失。”[①] 因此，现代资本主义社会的工人与原始人、宗教信徒一样，都生活在拜物教的意识之中。杰姆逊在分析马克思的拜物教术语时，也认为拜物教“这个术语显然是马克思从 18 世纪的人类学中借来的”[②]。里夫希茨的研究表明，马克思在 1842 年四五月间于波恩撰写《论基督教艺术》一文时阅读了一些具有文化人类学意义的著作，并做了摘要，这些著作有德·布罗斯 1760 年出版的《论物种崇拜，或古代埃及宗教和黑人宗教的比较》、赫里斯提安·迈纳斯的《宗教通史》、约·雅·格隆德《希腊人的绘画》、伯提格尔的《艺术的神话》、让·巴尔·巴拉克的《论教会神父的道德》，等等。这些著作研究了原始宗教的拜物教实质，神话学思想，动物崇拜，蕴含着文化人类学思想。里夫希茨认为，马克思这些摘要笔记在《莱茵报》上被多次提到，这些拜物主义思想在 1844 年的《手稿》中也明显地流露了出来。他历史地看到：“拜物教作为等同于人和动物的东西，曾出现过两次。第一次出现在人的感情的原始的粗糙性中，那时这种感情尚未通过生产的具体实践而得到发展，完全被直接的需要和需求所吞没；第二次出现在资产阶级社会的政治经济学中。”[③] 并且，随着马克思的学说愈趋成熟，其原始的拜物教亦愈来愈具有精确的历史意义，这尤其体现于“商品拜物教”的有关思想方面。虽然青年马克思时代的文化人类学并没有作为一门学科出现，但是自从 15 世纪以来，随着航海、旅游、探险的发展，已经出版了不少丰富

① 《马克思恩格斯全集》（第四十二卷），人民出版社 1979 年版，第 94 页。

② Fredric Jameson, *Late Marxism*, London, New York: Verso, 1990, p.28.

③ ［苏］里夫希茨：《马克思论艺术和社会理想》，吴元迈等译，人民文学出版社 1983 年版，第 137 页。

的文化人类学的著述。[1]因此，青年马克思不仅直接涉猎了文化人类学的著述，而且还把它融入其哲学人类学之中。

马克思晚年对文化人类学的重视以及马克思之后的马克思主义者在这方面的发展都与马克思理论本身对历史性、社会性的重视，对文化人类学的有效运用紧紧相关。并且，马克思对世界受压迫的劳苦大众的命运与解放的认识也可以顺利地置于人文化人类学的领域。但是我们也应看到，马克思的理论一开始就与纯粹的文化人类学不一样，它追求一种人的现实存在的价值与意义，主张突破异化，走向“自由王国”，因而始终离不开哲学人类学的视域。同样，它的哲学人类学也与现代唯心主义的抽象的哲学人类学也不一样，它具有社会和历史的内蕴。因此，马克思主义的人类学最终要解决的是人存在的事实与价值这一困境问题。这是一个哲学本体论的问题，也是一个美学本体论问题，因为人的全面发展的理想就是一种审美的追求，这既是价值又是事实，既是伦理学，又是美学。因此马克思审美人类学在马克思整个哲学理论中具有内在的合法性。这种在学理上的深层次的合法性为后来的阐释者留下了广阔的空间，20世纪的马克思主义审美人类学思想不同程度地在马克思这一个未充实的框架中获得了创造性的发展。

同时，20世纪文化人类学与哲学人类学的进一步发展为马克思这一宏大的规划提供了充分的理论与事实资源。因此，认真清理马克思主义审美人类学思想对把握马克思理论本身及其发展轨迹甚至它的未来走向均具有理论的和现实的价值，同时也只有在弄清它解决了哪些美学问题，在多大程度上推进了美学本身的研究，它还能够解决哪些根本性的审美与艺术问题等的基础上，我们才能确证其存在的合法性。

---

① 宏林的《马克思主义为什么能与文化人类学发生关系——一种溯源性研究》一文对马克思时代及其以前的文化人类学资料和文化著作做了翔实的概述，此文载于《马克思主义来源研究论丛》，第16辑，商务印书馆1994年版。

二

伊格尔顿认为，马克思主义人类学批评模式重点在于解决“在社会的进程中，艺术的功能是什么？‘审美’能力的物质和生物基础是什么？艺术与人类劳动的关系是什么？艺术如何与神话、仪式、宗教和语言联系起来，它的社会功能是什么”[①]等问题。这些问题主要涉及艺术与审美的起源、发展、功能。虽然后现代人们对起源的研究已经日趋式微，甚至不少学者将起源视为一种神话，但不容忽视的是，对起源的探讨曾经在对抗唯心主义的解释、在对人类与艺术本身的追问中影响十分深远，因此对起源的追问不可能被绝对地否定。海德格尔认为，对起源的追问就是追寻事物的本质，他在论述艺术作品的本质时说：“本源一词在这里指的是，一件东西从何而来，通过什么它是其所是并且如其所是。使某物是什么以及如何是的那个东西。某件东西的本源乃是这东西的本质之源。对艺术作品的本源的追问就是艺术作品的本质之源。”[②]在20世纪的马克思主义的审美人类学研究中，不少学者从劳动、经济，尤其是原始社会与现存的土著部落的研究中获得实证材料，并依据当代生物学、心理学、系统论等科学理论来阐释艺术与审美意识、审美能力的起源与发展，从普列汉诺夫的《论艺术（没有地址的信）》，到考德威尔的《幻象与现实》、卡冈的《艺术形态学》、卢卡奇的《审美特性》等著作不同程度地代表了这种倾向。但各自的侧重点不一样，普列汉诺夫侧重于社会劳动与游戏，把人的生物基础与社会物质基础结合起来考察起源问题；考德威尔把弗洛伊德等心理学家的本能理论、幻想理论与原始宗教仪式理论与马克思主义结合起来；卡冈利用系统论与文化理论、神话资料来探寻艺术形态、种类、样式、体裁的起源与发展；卢卡奇立足于哲学的高度，从日常生活、巫术与艺术的复杂的辩证关系思考审美与

---

① ［英］特里·伊格尔顿：《历史中的政治、哲学、爱欲》，马海良译，中国社会科学出版社1999年版，第110页。

② ［德］马丁·海德格尔：《林中路》，孙周兴译，上海译文出版社1997年版，第1页。

艺术的发生问题，认为："产生模仿艺术形象的最初冲动只是由巫术操演活动中产生的。"① 在起源探讨方面，对文化与语言的重视值得注意。这种倾向拓展、深化了对艺术起源的思考，这与20世纪的文化转向和语言学转向紧紧相关。对前者，它本身是20世纪文化人类学的一个重要内容，但是对马克思主义美学家来说，值得一提的是他们注意到了文化，如巴赫金对狂欢文化的挖掘，卡冈对文化系统的探寻。于后者，考德威尔对诗歌起源的语言的考察，巴赫金对狂欢节日语言的分析、杂语的重视、神话语言的权威性的意识形态性的批判等均具有典型的意义。不过，总的说来，对起源的探寻都离不开社会、经济、劳动的视角。尽管如此，他们看到这些因素与艺术、审美不是直接的关系，而是通过社会心理（普列汉诺夫）、文化（巴赫金、威廉斯）等中介因素相关联的。因此，20世纪的马克思主义人类学对起源问题的思考并非停步不前，它在接近艺术本身特性的起源的研究中事实上推进了艺术本身的研究。不少美学家，如普列汉诺夫、费歇尔、考德威尔等，在起源研究中形成了对审美与艺术本质的看法。

就艺术与审美的功能方面，他们在原始艺术与现代艺术方面，从社会与个体层面展开了研究。在原始社会，艺术是集体性的，其主要功能在于整合与组织个体，使个体社会化，以利于原始人类生存。普列汉诺夫看到："野蛮人的舞蹈是社会的、部落的舞蹈。在舞蹈的时候，部落是一个整体。社会性的教育。"② 绘画文字在他们那里"首先服务于纯粹实际的、功利的目的"③。当然，艺术的功能在原始社会是复杂的，它涉及劳动节日、战争、男女之性诱惑、情感的发泄。对原始艺术的个体功能的分析，考德威尔是较为具体的，他结合心理学的本能理论展开了细致的考察，他认为，诗是集体智慧的共同媒介，具有巫术功能、认识功能、整合功能等。诗带有集体节庆中激越的感情，有着它自己

① ［匈］乔治·卢卡契：《审美特性》（第一卷），徐恒醇译，中国社会科学出版社1986年版，第320页。
② ［俄］普列汉诺夫：《论艺术（没有地址的信）》附录《〈没有地址的信〉的准备工作札记》，曹葆华译，生活·读书·新知三联书店1964年版，第143页。
③ ［俄］普列汉诺夫：《论艺术（没有地址的信）》，曹葆华译，生活·读书·新知三联书店1964年版，第136页。

的集体生命。它是活着的群体和所有祖先的阴魂，共同创造与维系传统的源泉。在艺术欣赏中，人们感到内心充满力量，与神沟通，因而心情愉快，或者说在集体节庆中，释放积郁的感情以强化劳动。在节庆中，“真正具体切实的目标——收获——在喜庆中成了幻想的目标。真正的目标在此不见了，取而代之的是幻想的目标——存在于幻想之中。在剧烈的舞蹈动作、刺耳的音乐和韵文催眠性节奏的震撼下，人脱离了不播种就没有收获的现实；他被投入了一个幻想的世界，谷物和果实在幻想中应有尽有。幻想的世界变得更为真切，音乐渐渐消失后，那没有耕耘的收获如同就在眼前，促使他为获得成功继续努力”[①]。考德威尔认为：“诗同舞蹈、宗教、仪式和音乐融为一体，诗歌成为部落的本能能量的巨大的转换开关，它把这些本能能量引导到一系列集体性的活动中，而这些活动的直接原因与满足是在幻想中，并不直接由本能自动地驱使。”[②]因此，在节日的集体艺术表现中，个体之间得到沟通，连成稳固的集体，并且他们的本能、感情得到发泄，愿望得到满足，这是直接的心理功能，但潜在的更为重要的是为劳动做了准备。费歇尔则通过艺术对原始个体的重大影响，通过与魔术、宗教的历史性联系的认识看到了艺术是人类生存、社会转型、人类命运的重要因素，他说：“艺术把人类置于与外在世界相平衡的状态，并在社会集体中来整合个体。艺术成了各个个体借以寻求与获取他们期望的整体感的重要手段。”[③]卡冈对艺术功能的探讨更为全面，他从艺术对社会、个体、文化、自然以及艺术本身五个方面进行了具体的考察。卢卡奇对作为同质媒介的艺术的反拜物化功能以及对人的重要作用也有深刻的认识，他说：“同质媒介的引导——激发力是在接受者的精神生活中，改变了他通常观察世界的方式，在他面前首先出现了一个新的‘世界’，充满了对他说来新的或新看到的内容，由此使他用更新的感官和思维方式来感受这个‘世界’。‘完整的人’向

---

① ［英］考德威尔：《考德威尔文学论文集》，陆建德等译，百花洲文艺出版社 1995 年版，第 21—22 页。

② Christopher Caudwell, *Illusion and Reality*, New York: International, 1947, p.27.

③ Ernst Fischer, “Necessity of Art” , in “Salvation, Redemption. and Community: Reflections on the Aesthetic Cosmos” , *Sociology of Religion*, 1996 (Summer) .

‘人的整体’的转化，在这里是他的心理的扩展和丰富，其中包括内容的和形式的、事实的和潜在性的作用。”[①] 可以看出，虽然表述方式各异，20 世纪大多数马克思主义美学家对艺术的功能的看法存在类似之处，他们强调了艺术的功利性、社会性、集体性，大都在原始艺术的功能的分析中抽象出普遍的艺术功能或作用的认识。

然而，对于现代主义艺术，20 世纪的马克思主义者的看法分歧颇大，有时甚至针锋相对。一种观点认为，现代主义艺术是阶级艺术，主要是堕落的资产阶级艺术，是被批判的对象。普列汉诺夫对“为艺术而艺术”的创造进行了激烈的批判，认为普希金、戈蒂叶等艺术家主张“为艺术而艺术”，迷恋于唯美主义、极端个人主义，崇尚病态、孤独、创新、自我，最终丧失了艺术的功能。这样，他们做出来的诗，交往的可能性就消失了，“诗和一般作为人与人之间的交往手段之 的艺术就不能不受到损害”[②]。考德威尔主张，艺术以社会性为中介，使本能走向社会自我，以有助于自由。但是，现代诗歌中出现的“为艺术而艺术”，是完全沉溺于个体之中的诗歌创作，他指责这种诗作脱离了社会天地，不再是一个社会过程的结果，“诗歌的社会因素和欣赏诗歌的公众都逐渐减少，以致消灭”[③]。这些观点依循原始艺术的功能标准对现代倾向于封闭的孤独的个体的艺术创造进行了批判，曾盛行一时，这与马克思对现实主义美学原则的重视紧紧相关。但是，在 20 世纪的马克思主义美学中，另一种肯定现代主义艺术的积极功能的研究开始出现。布莱希特对表现主义的政治功能，本雅明对电影、摄影艺术的展示功能的肯定，阿多诺对现代主义艺术的揭示功能的认同，等等，都为理解现代主义艺术的功能打开了新的视域，为解异化、对抗资本主义找到了新的有力武器。此外，他们对 20 世纪兴起的大众文

---

① ［匈］乔治·卢卡契：《审美特性》，中国社会科学出版社 1986 年版，第 276 页。

② ［俄］普列汉诺夫：《没有地址的信 艺术与社会生活》，曹葆华、丰陈宝、杨民望译，人民文学出版社 1962 年版，第 262 页。

③ ［英］考德威尔：《考德威尔文学论文集》，陆建德等译，百花洲文艺出版社 1995 年版，第 400 页。

化功能给予了肯定性或者否定性的评价。这些研究是 20 世纪马克思主义美学新的贡献，也属于审美人类学的范围。

三

不过，20 世纪马克思主义审美人类学的视域或者成效远不只对艺术与审美的起源或者功能的研究，还在于一些马克思主义学者在人类学的基础上建构了颇有影响的审美文化理论（应该说，这方面最富有创造性），其杰出代表就是巴赫金、威廉斯、哈贝马斯、伊格尔顿等。

巴赫金从原始节日、民间文化中追寻到一种狂欢化的民主而自由的精神，也从其中挖掘出对话与复调的形态。正是凭其文化人类学的资源，加上他的哲学人类学的提炼，巴赫金为解读拉伯雷、陀思妥耶夫斯基等小说提供了新的视角，为文学的文化批判找到了切入口。威廉斯从文化人类学中吸取了丰富的营养，在探讨文化的概念、共同文化的理想时，把人的存在的经验事实与政治民主的参与很好地结合起来，并且结合文学创造，提出了富有人类学意义的情感结构理论，这为文学作品的解释提供了一种文化研究的新样式。哈贝马斯在原始人类的社会劳动中捕捉到交往的萌生状态，并借助于人类学的资源充实了他的交往理论。这一理论涉及列维－斯特劳斯、马林诺夫斯基等诸多文化人类学家的成果，其奠基的四大社会学家[①]的人类学背景也受到极大重视。同样，他的交往美学也没有脱离哲学人类学的价值规范，因为在他看来，交往是人们得以达到合理与自由民主的途径。交往理性不同于工具理性，不包含一种无反抗的盲目的自我维持，“不是简单地存在于一种主体，或者一种体系的状态上，而是参与所应该维持的东西的结构化、调和和自由的状态上，而是要求具有个人的一种交往社会化的条件的，这种展望已经包含在类的语言再生产的机制

① 指杜克海姆（又译涂尔干）的社会统一理论、米德的自我与社会理论、韦伯的宗教社会学理论与帕森斯的体系结构理论与文化阐释理论。

中”[1]。因此，20 世纪的马克思主义审美人类学思想，事实上要挖掘文化领域的潜在力量，它涉及人类的现实存在，更关注人被文化压制而寻求解放的努力。这必然涉及马克思的哲学人类学与文化人类学的融合。20 世纪后期以来，伊格尔顿与杰姆逊对文化研究，尤其是对后现代的文化研究的重视均离不开这种视角。文化是人类学家的研究领域，而对马克思主义者来说，它也是一个审美与政治连接的范畴。本・阿格尔（Ben Agger）对文化研究中的文化的阐释在此也是适用的，他说："我支持这种观念，即文化是一种政治因素，特别在晚期资本主义，文化在某种意义上是公共领域中最政治化的区域。"[2] 伊格尔顿也清楚地看到："文化的观念现在重新被政治左派利用，既作为一种对战后媒介与消费主义日益突出的新型资本主义的反映，又作为一种使自己脱离臭名昭著的庸俗的斯大林主义的方法。"[3] 因此，文化是当代展开意识形态批判的一个新的领域，也是一种新的有力的武器。伊格尔顿的身体美学正是马克思的哲学人类学与文化人类学最形象的体现，包蕴着丰富的审美人类学思想。在后现代时兴的文化政治或者身份政治、身体政治在某种程度上也是政治、人类学、美学的凝结，与马克思主义审美人类学构成了意味深长的关系。

在 20 世纪，由于人类学视角的切入，马克思主义美学研究愈来愈脱离教条式的宣讲，愈来愈脱离庸俗的机械的马克思主义的解读，逐渐避免把马克思主义美学当成对马克思哲学的逻辑演绎的结果。相反，研究者大都本着马克思的精神实质来建构与阐发马克思主义的美学思想，从而为马克思主义美学的丰富与发展做出了贡献，也使马克思主义美学在接受巨大的挑战中产生了世界性的影响。这是仅就马克思主义美学理论内部而言，或者说仅就马克思主义对人类学的借鉴而言。

事实上，在 20 世纪，人类学获得广泛的发展，正如中国香港学者吴燕和所

---

① ［德］于・哈贝马斯：《交往行动理论（第一卷）——行动的合理性和社会合理化》，洪佩郁、蔺青译，重庆出版社 1994 年版，第 506 页。

② Ben Agger, *Cultural Studies as Critical Theory*, London, Washington, DC: The Falmer Press, 1992, p.179.

③ Terry Eagleton, *The Idea of Culture*, London: Blackwell Publishers Ltd., 2000, p.124.

说："人类学家仍拘泥于原始部落之追随者，恐怕少之又少，文化人类学的分析架构或者指导思想，不但跨出'原始'，也早已超出小村庄、小城镇，而以现代国家体系、全球化的经济与国际政治体制下的文化体系为依归，以讨论历史传统、文化思潮、国家文化之创建的宏观文化现象，作为考察、参与、分析、解释的人类学对象。"① 人类学家对马克思的借鉴也十分显著，有学者看到："根据资本主义理论而推断出世界秩序观点，无论在西方世界还是第三世界，都依然是人类学家从事研究工作的通用知识资产。"② 就美学而言，一些人类学家把马克思以及发展了的马克思主义的政治理论、阶级理论、经济理论、意识形态等理论运用到他们的研究对象上，形成了对原始艺术、族性美学、性别美学等颇具特色的研究。

四

由于马克思主义的介入，传统的艺术人类学发生了质的变化，它开始关注审美现象的权力、意识形态、性别、阶级等因素，从而逐步形成倾向马克思主义的美学人类学或者审美人类学。

对这种倾向，托尼·弗洛里斯（Toni Flores）作了概述，他认为审美人类学主要在于人类学家对审美形式的关注，这在过去是被忽视的。并且，过去人类学家主要追问"艺术是什么"，现在需要弄清的是"审美是什么""是为谁的""在何时与何种条件下才是审美艺术"等问题。因此，研究的重点必然涉及审美的权力因素。从 20 世纪 70 年代以来的审美人类学发生了巨大变化，而对弗洛里斯来说，最有希望与重要的方式，就是把艺术理解为是对付无权人群

---

① 吴燕和：《跨越东西方的香港人类学》，《中国社会科学季刊：春季卷》，长虹公司出版社 1996 年版。

② ［美］乔治·E. 马尔库斯、米开尔·M.J. 费彻尔：《作为文化批评的人类学——一个人文学科的实验时代》，王铭铭、蓝达居译，生活·读书·新知三联书店 1998 年版，第 125 页。此书详细地研究了人类学对马克思主义的借鉴，分析了马克思主义对人类学研究视角与内容的影响，著者看到："马克思主义的分析在人类学里变成了对文化观念如何服务于具体的经济利益的研究、对民族志研究过程中的观察者与被观察者的利益的研究。"（第 53 页）

的一些权力手段。这种研究最终“改变美学人类学，事实上改变我们对文化本身的理解”。因此，艺术与政治的关系在人类学中“正获得力量与合法性”。在这些研究中，人们尤其关注“更少权力的人群如何，为何接受并且再生产更有权力者的意识形态，因而从内部强化了压迫”，“特别是，审美快感与创造性如何被融入一个体制中”。①一些人种志正开始为回答这些问题提供资料，最直接有用的就是处置艺术与社会阶级的关系。弗雷泽（D. Fraser）与科勒（H.M. Cole）1972 年编辑的《非洲与领导关系》、艾林顿（F.K. Errington）1974 年著的《卡拉瓦：在美拉西尼亚仪式中的假面舞会与权力》（*Karavar: Masks and Power in a Melanesian Ritual*）等作品考察了精英集团成为艺术控制者与使用者的方法。利维斯（L. Lewis）、塔伽提（J.M. Taggart）等的著述探讨了各种艺术形式在一个阶级结构中的地位以及阶级结构对艺术内容的影响。法里斯（Fairs）把假面舞会、雕塑，甚至被装饰的身体与生产手段，与生产手段控制的因素联系起来研究。达克（Dark）研究艺术时认为，艺术被视为涉及美拉尼西亚的大人物名望与经济控制的东西。墨菲（William P. Murphy）深入研究了西非塞拉利昂中部以及东南部居民即门迪人（Mende）权力的美学。在此，“美学被用来作为理解政治权力与机构的民族志的启发式的论据”。他重点研究了崇高美学的“惊奇”。在他看来，“在门迪人的民族志中，‘惊奇’的意义被下面要探讨的多种文化因素框定，如一种奇特权力的宗教意识形态，一种隐藏地制定战略的政治文化与一种秘密的美学。这种权力的文化意识形态，反过来使那些人，即拥有影响日常生活的常规的转变的神赋能力的那些人的权威合法化”。②只要阅读《美国人类学家》《美国人种学者》《辩证人类学》等杂志，诸如此类研究，不胜枚举。

总之，审美人类学的这种研究倾向在 20 世纪后期逐渐获得势力。尽管这些研究者多为人类学家，但是他们不断地靠近马克思主义或者不同程度地汲取了马

① Toni Flores, “The Anthropology of Aesthetics” , *Dialectical Anthropology*, Vol 10, No. 1&2, July, 1985.

② William P.Murphy, “The Sublime Dance of Mende Politics: An African Aesthetic Charismatic Power” , *American Ethnologist*, Vol. 25, No.4, 1998.

克思主义的理论营养。对弗洛里斯来说，其美学人类学就在于处理自律人群的艺术、被统治人群的艺术（阶级社会中的底层阶级的艺术、“第四世界”[①]的艺术、被征服者的艺术）与统治人群的艺术（阶级社会中上层阶级的艺术、大众商业过程的艺术）之间的关系。也就是说，“我正寻找在政治与经济结构内制造事物的人类之间的一种全面的合成式研究。简而言之，我正追寻的不是一种政治人类学，而是一种真正意义上的美学的政治人类学”[②]。可以看出，人类学家的审美人类学研究与马克思主义的审美人类学研究日益趋近，弗洛里斯概括的“艺术可以用来控制、挑战一个封闭组织的社会的建构，并且使之保持选择的活力”[③]的论断与伊格尔顿在《美学意识形态》一书的结论是何等的一致。[④]因此，从某种角度上说，人类学研究的这种倾向本身属于马克思主义美学。

从马克思理论本身，到20世纪马克思主义审美人类学的逐步丰富以及20世纪后半期人类学研究的马克思主义转向，马克思主义审美人类学日渐成熟。它力求事实与价值的统一，把学术与政治，美学、人类学与政治学融合起来，体现出跨学科研究的显著特色。它在解决审美与艺术的一些根本问题，在整合当今的学术潮流，在揭示当代人的存在与价值方面占有不容忽视的地位，无疑这种研究也对传统的资产阶级美学构成了挑战。遗憾的是，国内学者尽管提出了马克思主义审美人类学研究课题并有一些著述问世，但才刚刚开始。

（原文载于刘纲纪主编《马克思主义美学研究》第7辑，
广西师范大学出版社2004年版）

---

① 格拉波恩（N. Graburn）描述了这个观念，这个世界不是由原始的或者部落人群构成，也不是由长期作为复杂社会的底层阶级的“民间人群”构成，而是由附属的被边缘化的人群组成。这些人群不再分享原始的分离或者自律。而且在现代复杂社会中被脱离了总体的整合与参与。

② Toni Flores, “The Anthropology of Aesthetics”, *Dialectical Anthropology*, Vol 10, No. 1&2, July, 1985.

③ Toni Flores, “The Anthropology of Aesthetics”, *Dialectical Anthropology*, Vol 10, No. 1&2, July, 1985.

④ 伊格尔顿认为美学著作的现代观念的建构与现代阶级社会的占统治地位的意识形态的各种形式的建构，与适合于那种社会秩序的人类主体性的新形式都是密不可分的。但是美学又对占统治地位的意识形态提出了强有力的挑战，并且提供了新的选择。请参见《美学意识形态》“导言”，王杰等译，广西师范大学出版社1997年版。类似的论述在该著作中多次出现。

列维 - 斯特劳斯的美学思想研究

苏东晓

艺术以其跟人的情感、审美的密切联系，成为美在现实生活中的一种实体存在，成为美的路标，成为现实苦难的避风港，古往今来，人们似乎都能够在艺术当中寻找到心灵的解放、人性的复归。艺术为什么能够具有这样的魅力呢？美学家企盼能够回答这个问题，因而艺术成为美学的主要研究对象之一。列维 - 斯特劳斯同样对解释艺术充满了渴望，但作为一个有着深厚的美学情怀的杰出的人类学家，他对艺术的研究有着独特的视角，并且做出了独具特色的阐释。而他的艺术观正是他独树一帜的美学思想最直接的体现。那么，列维 - 斯特劳斯对艺术说了些什么，我们对此又作何评价呢？本文将从两个方面加以论述。

一、艺术的界定

在《马赛尔·毛斯著作介绍》中，列维 - 斯特劳斯提出，“游离的能指是所有艺术、诗歌、每一种神话的和审美的作品的保证”[①]。所谓“游离的能指”是和“文化是一种象征系统”联系在一起的。列维 - 斯特劳斯认为人作为人一出现就已拥有一种能指的完整性，这种能指的完整性在于能指总是难于与所指（它也是伴随着世界的出现就出现了的，但并未因此被认识）完全匹配，因而

① Claude Levi-Strauss, *Introduction to the Work of Marcel Mauss*,Translated By Felicity Baker, Routledge & Kegan Paul Ltd, London, 1987, p.63.

这也就产生了能指相对于与其相匹配的所指来说的过剩，这种过剩的意指关系就是“游离的能指”。而保证意指关系的平衡是象征思维运作的必要条件，因而“游离的能指”必须找到依附之地，而艺术、巫术和神话就是“游离的能指”的依附之地。所以“游离的能指”作为起源是艺术、巫术和神话共有的。列维－斯特劳斯对艺术起源于“游离的能指”的分析无疑是结合了心理分析的典型的结构主义分析，这与其认为人类有“普遍的心理结构”的观点密切相关，因而也与“潜意识”的概念密切相关。虽然潜意识理论及列维－斯特劳斯在此基础上进一步发挥的“艺术起源于游离的能指”的观念给关于艺术欣赏中的普遍性等问题的解释带来了启发，但由于潜意识本身仍无法验证的局限性，他的艺术起源论中仍存留着一个巨大的理论薄弱点，而且他的艺术起源论也没有解决艺术的特定范畴是什么的问题，因而在《野性的思维》中他对此问题做了进一步的规定。关于艺术的界定，列维－斯特劳斯的观点有两点与众不同：一是认为艺术是一种压缩模型；二是认为艺术处于科学知识和神话或巫术思想二者之间。

列维－斯特劳斯认为，我们对艺术作品产生一种十分深沉的美感情绪的缘由在于艺术品是一种“小模型”。在他看来，所谓的“小模型”是在整体结构不变的基础上进行了压缩或缩减之后的产物，压缩或缩减的可以是尺寸，也可以是许多其他的因素，如绘画缩减了体积，雕塑缩减了色彩、气味和触感，以及这两类艺术都缩减了时间。这主要谈及的是绘画艺术与造型艺术，这可能仅会被归结为对莱辛《拉奥孔》的继承，但实际上不难看出列维－斯特劳斯是把这一点用于全部艺术的，比如他同样也把音乐看作一种“小模型”，在《裸人》的“终曲”中，他声称：音乐以“缩减模型的形式”给听众展示了“充满希望和失望、磨炼和成功、期待和实现的人生本身”的图像。“乐节与和声的展开都提出一种冒险。听众将其精神和感性委之于作曲家的创造。如果说终于兴奋得流泪，那是因为，这种冒险在比现实短暂得多的时间里完完全全奏效，果然达到成功，罕见的幸福感在获得真实的冒险中同时结束。”①

列维－斯特劳斯把艺术看作“小模型”的思想实际上将艺术品引起美感情绪的缘由与认识联系了起来。在论述艺术起源于“游离的能指”的过程中，列维－斯特劳斯也提出过“游离的能指”的产生与认识过程的联系。在这里可视为其对这一问题的进一步深化。我们一般的认识过程总是倾向于从部分开始，把实物分解成部分来克服理解的障碍，但是艺术品的“小模型”则将这一情况颠倒了过来。比例越小，对象的全体似乎越容易对付，说得更准确一点就是量的变化使我们掌握物的一个相似物的能力扩大了，也多样化了，借助于这种能力，我们可以在一瞥之下把这个相似物加以把握、估量和领会。总之，在艺术品的“小模型”里，整体的知识先于部分的知识。“而且即使这是一种错觉，这一程序的目的也是要制造或维持这一错觉，以满足智欲和引起快感，仅仅根据这些理由，其性质已可称作是美学性的了。”②“换言之，一幅小型图像的固有价值在于，它由于获得了可理解的方面而补偿了所放弃的可感觉的方面。”③

列维－斯特劳斯关于艺术品“美感”的产生与认识的关系的这种说法使人不由得联想起康德对崇高感的论说。康德认为，当我们在数量的比较中向前进展，那么自然界一切伟大的东西都会变得渺小，实际上，它们是在我们无限的想象力面前变得渺小的，因为自然界的一切可感的伟大的东西对于我们无限的理性来说都成了消逝的东西，即无限的理性构造了一种把握了整体的感觉，崇高壮美就是这样一种“超越了任何感官尺度的心意能力”④。我们感到了自然界伟大恐怖的力量，但同时我们的内心由此又发现了另一种类的抵抗自然界全能威力的能力，这就是崇高壮美。列维－斯特劳斯的分析与康德的分析的基本观念非常相似：即使是一种错觉，美感也最终存在于理性对自然、感性的一种把握或超越。只是列维－斯特劳斯将康德这种观念在结构主义的范畴内进一步

① 转引自叶舒宪编选《结构主义神话学》，陕西师范大学出版社1988年版，第276页。
② ［法］列维－斯特劳斯：《野性的思维》，李幼蒸译，商务印书馆1987年版，第31页。
③ ［法］列维－斯特劳斯：《野性的思维》，李幼蒸译，商务印书馆1987年版，第32页。
④ ［德］康德：《判断力批判》（上卷），宗白华译，商务印书馆1964年版，第90页。

加以发挥、改善，试图用“结构”的概念削弱康德理论中的唯心主义成分，增强唯物的内容。艺术品作为一个压缩了的小模型实际上就是一个融合了理性与感性因素的“结构”。但列维－斯特劳斯还是联系认识来谈论它，说压缩模型使人拥有了占有、领会自然物的能力，即使是一种错觉，也是一种理性对感性未达到的效果的补偿。谷川渥认为这实际上与列维－斯特劳斯本人在与 G. 沙邦耐的“对话”中提到的“占有对象的欲望”的概念有本质的联系。固然，该概念是在下述语境中谈到的：归根结底要与原始社会的艺术相对比，而突出西方艺术建立在“人不仅能存在和交换信息，而且还能通过模拟物将存在据为已有这一错觉”之上的特征。但是只要一般地联系认识来谈论作为缩减模型的艺术，那么，原则上就决不会与人的占有欲无关。事实上，列维－斯特劳斯在该对话的另一个地方就断言：一般来说，艺术就是最高度地“用文化来占有自然”。[①] 我认为，谷川渥的分析是切中要害的。他指出了列维－斯特劳斯关于艺术是压缩模型看法的本质，也指出了列维－斯特劳斯关于美感产生的看法的本质。在列维－斯特劳斯看来，艺术品之所以能带来美感，是因为通过艺术品特有的结构，我们可以获得领会和占有了对象的感觉。也许这是一种错觉，但理性因此获得了满足感。归根结底，列维－斯特劳斯仍未跳出“唯理性”的框架，至多是用一种“超理性”来实现一般理性与感性的统一。艺术就是这种“超理性”存在的地方。

列维－斯特劳斯关于艺术处于科学与神话和巫术之间的观点，并不是为了纯粹和简单地区分艺术与科学和神话，他是在艺术与科学和神话的对立上来划分艺术的特定范畴。他在结构与事件之间的主次关系中将科学与神话看作对立的两极，科学家与修补匠“赋予作为目的与手段的事件和结构以相反的职能，科学家借助结构创造结构（改变着世界），修补匠则借助事件创造结构”[②]。艺术处于这两者之间。首先，艺术不同于科学，科学依照真实的比例来工作，它用

① 转引自叶舒宪编选《结构主义神话学》，陕西师范大学出版社 1988 年版，第 278—279 页。
② ［法］列维－斯特劳斯：《野性的思维》，李幼蒸译，商务印书馆 1987 年版，第 29 页。

其他的东西置换某件东西，用其原因置换结果，但艺术却依照缩小的比例来工作，它突出了某些部分而又隐藏了其他部分，用相似物置换实物，然而又正是因为这种缩小，它反而获得了一个更大的世界，即统一了多种结构和事件。美感情绪就是这种统一的结果。这里指出艺术的美感在于人能够从中发现统一体，而科学不能给予人们从艺术那里获得的美感在于它的真实性阻碍了统一感的产生。知识在于真实，而意义并不着意于真，这只能说明科学期望知识而非意义，艺术却恰恰相反，意义重于真实，由此，这也可以看作列维－斯特劳斯对美与真之关系的一种阐明。只是正如在对其压缩模型说的分析中所见到的，这仍是一种“唯理性”的阐明，虽有创见却仍没有获得真正的突破。其次，艺术也不同于神话。虽然神话和艺术一样期望意义而非知识，但产生神话的创造行动与产生艺术作品的创作活动正相反。“艺术从一个组合体（对象＋事件）出发达到最终发现其结构；神话则从一个结构出发，借助这个结构，它构造了一个组合体（对象＋事件）。”[①] 同时列维－斯特劳斯进一步指出艺术是借助与偶然性的事件建立对话关系来发现结构的。在这里，列维－斯特劳斯实际上强调了偶然性因素在艺术创作中的重要地位。尽管艺术的最终结果是发现或显现一个结构，但它的出发点是偶然性的事件。

这种观点与贡布里希在《艺术与幻觉》中试图论证的命题，即“制作先于匹配”，实际上异曲同工。贡布里希运用心理分析的方法和实验分析了绘画史上众多的作品，主要思考了认知“真实”与视觉“真实”间的距离及在绘画艺术中的表现，提出了在绘画创作过程中预成图式（可修正的）具有限制约束的作用及艺术家对其的努力突破（偶然性的），并把握住这种偶然事件，形成一种新感知模式的观点，这是对艺术风格沿革方式的解释，也是贡布里希对其“制作先于匹配”的著名命题的注释。由此可见，“制作”显然与认知的真实密切相关，认知过程中的“预成图式”的先验形式与可修正性而言，所

① ［法］列维－斯特劳斯：《野性的思维》，李幼蒸译，商务印书馆 1987 年版，第 34 页。

谓“制作”与列维－斯特劳斯的“结构”极为类似，而“匹配”显然是指创作过程中艺术家的实际操作，偶然性在此是相伴于其间的。贡布里希认为绘画再现都是以从图式到印象主义的展开这一方式来安排的，因为存在着一种自然的趋向于预成图式的拉力，如果不受到有意的抵抗，这种拉力就会顽强地发生作用。这就是“制作先于匹配”的最基本的含义，也就是列维－斯特劳斯所讲的结构的最终决定意义。然而贡布里希在此实际上也同时指出了这个命题的另一层含义，即“匹配”(偶然性)的重要意义。上承其义，贡布里希说到只有乔托或康斯太勃尔这样的艺术家才能成功地克服这种拉力。而在《艺术与幻觉》中，康斯太勃尔是作为绘画风格转折时期的一位杰出的艺术大师而出现的，由此可见，贡布里希认为没有“匹配”对“制作”的瞬间超越也就没有杰出的艺术。因而可以说，这实际上也是对艺术与偶然性之间复杂关系的一种阐明。如果是真理就不会只能被发现一次，贡布里希翔实的论证对列维－斯特劳斯的观点来说无疑是一个强有力的佐证。根据艺术与偶然性对话的具体关系，列维－斯特劳斯又提出了原始艺术是专业或学院艺术的对立面的看法。因为专业或学院艺术使制作过程和目的内在化，而使机因(occasion)外在化；原始艺术则相反，使机因内在化，而使制作过程和目的外在化。接着，列维－斯特劳斯又说，“虽然过于专业性的艺术最不接近而朴实的艺术最为接近‘修补术’，在两种情况下都有损于结构。然而，如若让自己完全受机因或者目的的外在偶然因素摆布，那么任何艺术形式都不配称为艺术”[①]。所以“即使最专业化的艺术，如果它使我们动心的话，也只有当它为了艺术契机而及时阻止了偶然因素的滥用，并使此契机注入作品中去以赋予它一种绝对存在物的尊严时，才可达到这一结果。如果说远古艺术、原始艺术和‘原始’期的专业艺术是唯一不衰老的艺术，这是由于它们使偶然因素服从于对起意指作用的经验材料的加工，因而也就是利用，以便使其更加完整”[②]。我以为，在这里可以看出，在列维－斯特

① ［法］列维－斯特劳斯：《野性的思维》，李幼蒸译，商务印书馆 1987 年版，第 38 页。
② ［法］列维－斯特劳斯：《野性的思维》，李幼蒸译，商务印书馆 1987 年版，第 38 页。

劳斯心目中，只有在作为“修补术”的神话背后才能发现一个真正完整的结构，然而文明社会已不存在神话发生的条件，因而相对而言，艺术虽有损于结构，但也无碍于成为现代社会的神话。而又由于原始艺术更接近于修补术，所以就艺术而言，他的最终倾向仍是认为原始艺术比专业或学院艺术更接近于完美。或者这也可以看作他推崇原始艺术、古典艺术而对现代艺术颇有微词的原因的理论阐明。

在《看、听、读》这本小册子中，列维－斯特劳斯分析了普桑的画、拉摩的乐曲、狄德罗的作品，对他们作品中各种因素服从并建立结构的完整性表示由衷的欣赏。但他却认为摇滚乐与连环画对他根本没有吸引力，对当代绘画也提出了指责。实际上，这种对原始、古典艺术的崇尚，对现代艺术的批评是列维－斯特劳斯推崇结构的理论必然导致的结果。这里将以他对当代绘画的批评为例，看一看其理论在具体艺术批评中的表述，从而从感性的领悟中获得对其理论更准确的把握。列维－斯特劳斯提出当代绘画是“败落的职业”[①] 的观点。他认为 13 世纪左右到 20 世纪初的绘画中某种状态能够给他带来美的享受。但这之后的绘画却已很少能感动自己，或者说根本就不能引起自己的激情。那么，什么才是能够引起感动与激情的绘画呢？在与埃里蓬的谈话中列维－斯特劳斯提到两点。一是埃里蓬问道：“您在您的文章中断言，绘画的内容应该是在绘画本身之外，而且您还颂扬了大自然那取之不尽的财富。这么说，任何没有形象倚绘画，您都是不赞成的了？”[②] 对此，列维－斯特劳斯做出了肯定的回答。二是列维－斯特劳斯同时表示他支持表现性画家的宣言，他说：“我认为，绘画不是对现实的再现，而是对现实的再创造。”[③] 我认为，这两点鲜明地表现了列维－斯特劳斯的结构主义思想：首先，绘画是不能没有形象的，即没有现

① ［法］迪迪埃·埃里蓬：《今昔纵横谈——克劳德·列维－施特劳斯传》，袁文强译，北京大学出版社 1997 年版，第 220 页。
② ［法］迪迪埃·埃里蓬：《今昔纵横谈——克劳德·列维－施特劳斯传》，袁文强译，北京大学出版社 1997 年版，第 220 页。
③ ［法］迪迪埃·埃里蓬：《今昔纵横谈——克劳德·列维－施特劳斯传》，袁文强译，北京大学出版社 1997 年版，第 221 页。

实的可感性对象的；其次，绘画又不是纯样地模仿、再现客体的，它必须融合着画家灵动的主观性。这两者的对话和交流才能使绘画作品能够完整地体现一个统一体，也只有这样一个完整的统一体才能唤起激情和感动。当代绘画走向衰落就在于它“将人封闭在与自己单独对话中”，它认为“人类可以从自身汲取与自然的创造物同等的价值，甚至比其更有价值的作品”，而实际上，人“在美学上的任何一种构思都永远无法与一座矿山、一只昆虫或一朵花所能提供的美学构思相比”。[①] 也就是说，当代绘画以人的封闭心灵的自我陶醉而冲击着“结构”的整一性，造就了动荡与不安，因而泯灭激情与感动。其实，他对当代绘画的这种看法是可以扩展到其对现代艺术的评价上的，我们如何看待列维－斯特劳斯的这种艺术观呢？我以为这要联系其对艺术与社会的关系的观点去阐发。

二、艺术与社会

关于艺术与社会的关系，列维－斯特劳斯在对原始部族艺术的折半表现的分析中有较多的阐述。

这些原始部族艺术包括新西兰毛利人的文身艺术、古中国的青铜艺术、美洲西北海岸的印第安艺术以及南美印第安部族——卡都卫欧人（Caduveo）的彩绘艺术等。通过对这些不同文化的艺术进行比较分析，列维－斯特劳斯发现其都有一个类似的形式风格，即折半的表现。很多人曾经认为，不同文化中的这些惊人的雷同或许都是文化接触传播的结果，列维－斯特劳斯对此提出疑义：为什么一个被仿效或传播的文化特征经历了漫长的历史时期依旧完好无损？如果只是指出折半表现有一个共同的起源，仍会留下一个悬而未决的问题，即为什么这些表现方法是由在其他方面沿着大相径庭的道路发展

① ［法］迪迪埃·埃里蓬：《今昔纵横谈——克劳德·列维－施特劳斯传》，袁文强译，北京大学出版社 1997 年版，第 222—223 页。

的文化保存下来呢？因此，列维－斯特劳斯说“外部接触可以解释传播，但唯有内部联系才能说明持久不灭”[①]。那么这个内部联系是什么呢？列维－斯特劳斯还是从他的结构主义出发，指出了不同文化之所以有着相似的艺术形式并持久不变在于它们有着相似的社会结构和心理结构。这实际上就是说艺术表现着社会。列维－斯特劳斯发现，他所研究的具有折半艺术表现的这些原始社会都是具有等级划分的社会，“它们的装饰艺术起到解释和证实等级制度中的地位的功能”[②]。比如在卡都卫欧族印第安人中，他们的贵族展示阶级地位的方法是在身体上绘图，这就好像古代欧洲贵族的家族纹章；或者照传教士拉布拉多的描述，这些卡都卫欧“贵族阶级只画前额，普通人则画整张脸”[③]。这表明他们的阶级地位的差异直接体现在身体绘图的风格与设计的差异上。这同时也表明，身体绘图不仅是贵族的专利，实际上在土著人的思想中，图案是脸，或毋宁说，图案创造脸，正是图案把社会存在、人的尊严、精神意义赋予脸。因此，他们把未受到描画的人称作“哑巴”[④]，每一个人都需要描画，任身体处于自然状态也就是与野兽无异。那么土著身体绘画艺术的另一个作用就是使个人具有人的尊严，保证由自然向文化的过渡，由愚蠢的、哑的野兽变成文明的人类。

如果说列维－斯特劳斯只是指出了艺术表现社会的阶级构成的功能，那么他对艺术与社会的关系就没有说出什么新意，因为无数的理论家都看到了艺术与社会现实之间的反映关系。列维－斯特劳斯进一步指出艺术具有赋予人尊严的功能则表明了他更深层的美学思考。在这里，他已触及了关于个性分裂问题的思考并提出了独到的见解。事实上只有当人的自然身体与人的精

---

① ［法］克劳德·列维－斯特劳斯：《结构人类学》，陆晓禾、黄锡光等译，文化艺术出版社 1989 年版，第 99 页。

② ［法］克劳德·列维－斯特劳斯：《结构人类学》，陆晓禾、黄锡光等译，文化艺术出版社 1989 年版，第 97 页。

③ ［法］列维－斯特劳斯：《忧郁的热带》，王志明译，生活·读书·新知三联书店 2000 年版，第 225 页。

④ ［法］克劳德·列维－斯特劳斯：《结构人类学》，陆晓禾、黄锡光等译，文化艺术出版社 1989 年版，第 99 页。

神道德意义产生分裂时，才有必要通过某个中介重新赋予人以尊严和价值，因而就是说艺术是这种分裂的表现。如果文化与自然的分离是必然的，那么列维－斯特劳斯说艺术赋予人以尊严，实际上也就是指出了艺术是一种能够弥合分裂的中介。但换个角度看问题又会有更深一层的理解。脸注定是要被装饰的，只有通过装饰，脸才能获得其社会尊严以及神秘的重要性，但装饰实际上又是为脸而创造出来的，因而这里存在着一个两重性的问题。列维－斯特劳斯认为这是“行为者与他所扮演的角色的两重性”[①]，关于这一点，“面具”概念可以提供解释的钥匙。他发现，在土著文化中，面具拥有神秘的力量，它通常在仪式中使用，持有它并拥有在仪式上佩戴它的权力通常也为一个排外性的高级血统的圈子所专有。在仪式当中，当舞蹈者戴上了面具，他就不是普通人，而就是那个面具所代表的祖先或神灵，同时，对旁观者来说，戴着面具的舞蹈者也就是无所不在的超自然力，他们会任由他支配自己的灵魂，整个仪式的过程就是一个灵魂游历的过程，所有的人包括戴面具的舞蹈者都会深信自己已经历了一次真实的与祖先或神灵的交会，自己已有了实质上的转变。所以，列维－斯特劳斯认为，面具的功能“是提供一系列中间形式，保证从象征到意义、从神奇到正常、从超自然到社会的转变”[②]，因而在这里，面具同时具有暴露与掩盖的功能，即它赋予了个人以更高的意义，同时，又掩盖了个人，实际上，它是以尊崇社会化的人格而牺牲了作为社会的个体的人格。

事实上，上述所考察的原始文化都属于面具文化，身体上的彩绘实际上也相当于一种“面具”。或者说，列维－斯特劳斯通过对这个个体实例的分析，事实上对艺术与个性分裂关系的思考提出了一个新的启示：艺术不仅是个性分裂的表现，艺术事实上也促成着个性的分裂。这似乎是对艺术作为弥

① ［法］克劳德·列维－斯特劳斯：《结构人类学》，陆晓禾、黄锡光译，文化艺术出版社 1989 年版，第 103 页。
② ［法］克劳德·列维－斯特劳斯：《结构人类学》，陆晓禾、黄锡光译，文化艺术出版社 1989 年版，第 103 页。

合分裂的中介的观点的反拨，也似乎表现了列维－斯特劳斯前后观点的矛盾。但如果把这两者放在列维－斯特劳斯强调社会的稳定性、整体的统一的观念背景下来考虑，它们之间的矛盾显然就开始消解，因为以社会化的人格掩盖个人的人格归根到底是以一种两相情愿的方式进行的，它的功效在于维持和稳固社会。在《忧郁的热带》中，列维－斯特劳斯对卡都卫欧妇女彩绘的最后解释可以视为对此进行的说明，同时，这个解释又表现了列维－斯特劳斯更趋深入的美学思考。

列维－斯特劳斯发现，两个印第安部族波洛洛族与姆巴亚社会有着近似的阶层分明的社会结构，但姆巴亚社会所面临的危险在波洛洛族的社会里，由于其社会又划分为两个互婚亚族而显得没那么严重，这是因为“阶级划分所造成的社会不均衡，在某种意义上，被互婚亚族的均衡二分法平衡了”[①]。受此启发，列维－斯特劳斯又发现卡都卫欧的绘画图案（折半表现）与波洛洛族村落格局的组织是一样的。由此，他提出了其最富创见的美学观：波洛洛人成功地用大体上是社会学的方法解决或掩饰了其社会中存在的一项矛盾，而姆巴亚人却是用审美的方式加以解决或掩饰的。即姆巴亚人没有机会或者没有能力解决其社会组织中的矛盾，甚至是无法用精巧的制度把矛盾掩盖起来，因为这种解决方法与他们的成见起冲突。但为了生存的利益，社会分裂的危机必须缓和，于是这种解决方法就以一种变了形的方式在他们的艺术中出现。列维－斯特劳斯说：“如果我的分析无误的话，卡都卫欧妇女的图画艺术其最后的解释，以及其神秘的感染力，还有那看起来没有必要的复杂性，都得解释为是一个社会的幻觉，一个社会热烈贪心地要找一种象征的手法来表达出那个社会可能或许可以拥有的制度，但是由于其利益和迷信的阻碍而无法拥有。”[②] 在这里，列维－斯特劳斯没有直接说出，卡都卫欧的彩绘艺术实际上就是一种社会矛盾的幻觉

① ［法］列维－斯特劳斯：《忧郁的热带》，王志明译，生活·读书·新知三联书店 2000 年版，第 237 页。

② ［法］列维－斯特劳斯：《忧郁的热带》，王志明译，生活·读书·新知三联书店 2000 年版，第 238 页。

式的解决方法，但他的分析以及他字里行间所传达给人的就是这样一种启示，甚至我们还可以补充说，列维－斯特劳斯似乎对艺术以幻觉的方式解决矛盾是持肯定态度的，因为它毕竟维持了社会的均衡和团结——尽管是以一种幻梦的方式。

由此可见，列维－斯特劳斯的美学观中包含着一种审美乌托邦的思想。在他的观念中，艺术表现着社会的现实，同时又不仅仅是社会现实的完全的模仿，它还表达了人们对与现实不同的另一个世界的幻想。但他的这种审美的乌托邦却是和法兰克福学派，尤其是和法兰克福学派的代表人物之一阿多诺的审美乌托邦有着本质上的区别，尽管他们都赋予了艺术承诺一种可能的生活样态，直接指向超越的理想之境的品质。列维－斯特劳斯认为艺术是野性思维在现代的保留地[①]，而在他的理论体系中，野性的思维是一种能够整合对立、调解结构、产生同一的思维方式或符号象征体系，因而艺术同样具有此种功能，在对卡都卫欧彩绘艺术的分析中，列维－斯特劳斯充分地运用了这个观点，所以，在列维－斯特劳斯这里，艺术不仅表现社会而且补偿着社会，能够掩盖社会现实中的对立和不均衡，给人以某种代偿性的心灵满足，也因而能为社会提供一种缓和矛盾的幻觉，从而为社会调解危机，带来稳定。阿多诺否定的正是这一点，他不遗余力地批判大众文化，就是认为大众文化通过虚幻的心灵抚慰削弱了公众对现实的真实批判与超越，令其安于现状，这正是统治意识形态刻意经营的一个审美的陷阱，因而他赞赏的真正的艺术不仅要有对乌托邦远景的呼唤，还要充满批判的精神，即它不能给予人以某种代偿性的心灵满足，恰恰相反，它应该使人无可规避地直面现实的冷漠、苦难、压抑和恐怖。因此，他认可现代艺术，因为现代艺术恰恰以一种扭曲、动荡、不和谐的形式强烈地凸显着危机感、冲突、变态心理与畸形人格等，给人一种惊悸与不安，使人突破意识形态的束缚，获得启蒙。这无疑把艺术和审美抬到了一个异乎寻常的地

---

① ［法］列维－斯特劳斯：《野性的思维》，李幼蒸译，商务印书馆 1987 年版，第 249 页。

位，艺术和审美由于与现实世界的批判距离及对乌托邦远景的呼唤而获得了一种政治的品格，这毋宁说是一种审美的救赎。列维－斯特劳斯又恰恰是在这点上不满现代艺术，他对瓦格纳音乐的推崇正好与阿多诺的批判形成鲜明的对比，其实他们对瓦格纳音乐特点的分析是共同的，只是因为态度的相悖使列维－斯特劳斯所推崇的恰好成了阿多诺所反对的。也正是在这个意义上，列维－斯特劳斯被指责为迎合主流意识形态，被指责为保守和反动。阿多诺虽不满于资本主义社会异化的现实，却拒斥一切介入型的行动主义而把最后一点乌托邦残余寄托在艺术身上，企盼艺术那微薄而不定的启蒙，实际上也表明了批判理论日益朝着内省的方向退缩，同时也表明了阿多诺思想中或多或少地有一种文化贵族主义。他把救赎的希望寄托在社会精英通过内省而获得的对意识形态操纵的摆脱之上，由于缺少实践这一中介环节，他关于审美乌托邦的构想就变得十分脆弱。他对意识形态的这种批判只能说更多的是停留在从观念层次上对现实社会的单纯否定，因而也只能表明一个有良知的理论家对社会异化现实的批判精神和追求美好生活的情怀，至于如何历史地超越现实社会的问题，他并没有能够提供一个积极的解决方案。

尽管是列维－斯特劳斯也不能，但在关于艺术对意识形态的超越这一点认识上，他显露出了比阿多诺更为清醒的眼光。他看到了艺术的确能够反映出社会异化的现实，比如：他对艺术与个性分裂问题的看法，对面具暴露功能的分析等。他也看到了艺术同样具有掩盖的功能，它能够削弱对现实对抗的强烈的感觉，以审美的均衡与和谐掩盖了现实的矛盾和冲突。因而也就表现了一种与意识形态的结合。虽然阿多诺否认这是真正的艺术，却不能否认这种艺术的真实存在，那么列维－斯特劳斯的这种阐释不就是在揭示着艺术启蒙只是一种美好的愿望，实际上却是非现实性的。毕竟“结构”或者“意识形态”的稳固性太强大了，任何完全摆脱或冲破它们的企图都是徒劳的。而且，意识形态真是一个如此充满专制与压迫的存在，我们必须通过对其的颠覆才能走向美好的生活吗？列维－斯特劳斯对此似乎充满疑虑，难道卡都卫欧人不正是在这个审美均衡的幻觉中维持着社会的安定团结，过着与波洛洛人同样安宁祥和的日子吗？列维－斯特劳斯对此还未能给出答案，但他的思考多少也为阿尔都塞对意识形态正反作用的辩证解释提供了意义重大的启示。在这个意义上，阿多诺的审美救赎理论与其说充满了革命性，不如说是真正意义上的保守，因为它把所有救赎的希望都赋予了审美，也就是赋予了意识自省，然而只有自省是改变不了世界的，更何况自省是如此艰难。而列维－斯特劳斯的保守在这里又表现出了革命性的因素。因为与其说以一种自由的梦幻蒙蔽人是革命，不如说告诉人们被禁锢的真相是革命，尽管这种真相没有那么美好，甚至有点残酷，但真相毕竟是真相，只有真正直面惨淡的人生，才能改变人生。无论列维－斯特劳斯本人持什么态度，事实上他揭示出意识形态的无所不在，艺术、审美救赎的虚幻性本身就是一种对意识自省的驳斥，也因此为人们探索真相拨开了一层迷雾，就此而言就不能说他的理论没有革命性。

三、结论

由上述的分析可见，列维－斯特劳斯艺术观中的美学思想在某种程度上是其结构主义哲学观的美学显现，从后结构主义思潮兴起以来，列维－斯特劳斯的结构主义哲学观的局限性已经受到了广泛而深入的批判，因而其美学思想当中由其结构主义哲学观带来的局限也就不言而喻了。虽然在这样的历史层面上，我们现在可以对列维－斯特劳斯的美学结论提出大量很有分量的质疑从而削弱其科学性，但是我们很多人可能并没有意识到列维－斯特劳斯的美学研究方法在当代中国美学的发展当中依然具有强烈的现实意义。这种现实意义的产生与当代中国美学的困境相关，当代中国美学存在着研究路数上的混合性样式、逻辑起点上的预知性、研究层次上的元美学欠缺以及表述危机等诸多遗憾[①]，导致当代中国美学被指责为西方美学的贩卖者，甚至是一个不甚成功的贩卖者，这种尴尬的处境带来了变革的需要，而变革又需要新思维的催生和引导。列维－斯特劳斯的美学研究方法因拥有一些鲜见的品质和恰时性而获得了某种启迪意义。列维－斯特劳斯的结构主义出色地打破了主体自律的神话，论述了主体与现实间互动性的构成及其复杂的关系，超越了人类中心主义的狭隘性，同时又有深刻的“人道”的指向，虽然结构主义的某些具体论点受到批判，但其对人类存在的追思和拷问具有一种深刻的不可逾越的本原意义，这样一种醇厚的人文关怀立场深深地渗透于列维－斯特劳斯的美学研究之中，使他的研究具有一种“元美学”的思维品质，正是在这个意义上，他对艺术的界定才显现出独特而又发人深思的理论魅力。这让我们深刻领悟到某些貌似经典的逻辑起点、基本概念并不能作为问题本身，要获得理论的更大的彻底性和现实解释力必然要立足于人的鲜活的历史性存在本身，保持对原始问题的敏感性和反思力，换言之，是要时刻保持一种超越技术层面和实用理性的人文关怀的博大情怀，才有可能增强美学理论自身的生命力。此外，列维－斯特劳斯运用人类学方法探讨美学问题的具体实践，也为上述立场的实现提供一个可资借鉴的技术性操作的例子。列维－斯特劳斯关于艺术与社会关系的解说对阿多诺理论的批判具有相当的力度，就因为列维－斯特劳斯的理论在大量田野调查基础上的情境性分析具有难以断然否定的有效性和合理性。当然列维－斯特劳斯的研究本身并不是一个完美的范本，但由此我们可以意识到人类学研究当中对异文化所采取的宽容和理解的态度，在考据求实和田野调查的基础上对艺术与美的情境性解读等都能够促使美学研究更大可能地获得一种全景式的、立体透视的眼光，而这种眼光对于美学对审美现象复杂性的解释力是至关重要的。总的来说，列维－斯特劳斯美学研究方法所具有的现实意义就在于其蕴含着一种“人类学美学”的新思维。

① 参见郑元者《当代中国美学的四大遗憾》，载《美学观礼》，中国发展出版社 2000 年版。

有人可能会说这种评价是对列维－斯特劳斯的拔高，但今天的人类学美学还处于一个远没有成熟的发展形态之中，还缺乏严格意义上的理论评判力，而列维－斯特劳斯不仅是一个闻名遐迩的人类学家，而且对某些美学问题也以其独有的方式做出过杰出的思考，与其说为了拔高他的思想而说其蕴含着“人类学美学”的新思维，不如说期待通过敬仰的态度来解读这样一个丰富的心灵而能够领悟和生发更多的智慧来建构理想的人类学美学！

（原文载于《东方丛刊》2005年第1辑）

本土范畴：多元审美的话语意义

徐新建、陆晓芹、郭明军

一、本土范畴的话语意义

徐新建（以下简称“徐”）：美学研究关涉人类普遍存在却又相互不同的审美实践。但长期以来，由于欧洲话语的强势影响，学界不少人习惯于以鲍姆嘉通为起点的西方美学来度量和判断各地的多元审美，于是局限和遮蔽了本土固有的地方范畴。为此，有必要回归本土，走进田野，面对各地鲜活生动的审美实践，重新梳理彼此有别同时又有望抵达“不同而和”境界的表述话语，从而构建整体人类学意义上的多元美学。在这个问题上，我可以结合自己对侗族大歌的考察研究，把（以歌）“养心”视为特殊性的美学范畴，阐释对多元美学的理解。[①] 与此类似，我认为晓芹和明军分别关注的壮族“暖屋”与晋中汉人社区的“热闹”皆可做如是观。[②] 在我看来，汉语世界在近代以后不断引进西方美学的理论体系是十分必要的，有助于在交流互动中提升本土人们的知己知彼、相互映照。但迄今为止这样的映照还存在局限，比如在对审美范畴的划分及阐释上就还大多停留在“优美”“崇高”“荒诞”以及由此对应而派生的“虚静”“空灵”“逍遥”等属于性质、情态的类型之中。如若将视野扩展，则还应关注多元文化语境中与丰富多样的审美实践相关联的其他范畴。以我们在此言

---

① 参见徐新建《侗歌民俗研究》，民族出版社 2011 年版。

② 参见陆晓芹《“吟诗”与“暖”——广西德靖一带壮族聚会对歌习俗的民族志考察》，广西师范大学出版社 2016 年版；郭明军《“热闹”不是“狂欢”——多民族视野下的黄土文明乡村习俗介休个案》，《民族艺术》2015 年第 2 期。

及的多民族审美案例而论，值得阐发的审美范畴至少就包括了关系和过程。

我们在此以“三人谈”方式，提出把“养”（心）、“暖”（屋）和“闹”（场）视为审美范畴，就是要从理性思辨的话语层面提升实践审美的价值意义，作为及物动词，“养”的后面关联着的宾语是心——以歌养心，构成特定审美实践的完整结构，我们从这样的角度才能理解它的丰富意涵。“暖”也一样，其后面更是跟随一系列宾语，从而结合为“暖屋”“暖圩”“暖乡”“暖群”，也是通过歌唱实践，实现审美升华。在此，无论“养”还是“暖”，都成了动词，既代表审美行为、呈现审美形态，同时也揭示了审美结果。

与此相似而又不一样的，是郭明军通过田野考察而以博士论文阐发出来的“闹”。对于“闹”这个范畴，也可以把它延展为双声的“热闹”，这样一来就很有意思了。比如“闹”的里面可能有“热”，而“热”的当中未必有“闹”，由此又将引出许多值得深究的话题。记得在当年的论文答辩时，就有专家提及这些。如今我们把这几组范畴并置在一起对照讨论，是为了尝试创建多元美学构架中与既有话语有别的范畴体系。

陆晓芹（以下简称“陆”）：多元美学的范畴讨论很重要。关于壮族歌唱传统涉及的“暖”这一话题，已经在我心里酝酿了十几年。但是当真要从理论加以总结提升时，又觉得特别意外，特别兴奋。因为虽然很早就注意到“暖”这个概念，甚至以博士论文的篇幅做过阐述，但由于缺乏哲学、美学的理论高度，一直无法实现认识上的根本转化。如今在徐老师提议下，我非常愿意从美学的角度对它做进一步讨论，希望有助于对多元审美的认知。

郭明军（以下简称“郭”）：我对“热闹”这个问题的发现，其实也是非常神奇的。虽然有一个前期的理论准备，但如果没有人类学多元视野的训练的话，我是不会发现这个东西的，就是说我可能会对之一掠而过，觉得这没有什么价值。 在现代汉语里，“热闹”这个概念可能只是一个很普通的词语，一个形容词、动词而已。一个大家都已习以为常的一个词语，不会觉得有什么超越性，或者是理论性的意涵。只有当我们像徐老师强调的面对实践，走进田野，再跨越西学话语的隐含局限时，再来细读“热闹”，认真品味这个普通词语的时候，才会理解它的深刻底蕴和价值，从而发现这个词的超越性意义。

徐：讨论多元美学的问题可分为两层：首先是反思审美，其次是面对田野。反思审美就是要追问何谓审美？为何审美？对此也可从三个维度展开，第一个维度是讨论美与哲学。这主要以西学谱系的“知、情、意”三分结构来做对照和回应。

第二个维度是回到汉语谱系，如儒家话语的“诗、礼、乐”，立足“乐以成人”的核心，讨论“兴于诗，立于礼，成于乐”的美学意义。总结从孔子的原初开创到牟宗三对康德的当代回应。在我看来，汉语世界对西方美学的话语回应经历了几个不同阶段：先秦时期是各自表述；近代以来，受西学东渐的刺激，激起了王国维代表的话语引进，力图按悲剧、史诗等西式范畴整合乃至改写本土传统；到牟宗三后，则另辟途径，开启了与康德美学的基本对话。牟宗三的贡献在于提出了“三个世界”学说，亦即命体世界、道德世界和美学世界。命体世界相当于知，道德世界关涉伦理和善，美学世界则指向审美和美学。牟宗三很厉害，他对最后这个“美学世界”做了汉语式的表述，叫“圆成世界”。其中显然包含了儒、释、道的圆融。牟宗三认为这个圆成世界就是审美生活，不是两头的连接，因为本来就没分开，所以是最终的圆融和完满。需要补充的是，在汉语世界的美学体系里，与西方的基督教神学类似，佛、道两家的美学话语也可归入与儒家不同的神圣美学，把它们加入进去，才能构成更完整的阐释系统。

第三个维度就是人类学的进入。我认为要回答“为何审美”的问题需要把“审美”回归到生活的实践层面予以考察，也就是让美学面对田野，置身于日常存在的多元结构之中。

这样一来，“多元美学”的构建就将面对一系列另类话语的挑战，如民间的、民俗的、非精英的、非逻辑的乃至非语言、非体系的实践与表述。可见，人类学入场的第一个任务就是从文本转向田野，回到田野，回归田野，扎根田野。如何进行呢？首先得解决普遍性与个别性的关联对照，关注个别性，考察小到自我，大到群体的不同类别，体会一个歌手就是一个审美主体，一首民歌、一次演唱就是一个审美对象和过程，从开头到末尾，皆有特定的时间和空间规定性，有具体场域；既可以是个别现象，体现一个家庭，一对情人，一次婚礼的特殊形态，亦能反映一个村庄、族群乃至一个国家的普遍特征。也就是说，这些特定案例的普遍性可由个别性呈现出来，直至通过中间的“群”揭示整体的（人）“类”。

范畴问题之所以重要，是因为涉及话语体系的构建根本。比如“史诗”，其在西方文学、艺术乃至整个西方传统中都是一个根本，是一个核心范畴，在很大意义上甚至奠定了西方文明的世界意义。于是当这一范畴渗透西方之外的各地以后，引起的后果同样巨大，在很大程度上，甚至颠覆或消解了非西方文学（文明）的自在和自洽。这样的后果在近代中国就有体现，致使从王国维到胡适、鲁迅等一代学者深陷于难以自拔的“史诗之困”，及至《格萨尔王》的登场才渐解套。[①]可见范畴问题关涉甚广，不但连接美学，而且涉及历史、文化及跨文明对话。

二、以歌养心：侗族歌唱的审美表述

徐：“养”的概念，出自侗族歌唱传统中的文化自表述：“饭养身，歌养心”，与“暖”和“闹”相比，“歌养心”里的“养”有几点不同。

第一，它表述的是一种完整话语。前面有一个铺垫，叫“饭养身”，然后

① 徐新建、王艳：《格萨尔：文学生活的世代相承》，《民族艺术》2017 年第 6 期。

才是“歌养心”，体现一种分类的整体性，就是身与心的分离和并置。由此强调人这个主体既有身又有心，然后同用一个动词“养”加以关联，通过“养”使身心既分离又并置，把人分成两种存在。首先是生物意义上的存在——日常生活或生物生活，可以养。表面看这就够了，使人可以活着，但这种活着没有意义，还需要有一个意义世界，因为这里有一个假定，即人是要用心的。这里的“心”有两层含义，生理器官意义上的心（脏）和形而上的心（灵）。这个时候的“心”已经从生物学意义上，物自体的意义上提升到精神、意识和情感的层面了。这个层面的存在，物质世界不能管，而且物质层面不足管。所以，单只有“饭养身”的人是不完整、不充分的。以物养身的这个人只是一个物质的人，要回到以歌养心，那样的人才是精神的人、完整的人。你看，这样的表述多有意思。这是第一点。

与“暖”和“闹”相比的第二点差别在于自表述和被发现。陆晓芹讲“暖”的时候前人很少，她称得上开拓者；讲“闹”的虽然有一些，但从审美范畴角度阐发的人也很少，所以郭明军也是开拓者。然而，“饭养身，歌养心”却不是这样。其本身就出自民间，是侗族歌师们世代相传的本土话语。这就意味着，在其面前，包括我自己在内的学者都是发现者，而不是发明者。我们是到民间去的过程中与当地话语相遇，遇见了民间精英以及他们早已创造的本土体系。这一点是必须强调的。必须认识到民间话语的事实存在，不能把民间、底层及少数民族扁平化。那样是不对的。自古以来，文人士大夫们做了那么多年的歌谣研究，但有谁创造过“饭养身，歌养心”这样的话语呢？事实上，正是那些被以往“上层文人”看不起的民间精英不断努力，通过自己的生活总结，才开拓了“养心”这样的审美范畴和实践话语。两相对比，是他们在前，我们在后。他们才是原创意义上的本土美学家。他们有自己的审美话语，同样能在自己的乡土社会完成知识的循环和再生产。对此，你若自以为是地在侗族歌师面前搬弄康德判断力批判，那真会是各说各话，风马牛不相及了。

“歌养心”这三个字可拆解开来分析。首先，“养”跟“闹”和“暖”都不太一样。“闹”是个动作，“暖”比“闹”的意思多一点，还包含很多抽象的意义。“养”这个字呢，含义就更加丰富。其次，“养”在表述中有特定的对应物，有两种不同的“养”的对象：一个是生理性的心，另一个是情感性、比喻性的“心”。由此意味着的两种意义上的养：一是生理层面的养心，与生理和心理学有关；另外便是精神层面的养，关涉对人心的呵护与心性的培育。如何去养呢？以歌养心，这就揭示了对审美生活及其特殊功能的深刻理解。通过“养”这个字把歌激活了，使之不再仅有声学意义上的声音，而已关涉精神世界的情怀，表示着意义世界的审美呈现。

在这样的表述里，“歌”既是名词也是动词，标志着一种审美过程及其结果。是什么东西在“养心”呢？是“歌”，是唱出来的美学世界。“歌”对应着唱，唱是一种行为，有声调，有节奏，并且还有一系列重要关系和关联。比如要有听众，要唱给人听，同时也唱给自己。这时的歌就意味着一整套美学，是歌唱的美学。

再看看“心”。以“歌”养的“心”是什么心？我觉得至少有三个关联。

第一，是群己。我用这个“群己”不用“群体”，是要强调每个自我在群体当中的呈现：这个“我”因别的我的存在而存在。同时，存在于群体中的自己又与原先孤立的自己不同。于是这就与叫作“群己人类学”的审美相关，属于“群己美学”。这个很有意思，跟个别性的作家美学以及独自化的古琴审美也不太一样。传统的“古琴”演奏属于自我美学，不需要听众。

第二，被歌所养的这个“心”也是自我心，是与群己心同在的自我心。这就是说，在歌唱的对象当中存在着自我，就是歌手。乡间歌手的存在，与现代化消费社会的专业歌手、流行歌手是不一样的。在后者的演唱中，歌手体现的是虚假的自我。虚假的歌手面对并制造出虚假的听众、无我的听众；歌唱也不再歌唱，被剥夺了作为生物意义上的歌者的存在权利和可能性。

第三，以歌所养的还有“关系心”。这一点也很重要，涉及所谓的“关系美学”。西方哲学长期讨论存在范畴。在亚里士多德《范畴篇》里就论述过十种存在、十类范畴。被列为最重要的前四类之一便有“关系”：关系存在和关系范畴。[①] 关系存在是事物及主客体存在的一个重要维度。回望侗族歌唱，在“歌养心”里面，其要养就有“关系心”。这样的关系心可以是二元的，如老幼、男女、客主、远近等。通过歌来养这种心，既养了我们这个家、这个歌队、这个村，同时也养了身处其中的每个自己——在养关系当中每一个体。另外，作为关系存在的心，还可包括固定的和移动的，固定关系可指本村、本地和本族，移动关系则包括远方亲友和到访的游客。每当有客到访，无论常来常往者还是一次性旅游，歌手都给唱歌，从拦路歌、敬酒歌一直唱到送客歌，通过歌唱，表达情感，传递友善，凝聚关系，在彼此共享的审美时空里，养育精神互通的心。

三、吟诗暖屋：壮歌践行的美学话语

陆：我先介绍一下“暖”的形态以及它在壮族社会的实践。“暖”在壮语中的读音是“涛”[thu3]，它不同于“热”，但反义词也是“冷”，在当地壮语中的读音是“匝”[ts m3]。我在生活中经常用到“暖”的概念，但从来没有想到要特别关注它。

事实上，我在硕士研究生阶段就开始做壮族歌圩研究了，那是 1999 年到 2002 年间。当时的专业是中国少数民族文学审美研究，沾了一点儿美学的边，看了一些美学方面的著作，写论文时也用了一些相关概念。但是论文完成之后，我却发现自己连“歌圩是什么”这样的基本问题都说不清楚。于是，进入博士研究生阶段学习之后，我觉得有必要先解决歌圩研究中的基本概念问题。

我特别注意到“暖”的概念，其实是很偶然的。在家乡做田野调查的时候，有一天和我的姑妈聊天，她冷不丁地问：“你什么时候请他们到我们家来

---

① ［古希腊］亚里士多德《范畴篇·解释篇》，方书春译，商务印书馆 2009 年版。

暖屋呢?”她说的是壮语南部方言德靖土语中的“仲”[ts:6]口音,“他们”是指她和我共同认识的当地歌者。但是我觉得很奇怪,明明是要请人来唱歌,为什么要说“暖屋”[thu3run2]呢?但是,这个念头一闪就过去了。在那之后,我又注意到了许多类似的表达,比如:村民会说,我们这个村子过去很“暖”,因为村里有好几株很高的木棉树;有的也会说,过去这个村子很暖,因为有学校,有行政中心,人很多;有的还会说,进到这个村子来,大家的笑容暖暖的,声音也是暖暖的,让人感觉好暖啊;等等。可是,我当时没有意识到要把这个“暖”作为专门的概念和范畴加以关注。直到在博士学位论文写作初期被导师指出只是在记“流水账”“没有作结构性表述”之后,我才决定沉下心来想一想,要用一根什么样的线把整篇论文串起来。在这个过程中,“暖”字就自然而然地冒出来了。

我在博士学位论文的基础上完成的专著《“吟诗”与“暖”——广西德靖一带壮族聚会对歌习俗的民族志考察》,其实并不是专门探讨“暖”这个概念的,而是考察地方性的壮族“歌圩”传统“吟诗”[m2slei1]。在当地壮语中,“吟诗”就是唱山歌的意思。在当地壮族民间社会,人们把唱山歌视为暖屋、暖村、暖圩、暖地的一种方式。在这过程中,唱什么样的歌才能产生暖的效果,什么样的声音才是暖的,其实都是很有讲究的。以往有不少人认为,对歌就是互相讽刺、挖苦,不把你打倒誓不罢休,就像电影《刘三姐》那样。其实不然,在田野调查中,老乡们告诉我说:“我们对歌时要互相扶着走。”意思就是,既要想办法回应对方、战胜对方,同时又要留有余地,大家相互扶持,共同建构一个言语形态、口头形态的歌路。

由此可见,“暖”是一个实践过程。我们从中可以发现,人们如何在特定的空间形态里唱歌,又会唱什么样的歌。在这个过程中,如果只是互相讽刺、挖苦,是绝不可能产生“暖”的。那么,要唱什么歌呢?要唱赞美的歌,唱表达友好情意的歌。基于民众对“暖”的追求,不难发现,壮族民间社会对于歌唱是有很多规定的。

为什么通过请别人到屋里“吟诗”就能够让屋子暖起来呢？首先，很多人聚集到屋里，显得人气很旺，给人一种暖的感觉；其次，在“吟诗”的过程中，歌手赞美主家，表达了真诚、美好的情意，会使人心感到温暖。以唱歌对主家说好话，当地壮语称“耐栏”[na：i1run2]。其中，说好话表达赞美也叫“包”[p：u3]，歌者进村要说好话，进入主家也要说好话。

现在，由于传统形式的歌唱活动日益减少，通过“吟诗”作为暖屋、暖村的一种方式，其功能日渐弱化。在这种情况下，人们感到人气不旺，会产生焦虑。于是，会有新的暖屋、暖村、暖圩、暖地的形式，比如建学校、操场，举办各种文体活动等。

徐：晓芹的阐述内容还可从两个方面加以补充。一是揭示其中的地域性和民族性，也就是我们要讨论的审美实践的特殊性。壮族歌唱实践中的“暖”是一个值得深究的概念和范畴。二是作为本土性范畴，“暖”有无边界？边界何在？也就是“暖”能否跨越地域和民族，发掘出普遍性意义？如果不能，其还有无必要加入与其他审美范畴的对等并置之中参与多元美学的话语对话和交流呢？值得讨论。

接下来再回到“暖”这个范畴本身。刚才的介绍描述性较多，现在还需要从话语角度讨论它的形态和学理。从形态上来看，还得追问，什么是“暖”？如何才“暖”？我以为，“暖”的概念意味着这个群体的人对共同融入其中的这个世界的一种认知。它潜在的对立状态是“不暖”，不暖的存在是焦虑的或是应当免除和否定的，为此人们才想法使世界温暖。但这时的“暖”，已不再只是物理意义上的有温度，还蕴含和寄予了更多含义。我在这里用一下“温暖”，是指一个趋向和一种改变：使世界变暖，使“冷”的世界温暖。可见，与人类学长期关注的“生和熟”一样，“暖”其实也是相对的概念和对照的认知，而不是单独的存在，是对不暖、冰冷的排斥、否定和克服。由此不仅显示对世界的认识论问题，而且派生出与之相关的立场和态度，亦即实践论问题，也就是有了认知过后的主体目标：使世界暖，并且是通过审美的方式。在我看来，这种审美意义上的知行合一非常重要，体现了深刻的话语价值。因此我认为还值得深入开掘，沿着“暖”的话题和方向，继续把其蕴含的话语谱系弄清楚。

陆：在我看来，“暖”的事物在形态上跟美有一定关系，但并不等同于“美”这个范畴。“暖”诉诸感觉，空间上的“暖”，指热闹，人气旺，充满生命力。但当我们说声音“暖”的时候，其实是指一种圆融状态，是和谐。所以，我觉得“暖”的内涵包含了美，又超越了美。总之，基于个人研究，我认为“暖”这个概念的意义在于可以在主流美学、主体民族的话语系统以外，发现壮族民间的文学表述及审美话语，从而走向审美范畴的一体多元。

四、介休民间的“闹”与“热闹”

郭：作为审美范畴，“闹”的发现包含着理论与实践的互动。像徐老师刚才说的，只有回到田野，面对生活，才有可能超越以往各种话语的既有边界，发现新事物，做出新阐发。我当时一直在关注介休的“干调秧歌”，它是一种民间戏曲。和几个老艺人在一起，我们就在一辆车上，非常挤，然后在那儿谈。大家就说起了这个“热闹”。老乡们说我们做的很多事情，比如说唱秧歌戏，都是热闹。我们在春节的时候，办社火啊，龙灯啊，所有的这些东西，都是热闹。我听到之后很兴奋。意识到这恰恰体现了他们自身的分类体系，那就是民间对自己艺术行为的一种分类。其中包含的一个重要概念——“热闹”，而且用这个概念把许多相关事物和行为都包进去。

于是我就开始主动追问“闹”的问题。根据他们的解释，热闹还可以放在一起，叫“闹热闹”。也就是说，“闹”的动机和目的就是追求“热闹”。与之相关的，还有“闹红火”等。我问在什么样的情况下要这样去闹呢？有老艺人回答说，过生日的时候、过节的时候，亦即娶媳妇、办丧礼的时候等，都要闹。于是我发现“闹”的意思已经脱离了现代汉语里作为形容词、动词、名词的所指。田野回来之后，我为此做了汇报。徐老师说这是一个很重要的发现，值得深挖。接下来我就对“闹”“热闹”和“闹热闹”做了专门的考察研究。

经过调查分析之后发现，“闹”的后面包含着当地民间结构性的审美话语，也就是说，存在着一种地方性的深层结构。他们所有的艺术形式，都与这样的审美话语相关。比如建一栋房子，或者在房子上装饰一些花纹，或者要穿一件衣服，都要选择“闹”的观念，就像陆晓芹所说壮族要有“暖”的取向一样，在审美倾向上，追求这“热闹”的氛围和效果。

接下来，我发现要解决这个问题，需要冲破很多障碍。第一个障碍就是你得说明为什么能把“热闹”作为一个美学概念加以提出。我记得在最初提出来之后，徐老师就一直在刺激我说，现今通用的审美范畴有哪些？它们是否完整，能否代表所有的审美现象？如果不能，“热闹”可否加入？也就是能不能把“热闹”拿来与西方经典美学所说的“优美”“崇高”之类进行并置比较？

徐老师的问题迫使我不得不去思考，介休民间话语背后的文化根基及表述体系问题。这是第一道难关，突破后发现西方美学有一个特点，就是他们的对象大多是雕塑、绘画这样的造型艺术，以视觉艺术为主，连戏剧都不在经常关注的范围之内，更不要说仪式或其他的民间实践了。这很奇怪，体现出非常贵族化的审美倾向，由此形成了从亚里士多德一直到康德、黑格尔的美学话语体系。我觉得刚才徐老师说的很多方面使我受益匪浅。他给我补充了很多新的能量。

然后是第二步。我们既然提出了一个中国本土的“热闹”范畴，那不等于有什么创新啊。在这之前的中国古典美学不也很火吗？大家都在做，从王国维开始就已用西方的方法，试图建立一套中国美学的话语体系了，后来甚至提出了道家美学、儒家美学之类，并由此开创出一系列的中国特色的美学范畴，如空灵、虚静、雄浑、风骨等。然而遗憾的是，在这些“中国特色”的体系里，仍然找不到我所说的“热闹”的存身之处。于是我只好力图在社会阶层的分类里，去拓展民间范畴的存在空间。

这样，从社会阶层来说，其实西方的整个美学，几乎都可称为贵族美学，是以西方的贵族生活和审美经验为基础产生和表述的。与之相似，目前建构出来的中国古典美学也是如此。它在借鉴西方经典的话语前提下，以中国历代王朝的贵族、士大夫文人的审美经验和审美习惯为基础，建构出一套审美体系。你不是说“雄浑”“虚静”“空灵”吗？你到广大中国的农村去问一问，或感受一下，他们有没有这样的审美？没有啊！这些范畴在那儿不起作用。这就有问题了。

于是正像很多人做横向扩展那样，我就做纵向扩展，到民间下层去发现结构。当然，目前主要还是指的中原，指的是汉族地区。在其中，农民是占主体地位的，如今的中国人口仍有一半左右是农民。他们的审美生活值不值得关注？关注是否就只能用优美、崇高或雄浑、虚静去套？就不该用人类学的主位方法，去发掘当地人的审美话语吗？

也正是本着这样的自我追问，我通过一种特殊方法，找到了“热闹”的存身之处，这就是刚才徐老师所说的人类学入场。

徐：郭明军最早到介休考察民间秧歌和社火的时候，一心想着用现成的西方理论来做阐释。刚开始选的是巴赫金的“狂欢”。我觉得不好，那样会使本土话语被外来术语遮蔽，所以建议立足当地，回到民间，尽力寻找和发现支撑地方实践的本土话语，而不是对他们进行为我所用的粗暴改写。经过多次磨合，再回到田野，重新以民间的自在系统，重新审视当地从视觉、声音到仪式的审美事项，结果发现差不多都可以归结在“闹”的范畴之中，只不过当地不叫范畴，而仅是口头说法而已。他完成的这项工作是一种理论的提升，做得非常好。

郭：我发现，早期的人类学家到所谓“未开化民族”当中考察，认为别人的审美是原始的，更没有美学。这反映出此种看法后面的西方标准。如今这样的看法正在被改变。比如在雅克·马凯的《审美人类学导论》里，就强调了审美人类学的文化相对主义。不过遗憾的是，作者仍然是用西方康德美学的那一套去衡量非洲艺术，因此才把主要的精力放在了与西方审美观念相通的视觉艺术方面。由此我才真正地意识到，“热闹”或者是“闹”作为审美范畴是需要和值得阐述的。对它的发掘不仅有助于美学话语的多元补充，而且有助于从人类学角度提升对审美生活的体认。

徐：回到“闹”这个范畴。我们的讨论在郭明军的博士论文的基础上又有了很大扩展，并且提出了很多有意思的问题。比如追问“闹”在社会阶层意义上是否是共享的，能否上下打通。这个概念可以说是来自底层，但在审美实践上出现了纵向突破，穿越到了精英阶层，成为共享范畴，即上下都有“闹”，比如说“闹元宵”，就是上下共享的“闹”。但另一个问题是，即便是上下共享，还是有彼此区分，上层对“闹”的雅化就与底层的“闹”有所不同。于是，虽为同一个范畴，“闹”的所指却五花八门，引出了名实不符的问题。即不是一个“名”对应一个“实”，或一个“实”对应一个“名”，而是一名多实，一实多名。所以“闹”在民间还存活，在上层那里已经很难找到，现在我们找到一个“闹元宵”，其实“闹元宵”都已经俗化了。那就是共存的“闹”有没有一个共同的话语。那么在上层还有没有一些变形的说法呢？应该是有的，比如我们还可以找很多像“热”“热闹”等同义词，在语词意义上，当然还有一些不同的语词对应。

需要研究的是，为什么会出现精英对底层的贬斥及其自身之“闹”的雅化？在精英层面，其实是将民间之“闹”视为不雅的，所以便有一系列的贬义说法，如“闹事”“胡闹”，如果是“聚众闹事”，则还会被视为一种罪名。与此同时，上层的“闹”则是被允许，不仅合法，而且还得到彰显。比如说以往的“皇帝登基大典”，不同样是“闹”吗？不仅“闹”，还要奏乐、鸣炮，这就是州官放火和百姓点灯的区别。

五、结语

徐：我们今天的“三人谈”意义，在于重新审视具有民间特征的审美范畴，由此推进多元美学的话语创建。这样的努力一方面与拓展美学理论的实践面向相连接，另一方面跟重新打通人类学“大小传统”的论述相关联，也就是把对地方、民间及多民族文学、艺术与文化的研究提升到话语建设层面，努力创建兼容民间范畴、乡土实践、审美生活及至生命美学等多重表述的开放体系。

通过上面的简述可以发现，“养”和“暖”都代表一个动作，指涉一个对象，自然也就有了相应的目标和结果。相比之下，若单一的讲“闹”的话，凸显的是一个空洞的状态，闹什么？闹热闹，还是有点空。热闹作为一种抽象的对象，还只是一个指向，没呈现其所指涉的完整结构。所以不妨把它与“养”和“暖”一样，也归到我提出的“过程范畴”之中，然后加上宾语，叫作“闹场”，视为对空间的审美塑造，从而体现出主体参与中的实践过程及结果。

由此，我们的本次讨论就可归结为一组较为对称的系统了，即“养心”“暖屋”“闹场”。然而需要指出的是，只因为是讨论美学，才特地把“养”（心）、“暖”（屋）和“闹”（场）等视为审美范畴。其实在完整的生活世界里，它们何尝又不是民俗学、社会学、心理学乃至人类学的范畴呢？那样一来，这些同样的语词不又将关涉更为多样的论述场域继而激活更多的思考了吗？

（原文载于《民族艺术》2009 年第 1 期）

“萌”作为一种美[1]

周　星

艺术人类学的重要课题之一是对“美”的跨文化研究，包括审美意识和审美实践之艺术行为的跨文化比较研究。长期以来，“美”成为美学、哲学的专擅领域，研究者常常纠结于“美”的具象性与抽象性、主观性与客观性、普遍性和独特性、本质性和建构性等概念之间，虽有深厚的积累，却对当下现实社会生活中的审美实践及其动态反应不免有些迟钝。本文秉持艺术人类学的立场和观点，试图对日本和中国之间有关“萌”之美的文化实践进行一些初步的探讨，以揭示中国社会之审美意识的多样化趋势。

一、汉服运动中的“萌”之美

最早关注到“萌”之美，是笔者在研究汉服和汉服运动的过程中，发现“同袍”们把建构汉服之美视为其主张合法化的重要路径之一，而在对于汉服之美的建构手法中，“汉服萌图”渐渐地凸显出来，并具有让观赏者难以抗拒的魅力。2005—2006 年，一些汉服网站的贴图中就已经出现了表现汉服之美的美术作品，笔者曾经指出其中有一部分作品多少受到了日本动漫文化的影响。[2]

---

① 本文系提交给“2013 年中国艺术人类学国际学术研讨会”（2013 年 10 月，山东大学）的与会论文。2013 年 10 月 26 日在分组会发表时以及在会后，曾相继得到色音、李宏复、邓佑玲、纳日碧力戈、刘铁梁、王建民、杨民康、李修建、张士闪、方李莉诸位师友的点评、指教和讨论，谨此感谢。

② 参见周星《新唐装、汉服与汉服运动——二十一世纪初叶中国有关“民族服装”的新动态》，《开放时代》2008 年第 3 期。

接着，根据对汉服网站的检索以及对汉服户外活动的实地参与观察，在研究“汉服之美的建构及其再生产”这一课题时，笔者进一步明确指出：汉服美女的自我形象建构往往会以动漫化符号的方式来展示，其中一部分人还出现了追求“萌”（可爱、“卡哇依”）之审美境界的倾向。[①]

归纳起来，汉服运动中的“萌”之美，主要表现为以下几个方面：1.“同袍”们在互联网上的脸谱、假面、表情或自我标签的符号（以网名为典型），具有动漫文化的部分特点，当然这与整个互联网文化的趋势之一亦即“图像语言”化密切相关。2.“同袍”们在汉服网站中的贴图，部分地采取了漫画形式，表现出对“萌”或可爱之美的追求。可以说，互联网上汉服运动的图像展示出现了从“汉服美图”朝向“汉服萌图”的发展。[②]3.“同袍”们在汉服宣传或汉服“雅集”之类的活动中，往往使用“动漫美萌”的表现形式，有些人的化妆也多少有一些追求可爱之美的倾向。这方面较为典型的例子，如 2007 年 11 月，董进（撷芳主人）在天涯论坛发布题为“Q 版《大明衣冠》——漫画图解明代服饰”的帖子，其中身穿明代服装的卡通娃娃迅速在各大网站走红，并被制作成扑克牌、T 恤衫、扇子图案等外围产品；稍后于 2011 年正式出版的《Q 版大明衣冠图志》[③]，全部采用漫画“萌图”解说明朝衣冠制度，深获汉服爱好者和“同袍”们好评。2010 年 3 月 27 日，起源于百度汉服贴吧的公益性汉服动漫团队“汉风弄晴工作室”成立，并发布了一系列汉服动漫作品（汉服萌系女孩主题插图等）；2010 年 4 月 28 日，网友“树水”在百度汉服吧发布汉服题材的连载漫画小说《君思故乡明》，同年年底被印制成册，在网上销售；由“汉服北京”制作的旨在进行汉服户外活动时向公众宣传汉服的挎包，上面有设计非常之“萌”的汉服图案。2012 年 8 月，在山东省博物馆举办的“斯文在

---

① 参见周星《汉服之“美”的建构实践与再生产》，《江南大学学报（人文社会科学版）》2012 年第 2 期。

② 例如，“辛未年”在百度贴吧里的“汉服萌图吧”贴出的大量汉服萌图（http://tieba.baidu.com/p/2164700035#!/l/p1）。

③ 参见董进（撷芳主人）《Q 版大明衣冠图志》，北京邮电大学出版社 2011 年版。

兹——孔府旧藏服饰特展”的招贴广告和部分展板，也以汉服“萌图”装饰，较为醒目。

尽管在各大汉服网站，若涉及汉服的真伪、正误、对错，涉及汉服的正统性、纯粹性或汉服运动的诸多理论问题时，经常会发生激烈的争论，形成深刻的分歧，有时甚至还可能充斥着谩骂和语言暴力，但据我在若干网站反复“潜水”时的观察（也相当于一种“田野工作”[①]），举凡汉服“萌图”一经贴出，如“辛未年”和“夏之犬”的Q版手绘汉服图等，肯定是一片叫好之声，几乎没有人能够拒绝或能够去批评它，这和汉服网站上的汉服活动照片有较大的不同，对于汉服照片是既有叫好、赞美的，也有酷评和指责其不美（丑）的，尤其是汉服社群门外的“过客”，颇有可能对“同袍”的汉服照评头论足；然而，在汉服“萌图”的魅力面前，几乎所有人、包括不少刚刚开始接触汉服的人马上就会被感染，甚至“过客”也绝少酷评汉服“萌图”。这意味着在汉服运动扩大其影响力的时候，汉服“萌图”的吸引力和感染力，丝毫不比滔滔雄辩之论争的说服力逊色。这个例子很好地说明了“图像的美学功能”，图像是用来愉悦受众，并使受众产生了特殊的审美感受。[②]

如果留心以互联网为载体、为舞台、为空间的当代中国社会及文化的最新动向，例如，亚文化、青年文化、流行语、时装、动漫产业、视频、电子游戏、广告产业、娱乐产业等，非常容易发现其实在我们的日常生活里，早已经充满着“萌”之美的各种现象和元素。“萌”之美在汉服运动中的诸多表现，与其说是汉服运动的“发明”，不如说是“萌”这一类新鲜的审美意识，甚至已经弥漫或渗透到了汉服运动这一在中国社会里实际上是较为边缘性的文化现象的层面了。在当前中国的文化生活里，几乎每时每刻都有与“萌”有关的事件和新闻。那么，什么是“萌”呢？

---

① 关于以网络虚拟社区为“田野”的人类学研究的方法论问题，可参见刘华芹《天涯虚拟社区——互联网上基本文本的社会互动研究》，民族出版社2005年版，第5—12页、第15—16页、第294—302页。

② 韩丛耀：《图像：一种后符号学的再发现》，南京大学出版社2008年版，第182页、第185页。

二、日本动漫："燃"·"萌"·"卡哇依"

"萌"作为一个较新的审美概念，含义颇为复杂。若简化理解，一言以蔽之，"萌"大体上就是"可爱"之美、"稚嫩"之美、"单纯"之美。但这是广义的理解，狭义的"萌"则主要是和动漫卡通世界里的"美少女"和"美少年"等角色密切相关，与此同时，"萌"的范围往往还被扩展到拟人化的动物、植物、器物以及虚拟的卡通形象。

作为一种审美意识，"萌"之美起源于动漫文化大国日本。关于"萌"的起源，有一种说法认为"萌"起源于"燃"。日语有"燃える"（MOERU）一词，作为动词，它的意思是燃烧，其名词化为"燃え"（MOE）。在热爱动漫和执迷于电子游戏的"御宅族"① 青少年或所谓"萝莉控"② 中间，"燃え"的本义是指看到喜欢的美少女角色时，感到激情澎湃、亢奋、热血沸腾的状态，如同"燃烧"一样激动（"燃烧"的意思，在此可参照汉语"发烧友"一词）。在电脑的日语输入系统中输入 MOE，和"燃え"同音的"萌え"（MOE），常常也会显示出来，于是，为了区别其他场景下热血沸腾的状态（例如，如激情燃烧般地投入工作），网络上就逐渐使用"萌え"一词，专门形容看到美少女形象时的那些感觉。就是说，"萌え"是从"燃え"讹误而来，可以通假混用。后来的演绎性解释还说，

---

① 御宅：日语单词おたく，otaku，一般是指对 ACG（动画 Animation、漫画 Comic、游戏 Game）非常热衷且精通其道，具有超常的专门知识以及欣赏和把玩能力的人群，现在已经成为一类亚文化社群。汉语曾翻译为"傲他酷""茧居型"等，前者参见何培忠《中日青年生活观比较》，经济管理出版社 2000 年版，第 153—158 页；后者参见李衣云《读漫画：读者、漫画家和漫画产业》，台湾群学出版有限公司 2012 年版，第 96—98 页。日语的御宅一词，有时并没有突出的贬义，而是中性地指称在某些爱好方面特别痴迷和专业的人士。"御宅族"对于 ACG 的广泛而又深入的知识，构成了他们独特的"文化资本"，当他们在 ACG 的虚拟世界和互联网之外聚会互动，亦即进行所谓的离线"粉丝实践"活动时，这些"文化资本"既为他们彼此的相互认同提供了基础，同时也为他们夸示或炫耀其存在感、自我意识和排他性提供了重要的支持。关于"亚文化资本"，可参见萨拉·桑顿《亚文化资本的社会逻辑》，载陶东风、胡疆锋主编《亚文化读本》，北京大学出版社 2011 年版，第 356—367 页。关于青少年亚文化的"粉丝实践"，可参见安迪·班尼特《虚拟亚文化？青年、身份认同与互联网》，载安迪·班尼特、基思·哈恩－哈里斯编《亚文化之后：对于当代青年文化的批判研究》，中国青年政治学院青年文化译介小组译，中国青年出版社 2012 年版，第 193—206 页。

② 萝莉控（ロリコン，Lolicon，少女愛），系"洛丽塔情结"（ロリータ シンドローム，Lolita syndrome）的日语简称。"洛丽塔情结"是指对未成年少女怀有痴迷性幻想的症状，又叫作"萝莉塔综合症"。

看到美少女角色或形象时如沐春风，于是就借用春草萌动之“萌”形容开心、高兴、幸福、害羞、心花怒放和面红耳赤等复杂、亢奋的情绪状态。不过，也有观点把“萌”的起源追溯至具体的动漫作品，如说1993年NHK播出的《天才电视君》(天才てれびくん)中的女主角，名字叫作“萌”，她每当遇到困扰时，就大呼自己的名字“萌”！后因粉丝群起模仿而流传开来。又有人认为，日本动画片《美少女战士》中女主角“土萌萤”是为“萌之始祖”等等。

作为“御宅族”亚文化群体内部“隐语”之一的“萌”，在日本动漫文化中，意味着不夹带杂质和颇为强烈的美好感受，诸如超级喜欢[①]、欣赏、可爱、好感、怜惜、愉悦、狂热地爱恋、入迷、倾心、被吸引、动心、被“电”到的感觉，以及想去保护她的“保护欲”等等，内涵非常复杂，且具有流动性，往往需要根据具体“语境”或上下文的“文脉”才能够确认。[②]笔者认为，应该从主观和客观两个侧面去理解“萌”。前者是指日本社会中为数众多的动漫卡通迷或“御宅族”“萝莉控”们的主观感受，被用来表达他们对主要是限定于“二次元”[③]的某角色、某事物（通常是拟人化的）无比喜爱的感觉、情绪和程度。当说MOE或MOEMOE时，即表示对某人、某物、某事、动漫世界里的某个虚拟角色的强烈执着、如醉如痴，近于迷狂和醉心的样子。后者则是指那些被极端喜欢的动漫角色或拟人化的卡通形象（包括动植物、非生物）等对象所具备的属性或特点，也就是所谓的“萌点”、“萌”属性或“萌”元素。正是这些“客观”的属性和特点，引发了动漫迷们强烈而又复杂、微妙的“主观”感受。在大多数场景下，被认为“萌”或具有“萌点”“萌”属性的，主要是动漫卡通及电子游戏作品里的女孩子，她们各有性格、极富个性，但共同的特

① 在语感上，“萌”比“喜欢”要更为强烈和执着。

② “萌え”的反义词为“萎え”(NAE)，意思是对不自然的煽情之“萌”表示讨厌，或对虚拟人物的性格、言行或态度感到不满，以及对以“萌”为卖点的作品出现破绽和穿帮时的反应和感受。

③ 二次元：日语单词，原意为“二维”“平面”，如日常生活中的画像、绘画、地图、画面等。由于动漫卡通及电子游戏中的故事情节，主要是以平面绘图或图像的形式来表现的，故多用此词指称漫画、动画里的虚拟世界。在现代日语中，“二次元”有“虚拟”“虚构”“架空”等意味，常用来比喻“非现实”的世界。

点是“可爱”，正如自动词“萌える”的寓意内含着“自发”的可爱一样。在为数众多的以“萌”为主题的网站里，那些被视为“萌”的对象，主要是低龄的动漫卡通及电子游戏里的角色或少女歌手、童星等，从中观察她们所谓的“萌”，主要就是可爱、纯真、幼稚、俏皮，这些尚未成年或正处于发育阶段的美少女（“萌娘”）的美，一般不是以性感、美艳为指向，如果她引起了某种冲动，通常是一种微妙的保护欲、怜爱欲与强烈的好感。如果说她们的“萌”之美中也有性感存在，通常也是较为健康、活泼的性感。显然，涉及“萌”的审美意识和审美活动，主要存在于对动漫卡通艺术的消费和鉴赏行为当中，这是一个颇为复杂的主客观密切互动的过程。

虽然其起源尚有些暧昧不明，但“萌”作为一种新的审美意识的发展，确实是和日本的“少女漫画”、各种动漫作品以及“美少女游戏”（Gal Game），包括一些模拟恋爱的电子游戏（恋愛ゲーム）等，有着千丝万缕的直接或间接的关系。早在20世纪90年代，像《同级生》、《同级生2》、《心跳回忆》（台湾译为《纯爱手札》）等模拟爱情的电子游戏作品，就已经具备了后来被视为“萌”的大部分元素。一般面向未成年人的动漫及电子游戏作品，情节简单且以“纯爱”为特征，但在一些面向成人的动漫及游戏作品里也会添加适度的元素以吸引成年人玩家。大约也是在20世纪90年代，日本的网络里开始流行“燃え”“萌え”等流行用语。2000年前后，“萌”作为“御宅族”用语引起了大众媒体的关注和报道，进而向一般大众渗透，其新的意涵也逐渐超越了“萌”在日语中固有的意义而趋于一般化。2005年，“萌”入选当年的流行语大奖，意味着早先主要是在动漫迷和“御宅族”中流行的这一新潮用语，已经发展成为全国性的流行语。以青少年为主体，很多学生几乎是开口不离“萌”字，并不断繁衍出系列性的“萌”词汇，诸如“萌系”“萌点”“萌战”等，形成了独特的青少年流行语现象，后来甚至出现“萌”字滥用的倾向，用它来取代喜爱、入迷、可爱、精彩等很多意义，并引起了年长者的微词，认为把原本具有“雅”意的“萌”用成了俗语。

根据发展心理学的原理，处于青春期的青少年，往往正困扰于自我认知的混乱和迷失，在追寻自我的过程中常游离于妄想和现实之间，既有童真的梦想，又有不羁的逆反，更有对未来的想象和对自我的不安，而这一切都可以投射在非现实的虚拟世界之中。围绕着虚拟世界而形成的青少年亚文化，既有躲避现实的倾向，也有延伸梦想、期待成功和渴望被承认的一面。日本青少年生活在和平的年代和富足的社会，条件非常优越，但等待他们的成年人社会则竞争激烈、压力“山大”，令不少年轻人心生畏惧，不愿意长大。他们热衷和执迷于动漫卡通和电子游戏的世界，与其说是难以自拔，不如说是撒娇和陶醉于其中，以躲避或忽视现实。由此诞生的青年亚文化若和美国、西欧诸国的青年亚文化相比较，其特点是不大具有反抗性，与其说是叛逆，不如说是撒娇。对于成人世界而言，激烈竞争的社会有很多压抑和束缚，但在动漫卡通及电子游戏的虚拟世界里，人们却可以满足渴望、获得刺激和幻想成功，迅速获得成就感，或实现某种存在感，由此而生的“萌”便是人们的希望得以激发的一种机制。这也正是“萌”从虚拟的“二次元世界”溢出，并渗透到现实生活的最大原因。

涉及“萌”的亚文化及相关的审美意识迅速地向日本全社会蔓延，并与一般日本公众对“卡哇伊”（Kawaii）即“可爱”的感受产生了共鸣。于是，“萌”的对象也就逐渐地从“二次元”的世界扩展到了现实的生活世界，蔓延到日本社会及文化的各种场景和各个层面。日本人在评论人和事物的美丑时，比起“美丽”“漂亮”来，经常更多地使用“可爱”，这一评价原本较为泛化，并不限于少女幼童，但在“萌”系亚文化影响下，“可爱”的评语的确出现了某种程度的“幼化”趋向，甚至部分地影响到日本成年女性的化妆、服装及言行。在现代日本社会，“萌”与“可爱”成为最具大众化的审美意识乃至于审美的标准之一，举凡商品广告、地方形象（旅游资源拟人化）、行政通报等，往往都有可能采用“卖萌”或制造“可爱”的手法来吸引公众或消费者，这种手法也往往能够获得成功。除了动漫卡通及电子游戏等不断地推出“萌”系产品并已发展成为庞大的产业之外，诸如神社、寺庙招徕香客，自卫队招募自卫官，政治家选举作秀、忽悠选票，企业的商业宣传，厂家和商家争夺消费者等，都有可能以“萌”招制胜。就连工业产品设计（例如，家用电器、小汽车等），也越来越多地采用拟人化技巧，追求产品之“萌”，为的是讨客人喜欢使之乐于付款。始于20世纪90年代的“角色扮演”（Cosplay）[①]活动，早期只是年轻人扮演动漫卡通和电子游戏里各类角色，以表达对那些角色的“萌”感，后来也发展成为商业促销活动的一种方式，尤其是广受媒体企业的青睐。[②]地方政府为发展旅游，建构地方“名片”和提高知名度，也经常采用动漫卡通等“萌”的手法。例如，2012年8月，福冈市长任命美少女篠田麻里子为网络虚拟行政区“可爱区”区长，据说短短几个月就征集到4万多人愿意成为可爱区的区民。类似这样，让一只可爱的小猫当一天电车站站长，或让一位小姑娘当一天警察署的署长等，某城市或街区选中某“萌”系吉祥物等，有关“萌”的新闻在日本可谓不胜枚举。近年来，日本政府利用动漫文化积极推动其“文化外交”，以谋求扩大其国家的影响力。2009年3月19日，外务省任命“机器猫”（哆啦A梦）为日本的“动漫文化大使”（Anime Ambassador），并煞有介事地为它举行了“就任式”。大约同时，日本政府另外还任命了女演员藤冈静香、模特儿青木美沙子（萝莉装）、音乐家木村优等人为“流行文化发信使”（俗称“可爱大使”[③]），让她们积极参与向世界各国青少年推广其“萌”系文化的活动，以图使日式“可爱”成为具有世界性的审美标准[④]，从而拓展日本的国家“软实力”。

---

① Cosplay系Costume Play的缩写，特指穿着动漫卡通、电子游戏以及其他影视作品中的各种角色的服装，扮演那些角色的演示性活动。热衷于Cosplay的人多为青少年，一般称作cosplayer。Cosplay的中文译名来自中国台湾，为“角色扮演”。作为一种文化，它源于日本，开始时只是有人扮演动漫卡通及电子游戏中的角色以吸引顾客前来参观，亦即所谓“看板娘”，是推销动漫产品及电子游戏的广告手法之一；后来则迅速发展成为一种行为艺术，并成长为一种亚文化，形成了很多演出团体。于是，Cosplay就不再是为了促销产品，而是要表达对某些角色的喜欢，甚或通过角色扮演的方式使虚拟角色呈现在真实世界，体验置身漫画世界的穿越般错觉或梦幻感；较为执着的角色扮演者认为，他们不只是展现了动漫卡通角色的形象，还试图接近它们的内心世界。

② ［日］成実弘至編：『コスプレする社会—サブカルチャーの身体文化』，せかり書房2009年版，第9頁、第37—38頁。

③ 黄恂恂：《日本外务省选美少女做大使推广可爱文化》，《世界新闻报》2009年3月30日。

④ ［日］櫻井孝昌：『世界カワイイ革命—なぜ彼女たちは「日本人になりたい」と叫ぶのか』、PHP研究所2009年版，第41—44頁。

三、所谓的“萌”元素

一般来说，可以把“萌”理解或翻译为特别可爱、超级喜欢等。但如果仔细、深入地分析日本动漫作品及电子游戏里主人公角色的类型和特点，则不难发现其中存在着某些类型化的倾向，由此研究者便可以析出若干惯用的“萌”属性或“萌”元素。无论动漫卡通及电子游戏作品中的情节如何变幻，如何离奇，如何不食“人间烟火”，这些“萌”系角色的女主人公们都是各有可爱之处，亦即都有各自的“萌”元素。

绝大部分女性角色都是“乙女”[①]的年龄段，都是豆蔻年华、面目清秀的大眼睛小美女。如果按照“萌”元素来区分，大体上可以区分出数十多个角色类型，诸如“千金小姐”型、“小公主”型、“女王”型、“邻家小妹”型、“运动少女”型、“义妹”型、“眼镜小妹”型、“羞答答”型、“胆怯”型、“天真烂漫”型、“家庭”（料理）型、“女仆”型、“巫女”型、“傻丫头”（天然呆）型、“长不大”型、“沉默”（无口）型、“偶像”型、“啰唆”型、“冷漠毒舌”型，等等。上述构成“萌”的元素，经常是被分别赋予不同的角色，创作者让它们分别代表女孩子令人感到可爱、怜惜和能够诱发消费者“保护欲”（实质就是通过购买而实现的“占有欲”）的不同特点。这些备受欢迎的美少女的个性元素，大多成为“萌”系概念或相关审美意识的组成部分。它们或者被特化（同时也是简单化）为个别角色的性格个性，当然也可以相互混用，例如，把复数的“萌”元素集中在一个女主角的身上，以打造超“萌”的形象[②]。把各种“萌”元素有意地集中在某一位主人公身上，就会塑造出接近于完美的“萌”角色，从而吸引尽可能多的消费者。和上述“萌”元素相对应的，便是各个角色的个性，例如，傲慢（千金小姐、女王）、领袖欲（给人压迫感）、“气弱”（顺从、不抵触）、“元气”（精力充沛、活泼好动）、冒失、“傲娇”（开始时无视

① 乙女：おとめ，日语的意思是年轻女孩、处女、纯洁无瑕的女子。

② 可参见株式会社 Side Ranch《萌の異想世界：美少女角色图库》，瑞升出版社 2012 年版。

或看低对方，后来却心生爱意，于是，性格便由任性、不讲理突变为体贴、温顺）、傻可爱（迟钝、迷糊，School Rumble）、“腹黑”（恶作剧）、病娇（病态、娇气）、神经质等等。此外，角色中除了人类，还有魔女、小恶魔、精灵、兽人、机器人、人形（玩具、玩偶）等等，它们也都各有“萌”点。

“两小无猜”、曲折的“纯爱”，各种偶然、巧合、神异的情节；各色服装、特别的帽子或巨型蝴蝶结等道具装饰的点缀；还有方言（关西腔）、“兽耳”（猫耳）等别开生面的元素，由此便形成了千姿百态的“萌娘”，从而牢牢地吸引着动漫卡通及电子游戏的消费者。动漫卡通里的人物造型已经形成了特定的表现模式，例如，发型除了“呆毛”（头顶的一撮毛发）的表现，还有“短发”“刘海”“马尾辫”“卷发”“披肩发”；眼睛则以大到惊人、清澈见底为特点，同时也有眯眯眼、双色瞳和所谓的“独眼龙”（永远被头发遮住一只眼睛）；身材以娇小为上，但腿部修长到极致。很多“萌”元素的表象已趋于雷同，包括服装、声音、做派、台词以及情节设计等，均好像被“格式化”了一样。可以说ACG世界里特定的美感，虽然在现实的生活世界里会构成怪异的悖论，但在虚拟和幻想世界里却可大行其道。

在大量推出的“少女漫画”[①]“萌动漫”“恋爱游戏”等以“萌”为卖点的系列作品中，上述“萌”元素在人物身上的表现日趋洗练，甚至出现了泛化的“滥萌”。再配上一些拟人化（即经过“萌”元素化处理）并惹人怜爱的小宠物（小动物、空想虚构的小“兽人”、机器动物或机器人，如皮卡丘·ピカチュウ·Pikachu、机器猫等），就会进一步博得人气。小宠物之“萌”，虽是一种“人外之萌”，其原理依然是可爱，其“萌”点往往在于尾巴，亦即摇尾乞“怜”。动漫卡通或电子游戏里的男主角，往往也是美少年，他们也都具有“萌”或“酷”的一些属性。动漫卡通及电子游戏虽然也有一些励志性或深刻的作品（前者如《海贼王》，后者如《起风了》等），但大多数卖“萌”的作

---

① 关于少女漫画的特点，可参见夏目房之介《日本漫画为什么有趣——表现和“文法”》，潘郁红译，新星出版社2012年版，第158—160页。

品，剧情均很单薄，内容也颇为勉强，只是因为将“萌”作为故事或剧情的味精与调料，它便可以被接受。不同的“萌”元素彼此可以构成“冲突”，从而产生更“萌”的特殊效果。很多在中国观众看来“雷人”的情节和表现，都可以在“萌”的理念下予以消化。

在很多情形下，美少女和美少年角色的“萌”，部分地来自他们的不成熟。在形塑“萌”点的诸多技巧中，最常用的招数是描述未成年的主人公无意间流露出来的天真、纯洁、善意等，从而让人觉得惊喜、爱怜。让幼小的她或他们自然展现出某种“小大人”的特性时，欣赏者就会觉得被“萌”翻，通常应该是在长大以后才会有的成熟，如果在尚未成熟时就呈露出来，亦会令人惊喜。相反，为数不多的成年角色（护士、教师、御姐等），如果冒出和其年龄、身份不对称的幼稚，同样也会产生“萌”的效果。动漫卡通和电子游戏等作品对于成长期的不确定性，包括青春期的骚动、心悸、迷乱、逆反、探险、友爱、初恋以及身体的变化等都有很多观照。除了电子游戏的战斗场面之外，“二次元”世界的配音（女童音）也是重要的“萌”元素之一，配音演员（声优）成为很多女孩子向往的梦幻职业，正如漫画作家成为很多少女少年憧憬的对象一样。日本动漫作品之所以拥有不同年龄层的迷恋者，乃是因为它抓住了“大人心中还停留在小孩时期的部分”以及“小孩心中已经成为大人的部分”[①]，因此，能够老幼通吃，这和其他很多国家通常多倾向于把动漫定义为只是给少年儿童生产的情形有很大的不同。

对于动漫卡通和电子游戏的粉丝、爱好者、“御宅族”玩家等消费者而言，“萌”的本质主要是建立在另类的“二次元”世界的非现实，它和现实构成了对应的关系。虚拟、梦幻、妄想、冥思、非现实，这一切正是ACG这一另类空间的基本特征。[②]之所以要建构在日常经验的生活世界里并不存在的故事、

① 傻呼噜同盟：《御宅学》，台湾平装本出版有限公司2013年版，第14页。

② ACG系英文单词Animation、Comic、Game的缩写，一般用来总称动画、漫画、电子游戏（包括GalGame等）；在汉语中还被用来特指日本的动漫及电子游戏。

人物和事物，乃是要满足现实中无法获得的感受。“二次元”虚拟世界可以满足所有粉丝的心理缺失，以那些近乎完美的美少女 / 美少年为对象，还有绝对纯真的初恋和情爱，这些均构成了他们青春期幻想的一部分。人们购买、收藏使他们感到“萌”的动漫、游戏角色及其周边产品，这正如有学者指出的那样，其实是一类“符号消费”的行为，这些动漫“萌”符号及其价值，已经成为他们的精神寄托和心灵归宿。[①]

在ACG世界为数众多的“萌”系少女群里，有一个特别的类型即所谓“小萝莉”。萝莉一词，据说出自美籍俄裔作家弗拉基米尔·纳博科夫（Vladimirovich Nabokov，1899—1977）于1955年出版的小说《洛丽塔》（*Lolita*），它描述一位中年教授迷恋十几岁女孩的故事。后来，举凡具有女主角性格的女孩，就被称为Lolita，简称Loli，意思是可爱、漂亮、性感的女孩儿。萝莉是对洛丽塔（ロリータ，Lolita）的缩写，对此类女孩格外喜爱的人即是“萝莉控”。在动漫卡通和电子游戏里，萝莉一词可用来指称一般的“萌”系美少女，也可以特指身着“萝莉装”（lolita fashion）的少女。所谓“萝莉装”，乃是模仿据说是英国维多利亚时代的宫廷女装或女童装而形成的日本时装亚文化。萝莉装作为一种时装亚文化，缘起于欧洲而流行于日本。萝莉装的打扮基本上就是东亚人向往或想象的欧洲“洋娃娃”的装束[②]，一般来说，其形象主要是裙装及膝，内衬纱裙或泡裤，使裙摆扩散开来；配以长袜与可爱的童装鞋。然后，再以玫瑰、皇冠、蕾丝花带及荷叶边等为点缀装饰。进一步细分，还有所谓“甜美萝莉”“古典萝莉”等亚型。在日本动漫文化中，1982年推出的《魔法のプリンセスミンキーモモ》（汉语译为《甜甜仙子》），主人公Momo公主可被认为是小萝莉的“始祖”，此后，像《魔卡少女樱》中的木之本樱、《魔法少女砂沙美》中的砂沙美、*To Heart* 中的马鲁芝等，可爱的小萝莉角色层出不穷，人

① 韩若冰：《动漫·角色·符号：日本当代都市民俗的意义表达》，《民俗研究》2013年第2期。

② 在东亚各国的女童玩具中，“洋娃娃”常常就穿着近似于“萝莉装”的服饰；但在较为晚近流行的“芭比娃娃”组合中，萝莉装只是众多造型中的一种。

气一直很旺。小萝莉和一般“萌”系美少女的魅力，源自她们介于成熟和幼稚之间，正是这种“半熟”的状态，构成了“萌”属性或“萌”元素中最为集中的出处。

四、中国：越境而来的“萌”文化

最早发端于上海的中国早期漫画曾受到日本和西方的影响，却始终致力发展自己的民族特色，虽然它被认为是“夹杂着苦笑的战斗”，但如丰子恺作品所表现的那样，漫画中既有对宁静淡远之古风的眷顾，又有对儿童纯真稚朴之世界的向往，更有对宇宙所有生命形态的人性化观照，以及对人世间冷漠和不公的讽喻。[①]20 世纪 50 年代以降，中国逐渐形成了自己独特的漫画卡通文化，近些年在电子游戏的开发方面也已经起步，并取得了很大的成绩。中国动漫卡通中的角色长期以来更多的是“勇敢”（阶级斗争、正邪不两立、反帝反特）、“不怕牺牲”“聪明”（好好学习）、“勤劳”（热爱劳动）、“团结友爱”等属性占上风（孙悟空、渔童、哪吒、葫芦娃、黑猫警长、大头娃娃等），动漫卡通肩负了较多的思想政治品德教化的功能[②]，一些角色的个性开掘不足。

1972 年中日实现邦交正常化以及 1978 年进入改革开放以来，中日之间的文化交流以民间为基础，在各个层面均有较大幅度的发展。尤其是自 20 世纪 80 年代以来，日本动漫卡通文化的某些较为迎合青少年心理和趣好的作品，传入中国后正好填补了空缺，从而大受欢迎。伴随着日本家用电器、汽车、化妆品等大举进入中国市场，日本的动漫卡通及电子游戏也逐渐在中国青少年中流行开来。铁臂阿童木、一休、机器猫、奥特曼、樱桃小丸子、蜡笔小新等卡通作品的形象在中国少年儿童中深入人心，逐渐在中国也出现了痴迷日本动漫卡

---

① 王文英、叶中强主编：《城市语境与大众文化——上海都市文化空间分析》，上海人民出版社 2004 年版，第 203—205 页。

② ［日］藤森猛：「中国アニメーション映画の発展と多様化」，愛知大学現代中国学部編：『中国 21』，Vol.24，風媒社 2006 年版，第 169—196 頁。

通及电子游戏的青少年亚文化社群。与此同时，“萌”作为一种审美意识，在中国也越来越引起了广泛的关注。2008年4月，国内第一个以“萌”文化为主要内容的杂志《萌动漫》月刊得以创刊，它是由《看动漫》编辑部推出的，被认为是一份萌系动漫影音时尚的专业性杂志，目前在全国各地书店及报刊亭有售。

动漫文化在日本有非常深厚的社会基础和文化土壤，早在1970年，日本出版的漫画就达到4.6亿册，1979年则为8.7亿册，进入20世纪80年代更是突破了10亿册大关。20世纪90年代，95%的日本青少年均以“好玩”“轻松”“看得快”为由大量地阅读漫画。[①]现在，这种状况就更加普及了。日本国家的“软实力”部分地可以用其动漫卡通和电子游戏等文化产品的输出作为例证，在某种意义上，它的跨国境传播也是一种全球化现象，这是发祥于日本的全球化，可称之为“动漫迷文化全球化”[②]。不仅韩国、中国台湾、中国香港等东亚国家和地区，其在欧洲、北美也都产生了颇为广泛的影响，均不同程度地形成了具有一定人数的粉丝群。[③]在这种大背景下，日本动漫文化传入中国是一个自然的过程，而且，由于中日共享很多汉字及其寓意，在文化交流中就有诸多便利，很多日语汉字或单词“逆”入中国的情形，自明治维新以来始终没有中断过，直至最近，“人气”“达人”“萌”等，仍然屡见不鲜。这一点从中国已经或正在形成中的“御宅族”青少年社群，大面积直译引进日语汉字用语的情形非常普遍这一基本事实，亦可得到确证。

汉字“萌”，按照《说文解字》：“萌，艹芽也。从艹明声”的解释，本义是指植物的芽或发芽状态，《礼记·月令》描述孟春之月为“天地和同，草木萌动”。由此“萌”可被用来描述“嫩”“水灵”“新鲜”“清新”“单纯”等意义，也可被引申指称事物开始发生或显露的状态。《韩非子·说林上》：“圣人

---

① 参见何培忠《中日青年生活观比较》，经济管理出版社2000年版，第120页。

② 参见陈仲伟《日本动漫画的全球化与迷的文化》，台湾唐山出版社2009年版，第112—119页。

③ 关于亚文化的“全球化”，可参见马丁·罗伯茨《全球性地下文化札记：亚文化和全球化》，载陶东风、胡疆锋主编《亚文化读本》，北京大学出版社2011年版，第400—415页。

见微以知萌”,《商君书·更法》:“知者见于未萌”,就是后一层意思。“萌”在汉语中这几层含义与其在日语中的意思并没有大的区别,伴随着日本动漫文化而来的“萌”系概念及相关的审美意识之所以很容易就被中国的青少年亚文化社群所接受(包括意会、误读和重构),也多少与此有关。虽说在中国的网络流行语中,“萌”作为动漫卡通文化的一个专门用语是由日语引进的,但在中国语境下,“萌”在日本(因为谐音关系而)涵括的“燃”(“发烧”)的含义有所弱化,也不像在日本动漫文化迷和“御宅族”社群中具备那么多复杂、微妙的语意。在中国,“萌”更多地被直接用来表示“可爱”;在日本,“萌”主要在青少年中流行,而“卡哇伊”(可愛い·かわいい)则具有更广泛的社会性。相比而言,在中国,“萌”则泛化到可以形容所有可爱的人、事和物,“萌”比“可爱”的使用场景更加宽泛。眼下,“萌”系用语还正在扩展之中,并在一定程度上出现了混乱。作为名词,“萌”是指可爱的状态,例如,“卖萌”等用例;作为形容词,“萌”表示可爱,在很多场景均可和“可爱”通假置换,例如,说某某“好萌”“很萌”,是说她很可爱;作为动词,“萌”也被用来表示喜欢、痴迷、欣赏、心动、有感觉等,例如,网络有“萌某某”的说法,意思是喜欢某某到了非常的程度,或某某这一人物角色让我感到“萌”,或我“被萌到”了。总之,环顾中国以互联网为主的媒体环境,“萌”的词性和含义目前仍处于流动性当中,尚未完全确定,其作为动漫卡通迷和电子游戏迷等青少年亚文化社群的流行语仍在蔓延,充满着活力。一方面,“萌”逐渐成为评价某人或某卡通形象的公众用语,“卖萌”成为博得出位、获得关注的一种路径;但另一方面,社会上确实也有对“萌”的抵制,不少人认为“卖萌”可笑,“装嫩”可耻。[①]

“萌娘”“萌女”“萌妹子”“卖萌”“萌妆”“萌图”“超萌”“秀萌”“萌美”“萌宠”“萌死人”……2010年前后,“萌”在中国互联网上红极一时。除

① 例如,近日有网络评论认为,在房价居高不下的背景下,房地产商拿着几百万年薪却哭穷,简直就是天真“卖萌”。

了“萌”系新词的迅速增殖之外，当代中国社会及文化生活里也确实出现了涉及“萌”这一审美意识的诸多动态，以及以“萌”之美为追求的亚文化社群。一般来说，这类社群并不具有高度的组织性，主要是通过爱好、趣味而松散地聚合在一起的，但其实践与行为依然有着重要的意义。尽管中国的动画、漫画、电子游戏等领域受到了日本相关文化的影响，但也逐渐发展出中国的特色，正是在这个过程中，“萌”的审美意识迅速地“中国化”，并在华语网络上不断渗透。

目前，中国互联网上如雨后春笋般出现了大量的“萌系”网站与论坛（例如，中国动漫网、漫友网、QQ动漫、贪婪大陆动漫网、极影、神奇、异域、嘀咕网、秀萌网、萌可爱吧[①]等），或致力于搜罗各种“萌图”，或专门提供“卖萌”空间。网络上有大量的“美萌”贴图，除了“二次元”动漫世界的“超萌”美少女，还有各种类型的堪称为“萌”的唯美图片，涉及幼儿、宠物、各种小动物，甚至包括以“萌”为卖点的玩具、人形玩偶、化妆品以及礼品，等等。更有网友把“萌”字拆解为两个“十”字和两个“艹”头，再把它们组合成“十月十日”，故以十月十日为“卖萌日”，引发很多“萌字控”的关注，于是，他们就集中在这一天大秀“萌照”。

和其他国家的青少年亚文化社群的互联网“在线”和“离线”具有连续性一样[②]，中国以互联网为依托的“萌”系亚文化，也是会把“在线”的建构落实在“离线”之后现实的社会生活当中。比如，各种名目的“角色扮演”就是如此。中国的“角色扮演”文化，近年来呈现出迅速发展的局面，甚至政府也出台了“官办”的项目，不断地有很多展演的实践活动。[③]其中较为著名的则有“广州美萌动漫社团”（http://www.asgz.net/forum.php）等。这个最早名为

① 萌可爱吧，简称“萌吧”，其建吧之日被认定为2008年9月13日。这是一个收集“萌图”以及和“萌”有关的“文章”“视频”以供大家分享，并开展动漫话题讨论的情趣贴吧。吧里网友互称“吧亲”。

② 参见安迪·班尼特《虚拟亚文化？青年、身份认同与互联网》，载安迪·班尼特、基思·哈恩-哈里斯编《亚文化之后：对于当代青年文化的批判研究》，中国青年政治学院青年文化译介小组译，中国青年出版社2012年版，第193—206页。

③ 参见［日］化濱：『コスプレでつながる中国と日本―越境するサブカルチャー』，学術出版会2012年版，第14、59—104頁。

“Artistic Sprouts 美·萌”的社团，从 1999 年起从事动漫创作和表演，并正式成立于 2005 年，它擅长动漫角色扮演、商业策划及演出、服装道具定做和租赁、舞台编排、化妆造型与服装设计等，并于 2007 年开设了专门的服装道具工作室。该社团现有资深表演者、服装设计师、道具师近 40 人，会员约 400 多名。成立以来，先后策划了多场“角色扮演”比赛活动，开设动漫表演培训班，代言新游戏或影视作品中的人物形象，其作品多次参加全国性的大型动漫活动和“角色扮演”比赛，是华南地区最具实力的动漫“角色扮演”团体之一。2006 年在宁波获团中央颁布的中国动漫原创 COSPLAY 大赛最佳服装搭配奖；2008 年获得金龙奖最佳服装道具奖；2009 年代表广东参加中国（杭州）国际动漫节全国总决赛，亦获得名次；2011 年 5 月，在中国 COSPLAY 超级盛典（杭州）大赛获铜奖。该社团直属于广州美萌广告公司，集演艺、制作、角色扮演所需服装的定做于一体，其实就是一个“角色扮演”与动漫爱好者的俱乐部。“美萌”的称谓，意味着它并不避忌来自日本的影响，甚或相反，来自日本反可成就某种“正宗性”。这个在广州乃至全国都颇为罕见并自诩为“脸蛋型”社团里的年轻人，刚开始时只是自娱自乐和自我满足、自我表现，但很快就转变为以舞台表演为主，并通过融合各种舞台元素和“角色扮演”以展现全新的舞台感觉。这不仅是因为他们发现了巨大的商业机会，同时也把观众从自己（自娱自乐）延伸到公众和更多的消费者，他们在满足自我的同时，也渴望成为获得掌声与喝彩的舞台艺术家。

类似这样以“萌”之美为卖点的商业化操作，还见于近年在上海、广州等地出现的“美萌女仆咖啡店”。不久前推出的电子游戏《幻灵仙境》，也是以“萌”为卖点，其宣传词为“唯美萌幻异世界”“萌动人心，可爱萌宠超乎你想象”。事实上，“萌”之审美意识对商业设计的渗透也非常明显，例如，对圣诞礼物和化妆品的包装，除了摩登、高贵、典雅等印象之外，近年来“萌”“超萌”“可爱”也正在成为颇具新创意的流行倾向。诸如“兔斯基”“云小兽”“大嘴猴”等，各种商业化的表情符号均不外乎“卖萌神器”，其动漫风格的表情虽然只是虚拟的贴图或造型，但经过复杂运作之后所形成的商业价值，拥有很强的吸金能力，由此形成的文化创意产业的品牌，也有较高的“含金量”。

五、小即是美：“萌”之美具有普世性吗？

对于日本的动漫卡通及电子游戏等青少年亚文化，首先需要从日本社会及文化的文脉中去理解，在这方面，日本的社会学家和社会心理学家已经做了很多研究。大体上有两种意见较为重要，一是认为ACG的流行与发展，在和平、富足但同时又因激烈竞争、压力巨大、信息过剩泛滥而导致焦虑、不安情绪普遍存在的日本社会里促成了特殊的青少年亚文化，由于它们为青少年提供了无限宽阔的“非现实”想象空间，满足了少儿成长和进入青春期之后充满幻想和追梦的渴求。无怪乎夏目房之介评论日本动漫之“神”手冢治虫的“问题意识”时指出，“其实不是儿童的，也不是面向成人的讽刺漫画的。不妨说是介于成人和儿童之间的青春期问题意识”①。的确，热衷于ACG的“御宅族”青少年，对现实生活的感受较为稀薄，比起和身边的人们进行社会性的交往，他们往往更加喜欢虚拟的环境和妄想的异界。部分成年人卷入动漫卡通及电子游戏的粉丝人口之内，则是由于动漫卡通和游戏的世界为他们提供了暂时逃避现实或调剂情绪以减缓压力的异质空间。无论哪种情形，动漫卡通和游戏的世界，都是造梦、容许幻想和驰骋想象力的文化装置，它在日本社会中高度发达，从一个侧面反映了现实社会的诸多困扰。举凡在现实中不能尽如人意，举凡在实际生活里饱受挫折，举凡在竞争中失败以及所有的失落、冷漠、孤独、无奈、无聊，大多可以在动漫卡通和游戏的世界里得到舒缓、得到化解、得到抚慰、得到关心和温暖，当然也得到充电和情绪

① 参见［日］夏目房之介《日本漫画为什么有趣——表现和“文法”》，潘郁红译，新星出版社2012年版，第11页。

的转换。实际上，“日本动漫始终为其本国观众提供一种另类的世界观与文化氛围”[①]，日本庞大的动漫人口和“御宅族”人群的存在，恰好说明了动漫卡通及电子游戏亚文化的重要性。

另一种值得重视的见解，是强调日本作为高度发达的商业媒体社会，动漫卡通以及游戏产业的巨大化，其实是由出版商、商业影视媒体、电子游戏制作商以及动漫卡通的画家、艺术家、评论家等各色人等，依据资本主义商业的原理而“人为”建构和推动促成的“市场”。在日本，动漫、游戏及相关行当，其实就是法兰克福学派所说的一种体系庞大的“文化工业”。据估计，2004 年日本“御宅族”人群的消费市场大约为 2600 多亿日元，其中涉及动漫卡通及电子游戏的“萌”产业或“萌”系产品的市场，包括印刷品、视频、游戏、玩具等的总价值约为 880 亿日元，约占整个“御宅族”市场的三分之一。动漫卡通及电子游戏的制作公司致力于不断推出“萌”“超萌”的卡通形象，用“萌”元素打动消费者，然后，就可以财源滚滚。商业力量的推动确实是日本动漫卡通文化不断发展的动力。

在承认上述两种见解之具备有效解释力的同时，我们还应该看到，日本社会整体上对此类亚文化社群具有极大的宽容度，日本文化中从很早的时候起就已经有所积累的漫画史和日本独特的幽默感、以“卡哇伊”为特征的审美意识等，也都为动漫卡通及游戏亚文化的蔓延提供了丰沃的土壤。有日本学者指出，和由日本的能、茶道等表象的以武士为载体的“质朴”“寂静”[②]等审美意识不同，江户庶民则有他们从生活中形成的审美意识，当时的歌舞伎、浮世绘和漫画等所表象的美感，实际上和现在的“御宅族”以“萌”为美的意识是相通的。[③]在日本，动漫卡通的泛化是一个普遍性的现象，以至于在日本它已堪

---

① 参见里昂纳德·杉德斯《漫画机器人——人机合体与日本》，载［新西兰］林勇、霍华德·麦克诺顿编《21 世纪生活中的文化现象》，林勇等译，复旦大学出版社 2011 年版，第 345—357 页。

② 日语单词为“侘·寂”（わび·さび），系日本的古典美学概念。

③ 参见［日］奥野卓司「世界へ広がるジャパンクール」,『みんぱく』2007 年第 12 月号，第 2—3 頁。

称是“主流文化”了。事实上，“萌”作为一种“武器”、一种“诱惑”，在充满商业气息的日本社会屡试不爽，主要是因为它可以减缓公众的抵触感，制造和调节气氛并拉近人们的距离。甚至一些诸如数学、化学、法律、经济等很专业的领域，也都有很“萌”的读物出版，例如，以漫画形式深入浅出地讲解统计学、经济学之类很专业的知识，从而减轻读者的心理负担，使读者把学习看作愉快的过程。

虽然日本的动漫卡通及游戏亚文化具有日本的特色，但它越出国境在世界范围内流行，就为我们提出了很多值得探讨的问题。其中之一就是以“萌”为特色的审美意识或所谓的“萌”之美是否具有普世性？在现有的美学教程里，被讨论最多的是崇高美、悲壮美，等等，它们大都与对文学艺术作品的评鉴有关，尤其是要从悲剧、喜剧或悲喜剧等被类型化的作品中抽象或归纳出来，用以教化或熏陶、陶冶受众的审美境界或艺术欣赏水准。与此同时，在民众日常生活的审美实践中，当然还会有飘逸之美、端庄之美、质朴之美等多种形态。现在，面对一些似乎是全然不同但也堪称艺术的作品，诸如漫画、动画和富于想象的空间、情节和各类角色，甚至允许玩家驰骋其幻想的游戏作品，面对在这些作品中充溢着的“萌”之美，艺术评论家们似乎不能再继续熟视无睹了。显然，“萌”之美是一类不同于崇高、悲壮等审美意识的“可爱”之美、“可怜”之美、“幼稚”之美、“天真”之美、“单纯”之美、“清新”之美、“童趣”之美，这些“萌”之美，被集中地投射在动漫卡通的美少女、美少年甚或宠物机器人等角色之上，眼下这种审美意识正在东亚各国与地区的青少年中间流行，在其亚文化社群里得以实践、确认和延展，并且也越来越多地为全社会所注目或宽容地予以接纳。

即便承认以动漫卡通及电子游戏为载体的“萌”之美是起源于日本的青少年亚文化，但它依然是原本就在中国的社会、历史及文化中有所依据的，换言之，“萌”之美是具有普世性的，它是早就存在并为世界各国、各民族均能够理解、感受和实践的。“可爱”的美学跨越国境和民族、语言的局限而“君临”

世界各地的消费社会[①]，这意味着它的普世性是能够被检验的。日本动漫卡通作品中的“童声”之萌，其实就是一种少儿特有的“嗲”“撒娇”与“可爱”之美。在中国北京，早年曾有过一种所谓的“女国音”[②]，根据黎锦熙的研究，此种“女国音”约起源于20世纪20年代的北京劈柴胡同（原北师大附属女子中学所在地），一般出现在15—30岁（与青春期的始终相伴随）有文化的女性中，其说话的发言特点是多用齿音，有“娇柔美”的效果。“女国音”其实就是“嗲”，若是按照现在的理解，应该就是城市妙龄女孩在特定时期“卖萌”的一种形式。中国自古就有“知好色，则慕少艾”（《孟子·万章上》）的说法；而中国文学对少女少年青春之美的描述，可以说比比皆是。

幼稚之“美”是一种具有普遍性的美，它来自人类共同的体验和认知。不论古今东西，在人类的审美实践和审美意识中，“小的即美的”可能就是一项颇有普世性的基本共识。古今中外对于此类幼稚、纯真却又充满鲜活生命力之“美”的觉察和赞赏，基本上别无二致。在日本和中国的动漫卡通文化中，主人公总是可爱的“小”脸蛋，性感的“小”身材，“幼小”始终是“萌”的一个主要元素。文化人类学曾经揭示出和前工业社会形成鲜明对比的是在现代工业社会，长者相对来说并没有特别的价值，而本文探讨的以“幼稚”为美萌的青少年亚文化，更是把“年轻”“幼小”的价值推到了极端，以至于很可能会引起大妈、大婶和叔叔、阿姨们的失落和不满。中国互联网上有“万物皆可萌”的说法，这意味着“萌”作为一种审美意识，能够以世界万物的“幼稚”状态为对象，人类成长的幼稚、半成熟阶段，动物的幼稚阶段或植物的萌芽和嫩枝生长阶段等等，都可以构成“萌”之美的源泉。小宠物的可爱和大熊猫的可爱[③]，其原理都可以归结为“萌”。“萌”之美虽然受到了日本动漫文化的影响，但它在中国社会里之所以能够迅速地扩及日常

---

① 参见［日］四方田犬彦『「かわいい」論』，筑摩書房2012年8月，第13—18頁。

② 参见孙汝建《汉语的性别歧视与性别差异》，华中科技大学出版社2010年版，第79—81页。

③ 成年大熊猫依然使人感到可爱，是因为其“憨态”在人类的主观印象和错觉中，感到它依然幼稚。

生活中的各种事物，应该也是有一定的社会基础和文化的土壤，而不是简单的移植或翻版。[①]

但是，对于“萌”之美的相关实践，日本和中国都有一些批评的声音。据日本媒体报道，不久前，在大阪，主要以网络媒体“脸书”为纽带，逐渐形成了一个名为“全日本欧巴桑党”（All Japan Obachan Party、AJOP）的市民团体。这个主要由中老年女性组成的社团对所谓的“可爱”文化表示质疑，指出“说女人不再年轻了，就会贬值，这不过是陈腐的偏见”。她们主张女人不应该为家庭而放弃事业及个人爱好，女人不应该听从男人的指示去投票，不能把自己的儿子培养成看不起“欧巴桑”的人。这种情形多少可以从不同年龄群体女性的感受有很大不同来理解，很难被以男性为中心的社会认为“可爱”的“欧巴桑”们作为女性，依然有自我的价值与尊严。日本虽然位居发达国家，但其男女性别平等的指标却在全球排在100多位以后，这一点始终饱受世界舆论的诟病。社会学者上野千鹤子对“可爱”文化非常讨厌，她曾尖锐地指出，“可爱”归根到底不过是女性之生存战略中的一种“媚态”而已。“可爱”就能够得到好处，不“可爱”就不是女人，这一类认识几乎成了一种意识形态。[②]福冈市通过建构网络虚拟社区，并任命美少女为“可爱区区长”的做法，也遭到一些市民的批评，认为这会助长男女角色的区别（社会性别），有歧视女性之嫌。此外，来自女权运动对“可爱”文化及“萝莉控”们的批评，也认为对于“萌”之美的过度追求，将会导致出现将少女/少年玩物化、宠物化的危险性。在中国，虽然年轻人也热衷于“萌”之美和动漫文化，但如果一个人有违年龄、辈分或身份而“卖萌”“装嫩”，反倒有可能引起人们的反感，弄巧成拙。有很多网络萌照使用了化妆遮丑术，假睫毛、假双眼皮、假眼线眼影，或使用Ps技术修改嘴角、脸颊，使之变小以求

① 参见邓月影《从动漫流行语角度看中国御宅文化》，愛知大学大学院院生協議会『愛知論叢』第89号，2010年9月，第1—21頁。

② 参见［日］上野千鶴子『老いる準備』，学陽書房2005年2月，第27—28頁。

衬托出大而萌的眼睛。这类“萌”的背后是虚假、虚伪、虚构，难怪总有人对做作的“萌”之美评价不高。

回到本文开初提出的问题，若是从本文讨论的“萌”之美的案例来看，有关美的本质性和建构性、具象性与抽象性、主观性与客观性、普遍性和独特性等富于“二元论”的美学思辨，似乎在解释正在实践当中的动态性审美活动时，难免会有无力之感。和其他所有类型的艺术作品一样，动漫卡通也同样具有“语义学的深度和审美的力量”①。正如“萌”之美所具有的两个侧面的内涵——主观感受和客体之美——是难分难解的一样，在“萌”之美的具体审美实践活动中，它既是具象的，又是抽象的，或者就是从具象朝向抽象的升华过程；它既具有美的本质性，又很容易发现其人为建构的操作性遗痕；它既是新鲜而独特的，但同时也是“古老”而又具有普世性的价值。“萌”这个看上去“极不合理的艺术新‘术语’突然出现在一向‘舒适’、‘惬意’的艺术世界，必然会引起一般大众的不知所措，因而需要一段时间的吸收和消化”②。在中国，有关“萌”之美的亚文化仍在发展当中，它对中国民众的文化艺术生活能够带来多大的影响，我们拭目以待并乐观其成。目前，唯一可以指出的是，“萌”之美丰富了中国人的艺术生活，它将进一步促成中国人美感和审美意识的多样性，并促使长期以来被古典美学所“特化”和“标准化”了的美感和审美意识逐渐地被相对化了。

（原文载于《内蒙古大学艺术学院学报》2014 年第 1 期）

---

① 参见［澳］霍华德·墨菲《艺术即行为，艺术即证据》，李修建译，《内蒙古大学艺术学院学报》2011 年第 2 期。

② 参见［法］马克·第亚尼编著《非物质社会——后工业世界的设计、文化与技术》，滕守尧译，四川人民出版社 1998 年版，第 155 页。

美学研究的人类学转向与文学学科的文化实践
——以南宁国际民歌艺术节的初步研究为例

王 杰

一、问题的提出：迈向人类学视野的审美与艺术研究

1977年春天，在桂北山区一个侗族村寨附近的山坡上，我突然听到山坡上劳作的乡民唱起传统的侗族民歌，完全是自发的，一人启喉，众声附和，歌声迅速传遍周围的山岭，宛如天籁之音，自然醇厚。令人惊异的是，在过去的数十年间由于政治运动的严厉禁止，侗族民众的日常生活中已经没有山歌艺术的存在，在我插队的两年间也从未听到山歌的演唱，但是一旦政治环境变得宽松，民歌马上会重新成为当地人生活中和谐的组成部分。它的生命力从何而来？在当地人的生活世界中占有什么样的地位？又是如何与别的力量共同为当地人眼中的世界赋予意义的？

2001年广西南宁国际民歌艺术节的开幕式晚会上，来自广西那坡县的黑衣壮族山歌表演队以其独特的黑色衣饰和山歌演唱引起了与会观众的广泛注意。此后，通过大众传媒的宣传报道，“黑衣壮”这一壮族支系逐渐为世人所知。在当地政府、社会精英和知识分子的策划操作下，通过发展旅游业、吸引学术界对当地“传统壮族文化”的关注，其民歌、服饰、建筑艺术得以向外界展示。在这一过程中，以民歌为代表的黑衣壮传统文化的形象也日益丰富完善。当地人正是在对艺术和文化传统的回忆与重构的过程中强化了对自身群体的认同感和自豪感。尽管无论是民歌本身还是当地人的生活都在这一过程中发生了

很大的变化，但在他们自身和外界大众视野中，黑衣壮及其民歌艺术却日益鲜明地成为壮族传统文化的质朴的、原生态的象征。那么，在塑造族群形象和相关的文化建构中，民歌和其他艺术形式发挥了何种作用？如何成为与外界和其他文化群体交流的工具并在这一过程中同时又改变了自身？

在我看来，以上两个个案正是当代社会文化中艺术和审美活动所具有的多种功能与多重象征的表现。前一个个案显示出艺术与政治意识形态更广阔的社会生活变迁之间所具有的密切联系；后一个个案则显示出艺术与族群认同、经济与政治利益的获致以及不同社会群体之间复杂的互动关系的关联。如同阳光在多棱镜下折射出七彩颜色，只有将艺术活动置放到社会生活的具体情境中，才能了解艺术的多侧面内涵。也只有将人们的审美需要、审美能力与审美交流方式置放到他们所拥有的精神世界的整体背景下，将审美观视为人们所拥有的“文化地图”的组成部分，考察审美观这一文化结构要素在文化整体结构形式中所处的位置和所具有的意义，才能对人们的审美活动获得更深刻的体认。传统的美学和艺术研究方法已经无法对当代艺术和审美活动本身具有的多重意义加以令人满意的阐释。新的美学研究的理念范式应该对当代社会文化中艺术与审美活动的多义性和不确定性有充分的认识，侧重对具体的艺术表现和审美活动的阐释与分析，使抽象的哲理思辨不至于与现实的审美经验和艺术感悟相分离，使美学思考具有坚实的经验研究的基础。更重要的是，应当摆脱审美现代性的束缚，其哲学基础不应仅仅局限在文艺复兴以来西方文明尤其是其中的精英文化大传统之上，相反，要对多元的非西方文化传统中的审美意识、观念、术语及交流方式加以借鉴吸收，以获得充分的文化包容性和更广阔的跨文化视角。因此，在美学研究中，开拓出新的研究途径是势所必然的，而在我看来，这一新的研究取向应该是侧重审美的文化脉络的、多学科交叉的实证研究。在这一新的取向中，美学与文化人类学的联姻正是我所关注的问题。

近年来，我一直致力于美学与文化人类学两学科之间的学科整合，在已经发表的一系列文章中，我与同事们对审美人类学的学理基础、理论框架、研究目的、方法与意义加以初步的论述，也得到学术界同人的认可和支持。当然，审美人类学尚处于学科起步阶段，其理论方法仍有待进一步完善，在此，不拟过多地重复原来的观点与看法，只想更进一步地阐发最近一段时期以来对审美人类学研究的思考。

我认为，审美人类学对文化人类学的借鉴主要有两点，一是跨文化比较研究的视角，二是以扎实的田野调查为基础。理论建构是需要翔实的田野调查和个案研究来支撑的，跨文化比较研究的对象当前也主要是关于中国社会不同阶层、民族、文化区域之间各具特色的审美活动与观念。在现阶段，审美人类学的理论架构已经初步建立起来，如何选择适当的个案，运用审美人类学的理论方法对其加以研究、开辟出新颖的观察和阐释视角，并力求对当代中国审美文化的发展施加积极的影响，这是审美人类学深化学科建设的契机，也是审美人类学取得学科存在的合法性和必要性的关键。

审美人类学还注重对大众文化语境下的民族文化、艺术的展演与交流的研究，这也是其学科特点。但是，与学术界原已存在的少数民族美学研究和大众审美文化研究在研究理念上存在很大的差异。某些学者热衷于将那些被认为是外来的或现代的文化成分剔除后，构建出某种纯粹的、原生态的、未受污染的民族传统文化，再从中归纳整理出被认为是该民族在历史上形成的、长久不变的审美文化特征。类似研究实际上是秉承了古典人类学的文化观，将文化视为某种亘古不变的、纯粹的、可不受外界影响而独自延续的实体化的存在。问题在于，后现代人类学思潮已经证明，不同的文化始终处于彼此影响、交流的复杂的互动过程中，并不存在着某种僵化的、凝固不变的文化。同时，文化也具有很强的工具性和操作性，文化的承载者为了自身的目的往往会对原有的文化加以改造加工、附会润饰乃至有意识的遗忘，等等。因此，文化往往是流动的、变化的，并处于不同时代、不同群体文化的“杂糅”的状态中。那些“纯粹”的民族文化并非该民族现实文化形貌的展现，在此基础上提炼升华出的民族审美特质也就与该民族实际的审美经验与艺术活动中所体现的审美意义、价值存在着很大的距离。当代中国文化应该是大众文化、少数民族文化、民俗文化、“民族—国家”意识形态等多种元素在现代传播媒介所提供的交流平台上“多声部”地共鸣，形成前述的某种杂糅的形态，这也是当代审美文化所具有的特征。当前的审美文化研究恰恰缺乏对这一特征的深入的理论探讨，大多还停留在对具体的审美文化事项的描述性观察和感性评论的层面上。审美人类学研究的新颖之处就在于充分重视当代审美文化的杂糅特征，并尝试通过翔实的田野调查和具体的个案研究来阐发这一特征所蕴含的审美价值。南宁国际民歌艺术节也因此走进审美人类学研究的视野。

二、大地飞歌：民歌艺术的现代意义问题

为什么要把“南宁国际民歌艺术节”作为重要的个案加以研究呢？除了我本人与大多数审美人类学课题组成员都是广西学者，对乡土文化抱有强烈的兴趣，并亲身参与了南宁国际民歌艺术节的历年活动以外，还因为南宁国际民歌艺术节本身具有极大的学理价值。

从审美人类学的视角观之，南宁国际民歌艺术节正是当代艺术与审美文化所具有的“杂糅”特征的很典型的体现。正如笔者在别的文章中所讲到的，南宁国际民歌艺术节在艺术的层面包容了各种形态的民歌、现代音乐艺术、流行通俗音乐以及主旋律歌曲等多个领域；在社会活动层面则包括了艺术表演、经贸活动、意识形态宣传与打造文化品牌等多个目的；在参与者方面不仅有艺术家还有政府、知识分子、民间歌手、社会大众等；而在文化层面，意识形态主旋律文化、少数民族民俗小传统文化与知识分子精英大传统文化、大众消费文化等更是交织在一起。民歌节本身早已超出了民歌艺术的现代展示这一单纯的性质，成为现代审美关系的多种可能性的表现和象征，其中体现着不同的话语系统和象征体系，包含着传统与现代化进程中多种多样的结合形式。此外，南宁国际民歌艺术节一年一度举办至今，影响越来越大，在某种程度上，它已经

成为一种仪式性的活动，成为中国当代大众文化的节日，在时间、地点、活动内容上都有着相对清晰的界定。对其进行不间断的追踪调查，可避免在自身文化中进行人类学调查可能带来的不易把握研究对象的弊病，也可通过该个案对当代艺术与审美文化演变过程起窥豹之效。

1986年，一个偶然的机会，我参加了在广西三江侗族自治县举办的广西国际民歌节。到了1999年，广西民歌节由南宁市人民政府承办，更名为“南宁国际民歌艺术节”，举办规模更隆重，影响更大。广西师范大学审美人类学课题组每年都由文艺学、美学、人类学专业教师带领相关专业的硕士研究生组成田野调查小组对南宁国际民歌艺术节进行参与观察，至今已进行了四次调查。调查是按照文化人类学田野调查的程序与方法来进行的，调查人员对每年的南宁国际民歌艺术节的活动加以从头至尾的参与观察，通过问卷调查、深入访谈、参与各项活动、观摩表演等方式收集第一手资料。当然，与传统的文化人类学调查对象有所不同，南宁国际民歌艺术节是当代大众文化的组成部分，它不仅存在于现实空间，还存在于网络和传媒构成的虚拟时空中。因此，调查还包括对电视、广播、报刊、网络以及各种音像制品中的相关资料加以收集、整理、分析。这也是审美人类学在研究对象和方法上的独特性的表现。

通过对南宁国际民歌艺术节的初步研究，得到的启发和收获超过了我的预料。我发现，当民族艺术进入现代化过程和全球化语境之后，它的价值、意义都发生了重要的变化，民族艺术与现代进程并不是简单的对立关系。我们注意到，以南宁国际民歌艺术节这一本土的生动个案打破了西方审美现代性的神话。西方现代美学思想中艺术与技术、审美与现实的界限在很长时间以来可谓泾渭分明不可逾越，后现代思潮的兴起打破了两者之间的界限，迫切要求在艺术与生活、审美与现实之间架起联系的桥梁，力求重新把真、善、美三者结合在一起，以弥补西方文明在人与自然、人与人、人的心灵内部造成的苦痛的裂痕。审美人类学课题组对南宁国际民歌艺术节的研究表明，在中国文化语境中，西方文明存在的审美现代性问题并不明显或者说从未能成为中国审美文化的主流。在民歌艺术节中，我们看到，民歌表演借助高科技的声、光、电手段来表达或强化自身的审美效果，艺术的技术化、技术的艺术化两者的共生表现得十分明显。民歌节的另一个特点就是民歌艺术的展示是与旅游、商贸活动的进行和主流意识形态的宣扬密不可分的，虽然这与现代美学与艺术理论中的艺术概念不相容，但只要我们回溯到民歌节的原型——壮族歌圩，就会发现艺术往往是依附于民间宗教、节庆与商贸活动而存在的。歌圩与壮族稻作农业春祈秋报的传统岁时祭祀有关。史料表明，历史上歌圩的举行就促进了壮族地区商贸体系的形成，由于歌圩通常与民间宗教、节庆有关，因此，在民歌艺术中也会存在大量的宗教传承和伦理规范等意识形态内容。这些都是艺术在传统社会文化中存在于日常生活的体现，而这些特点也无不在南宁国际民歌艺术节这一当代大众文化事项中表现出来。这说明在中国传统的和现存的审美方式中审美与认知、伦理之间的裂痕并不像西方那样明显，现代科技的发展导致的社会变迁仍可通过艺术和审美为中介而不至于与人类伟大的历史文化传统相分离。对此问题加以阐释也正是审美人类学的使命。

南宁国际民歌艺术节的审美人类学研究还将大众文化平台上的民族艺术、民族文化的交流与展示作为下一步研究的突破口。在民歌节的舞台上，全国各民族乃至世界各地的民歌艺术都通过现代视听传媒而展现在全国各地乃至海外无数观众面前，成为中国大众文化领域的一大盛事，不得不承认，正是现代科技手段和与此相协调的大众文化运作程序使当代大众享受到传统社会中无法获得的丰富的审美与艺术资源。进一步而言，在田野调查中，我们发现，无论是地理位置如何偏远的壮乡苗岭、瑶村侗寨，几乎每家每户都有电视机和流行报刊，欣赏国内港台地区和海外电视剧成为最受欢迎的消闲方式之一。也许在某些研究者看来，这无疑是民族传统艺术与文化衰落的明证，但不应该忘记，大众文化的传播是多维度和多方向的，现代都市乃至海外的大众文化消费者同时也在电视机前欣赏着南宁国际民歌艺术节和多姿多彩的非西方族群的文化。可以说，在某种程度上，正是全球化背景下的大众文化为不同族群提供了一套交流的“元语言”或交流平台，在此基础上，不同的文化才得以呈现自身。

大众文化平台上的民族文化展现必然会导致民族文化本身的某种变化，但变化并不意味着消亡。例如，广西龙胜县的壮族村寨，类似的“山歌卡拉 OK化”的现象是由于当地旅游业的发展而造成的，当地壮族居民自发地对少年儿童加以山歌训练和传承，以此作为本民族文化的特色加以渲染以吸引旅游业的注意，但与此同时，他们也确实通过旅游收益的增加和与外界游客的交流而强化了对本民族文化的认同及自豪感。山歌在演唱时间、场合、演唱者、功能与意义上都发生了重大的改变，同时却也使民歌艺术在民族文化体系中发挥了更大作用，凸显了民歌艺术作为族群记忆载体和民族文化象征物的重要地位。民歌艺术并没有因大众文化的影响而消亡。在我看来，审美人类学正应该关注全球化和大众文化影响下的民族文化与艺术变迁，深入了解一个个具体的个案，对其中的文化变迁过程加以“深描”，以领会其中所体现出的民众所具有的生活智慧，领悟民众是如何创造、利用、改造包括艺术在内的诸多文化事项来适应乃至影响社会文化变迁过程以维护自身的福祉与尊严。南宁国际民歌艺术节就是这一过程的重要个案，它是对当下中国文化戏剧性的真实反映，也是民族文化、艺术在当代社会生活中现实发展方向的象征体现，其中所隐喻的民族文化现代发展的复杂状貌，所展示的民族文化现代化发展的多样化途径值得我们好好地研究。

研究还表明，成功地凸显民族文化与艺术的现代美，正是南宁国际民歌艺术节的价值和意义所在。在南宁国际民歌节上，通过民歌新唱等方式，将少数民族文化艺术中积极健康的基因加以激活，凸显少数民族文化的现代魅力，实际上也就是将少数民族、民间文化鲜活的生命力呈献在公众面前。因此在南宁国际民歌艺术节如何举办下去这一问题上，我并不认为商业化操作是唯一可行的方案，相反，我主张让南宁国际民歌艺术节拥有更广泛的参与性和开放性，将南宁国际民歌艺术节树立为中国当代大众文化的文化品牌之一，让社会各界——不仅是政府和商界——的力量介入和参与其中，为中国当代多种文化力量提供一个互动和交流的多样化的舞台。民歌是大众表达情感、认识世界的手段，它随着时代的变化而变化，内涵也随着社会生活的日益复杂而更为丰富。在当代社会，不仅存在着传统意义上的民歌，还有都市民谣、校园歌谣、青年亚文化中的市民音乐、民俗社会中的民间音乐创作乃至影响日益扩大的网络音乐等多种音乐形式。在田野调查中我们发现，不仅传统的少数民族和汉族民歌随时代变化而在形式与内容上发生了很大的变异，而且以上这些新兴的民间音乐艺术形式更是呈现出方兴未艾的发展趋势，遗憾的是它们还未得到很好的发掘与研究。从这些新兴音乐形式中如何看到当代中国文化发展演变的不同方向，如何通过它们了解民众对社会、对生活、对自己、对世界的看法和认识，并进而窥探到作为文化心理和价值观念最精微深邃部分的审美意识的演变，是当代美学研究的重要任务之一。遗憾的是，这些问题得到的关注和研究成果尚不尽如人意。审美人类学依托文化人类学这一全面研究人类文化的成熟的学科，将审美研究置放到文化研究的广阔背景之下，正可以弥补原有美学研究的不足。如果能够通过学者们的努力使不同民族、不同社会阶层和文化背景的民众真正参与到南宁国际民歌艺术节中，让当代社会多元化的文化和艺术形式在其中都得到展示和交流的空间，一定会更有意义。

三、关注现实：审美人类学与乡土文化建设

审美人类学可以说是一门乡土气息十足的交叉学科。近年来，广西的若干学者在学术界提出了开展审美人类学研究的建议，努力从广西地方文化中提炼出个案加以探讨研究，广西 12 个世居民族及其众多族群、支系富有活力的文化实践是审美人类学学术创新的源泉。研究者通过自身的学术活动对广西各民族社会文化发展施加良性影响，使各族民众在享受现代科技与经济发展带来的利益的同时，又尽量避免前者带来的对自然、社会、心灵的伤害，在与外来文化接触的过程中保持健康的文化自信与自尊，是学者对生活于其中并滋养了自

己的学术思想的社会加以文化反哺的一种形式，也是起码的学术伦理的要求。从我开始审美人类学研究之初，就存在着一个心愿，审美人类学不应该仅仅是单纯的学术研究，还应该是人文学科为少数民族地区社会经济文化全面而协调发展服务的尝试。况且，在今天的民族地区，发展更多地意味着为适应现代化进程影响下的社会结构、文化模式、观念意识带来的全面变化，早已超越了单纯的经济与技术变革。我本人多年来从事美学与文艺理论研究，审美人类学又是一门侧重于探索文化内在的审美价值与理念的学科，因此，我将尝试的重点放到发掘西南尤其是广西少数民族文化中的审美“余韵”上，此举在某些急功近利者看来也许稍嫌迂阔，但却是学者真正力所能及且无法由他人代庖的工作。审美人类学课题组近年来为广西少数民族地区社会文化发展服务所做的工作总的可分为以下几个方面：

第一，审美人类学课题组对广西少数民族文化制订了较全面而细致的田野调查计划并逐步加以实施。广西乡土文化大致上可分为桂北漓江文化区、桂中柳江文化区、桂西南红水河文化区、桂东南环北部湾文化区四部分，以壮族为代表的百越族系原始文化为广西乡土文化的底蕴，在以上四区分别展现出不同的文化特征，例如桂北汉族中原移民文化与壮、侗、苗、瑶等少数民族文化多元共生；桂中壮族文化与中原移民、粤系客家文化相交融；桂西南壮族原生态文化保存较完整；桂东南粤系客家移民吸收百越文化形成自身特点等。桂北龙胜县平安壮寨，三江县斗江小龙胜屯，阳朔县福利、兴坪等汉族村镇，桂西南那坡县黑衣壮弄文屯是我们初步选定的田野调查的基地，已经有学者和博士、硕士研究生开始深入村落进行符合人类学规范的田野调查。在此基础上，一批人类学、民俗学、美学与审美人类学硕士研究生学位论文已经顺利通过评审，阳朔漓江流域地方文化和那坡黑衣壮传统文化田野调查报告集与研究论文集正在整理和编辑中。在那坡县与龙胜县、河池市宜州区等地即将建立兼具文化保护与开发研究双重功能的审美人类学研究工作站，以供有兴趣的中外学人进站调查研究。对桂中和桂西南的田野调查工作将有选择地展开，对南宁国际民歌艺术节的调查也会一如既往等。以上的田野调查工作不仅为审美人类学研究提供了资料，更重要的是向海内外和社会各界展示了广西乡土文化的较完整形貌，树立起广西的文化形象、唤起大众对广西乡土文化的自豪感和自信心。

第二，审美人类学研究与教学工作为广西各民族培养了学术研究和文化建设的复合型人才。审美人类学课题组以广西师范大学中文系为依托，我本人还兼任山东大学与武汉大学博士生导师，初步形成在大学本科、硕士、博士三个层次审美人类学的人才培养序列。在广西师范大学中文系本科教学中，开设了审美人类学系列课程，包括审美人类学、文化人类学、南方民族历史文化、人类学田野调查方法、民俗学、少数民族美学研究、少数民族民间文学、壮族文学（化）史等课，教学量超过 200 课时，还在本科学生中成立了兴趣小组，鼓励学生进行相关的社会实践和田野调查，为学生报考审美人类学方向的研究生打下基础。在硕士研究生培养的层次，广西师范大学中文系文艺学与少数民族文学专业都开设了审美人类学的研究方向，我本人则在山东大学和武汉大学招收审美人类学方向的博士研究生。我认为，审美人类学专业的设置在一定程度上弥补了人文学科尤其是中文学科原有的人才培养模式的不足。它倡导将抽象的学理思考与对现实社会文化问题的关注相结合的实证研究，使美学与文艺理论研究不至于成为某种脱离现实经验的“玄学”，同时，也加深了学生对自己生于斯长于斯的乡土文化的了解和眷恋，更关注民众的生活智慧和人观视角的表现，摆脱了中文学科在理论取向上要么奉西方主流话语为圭臬，要么希望从中国古代经典中寻找武器的简单化倾向，拓宽了人文学科的学理基础。经过审美人类学学科训练的学生有的在高校从事教学与研究工作，有的在广西行政、新闻、出版、文化、旅游等行业服务，审美人类学训练使他们具有更为广阔的跨文化视野和更宽广的文化包容心理，更具备人文知识分子安身立命所必需的人文关怀和草根意识。

第三，审美人类学研究为广西现实的文化建设起到良好的促进作用。南宁国际民歌艺术节是广西当代文化建设的一个重点项目，审美人类学课题组以此为着力点，对南宁国际民歌艺术节乃至广西乡土文化的建设提出了一些有价值的意见。一批有一定水平的学术论文的发表引起了国内知识界的注意，使更多的学者关注民歌节和广西当代文化的建设。审美人类学课题组主要成员在《广西日报》上连续刊登关于南宁国际民歌艺术节的评论文章，以较浅显通俗的形式向社会大众阐释这一现代节日所具有的人文价值和社会意义。课题组在《民族艺术》《南方文坛》等杂志上发表的关于南宁国际民歌艺术节的学者对话是审美人类学课题组与国内著名学者之间的思想交流，也为南宁国际民歌艺术节的举办提供了学者与学术层面上的意见。在我看来，南宁国际民歌艺术节早已超出了民歌艺术的现代表演以及文艺搭台、经贸唱戏的简单化内容，清楚地表现出全球化背景下少数民族地区的经济发展与文化传统的展示、地方文化身份的塑造、族群和社区认同的维系、本土与外来观念的冲撞等多种因素存在着复杂微妙的共生互动的关系。以此个案为例，可以对民族文化的当代演变、艺术与审美的现代意义乃至中国美学研究的发展等问题的思考提供依据。

四、走向田野：中国美学研究的新趋势

审美人类学研究如何进一步深化呢？除了要求研究者关注中国审美文化现实发展走向、注重多学科交叉给美学研究带来的理论启迪之外，很重要的一点就是要深入到对艺术和审美存在于其中并发挥功能的文化脉络的研究。具体而言，就是要研究艺术与族群认同和文化身份的构建之间的关系、审美经验与现实审美活动如何作为文化理想的潜意识表述的问题。在全球化的今天，艺术与身份认同、审美与文化表述相互间的关系问题正日益引起人类学、美学、文化研究、文学批评等多学科的注意。

全球化过程带来了前所未有的物质进步，也促进了世界各国、各地区、各民族间的交流，但同时也使得不同国家、地区、民族之间为争夺有形和无形利益的冲突日益激烈，文化和观念意识上的分歧也随着交往的频繁而日益凸显，

可以说全球化本身并未能使当今世界变得更和谐、和平与美好。由于当前世界上的热点冲突往往与不同的种族、宗教分歧有关，而这些分歧又都可以从不同民族所拥有的历史和文化中寻找根源，因此某些西方学者提出文明冲突理论来解释和预测世界局势的现状和发展，可以说他们的结论是悲观的。由此也影响到西方学者对文化的认识，在西方主流的人类学、社会学、文化研究理论中，往往强调不同社会阶层和不同族群以各种想象的和现实存在的文化差异作为划分群体边界的手段，强调不同社会阶层和不同族群如何利用自身所固有的文化作为获得利益或打击对手的工具。由于不同文化的物质与技术层面，乃至社会结构与体制层面上的本质差异在全球化时代已经大大减弱，所以文化的精神层面上的差异反而被人为地强调和强化了。而艺术与审美在大多数文化中都是上层建筑的重要构成部分，同时也是文化中最为形象直观的部分，因此文化差异的社会展演往往是以艺术和审美活动的社会展演这一直观的形式表现出来的，艺术和审美也因此在当代社会中具有前所未有的丰富的文化内涵和象征意义，同时也与社会文化冲突而紧密地联系在一起。

西方学者关于艺术的文化理论有很大的启发性，但是我们并不苟同西方学者将文化——在审美人类学的视野里具体化为艺术和审美——单纯视为界限和工具的主张。我们认为，艺术和审美活动在当代世界同时也具有弥补裂痕与创伤的积极作用。恰恰在这一点上，南宁国际民歌艺术节为我们提供了一个很具积极性意义的个案。在2001年的南宁国际民歌艺术节盛大的开幕式上，百名来自广西那坡县黑衣壮族群的男女民间歌手登上舞台，唱起黑衣壮民歌《山歌年年唱春光》，天籁般的歌声把黑衣壮族群独特的民歌艺术与文化展现在大众面前，也从此改变了黑衣壮族群的文化身份与族群关系。通过田野调查，我们发现了一个有趣的也是极有震撼力的现象：在黑衣壮族群生活的那坡县，存在着十余个不同的壮族支系，黑衣壮生活在当地自然环境最为恶劣、少田缺水的大石山区。毋庸讳言，在很长一段时间里，即使在当地壮族内部，黑衣壮也因为偏僻的地理位置和低下的经济水平而受到歧视和排斥，就连他们所身着的黑色衣饰也在一部分其他族群成员的眼中成为“土”与“丑”的象征。但是，南宁国际民歌艺术节这样的平台使黑衣壮获得在国际性的大众文化庆典上展示自身文化的机会。此后，传媒和大众对他们的文化的兴趣越来越浓厚，相关的媒体报道越来越多，外界的关注和由此带来的发展旅游业的契机让他们对自己的文化有了前所未有的信心，也改善了他们与其他族群的关系。随着影响的扩大，当地一些其他的壮族支系开始寻找与黑衣壮族群在文化上的相似处和他们在历史上的同源关系，对黑衣壮族群的歧视渐渐消失，相互间的通婚和交往日渐增多，最近的调查发现，当地壮族的族群认同已经大大加强，并开始用“黑衣壮”之称来作为当地壮族的共同称谓。而在当地政府和知识分子对本民族文化的介绍中，黑色更被重新解释为古老、淳朴的象征。由此可见，全球化和由此带来的大众文化传播并不必然造成少数民族或族群文化的衰落，后者完全可以主动利用全球化来展示自身从而改变自己的劣势地位，造就更为和谐的新型族群关系和认同空间。

艺术与认同的关系以及由此引起的审美的文化内涵问题具有我们远未弄清的复杂性，在广西乃至西南少数民族地区这一问题尤为引人注意。我曾经在相关文章中指出，审美人类学在广西产生、成长，既有偶然性也有特殊的机缘。西南少数民族文化因为独特的自然和人文环境而独具特色，前工业文明、工业文明与后工业时代的文化因子在西南少数民族地区能够较为和谐地共存，不同民族之间、同一民族内部不同支系之间历史上很少出现血淋淋的暴力冲突，人与自然和古老的历史传统之间的断裂还不明显，人与人、人的物质存在与内心世界之间的平衡还未被打破等等。这其中的文化机制对于当代文化建设和发展有什么意义？我认为在很大程度上，西南各少数民族文化大多都将艺术与审美作为文化交流和展示的主要途径，也将此作为超越现实生活、表述文化理想的主要手段，这与世界上大多数民族将自身所信仰的宗教作为最重要的文化象征和依托是有着内在差异的。借用格尔茨“内卷文化”的术语，我以此来描述将宗教作为最重要的认同和表述手段的文化，而将以艺术和审美作为最重要的认同和表述手段的文化称为外播文化。与前者相比，外播文化因为较少受到宗教神圣性的束缚而具有更大的变异性和包容性，同时仍然保留了对现实生活的超越和批判，在某种程度上，西方文明包括伊斯兰—阿拉伯文明可以作为前者的代表，而西南少数民族文化则可作为后者的代表。

南宁国际民歌艺术节上天籁般的歌声已经飞扬在中国的大地上，破译歌声中蕴含的文化密码，为现实的文化发展服务则是我们审美人类学研究者的责任，这需要我们每一个人的进一步努力。

（原文载于《广西民族学院学报（哲学社会科学版）》2004 年第 5 期）

民歌社会的现代情结和现代社会的民歌情结

范秀娟

"民歌社会"是对田园牧歌时代的少数民族社会的诗意的指称。本文用"民歌社会"来指称前工业化的少数民族社会是基于这样的事实与理由：处于前工业化时代的少数民族社会常常是以其世世代代流传下来的别具一格的艺术为标志区别于他民族和他社会的。用"民歌"来指代少数民族社会的艺术，不仅因为许多少数民族都有源远流长的民歌传统，同时也因为"民歌"一词能形象化地喻指前工业化时代的少数民族社会那种未被扰乱和污染的古朴、宁静和浪漫，并昭示艺术在前工业化的少数民族社会中不可或缺的重要地位。本文的"现代社会"确指的是已经或差不多工业化了的现代都市化社会。在本文中，民歌社会和现代社会是以现代性为分水岭的两种截然不同却互相关联着的社会形式。

"民歌社会的现代情结"和"现代社会的民歌情结"所指涉的事实是：在当代中国，民歌社会即前工业化的少数民族社会正以传统艺术的日益消亡为代价追求现代社会的接纳和认同；而现代都市化社会则以对民歌社会的古老艺术的回望来追想业已失去的牧歌时代，并以此为契机重构都市化过程中疏远甚或失却了的文化传统和艺术传统，努力形成有文化根基、有地方特色和更大认同感的区域文化；前者摒弃艺术，后者重拾艺术。对这一问题的关注和探讨，有助于我们从艺术领域认识当代中国社会的急剧变迁和艺术在急剧变迁的社会中所扮演的角色。

一、民歌社会：失效的神话

关于民歌社会的特点，我们可以从现代学理论对于现代性的分析得以明确。以涂尔干、西美尔、韦伯、特洛尔奇、桑巴特、滕尼斯和舍勒为代表的古典社会理论认为，在“共同社会”与“利益社会”（滕尼斯）、有机团契和机械团契（涂尔干）、自然经济社会与货币经济社会（西美尔）、休戚与共的社会与竞争社会（舍勒）和神魅化社会与合理化社会（韦伯）的区分中，“现代”已成为一个指号。[①] 也就是说，在这些社会学家的眼中，以现代性为分水岭的民歌社会——前现代社会之一种——与现代社会的区别是一目了然的：民歌社会是一种“共同社会”“有机团契”“自然经济社会”“休戚与共社会”和“神魅化社会”，而现代社会是一种“利益社会”“机械团契”“货币经济社会”“竞争社会”和“合理化社会”。由此可见，民歌社会是以共同的神祇为中心的人与人休戚与共经济文化独立自足的社会。

以聚居于广西西部毗邻云南和越南的那坡县大石山区里的黑衣壮社会为例。这是一个5万多人口的自称“布敏”的壮族分支。他们区别于他族群、他民族和他社会的典型标志是：穿着用蓝靛染制的从头到脚都是黑色的服装，唱着千百年流传下来的二声部民歌“虽敏”（意为敏人的山歌）。在“三通”（通电、通公路、通电视）之前，这是一个典型的全族一家的共同社会。他们敬拜共同的神灵和祖先；实行族内婚（但规定直系血亲和七代以内的旁系血亲禁止通婚）；种植玉米和山芋；日常生活用品和生产用具除盐和铁需要从外面市场上购得外，其余全部自给自足；每月至少有一个节日；非常喜欢对歌。生活宁静自足，严谨有序又丰富多彩。

没有什么比服饰更能标示一个族群的存在，自称为“布敏”的黑衣壮也正是以其服饰的黑色情调而得名的。尽管壮族总体而言是一个衣着庄重朴素的民

---

① 参见刘小枫《现代性社会理论绪论》，上海三联书店1998年版，第6页。

族，服饰多以黑色、蓝色为主。但是，黑衣壮把这种风格发挥到了极致：上衣和裤子是黑的，头巾和围裙也是黑的。最奇特的是黑衣壮妇女穿裤又穿裙，其裙子的系法是：先将裙幅宽大且长的百褶裙绕身一周系在腰间，再将长及小腿下部的裙子打折成三角形翻卷上来插入腰间裙头，形成中空的双层的裙裾——外展的中空的裙裾既可显示女人的妩媚又可以作口袋用，便于装少量豆荚或针线。黑衣壮妇女头巾的戴法也很独特。用长条黑布在头上缠绕一圈，再翻折摆布成大菱形的图样，两端留长垂在肩头，显得摇曳生姿。

关于为什么要穿用蓝靛染制的黑衣服，黑衣壮神话是这样解释的："相传很古以前，该区是一片山林茂密，土肥草美的极乐之地，黑衣壮的祖先捷足先登，来到这里安居乐业，辛勤地垦荒种地，繁衍子孙，过着自给自足的生活。一次，山里一个名叫侬老发的部族首领在带兵抵抗外来入侵者的战争中，不幸受伤，相持不下。他果断地指挥其他人安全撤退以后，就一个人隐蔽在密林中，他碰见一片青绿的野生蓝靛，随手摘一把当草药来放在伤口，哪知道这药真的能消肿止痛，使他很快就恢复健康，重上战场，并击退了来侵之敌，取得了胜利，保卫了族人之地。于是，这位头人就把野生蓝靛当作化凶为吉的神物来纪念，号召全族人一律都穿上用野生蓝靛染制的黑布服装。"[①] 但这个神话还有其他版本。一版本这样说：相传，古时布敏受到异族侵略，首领梦中得到本族老祖指点，遂令族人采来蓝靛草沤制成染料，将手、脸、衣服、刀枪染黑。众族人俨然天降的一群黑神，趁天黑潜入敌阵，大举反攻，终转败为胜。从此，布敏人穿着用蓝靛染制的黑衣并代代相传至今。还有一版本这样说：古时候，黑衣壮遭外敌入侵，战斗异常严酷，正相持不下之际，首领梦见本族白发老祖，预言说将有一场瘟疫来袭。老祖告诉他们要采野生蓝靛草熬水喝，才可预防瘟疫。于是全族人遵此而行，采野生蓝靛熬水喝，避开了瘟疫，打败了来侵之敌，部落得以继续生存繁衍……所有这些版本都喻示了一点：穿蓝靛染制

① 何毛堂、李玉田、李全伟：《黑衣壮的人类学考察》，广西民族出版社 1999 年版，第 4 页。

的黑色服装是神的命令、祖先的命令，是吉祥的；否则会带来灾祸。

神话使“以黑为美”的观念深入人心，帮助黑衣壮人很好地保持了传统。在广西那坡县，壮族是主要民族，遍布全境，按自称和语言划分有布央、布峒、布农、布税、布依、布敏、布省、布决、布拥、隆安、左州等。很多壮族支系着装早已汉化，而布敏一支仍沿袭祖先遗留的传统。“文革”时期，黑衣壮的着黑习俗被认为是“四旧”，属于要破除之列，上面明令不允许再穿黑衣服；周边的其他壮族支系和其他民族也非常歧视黑衣壮，侮辱性地称黑衣壮为“敏顿”（意为短命的、早成鬼的敏人），或戏称他们为黑飞机（因黑衣壮妇女头上顶着折摆成大菱形的黑头巾，头巾两端垂挂飘飞在双肩）、黑肚皮（意为黑衣壮人的肚皮都是黑的，因自制的蓝靛布褪色染在肚皮上）等。在圩场上，黑衣壮妇女有过很多不愉快的经历：使坏的人悄悄把烟头丢进她们绾起的围裙里，烧坏她们的衣服；有的黑衣壮妇女赶完圩回到家才知道自己盘在脑后的长头发被人掀开头巾偷偷剪了。但即使是那样，黑衣壮人仍不改装。只要一问起“为什么穿黑衣服”，黑衣壮人就会告诉你某个版本的神话，并且很自豪自己能纺线织布制衣，不像生活在他们附近的瑶族，连纺线织布制衣都不会，要来买他们穿旧不用的衣服。同一时期，唱山歌也被认为是“旧风俗”而遭禁，但爱歌如命的黑衣壮人只是表面收敛了一点：不再举行大型的歌会。但逢年过节及有婚嫁、新房落成等喜事仍对歌助兴；路遇、上山砍柴、割草捡猪菜、放牧也唱。正如黑衣壮山歌所唱的那样：“出路携歌当早饭，赶街唱歌当晚餐。妹穷用歌当茶水，妹贫要歌当酒坛。”[①] 山歌是黑衣壮生活中必不可少的精神食粮。黑衣壮人生活在没有河流没有土地的大石山里，只靠存积雨水来解决日常用水，靠落在山石缝、石坑里的一抔抔土种植玉米来生活。在如此艰苦的自然环境中生存，唱山歌是他们最重要的社交方式和娱乐方式。尽管有来自外部世界的压力，倔强的黑衣壮人依然捍卫着他们的传统、习俗和艺术。那是他们人

① 黄峰：《黑衣壮歌谣艺术与传承保护初考》（未出版），第 1 页。

生的意义和乐趣所在，用他们的歌来说："山歌本是古人留，留给后代解忧愁；三天不把山歌唱，三岁孩童变白头。"[1]

但就是这样一个以黑为美、爱歌如命、个性倔强的族群，在20世纪90年代末，当公路、电灯、电视来到他们闭塞宁静的小山村后，一切都迅速地改变了。如今，黑衣壮年轻人喜欢穿买来的衣服甚于母亲千辛万苦用蓝靛染制的民族服装，喜欢跟着电视学唱流行歌曲远甚于跟本族歌师学唱本民族的二声部民歌。而且，从2003年起，由于退耕还林，黑衣壮人不能再在石山缝里栽玉米了，于是，打工大潮席卷全族。现在，年轻力壮的中青年人全部外出打工，留在村子里的只有老人和孩子。笔者2005年4月在广西那坡县城厢镇龙华村黑衣壮聚居区做田野调查，特别想看一看他们农历三月二十八的"风流街"（即歌圩）。黑衣壮原土司所在地弄文屯人告诉我，因外出打工的人太多，"风流街"已经不成街了。

对比是鲜明的。"文革"时期的禁令和千百年来外族的嘲笑没能禁住黑衣壮照穿他们的黑衣服和照唱他们的山歌。今天，政府为发展旅游业号召黑衣壮继续穿他们本民族的服装、唱他们本民族的山歌，外族人也通过电视报道明白了黑衣壮穿的衣服唱的山歌都是"艺术"而改变了对黑衣壮一贯鄙视的态度，他们却不想再穿那样的服装和唱那样的山歌了。他们开始感受到买衣服比自己做衣服方便、穿起来舒适（机织布轻薄，成本低；自织布特别费工夫，而且厚、重、容易掉色），会唱流行歌曲很时髦，外面的生活很舒适很精彩。的确，"当通往现代化的路被跨越之时，各种难以想象的舒适和机遇就变得唾手可得，以至于每个人都想行进在这条路上，一旦开始，就无法回头"[2]。他们依然记得那个为什么要穿蓝靛染制的黑衣服的神话，但他们已经不相信不穿黑衣服就会给他们带来祸患的神谕。一句话，神话失效了。

---

① 黄峰：《黑衣壮歌谣艺术与传承保护初考》（未出版），第2页。

② ［美］埃伦·迪萨纳亚克：《审美的人——艺术来自何处及原因何在》，户晓辉译，商务印书馆2004年版，第371页。

神话在一夜间成了现代性的俘虏。舍勒于20世纪初已敏锐地指出："现代性—— 一言蔽之曰：本能冲动造反逻各斯。"[①]在黑衣壮人遗弃本民族服装和山歌艺术的背后，是人类社会挥之不去的现代情结。金耀基曾这样论述现代化："现代化"是全球性的从传统社会向"现代"社会的大变动，它"不知不觉地改变了整个人类社会基本的文化取向及价值系统"，以至于对每一个民族或国家，"现代化"都是不能完全抗拒的诱惑。[②]现代化，作为一种甜蜜的诱惑，那是一股比政府禁令和外族嘲笑强大得多的力量，因为它植根于人的本性。细查之，"文革"时期政府的禁令破不除黑衣壮的"四旧"，因为当时布匹供应紧张，黑衣壮人手里也没有买衣服的余钱；当时也没有其他新鲜的娱乐方式代替唱山歌，所以禁也是白禁。时间到了20世纪90年代末，由于生活条件的改善，黑衣壮人可以用手中的余钱从市场上方便地买到又便宜又轻便的机织布或成衣，从而免除了自己种棉花纺纱织布染布制衣的繁重劳动。电视把外部世界的生活如此直观清晰生动地呈现在黑衣壮人的面前，劳作之余，看电视自然而然成了黑衣壮人娱乐休闲的主要方式，以往夜晚青年男女走家过户对歌的娱乐方式不可避免地衰落了。祖先是黑衣壮的神灵，千百年来黑衣壮人保持着为故去的亲人守孝三年的习俗，守孝期间不得外宿他处，但打工潮使千年古俗成了一纸空文，丧事过后，打工的人便出门继续到他乡谋生去了。从衣着到社交到娱乐到神事，旧有的一切习俗几乎都改写了、失效了，取而代之的是一种新的生活方式，一种以外部世界的现代生活为指归的生活方式。这是一场空前的转变，而在这场前所未有的社会转型中，他们的艺术——服饰和山歌，这有着千百年历史积淀的曾经标志着他们存在的艺术——成了牺牲品，他们也因此失去了由传统艺术所界定的明确的身份，变成了无根的"漂人"。

当艺术不幸成为牺牲品、神话不再具有神力的时候，意味着民歌社会走到

① 转引自刘小枫《现代性社会理论绪论》，上海三联书店1998年版，第23页。
② 转引自刘小枫《现代性社会理论绪论》，上海三联书店1998年版，第31页。

了它的尽头。艺术不再是它的尺度和标志，金钱才是。所以，舍勒的哲学人类学的根本关注点是：现代性不仅是一场社会文化的转变，而是环境、制度、艺术的基本概念及形式的转变；不仅是所有知识事务的转变，而根本上是人本身的转变，是人的身体、欲动、心灵和精神的内在构造本身的转变；不仅是人的实际生存的转变，更是人的生存标尺的转变。[①]具体而言，民歌社会向现代社会的转变，是“工商精神气质战胜并取代了神学——形而上学的精神气质”，是“实用价值与生命价值的结构性位置发生了根本转变”[②]。黑衣壮社会的转变印证了舍勒的分析。

二、现代都市化社会：重构神话

以西方城市为理想蓝图的中国城市化发展进程在多大程度上疏离或借助了地方本土性文化是一个值得盘点的问题。20 世纪 80 年代末到 90 年代初，仿佛在一夜之间，许多亟待发展的中国城市忽然发现在西方现代文化冲击下日益式微的地方本土性文化是一块宝，是城市发展的依托和助推器。因此，在民歌社会神话失效、艺术衰败的同时，现代都市化社会却野心勃勃地尝试着重构神话和复兴艺术，表现出一种与民歌社会的现代情结相反的民歌情结。当然，这种重构神话和复兴艺术的努力并不是怀旧情绪的宣泄，而是城市向现代化挺进的一种策略，这种策略被表述为“文化搭台，经贸唱戏”。这一策略催生了中国的节庆文化。

关于节庆文化与城市发展的关系，2002 年南宁国际民歌艺术节曾举办过“节庆文化与城市经济发展”国际主题会对其进行富有价值的探讨。一篇文章如此论述：“经营城市需要品牌意识。城市品牌就是城市的风格与个性，就是形象与实力，它凝聚和体现着城市的功能、理念、整体价值取向和由内向外

① 转引自刘小枫《现代性社会理论绪论》，上海三联书店 1998 年版，第 19 页。
② 转引自刘小枫《现代性社会理论绪论》，上海三联书店 1998 年版，第 17 页。

的辐射力和由外向内的吸引力。通过举办节庆文化活动树立品牌形象，可以在短时间内提高城市的知名度，增加资本的含金量，提高资本的利用率。节庆文化品牌的创立直接关系到节庆经济能否取得成功，也关系到举办节庆文化的城市在国内外的形象、地位。一个名牌节庆文化会使一个城市在短时间内发展成为具有国际影响力的品牌，从而使国内外的各种有效资源，尤其是智力、商业资源为其所用，带动经济的发展，同时大大提高知名度。”[①] 可见，城市发展需要品牌，而打造品牌的最便捷途径就是举办节庆活动。但是，节庆活动是不能凭空创造的，它需要植根于当地的文化，这样的节庆活动才会有生命力，才能真正彰显城市的特色和魅力，最终达到文化与经济互动双赢的目的。正如一些研究者所指出的：“纵观国内外一些成功的节庆，不难发现其成功的主要因素：具有鲜明的民族特色，切合当地实际和风俗习惯，有较强的娱乐观赏性，民众参与程度高。”在“文化搭台，经贸唱戏”的策略中，中国许多城市开始了重构神话的努力，例如“吴桥国际杂技艺术节”“潍坊国际风筝会”“南宁国际民歌艺术节”等。这些成功举办的节庆活动大大提升了主办城市的知名度，彰显了主办城市的文化特色，带动了当地经济的持续发展。

地方传统文化也正是在节庆活动中显示了它独特和经久的魅力。2001 年的南宁国际民歌艺术节之所以让人回味无穷，就是因为一群黑衣壮少女在本届民歌节开幕式“大地飞歌”上演唱了她们的无伴奏合唱《山歌年年唱春光》。当一群黑衣壮少女穿着她们黑色的民族服装，佩戴着闪闪发光的银项圈和银项链，用黑衣壮语言、用甜美明净的声音演唱那原汁原味的民歌时，所有的观众都被这古老民族的古老艺术陶醉了。那是一种宛如天籁的声音，那是有着千百年历史积淀的曲调。人们仿佛穿越时光隧道，回到了有着竹林、薄雾和处处流淌着玉米酒香味、开口即歌的时代。黑衣壮姑娘还在 2001 年南

① 李布、文晴：《打造节庆文化品牌，推动中国绿城建设》，载《2002 年南宁国际民歌艺术节“节庆文化与城市经济发展”国际主题会文集》（未出版），第 131 页。

宁国际民歌艺术节主办的“中外歌唱家演唱会”上演唱了她们的多声部合唱《捶布歌》，征服了在场的中外音乐家们。此后历届民歌节都与黑衣壮结下了不解情缘，或邀请黑衣壮歌手表演，或采用黑衣壮音乐元素创作新民歌，或采用黑衣壮服饰作演出服饰，黑衣壮艺术与刘三姐的歌一起成了南宁国际民歌艺术节上壮族文化的标志。2002 年 5 月，黑衣壮艺术团代表广西参加全国群众歌咏比赛获得一等奖；2003 年 11 月，黑衣壮艺术团到中央电视台录制《壮乡美》节目，再次以其纯净质朴明媚的演唱征服了观众。2004 年，南宁被确定为“中国—东盟”博览会的永久会址，每年的博览会与南宁国际民歌艺术节同期举行。作为中国与东盟各国交往的文化平台，南宁更需要办好民歌节以提升城市品位与品格；而要办好民歌节，离不开壮族民间文化的支持。2004 年 11 月，南宁国际民歌艺术节与首届南宁“中国—东盟”博览会大型活动之一的“东南亚时装秀”，以 101 个黑衣壮少女演唱的《壮族敬酒歌》为开台歌曲，成功地把民族特色、地方特色、古老风格与“中国—东盟 10+1”的主题、现代风格、时尚气息糅合在一起，上演了一场具有古风异域风情的独特的时装秀。黑衣壮民歌让人们清晰地触摸到和感受到壮乡源远流长的歌唱传统，激起了都市人对于民歌时代和古老艺术的亲切回忆。南宁国际民歌艺术节通过对黑衣壮民歌等古老艺术的挖掘、展示和传扬，成功地帮助南宁——这个在都市化过程中遗失了传统的城市——找到了她的文化之根，确立了南宁作为“民歌之都”的文化品格和身份，恢复了艺术在人的生活中、在一个城市的发展过程中应有的地位和价值。

山东潍坊人、河北吴桥人和广西南宁人都因所在城市成功举办的节庆活动获得了某种确定的身份：潍坊人，来自中国的“风筝之都”；吴桥人，来自中国的“杂技之乡”；南宁人，来自“绿城：天下民歌最眷恋的地方”——现代都市化社会以民间传统构筑了现代神话。曾经在现代化进程中疏离了民间传统的都市人终于明白：每一个城市应当有一种让她的市民引以为豪的和共同感兴趣的东西，一种可以让人们聚集在一起狂欢的形式。笔者曾对不同年龄、不同职业、不同文化层次的南宁市民进行采访，问及喜不喜欢民歌节。回答是一致的：喜欢。喜欢的原因各种各样，其中最有意思的是：市民们普遍认为，民歌节期间的南宁特别美丽、特别可爱，民歌节让我们的生活变得更美好了，民歌节让我们更爱我们自己的城市。可见，成功的节庆活动不仅植根于城市经济发展的需要，更植根于构成这个城市的人的心灵的需要。节庆活动事实上是仪式、游戏和艺术的集合体，它的程序性给所有参与者提供了共同体验艺术的契机，所以美国学者埃伦·迪萨纳亚克反对把一些重要的仪式庆典当作烦琐过时的东西抛弃。她说："我们可能忘了，仪式庆典中固有的程式化为人类在其整个历史中体验艺术提供了重要的契机，而这些艺术本身是重要的集体信仰和真理不可或缺的饱含情绪的强化刺激。在把这些当作太烦琐或太过时的东西抛弃之时，我们也就失去了艺术对生活的中心地位。于是，我们也就取消了古老的、自然形成的和经过时间检验的那些理解人类生存的方式。在整个人类历史中，艺术就是作为塑造和美化我们生活中重要而严肃的事件标示出来的过度的和超常的手段，我们放弃的与其说是我们的虚伪，还不如说是我们的人性。"[①] 因此，建立在壮族"三月三"歌圩传统之上的南宁国际民歌艺术节，不只是为南宁找到了这个城市丧失的传统，而且是为这个城市建立了一个更符合人性和生存规律的生活方式。

三、结论

民歌社会的现代情结和现代社会的民歌情结体现了某种颇有意味的错位。在现代化的冲击下，民歌社会正在丧失传统，而现代都市化社会正在竭力寻找和重建传统；民歌社会正在去艺术化，而现代都市化社会正在再艺术化；民歌社会正在经历丧失传统、丧失艺术、丧失身份的焦虑，而现代都市化社会正在

---

① ［美］埃伦·迪萨纳亚克：《审美的人——艺术来自何处及原因何在》，户晓辉译，商务印书馆2004年版，第200页。

体验重建传统、重拾艺术、重构身份的喜悦。透过黑衣壮社会艺术的衰落和南宁国际民歌艺术节对黑衣壮艺术的青睐，我们可以看到：艺术与人生幸福紧密相连。丧失艺术，实质上意味着丧失合理的生活；重拾艺术，意味着重建合理的生活。正如埃伦·迪萨纳亚克在她的《审美的人——艺术来自何处及原因何在》中所说："艺术就像我们的恋人、我们的孩子和我们的上帝一样，内在于我们的生活并且是生活绝对必需的。"[①]

（原文载于《文艺研究》2006年第4期）

① ［美］埃伦·迪萨纳亚克：《审美的人——艺术来自何处及原因何在》，户晓辉译，商务印书馆2004年版，第311页。

从审美习俗到话语实践：中国民间歌谣中的身体意识

曹成竹

一、引言：身体的文化如何构型？

近年来，“身体”逐渐成为文艺学美学领域的一个新热点。如何反思身体在消费文化中遭遇的困境，如何看待其在中西文化史上的不同呈现方式，如何建构更具当代价值的身体美学，这些问题正引发学界越来越多的思考。可以肯定的一点是，身体意识的塑造和变迁总是离不开文化，人的社会性决定了身体是关于肉体的文化。雷蒙德·威廉斯提示我们，文化的观念并不是某种单一的独唱，而是不同文化态势（主导文化、残余文化、新兴文化）之间的张力制衡。关于身体的文化亦是如此——它既表现为某种相对一致的思想价值体系、哲学美学传统乃至文艺风貌，而在更加宏观的层面，又应该是一种张力中的文化构型。本文试图以中国民间歌谣中的身体意识为参照，从审美习俗和话语实践的角度，考察传统社会的精英主导文化是如何与底层民间文化构成了一个互为补充的完整身体观，以及这种身体文化是如何保持着一种相对稳定的结构。

在古代中国占据主导地位的儒家文化身体观表现为身体与精神的同一和个体与社会的同一。孟子的“天下之本在国，国之本在家，家之本在身”、荀子的“君子之学也，以美其身”、《礼记·大学》的“身修而后家齐”，都将“身”视作文化结构的最根本基质。古代中国作为亚细亚生产方式的代表，一个典型的特征便是“家国同构”，而实际上比家更小的单位——身，才是这一金字塔的最小砖石。《孝经》关于身体的言说集中地体现了这一点：

身体发肤，受之父母，不敢毁伤，孝之始也。立身行道，扬名于后世，以显父母，孝之终也。夫孝，始于事亲，中于事君，终于立身。

身体的重要性不是源于其自为的存在，而是他性的存在，即用来彰显父母、祖先、君王以及名、道等一系列社会价值。这便把身体的重要性与次要性辩证地统一起来，把人作为一种道德至上的动物，楔入了社会文化秩序的庞大体系中。对于这一身体观，我们可以借鉴福柯对性的经典描述来理解："性的动机——性自由的动机，还有人们获得性知识和有权谈论性的动机——其正当性是与政治动机的正当性联系在一起的：性本身是属于未来的。"①

因此可以说，在儒家文化占主导的古代中国社会，对于知识分子而言思想文化的学习与身体的规约完善是同一过程，其目的是塑成身心合一的理想人格——这一身体观为社会秩序的稳定提供了有效支撑。有学者将中国古代哲学视为与西方的意识本体论哲学不同的"身体本体论哲学"②，这一看法具有深刻的启发性。但我们需要明确的是，中国儒家哲学对"此在之身"的认可和尊重，与西方二元结构中与"心智"相对立的"肉体"仍不是同一层面的问题，儒家身心一体的哲学观仍潜在地规划了二元的秩序，即对高雅、理智、道德之情的推崇，对肉身、欲望、性的压制。古人的词语游戏往往是暧昧的，但其价值倾向却十分明确。在文学领域，自汉儒将《诗经》中的男女爱情解读为政治寓言之后，文学中的身体意识便似乎被阉割了。汉赋作为汉代文学主流，绝少涉及身体内容，而多为帝国风貌、城市环境描写。魏晋以降，文人诗开始发展成熟，却也少以身体为主题，即便有宫体诗这样描写女子体态仪态的作品，也只是将身体作为审美和把玩的对象，而不是一种以身体为核心的主体性逻辑。文艺对身体的呈现是一种文化政治的书写，既抑制痛苦，又克制情欲，还忽视形体。实在的"体"是次要的，文化精英更加重视的是个人身体和艺术形态之

① ［法］米歇尔·福柯：《性经验史》，佘碧平译，上海人民出版社 2005 年版，第 5 页。
② 参见张再林《作为身体哲学的中国古代哲学》，中国社会科学出版社 2008 年版。

外的“气韵”“风骨”“道”“意境”等非实体范畴。可以说，中国古典文艺心灵至上的一贯传统本身便暗含着对身体的集体无意识，并源源不绝地再生产其自身。我们能够从中看到文化精英审美趣味的趋同性，恰如布尔迪厄对于“惯习”（habitus）的描述——惯习产生于“铭刻在人的躯体中的社会制度”[①]。

由此可见，被儒家哲学规划的身体观如同一种心灵观和道德观，显而易见地有着对“肉身”的疏离。这部分被疏离的“身体”是完全式微还是隐遁于别处呢？如果这一身体观并不完整，那么精英之外的世俗百姓态度如何？两种不同的身体观又是如何相互影响呢？只有充分思考这些问题，我们对于中国文化中的“身体”才能有更加全面的认识。巴赫金在欧洲中世纪以来的狂欢节习俗中找到了理解文学类型的有益视角，我们考察中国文化语境中的身体问题也不妨回归民间。而歌谣作为民间文艺的最典型代表，其中所蕴含的身体意识应该引起我们的充分重视与思考。这不仅因为歌谣是人们真实自然的情感表达，还因为歌谣中占比重最大的是情歌，而“身体”则是情歌中一个十分突出的主题。

二、失落于民间的“身体”：作为一种审美习俗

《诗经·魏风·园有桃》言：“心之忧矣，我歌且谣。”《毛传》曰“曲合乐曰歌，徒歌曰谣”，这可以算比较早的“歌谣”的解释。可见“歌”是一个大概念，它分合乐和不合乐两种情况。合乐而歌具有正式的表演性甚至仪式性，不合乐而徒歌的“谣”则带有非正式的、自娱自乐的色彩。这种个人性使歌谣以真实自然为本，因为它本来就是个人吟唱的游戏，并不掺杂过多的功利因素。人类学家埃伦·迪萨纳亚克认为，从行为学角度来看艺术的作用实际上非常简单，即让人们“感觉良好”，也就是“在身体上让人愉快”[②]，歌谣显然就是

① ［法］皮埃尔·布尔迪厄：《文化资本与社会炼金术：布尔迪厄访谈录》，包亚明译，上海人民出版社1997年版，第174页。

② ［美］埃伦·迪萨纳亚克：《审美的人——艺术来自何处及原因何在》，户晓辉译，商务印书馆2005年版，第24页。

这样的艺术，而这一身体经验逻辑在《诗经》的情歌中便充分体现出来。

阅读《诗经》的爱情诗会有一个鲜明的印象，即爱情的萌发并不是父母之命媒妁之言或青梅竹马志同道合，而仅源于诗人身体意识的成熟。例如：

桃之夭夭，灼灼其华。之子于归，宜其室家。桃之夭夭，有蕡其实。之子于归，宜其家室。桃之夭夭，其叶蓁蓁。之子于归，宜其家人。

按孔安国的注解，“夭夭灼灼并言之，则是少而有华者。故辨之言桃有华之盛者，由桃少故华盛，比喻此女少而色盛也。”很显然，桃树的花枝繁茂与女子成熟美貌的身体姿态是对应的，正是与植物生长相一致的顺应规律的身体状态，表明女子已到了婚嫁的最佳年龄。同样地，在《隰有苌楚》中，我们也能看到对杨桃树姿态外形的描写：

隰有苌楚，猗傩其枝，夭之沃沃。乐子之无知。隰有苌楚，猗傩其华，夭之沃沃。乐子之无家。隰有苌楚，猗傩其实，夭之沃沃。乐子之无室。

山谷中的桃树枝干优雅、花朵美丽、果实丰盈，歌者为什么却羡慕它没有爱人，没有家室呢？毛苌的解说是“国人疾其君之淫恣，而思无情欲者也”。在宋明理学家看来，“此诗言人之喜怒未萌，则思欲未动。及其私欲一炽，则天理灭矣。故思以反其初而乐其未知好色之时也”（李樗、黄櫄《毛诗集解》）。若抛开这些附会的解释，我们难道不能想象到一位与杨桃树一样体态优美，正值青春茂盛之年，却经受爱情困扰的歌者吗？（闻一多、李长之、高亨等现代学者便把它看作单纯的爱情诗）再如《摽有梅》：“摽有梅，其实七兮。求我庶士，迨其吉兮。”郑笺：“兴者，梅实尚余七未落，喻始衰也。谓女二十春盛而不嫁，至夏始衰。”梅子的成熟与女子身体的成熟相对应，爱情成为自然而然的适时之举。以上例子有个显而易见的特征，即自然万物顺应规律的生长、优美健康的外形姿态，与主人公身体意识和身体经验的成熟之间建立了互文关系。这便确立了一种身体的主体性逻辑，这时的身体便不再是审美对象，而成为审美主体本身。

如前所述，随着儒家文化正统的确立，精英文艺中“身体”作为“肉身”的一极受到了禁锢。然而这并不表示其消逝，它只是隐匿于朝堂之外的民间而已。或许正因为身体意识在很大程度上只能存在于自娱自乐、不登大雅之堂的歌谣世界，我们可以发现一个有趣的现象，在古代文学史上，身体是被轻视的，而歌谣也是被轻视的——因为有着文人雅士和正统思想的区隔。直到明代，随着个性解放和人本思潮的兴起，歌谣迎来了黄金时期，不仅“人人习之，亦人人喜听之”（沈德符《万历野获编》），且诸多文人雅士也对其喜爱有加。冯梦龙的《山歌》《挂枝儿》是此时歌谣集的代表，我们能从中再度领略其鲜明大胆的身体意识：

变

变一双绣鞋儿在你金莲上套，变一领汗衫儿与你贴肉相交，变一个竹夫人在你怀儿里抱。变一个主腰儿拘束着你，变一管玉箫儿在你指上调。再变上一块香茶也，不离你樱桃小。[①]

这首歌谣通过各种物品的描绘，为我们勾画出一幅以情人的身体为核心的意义图示。再看这一首：

调 情

娇滴滴玉人儿，我十分在意，恨不得一碗水，吞你在肚里，日日想，日日捱，终须不济。大着胆，上前亲个嘴，谢天谢地，他也不推辞。早知

① （明）冯梦龙编纂：《冯梦龙民歌集三种注解》（上册），刘瑞明注解，中华书局2005年版，第55页。

你不推辞也，何待今日方如此？[1]

作者用身体行动代替了表白，而这种简单轻佻的行为竟然得到了对方的认可，令人不禁莞尔。实际上，《挂枝儿》所涉身体内容十分繁多，不仅有用身体示爱的，亦有直接描写身体部位的，更有许多性器官的隐喻（如橄榄、莲藕、粽子、樱桃等）及男女交欢过程的描写；而《山歌》的“咏物”类，所咏之物大多与身体有着形似或神似的关联。

明代民间歌谣的身体意识并不是新兴的，而是在思想风气的变化下，歌谣引起了一部分文人的兴趣，因此这个隐秘的世界被重新认可而已（此时的文人创作也出现了凸显身体经验的作品，如《牡丹亭》)。可以说，民间歌谣对身体的关怀情结，如同古典小说叙事的“横云断山”法，虽然一度被阻隔和遮蔽，却始终传承在底层民间的口头文学中。在 20 世纪早期北京大学一批知识分子发起的“征集歌谣运动”所征集到的歌谣，以及《吴歌甲集》《吴歌乙集》等歌谣集本中，仍能看到大量表达身体意识的民间歌谣，例如：

削竹棍儿，打桑椹儿，姐夫寻了个小姨子儿。闭上门儿，盖上被儿，左思右想不是味儿；管他是味不是味儿，黑夜里躺着不受罪儿。[2]

“姐夫寻了个小姨子儿”并不是值得提倡的具有解放精神的伟大爱情。作者仅仅因为“黑夜里躺着不受罪儿”这样的身体享乐，便僭越了正当的伦理道德，这显然是十分荒诞的。歌谣或是讽刺调侃，或是表达歌者的欲望，其立场不得而知，而唯一能肯定的便是这种身体意识的真实存在。当然，歌谣中的身体意识对封建社会秩序的反抗，亦不乏正面的例子：

---

① （明）冯梦龙编纂：《冯梦龙民歌集三种注解》(上册)，刘瑞明注解，中华书局 2005 年版，第 26 页。

② 雪如：《北平歌谣集》，载《国立北京大学中国民俗学会民俗丛书》第 36 卷，香港东方文化书局 1971 年版，第 61 页。

死了男儿别怨天，十字路口有万千。东来的，西去的，挑他个知心合意的。[①]

儒家正统文化十分强调秩序，在爱情方面人们面临的道德约束总是首先表现为身体约束：男女不能有肢体接触，因为“授受不亲”；他们的爱情和婚姻不能自己做主，而需要遵从父母之命媒妁之言；结婚以后无论是否中意，女子都要遵从“夫为妻纲”的原则；如果丈夫早亡，还要为其守节。这些不仅是约定俗成的风俗，更是必须遵从的礼仪，只有以身体之规训才能换取身外之名声。而民间歌谣则常表达出反抗封建礼教的禁锢，对婚姻爱情自由的渴望。

如果梳理归类便可发现，民间歌谣中的身体意识种类繁多，有的表达了以身体经验为基础的自然情感，有的表达了身体的解放，有的表达享乐和情欲，有的则记录了身体的苦难。可以确定的一点是，主流文化中失落的作为物欲、情欲的身体并未消亡，而是仍作为民间特有的审美习俗，长久但不失鲜明地保存在民间歌谣、故事传说、雕塑美术等底层边缘文化之中。在此基础上，我们更应进一步思考这种与主流文化相悖的身体意识是如何与主导主化的身体观念相互影响和发生作用的，也就是前文提到的“文化构型”。这便需要考察身体作为一种“话语”的文化建构与解构功能。

三、语境化和超语境化：关于“身体”的话语实践

梅洛·庞蒂指出，世界的问题可以始于身体的问题；福柯则认为，世界的问题应当归结于话语的问题。从某种意义上说，关于身体的话语可能同身体的哲学思辨同样重要。话语即规则，话语即权力，话语即我们的经验世界。如果把“身体”看作一种话语的存在，那么它出现的场合、人们谈论它的方式，即

① 章洪熙：《中国的情歌》，载钟敬文《歌谣论集》，上海文艺出版社 1989 年版，第 328 页。

代表了一种关于身体的秩序，而这一秩序可能比话语的内容本身更加重要。例如，一首提倡身体解放的歌谣，却始终被人心甘情愿地私下吟唱，这反而说明了身体被禁锢的事实。因此我们不仅需要了解歌谣中身体话语的内容，更应考察其语境，因为语境的变化和超越才可能指向身体意识的真正变革。我们以 20 世纪早期北大歌谣运动[①]中的事件为例，来探讨这一问题。

当时歌谣运动的领导者周作人曾写过一篇《猥亵的歌谣》，发表在《歌谣》周年纪念增刊（1923 年），专门探讨与身体和性有关的歌谣[②]。1925 年周作人还同钱玄同、常惠在《语丝》第 48 期刊发了《征求猥亵的歌谣启》，以三人小组的名义征集猥亵的歌谣，并计划将搜集的成果整理成《猥亵歌谣集》《猥亵语汇》。一年以后，周作人又在《语丝》上发表《关于"猥亵歌谣"》，回顾了搜集的成果："投稿并不很少，不到预定的期限，我们所预定的小册子的分量已经达到了。"随后他解释了暂时无法印刷出版的原因：

> 第一是私人的事情……第二是礼教的，第三是钱的事情。我们本来的意思，是想不赚钱也不赔钱地出版的，即有限制地印若干部，除分赠寄稿者外，悉照实费有限制地售与有阅读资格的人（恐怕须查验文凭）。可是，这个年头儿，不要说有枪的礼教阶级，便是南开大中学的老爷们也会拿一张名片送到官里去，不打屁股也没收全部淫诗！若是全当作非卖品，或可以无事，但现在实在没有人赔得起这一笔本钱。所以今年总是没有出版的希望了。承朋友们来信催问，不及一一答复，特在此处报告一声。[③]

---

① 指 1918 年由沈尹默、刘半农、钱玄同、沈兼士发起的北京大学征集歌谣运动。这场运动得到了北大校长蔡元培的支持，并且吸引了一大批知名人士参与其中，如周作人、胡适、顾颉刚、钟敬文、刘半农、常惠、李长之、朱光潜、朱自清、台静农等。他们搜集歌谣、成立组织、创办刊物、探讨歌谣的科学研究方法、阐发其重要价值，形成了一个风气独特的文化共同体。

② 参见周作人《猥亵的歌谣》，收入《周作人民俗学论集》，上海文艺出版社 1999 年版，第 115—121 页。本文关于此文的引文均出于此书，下文不再注明。

③ 周作人：《关于"猥亵歌谣"》，《语丝》1926 年第 99 期。

这段文字可以让我们窥知当时中国的文化语境：虽然新文化运动和文学革命推行已久，但文化主导权仍掌握在“礼教阶级”手中，这一点是“猥亵歌谣”出版工作的主要障碍。此后不久的1928年，时为中山大学民俗学会主将的钟敬文曾刊印王翼之的《吴歌乙集》，而此书有不少“秽亵歌谣”，令中大校长戴季陶大为不满，因此辞退了钟敬文。由此可见，涉及身体内容的歌谣在民间长久而大量地存在，这是没有问题的。而一旦这类歌谣被置于其自身语境之外，便会受到来自主导文化的压力，因为它超越语境的存在对于秩序形成了挑战。对于这一点，我们也可以参照周作人《猥亵的歌谣》一文对“猥亵歌谣”的解释来理解。他认为，“非习惯地说及性的事实者为猥亵”，关键在于是否超越了范围：

> 在习惯上要怎样说才算是逾越范围，成为违碍字样呢：这一层学得颇难速断。有些话在田野是日常谈话而绅士们以为不雅者，有些可以供茶余酒后的谈笑而不能形诸笔墨者，其标准殊不一律，现在只就文艺作品上略加检查，且看向来对于这些事情宽容到什么程度。

可见猥亵与否不但与歌谣内容本身有关，而且还要看它被谈及的语境是否得当：许多特殊场合中不能谈及（如文雅绅士的谈话、形诸笔墨的诗文），或者只有在一些特殊的场合才能谈及（如田野日常谈话、酒桌上的玩笑），否则便逾越了范围。即便对于传唱这些歌谣的底层民众而言，他们仍然遵循着某种话语秩序。例如《歌谣》第22期的一篇文章，作者写到儿时在乡村学唱歌谣的经历：

> 我七八岁时，每当冬春之间，老姑姑坐窗脚下，聚松子烧火取暖。喃喃教我唱乡村歌谣。
>
> ……

我幼时受歌谣的陶冶算是很深，所以我不能不把所晓得的，做一个有系统的研究。我不晓得的，将来再向乡村老妇人小孩子的口里去探讨。但是我所晓得的，只限于安福一方，所以现在只能做安福歌谣的研究。并且我幼时在家乡的日子少，在家也是不出户庭，不曾和田间的童子接触过。老姑姑口里传说的，又是经过了一次选择，所以发于男女之情的，简直没有听过。[①]

老姑姑在教孩子歌谣时有选择地过滤掉“男女之情”，这一行为看似不经意，却透露出主导文化观念的控制作用。在社会底层的乡民村妇之间，尽管一些诸如情歌、酸曲之类的歌谣很流行，但他们却十分清楚什么是应该的，什么是不好的——虽然可能得到身体的愉悦，却违背道德的戒律。于是他们在自己传唱和教育下一代之间仍然有着自觉的筛选和控制。因此，如果我们把乡野民间对猥亵歌谣的喜爱和传承看作一种审美习俗——对身体经验的本能偏爱的话，那么这种习俗如何被上层文化精英所阐释和规约（如汉儒解说《诗经》、出版猥亵的歌谣遭到禁止），以及如何被底层民众有所区分地对待（如老姑姑的筛选），都附着于这一习俗之上，使这种审美习俗受到话语秩序的控制，从而构成了一个蕴含张力和协调作用的文化构型系统。回到周作人的经典描述——“非习惯地说及性的事实者为猥亵”，我们可以更好地理解其精髓：不在于“说及性的事实”，而在于“非习惯”，也就是通过一种“话语实践”实现对文化秩序的僭越。

猥亵的歌谣在周作人看来有两个成因。第一，是合法发泄身体欲望的“意淫”手段。“他们过着贫困的生活可以不希求富贵，过着端庄的生活而总不能忘情于欢乐，于是唯一的方法是意淫，那些歌谣即是他们的梦，他们的法悦。”周作人强调，对自由之爱的追求和身体的放纵是东西方共有的人之常

① 王礼锡：《安福歌谣的研究》，《歌谣》1923年第22期。

情。第二，歌谣之所以“猥亵”，还在于民众的文化水平低，无法运用修饰与雕琢的语言和格律技巧，将“身体话语”通过艺术的、隐晦的方式传达出来。这也正是歌谣显得“猥亵”而诗歌却归于“正统”的原因。“其实论到内容，‘十八拍’的唱本与祝枝山辈所做的细腰纤足诸词并不见得有十分差异。”

一方面是底层民众在自然欲求不得实现之时，为求得精神满足而采取的意淫手段；另一方面是民众文化水平低下，语言表达上不善修饰的结果。周作人将这类歌谣置于它赖以产生的特定语境中，论证了这种民间审美习俗的合法化。可以看出，猥亵的歌谣虽然与伦理道德和保守禁欲的正统身体观相悖，但与其说它们是对身体秩序的反抗，倒不如说是一种旁逸斜出的声音，是底层社会特有的发泄途径——假之于话语，而不是别的。然而这种意淫和精神颠覆，却印证甚至维护了长久以来身体被规约的事实。因此当猥亵的歌谣成为民间固有的审美习俗，它们的意义，也就只有在旁人的发现和阐释中才可能成立。

随着五四以来北大搜集歌谣运动的开展，语涉秽亵的“吴歌”具有了身体解放的积极价值：“这是何等精神，何等勇气，何等力量！赤裸的人性，率真的心声，只民歌里有。”[①] 大量涉及私情、私奔、幽会内容的冯梦龙《山歌》，也得到了肯定和赞美：“如此热情，如此刚勇，真使人觉得这一字一句里都蕴藏着热的血泪。我们读后会以为她卑鄙淫荡么？不！我们只应佩服这位礼教叛徒的坚强的人格，而对她处境的恶劣表示极深的同情。”[②] 可以说周作人、常惠、顾颉刚、钟敬文等人对民间歌谣的凝视与阐释，代表了打破身体文化原有语境的艰难努力，其话语僭越行为，可能比歌谣中的身体意识本身具有更加积极的意义。这也与当时新文学运动中以鲁迅、郁达夫、茅盾、丁玲等作家为代表的推崇自我意识、身体经验的思想解放形成了互为支撑的关系，歌谣搜集与文学表达共同构成了推进中国社会转型的现代审美经验。

---

① 李素英：《吴歌的特质》，《歌谣》1936 年第 2 卷第 2 期。

② 顾颉刚：《山歌·序》，载《顾颉刚民俗学论集》，上海文艺出版社 1998 年版，第 372 页。

四、结语

中国传统精英文化中相对缺席的“身体”，始终是民间社会艺术表达的一个重要主题。歌谣为我们展示了一个苦难的民间，一个反抗的民间，一个世俗狂欢的民间，同时也是一个荒淫和缺乏规约的民间。只有充分发掘“身体”在民间审美习俗中的存在，我们关于中国社会身体观念的认识才趋于完整。此外，应当从话语实践的角度思考这类歌谣的价值：一方面，它们作为自然人性的艺术呈现，用固有的身体逻辑表达了对封建道德秩序的嘲讽和解构；另一方面，这类歌谣虽然传达了身体意识，却又遵从于话语秩序，从而成为主导文化构型的附属品。在社会文化转型期，当歌谣之外的文化精英群体作为旁观者开始凝视它们、谈论它们，把它们置于自身语境之外的时候，民间歌谣中的身体意识才被激活。作为具有抵抗精神的民间审美习俗，它们的积极意义从底层文化、边缘文化中被提炼出来，作为一种现代性的审美经验参与到新兴文化的构型之中。这一探讨对当代学界的身体文化研究至少具有两点启示：第一，无论是在前现代、现代或后现代语境中考量身体问题，都应注意作为主导的精英文化身体观与民间大众身体观之间的张力和交互影响。第二，身体哲学的反思与身体话语的反思同样重要。

（原文载于《民族文学研究》2013 年第 4 期）

仪式性的戏谑：陕北情歌的审美特性

强东红

关于陕北情歌的审美特性，学者大都从地域特色、文化风俗和陕北民众的性格特征等角度来阐释。本文主要借鉴文化人类学的研究成果，通过分析陕北情歌的审美特性“不在于言说什么样的爱情，而在于如何巧妙地以审美的形式来言说情事”来指出，陕北情歌是超出日常生活的文化剩余，是通过仪式性的戏谑来实现审美的。

一

在陕北民歌中的爱情歌曲的研究方面，有不少学者常常利用斯达尔夫人和丹纳等人的观点，从环境、种族和文化风俗等角度对其审美特性进行阐释。他们认为，陕北黄土高原在地理环境上雄浑苍茫、博大深厚而又沟壑纵横、闭塞贫瘠，在文化风俗上处于游牧文化与农耕文化的交融地带，既有草原文明的自由率直和豪放剽悍，又有农耕文明的稳重持成和僵硬刻板，这些人文地理因素塑造了陕北人民粗犷直率的性格特征，也形成了他们自由奔放和泼辣直露的情感表达方式。因此，陕北情歌应该是陕北人民真实热烈的感情的自由表达。

然而，在对大量丰富的陕北民歌的歌词文本和音乐形式进行深入体验之后，笔者发现，这种貌似合理的观点似乎存在一定问题。一方面，陕北民歌在表达情感方面并非袒露无遗式地直接宣泄，而是通过精巧复杂、独具匠心和积淀了无数代广大劳动人民的经验和智慧的审美形式来实现的。在歌词上，这些情歌一般都注重比兴、夸饰、反复、叠词和押韵等构成审美属性的修辞手法和技巧的运用，而这些巧妙的修辞手法在演唱民歌的具体场合中往往可以达成令人称奇的演唱效果。在音乐上，如波兰音乐理论家卓菲娅·丽莎所指出的，民歌的音乐曲调和基本旋律是在漫长岁月中经过无数代人民集体的千锤百炼而形成的[①]，陕北民歌也是如此。它们经过长年累月而晶化定型的音乐元素，大都光滑圆润和悦耳动听，本身就是审美属性和艺术魅力的活跃成分，在特定语境中，往往可以使民歌呈现出神秘奇异和动人心魄的艺术感染力。另一方面，在所表达的爱情内容上，与其他地区的民歌相比，陕北民歌似乎也没有呈现出更为明显的大胆出格的色彩。如以民歌中经常可见的带有荤味的情爱酸曲来说，在陕北民歌中，所谓的纯自然主义和赤裸裸的性描绘并不多见，所展现的一些色情场面，也没有比其他地区的民歌更为敞显直露。例如，像《玉稻黍开花一圪撮撮毛》[②]这样的民歌，已经是够酸够荤的了，在许多公开出版的陕北民歌选集里都没有收录。但在笔者看来，其色情味似乎也不比一些吴歌更为浓郁（如《鲍六姐·桑园相会》[③]），更没有超过冯梦龙所编的《山歌》。后者被奉为情歌经典公开出版，但其中的性渲染比比皆是，随手即可拈来一首，如《花》："姐儿生来像花开，花心未动等春来，囫囵囵两瓣只消得一滴清香露，日里含羞夜里开。"[④]实际上，陕北民歌在描绘情爱内容方面绝非无所顾忌和不受羁绊，而是依然在传统伦理观念框架内行事。绝大部分陕北情歌没有将情爱内容作为看点来细致描绘，而是将其虚化。如"拉手手（呀么）亲口口，咱二人山圪崂崂里走"，颇为大胆露骨和引人遐想，且具有挑逗性，但歌词并未具体实写而是就此止步。总之，在本文看来，不论是在形式上还是在爱情内容上，从地域特

① 参见［波］卓菲娅·丽莎《论音乐的特殊性》，于润洋译，上海文艺出版社 1980 年版，第 106 页。
② 《玉稻黍开花一圪撮撮毛》歌词如下：玉稻黍（玉米）开花一圪撮撮毛，上身身抱住下身身摇，手扳住两膀脚蹬住墙，一阵阵短来一阵阵长。
③ 《鲍六姐·桑园相会》：桑园地上凉悠悠，倍搭倍丹情郎哥哥两个困勒一横头，两只丁香白奶捏勒倍郎手里，像煞武大郎出外卖馒头……桑园地上凉悠悠，倍搭倍丹情郎哥哥两个困勒一横头，两只大腿搁勒拉伲郎身上嘘，像煞乡下人支车掰眠牛。摘自郑土有《吴语叙事山歌演唱传统研究》，上海辞书出版社 2005 年版，第 262 页。
④ （明）冯梦龙等编：《明清民歌时调集》（上），上海古籍出版社 1999 年版，第 354 页。

色和文化风俗方面似乎难以有效地阐释陕北情歌的审美性质。

还有一些学者借鉴了精神分析美学的艺术观，认为陕北情歌是陕北人民无意识心理和隐秘欲望冲动的表达和升华，这种观点有很大的合理性。中国古人说，“食色者，性也”。席勒也曾说过，“食欲与爱情推动世界前进”。与食欲相比，既满足个体的身体需要，又满足人的种族需要的性欲似乎更为重要，但是后者却更难以满足，因为后者涉及外部世界的对象，不可避免地涉及各种各样的社会群体的伦理道德和法律规则。男女情爱和性现象总是充满各种禁忌和秘密，人们也总是对其充满兴趣和好奇心，并千方百计予以满足。与之相应，人的性欲似乎也无止境，如弗洛伊德指出的，在人类的各种欲望中，性欲是最重要的压倒一切的本能冲动，性的满足给男男女女提供了一种无比强烈的快感，它一方面满足了人的生理身体和内在精神的需要，另一方面又使人们“没有脱离外部世界，相反，它紧紧抓住属于外部世界的对象，并从与它们的感情关系中获得幸福”[①]。但是，“每一种文明都必须以对本能的强制和否定为基础”[②]，文明必然要把如良心、规则、法律和习俗之如其类的限制强加给自然的本能冲动，对性欲的限制尤为甚之。因此，人在性爱方面的匮乏和缺失是必然的和根本的。对于身处环境恶劣、贫困偏僻、人烟稀少的黄土高原的普通老百姓来说，这一点尤为明显。然而，匮乏与欲望是成正比的，在艰苦困顿的日常生活中不得不忍受肉体痛苦、情感饥渴和性爱匮乏的普通老百姓，并不会完全听天由命和被动机械地忍受生活强加给他们的限制和规定，他们总会想方设法、曲里拐弯地将在现实生活中被抑制的强烈欲望表达出来。而陕北情歌自然成为老百姓顽强地表达欲望的一种方式，它们“使个体在现实生活中被压抑的欲望通过乔装打扮的形象或叙事得以表现出来”[③]。他们往往构造一种自由的、感性的

---

① ［奥］西格蒙德·弗洛伊德：《论文明》，徐洋、何桂全、张敦福译，国际文化出版公司 2007 年版，第 77 页。

② ［奥］西格蒙德·弗洛伊德：《论文明》，徐洋、何桂全、张敦福译，国际文化出版公司 2007 年版，第 7 页。

③ 王杰：《关于精神分析美学的评价问题》，载《审美幻象与审美人类学》，广西师范大学出版社 2002 年版，第 213 页。

和狂欢的世界，把现实生活中被否认或禁忌的隐秘愿望投射出来，从而宣泄压抑潜藏和累积已久的隐秘冲动。如周作人所说的："赞美私情种种的民歌，即是有此动机而不实行的人所采用的别求满足的方法。他们过着贫困的生活可以不希求富贵，过着庄端的生活而总不能忘情于欢乐，于是唯一的方法遂是意淫，那些歌谣即是他们的梦。"[①]

这种学术理路的前提是陕北民歌中的爱情是老百姓真实爱情的自由直率的表达，所言说的情事是他们日常情感生活的真实表征。然而，这种前提似乎与笔者的田野调查有悖。绝大部分陕北情歌描绘的并不是真正的自由恋爱和青年男女对纯真感情的追求与向往，也不是人民大众的自由心声和真实欲望的表达，实际上，这些情歌大都无关乎歌唱者或者现实生活中的男男女女的真情实感。在这点上，葛兰言关于《诗经·国风》中的情歌研究，值得一提。

二

100多年前，法国人类学家葛兰言（Marcel Granet）曾在《古代中国的节庆与歌谣》一书中对《诗经·国风》里的情歌深入研究。在他看来，这些上古时期的情歌并没有表达具体个人的独特情感，也根本没有表征实际生活中青年男女的细腻微妙和千姿百态的真实情感，所以很难断定这些古老民歌就是民间大众的自由心声和发自肺腑的真实感情的表达。首先，从生产者来说，这些精练优美的情歌"缺乏个人性"，他说："要想在单首诗里发现作者的个性，只不过是徒劳之举。这些没有个性的恋人们，全都在一个纯粹程式化的背景里，体验着完全相同的没有个性的情感……诗歌缺乏个人性，这必然可以假定，诗歌的起源是非个人性的。"[②] 他认为，这些情歌不可能是普通民众个体的自我创造，

① 周作人：《猥亵的歌谣》，《歌谣》，1923年12月17日。
② ［法］葛兰言：《古代中国的节庆与歌谣》，赵丙祥、张宏明译，赵丙祥校，广西师范大学出版社2005年版，第75页。

而应该是整个族群在跨度很长的时期内共同生产、加工、制订和完善的。其次，从诗歌的爱情内容来说，这些情歌里并没有表达任何个人的情感，而抒情内容也大都程式化，“与其说歌谣表达了情感，不如说表达了情感主题，举例来说，约会、订婚礼、口角和分离。这些事情对所有人都是同样的，而且所有男男女女都以同样方式对此作出反应”[①]。而且，情歌的场景本身也是“一种固定不变的图景”，大多是田野山川河流等地理风貌，而这些场景往往会在另一首歌谣中重复出现，成为一种程式化或套路化的展现情事的场景。最后，从目的来看，这些古老情歌与古代农业社会的季节性的节庆仪式有关，这些节庆仪式往往带有神圣性质，大多具有祈求丰收、幸福、吉祥、风调雨顺、多子多产和维系村落共同体的功利目的。因为男女两性的结合是所有联盟的基础，所以在这些仪式上，长辈们往往会“引导着年轻的一代同时进入公共生活和性爱生活中，从而赋予年轻人以必需的地位成为（其他集团的）人质并参加交换”[②]。而在这种季节性的仪式上，人们常常优先选择赛歌来渲染气氛，通过富有情调和曲折迂回的艺术来润滑缓和“父母之命、媒妁之言”等婚姻制度的生硬强制性。

在葛兰言看来，在具体节庆性仪式上的赛歌过程中，青年男女所歌唱的情歌是规范性和程式性的，已经提前规定好，青年男女所做的只是演好他们在歌唱比赛中的角色而已。这些青年男女并不需要多少创造性，只需要重复社会提前规定准备给他们的歌词和音乐旋律即可。即使有一些即兴创作，也不过是“从舞蹈的韵律中产生的，除了发现几个具体的意象、几个有声姿态外，绝不可能比这走得更远”[③]。这些优雅的情歌对于古老的乡村共同体来说可能具有重要意义，但对于男女个体来说，只不过是村落共同体的定型惯例的文化符号而已。尽管个体在参加这种神圣的仪式演唱民歌时，必定会带有神圣庄严的强烈

---

① ［法］葛兰言：《古代中国的节庆与歌谣》，赵丙祥、张宏明译，赵丙祥校，广西师范大学出版社2005年版，第74页。

② ［法］葛兰言：《古代中国的节庆与歌谣》，赵丙祥、张宏明译，赵丙祥校，广西师范大学出版社2005年版，第184页。

③ ［法］葛兰言：《古代中国的节庆与歌谣》，赵丙祥、张宏明译，赵丙祥校，广西师范大学出版社2005年版，第192页。

感情，但是，它们并没有表达多少个体的真情实感，自然也不可能是他们的自由心声的流露和男女两性的真正相悦的爱情的表达。

显而易见，葛兰言对《诗经·国风》的研究对于本文所论的陕北情歌具有重要的启示意义。陕北情歌尽管与《诗经·国风》不同，现在所能见到的陕北民歌大都是19世纪末以后的作品，其中的爱情歌曲并没有多少神秘庄严的季节性的仪式色彩，基本上没有那种祈求丰产、祥瑞和多子的仪式成分。但也要看到，陕北民歌中所传达的爱情可能也与《国风》相类似，它们并非有血有肉的男男女女的真实爱情，而可能是一种仪式化、程式化、符号化的“情”。这种“情”可能与青年男女的自由恋爱无关，更不能生硬地认为它们是男男女女的真情实感的表达。不管歌手唱得多么大胆直露、撩人心扉和让人脸红，他们所从事的不是真正的恋爱或偷情的行为，而是对情事的叙述。这些情歌所涉及的爱情大都是虚拟想象的，其故事情节大都是对各种情歌类型化后而形成的程式，民歌的生产者也就是在这种框架中极尽想象虚构之能事，来幻化出各种恋爱偷情的情节和场景。这些民歌的吸引人之处或艺术魅力不在于情事，而在于对情事的巧妙叙述。

如描绘男女相识的陕北民歌，往往会想象夸大男方如何主动大胆地运用一切手段死缠硬磨地挑逗调情，并虚构铺陈女方起初如何被动矜持，后来如何半推半就、欲拒还迎。如以闹秧歌时表演的小场子《观花》[①]来说，在表面上

① 《观花》的歌词如下：1. 十七八的女孩（是）爱戴花，走到（个）花园里把花摘，左戴花（来那）右戴花，两鬓上又戴海棠花，（哎嗨哎嗨哟哎哟哟）两鬓上又戴海棠花。2. 白格生生脸蛋像果子花，两耳（是）又戴生金花，口里含着（那）水红花，红丝绸裤儿一朵一朵花，（哎嗨哎嗨哟哎哟哟）红丝绸裤儿一朵一朵花。3. 花花（那）罗裙（是）转边边花，高底子绣鞋（是）满脸脸花，这花那花（那）我不爱，单爱妹妹你一朵花，（哎嗨哎嗨哟哎哟哟）单爱妹妹你一朵花。4. 你要观花给了你个难，花儿（那）藏在绣房里边，四下周围把窗格拦，奴看你哪达（咋）把花儿观，（哎嗨哎嗨哟哎哟哟），奴看你哪达（咋）把花儿观。5. 我要观花（那）也不难，变成（个）蜘蛛（那）往里沿，三沿两沿（那）沿进去，手攀上窗格（咋）把花儿观，（哎嗨哎嗨哟哎哟哟），手攀上窗格（咋）把花儿观。6. 你要观花给了你个难，花儿藏在花园里边，花园里边花儿多，你知道妹妹是哪一朵。7. 我要观花不怕难，变成个蜜蜂上下翻，别的花儿我不采，单采妹妹你这朵红牡丹。8. 你要观花给了你个难，花儿藏在山里边，四山周围是树枝拦，奴看你怎么把花观。9. 我要观花不怕难，变成个老虎去搜山，山林深沟我都搜遍，手攀住树枝把花观。10. 你要观花给你个难，花儿藏在云里边，四下周围是云头，奴看你怎么把花观。11. 我要观花不怕难，变成个燕子飞上天，穿云破雾寻花朵，手攀住云头把花观。12. 哥哥观花不怕难，妹子心里好喜欢，要想观花等来年，把花摘在家里边。——马保信主编：《中国陕北民歌经典》，三秦出版社2007年版，第294—295页。

看，也是一首情歌，但深入分析，其欣赏重点实际上不在于爱情内容，而在于如何叙述爱情。民歌将场景安排在花园，妙龄少女花枝招展地出场，其中女孩身上装饰的各种各样的花显然过于夸张，但却起到了非常巧妙的夸饰效果。接下来男方开始挑逗，表示要观花，而女方想方设法出难题，说要将花藏在“绣房”“花园”“山里”和“云里”，而男方则想出各种巧妙手段，说要变成“蜘蛛”“蜜蜂”“老虎”和“燕子”破解女方的难题，最后女方被男方的坚持不懈所打动，说“哥哥观花不怕难，妹子心里好喜欢”，接受了男方。不难看出，这首民歌所展演的爱情只是一种幌子，真正引人入胜的实际上还是歌唱者的表演，女孩的装饰、难题和男方化解难题的手段都可以表现歌唱者的口才和智慧。显而易见，歌唱者和听众所把玩欣赏的固然与其负载的情爱内容有关，但更重要的是与其叙述表达的形式有关，情爱内容是固定的，而叙述表达的形式和手段却是变化多样的，后者其实才是更为重要的看点，才是烘托气氛、获得赞赏和引人入胜的地方。

三

上文指出，陕北民歌的爱情是“一种仪式化、程式化、符号化的固定的‘情’”，这里意欲借鉴节日狂欢理论和戏谑理论进行阐释。在巴赫金看来，狂欢是一种普遍现象，不论在什么样的社会状态，都有其滋生的土壤。而对于生活过于单调或处于压抑紧张中的民众来说，狂欢冲动似乎尤为甚之。这些在物质和精神上处于匮乏的民众往往会借助狂欢化的活动，在心理上自由大胆地颠覆现实桎梏，重新构造另一个可以满足其欲望的想象世界。就本文而言，陕北民众生产和歌唱情歌与其说是歌颂和追求所谓的自由爱情，不如说是为了摆脱日常生活的单调乏味和沉闷枯燥，而进行的一种精神上的狂欢活动，“唱上个酸曲解心焦”，其目的就是娱乐放松。在歌唱活动中，不论是歌唱者还是听众，都可以通过玩味其中的情爱来宣泄自己内心深处潜藏的本能欲望，摆脱日常生活中的单调、紧张和压抑，获得一种如释重负的轻松感，从而具有一种狂欢化色彩。巴赫金认为，普通民众的狂欢现象往往伴随着男男女女的肉体的解放："在这里，物质—肉体的因素被看作包罗万象的和全民性的，并且正是作为这样一种东西而同一切脱离世界物质—肉体本源的东西相对立，同一切自我隔离和自我封闭相对立，同一切抽象的理想相对立，同一切与世隔绝和无视大地和身体的重要性的自命不凡相对立。"[①] 巴赫金在这里把身体当作人类社会的重要的物质基础。陕北民歌是普通老百姓的身体性经验的表征，大都感性具体、血色丰润、有血有肉，其中带有荤腥味的酸曲尤为甚之。在情感和肉体上感到匮乏的普通民众在歌唱这种丰腴肉感的情歌时，确实有一种节日般的感觉，在这种节日式的狂欢中，民众可以将积累压抑已久的心理能量宣泄一空，从而达成一种审美快感。

英国人类学家维克多·特纳在《仪式过程——结构与反结构》一书中指出，在节日的仪式程序中，民众会进入一种带有狂欢意味的"交融"状态。交融的作用在于通过仪式过程融化由于结构化的社会秩序而造成的不同层次、位置和各种群体的区分、矛盾和对立。特纳指出："交融以阈限的形式，进入到了结构的缝隙之处；以边缘的形式，进入到了结构的边缘之处；以地位低下的形式，进入到了结构的底层之处……交融逾越或化解了那些掌控'已经建构'和'制度化'了的关系的规范，同时还伴随着对前所未有的能力的体验。"[②] 在特纳看来，那种交融往往是通过戏谑和嘲弄实现的："凭借这个机会，他们能够从不得不进行的交融中脱离出去，进入到虚拟结构之中。在虚拟结构里，所有过分的行为都是可能发生的。但是（这种方式很奇特）这些粗率的'交融支持者'却能通过戏谑和嘲弄，将交融渗透到整个社会之中去。"[③] 特纳与巴赫金

---

① ［苏］巴赫金：《拉伯雷研究》，李兆林、夏忠宪等译，河北教育出版社 1998 年版，第 23 页。

② ［英］维克多·特纳：《仪式过程——结构与反结构》，黄剑波、柳博赟译，中国人民大学出版社 2006 年版，第 129 页。

③ ［英］维克多·特纳：《仪式过程——结构与反结构》，黄剑波、柳博赟译，中国人民大学出版社 2006 年版，第 205 页。

的论述实际上殊途同归，在节日狂欢的仪式过程中，戏谑与诙谐得到了普遍运用。诙谐与戏谑往往是弱者反抗强权、底层民众反抗威权和专制的有效手段。如巴赫金所说："世界上还有什么比诙谐更强大的手段能对抗世界和命运的一切嘲弄！面对这副讽刺的假面，最强大的敌人也会感到恐惧，如果我敢讥笑不幸，不幸也得向我低头！"[①]

在我看来，巴赫金与特纳的节日仪式理论对于本文所论的陕北情歌的审美性质具有重要的启示意义。如前所述，陕北情歌采用的不是直接宣泄的形式，而是非常精巧美妙的方式来实现的。而通过具体分析大量的陕北民歌的歌词和音乐曲调，可以看出，它们往往采用一种富有特色的诙谐戏谑的手段，来实现和达成审美效果。在具体的小语境中，歌手在歌唱时往往会通过其所叙述的滑稽内容、俏皮的歌词搭配和不谐称的音乐旋律来实现一种逗笑取乐的效果。如以《一个姐儿好人才》（1979）为例，从题目和歌词内容来看，这首民歌似乎是一首爱情歌曲，然而，这首民歌其实是一首锄地号子歌。在当时的农业社集体劳动时，村民们一边锄地，一边唱歌，前呼后应，虽然身在田间，干着机械枯燥的农活，承受着烈日的暴晒和肉体的乏累，心里却向往着"好人才的姐儿"。他们的歌唱使动作协调、富有节奏感，从而缓解身体的疲劳，并摆脱了劳作生活的乏味感。还要看到，在具体的劳动场合，歌唱这首民歌可以取得极强的滑稽戏谑的效果。光着膀子、满头大汗的男人们，一边在干着粗笨的农活，一边还在玩味那位"好人才的姐儿"的身体、头发、眉毛、嘴唇和樱桃小口，每唱完一段，便会大笑一阵，有的往往用长时间的笑声来取代那句感叹词"咿哟来嗬咿哟来嗨，哟嗬来哟嗬哟嗬来嗨"。显而易见，这些陕北酸曲在具体特定的歌唱语境中，展演了一种与传统权威、道德禁忌和日常规范相违背的虚拟场景，广大民众可以在这种幻象里释放压抑已久的欲望，从而产生一种肉体上的解放感和快感。而且，在歌唱和聆听陕北情歌时，民众大都不会

---

① ［苏］巴赫金：《拉伯雷研究》，李兆林、夏忠宪等译，河北教育出版社 1998 年版，第 45 页。

产生悲伤、哀婉和惆怅的情感，更多的是面对歌唱者的夸大滑稽的表演发出阵阵哄笑。

从某种程度上说，逗笑取乐是人类在漫长发展过程中形成的特殊能力。耀斯曾在评价拉伯雷的诙谐创作时指出："这种笑……对是否定还是肯定社会条件毫不在意，而只是为了把不断地受到压制的人类学的真理昭示于世，这真理甚至连狂欢节这种特别许可的制度也试图将它转变成某种无害的东西，这真理就是'笑是人的本性'。"[①] 关于笑的功能，在弗洛伊德看来，笑有一种宣泄、消耗和解放的作用，笑声使广大民众在日常生活中绷紧的神经得到舒张放松。不过在聆听陕北民歌时，笑声已不再仅仅是一种生理快感，不是散乱的、漫无目的的、生理性的机械笑声，而是在鉴别、知觉和欣赏一种有目的和完整统一的经验时的反应，显然是一种审美快感。而根据古斯塔夫·勒庞对群体心理的研究，在群体活动中，由于诙谐和戏谑而带来的笑声具有强烈的传染性，这种笑不是一个人的笑，而是许多观众不约而同的笑，这就使每个观众觉得拥有与别人同样的感情与体验，使他们在笑声中达到沟通、理解与认同，从而增强和深化了审美快感。挪威笑话学者英格维尔特·萨利特·吉尔胡斯在《发笑的神灵，哭泣的贞女：宗教史中的笑》一书中对古代近东神话中的笑话做了分析，区分出嘲弄和再生两种笑。嘲弄的笑（或控制的笑）"常常是由牺牲者的个人野心和他的世界或社会地位之间的不协调所触发，或者是牺牲者受愚弄"[②]。再生的笑往往"由女性的裸体和男性的政治和淫秽所触发，因为两性力量的相互作用而放肆"[③]。在我看来，吉尔胡斯的研究正为陕北情歌的戏谑功能作了一个有说服力的理论注释。情歌的歌唱者往往通过出洋相和贬低自己来加强观众的优越感，从而引起阵阵哄笑。而放肆大胆的色情意味又因为与身体能量的释放和

---

① ［德］汉斯·罗伯特·耀斯：《审美经验与文学解释学》，顾建光、顾静宇、张乐天译，上海译文出版社 1997 年版，第 319 页。

② ［挪威］英格维尔特·萨利特·吉尔胡斯：《发笑的神灵，哭泣的贞女：宗教史中的笑》，陈文庆译，上海人民出版社 2005 年版，第 25 页。

③ ［挪威］英格维尔特·萨利特·吉尔胡斯：《发笑的神灵，哭泣的贞女：宗教史中的笑》，陈文庆译，上海人民出版社 2005 年版，第 26 页。

生命的更新与再生有关，所以也能引起笑声。

行文至此，可以对陕北情歌的审美性质做出明确论述。在本文看来，绝大部分陕北情歌并不是陕北人民的真正爱情和恋爱生活的自由大胆的表征，也不是人民大众的自由心声和真实欲望的袒露无遗的宣泄式的简单表达。更应该说，陕北民众的民歌经验活动实际是一种刻意经营、精心为之的乡村共同体的集体性审美活动。从各种陕北民歌选集中可以看出，不论在歌词还是在音乐曲调方面，陕北民歌都拥有一系列精巧复杂、特色鲜明和极具表现力的审美形式，这些形式本身就使民歌在具体的演唱语境中呈现出神秘奇异和动人心魄的艺术感染力。而在所表征的爱情内容上，歌唱者和听众所把玩欣赏的重点可能不在于所言说的情事，而在于如何言说情事的精致巧妙的审美形式。也就是说，如何言说和叙述情事才是陕北情歌更能烘托气氛、获得赞赏和引人入胜的地方。这正充分说明陕北民众的民歌活动实际上已经与日常生活拉开一定的距离，已经超出了普通的平常生活，是一种物质必要、生活之外的文化剩余。在具体语境的民歌活动中，陕北民众往往建构和烘托了一种狂欢节式的和仪式化的文化氛围。这种超出平常和刻意经营的与日常生活拉开距离的审美化的仪式化程序，又在一定程度上催化和加强了陕北民歌的审美效果。还要看到，陕北情歌往往采用戏谑诙谐和夸饰意味浓郁的滑稽手段来达成独特的审美效果。

（原文载于《马克思主义美学研究》2017 年第 1 期）

刘三姐歌谣的跨文化传唱

任旭彬

刘三姐是壮族歌圩的女儿，这位能歌善舞的“歌仙”是广西的文化形象。跨民族传唱且文本化了的刘三姐歌谣一直以来都是汉语歌谣，为什么被认为是壮族歌谣？壮语歌谣转换成汉语歌谣，刘三姐歌谣及刘三姐形象发生了什么样的变化？本文从跨民族跨语际审美文化交流的角度试图探讨这个问题。

一、刘三姐壮语歌谣的译介难题

1959 年 5 月，广西“柳州市《刘三姐》创作组”部分成员前往传说中刘三姐故乡的宜山（今宜州）、罗城采风，“凡有关刘三姐的传说，不管现在能否用得上，应有闻必录，不漏只言片语；凡当地群众口传习诵的山歌和民谣，不管其思想内容如何，都要一字不漏地记录下来”[①]。创作组采集到的刘三姐歌谣都收入 1996 年出版的“刘三姐丛书”中的《刘三姐山歌集》。2010 年 9 月 13 日，在广西宜州市文化馆，正在整理“刘三姐壮族歌谣”的 63 岁刘三姐歌谣传承人壮族歌师莫仁禄先生从保存已久的古壮字[②]手抄本中为笔者把几首壮族刘三姐身世叙事歌谣[③]翻译成汉文：

① 邓凡平：《歌海遇仙记》，中国戏剧出版社 2007 年版，第 29—30 页、第 50—59 页。

② 古壮字：唐宋以后，随着汉文化在壮族地区的广泛传播，壮族人民借用汉字的偏旁、部首、发音、语义，仿造汉字六书的构字方法，创造了方块壮字（土俗字），至今仍然在壮族地区的民间流行。由于各地的古壮字字形不一，并没有形成统一的规范，没有成为全社会的通行文字。

③ 出自原宜州市刘三姐乡龙降村蓬枯屯李日芳古壮字歌本。

原文	汉文
芶绕邳其盆	青藤在那起，
芶门邳其起	薯藤那里出。
老班个班你	前朝到如今，
扶尔知□欢	哪个造唱欢[①]？
老班伝拉伶	老班人也伶，
知□情斗腊	会传情歌玩。
台看刘三达	前朝刘三妹，
讲话之盆欢	讲话就是欢。
丕𡗶分□四	天上分成四，
夲地分□双	地下分成双，
咱知比要欢	谁先编成欢，
者地方热闹	给世间热闹？
台看刘三达	前世刘三妹，
香腊夲地方	日玩在世间。
□斗旹地方	传情在地下，
伝仿累热闹	世间得热闹。

1998年出版的《宜州市志》里记载：清道光八年（1828）《庆远府志》和民国7年（1918）《宜山县志》均载："刘三妹（'妹'壮语音读'达'，意为姑娘，亦为壮语未婚女性词义），相传唐时下枧村壮女，性爱唱歌，其兄恶之，

① 欢：宜州壮语音译，是壮族民歌的一种形式，指曲调优美的山歌。

与登近河悬崖砍柴，三妹身在崖外，手攀一藤，其兄将藤砍断，三妹落水，流至梧州，州民捞起，立庙祀之，号为龙母，甚灵验。今其落水崖高数百尺，上有木扁担斜插崖外，木匣悬于崖旁，人不能到，亦数百年不朽。”[①]壮族歌谣里的“刘三妹”就是“刘三姐”，俨然创造歌圩的“始祖神”。20世纪五六十年代民间文学采集者和“柳州市《刘三姐》创作组”采风小组采集到的刘三姐山歌以及1998年的《宜州市志》里记载的刘三姐歌谣，均是“七言”的汉语歌谣，都没有古壮字刘三姐歌谣。当年“一字不漏地记录下来”的刘三姐歌谣显然忽略了壮语歌谣。73岁的原宜州市志办主任莫瑞杨先生也在整理“刘三姐壮族歌谣”，笔者就这个问题请教了他。他认为，当年民间文学的收集者如肖甘牛、覃桂清、邓凡平等人多数为汉族人，都听不懂当地壮语，采集到的均是汉语山歌，而且，他们都没有采集古壮字手抄本歌书的意识。[②]宜州这种情况在广西绝非特例，笔者以此推测，如果考虑到壮语山歌，覃桂清先生在《刘三姐纵横》中记载的“广西有39个县市流传刘三姐传说”[③]，这个数字恐怕就有所遗漏了。

刘三姐由壮语山歌中的“歌神”变成了“龙母”和汉语山歌中的“歌仙”，壮语歌谣和汉语歌谣是怎样在互动中改写了刘三姐形象?

《壮学丛书·总序》对“歌圩”定义：“所谓‘歌圩’，壮语北部方言叫‘圩蓬’，意即欢乐的圩场；南部方言叫‘航端’，意为峒场圩市。是因其群集欢会酬唱，情如欢乐的集市而得名。”[④]“歌圩”是壮族人民在特定的时间、地点举行的节日性的大型集体民俗活动。在《壮族文学史》和《壮族歌谣概论》中，“诗”是与“欢”“加”“比”“鱼”等并列的一个概念。壮族学者农学冠认为，“欢”多为五言句，多押腰脚韵，而“诗”多为七言句，押脚韵，显然是

---

① 广西壮族自治区宜州市地方志编纂委员会编：《宜州市志》，广西人民出版社1998年版，第714页。

② 作者根据访谈录音整理。

③ 参见覃桂清《刘三姐纵横》，广西民族出版社1992年版，第61—94页。

④ 张声震：《壮族历史文化与〈壮学丛书〉——〈壮学丛书〉总序》，《广西民族研究》2003年第1期。

受汉语诗歌传统影响较深的缘故。[①] 一般认为，“诗”或“西”都是汉字“诗”的借音，“吟诗”相当于我们所说的唱山歌。[②] 壮族民歌有各种艺术形式，体裁多种，而且韵律结构也非常独特，有勒脚歌和排歌等。韵律上腰脚韵或头脚韵互押，如一些五言四句壮族民歌是头脚韵体，讲究下句句中腰韵押韵处必须具有相对完整的词意。“刘三姐”的山歌，即属于七言体山歌。“壮语五言体变成汉体诗五言、七言体，又要符合汉诗体的押韵，这似乎已变成另一种语言文字符号。”[③] 这个观点可以得到武鸣壮族歌师蒙水生的实证。[④]

壮语的七言体山歌翻译成汉语的七言体山歌也很困难。宜州“广西歌王”黄月香创作过一首壮歌：

Kjan xat no kai uei pin sai, （早上鸡肉随便吃）
Kjan xam no uai au la li, （晚上牛肉炒苦瓜）
Tu sen kja tin in ko li, （独生家庭真是好）
Lə kua in i xom ŋim ŋim. （锅里经常香喷喷）

这是典型的七言四行壮歌，第二行和第三行最后的字押同一个韵，这叫押脚韵；第一行的最后一个字和第二行的第四字押同一个韵，第三行的最后一个字又和第四行的第四个字押同一个韵，这叫押腰韵。壮族山歌既押脚韵又押

① 参见农学冠《壮族的故事、歌谣和谚语》，载《赴泰国学术交流——民族研究论文集》，广西民族学院 1986 年 5 月编印，第 25 页。
② 参见农学冠《壮族的故事、歌谣和谚语》，载《赴泰国学术交流——民族研究论文集》，广西民族学院 1986 年 5 月编印，第 20 页。
③ 农冠品：《泛说右江流域壮族嘹歌》，《广西右江民族师专学报》2004 年第 5 期。
④ 武鸣壮族歌师蒙水生是 20 世纪 60 年代前期广西艺术学院民族声乐系的本科毕业生。2010 年 4 月 16 日，在武鸣“三月三”歌圩节上，笔者就山歌翻译对他做了访谈。（笔者）问：我听说你是武鸣“三月三”歌圩节的形象歌王，主要是把壮语山歌翻译成汉语山歌，请问你是如何做这项工作？（蒙水生）答：几年来新闻媒体把我称为歌圩的形象歌王，其实是期望我把壮歌翻译成汉歌。这只是炒作，我的工作实际上是搜集民间歌谣。跟民间歌王比，我自己无法望其项背。武鸣的五言壮歌不可能翻译成汉歌，一曲壮歌“古时发大水，剩下两兄妹；二人结夫妻，创造全人类”，歌词是可以翻译成普通话的，但壮歌的韵味完全丧失。

腰韵，唱起来十分和谐好听。把这首歌翻译成汉语山歌很费劲，要完全翻译出那种韵味很难。把大概意思翻译过来，再作一些润色，用汉语山歌就可以这样唱：

早早都有鸡肉挹[①]，夜夜牛肉摆上台。

独生家庭实在好，幸福生活早到来。

这样翻译和那首壮歌八九不离十了，押韵也很好。壮语山歌想要让更多的人听懂必须过翻译这一关，翻译的时候也不能局限于每个字眼，要灵活转变。即使这样，也只能翻译出大意，壮歌自身的土味和韵味是翻译不出来的。从目前来看，汉语山歌传播范围要广一些，因为听懂的人多。壮语山歌因为听懂的人不多，受到很大的限制，主要在壮族聚居地流传，传播不出去。[②] 这样翻译，壮汉语基本意义是相同的，但从审美意蕴和情感表达效果来看，应该说歌王是用汉语来创作了。

语言的意义是根据语形、语义、语用的规则和交际语境、语言使用者应用这个语言形式所表达的思想感情或传递的信息。作为符号的语言词语包括理性意义以及附着在理性意义上的感性意义。任何语言的意义、价值、情趣、旨意等都依附于特定的语境。语境的创造都是理智与情感双向投入的结果，都隐含着由二者所构成的意义整体。语境的创造是受社会文化制约的，文化意义有理性与非理性之别。语境的可理解性要求创造者和解读者处于同一文化环境中才能够获得沟通和达成共识。杨春时先生在《审美的符号创造》一文中提出：审美活动是符号的创造，是现实符号向审美符号生成的过程。他认为现实符号能指（审美对象的形式）的意义是确指意义。只有当现实符号构成审美符号时，

① 挹：宜州的汉语方言桂柳话（西南官话）“吃”的意思。

② 参见黄晓娟、黎学锐《壮族女性与民歌传承——歌王黄月香口述史》，载《2008 年中国艺术人类学论坛暨国际学术会议——“传统技艺与当代社会发展”论文集》（未刊），第 315 页。原文为歌王黄月香口述记录，作者在语言上稍加整理。

艺术作品才具有审美意义。而现实符号转化为艺术符号的过程中，意义被消解了，它被形式化了，仅剩下能指。[①] 这是因为审美活动中，一个“能指”形式所包含的“所指”内容，完全可以因人、因事、因地、因情、因境而变，这对语境创造者如此，对语境解读者亦如此，所以“所指”内容是多义的、不可重复的。审美活动总是处于特定的历史情境中，审美活动中的引申、象征、隐喻总是受到文化态度的影响，具有不同文化态度的民族或个体，其价值取向也往往不完全一致，这也必然影响到解读者对词语的感悟和理解。从象征人类学角度来看，引申、象征、隐喻是一种赋予事物以意义的符号行为，这种行为通过约定俗成的暗示与联想使人们的意义和情感实现“物化”。因此，这类语境符号的意蕴只能是默契地意会，是一种在一定的文化范围之内被创造和接受的文化行为，创造者和接受者都体现同样的文化观念。审美主体所隶属的文化传统、习俗心态、知识及实践状况形成一个先在的主体结构，支配和左右着他的创造或读解活动。不同的人处于不同的文化熏染之中，获得不同的文化指令，从而形成不同的审美观念。如对中国人而言，“松柏”具有丰富的文化内涵，人们将之与“高洁的品格，顽强的生命力”等抽象意义联系起来，但在俄罗斯文化中，“松柏”一词根本没有此类文化附加意义，只是一种普通的植物而已，不会引起俄罗斯人的丰富联想。

由于人的文化实践活动和审美经验的积累产生不同的审美联想和想象，因而也就产生了不同的审美感受。不同文化语境的审美符号转换很难达到审美效果的等值转换。因为这不是简单的语言层面的转换，更是跨文化信息的转换。“审美符号的最深层的意义就在于它与主体的审美心理活动相联系而展示主体的审美实践活动的内容。”[②] 这内容包括特定文化语境的自然景观、艺术形象形式、存在性的思想和观念、风俗人情等文化因素。在山歌翻译中，审美符号依附于语言符号之上却又超出单纯的语言符号的所指含义。两种审美符号之间达

---

① 参见杨春时《审美的符号创造》,《创作评谭》2004 年第 4 期。

② 马国柱:《从符号学看审美主体与符号客体的价值关系》,《中国人民大学学报》1996 年第 3 期。

到语言、美感、文化这三方面的转换往往体现出翻译主体的意义建构。“翻译文本都是经过变形和改造，融入译者的主观审美意向和历史存在的一种自足的艺术创造产物。”[①] 跨语言、跨文化传播的文化交流，由于语言、地域、文化、民族心理及审美价值的差异，不可能逐字逐句地把一种语言切换成另一种语言，这无疑会遮蔽被译语言的多重意义。“任何译作在某种程度上都是再创造，因此它也构成一个独特的文本。”[②] 就刘三姐歌谣翻译而言，除了要求译者会壮语懂壮歌、了解壮族民俗和壮族历史，还要具备汉诗歌修养和翻译知识，才能译出达、雅、顺的上乘译作。“翻译”这一跨语际审美实践已经与他者文化在碰撞中融合。

二、壮族歌谣与壮族歌圩

壮语的词汇比汉语丰富，尤其是形容词和动词方面，这反映了壮语的丰富、生动和优美。壮语有 22 个声母（汉语 21 个）、108 个韵母（汉语 35 个）、6 个声调（汉语 4 个）；有不少壮语的形容词和动词，用汉语是无法准确地翻译过来的。壮语山歌“（1）从体裁来分，有：单首独立存在的散歌；回环反复咏唱的勒脚歌；首数固定的组歌；长短灵活的排歌和连续叙唱的长诗五大类。（2）从押韵规律来分，有：脚腰韵、脚头韵、脚韵、勒脚韵和自由韵五大类。（3）从句式来分，即按它的字数多少、句子长短和长短句如何搭配、韵律如何变化来分，有五言、六言、七言、八言、十言和长短句等各种艺术形式三十多种”[③]。壮语山歌在押韵方面更具音乐效果。汉语山歌一般都是末字押韵，显得比较单一。壮语山歌有多种用韵，韵味无穷，比较活泼，情浓意足，可以反复咏唱而无拖沓之感。语音的声调是构成歌咏旋律的基础，声调不同曲调也不

---

① 许钧：《“创造性叛逆”和翻译主体性的确立》，《中国翻译》2003 年第 1 期。

② Bassnett, Susan, *Translation Studies*, London: Methun, 1980, p.38.

③ 黄革：《广西壮族民歌概略》，《广西大学学报（哲学社会科学版）》1989 年第 1 期。

同，曲调又以相对稳定的形式咏唱传承。

在民间歌者的观念中，以唱歌能力来看，有歌手、歌师、歌王、歌仙四级“职称”，“歌仙”只有歌圩鼻祖刘三姐当之无愧。歌圩上歌手之间的对歌其实是一种群体性的诗歌创作活动。对歌时，一般是男女歌队（歌组）之间的对唱，歌队中有创编歌词能力的往往只有一两个歌师，担当“军师”，其他人则跟着唱。四周围上听歌、赏歌的观众，从而形成诗歌创作、欣赏、评论一体化的综合性艺术活动，此谓“赛诗”。赛诗不论人数，不分男女，内容非常丰富，语言生动感人，充满情趣。歌手唱的歌调几乎没有什么变化，对唱的歌调却可以不同，广西各地不同歌调加起来达 1000 种以上。[①] 例如，据武鸣歌师蒙水生说，武鸣山歌大体分为东部、西部、南部、北部、中部五种，目前已经调查发现共 36 个歌调，很多歌调是自古就代代相传下来的。“赛诗”很大程度上并不是比音乐意义上的演唱技能，主要是品赏诗歌艺术，展示歌手创作诗歌的智慧、技术和才能，通过歌调传情达意，从中获得艺术的美感享受。正如清代广西龙州壮族文人黄敬椿描写壮族歌圩的诗所云：“木棉飞絮是圩期，柳暗花明任所之；男女行歌同入市，听谁慧舌制新诗。”

歌圩上也有歌手之间的个人对歌，那是善“诗”的有创作能力的歌手之间的对唱。歌手对唱正是所谓“棋逢对手、将遇良才”，诚如宋代周去非的《岭外代答》所记述，壮人“迭歌相和，含情凄婉，皆临机自撰，不肯蹈袭，其间乃有绝佳者”[②]。山歌最富有情趣的部分就是对唱，对歌比唱山歌难度要大。对歌一般都以挖别人墙脚来堵自己的漏洞，谁挖不过别人，谁就得服输。对歌的时候每个人都拼尽所能各显神通，唇枪舌剑屡见不鲜，嘲弄讽刺司空见惯，这种对歌有突出的娱乐功能。有的对歌是考察对方的知识文化掌握情况，如“盘歌”，对方答不上就认输。盘歌是双方互相盘问对答的歌体，表现人们的聪敏

① 参见范西姆《论百越部族民间多声部音乐的现象和特征》，载覃乃昌、潘其旭《壮学论集》，广西民族出版社 1995 年版，第 642—648 页。

② （宋）周去非：《岭外代答》，民国影印本，第 42 页。

智慧。有猜谜、测智式盘歌，考问难题式盘歌，探情表意式盘歌，传授知识式盘歌。融知识性、生动性、趣味性、技艺性于一体。这是寓教于乐的一种歌式，主要是承担文化传承的功能，如已为大家所熟悉的刘三姐式茶园盘歌“什么水面打跟斗？……”。多数歌手也有歌书，但对歌时必须即兴编词，以歌代言，所以，即兴发挥的编词能力考验着歌手的人格和智慧。歌手一般会有相对固定的对歌歌伴，双方都很熟悉对方身世、性格特点、审美情趣和歌唱风格等等，很多歌手都跟歌伴结下深厚的私交。歌手对唱一般不会把输赢看得过重，有经验的歌手在对方“卡壳”的时候会有所谦让或转换话题，避免尴尬气氛的出现使对唱得以持续进行，所以歌手对唱可以整日整夜地连唱。以前在节日或婚嫁仪式上，歌手可以对唱几天几夜。歌唱习俗的观念就是“唱歌不是为输赢，只为玩耍与交情；蜜蜂为花飞断翅，画眉为伴喊断声”[①]。电影《刘三姐》中，刘三姐与秀才对歌时，双方以歌决胜中那针锋相对的敌视态度，互相丑化对方的唱词，歌圩或歌会中极少出现。刘三姐骂地主的那首山歌“莫夸财主家豪富，财主心肠比蛇毒；塘边洗手鱼也死，路过青山树也枯”，原生山歌是“妹命毒，青春年少死丈夫，塘边洗手鱼也死，路过青山树也枯”。原生山歌是在 1949 年以前的一次歌圩上，一位男歌手和一位守寡的年轻女歌手对歌，男歌手眼看即将败阵，情急之下，出言不逊。[②]像这位男歌手那样在对歌中对别人进行人身攻击，是受到舆论谴责的。近年来广西各地常常举办的“歌王争霸赛”上，也很少出现争强好胜、逼得对手下不了台的对唱。民间传说中刘三姐与白鹤少年张伟望对歌，一连唱了七天七夜，最后化仙成石，这正是原生态对歌以歌会友的境界。

歌圩上壮族群众的聚唱合唱大多是为了获得情感交流和审美体验，而操不同方言的歌手无法进行这种合唱而达到这样的目的。例如，德保北路的多声部山歌，一般至少是 5 人以上的合唱，高低声部固定分工。歌唱群体需要长期合

① 李海峰、邓庆主编：《刘三姐传世山歌》，广西民族出版社 2002 年版，第 120 页。
② 参见邓凡平《歌海遇仙记》，中国戏剧出版社 2007 年版，第 50—59 页。

作、相互协调才能默契地获得高低声部音色的协调统一。歌手们唱歌时都会自动围成一个圈，手拉手或肩靠肩，以便互相观察歌伴的表情和眼神，听到编词歌手现编的歌词。独特的领唱方法在领唱歌手和其他歌手之间心领神会地形成默契，不需要指挥和伴奏也能够将合唱声音处理得协调一致，美妙动听。不同民族语言或本民族不同方言的歌手很难与他们进行类似的聚唱而从中获得艺术的美感享受。我们近年来在电视上或者演出中看到站成一排的所谓原生态合唱只是为了方便表演，原生态的合唱很少有站成一排的。

所以说对歌实际上是审美能力竞赛，是以“对抗”为形式的本质为“合作”的艺术创造，体现了平等和谐的精神。对歌或聚唱得以进行，双方都必须听懂对方的语言并了解其文化。壮族支系繁多方言多，只隔一座山或一条河就操不同方言或土语的情况非常普遍。壮语山歌的跨民族跨语言交流与传播无疑受到很大的限制。歌唱这种审美活动一定程度上依托于地方性知识。所谓的地方性知识，不是指任何特定的、具有地方特征的知识，而是一种新型的知识观念。它的生成依托的特定语境，包括由特定的历史条件所形成的价值观，其地方性主要是指在知识生成和传承中所形成的特定情境，诸如特定文化、价值观、利益和由此造成的立场和视域，等等。地方性知识总是在一个局部的地方性的文化语境下实现的。作为地方性知识的符号意义在使用中与具体的语境有关，天然与本土性契合，很多非成文性的规范、惯例、习俗、禁忌或内在的隐含默契就无法言明。它是特定的没有符号的所指，和当地人的知识、本土文化知识、地方观念等民间记忆紧密联系与互动，为特定的文化群体代代相传。这种意义很难被外文化的人所了解和接受，具有特定语境中特有的“约定俗成”的特点。我国南方少数民族的音乐多是处在一种民族的礼俗文化氛围之中。它不仅是单一的听觉艺术，而且是一种具有丰富的立体文化内容的多维艺术。歌唱与本民族的语言、生活习俗和思想感情的表达方式等，有着水乳交融的密切关系。由于地理环境不同，各民族的语言与生活习俗均有很大差异，表达思想感情的方式丰富多彩。歌唱是一种表现与感受相结合的复杂现象，而主体感受者又被置于一个特定的文化背景之中，对歌唱的感受与认识必然出现两方面的情形：一方面，人类对歌唱具有一个普遍的感受能力和接受能力，因为人类在审美情趣上，文化共性上也有对共同精神产品需求的趋同性；另一方面，不同地域、不同民族、不同文化背景下的人对“和谐之声”的歌唱感受与认识有所差异。地方性文化差异很大程度上造成了审美交流的障碍，那么，跨语际传唱的刘三姐歌谣作为壮汉审美文化的交流是怎样进行呢？

三、壮汉文化交流中的刘三姐歌谣

秦始皇攻占岭南以后，历代王朝都在岭南确立了汉文的官方地位，并对当时还没有本民族文字的壮族先民进行汉文教育。覃乃昌先生说：“历史上，壮族与汉族在经济文化上的交往就十分密切，壮族人民长期在汉文化圈内生活，使用的是汉字。”“壮族地区大约在西汉末年东汉初年即办有以汉语文教育为主的私学，自唐宋以后，设有孔庙和书院，继之设有府学、州学、县学和私塾。壮族文人还借助汉字的形、音、义和六书构字法，创造了表达壮语音义的古壮字。”[①] 但是只有极少数壮族人能够接受汉文教育并使用古壮字，民间下层还是利用山歌去传承自己的文化。歌圩是壮族的综合性民俗文化形态，体现了壮族诗性性格。传统的壮族人从出生到生命的终结，都沐浴在诗歌的海洋里。壮族民歌的触角插入社会生活的各个领域，用歌问路访寨，节庆酒宴，迎送宾客，以歌择配等。以前许多歌手一字不识，但在对歌时从容不迫，应对自如，没有经过什么准备的歌词，随口就唱，却是句句押韵，含义丰富，这些都是壮族歌手在歌化的生产生活中不断锤炼出来的诗性体现，真正达到“开口一唱歌成河”的境界，这种境界没有千百年来山歌文化的传承和积淀是不可能达到的。歌圩的女儿“刘三姐”正是在浩瀚的“歌海”中熏陶、培育出来的。由于长期

① 覃乃昌：《试论拼音壮文推行困难的基本原因——以广西武鸣县为例》，《广西民族研究》1995 年第 2 期。

与汉人相处，壮语不断地吸收汉语来丰富自己。壮族虽然没有规范的普遍通用的文字，但很多壮族人都会讲两种以上的语言，除壮话外还会讲白话（粤语）、桂柳话等汉语方言。“语言的词汇多多少少忠实地反映出它所服务的文化。”[①]壮族能用汉语正是壮族民众乐于接受外来文化的表现。

随着中原王朝统治的加强，经济文化交往更加频繁，壮族在保持歌圩文化的同时，逐渐接受了汉族文化。由于各地壮语方言很难顺利沟通，壮族多数地方以桂柳话等汉语方言作为与本族群以外的人进行交流沟通的方式，很多人成为壮汉双语人口。在壮汉苗瑶等多民族杂居的地方，精通多种民族语言的各族民众也为数不少。汉语在传播方面的优势，更好地推动了壮歌的传唱。一些汉族民间传说在广西壮族地区也得到广泛流传，而汉族文艺的审美理想和审美趣味自然也渗入壮歌。赋、比、兴三种艺术表现手法，本来是从我国最早的民歌总集《诗经》中概括出来的。壮歌的借景抒情，重比兴，重意境，无疑是受汉族诗歌审美理想的影响，并带有自己鲜明独到的风格特征。壮族民众对汉族文艺的借鉴、吸收，这本身就是认同汉族文化的一种体现。在多民族杂居的桂柳一带的壮族歌手，能够根据不同的场合及对象，在歌场上用壮语或汉语交错唱答，壮族歌仙刘三姐的传说和山歌因此得以走出壮族聚居区。在传播中，壮族社会生活和壮族文化又融入了汉族等多民族的文化因素。对异族文化接纳吸收和发展创新，表现了壮族对外来文化采取开放的态度和宽容的文化心理。近代以来，受广西的汉族地方剧种的影响，彩调、壮剧、师公戏等壮族地方戏在清代相继产生，汉族民间故事如《梁山伯与祝英台》等在这样的文化环境中也被改造成具有壮族特色的壮戏。长期的文化融合中，壮族在保持本民族文化观念的同时表现出对汉文化的趋同心理，至今许多壮族人仍然坚信自己的祖先源于中原。

壮族歌谣接受汉族文化有诸多原因，主要是作为强势文化的汉族文化对少

① ［美］爱德华·萨丕尔：《语言论》，陆卓元译，商务印书馆 1985 年版，第 196 页。

数民族具有巨大的辐射力，而壮族文化也具有开放性和包容性。壮族在认同汉族文化并利用汉语来传播壮族文化的同时，也接受了汉语的权力，特别是文字权力。“文字的权力化表现出了一种不争的历史事实，更有甚者，它还成为社会价值系统中类似于福柯所说的‘区分 / 排斥’关系，比如，不懂文字的人被当作‘文盲’，那些无文字的族群、农民、妇女等，在历史上大都被视为‘没文化’人群。”[①] 历史上掌握书写权力者都受到儒家传统的教育，认同并传承主流文化，他们对壮族歌谣及习俗的观照是以儒家“伦理教化”为视角，视无文字的壮族为“无文化”的异族，也就无法认可壮族口传文化的价值。不均衡的壮汉文化交流造成了壮族文化的部分内涵被遮蔽，这是语际交际活动中一种重要的语言文化现象。刘三姐传说受汉族文化影响十分突出。比如“三姐”，按照壮语的表达语序是“姐三”。对于古壮字手抄本“刘三姐歌谣”中的“刘三妹”，歌师莫仁禄认为那应该是古时壮族文人按照汉文的语序表达习惯记载的。从传播学的角度来看，这个推论是成立的。当某一事象的称谓进入传播领域并逐渐广为人们熟知和接受时，则该称谓就具有一种规范的、标准的功能。由于语言之间要实现完全对等的“透明式”的翻译沟通是不可能的，一种语言的概念被介绍入另一种语言中并以它来传播，必然在翻译中会导致新的话语的改写和建构而最终得以“合法化”[②]。“刘三姐”的称谓从汉语文本的“他称”又转化为壮语的“自称”是可能的。1957 年，中央人民政府批准并推行拉丁字母的壮语书写文字符号，拉丁字母壮文成为官方法定的壮族文字，不仅民间文学的采集者，广西各地许多壮族民间歌手也都没有意识到在新中国成立初期尚随处可见的古壮字手抄本的文化价值，古壮字“刘三姐歌谣”歌书中那浓厚的神魅色彩在当时也被视为“封建迷信”，“文革”期间古壮文歌书更是被当作“四旧”加以“横扫”，因而古壮字手抄本的“刘三姐歌谣”就没有被“发现”。20 世纪

---

① 彭兆荣等：《口述 / 书写：历史的叙述与叙述的历史》，《广西民族研究》2004 年第 1 期。

② 参见刘禾《跨语际实践——文学，民族文化与被译介的现代性（中国，1900—1937）》，宋伟杰等译，生活 · 读书 · 新知三联书店 2002 年版，第 40—56 页。

90年代以来，广西举办的“歌王选拔赛”“歌王擂台赛”中，许多比赛规定用汉语山歌演唱，获得“广西歌王”称号的大多数是来自桂中、桂北的歌手，而目前桂西民间的歌唱习俗兴盛程度依然不逊于桂中、桂北，却鲜有歌手被“封王”，主要原因还是桂西民间汉语普及程度远不如桂中、桂北。

在不同文化的对话交流中，文化借取不会是单向的，不仅是弱势文化会向强势文化借取，强势文化也同样会向弱势文化借取。秦汉以来，百越文化对迁徙岭南的汉族及其文化发展起着重要的深远影响。据南朝宋沈怀远《南越志》载：“越之野市为虚，多在村场，先期召集各商或歌舞以来之，荆南岭表皆然。”壮族歌圩萌芽于氏族社会时期，形成于唐代，在宋代得到发展，兴盛于明清时期，此风由来已久，为人们歌舞娱乐提供了公共聚会与活动的场所。“荆南岭表皆然”，这说明由于各民族交错杂居，其文化的相互影响和交融混合现象相当普遍。汉族影响少数民族的同时，少数民族也影响汉族，与少数民族杂居的汉族也吸收了少数民族的歌唱习俗并保留至今。文化认同是文化融合的决定因素，多元文化并存是创造力的源泉。“历史上，壮族和汉族的一部分曾经互为同化，一部分移居广西的汉族被壮族所同化；一部分壮族则为汉族所同化，形成你中有我，我中有你的亲密关系。”[①]这种双向双赢的文化融合使得广西许多地区的壮汉民族身份和民族边界十分模糊，还形成了不少壮汉混合家庭，使得多民族杂居地区成为一个族群、地理空间、文化语言的交汇区。多重文化认同的双语精英作为跨族际跨语际实践者，这些人当中自然有不少“刘三姐”。

汉语刘三姐歌谣不仅突破了原生壮语刘三姐歌谣的传播局限，也主导了刘三姐歌谣的传播和发展。汉语文本化的刘三姐传说标志着中原官方主流文化已经关注到刘三姐文化，并得到部分汉族精英文化的赞赏和接纳，与此同时汉族文化也改写了壮族刘三姐文化。“在漫长的封建社会里，壮族地区的官方教育

① 顾有识：《试论历史上的壮汉互为同化》，《广西民族研究》1999年第3期。

传播是汉族封建文化，讲钦定的正统伦常。壮族文化不仅不能登大雅之堂，还要受到贬斥、丑化甚至明令禁之。”[①]壮族歌圩文化在封建时代，遭受权力统治者的强权和强势文化的压制，同时也因为壮族人民在经济文化滞后的自卑心理作用下对民族文化自动放逐。“刘三姐”歌谣在传播中模糊了壮族的民族文化身份，刘三姐在多民族杂居地区就成为满足人们精神信仰需要的“龙母”。歌唱习俗作为岭南各族民众的共同习俗，在吸收汉族道教神仙文化的基础上，在强势文化和文字权力的“规范”下，民间口传文化中的刘三姐成了创造歌圩的“歌仙”，褪去了壮族原始神祇歌神、爱神“嘹三妹”的部分神性变成了“刘三妹”。[②]壮族刘三姐“五言”歌谣就转换为“七言”的汉语歌谣，至今广西北部地区所唱汉语山歌的格式仍然与五言或七言近体诗相同。“从语言学的角度看，刘三姐唱的山歌以汉语为主，大体有三种形式：一是用汉语西南官话（桂柳话）唱的七言四句山歌，主要流传在桂林、柳州、宜州等地；二是用汉语客家方言唱客家山歌；三是用汉语粤方言唱的粤语山歌。”[③]刘三姐作为壮汉文化交流建构起来的艺术形象，在传播中地方性文化的剥离与艺术形象审美意义的再生成总是呈现出去文化化与再文化化的互动，这个互动过程就是文化改写与再生产的过程。刘三姐形象在不同文化语境中不断被改写而生成的文化多义性表现出历时的层累性建构，在地方性审美知识不断流失而普遍性知识不断加强的同质化趋向中，我们需要解决的问题是如何再生产刘三姐形象的新意义并保持其艺术个性才能推进刘三姐文化的发展。

（原文载于《广西民族研究》2011 年第 2 期）

---

① 梁庭望：《壮族文化概论》，广西教育出版社 2000 年版，第 588 页。

② 壮族学者覃乃昌认为：“刘三姐经历了从嘹三妹到刘三妹、刘三姐的演变，体现了壮汉文化的碰撞融合及嘹三妹由神到仙到人的演变过程。”参见覃乃昌《刘三姐：华南珠江流域原住民族的歌神与爱神》，《河池学院学报》2007 年第 6 期。

③ 覃桂清：《刘三姐纵横》，广西民族出版社 l992 年版，第 100—114 页。

审美习俗的历史性和地方性
——以孙悟空视觉形象的建构为例

王大桥

一

米歇尔强调“对有关视觉文化任何有意义的理论反思都必须叙述视觉文化的历史性”[①]。孙悟空视觉形象最早出现在敦煌榆林窟的西夏壁画和元代壁画之唐僧师徒叙事中。[②]猴的形象是游牧在河西走廊地区的羌人的祖先图腾，位于中印文化交流必经之路上的氐羌文化，对于再造汉族文学传统中的猿猴形象做出了贡献。叶舒宪据此认为孙悟空形象的金猴原型文化基因中不仅存在中外文化交流的因素，还包含着中国境内多民族文化互动交融的因素，金猴形象的构成本身是中华文化多元一体的见证。[③]孙悟空的视觉形象到元代已经相当流行了。河北文物研究所藏有元代白地黑花“唐僧取经”长方枕，枕面两端绘有繁密韵致的花卉纹饰，向内开光的枕面上装饰了《西游记》的三个人物，中间骑马的人应为唐僧，前边肩挑禅杖和包裹的该是沙僧，后边左手持棒、腰间围有兽皮的即是孙悟空。1972年广东出土了一个元代磁州窑瓷枕[④]，枕上绘唐僧取经题材，一行四人一马，孙悟空手执金箍棒作跃步向前的姿势，看来元代时四人

---

① ［美］W.J.T. 米歇尔：《图像理论》，陈永国、胡文征译，北京大学出版社2006年版，第13页。

② 在榆林窟第2窟、第3窟、第29窟和东千佛洞第2窟内，都绘制了这样一幅壁画：一名出家人面对汹涌的河水双手合十，身后长着猴脸的弟子牵着一匹驮经老马，远处有一片树林。这个长着猴脸的弟子据称就是孙悟空最早的视觉形象。

③ 参见叶舒宪《四重证据法：符号学视野重建中国文化观》，《光明日报》2010年7月17日。

④ 前高11.5厘米，后高15厘米，长40.5厘米，宽17.5厘米，胎灰青色，白地褐花。

一马的取经“队伍”已经定型。[①] 元代瓷枕的枕面主要以文字和图案为主，市民文化的发展促使作为民窑的磁州窑迎合市民的口味，民间故事、元杂剧等也绘在瓷枕之中。元枕中孙悟空的武器是棍，三个徒弟的排列顺序是孙悟空第一、猪八戒第二、沙和尚第三，这和西游取经故事的情节相同。但是相对于小说中孙悟空的形象描写，元枕上的孙悟空形象还缺乏稳定的兽性和神性内涵。

百回本小说《西游记》中孙悟空的形象描写有十余处，从石头中出生时“目运两道金光，射冲斗府”[②]，学艺时“身不满四尺，年不过三旬”[③]，与四海龙王讨得“金冠”“金甲”“云履”以及“如意棒”[④]。孙悟空的样貌至此还没有最终完成，正面的肖像描写在第十四回才出现，孙悟空被如来压在五行山下，“尖嘴缩腮，金睛火眼。头上堆苔藓，耳中生薜萝。鬓边少发多青草，颔下无须有绿莎。眉间土，鼻凹泥，十分狼狈；指头粗，手掌厚，尘垢余多。还喜得眼睛转动，喉舌声和”[⑤]。而他的虎皮短裙和腰间的葛藤是其被唐僧收归之后获得的，“拿过刀来，又裁为两幅（虎皮）。收起一幅，把一幅围在腰间，路旁揪了一条葛藤，紧紧束定，遮了下体”[⑥]。孙悟空又与唐僧讨了“白布短小直裰”[⑦]，观音与唐僧密谋给孙悟空戴上“定心真言”即“紧箍儿咒”[⑧]，孙悟空至此又多了帽子和紧箍咒。小说到了第十四回，孙悟空的衣帽行头已经完备，其具体样貌，文中写道：“咨牙倈嘴，火眼金睛，磕头毛脸，就是个活雷公相似。”[⑨] 普通老者眼中的孙悟空是“那般拐子脸，别颏腮，雷公嘴，红眼睛的一个痨病魔鬼。”[⑩] 妖

---

① 参见杨子坚《吴承恩著〈西游记〉详证》，《南京大学学报（哲学·人文科学·社会科学）》1987年第4期。
② （明）吴承恩：《西游记》，江苏古籍出版社1994年版，第2页。
③ （明）吴承恩：《西游记》，江苏古籍出版社1994年版，第24页。
④ （明）吴承恩：《西游记》，江苏古籍出版社1994年版，第32页。
⑤ （明）吴承恩：《西游记》，江苏古籍出版社1994年版，第152页。
⑥ （明）吴承恩：《西游记》，江苏古籍出版社1994年版，第154页。
⑦ （明）吴承恩：《西游记》，江苏古籍出版社1994年版，第156页。
⑧ （明）吴承恩：《西游记》，江苏古籍出版社1994年版，第156页。
⑨ （明）吴承恩：《西游记》，江苏古籍出版社1994年版，第209页。
⑩ （明）吴承恩：《西游记》，江苏古籍出版社1994年版，第225页。

怪看到的行者“身躯鄙猥，面容羸瘦，不满四尺”。[1]道人所见的是“圆眼睛，查耳朵，满面毛，雷公嘴”。和尚看到了凶丑的行者：“七高八低孤拐脸，两只黄眼睛，一个磕额头；獠牙往外生，就象属螃蟹的，肉在里面，骨在外面。”[2]公公目视的孙悟空“咨牙倈嘴，两股通红，腰间系一条虎皮裙，手里执一根金箍棒，立在石崖之下，就象个活雷公”。[3]总的来说，小说中描写的孙悟空离不开“两块红股，一条尾巴”[4]的猴像。

小说刊行后，孙悟空视觉形象被各种版画插图、戏曲、民间工艺、连环画、动漫、影视、广告、邮票等视觉文本演绎、塑形、改写和戏拟。就版画插图来说，《西游记》所通行的几种版本均有插图，世德堂本有图 197 幅，杨闽斋本有图 1239 幅，李卓吾评本有图 200 幅，真诠本有绣像 20 幅，原旨本有绣像 8 幅等。世德堂本的插图均为单独成幅的大画面版式，区别于当时较通用的上图下文式，这一设计上的创新，人物形象因此有被放大的空间，动作、姿态、五官都展现得细致精微，尖嘴猴腮都很完整和到位，脸型、眉目、轮廓也比较分明。空间的充裕又使得刻绘者在人物之外，能有余地去表现背景的复杂。郑振铎言杨闽斋本“题‘闽建书林杨闽斋梓’，上图下文，全为闽南书坊的款式”[5]。世德堂本和杨闽斋本基本上确立了孙悟空人性和动物性的形象塑形。李评本孙悟空瘦小枯干，服饰宽松，走着拐子步，倒提着金箍棒，半扭着身躯。清光绪十四年味潜斋推出《新说西游记图像》，此本插图 120 幅，人物画像 20 幅[6]，刻写了孙悟空的尖嘴猴腮，用工笔突出刻画了火眼金睛。世本、李

---

① （明）吴承恩：《西游记》，江苏古籍出版社 1994 年版，第 235 页。
② （明）吴承恩：《西游记》，江苏古籍出版社 1994 年版，第 418 页。
③ （明）吴承恩：《西游记》，江苏古籍出版社 1994 年版，第 860 页。
④ （明）吴承恩：《西游记》，江苏古籍出版社 1994 年版，第 873 页。
⑤ 郑振铎：《〈西游记〉的演化》，参见陆钦选编《名家解读〈西游记〉》，山东人民出版社 1998 年版，第 405 页。
⑥ 王韬曾序曰：“此书旧有刊本而少图像，不能动阅者之目。今余友味潜主人嗜古好奇，谓必使此书别开生面，花样一新。特请名手为之绘图，计书百回为图百幅，更益以像二十幅，意态生动，须眉跃然见纸上，固足以尽丹青之能事矣。此书一出，宜乎不胫而走，洛阳为之纸贵。”详见朱一玄、刘毓忱编《〈西游记〉资料汇编》，中州书画社 1983 年版，第 272 页。

评本等版画中的孙悟空都是光着头的，服饰也无任何特异之处，而《新说西游记图像》的悟空却被加上了一顶软罗帽，一身虎皮裙，一双长筒靴，同时沿袭了跳在云端、紧握金箍棒、手搭凉棚远眺等既有版本中的经典动作，孙悟空的人性、神性、动物性在图像中逐渐清晰。

《西游记》成书之前，各种戏文、院本、杂剧、传奇的“西游戏”历代不绝。[①]当代西游戏，无论是北派的京剧还是南派的绍剧，其中的猴戏直承了人性和动物性结合的西游版画插图的精神。扮相上继承了中国脸谱写意式和象征式勾勒技巧，参照了民间年画的处理方式，多采取一口钟、反葫芦、倒栽桃的画法，红白相间，服饰则多用虎皮裙和黄罗战袍。版画中的悟空形象，由于过分拘泥于原著描写中“毛脸雷公嘴”，刻意追求对猴相的细节还原，而多半画成一个瘦小身型披了宽大僧袍的、半人半妖面目狰狞的状态，这样的表现形式虽然有其合理性，但归根结底并不符合受众心目中对于这个英雄人物的想象性期待，在猴戏中，孙悟空的“美猴王”之“美”被逐渐强调和放大。“西游戏”的巨大影响力还延伸至话剧、舞剧、木偶、皮影戏等戏剧艺术中。

年画、壁画、版画、彩绘、剪纸、窗花、泥偶、木雕、石刻等民间艺术中的孙悟空形象处处可见。动漫和影视借助强大的传播力量，使得孙悟空的视觉形象逐渐成为中国文化的重要表征符号。1941 年万氏兄弟设计的《铁扇公主》是孙悟空形象在中国动画片中首次出现，在人物造型上，按照百回本《西游记》的描写把孙悟空设计成毛脸雷公嘴的动物造型，多采用单线勾勒，以曲线为主。1958 年万古蟾设计的《猪八戒吃西瓜》创造性地将中国传统的剪纸动画化，孙悟空演化成一个具有人性的猴子形象。到了 20 世纪 60 年代万籁鸣导演的《大闹天宫》，孙悟空已经进化成具有人、神、猴三合一的英雄。[②]《大

① 《霎天一斋曲谱》收有三种清中叶抄本“西游戏”。（刘荫柏编：《西游记研究资料》，上海古籍出版社 1990 年版）《西谛书目》著录清代《西游记杂剧》五种五卷（北京图书馆编：《西谛书目》，北京图书馆出版社 2004 年版）《耿藏剧丛》收有十二种之多。按陶君起《京剧剧目初探》，百回本《西游记》前九十回竟全部有对应之剧目，绍剧依托于孙悟空这个角色的猴戏传统相传至今。

② 参见胡莹：《始终不变的孙悟空情结——万氏兄弟动画设计思想初探》，《艺术探索》2007 年第 4 期。

闹天宫》中的动画造型是民族化的典型，孙悟空的面部造型，“主要借鉴京剧脸谱图案，机灵可爱，富有人性特征；动作形态上有庙宇塑像的影子，矫健而灵动；线条借用木刻版画的手法，简练而飘逸；色彩上则体现了民间年画的风格，明快浓烈而富有装饰味道。通过概括和夸张，突出表现宽肩、细腰、长腿的身材特征。而红、黄、黑、绿的平涂色彩与充满弧度张力的线条相结合，符合人们的审美观念，又能传达出明快向上的人物性格特征。这是非常经典的美猴王形象，以至于几十年来绝少有人对这一形象进行改造”[①]。20 世纪 80 年代的《金猴降妖》《人参果》、90 年代的《宝莲灯》以及中央电视台 1998 年开始拍摄的 52 集动画片《西游记》，都沿袭了《大闹天宫》中孙悟空的经典造型。孙悟空的视觉形象在动漫中基本被确定下来：黄罗袍、虎皮裙、京剧脸谱化的桃状脸型。

中央电视台 1986 年版电视连续剧《西游记》中的孙悟空由六小龄童扮演，该剧以“忠于原著，慎于翻新”为改编原则将孙悟空的猴性、人性、神性完美地结合起来。剧中孙悟空的造型已经脱离了原著中毛脸雷公嘴的妖怪形象，成为英俊潇洒的美猴王。尽管《西游记》有着各种各样的影视改编，孙悟空的扮相和影视造型也层出不穷，但是六小龄童的孙悟空影视形象已经成为经典，人们用六小龄童的造型来衡量其他版本孙悟空形象对此的偏离程度。《大闹天宫》中的动画版孙悟空和中央电视台电视剧《西游记》中的真人版孙悟空逐渐成为中国文化的表征符号，“同一文化中的成员必须共享各种系列的概念、形象和观念，后者使他们能以大致相似的方法去思考、感受世界，从而解释世界。直言之，他们必须共享相同的‘文化信码’。在这意义上，思想和感情本身在我们精神生活中就是‘表征的系统’，我们的概念、形象和情感就在这系统中，代表和表征着那些在世上的或也许‘在世外’的事物。同样，为了将这些意

① 郭肖华、刘蔚主编：《动漫艺术与作品欣赏》，高等教育出版社 2007 年版，第 107 页。

义传达给他人，任何意义交流的参与者必须能够使用同一‘语言信码’”[①]。孙悟空视觉形象作为中国人的“文化信码”，我们的情感和意义隐藏在诸如此类的“文化信码”中，掌握和运用这些文化信码可以帮助我们确认民族身份认同。

二

孙悟空究竟如何踏上异域之路没有办法完全还原，异域孙悟空视觉形象的造型差异其实是审美习俗之间的差异。《西游记》在异域的传播东方远早于西方，其在东方的流传有着浓厚的宗教色彩。唐宋时在日本有关西天取经的故事大多由僧侣完成，明清时大量的《西游记》版本传入日本，20 世纪以来，日文译本约有 30 种之多。《西游记》之所以能够在日本广泛地流传，比较有代表性的解释是由于中日都属于一个佛教文化圈。[②]20 世纪以来，借助于影视媒体等大众传播媒介，日本从早期对玄奘取经故事的关注逐渐转向对猴子大战神魔故事的倾心迷恋，通过电影、电视剧、动漫的不断改编，创造出日本文化视野中的孙悟空视觉形象。

日本主要在漫画中建构孙悟空的视觉形象，特别是动漫所塑造的形象更是深入人心。日本漫画产生于第二次世界大战结束之后，最初的战后漫画主要是针对儿童的廉价读物，这一时期日本漫画主要以儿童简笔画的方式强调孙悟空的猴性特征，头大身体小圆脸圆眼睛的幼儿体型。20 世纪 50 年代手冢治虫借鉴万氏兄弟《铁扇公主》和《大闹天宫》中的孙悟空造型，只是降低了孙悟空的年龄段，蒋箐箐认为这是孙悟空在日本读者中受欢迎的主要原因。[③]60 年代的孙悟空被塑造成一个日本小男孩的形象，从 20 世纪 50 年代的幼儿期进入了

① ［英］斯图尔特・霍尔编：《表征——文化表象与意指实践》，徐亮、陆兴华译，商务印书馆 2003 年版，第 4 页。

② 参见李舜华《东方与西方：异域视野中的〈西游记〉》，《学术交流》2001 年第 1 期。

③ 参见蒋箐箐《金猴奋起千钧棒　玉宇澄清万里埃——辨析日本漫画中的孙悟空》，硕士学位论文，重庆大学，2008 年，第 16 页。

青少年期。20 世纪七八十年代的孙悟空造型，从拥有机械化外表的青年形象、穿着日本和服的幽默化造型到延续手冢治虫的传统孙悟空漫画造型，其形象特征相当多元化。90 年代“日本人在孙悟空身上取走他们感兴趣的部分，融合进他们自己固有的精神世界里面，创造出了五花八门的新形象”①。20 世纪初期，孙悟空已经被日本漫画家高度抽象化和符号化，造型是普通的男女人类形象，服饰大多取自中国传统。此时的孙悟空被大面积的戏仿，手冢治虫的孙悟空形象本身被漫画化，孙悟空视觉形象肆意改写，国人对此多有反感。

在小说《西游记》成书之前，在高丽末期（918—1392）韩国就有《西游记平话》的介绍。② 据宋贞和的研究，20 世纪 80 年代以来，《西游记》给韩国的漫画、动画、电子游戏、小说等大众文化提供了丰富的故事情节、布局结构、人物角色等，受到了韩国大众的欢迎。③ 值得注意的是，唐僧西天取经的故事和《西游记》的小说文本并不是韩国所塑造的孙悟空视觉形象的全部来源，日本《我的孙悟空》《七龙珠》《SF 西游记》《东游记》《最游记》等漫画或动漫作品对韩国影响很大，特别是《七龙珠》深受韩国青少年喜欢。中国台湾漫画家蔡志忠的《漫画西游记》以及香港影视《大话西游》对韩国大众的影响也不容小觑。中国人熟知的悟空脑袋上戴着紧箍圈，手持金箍棒，脚踩筋斗云，但改编自漫画《Mr. 孙》的动画片《幻想孙悟空》中的孙悟空紧箍圈变成了头盔，念紧箍咒变成了敲木鱼，金箍棒变成了双节棍，筋斗云变成了滑板，带着护手和护膝像一个玩滑板的嘻哈少年。《魔法千字文》中孙悟空及其相关情节都是为了提高少年儿童的汉字能力而编作的。④《朝鲜日报》所连载的《西游记》，孙悟空并非诞生于花果山水帘洞里，而是出生于韩国果川市首尔大公园的猴子圈里，孙悟空在动物园中被关了 500 天后从麻醉中苏醒。孙悟空形象

① 蒋箐箐：《金猴奋起千钧棒　玉宇澄清万里埃——辨析日本漫画中的孙悟空》，硕士学位论文，重庆大学，2008 年，第 25 页。
② 参见［韩］金敏镐《〈西游记〉在韩国》，《明清小说研究》2004 年第 1 期。
③ 参见宋贞和《韩国大众文化中的〈西游记〉》，《明清小说研究》2008 年第 4 期。
④ 参见宋贞和《韩国大众文化中的〈西游记〉》，《明清小说研究》2008 年第 4 期。

所承载的韩国元素更多是基于国内文化产品市场的考虑，在宋贞和看来，文化产品成功的关键在其文化内容是否包含现代性、全球性内容。[①]《幻想西游记》和《传奇》中出现很多无厘头式的幽默，使得阅读和观看行为充斥着快乐、宣泄和放松。

《西游记》通过华侨传入泰国，19世纪逐渐被译为泰文。泰国的华人以闽、粤移民为主，潮剧就成为《西游记》在泰国流传最广泛的途径，移民到泰国的华人把《西游记》故事通过潮剧流传到泰国，时间上最迟不会晚于清代前期。[②]潮剧中以《西游记》为剧目有《火焰山》《孙悟空出世》《孙悟空三调芭蕉扇》《闹龙宫》《真假猴王》等。孙悟空被广泛当神灵崇拜[③]，这种风俗也跟随移民的华人传到了泰国。根据泰国黄汉坤的调查，仅泰国曼谷就有九座寺庙供奉着孙悟空，分别是：大圣佛祖庙、西天佛国庙、天宫圣源洞大圣佛祖庙、南洋先天佛教总会、天云坛红云老祖公庙、齐天宫、玉福堂、普德善堂和龙莲寺，这九座寺庙当中，有三座主祀齐天大圣，其余六座将其作为配神供奉在寺庙里。[④]孙悟空的七十二般变化、火眼金睛、筋斗云、隐身等神功形象呈现，基本是根据小说文本来的。而《猴王》(*The Monkey King*)是在美国文化中讲述关于《西游记》的故事，借用《西游记》这个小说文本的既有故事，讲述美国人拯救世界的个人主义英雄赞歌。影片中孙悟空一身美国西部牛仔的打扮，是推动情节发展的功能性人物，演员的服饰、场景、道具、乐器等具有中国文化元素，使得尼克的拯救行动具有了中国文化的蕴涵。《功夫之王》中的孙悟空由李连杰饰演，其扮相偏离六小龄童的经典造型与影片对《西游记》的改装、挪移与情节的重新配置有关。

英国广播电视公司（BBC）为北京奥运制作了宣传片《东游记》，这个2

① 参见宋贞和《韩国大众文化中的〈西游记〉》，《明清小说研究》2008年第4期。

② 参见［泰］黄汉坤《〈西游记〉在泰国的传播与影响》，《古典文学知识》2004年第4期。

③《艮斋杂说》卷5："福州人皆祀孙行者为家堂，又立齐天大圣庙，甚壮丽。四五月间，迎旱龙舟，装饰宝玩，鼓乐喧阗，市人奔走若狂，视其中坐一猕猴耳。"转引自黄汉坤《〈西游记〉在泰国的传播与影响》，《古典文学知识》2004年第4期。

④ 参见［泰］黄汉坤《〈西游记〉在泰国的传播与影响》，《古典文学知识》2004年第4期。

分钟的短片采用中国特色的背景音乐，孙悟空从石头中蹦出，在观音的指引下前往东方取经，途中结识猪八戒和沙僧，凭借铅球、跨栏、撑竿跳、单杠、游泳等体育特长以及中国功夫，打败各种怪兽，最终抵达目的地——北京鸟巢。短片的视听创作者漫画家杰米·惠列特（Jamie Hewlett）和摇滚歌手达蒙·阿尔巴恩（Damon Albarn）曾经推出过以《西游记》为题材的歌，他们在中国采风时都称热爱中国文化，但“孙悟空鸟巢取真经”这个宣传片在中国引起了极大的争议，其争议点在于孙悟空等人的视觉形象设计是否背离了中国文化对孙悟空视觉形象的既有理解，其实质在于中国的审美习俗能否接纳《东游记》中孙悟空的视觉造型。BBC 版当中孙悟空龇牙咧嘴的野兽形象与美猴王形象相去甚远：卡通形象以《大闹天宫》中京剧脸谱的造型为美的形象，真人版是六小龄童所饰演的孙悟空。BBC 版孙悟空造型上的差异实际上体现了中英审美习俗的差异。

三

孙悟空的图像、影像、仿像、幻象在绘画、影视、戏剧、动漫、游戏以及广告中大量呈现，构成了一个涵义复杂的表意符号。孙悟空视觉文本已经以特定的方式激活了小说文本，文学文本与视觉文本共同嵌入了一个扩展了的相互文本系列中来。连接着这些文本的除了孙悟空形象这一形象符号，商业策略、文化政策、民间文化以及意识形态等共同构成了孙悟空视觉形象的活动场域。当代人是带着孙悟空的视觉形象来阅读《西游记》文本的，形象各异的孙悟空呈现的是不同时代、不同阶层或不同文化的人们“经验”世界、“看”世界的方式。巴尔强调视觉性是展示“看”的行为的可能性，而不是“看”的对象的物质性。[①] 不同时代或不同文化根据既有的审美习俗赋予孙悟空这个视觉形象

① 参见吴琼编《视觉文化的奇观——视觉文化总论》，中国人民大学出版社 2005 年版，第 15 页。

符号以不同的内涵。

如果把习俗作为一个综合的现象进行思考，它多样性的外观不影响我们对其作描述性认识：在一定的社会或群体中相沿习而形成的人们行为方式的共同趋向或习惯称之为习俗。[①] 习俗是一种约束的力量，它减少个人彼此相异的倾向，具有把他们塑造得大致相似并且编排他们生活的效果。在蒙田看来，美也是趣味之事，“我们想象它的形式符合我们的幻想”[②]，一个群体的趣味或偏好就像它们常常与另一个群体的趣味或偏好相反一样，无法理喻。习俗塑造着人的经验和行为，制约和规定着人“看待”世界、“经验”世界的方式。习俗保存着族群的经验，习惯则是个体经验重复性累积而成，人对世界的感性经验或情感体验方式蕴藏在习俗之中。传统人类学家依赖公共仪式、符号化的新颖系统以及约定俗成的家庭或社区结构来捕捉习俗文化的特性，但习俗的经验性以及人的情感经验缺乏足够的关注，因为个人、自我和情感是传统民族志架构难以反映的问题。吉尔兹的“地方性知识”强调了习俗的地方性，审美习俗与地方性审美经验相连，是对特定族群审美经验的某种引导与约束，受到地方性生产方式和文化内容的影响。

如果真如米歇尔所言视觉艺术是充斥着“习俗”的“符号系统”[③]，那么理解孙悟空的视觉文本就应该追溯到视觉经验构成的审美习惯。对文化类型内部习俗差异进行研究，布迪厄带给我们较多启发，他意识到社会变迁与个体性情之间存在着不可忽视的联系。[④] 在布迪厄看来，趣味作为文化习性的一种突出表现，乃是整体的阶级习性的一个关键性区隔标志。趣味所要求的对艺术品的形式主义的解读，抹煞了趣味所赖以发生的社会条件，特别是趣味与教育体制

---

① 习俗（custom）可以被理解为许多不同现象的混合物，比如习惯（habit）、习性（habitus）、礼仪（manners）和惯例（conventions）等。习俗保存着族群的经验，习惯则是个体经验重复性累积而成，人对世界的感性经验或情感体验方式蕴藏在习俗之中。审美习俗与地方性审美经验相联，是对特定族群审美经验的某种引导与约束，受到地方性生产方式和文化内容的影响。

② 《西方大观念》（第一卷），陈嘉映编译，华夏出版社 2008 年版，第 216 页。

③ ［美］W.J.T. 米歇尔：《图像理论》，陈永国、胡文征译，北京大学出版社 2006 年版，第 5 页。

④ Jeremy F.Lane，*Pieer Bourdieu,* Londn: Pluto Press, 2000, p.47.

的关系、趣味与阶级习性的关系。艺术惯例作为一种审美习俗，能够实现艺术家和接受者之间的整体经验沟通，达成这种沟通取决于对相同的情感结构的分享。威廉斯认为："在戏剧的现实实践中，在任何特殊的情况下，惯例纯粹是作者、演员和公众同意见面（agree to meet）的术语，由于此，这个表演或许才能继续进行。同意见面绝非一直是形式的或确定的过程，在任何艺术中，这种认同（consent）通常主要是习俗的（customary），并且事实上常是无意识的。"① 如果说艺术品是对情感结构的赋形，艺术方法则对应于一定的情感结构，并通过作品反过来促进和强化这种情感结构，从而使这种方法称为新的惯例和习俗，"一种艺术方法的所有变迁都与人类根本性的情感结构的变迁相关联，这是展开艺术分析和对一个时期的研究的前提"②。艺术作为经验的形式化，经由艺术惯例或审美习俗才可能通达艺术品所呈现的"情感结构"，审美习俗或艺术惯例变化的前提是情感结构有所改变的时候。

文化类型内部的文化差异及其斗争性决定了情感结构的复杂性和流动性，"文化误读"则是不同文化类型相互遭遇时的典型症候。"澳大利亚丛林中的居民识别不出《最后的晚餐》的主题，对他们而言，这幅画所传达的思想只不过是一次令人兴奋的聚餐而已。"③ 日韩在动画领域同样借助孙悟空的视觉形象在与中国商业和文化交流中占据强势，美国好莱坞对孙悟空的视觉形象进行改写，《猴王》对中国文化的想象性解读摆脱不了"西方中心主义"的价值立场。在跨文化交流中，艺术能够缓解文化误读带来的紧张感，对"中国审美经验"或"地方性审美经验"的描述与表征是减少文化误读的有效途径。

"如果意义在本质上不是某个固定在那里的事物的结果，而是我们社会的、文化的和语言的惯例的结果，那么意义就永远不能最终固定下来。"④ 语象和图

---

① Raymond Williams，*Drama From Ibsen to Brecht*，New York: Penguin Books Ltd.,1981,p.4.

② 刘进：《文学与"文化革命"：雷蒙德·威廉斯的文学批评研究》，博士学位论文，四川大学，2007 年，第 250 页。

③ ［英］彼得·伯克：《图像证史》，杨豫译，北京大学出版社 2008 年版，第 44 页。

④ ［英］斯图尔特·霍尔：《表征——文化表象与意指实践》，徐亮、陆兴华译，商务印书馆 2003 年版，第 24 页。

像构建了孙悟空这个中国文化的意指符号，但悟空这个视觉符号的所指并不确定，域外民族所建构的孙悟空视觉形象无可避免地带有地方性色彩，即便在中国文化语境中，其审美形象塑造中的地方性色彩依然清晰。无论其地方性色彩有多强烈，但是孙悟空视觉形象就它是一种符号实践而言，它是一种关于民族归属感的形象符号。作为表征中国文化的审美符号，孙悟空视觉形象“能指与其所指之间的关系对于每一社会和每一历史时期都是一种特殊的社会习俗系统的产物，那么所有意义都是在历史和文化之中生产出来的。它们永远不会最终确定，而是始终受制于变动，既在一个文化语境与另一个文化语境之间变动，也在一个时期与另一个时期之间变动。因而，不存在单一的、不可变的、普遍的‘真实意义’”[①]。孙悟空多样化视觉形象的再造过程中，审美习俗依然还会是最强大的制约力量。

（原文载于《文艺理论研究》2011 年第 5 期）

① ［英］斯图尔特·霍尔:《表征——文化表象与意指实践》，徐亮、陆兴华译，商务印书馆 2003 年版，第 32 页。

广西南丹白裤瑶葬礼文化的审美人类学考察与阐释

雷文彪

瑶族是我国重要的少数民族之一，其历史悠久，文化源远流长。《山海经·大荒东经》曾这样记载："帝舜生戏，戏生瑶民。"瑶族各支系遍布湖南、广西、贵州、云南等地[①]，广西南丹白裤瑶主要分布在广西西北部，云贵高原东南边缘红水河以东的里湖瑶族乡、八圩瑶族乡和瑶山瑶族乡等地，是我国瑶族的一个重要支系，自称"吉努"，因白裤瑶男子常年穿白裤而得名，有人口三万左右，被联合国教科文组织认定为民族文化保留最完整的一个民族，是一个由原始社会生活形态直接跨入现代社会生活形态的民族。至今仍遗留着母系社会向父系社会过渡阶段的社会文化信息，具有"人类文明的活化石"之称。

维柯说："一切民族，无论是野蛮的还是文明的，尽管是各自分别创建起来的，彼此在时间和空间上都隔很远，却都保持住下列三种习俗：（1）它们都有某种宗教，（2）都举行隆重的结婚仪式，（3）都埋葬死者。无论哪一个民族，不管多么粗野，在任何人类活动中没有哪一种比起宗教、结婚和埋葬还更精细，更隆重根据第144条公理：'起源于互不相识的各民族之间的一致的观念必有一个共同的真理基础'，一定就是这种共同真理基础支配了一切民族，指使他们都要从这三种制度开始去创建人类，所以都要最虔诚地遵守这三种制度，以免使世界又回到野兽般的野蛮状态。"[②]广西南丹白裤瑶葬礼仪式既是白

① 参见蒲朝军、过竹主编《中国瑶族风土志》，北京大学出版社1992年版，第18—20页。

② 参见［意］维柯《新科学》，朱光潜译，商务印书馆1989年版，第154—155页。

裤瑶族群宗教、文化、艺术中的一个重要组成部分，也是白裤瑶文化享有“人类文明的活化石”之称的一个重要表征。同时，更是白裤瑶族群审美经验传承的重要文化载体，是支配白裤瑶族群日常生活秩序、伦理道德规范以及审美意识形态的一个内在文化因素。白裤瑶葬礼仪式不仅具有比较固定的仪式规程，而且孕育着非常丰富的美学内涵；它既具有“祭祀生命里程”的神圣性，又富有“向死而生”的诗意性。

一、白裤瑶葬礼仪式的审美人类学考察

白裤瑶的葬礼仪式主要由阴曹报丧、击鼓造势、“开牛”祭祀、跳猴鼓舞、沙枪送葬、长席宴客等六大仪式规程组成。

（一）阴曹报丧

薛艺兵先生说：“仪式作为人类社会普遍存在的行为方式之一，它的存在，并不是无谓的、无用的或自发的、自为的存在，而是因为对社会有意义、起作用才存在。”[①] 在广西白裤瑶村寨，老人去世后，要由亲生的子女为其洗澡、穿寿衣，然后用刻有五个或七个瑶王印的布将尸体盖住，之后请道公做法事[②]。具体做法是：道公用金竹竿（用金箔纸将竹竿包好）在死者所住的房屋朝西的屋角捅开三块瓦片，如果死者所住的是茅屋，法式道公则将从茅屋的西角扯下三根茅草，意思是死者将由此处“升天归西”，到西天的极乐世界去。随后，道公抱着一只打煞用的白公鸡到香炉前三鞠躬，绕灵三圈后开始向阴曹地府的历代祖先报丧。报丧的程序也有讲究，首先是向掌管阴曹地府的阎王报到，大意是“某年某月某日某时，有某人前来地府报到，请阎王地府接管……”其次是向死者的列祖列宗报到，大意是“曾祖某某，祖父某某，父某某……今有家人

① 薛艺兵：《神圣的娱乐》，宗教文化出版社2003年版，第45页。
② 在广西南丹白裤瑶中，为活着的人做法事驱鬼者称为师公，为死者做法事送灵者称为道公。

某某来与你们会和，希望你们再多多给予关照，相互联系，共同生活……”最后向在场守棺的人报告死者生前种种感人事迹，为人谦虚和善，以及去世地点时辰等。报丧的三个程序完成后，道公用嘴将打煞用的白公鸡的鸡颈咬断，丢出门外，随后守灵的亲戚朋友开始哭丧，哭丧的人越多，表示死者家族越兴旺发达；哭丧人的哭声越大，哭丧时间越长，表示哭丧者越有孝道，或与死者的关系越密切。

（二）击鼓造势

铜鼓、皮鼓，是葬礼活动的主要打击乐器，在平时的日子里不能随意敲打。铜鼓是白裤瑶最具有艺术魅力的有形文化形式和民族精神的寄托。打铜鼓是白裤瑶葬礼仪式的一个重要组成部分。铜鼓也是白裤瑶族群所崇拜的器物之一，有时甚至将铜鼓视为神灵或家族中的一员，诚如宋人朱辅在《溪蛮丛笑》中所言：“溪峒爱铜鼓，甚于金玉。”据有关资料显示，白裤瑶的铜鼓密度之高居国内外当今使用铜鼓民族之首，平均每 89 人中就有一面铜鼓。[①] 在白裤瑶，如果哪一家有老人去世，其亲戚朋友都会不约而同地将自家收藏的铜鼓“请”出来，为逝者送葬。在白裤瑶中，铜鼓被视为神圣之物，人们在日常生活中不能随意接触铜鼓，如果需要取出铜鼓，就必须举行一个隆重的“请鼓仪式”。具体做法是：把两碗酒、半碗水放到铜鼓的鼓面上，同时用一片竹片沾上酒点洒在鼓面上，并对着铜鼓念一段“请铜鼓”词，大意是：“铜鼓啊，亲戚家有丧事，今天要带你去那里，打雷下雨你不要怕，声音要洪亮……”用完铜鼓后，也要用一些酒、水举行隆重的“封鼓仪式”，交代铜鼓：“铜鼓啊，拿你去藏，雷响不要响，海浪滔滔你不要动，要安心在家里。”[②] 在白裤瑶，老人去世后不能把铜鼓带去，为了表示对老人的尊敬，必须要击鼓造势为其送葬。铜鼓

① 参见梁富林《白裤瑶的铜鼓崇拜》，《河池学院学报》2005 年第 3 期。
② 廖明君：《石头山上有人家——广西南丹白裤瑶文化考察札记》，广西人民出版社 2006 年版，第 102—103 页。

一般是在“开牛”前打一遍，其目的一方面是为死者通往阴间“开路”，白裤瑶认为：“丧事打铜鼓是表示对死者的哀悼，使死者安然进入阴间，登上天堂，逍遥自在。”“打铜鼓是表示死者生前富贵，让阴间的鬼也知道，热烈来欢迎死者，使死者在阴间也一样富贵，同样受到尊重。”[①]另一方面是告知族人有人去世的讯息（类似于发布讣告），使更多的人听到鼓声，自动前来参加葬礼。

（三）“开牛”祭祀

“开牛”祭祀是白裤瑶葬礼仪式的一个必不可少的规程，具有举足轻重的地位，它是凸显白裤瑶葬礼隆重的表征，也是他们连通阴阳两界的重要桥梁。卢瓦西在《献祭史论》中指出：“仪式是所有宗教中最持久的要素，因而，从仪式中我们可以更透彻地揭示古代崇拜的精髓。”[②]牛是白裤瑶的图腾，他们对牛怀有崇敬之情。“开牛”就是杀牛或砍牛，但白裤瑶人不叫杀牛也不叫砍牛，而叫“开牛”。“开牛”用的牛一般是水牛。“开牛送葬”是白裤瑶葬礼仪式中最为重要的仪式之一，它有着深刻的历史根源。开牛仪式是葬礼最重要的活动环节，按照白裤瑶的传统，开牛一般安排在吉日下午的龙时、鸡时或猴时，由拜牛、转牛、哭牛、抚牛、颂牛、砍牛、吃牛等诸多程序组成。具体做法是：先埋好一根约 2 米高的木桩，把竹圈套在木桩上，然后用铁环拴住牛鼻，以长麻绳系于竹圈外，使牛能绕着木桩转动。参加葬礼仪式的人每人肩背细篾金竹帽，手拿夹有一根糯谷穗的青竹枝，排成长队到砍牛场，围着牛转三圈后，轮流抚摸牛头牛鼻，在即将砍杀的牛脸上吻一下，哭诉牛的功劳和对主人所做出的贡献——“我们吃的糯米哟，为何那样芳香？我们喝的米酒哟，为何那样醉人？这是因为哟，牛帮我们犁田耙田把地耕，五谷才能开花结果，米酒才能酿成。牛就是我们的命根……它承担着我们老者献肉的重任，让我们的长辈在阴

① 梁富林：《白裤瑶的铜鼓崇拜》，《河池学院学报》2005 年第 3 期。

② A.R. 拉德克利夫－布朗：《原始社会的结构与功能》，潘蛟、王贤海等译，中央民族大学出版社 1999 年版，第 173 页。

间安宁。它要与我们的老者做伴，让我们的长辈在阴间免遭折腾。这件事比山还重，比虎摔还要紧”。[①]之后跪拜三次，丢下竹枝，拿着糯米谷穗喂牛后离开；这时道公出场，他一边呼喊着死者历代祖宗的姓名，一边将糯米撒向牛背，喃喃有词——大意是“牛啊，砍你来祭祀祖宗，接待亲朋好友，这不是有意要杀你啊，这是盘古开天的传统仪式，要你到阴间去与主人一起耕作，陪伴主人”，“尊敬的主人啊，把你的牛领去吧，你放心地去天堂吧，牛会永远陪伴着你，守候着你”。随后开牛仪式正式开始，按照白裤瑶的习俗，砍牛手一般由舅爷担任，砍牛只能砍牛角后面的牛颈，切忌砍在牛角上。砍牛只可砍三刀，如果三刀后牛还未死，需用青藤把牛捆住后，用尖刀刺杀牛的喉咙，接牛血倒入预备好的酒中，再用竹筒装上牛血酒，敬鼓手、敬亲友、敬众人。开牛后牛肉将用于长席宴客，牛角立在墓碑前，作为老人的陪葬品。在白裤瑶葬礼开牛仪式中，砍牛的多少，依据死者家族的财力而定，少则一两头，多则七八头，用来陪葬的牛越多，表示死者家族的经济能力越强，老人到天堂后就会越富有。陈荣富先生说：“祭祀礼仪能够使属于个人的宗教体验变成群体成员的共同体验，产生群体化的宗教情感，加强了信仰者与他信仰的神之间的联系，实际上同时也就加强了个人与他所从属的社会之间的联系，巩固和发展了群体的共同仪式。共同仪式的主要文化功能是集体效忠这种文化情感的再现与再确定，人们聚集在一起举行宗教仪式，是为了要显示进一步加强它们彼此认同与凝聚的意识。”[②]正如涂尔干在《宗教生活的基本形式》中指出的：“这全部仪典的唯一目的，就是要唤醒某些观念和情感，把现在归为过去，把个体归为群体。”[③]开牛仪式是白裤瑶在漫长的历史沿袭积淀下来的重要的送葬仪式，它是维系白裤瑶血缘群体、氏族村落共同体的精神纽带，它不仅仅是寄托白裤瑶族群对逝者哀思的仪式表征，它更是白裤瑶对本民族文化认同的重要体现，它对白裤瑶民族

① 陈日华、韦永团主编：《莲花山仙踪》，广西人民出版社 1998 年版，第 284—285 页。
② 陈荣富：《宗教礼仪与文化》，新华出版社 1992 年版，第 3 页。
③ ［法］爱弥尔·涂尔干：《宗教生活的基本形式》，渠东、汲喆译，上海人民出版社 1999 年版，第 498 页。

凝聚力的形成和民族文化的传承都有着非常重要的意义。

（四）跳猴鼓舞

在白裤瑶的观念中，“世上生物都有灵，死物有魂，人类就生活在神灵的世界中”[①]，跳猴鼓舞是祭祀祖先的一个重要仪式，此仪式在砍牛仪式后举行。据史料《永明县志》记载：土人“信巫好鬼，俗多淫祀，每岁八九月间，远招瑶壮，桴鼓笙笛，绕行罗拜，大类带林之戏”。“每岁秋，巫师前导，弄舆者十数人，跳鼓者十数人，酒醴肴馔，极其丰腴，已而跳小鼓者起而跳，已而跳大鼓者起而跳，巫师亦随而跳，或起跃，或伛偻，忽先忽后，忽左忽右，忽离忽即，忽纵忽横，忽急忽缓，跳鼓者唱瑶歌声。”这些史料生动反映了白裤瑶跳猴鼓舞祭祀祖先的族群记忆。跳猴鼓舞既是白裤瑶祭祀祖先的一个重要仪式，也是白裤瑶文化仪式传承的一种重要方式。它由打铜鼓、吹牛角、跳猴鼓舞三部分组成。打铜鼓前，要先用香火、牛头、酒和糯米饭团来祭鼓，并唱《祭鼓歌》：“呕嗬嗬，我们的人离开人世了，呐里河流了三天的泪。呐里河叹了三天的气，呐里河唱了三天的哭歌。河水流干了，山气叹尽了，鸟喉哭哑了，只有求你嗬为我们显灵……”[②]祭鼓分为祭大鼓（皮鼓）和铜鼓。首先，主鼓手把鼓放在铜鼓围起的场中央，道公点起三炷香火，摆牲头，酒饭祭大鼓。祭完大鼓，再拿着禾把米酒从左到右，从外到内，再从内到外，祭铜鼓，唱祭鼓歌。祭罢铜鼓，主鼓手启鼓，此时鼓师一边跳猴鼓舞，一边不停地敲打皮鼓的鼓身和鼓面，其基本规律是：每三面三边一小节，九面九边一大节，如此反复。敲七去九返或九去十一返。之所以这样击打，是白裤瑶族群认为，送死者到阴间，要经过七道或九道关，返回时还要多两道关，形成七去九返或九去十一返。[③]领导众鼓手和号角手演奏起来，牛角号手从两边进场，吹起牛角号，沉浑

① 玉时阶：《白裤瑶的宗教信仰》，《广西民族研究》1987年第3期。
② 陈日华、韦永团主编：《莲花山仙踪》，广西人民出版社1998年版，第290页。
③ 参见谢明学主编《中国白裤瑶风情录》，陕西旅游出版社2001年版，第102—103页。

的铜鼓声与牛角号声齐鸣。打铜鼓的都是男子，他们左手握槌敲鼓面，右手执铁手轻打鼓身，同时另有一人用木制的风桶在鼓背面接音，按一定的节奏前后晃动，使铜鼓产生共鸣，鼓声可传出数十里。维克多·特纳说："仪式不仅是对社会需要的回应，更是人类创造意义的行为。"[①]跳猴鼓舞，当地称之为"剥泽格拉"，意为模仿老猴舞。主鼓手一边以鼓点指挥铜鼓演奏，一边跳起老猴舞，以舞姿表现众人的愿望，让死者的灵魂登天，驱散众人心头悲伤的阴影，消除灾难。他左跳右跳，双腿并拢微曲；然后双槌击鼓，手中的小木槌则有规律地从头顶、两耳、双肩、大腿、小腿等部位，相向互击，或左或右地绕皮鼓转圈。其舞姿动作似老猴攀援、摘果，也似农事劳动的挥锄、挖地、点种，让人从中看到后人对前人艰辛创业的深深敬意；"舞中'蹲''矮''弹''踹'等动作则充分体现了瑶民族坚贞不屈的性格及振兴民族的决心。"[②]

（五）沙枪送葬

钟敬文先生说："在以往几千年的历史中，绝大部分人都不认为死是生命的终结，而把它看成是人生旅途的一种转换，即从'阳世'转换到了'阴世'（冥界）。因此，从人死去的这一时刻起，也就意味着踏上了新旅途，开始了一种新的生活。从死亡到丧葬的礼仪，即以此种观念为出发点，葬礼被看作是将死者的灵魂送往死者世界的必经手续。"[③]在广西白裤瑶族群中，死往往被看作生命历程的一种延续，是人踏上极乐世界而获取新生活的开始，由于白裤瑶人们在历史上的悲惨遭遇和长期处于现实生活的艰辛困境，使他们积淀成了一种现实世界是困苦的、现实的人生是不幸的潜意识观念，他们认为死是对不幸现实的一种解脱。因此，作为死者的亲人或族人此时的心情是处于一种复杂矛盾的状态：一方面因死者的去世而悲痛不已；另一方面又为死者摆脱了现实的苦

---

① ［英］维克多·特纳：《象征之林——恩登布人仪式散论》，赵玉燕等译，商务印书馆 2006 年版，第 3 页。

② 唐玉文：《中国瑶族砍牛祭习俗初探》，《广西梧州师范高等专科学校学报》2000 年第 3 期。

③ 钟敬文主编：《民俗学概论》，上海文艺出版社 2006 年版，第 181 页。

难踏上极乐世界而备感欣慰。在跳猴鼓舞仪式后，接下来就是“沙枪送葬”的隆重仪式。所谓“沙枪送葬”就是在送故人上山时，必须鸣放沙枪。白裤瑶人们在送故人上山时，几十人组成的沙枪队排成两行，枪队会一个接一个有序地鸣枪。阵阵响彻的沙枪声伴和着低沉的牛角号、铿锵的铜鼓声、浑厚的皮鼓声，带着几分凝重和依恋久久回荡在山中，带着众人的缅怀之情，响入云天。在送故人上山的过程中，全寨的人都会哭泣，弯着腰一步一步跟着灵柩的后面走，每个人神情悲伤，场面动人。众人把灵柩抬到墓地，葬毕，在坟堆前竖立两根圆木柱，木柱上刻着若干图案，在中间插入被砍的牛角，牛角越多越表示死者的尊荣。需要指出的是，由于白裤瑶对于死的观念始终处于一种矛盾的心态，因此，在白裤瑶的葬礼期间，他们存在着“悲”与“欢”两级并举的独特现象。一方面，他们沉浸在对死者的深切悲痛之中，另一方面，他们又从葬礼仪式悲痛的境遇中超脱出来，在“丧葬当天，很多附近乡里的青年男女前来参观，他们打扮得漂漂亮亮，边观看葬礼边寻找对象，当遇到自己喜欢的人就跟他对唱情歌，并逐渐离开葬礼去偏僻的地方约会”[①]。

（六）长席宴客

“长席宴”是白裤瑶宴请送葬的亲朋好友的一种重要仪式和独特方式，在出殡回来后才开宴。所谓“长席宴”，即是在白裤瑶宴请送葬的亲朋好友时，不用摆桌椅，只需在死者的家门前或其他宽阔的场地，用木板一块接一块连成一条“长席”，并在上面摆放一些碗筷，将先前砍杀的牛肉大碗盛上，小碗用来装酒，客人分批进餐。开宴时先是妇女吃，接着是孩子，最后是男子。在长席宴上，客人将尽兴喝酒，牛肉则象征性地吃几块，然后用树叶包好带走，一批退席后，另一批客人上来，依次继续，直到宴请客人结束。参加长席宴的人越多，表示老人生前越受人尊敬。维克多·特纳说：“从一种状态进入另一种

---

① 邱仁富：《文化变迁与认同——广西南丹县白裤瑶文化现状审视》，《经济与社会发展》2008 年第 2 期。

状态之时，一个群体会出现某些变化；而伴随着这些变化的就是仪式。”[①] 长席宴仪式使白裤瑶从悲凉葬礼“阈限期”过渡到日常生活中来，在这个过程中，长席宴仪式“把其参与者和听众强化、统一到一种心境之中，它们都为个体自我超越的情感提供了一个契机……因为每个人都在同一时刻分享着模式化的情绪，人们彼此相互隔离的硬性边界被软化或融化在一起，他们平时认为理所当然的同志关系得以加强”[②]。对于交通闭塞和经济落后白裤瑶族群来说，长席宴犹如一顿丰富的精神“圣餐”，它在某种程度上淡化或消解丧葬仪式的悲凉氛围，使参加葬礼的人们从悲伤的情绪中暂时解脱出来。在长席宴中，逝者家属一般要给来参加葬礼的乡邻和亲朋好友敬酒，在席的人们也相互敬酒，这样逝者家族的人丁兴旺程度、家族内部的和谐状况，以及整个族群中人们之间的相互关系都呈现出来，大家在一种喜悦和狂欢的场域中将多日来郁积在内心的悲伤心情“释放”和“宣泄”出来，使心情得到很好的调适。出殡后，葬礼并没有结束，下葬时在墓碑前挂有酒水，如果三天后酒水少了，还要做一回补水仪式，做完仪式后葬礼才算结束。

克利福德·格尔兹指出：“仪式表演本身，引导人们承认支持着仪式所体现的宗教观的权威。通过借助于单独一套象征符号，引发一套情绪和动机（一种精神气质），确定一个宇宙秩序的图像（一种世界观），这种表演使得宗教信仰的‘对象’模型（models for）和‘归属’模型（models of）仅成为相互之间的转换。”[③] 广西南丹白裤瑶族群的葬礼仪式有着自身独特的生存机制和较为固定的仪式规程，仪式中所呈现的整套象征符号折射出白裤瑶人们特有的宗教观和人生观，是南丹白裤瑶至今被誉为“人类文明的活化石”之称一个具有典范性的表征仪式。

---

① ［英］维克多·特纳：《仪式过程——结构与反结构》，黄剑波、柳博赟译，中国人民大学出版社2006年版，第141页。

② ［美］埃伦·迪萨纳亚克：《审美的人——艺术来自何处及原因何在》，户晓辉译，商务印书馆2004年版，第80—81页。

③ ［美］克利福德·格尔兹：《文化的解释》，纳日碧力戈等译，上海人民出版社1999年版第135页。

二、白裤瑶葬礼仪式的美学意蕴

海德格尔说：“死不是一个事件，而是一种须从生存论上加以领会的现象。这种现象的意义与众不同。”[①]“死亡的生存论阐释先于一切生物学和生命存在论。而且它也才刚奠定了一切对死亡的传记学、历史学、人种学和心理学研究的基石。”[②]白裤瑶的葬礼仪式是白裤瑶族群对于生命存在观念的集中体现，孕育着非常丰富的美学内涵。白裤瑶族群的整个葬礼仪式是一个非常独特的民族文化现象，它既具有“向死而生”的诗意性，又富有“祭祀生命里程”的神圣性。

（一）祭祀生命的里程：白裤瑶葬礼仪式的神圣彰显

人类学家弗兰西斯说：“无论何时，仪式都与社会性的生死冲突相联系，因而必然趋向于成为一种神圣或祭献礼仪。”[③]在白裤瑶的葬礼仪式中除了到处洋溢着“向死而生”的诗意性外，祭祀生命里程的神圣性也是其一个重要的美学特征，其中采用印“瑶王印”的布来裹尸体、铜鼓敲打仪式、砍牛仪式是彰显白裤瑶葬礼仪式神圣性的三个重要表征。

在白裤瑶族群中，男子裤子上都有五条“红印”（“五指印”），女子花背心上都印有“瑶王印”，这些印记符号蕴含着丰富文化内涵，富有相当浓郁的神圣性。在白裤瑶的《天地始歌》中这样唱道：

呕唷唷——

为什么我穿的花背心上印着一个金印？

---

① ［德］马丁·海德格尔：《存在与时间》，陈嘉映、王庆节译，生活·读书·新知三联书店 1987 年版，第 289 页。

② ［德］马丁·海德格尔：《存在与时间》，陈嘉映、王庆节译，生活·读书·新知三联书店 1987 年版，第 297 页。

③ 转引自彭兆荣《人类学仪式的理论与实践》，民族出版社 2007 年版，第 15 页。

为什么我穿的花裙上印着九十九个花纹？
今晚我才知道唷，
是雅海[①]要我们记住金印的教训，
是雅海要我们记住九十九次苦难的历程，
呕——唷——
苦胆一样的巴楼人[②]唷，
要把金印和苦难刻进自己的心！

呕唷唷——
为什么我穿的白裤有五条红纹？
今晚我才知道唷，
五条红纹是阿者[③]血战楼刻[④]留下的血印。
呕——唷——
青冈木一样坚硬的巴楼人唷，
永远牢记祖宗的战斗精神。[⑤]

此外，在白裤瑶地区还有这样一个广泛流传的关于“瑶王印”来源的故事：相传在很久以前，南丹地区就是瑶、苗、壮、汉各族人们和谐聚居的地方，在这里各族人们都是遵照瑶王印鉴办事；壮族有一莫氏土司为夺得这一地区的主导权，设计骗走了瑶王印，并攻进瑶区；瑶王被迫迎战，在战斗中瑶王负伤战败，血流不止，爬山时手撑膝盖，在裤腿上留下十条血指印，临终前，在衣襟上画了瑶王印的图案。瑶族后人为纪念瑶王，便在裤子的膝盖处各绣上

① 雅海：白裤瑶的女祖先。
② 巴楼人：白裤瑶人。
③ 阿者：白裤瑶的男祖先。
④ 楼刻：瑶语音译，白裤瑶对汉人的称呼。
⑤ 陈日华、韦永团主编：《莲花山仙踪》，广西人民出版社 1998 年版，第 239 页。

五条“红丝印”，在衣背上绣上“瑶王印”图案。

也有研究者认为，白裤瑶男子裤子上的五条“红印”和女子花背心上的“瑶王印”与传说中的瑶族神话有关。相传瑶族神话中，龙犬身有五彩，瑶好五色，即红、黄、蓝、白、黑，瑶族刺绣采用五色，而白裤瑶族群在服饰上绣刺“五指印”和“瑶王印”，其目的是显示自身是龙犬（盘瓠）的后裔。而有研究者认为，白裤瑶服饰图案与瑶族《评皇券牒》有着千丝万缕的联系。甚至有研究者认为：“白裤瑶服饰图案‘瑶王印’是《易经》记载的‘河出图，洛出书，圣人则之’历史的形象刻画表叙，保留着八卦形成之前河图与洛书融合的早期文明形态，是上古人类从结绳记事阶段进步到数字记事阶段的标志图案。”① 可见，无论是从白裤瑶的《天地始歌》记载来看，还是从白裤瑶族群中流传的故事来分析，我们不难发现：“瑶王印”是白裤瑶族群祖先崇拜的产物，它与对神鬼的敬畏有关，“瑶王印”不仅承载着白裤瑶族群厚重历史记忆，而且已经积淀为白裤瑶族群集体意志的象征，甚至已成为白裤瑶日常生活中的一种神器和护身符。白裤瑶人们用印有“瑶王印”的布覆盖死者的尸体，一方面表现出白裤瑶对祖先瑶王的怀念和敬仰，另一方面也表现出白裤瑶人们期望以此获得祖先和神灵的保护，抗拒鬼神袭击与侵扰的美好愿望。

鼓（铜鼓、皮鼓）是白裤瑶葬礼活动的主要打击乐器，击鼓是其葬礼仪式的主要程序。在白裤瑶中，铜鼓被视为神圣之物，人们在日常生活中不能随意接触铜鼓。宋人朱辅《溪蛮丛笑》一书中曾有“溪峒爱铜鼓，甚于金玉”的记载。如果需要取出铜鼓，就必须举行一个隆重的“请鼓仪式”，民间有“凡有丧事，必有鼓声”的说法。据清代《广西通志》记载：“思恩瑶……岁首祭先祖，击铜鼓跳跃为乐。”此外，乾隆《庆远府志》也记载了广西南丹白裤瑶击鼓治丧的习俗：“瑶、壮俱尚铜鼓，而所用之时不同，有用之于吉礼，有用之于凶礼。南丹惟丧事用之，犹须吉日，可击则击，不可击则止。”对于南丹白

① 磨现强：《白裤瑶服饰文化刻录的上古文明》，《广西师范学院学报（哲学社会科学版）》2010 年第 3 期。

裤瑶族群对敬畏铜鼓的神圣性表征，著名的瑶学研究专家玉时阶先生做了很好的论述："南丹县瑶族人办丧事，把讣告发出去后，就拿出铜鼓来敲打。他们过去曾是非死人不许敲铜鼓，现在虽略有改变，允许过年敲铜鼓，但死人时敲铜鼓的习俗一直未变。浑厚低沉的鼓声如诉如泣，在村寨和山谷中回响，把不幸的消息传递到近邻远村，人们闻声便知有人遇难，赶来帮助。鼓声昼夜不断，传播悠远，惊动冥冥中的神灵，通知他们准备接纳死者的灵魂。在他们的观念中，人的灵魂是不灭的，人死之后，仍然以血缘关系为纽带组成团体，共同生活，在九重天之外，有个隐蔽的地方，是他们的始祖和历代祖先共同居住的地方，死者的灵魂必须到那里去与他们团聚，所以，必须敲铜鼓将此事告诉冥冥中的神灵。因为铜鼓是可以沟通人、神的神器。"①

同时，由于南丹白裤瑶族群对铜鼓始终怀有一种敬畏之情，击鼓丧葬的仪式规程也是非常讲究的，整个仪式主要由一面皮鼓和多面铜鼓组成，皮鼓是击鼓仪式的指挥，由具有一定威望和击鼓技能的鼓师控制。在白裤瑶族群中，人们认为送死者的灵魂去阴间要经过七道或九道关卡，而死者的灵魂从阴间返回人间则还需要增加两道关卡，因此，民间有"七去九返"或"九去十一返"之说。击鼓丧葬时击鼓是有比较一个严格规程：在击打皮鼓的过程中，每三面三边为一小节，九面九边为一大节，如此反复，其节奏规律要严格遵循"七去九返"或"九去十一返"，否则就会触犯葬礼仪式的禁忌，影响死者灵魂的"超度"，甚至被视为对神灵的亵渎和对死者的不敬。

在南丹白裤瑶族群中，"开牛"仪式有着深厚的伦理背景，是白裤瑶族群孝道文明发展的一种表征形态。同时，"开牛"仪式既是白裤瑶族群一个重大、独特的祭祀活动，也是一个遗存着原始暴力性又富有神圣性的葬礼仪式。克利福德·格尔兹在《文化的解释》一书中指出："每一个民族都热爱各自特有

① 玉时阶：《瑶族铜鼓考》，《民族艺术》1989年第3期。

的暴力形式。”[①] 而“对于暴力的理解和认定必须建立在某一个特定的文化语境之上……暴力不能简单地被看作是一件事情本身，而属于一个意识形态的行为，一个充满连贯性和连续性的社会行为，也可以是特定条件下的行为分类和规范。所以不能简单地认定为‘反常’或‘变态’，必须将它置于某一种社会背景或族群伦理体系里去看待和对待”[②]。在白裤瑶族群中，“开牛”是一个必不可少的仪式，尽管“开牛”实质与砍牛、杀牛同义，但在称呼上是不能替换的，其原因在于，在白裤瑶族群中牛具有一定“神圣性”的意味，牛既是他们日常生活中不可缺少的一部分，同时牛也是死者必须具备的伴侣和财富的象征。因此，看似充满暴力“开牛”仪式，其实是白裤瑶祭祀死者生命里程的一个神圣仪式，是践行对逝者生命尊严的庄严承诺。在白裤瑶看来，没有“开牛”就意味着死者来世的生活没有财富，并以此带来死者来世生命尊严的缺失。可见，“开牛”并不是白裤瑶族群“反常”或“变态”的表征，而是一种神圣性的仪式。诚如彭兆荣教授所说，任何一个民族特有的暴力行为的指示性和逻辑性是密切相连的。“① 暴力是任何民族和社会的‘存在’，套用黑格尔的著名论断，是‘合理的’。每一个民族无论其做什么华丽的标榜，暴力无不充斥在整个历史文化的表述中。② 暴力形式各种各样，它们构成了特定民族和社会的象征性结构，它们可以起到对社会关系的整合，对社会秩序的控制和对社会冲突的平衡作用。③ 特定和特殊的暴力形式又构成了所谓的‘文化感’；既是客观的又是主观的，因为这种文化感可以被感知和体认。④ 暴力的社会性特征是通过某一个个体的活动行为以折射和展示特定群体的社会心理样态和共性。”[③]

（二）“向死而生”的精神还乡：白裤瑶葬礼仪式的诗意呈现

日本美学家今道友信说：“死是最高的美学命题！”白裤瑶的葬礼仪式就是

---

① ［美］克利福德·格尔兹：《文化的解释》，纳日碧力戈等译，上海人民出版社 1999 年版，第 508 页。

② 彭兆荣：《人类学仪式的理论与实践》，民族出版社 2007 年版，第 259 页。

③ 彭兆荣：《人类学仪式的理论与实践》，民族出版社 2007 年版，第 256—257 页。

一个寓意丰富的美学现象，整个葬礼仪式规程中充满着一种诗意的向死而生的精神还乡情结。在白裤瑶族群意识中，人类的存在可分为“现实”和“虚无”两个层面，即人类生命的存在既可以是一种现实的存在，又可以是一种“向死而生的存在”，因此对于白裤瑶人来说死亡并不是生命的终结，而是一种生命的延续和诗意精神还乡。正如雅斯贝尔斯所言：“只有死亡才是使生存得以实现的条件……所谓死亡，即意味着现象中的消失，意味着离开实存而进入到可能的、纯粹的超验界中去。在死亡中，实存中断了，而我们的实存被切断以及它的片断性，恰恰使我们有可能从死亡处境出发来认识实存的局限性。此时，我们便站到实存与生存的分界线上，看到了我们的实存的边缘，望到了包围着我们的实存的那个无边无际的大全，确立了我们的现实立场，从而成为真正的自身，成为生存。”[①] 在白裤瑶葬礼的“阴曹报丧”仪式中，死者亲人要用刻有五个或七个瑶王印的布将死者的尸体盖住，一方面表示白裤瑶族群对先祖瑶王崇敬和悼念，另一方面也寄寓死者亲人希望先祖瑶王能够在阴间接纳和关照自己的亲人。请道公做法事，是为死者超脱而作。他们希望通过道公的做法能够使死者摆脱人世间所有的不幸和累赘，超脱凡尘进入另一个极乐世界。对于生活条件恶劣和生存艰苦的白裤瑶人们来说，“死亡是精神通向彼岸世界的风帆，唯有它才引导心灵走入绝对自由的宫殿；也唯有它，生命个体可以穷尽一切知识、真理……作为生命存在的另一种形式，活着却是不自由的，因为活着承担着物质之累，知识之累，道德之累，法律之累，等等”[②]。

任何仪式都具有一定的形式特征和表达性质的功能，“仪式的一个基本功能，就是在于能够把日常生活中的事物、关系、状态加以颠倒，从而使现实生活中无法解决的矛盾得到想象性解决，使异化的、破碎性的现象凝固为一种完美的整体。现实中的痛苦转化为艺术的优美，现实中缺少的东西也以幻象的形

① 转引自徐崇温主编《存在主义哲学》，中国社会科学出版社 1986 年版，第 278—279 页。
② 颜翔林：《死亡美学》，学林出版社 1998 年版，第 274—275 页。

式重新出现”[①]。对于人类社会来说，死亡是不可避免的，死亡意味着生命的结束，死亡是一件充满悲凉可怕的事件。而葬礼仪式通过一定的仪式规程，使死亡的悲凉氛围得以缓解，使人们凝重压抑的心境得以释放。列维－斯特劳斯将仪式的这种功能称为“修补术”，他指出仪式的功能在于通过一定仪式阈限阻断日常生活中的各种关系，有利于与神交流、沟通。仪式欣赏者通过表演仪式的动态过程将主体与对象联系起来，在这里，表演仪式完全成了人类自我注释的方式，表演的过程也是审美的实践过程。在白裤瑶葬礼仪式中，无论是击鼓仪式、开牛仪式，还是跳猴鼓舞、沙枪送葬、长席宴客都可以称得上是具有浓郁民族风情和特色仪式展演，这些仪式将人们对死亡的恐惧心理不断消解，使现实中因死亡而建构起悲凉氛围，在仪式阈限内转化为艺术性展演。悦耳鼓声是为死者升入天堂开路，壮观的“开牛”是为死者在天堂生活奠基，富有节奏和韵律的猴鼓舞是为死者饯行，沙枪送葬的枪声是为死者向天堂“报到”，长席宴上淡定从容的大碗喝酒、谈笑风生是为死者摆脱苦难而高兴。整个葬礼仪式无不成为人们观赏的对象。在丧葬当天，很多附近乡里的青年男女前来参观，他们打扮得漂漂亮亮，边观看葬礼边寻找对象，当遇到自己喜欢的人就跟他对唱情歌，并逐渐离开葬礼去偏僻的地方约会。从某种程度上说，白裤瑶葬礼已经成为一个具有很强观赏性的艺术展演，葬礼仪式的现实功利性为艺术的审美性所抵抗、消解，在这里葬礼仪式转化为了一种优美的艺术形式，葬礼仪式的艺术性弥合了现实的功利性，修复了因死亡而造成阴森、恐怖、可怕、悲凉的境遇。

在白裤瑶葬礼中最具有诗意性的仪式是“立牛角天柱”，所谓“立牛角天柱”就是将砍杀的带角牛额骨钉在雕有龙凤的杉木上，然后立在死者的坟墓前，供死者登天之用。“牛角天柱”中，牛角是白裤瑶族群葬礼中必不可少的陪葬品，它们是死者财富的象征，死者坟墓前立的牛角天柱越多，表示死者到

---

① 王杰：《审美幻象与审美人类学》，广西师范大学出版社 2002 年版，第 77 页。

天堂后就会越富有。杉木上雕刻的纹路代表死者由阴间登上天堂的“天梯”，杉木上雕刻的龙凤图则寄寓着死者“美好前景”。白裤瑶这种诗意的想象与其浓郁的鬼神观念有着密切的联系，白裤瑶对于生与死没有截然断裂的观念，他们甚至认为现实中的人可以与死者的灵魂进行一种“互渗性”交流。这种诗意的思维模式类似于列维－斯特劳斯所称的具象性“野性思维”，这种思维模式“指向生命自我的想象性，它把内外世界的统一性确定在自我意识对对象的想象性把握中，个体的生命状态是这个世界的尺度，整个世界包括自我存在都是生命感受的由内及外的想象而已”[①]。在白裤瑶人们看来，生与死没有绝对界限，二者可以互相渗透和让渡，这种隐喻性的认识使他们坚信生命的永恒性和生死之间的相互渗透性。可以说，白裤瑶“立天柱”这种诗意的想象消解了“死亡”这一冰冷的理性法则，它承认世界的生命流动性，对死亡的冷酷性予以强烈的情感否定，它建构了一个生命出死复生的审美境界。对于白裤瑶来说，或许死亡是生命的最高虚无，死亡是对生命起点的回溯，是对生命家园的归返，更是对精神家园的归返；死亡代表了一种灵魂的升华，它表征着白裤瑶族群“向死而生”的精神还乡。

（原文载于《广西民族研究》2010 年第 3 期，
原题为《广西南丹白裤瑶葬礼仪式的审美人类学专家》）

---

① 颜翔林：《死亡美学》，学林出版社 1998 年版，第 265—266 页。

乌托邦、现代性与协商族群性：中国少数民族纪录片

石　甜

从中国人拍摄的第一部纪录片《定军山》到后来的《武汉战争》《民族万岁》《百万雄师下江南》，等等，在一定程度上反映了意识形态变化下的社会变迁。[①] 本文拟从新中国成立后的三部纪录片《鄂伦春族》（1963）、《最后的山神》（1993）和《萨满的心事》（2014）来分析中国当代纪录片中少数民族的形象及其所折射的社会文化变迁。这三部纪录片具有"如何看待少数民族文化"的共同视角，也呈现了不同时代对少数民族的想象，从早期的乌托邦愿景到21世纪的协商族群性，皆反映出不同历史时期的意识形态，也反映出少数民族在现代社会下经历的社会转型、文化变迁的阵痛、民族间互动以及公共空间中的协商族群认同。由分析可见，纪录片嵌入政治、经济的网络脉络之中，以艺术的形式参与构建族群认同的乌托邦，并在建构过程中完成其历史使命。

一、《鄂伦春族》：族群、治理术与乌托邦想象

1949年以前，中国少数民族题材电影只是采集了少数民族地区的奇异风光，以"满足汉族对少数民族剪影式想象"[②]。1957年，国家领导人曾建议把中国少数民族原来的面貌拍下来，记录下来，给中央领导了解一下，为制定民族

① 参见唐晨光《影像中的20世纪中国：中国纪录片的发展与社会变迁》，博士学位论文，南开大学，2001年，第3—16页。

② 王广飞：《十七年中国少数民族电影研究》，中国电影出版社2012年版，第1—5页。

政策作参考。[①] 所以，1957—1966 年拍摄了《鄂伦春族》与另外 14 部关于中国少数民族的纪录电影。

鄂伦春族是中国五十五个少数民族之一，生活在中国的大小兴安岭。2000 年，全国鄂伦春族总人口 8196 人。[②] 鄂伦春一词，据考证可能是“山林中的人”的意思，也可能是“使用驯鹿的人”的含义。[③] 鄂伦春族的定居点主要在黑龙江省和内蒙古自治区东北部的大小兴安岭。[④] 当出于边疆争夺的需要时，清政府将一部分蒙古人和索伦部调到今天的呼伦贝尔草原驻守。[⑤]20 世纪 50 年代，燕京大学社会学系陈永龄教授率领学生对呼伦贝尔草原的少数民族进行调查；1958 年，“根据本民族的意愿”，将索伦人、通古斯人、雅库特人统一民族名称为鄂温克族[⑥]，并区分了达斡尔族、鄂温克族和鄂伦春族，认定他们是“同源不同族”[⑦] 的民族。现在，各个民族更加强调各自的族群性特质。[⑧]

对人群的分类、命名、管理和居住地的划定，是现代性之下的思维逻辑，也是国家地位（statehood）在微观层面的实践和实现。这种治理术（governmentality）是领导权的微观表达，通过行政机构的规则和日常管理以及个体的自我约束来实现。[⑨] 族名的确定、民族习俗的鉴别、族源史的厘清，都是国家实体在不同层面行使其权力的结果。

《鄂伦春族》以一年四季为时间点，记录了鄂伦春族的狩猎、婚俗、丧葬

① 参见方方《珍贵的影像——电影纪录片中的中国少数民族》，《中国民族》2005 年第 12 期。

② 参见何群《环境与小民族生存——鄂伦春文化的变迁》，社会科学文献出版社 2006 年版，第 99 页。

③ 《鄂伦春族简史》编写组：《鄂伦春族简史》，内蒙古人民出版社 1983 年版，第 11 页。

④ 何群：《环境与小民族生存——鄂伦春文化的变迁》，社会科学文献出版社 2006 年版，第 123 页。

⑤ 万福麟监修、张伯英总纂、崔重庆等整理：《黑龙江志稿》（上），黑龙江人民出版社 1992 年版，第 34 页。

⑥ 包路芳：《社会变迁与文化调适——游牧鄂温克社会调查研究》，中央民族大学出版社 2006 年版，第 9—24 页。

⑦ 黄光学主编：《中国的民族识别》，民族出版社 1995 年版，第 249—254 页。

⑧ 参见李・吉尔格勒、罗淳、谭昕主编《鄂温克族——内蒙古鄂温克族旗乌兰宝力格嘎查调查》，云南大学出版社 2004 年版，第 10 页。

⑨ Bröckling Ulrich., Susanne Krasmann, and Thomas Lemke. “From Foucault’s Lectures at the College de France to Studies of Governmentality”, in *Govermentality: Current Issues and Future Challenges*, Edited by Ulrich Bröckling, Susanne Krasmann and Thomas Lemke, Taylor & Francis, 2011, pp.4–5.

礼仪等内容。纪录片重点突出“狩猎民族”，充满了对“他者”的观察，包括制作桦皮盒子、搭建仙人柱（住所）、树葬方式等，每一个镜头都有“族群性”，都被打上了“鄂伦春族”的卷标，其逻辑是日常生活的实践构成了族群性的认同。[①]20 世纪 50 年代，鄂伦春族走出山林，到定居点生活。杨光海导演的《鄂伦春族》重点“摆拍”[②]当地人的狩猎生活，表现鄂伦春族的社会生活，强调了鄂伦春族实现了“家族公社到农村公社的转变”[③]。

表 1 《鄂伦春族》叙事结构

季节	涉及内容
冬季狩猎活动	“乌力楞”家族公社组织、“白那查”山神信仰、饮食习惯、狩猎技术、居住习俗、萨满信仰、丧葬习俗等
春季狩猎活动	迁徙、搭建仙人柱、物品交换、农耕采集活动等
夏季狩猎活动	蹲碱场、桦树皮制作工具和船只、捕鱼活动等
秋季狩猎活动	采集野果、手工制作、猎捕活动、制革编织、婚嫁习俗、生育习俗、“木达昆”氏族组织、体育娱乐活动等
冬季狩猎活动	节庆、祭祀活动、酗酒陋习等

整部纪录片交叉出现大全景和中近景镜头以及鄂伦春人的特写镜头。镜头之下，作为人类的个体被“去生命化”，而仅仅是展示族群服饰的模特。虽然是摆拍，导演所追求的是“客观记录”的效果，尽量不出现导演的个人想法，连拍摄大纲也是经过与科研人员讨论修改而形成。这种“尽量去除创作者的个人色彩”的做法在同一时期的苏联更是常见，即尽量从已公开出版的数据中选择可使用的素材。[④]

---

① Nagel Joane, Constructing Ethnicity: Creating and Recreating Ethnic Identity and Culture, *Social Problems*, Vol. 41, No. 1, Special Issue on Immigration, Race, and Ethnicity in America, 1994, pp. 152–176.

② 关于“复原拍摄”与“真实性”所引发的讨论，参见陈学礼《“民纪片”中的“扮演”与影像真实性》，《西南边疆民族研究》2014 年第 1 期；朱靖江《复原重建与影像真实——对“中国少数民族社会历史科学纪录电影”的再思考》，《西北民族研究》2013 年第 2 期。

③ 张文凌：《被遗忘的中国民族志电影人》，《中国青年报》2003 年 4 月 10 日。

④ Yurchak Alexei, *Everything Was Forever, Until It Was No More: The Last Soviet Generation*, Princeton University Press, 2005, pp.47–54.

为保存历史所用，拍摄记录文化形态，是早期人类学纪录片的主要特点[①]，也是《鄂伦春族》这部纪录片的基本框架，旨在“保护文化活化石，进行一种文化救险”[②]，在新中国，艺术通过具体形式来表现当时的乌托邦想象。[③]其中一种想象就是那些“落后的生活”必将消亡，所以需要对少数民族生活的“博物馆化”[④]，成为以后观看的样本和证据。这种想象是对未来的期望，是“未来必将比现在更好”的愿景。

二、《最后的山神》：传统、变迁与现代性冲突

20 世纪 90 年代初的中国，人们不断地寻求体制突破点，探索新道路。在这一时期，中国出现了“新纪录片运动”，新一代影像工作者开始融入了价值判断和态度评判。[⑤]1993 年在“亚广联”第 30 届年会上，孙曾田“以对鄂伦春族在现代社会中对山神信仰的关注完成对文化变迁的关注”[⑥]，所拍摄的《最后的山神》获电视大奖；1995 年，《最后的山神》获得第九届“帕尔努”影视人类学电影节特别纪录片奖。

《最后的山神》拍摄于 1992 年，以鄂伦春族的一位萨满——62 岁的孟金福为拍摄对象，集中展现了孟金福与妻子在森林里的生活。新中国成立后，鄂伦春族人在地方政府的安排下走出森林，在定居点居住。但许多族人依然时不时

---

① ［美］玛格丽特·米德：《文字训练中的影视人类学》，王庆玲译，蔡家麒校，载保罗·霍金斯主编《影视人类学原理》，王筑生、杨慧、蔡家麒等译，云南大学出版社 2007 年版，第 8—9 页。

② 王海龙：《人类学电影》，上海文艺出版社 2002 年版，第 10 页。

③ 弗里德里克·詹姆逊认为，乌托邦形式和乌托邦愿望有必要进行区分，前者是书面文本或文学形式，后者则与日常生活中的冲动和实践相关。参见［美］弗里德里克·詹姆逊《未来考古学：乌托邦欲望及其他科幻小说》，吴静译，译林出版社 2014 年版，第 5—6 页。

④ Jonsson Hjorleifur. “Yao Minority Identity and the Location of Difference in the South China Borderlands”, *Ethnos*, Vol.65, No.1, 2000, pp.56-82.

⑤ 参见韩鸿《参与式影像与参与式传播——当代中国参与式影像研究》，电子科技大学出版社 2012 年版，第 4—6 页。

⑥ 梁君健、雷建军：《北方狩猎民族文化变迁的记录——制作方式与观念对影视人类学实践的影响》，《民族艺术研究》2013 年第 1 期。

地回到山林中，包括片中的孟金福。这部纪录片以一年四季为时间轨迹，拍摄了鄂伦春人制作桦皮船、捕鱼、狩猎等生活习俗。

表2 《最后的山神》叙事线索

镜头	季节	活动
1—148	冬季	狩猎、凿冰煮水、烤饼
149—153	春季	回定居地、照相
154—277	夏季	狩猎、捕鱼、制作桦皮船
278—310	秋季	回定居点、孩子们
311—364	冬季	骑马狩猎、跳神

片子一开始就交代了孟金福是萨满，“萨满”一词来自通古斯语，对于鄂伦春人来说是祭司、医生、心理师和传统知识的守护者。孟金福执着地带着妻子在山林里生活，哪怕“树木越来越稀，野兽越来越少”，他依然觉得“山上舒服”，“在家里不行，三天两头就感冒。在外头不感冒”（解说词）。在整部片子里，孟金福是一种隐喻，既是传统萨满文化的象征，又代表了鄂伦春族。他坚持在山林里生活，也象征着鄂伦春人的传统文化在依然坚持着，尽管看不到很“光明”的前景。孟金福的身体是一种族群性的隐喻，而疾病也是一种隐喻，即感冒象征着现代性。孟金福在定居点容易感冒，回到山林就不感冒，表现了在定居点受到现代性的入侵，“传统”的身体已然不敌，但在山林中又可获得更多抵抗力。感冒通常被认为是小病，但又对身体纠缠不清，意味着生理机能的衰弱和紊乱，意识无法控制身体，这也是现代性慢慢“腐蚀”传统世界的隐喻。疾病代表了惩罚，即不健康的身体才容易生病[①]，因此也暗示了“不够强健的文化才容易被现代性征服”的含义。

20世纪50年代，鄂伦春人响应政府号召下山定居。鄂伦春人在定居点居住几天之后又回到山上，也有一部分人留在定居点居住，由于缺乏现代社会就

① 参见［美］桑塔格《疾病的隐喻》，程巍译，上海译文出版社2003年版，第51—53页。

业的技能，他们不能找到很好的工作。[①]导演通过孟金福的生活构建了一种虚拟的空间，没有定居、没有酗酒问题，甚至没有狩猎本身的暴力行为。在这个时候，对乌托邦的想象是通过对传统的再叙述来完成的，美好生活的实现力量存在于过去之中，存在于传统之中。传统被赋予了一种崇高的力量，来召唤一种国族认同，从而抵抗现代性所代表的西方力量的进入。

无论如何，进入现代社会后的鄂伦春年轻人融入了现代生活。[②]年轻一代习惯了定居点的生活，跟随父母来到山林的中学生郭洪波的回答如下：

问：经常跟你爸你妈上山来啊？

答：来，经常来。

问：你喜欢这种山林生活吗？

答：喜欢。

问：要是让你一辈子住在这山林里头，过老一辈那种生活，你愿意吗？

答：不愿意。

或许正如孙曾田导演所担忧的那样，鄂伦春族的文化逐渐在“消失”。在黑河新生鄂伦春族乡及逊克县新鄂鄂伦春族乡，三四十岁的鄂伦春人几乎逐渐被“同化”，只能听懂一些简单的鄂伦春语对话；二十多岁的年轻人，几乎听不懂也不会说鄂伦春语。[③]

《最后的山神》整部片子的基调是刻意营造的孤独感。镜头100—107中，孟金福坐在树干上，孤独地望向前方，然后把脸转向另外一个方向，继续张望，突出了孤独、难过的心情。镜头270—272展现的是原本雕刻了山神的树

① 参见包路芳《社会变迁与文化调适——游牧鄂温克社会调查研究》，中央民族大学出版社2006年版，第99—100页。

② 参见孛·吉尔格勒、罗淳、谭昕主编《鄂温克族——内蒙古鄂温克族旗乌兰宝力格嘎查调查》，云南大学出版社2004年版，第56—57页。

③ 参见王锐、王立扬、初征编著《鄂伦春族民俗与音乐的传承流变》，黑龙江大学出版社2012年版，第27页。

现在只剩下了树桩。孟金福在树桩后，抱膝坐在地上哭，令人感到悲伤和无奈。就像片名《最后的山神》所强调的那样，“孟金福的枪老了，老得都不易找到同型号的子弹……桦皮船老了”，最后一名萨满也快没有了，一切都是“最后”了。摄制组请求孟金福做一次萨满跳神表演，因为“在过去千百年的岁月里，萨满鼓声曾不时地回荡在兴安岭的山林之中。今天，恐怕是最后一次响起了”(解说词)。

20世纪90年代，中国的经济经历了巨大转型，社会也处于动荡之中。全球资本进入后带来的不安、传统关系的解体、旧时理想的衰落，等等，在第六代中国导演，尤其是贾樟柯的作品中表现得淋漓尽致。[①]怀旧成为一种普遍的情绪，过去的“苦难”被视而不见，只有看上去很美好的事物是存在的。这种怀旧感在《最后的山神》中有集中的体现，山林狩猎生活的艰苦已遗失，现代性入侵下传统文化消失了。

《最后的山神》看上去有地域特征（大小兴安岭）和族群性（鄂伦春族），但实际上它已脱离了国境、民族边界，镜头切换之下所呈现的现代性矛盾是一个跨空间、跨地域的矛盾。现代性冲突使得人们开始怀旧，开始将“过去”视作一个美好的“黄金时代”，通过对其的追忆和叙说，实现对混乱的现代生活的一种逃离或治疗。[②]对“过去”的回忆，表明了自20世纪中叶以来的那种对未来展望的乌托邦想象的破灭，实际上构建了一种新的、类似于人类学中原始主义[③]的乌托邦想象。对稳定、繁荣、安全的怀旧，在保加利亚、罗马尼亚等前社会主义国家中，人们同样表现出一种后共产主义怀旧的症候群。[④]

① 参见［美］白睿文（*Michael Berry*）《乡关何处：贾樟柯的故乡三部曲》，连城译，广西师范大学出版社2010年版，第21页。

② Lu.Sheldon H., “Chapter Seven History, Memory, Nostalgia:Rewriting Socialism in Film and Television Drama”, in *Chinese Modernity and Global Biopolitics: Studies in Literature and Visual Culture*, University of Hawai‘i Press, 2007, pp.130-149.

③ 参见［美］威廉·亚当斯《人类学的哲学之根》，黄剑波，李文建译，广西师范大学出版社2006年版，第71—108页。

④ Dominic Boyer, From Algos to Autonomos: Nostalgic Eastern Europe as Postimperial Mania, in *Post-communist Nostalgia*, edited by Maria Todorova and ZsuzsaGille, Berghahn Books, 2010.

三、《萨满的心事》：主体性、多维乌托邦和现代性悲剧

《萨满的心事》记录了黑龙江省呼玛县白银纳乡的鄂伦春族萨满关扣尼把萨满职位传给女儿孟菊花的故事。这部纪录片围绕关扣尼寻找合适的场地、文化站的介入、县政府打造为非物质文化遗产传承活动的节日等内容展开。每个人物都在表达自己的看法，在协商中呈现出后现代性的民族性，即碎片化、多层面、重叠化等特征。

敲响的鼓点拉开了关扣尼的叙述。从她讲述怎样成为萨满开始，片名出现以后的第一个镜头是日常的白银纳乡，白银纳鄂伦春民族乡看上去与他乡没有明显的不同之处。现代化的基础设施、墙上的标语、关扣尼家中的家用电器等，代表了“现代性”，这也暗示了“现代性”将会是这个片子的主线之一。

表 3 《萨满的心事》的故事线

过程	人物	内容
源起	关扣尼及子女	自述成为萨满的经过；提出传承诉求； 子女之间的不同意见
传承准备	关扣尼及子女、族人与外来人员	去博物馆参考萨满服制作，制作萨满服； 选址； 外来人员的介入与提出要求； 准备工作
传承过程	观众、工作人员、关扣尼及家人、族人	举行传承仪式、歌舞及萨满文化表演
传承结果	关扣尼及家人	仪式结束后的故事

主人公关扣尼除了是萨满之外，还是官方认定的非物质文化遗产传承人，这种双重身份也是这部纪录片中种种矛盾的由来。萨满文化在现代中国经历了一个从“落后”到“非物质文化遗产”的转变。关扣尼说：“黑河行政署的来了……到白银纳乡对我们说，要把萨满神送走。你们不能再跳了，不能信萨满了。没办法。我们这些萨满就各自在家拜，告诉神，新社会不让信神了。”21世

纪，中国加入世贸组织以后开始了全球化进程，这也激发了国人对中国传统文化的忧虑。关扣尼、莫宝凤等老人一再地说："'文革'的时候不让唱不让讲的，现在不一样了。以前都没人愿意学的东西现在都成了宝贝了。现在谁跟我学我都教给他，赶明儿我要是没了，这些东西不也跟着没了吗？"[①]借着非遗的东风，各级政府投入人力财力保护萨满文化。在此过程中，萨满文化的一些内容随着条件的变化而变化，例如仪式时间缩短、地点选择上以安全为第一考虑因素，仪式举行时也允许外来人员观看了。如《萨满的心事》中，为了交通和安全问题考虑，传承仪式的场所从山林调换到河边，时间长度也从以前的三天缩短为一天。

为了举行传承仪式，关扣尼需要制作一套萨满服。因为20世纪50年代鄂伦春人下山定居时，萨满服被埋在了树下。关扣尼只能带着女儿和亲友去博物馆里看以前的萨满服，并按照其样式制作新萨满服。看到博物馆里摆放的仙人柱，关扣尼说："放这里（博物馆）很奇怪"，而且"山神的眼睛不对，眼角应该是向上翘的"。博物馆与少数民族文化的展示，从来是吊诡的：一方面，有人批判博物馆展示了静态的、割裂的少数民族文化[②]；另一方面，事实却是年轻一代从博物馆里才能够学到本民族的知识，因为现实生活中已经没有个体可以把这些知识传授给他们了。

随着镜头的推进，观众可以"听"到多个角度的声音。从为什么要举办传承仪式，如何举办，在哪里举办，什么人可以参加，等等，到政府人员的表态等等都在片子中出现，这是以前的纪录片没有过的尝试。导演并不回避矛盾与冲突，也没有回避各种"自我表达"，借着看似互相冲突的叙述来构建后现代视野下的鄂伦春族生活。所以，在镜头中可以看到定居点的水泥房，也可以看到鄂伦春人在院子里搭建传统的仙人柱。坐在仙人柱里，鄂伦春人一边喝酒一边说，我们还是住在这里习惯一些。菊花对来访的文化站人员说："我们习惯

① 王锐、王立扬、初征编著：《鄂伦春族民俗与音乐的传承流变》，黑龙江大学出版社2012年版，第236页。

② 参见索黛《民族文物在民族高校博物馆中的地位》，《大众文艺》2013年第16期。

了在屋里穿着靴子。”这些“习惯”，是他们在现代与传统的夹缝中保存下来的一些自我认同，更是他们主体性的某种彰显。新时期的纪录片在多角度的声音背后体现出一种协商族群性，即族群性不是“原生”的，而是动态的，是不断改变的过程中的阶段性结果。

《萨满的心事》中，关扣尼一家与外界的交流、交往以及其他鄂伦春人相互的交流，都是以理性的协商和沟通来进行的。一方面可以说这是现代性规训下人们的日常交流方式，但另一方面亦可以看出作为“小民族”的鄂伦春人在适应现代生活后通过有限的空间来争取他们的发言权和决策权，虽然最终的决策权并不在他们手中。关于此次传承仪式，关扣尼的女儿菊花对导演解释：“政府行为啦，不是个人行为啦。县委县政府花这么大力气整这个事情，你们个人千万别擅自做主。”文化站记者给老太太照相后上门送照片，并提示老太太说：“咱地区民委得留着（一份照片）。”记者来送照片这种日常交往的场景，表现了仪式空间中交织的权力，不仅有国家权力，还有个体能动性所彰显出来的权力。在公民社会中，族群性和族群认同也是在协商过程中逐渐被形塑和催化。《萨满的心事》中最重要的族群性体现的传承仪式，也是在协商过程中完成，而完成之后又反过来强化了它的族群性。传承仪式举办的时间、地点、参与人员的多少，甚至连灯光明暗程度都是在不断沟通交流中完成，而不是单纯地由某一方说了算。这也是公共领域的特征之一，即为公民之间平等交往、表达意见提供空间[①]，人们通过理性的日常交往而构成不同规模的社会。[②]

这部纪录片的另外一个特点是运用了以前所拍的一些纪录片作为素材夹杂其中，当关扣尼回忆萨满生涯和萨满文化时，镜头就跳转到20世纪八九十年代所拍的素材画面，包括当时的萨满孟金福（《最后的山神》的主人公）主持的祭祀仪式。通过这些不清晰的素材，导演塑造了一种“文化传承”的氛围，

---

① 参见［德］哈贝马斯（Jürgen Habermas）《公共领域的结构转型》，曹卫东、王晓珏、刘北城、宋伟杰译，学林出版社2002年版，第35—41页。

② 参见［英］安德鲁·埃德加（Andrew Edgar）《哈贝马斯：关键概念》，杨礼银、朱松峰译，江苏人民出版社2009年版，第17页。

萨满文化从几十年前一直延续下来，在新时期得到释放。这种文本间性的关联，不仅承担了文化展示的作用，还将当今时代与之前的历史进行联结，让观众去体会“作为意识形态和国家机器的摄影如何把历史嵌入到文本的生产与再生产中”①。这种文本间性还表达了某种对乌托邦空间的设想，这个空间是多维度交织的，由来自过去、现代或对未来想象的某些元素构成，互相嵌入又互不干扰，构成同一个时间点上的多维空间，在过去中构建未来，在未来中穿插过去，甚至可以互相穿越。这种多维乌托邦是之前所有乌托邦尝试所带来的，某种意义上还是虚幻和现实的交织。

萨满传承仪式于 2008 年 8 月 30 日举行，但是在传承仪式之后导演还一直拍摄，记录了仪式举办以后所发生的事情。举办传承仪式时，关扣尼的妹妹对着镜头解释，“今天这个事，没法说，就是不太好”。摄影灯带来了明亮的光线，但是光线“可能太亮了”，神没有来。2010 年，关扣尼的女儿菊花因车祸去世。关扣尼认为是举办了“不该举办”的仪式，因此带来了灾难。片尾，关扣尼孤单地坐在床上吊着盐水，她所遭受的痛苦和折磨还有更广义的现代社会所带来的冲突。片尾，鄂伦春族的歌谣响起：“孩子啊孩子啊孩子，你的父母在召唤着你。千万不要向西走。切莫错过旭日的光芒。在父母的怀中，时刻不曾离开。”但究竟走向何方，或许《萨满的心事》给出了一个否定的答案。

四、讨论

三部拍摄于不同历史时期的纪录片，反映了不同时代的意识形态在塑造少数民族图像上的实践。《鄂伦春族》表现出的是对“落后”文化的鞭挞，与同时期的意识形态同步，体现当时的乌托邦想象与构建过程。《最后的山神》表现出现代社会中不同年龄段的鄂伦春人在怎样生活的看法上的差异，以及这种差异所

---

① Cui Shuqin, *Women through the Lens: Gender and Nation in a Century of Chinese Cinema*, University of Hawai‘i Press, 2003, p.xxiii.

反映出的传统与现代的矛盾，生活中充满了现代性的碎片，而“过去”成为新的乌托邦想象。《萨满的心事》呈现了多个角度的声音，展现了不同能动者之间的张力与动力。作为当今时代主要特征的公民社会和协商民主在这部纪录片中得到体现。这三部纪录片跨越了半个世纪，从影片内容的变迁可以看出，一定时期的意识形态对艺术提出要求，而艺术以具体形式响应了这种需求。

（原文载于《文化纵横》2015 年第 5 期，

原题为《逝去的乌托邦：中国少数民族纪录片对传统的想象》）

记忆·审美资本·时尚
——以云南剑川传统工艺创意为例

向　丽、陈顺尧

在文化经济时代，审美和艺术的“基础”性地位与意义日趋显现，早已逾越了西方传统美学局囿于“美”的形而上思考以及关于审美趣味的理论的限度。恰如德国美学家沃尔夫冈·韦尔施所指出的：“美学因此不再仅仅属于上层建筑，而且属于基础。”[①] 不仅如此，在当代，美学出现了重要的转型，即由对于“美”和“艺术”的研究转向了对文化以及社会事件的探讨，美学也日益与日常生活以及社会变迁和发展紧密结合起来。

如果说审美和艺术是一种流动的状态，品味与时尚则是其显性的聚集方式，并与时代的标榜和变革息息相关。然而，在过去人们的认识惯例中，品味与时尚往往是由特权阶层或有闲阶级选择与引领的，并形构出弥漫于日常生活审美判断之中的独特系统。在当代多元文化叠合的语境中，这种浸透着等级与权力逻辑的时尚观已受到了愈益强烈的挑战。

审美和艺术具有多重建构基质与“物质基础”，尤其是随着物质文化研究的推进以及审美人类学对于文化唯物主义的纵深发掘与阐释，探讨作为文化最精妙的表达方式的审美和艺术如何建构时尚及其在当代社会发展中发挥的作用，以及时尚凭借着审美资本的多重奏将记忆/过去与未来两端重新联结起来的审美能力，是恢复和激活当代美学的现实性与实践性的重要之维。

① ［德］沃尔夫冈·韦尔施：《重构美学》，陆扬、张岩冰译，上海译文出版社 2002 年版，第 9 页。

一、记忆与审美经验

“记忆”是审美经验中最为内隐而重要的存在，它与某物何以能够成为艺术品或审美对象紧密相关，同时也以集体选择的方式建构着品味与时尚。[①] 在美学研究的视域中，“美”、艺术、审美经验是谈论最多的对象，与此相关的问题有人类审美的一般规律，审美和艺术的特殊性，审美和艺术的历史效果与价值意义，审美经验与审美和艺术的内在规定性之间的关系等。在当代叠合性、杂糅性、流动性的语境中，审美和艺术的经验性抑或感性存在、艺术作为一种特殊审美意识形态的社会实践机制与形态、艺术与感性解放的关系，以及蕴藉于艺术之中审美风尚的嬗变及其与社会发展的关系等问题，也日益对美学的现实性与实践性品格提出了更高的要求。

在审美经验的聚集与形塑中，“记忆”发挥着非常重要的作用，但这并非容易观察到的事实，其原因在于，记忆并非一种完全在场的存在，记忆所折射的文化镜像与事实往往发生在过去。但正是这过去存在之物在与现实土壤的结合中，弥散出奇幻性的美学效果。这在柏拉图关于回忆是一种哲学知识、马克思关于古希腊神话的永恒魅力，以及本雅明关于光晕与仪式和传统之间的关系等论述中，可以发掘其异在性的特殊光泽。正是这并非完全在场的记忆形构了一种特殊的审美经验，并以一种流动回旋的方式，融入人的情感结构，从而恢复和激活人的全部感性存在。

关于记忆如何弥合审美经验的残损从而开启新的完满性，德国美学家汉斯·罗伯特·耀斯在阐释普鲁斯特的《追忆似水年华》关于爱情的两重性经验时指出：“审美经验的期待方向改变了审美经验本身：被现实的无可弥补的缺陷所阻滞的期待可以在过去的事件中得到实现。这时回忆的净化力量有可能

① See Herbert Blumer, “Fashion: From Class Differentiation to Collective Selection” , *The Sociological Quarterly*, Vol.10, No. 3, 1969, pp.275–279.

在追求美的过程中弥补经验中的缺憾。”[①] 记忆以其远出的形象织入现实的缺憾，这是一种由“此时此地”的独一无二性对于现实的移植，从而延续着历史的力量。不仅如此，法国哲学家雅克·朗西埃在《美感论》中谈到温克尔曼笔下的赫拉克勒斯残躯时指出，正是这意外造成的残损成就了这个雕像的完美，因为“这样的它，就只能用它失去的头部和四肢，衍化出多重新生的身体”[②]。于此，朗西埃实则提出了，过去之物的残损抑或不完满，恰是一种完美，其审美的张力正是缘于其表现的悬置性与再生性，正如朗西埃所提出的，“艺术来自于可感肌理的变换”[③]。正是在与当代审美经验的联结中，在现实想象的中断处，过去之物由残损所凝结的光晕才获得其多重新生的身体与肌理。对于此种肌理和可感性的重新分配的研究，是我们在当代触摸时尚体温的重要方式。

也正是在此意义上，德国社会学家、哲学家齐奥尔格·西美尔提出了这样一个问题：“一旦较早的时尚已从记忆中被抹去了部分内容，那么，为什么不能允许它重新受到人们的喜爱，重新获得构成时尚本质的差异性魅力。”[④] 这对于辨识时尚复杂结构的内核具有关键性的意义。无疑地，时尚之所以成为时尚，在很大程度上正是因为它在与既定体制的反叛中对于异质性、新奇性和变革性的推崇，在跨界的过程中释放着一种源自差异性与运动性的激动与快感。但根据当代社会学和人类学研究，时尚实则具备双副面孔：它既是阶级分野的产物，同时也是社会同化的美学策略；时尚的建构基质既可以是新奇的、反叛的，也可以是传统的、自然主义的。

记忆以其对于物及其蕴藉的情感结构的召唤，并最终又通过创意赋形于物，从而与当代人的审美需要相连接，这样的物与氛围就有可能成为当代人的审美对象。诸如作为记忆承载者的民俗艺术以其民间性、传承性、民族性、地

① ［德］汉斯·罗伯特·耀斯：《审美经验与文学解释学》，顾建光、顾静宇、张乐天译，上海译文出版社 2006 年版，第 9 页。
② ［法］雅克·朗西埃：《美感论：艺术审美体制的世纪场景》，赵子龙译，商务印书馆 2016 年版，第 32 页。
③ ［法］雅克·朗西埃：《美感论：艺术审美体制的世纪场景》，赵子龙译，商务印书馆 2016 年版，序言。
④ ［德］齐奥尔格·西美尔：《时尚的哲学》，费勇等译，花城出版社 2017 年版，第 121 页。

域性和变异性等特性见长，在传承与变迁中为当代时尚提供了多元的建构基质与元素，这为非物质文化遗产传承与保护话题在建设性和开放性意义上重新敞开提供了新的可能性。

云南省是我国少数民族最为集中的省份，具有多元文化积淀、交融、互通的特色。其中白族是最具开放性与包容性和善于兼容并蓄的民族之一，主要聚居于云南省大理白族自治州。剑川县是大理白族自治州主要的白族聚居地区，是全国白族人口比例最高的县份，同时以其根植于中国传统文化与当地宗教信仰、社会生活、民俗文化和审美情趣而形成的白族民居建筑、寺庙建筑、木雕、石雕、甲马[①]、布扎、土陶、泥塑、服饰等名扬于外。根据联合国教科文组织的《保护非物质文化遗产公约》界定："'非物质文化遗产'，指被各社区、群体，有时是个人，视为其文化遗产组成部分的各种社会实践、观念表述、表现形式、知识、技能以及相关的工具、实物、手工艺品和文化场所。"[②]随着剑川县政府和文化馆等机构和民间传统工艺从业者对于国家非物质文化遗产传承与保护政策的贯彻与实践[③]，剑川传统工艺作为一个巨大的物与记忆的库存，也

---

① 甲马是中国民间宗教祈福禳灾祭祀活动时用来焚烧的各种各样雕版印刷品的总称。甲马上印刷有众多的各类神祇鬼灵，飞禽走兽，自然山川、建筑交通等丰富多彩的图形，是一份极其珍贵的民间美术遗产，更是研究文化人类学、古代哲学思想、宗教民俗、艺术美学等诸领域的重要文化遗产。这份遗产在我国北方称"神马"，河北地称"神灵马"，南方的江苏、浙江一带称"纸马"，广州地区称"贵人"，云南称"甲马""甲马子（纸）""纸符""纸火"等。——引自杨郁生《云南甲马》，云南人民出版社 2002 年版，第 8 页。

② 《保护非物质文化遗产公约》于 2003 年 10 月在联合国教科文组织第 32 届大会上通过，并于 2006 年 4 月生效，旨在保护以传统口头表述、节庆礼仪、手工技能、音乐、舞蹈等为代表的非物质文化遗产。

③ 例如 2017 年 11 月 11 日，经国家文化部批准的中央美术学院驻云南大理剑川传统工艺工作站暨大理传统工艺工作站剑川基地，作为全国第十个传统工艺工作站，在剑川县正式授牌成立。在当天举办的由国家文化部项兆伦副部长主持的"匠作·设计·生活"传承人与设计师对话会上，项副部长提出："用字引领"作为传统工艺工作站今后开展工作的重要思路。从工作站成立至今，在传统工艺工作站设列了剑川木雕、梅园石雕、海门口土陶、白族布扎、剑川白族服饰、儿童玩具六个展室，举办了布扎、木雕、土陶等工艺系列培训班，并开展"手工剑川·走进生活"创意大赛。2018 年 4 月 17 日至 24 日中央美院师生以工作站为平台，开展研习培训、创意设计活动。2018 年 6 月 27 日，大理·剑川木雕艺术博览会暨剑川木雕文化节"剑湖论坛"在剑川县城举行。会议邀请了中央美术学院、厦门大学、云南大学、云南艺术学院的专家学者，国际木文化学会、云南省木雕协会、省内外木雕界的国家、省级大师和文化企业家齐聚剑川，以"传统木雕在乡村振兴、文旅融合中的机遇和作为"为主题，交流思想、碰撞智慧，为剑川木雕产业发展、木雕艺术提升、促进乡村振兴把脉建言。这一系列的文化活动为展现和再生剑川传统工艺和非物质文化遗产提供了重要的平台。以上资料由剑川县文化馆张绍华老师提供。

正在绽放其作为“贵重”而仍在“行走”着的生命力。

除了政府和文化界为传承和发展剑川传统手工艺，在交流平台的打造等方面做出的贡献之外，剑川民间传统工艺从业者也以来自日常生活经验的记忆和想象容纳和形塑着器物之灵与韵。这里主要以剑川董月畅黑陶有限公司董月畅、董志明父子黑陶技艺传承、“天艺园”剑川木雕传承馆施家三兄弟木雕技艺传承为例，探讨情感记忆与审美经验的关系。

董月畅，1963年出生于云南省剑川县甸南镇天马村的一个制陶世家，1976年初中毕业后拜其姑父为师，学习黑陶制作技艺，烧制瓮、罐、锅等传统工艺品。在当代剑川制陶业普遍式微的大背景下，董月畅老先生于20世纪90年代初发明出了一套用于烤茶的创意茶具，年销2000套以上，供不应求。他本人也于2018年入选云南省“万人计划”首席技师。

笔者就烤茶黑陶具的相关制作理念与董月畅老人进行了交谈，了解到如下相关信息。

笔　者：剑川黑陶在制作和工艺上有哪些特点？

董月畅：剑川黑陶的原材料用的是本地的泥土，从一公里外的山坡上采来，每年春节前后采一次泥。采回来的新泥要隔年才能用，用之前用水泡了之后再用塑料薄膜盖上几天，然后再靠人工用脚踩，基本上要踩两天，每天踩六七个小时。烧制的时候我用的是自己的土窑，燃料必须要用松木，还要根据气候、湿度等条件来控制温度。整个过程全凭经验掌握。装窑、出货的时机也都要看天气情况而定。

笔　者：您的这款烤茶茶具是什么时候开始设计和制作的？您在设计上有什么考虑？

董月畅：烤茶用的这一套茶具大约是我在1992年设计出来的，以前我们村里人都是用柴火烧茶，但现在随着住房条件和生活节奏的改变，越来越少的人能这样烧茶喝了。我觉得比较可惜，这套茶具刚设计出来的时候主要是自己在用，后来随着来旅游的人越来越多，才发现这套茶具在城里用也是比较方便的，它能让城里生活、工作的人在办公室和家里也能喝上烤茶，喜欢的人就越来越多。这套茶具设计了一个底座，用于隔热，茶壶的手柄用于防烫。比较特别的是，可用于火烤的壶与其他的陶器在泥土配比上是不同的。在燃料选择上，这款茶具主要采用固体酒精等新兴燃料，而不用木炭，因为用木炭的话炉子的底部要打洞，而且等待时间太长。

笔　者：这款茶具从设计推出以来销售情况是怎样的？

董月畅：这款茶具刚设计出来的时候，旅游和快递行业在剑川都还没有兴起。这几年来，随着政府的引导，来旅游的人比较多，快递也比较方便，游客过来看见了就会买回去用，或者送给他们的朋友。这几年来买的人越来越多，差不多每年销售量在2000套多一点的样子，基本上都要预定，因为我们是纯手工，出货量不大。

董月畅黑陶厂烧制黑陶的土窑及烤茶用的茶罐，2018年陈顺尧摄于剑川甸南镇

随着时代的变迁与器物的转换，用火烤茶的慢生活似乎已变得奢侈而遥远，而小小一炉的温存留下了这样的时光记忆与味道。从采泥、拉坯、造型、晾干、打磨、烧窑……每一处都留下了手的温度与空气的情绪。然而，这并非仅仅是一种生活器具的制造，它更是记忆与乡愁的回温与品嚼。与现代化物质

相对饱和的物欲世界和所遭遇的速度污染[①]相较而言，“当茶人们在贫困的家中砌上火炉，用简洁的器具煮茶时，就能回味这种宇宙之美的圣贫之德。对茶具的赞美也是对用之器物的赞美，这才是真正的器具。贫穷之器通常是被视为‘粗货’的器具，却接受了美之器物的命运。这是不可思议的”[②]。器物的灵韵与美源自属于人的身体经验的生活史和情感交流史，并且借着时间的厚度与质地，把属于过去的美好记忆重新带到眼前与手间。

如果说董月畅黑陶以物道之美承载记忆，天艺园剑川木雕传承馆则是以“场”与“物”交糅的场域记忆传承为特点，并根植于手的记忆与创意形构着一个历史再生的奇幻木雕博物馆。天艺园的特殊之处在于，它是一个集家宅、木雕记忆展示与传承于一体的思想空间，也是一个记忆的审美乌托邦。通过对家宅主人施顺华[③]的访谈，我们了解到这个宅子的主要构架来自鹤庆几座面临拆迁的老宅（其木作出自剑川工匠之手），因深觉其造物之灵美的消逝实是可惜，恰值也要重置新房，所以就决定用仅存的所有积蓄及四处向亲戚朋友借的钱将其买下，全拆下来编了号运送到剑川，和兄弟朋友一起在一片空白之地竖起了这新的家宅。因老房部分部件有所残缺，又将陆续收集到的格子门窗等增补而入，就形成了我们看到的集百年历史之久的木雕世界与生活空间。在竖房子期间，施顺华也通过收集老木料、以老料新工的创作方式创作了系列作品，但他自称，这重新竖起来的老宅在他看来是最有意义的作品。

笔　者：能谈谈天艺园的修建情况吗？

施顺华：这个房子从收集木料到建成前后花了六年才弄好。最初是我

---

① 法国哲学家保罗·维利里奥在写于20世纪80年代的随笔《消失的美学》中，谈到了一种叫作“速度污染”的时代焦虑，揭橥了在时光疾驰中，人在“失神癖”中所陷入的感知逻辑的黏稠与混乱。参见［法］保罗·维利里奥《消失的美学》，杨凯麟译，河南大学出版社2018年版。

② ［日］柳宗悦：《工艺之道》，徐艺乙译，广西师范大学出版社2011年版，第30页。

③ 施顺华，男，白族，1984年10月生，剑川木雕从业者，剑川县木雕非遗传承人，木雕专业工龄十余年。2012年创办了“天艺园剑川木雕传承馆”，引领着数十名优秀的工艺师，本着“用心活、用心干、用心诠释”的工匠精神，创作了很多包括门窗、家具、工艺品摆件、挂屏等优秀作品。

想盖新房子，然后就去收集图样和材料，到鹤庆后发现政府要修发电站，招商引资，那里的老房子刚好要被拆迁。这整个院子是由四个院子的整房组装起来的，有一百多年的历史，都是从鹤庆整个搬过来重新组装的。

我最初做这个院子的时候很多人是反对的，基本上亲戚朋友都反对。白族很多人会忌讳这种老院子，认为以前房子里死过人、不干净、不吉利什么的。这些事肯定会有，这是不可避免的，但那时我才二十几岁，也不管这些。当时我叔跟我说："人的一生一帆风顺的没几个，肯定会有一些坎坷，包括以后建了这些房子后肯定也避免不了生病什么的，但这些房子以前都是大户人家住的，说不定你还可以沾沾人家的福气。"听他这样一说我就没有顾虑了。好的东西你要往好的方面想，它就是一个好的东西，你往坏的地方想它就是一个坏的东西。就像梅花一样，有的人喜欢它冬天开花的样子，觉得很美，但有的人就觉得它叫"梅"花，谐音"霉"花，觉得会给自己带来霉运，就不喜欢。我的爱人当初也不支持，因为当时只看到一些黑黑的木头，也看不到建好后的效果，就有些反对。但我把房子盖好后，经过改装，弄得温馨一点，现代一点，尤其是很多外地人都说这个院子做得好，有意思，她听到夸赞之后也蛮开心的。我做了这个院子之后，有了经验，也去帮别人做，红河有一个朋友就请我帮他做过一个比这个更漂亮的院子。

笔　者：天艺园既是家宅，又是我们现在看到的木雕传承场，你对于天艺园的设想大概是怎样的？

施顺华：我 20 岁开始跟我哥学木雕手艺，后来我弟又跟我学，到现在做了六七年了。近些年我看到学手艺的人越来越少，包括我们本地。木雕以前是一门养家糊口的手艺，但现在靠这个手艺已经养不了家了。但也有一些人爱好木雕，想做一下，有的做好了东西也没地方放，没地方给人看。我就想到把同行聚集起来，互相学习。经常在这里做木雕的有七八个，都来自周边的村子。这里的作品有的是我们做的，有的是拿来这里展览的，有的是他们在自己家里做好拿来这里卖的，也有的是我们买回来的。

我们天艺园的定位就是把以前独自在家里做的手艺人聚合在一起，因为他单个人自己蒙在家里做的话在风格、技艺方面就出不来。来到这里以后，他们既可以住在家里，照顾老人和小孩，同时也可以来这里和别人一起做。有的擅长做花鸟，有的擅长做神兽，到这里以后可以互相借鉴交流。我让他们静下心来把东西做好，提高一两个档次，然后再带动他们周围的人。现在的手艺人基本上四十岁左右就做不动了，他们就要改行，但我给他们做工作，让他们能够静下心来做久一点。

剑川天艺园内景及施顺华收藏的木雕作品，2018 年陈顺尧摄于剑川甸南镇

天艺园集家宅、老木雕展演、雕刻交流和流通于一体，这在很大程度上拉伸了记忆的时空性与柔韧性。关于记忆的原初性与美感，本雅明谈道："即使是最完美的复制也总是少了一样东西：那就是艺术作品的'此时此地'——独一无二地现身于它所在之地——就是这独一的存在，且唯有这独一的存在，决定了它的整个历史。"[①] 旧物所蕴藉的灵光或韵味是任何复制形式都无法给予的，因此这百年之物所弥漫的灵晕也为天艺园存住了无可比拟的忧郁之美，同时又因这生活之在，从而使人的审美经验因记忆触角的抚摸而生长出鲜活的丰盈与灵动。何谓"灵光"？于物的灵光而言，"我们可以把它定义为遥远之物的独一

① ［德］瓦尔特·本雅明：《迎向灵光消逝的年代：本雅明论艺术》，许绮玲、林志明译，广西师范大学出版社 2008 年版，第 61—62 页。

显现，虽远，犹如近在眼前。静歇在夏日正午，沿着地平线那方山的弧线，或顺着投影在观者身上的一截树枝——这就是在呼吸那远山、那树枝的灵光”[①]。于此，记忆有如一台投影仪，投放于对独一无二之物的怀想与呼吸，人们也正是在触及其灵光之瞬又灌注于手前之物，才有可能重新把握那原初包裹着的将要流溢而出的美。

二、艺术创意与审美资本

在文化经济时代，“资本”与“创意”是两个并重的关键词，它们作为经济增长和社会转型的基质与机制，于坚硬的制度之熵，重新编织审美/艺术与经济之间的关系，并且使人的感知结构变得可以重新塑型。尤其是，“创意”不只是形式方面的变革与创新，而是承接着记忆对于人的感觉结构和审美习性的重新分配与形塑，从而改变我们的观念，并构建新的精神空间。

在美学领域谈论“资本”[②]，它似乎是一个既冰冷又极具诱惑性的词。关于如何缓释这种歧义重重的认知矛盾与纠葛，布迪厄在《资本的形式》一文中指出，事实上，除非人们引进资本的所有形式，而不只是考量经济理论所认可的那一种形式，否则是不可能对社会界的结构和作用做出解释的。在他看来，资本至少主要有三种基本类型：经济资本、文化资本和社会资本，后两者属于非物质形式的，与教育、身份抑或符号资本和声望资本等具有隐秘而重要的联系，它们在特定条件下都可以转换为经济资本。[③]可见，对于资本的诸形式的认知与考察，是理解与推动社会变革与发展所不可逾越的。而更值得提出的

---

① ［德］瓦尔特·本雅明：《迎向灵光消逝的年代：本雅明论艺术》，许绮玲、林志明译，广西师范大学出版社2008年版，第65页。

② 马克思通过对于资本的生产与再生产、资本的循环与流通过程以及资本形态的转换，资本与货币、剩余价值的关系等系列性探讨，揭橥了资本的本性、功与罪及其未来命运，从而继续从政治经济学批判之维对资本主义的生命力及内在矛盾进行了纵深显现。

③ See Pierre Bourdieu, The Forms of Capital, in Richardson,J., *Handbood of Theory and Research for the Sociology of Education*, Westport, CT: Greenwood, 1986, pp. 241-258.

是，对于“审美资本”的特殊性及其与其他资本形态和创意之间关系的发掘与阐释，则是理解文化经济时代的关键之维。

“审美资本”和“审美资本主义”是当代美学研究的前沿议题，它一方面源于对经济基础与上层建筑空间隐喻的再讨论，诸如韦尔施所指出的“美学已属于基础”，从而揭橥审美和艺术在当代社会发挥着的基础性的功能以及当代美学的重要转向；另一方面则是对于审美 / 艺术与经济关系在如何基于人的感觉结构 / 情感结构[①]而形构的新型关系的纵深探讨。

“审美资本主义”一词性质有其复杂与诡异之处，但的确是观照社会转型的重要视角。法国哲学家奥利维耶·阿苏利主要从品味 / 时尚的工业化这个角度探讨审美资本主义的特征及其影响，在他看来，“审美陈规和传统的失效，即审美品味的更新，标志了资本主义崛起中的一个重要阶段”[②]。基于情感与想象的品味的生产与再生产，以及品味的工业化才能成就审美资本主义的飞跃。品味的工业化一方面可以在打破固有审美制度和秩序的同时带来感官的解放，甚至成为释放改变世界的力量；另一方面，品味的兼收并蓄和过度丰富也可能带来一场审美自主性丧失的灾难，从而形成一种物质过剩的经验贫乏抑或感性败血症。恰如阿苏利在谈论审美资本主义的不规则性时指出的：“审美资本主义在兴旺发展的同时也面临着危机，它暴露了其内心的软弱：市场并非品味生产的地方，而是愉悦感的截获、形式化和开发的地方。”[③]审美资本主义在其释放由审美与资本共谋的快感之时，也终将面临这场关于社会总体计划的软暴力

---

① “感觉结构 / 情感结构”是英国文化理论家雷蒙·威廉斯在其文化唯物主义理论建构中提出并阐释的一个重要概念，体现出关于马克思经济基础与上层建筑理论隐喻的一种更为辩证的而非完全结构性的理解。在威廉斯看来，文化和艺术并非社会生活的直接反映，而是一种特殊的中介。文化与艺术所包蕴着的感觉结构 / 情感结构是人们对于其所处时代和社会生活的一种情感性反映，此种情感既为一定的意识形态所建构同时又与其保持一定的疏离，正是在这种特殊的中介状态中，我们可以把握当代社会的复杂性及其未来发展向度。

② ［法］奥利维耶·阿苏利:《审美资本主义：品味的工业化》，黄琰译，华东师范大学出版社 2013 年版，第 59 页。

③ ［法］奥利维耶·阿苏利:《审美资本主义：品味的工业化》，黄琰译，华东师范大学出版社 2013 年版，第 197 页。

所携裹的美杜莎目光的直视。

在澳大利亚学者彼得·墨菲和爱德华多·德·拉·富恩特看来，审美资本主义是一种复杂而多维的现象，它在主要基于趣味/品味的创新和视觉体验经济以及集体想象的激增中不断发明自身，但同时又在“伪”创新中不断耗尽自身，犹如莫比乌斯带既具有拓扑变换的魔力，同时也可能在每一次开始时回到它的起点，反复的旧病复发。① 对于审美资本主义内在矛盾的觉察，实质是对于审美和艺术何以能够作为一种特殊的资本的再次提问。

无可否认，审美资本的出现是资本主义进入新阶段的重要标志。而在中国谈论审美资本主义，主要指文化经济时代，侧重于探讨审美和艺术如何作为经济增长和社会发展的内在动因，而非对于资本主义性质的移植。目前美学界对于审美资本的讨论尽管有不同的模式和侧重点，但都基本上从物转向了对人的感知结构和审美经验的发掘与阐释，它与审美/艺术的自律与他律的辩证法以及现代性困境及其出路等问题息息相关，从而成为当代美学最富于争论性和生长性的热点议题之一。

在马克思主义理论视域中，创新是资本的生产与再生产的重要条件和动力，资本同时也具有无限创新的空间。在当代经济增长的讨论与实践中，跨界融合与资本创新也逐渐成为关键词。但正如前所述，创新的单向度刺激抑或“伪”创新的膨胀也有可能引发自我耗损。审美资本作为一种特殊的资本，由于主要诉诸人的情感结构而形构，创新于此就不再仅仅是形式和机制的创新，而是一种如何将记忆联结并在当代形塑新感性的理念上的创新，它更多关涉审美/艺术与创意的关系问题。

英国创意产业网络召集人之一贾斯汀·奥康诺指出，创意已经成为当代最为过度使用的概念之一，它基本上包含两层意思：一种特殊的非线性的甚至非理性的独创能力；生产“象征性”或“审美性”的“未知性”产品。在他看

---

① See Peter Murphy, Eduardo de la Fuente（eds.）, *Aesthetic Capitalism*,Leiden: Brill, 2014, pp.1–9.

来，艺术是创意产业重要的部分，创意一方面基于一种反精英主义和挑战权威的更加民主化倾向，同时也能够在与艺术的结合中融入产业化的运作机制，而不只是一种纯粹的创意理念。[①] 暂而悬置阿多诺对于文化产业批判的意义，艺术与创意的结合就审美资本的形成而言，是一种基础性的前提与条件。

创意是由文化、想象、理念、思想、情感等非物质的要素所构成的一种新型的生产力形式，具有无限广阔的发展空间。对于民族地区来说，创意产业的发展通常较大地仰赖于当地的文化资源、植物以及“气候”，传统民族文化可以为创意产业提供丰富的资源、素材与理念。历史悠久、丰富多彩的民族文化遗产是发展文化创意产业的一笔珍贵的财富，历史积淀与现代风貌的完美结合，加上独特的人文与地理环境，为发展文化创意产业准备了条件。

诸如在剑川董月畅黑陶有限公司土陶设计中，还有一系列以瓦猫意象为创作基质的手工制品，趣味盎然又富于吉祥意味。相对于汉族发达地区，剑川白族地区在驱避魑魅魍魉和沟通人与鬼神的想象和活动中，呈现出日常化、活态性、隐蔽性、多元化等特点。其中，瓦猫、甲马、偷鸡神[②] 等是白族丰富的避邪图像及实物中极富特色的部分。瓦猫，一种镇宅避邪神兽，多见于云南传统民居，雄踞于屋脊正中上方，因其高度变形，造型似猫而得名。瓦猫在造型上突显的两大特征是：嘴张大、牙齿锋利向外开张，表情怪诞，尽显威慑之势；口尾相通，安放时面朝外，背对院落，为吐纳财宝入家，强宅聚气、降吉纳福之用。正是变形与纳福之糅合，使瓦猫怪诞而不失稚拙之天真，被称为云南最萌神兽，也为其通过创意从“膜拜价值”转向“展示价值”提供了诸多可再生的想象空间。

云南瓦猫在变形造型上呈现出不同的样态，主要以鹤庆、剑川、大理、昆

---

① 参见［英］贾斯汀·奥康诺《艺术与创意产业》，王斌、张良丛译，中央编译出版社 2013 年版，第 175—202 页。

② 偷鸡神是白语［dao gai shen］的直译，并非表象的含义。其形象基本上都是以人身禽嘴、三只眼以及嘴叼蛇，双手持双蛇、双脚踩双蛇、背负双翼（有些是羽翼，有的是蝙蝠翼）的造型为主。参见张春继《白族民居中的避邪文化研究：以云南剑川西湖周边一镇四村为个案》，云南大学出版社 2009 年版，第 111 页。

明、呈贡、玉溪、曲靖等地为代表，表现出夸张、怪诞、天真、狞厉、奇谲等审美旨趣，又犹如孩子或巫师，这为瓦猫的创意设计提供了无限的想象空间。诸如鹤庆“猫福”部金福、剑川董志明的瓦猫，大理乐天陶社陶艺家陈佳丽的迷你小瓦猫等创意，形态各异，但都体现出一定的地方性记忆与审美经验。笔者就瓦猫的创意与董志明做了如下访谈：

笔　者：你是什么时候开始做瓦猫的？

董志明：我以前是做木雕的，瓦猫是2014年开始做的。2014年的时候我跟我爸学做陶，休息的时候我就用手捏，然后慢慢就形成了现在的这种瓦猫。

笔　者：你做的瓦猫和传统的瓦猫有什么不一样？

董志明：我们这里一直有瓦猫的存在，老的瓦猫是用模具来做，跟现在我们做的是不一样的。传统的瓦猫形态有差异，但还是有共同特点。我做这个瓦猫也是受到一些游客的启发才做的。当时来家里看我们做土陶的人比较多，包括有些老外。他们来深度游的时候会在一些村子里发现瓦猫的存在，很感兴趣。有的人喜欢那种老式的瓦猫，喜欢那种有点粗糙的感觉。但像一些年轻人就比较喜欢那种有点萌萌的样子的瓦猫，然后我就慢慢改进，就做成了现在的样子。

笔　者：你做的瓦猫样式好像越来越多？

董志明：这是我们的一些定制的产品，比如有一些人喜欢瓦猫的脸是歪着的，有的喜欢底座是方形的，有的要不踩瓦片的，有的要一个身子有几个头的那种等等。像这个也是有人定制的，他要四只猫共用一个身体，头面向四个方向，招财嘛。

笔　者：销量怎样？

董志明：挺好的，基本上做不过来。我们一般一天最多就只能做2—3个，一年大概1000—1200个，基本做出来就销完了。

董志明的创意瓦猫系列作品，董志明供图

作为一种避邪神兽，瓦猫是民间神话与信仰的聚集，也是集体表象的一种形象呈现。然而，正如马克思所指出的："任何神话都是用想象和借助想象以征服自然力，支配自然力，把自然力加以形象化；因而，随着这些自然力之实际上被支配，神话也就消失了……（神话）也就是已经通过人民的幻想用一种不自觉的艺术加工方式加工过的自然和社会形式本身。"①随着时间的推移和生活美学经验的延伸，这部分"神话叙事"也发生了变化，其相应的承载物在形式上和审美品格上也发生了转变。瓦猫从屋脊神兽走出圣坛，转换为手中可把玩的工艺品，其实用功能的悬置和记忆形式原则的转译，使瓦猫能够"变形"②为艺术品。

① 《马克思恩格斯选集》(第二卷)，人民出版社 1995 年版，第 29 页。

② 关于"变形"作为艺术表现方式和艺术资格授予与罢黜机制，可参见向丽《艺术中的变形问题研究》,《艺术探索》2016 年第 1 期。

审美变形通过创意重新表达存在，这在剑川木雕的传承和发展中表现得更为富于意味。剑川木雕具有悠久的历史渊源与传统，如滇西北民谣所传唱的："丽江粑粑鹤庆酒，剑川木匠到处有。"剑川木雕艺人的匠心独运和精妙绝伦的雕刻技艺早已闻名于世。[①]1996年剑川获文化部授予"木雕艺术之乡"的称号，因此木雕产业成为剑川在文化经济时代谋求自身发展的重要之维。剑川祖辈木雕，代有传人，大师辈出，其精湛技艺和木雕辉煌史无法一一道出，本文仅主要选择所调研的具有代表性的年轻木雕从业者的雕刻"叙事"，探讨记忆传承与创意的关系及其作为审美资本的潜源性特征。

尽管剑川享有"木雕艺术之乡"的文化资本，然而，在机械复制时代光，晕不断被击碎的时代，随着时代经济的发展和社会转型的逐渐加快，包括木雕在内的剑川白族手工艺也面临着传统的断续、手艺人纷纷转行的断代危机、大众审美偏好的位移以及市场萎缩等问题。但仍然有一部年青木雕工艺者执着于手艺的记忆与想象，并基于对物与人的重新思考晕染出匠心的情趣与工艺哲学。

在天艺园，我们可以看到剑川木雕的诸种表达形式，其中施顺华的大哥施志华的写意残荷系列作品以一种残寂之美表达出一种独特的气氛美学。施志华不擅言谈，只谈及大概从2010年开始做残荷系列。最初因偶然的机会得到一块残损的木料，摆在几案上天天看，有一天感觉它应该是荷花[②]，就在局部做了一些雕刻。他甚是喜欢这木质原初的肌理与自己所能"见"的心意相合，但后来因经济压力的问题还是忍心卖掉了。对此，施顺华做了如下补充：

现在整个剑川木雕行业的取材都跟着五六个有声望的绘画设计师理念

① 关于剑川木雕的历史、匠心与匠艺、传承与发展状况可参见张笑《剑川木雕》，云南大学出版社2006年版。

② 这种无先验目的的雕刻经验类似于英国艺术人类学家罗伯特·莱顿在《艺术人类学》一书中所引证的，爱德蒙·卡彭特描写了爱斯基摩雕刻者在雕一块象牙时，会问它："你是谁？谁藏在里面？"然后他看到了内部形式："哈，是印章！"于此，雕刻并非一种纯粹的创造，而是释放了它本然所持的存在。参见［英］罗伯特·莱顿《艺术人类学》，李东晔、王红译，广西师范大学出版社2009年版，第35—36页。

在走，主要做一些门窗。即使有好的作品也难以得到呈现，这是一个致命的弊端，大多作品都是雷同的。还有一个问题就是市场上什么好卖就一窝蜂地去学，比如茶台好卖就都去做茶台，那边整出一个花瓶来了又一窝蜂地去搞花瓶，过几天听说谁的挂屏卖出去五六万十几万一套，又一窝蜂去搞挂屏，很多人都是跑来跑去，一下做这个，一下做那个。时间过去了，但也没做出过什么精品的东西。基于这种情况，我就跟我哥商量说，你可以静下心来先把一个东西做好做精，一直做到觉得我已经完全不能超越了，那么就有可能在剑川做到最好了。他这几年就一直在做荷花，技艺已经很不错了。这些写意的残荷作品就是最近几年做出来的，现在的人审美观念有些变化了，不再喜欢那些呆板的东西。

天艺园施志华的残荷系列作品，2018年陈顺尧摄于剑川甸南镇

预订残荷木雕的客户主要是上海、广东、北京一带的文化人。一般人看到这些作品会觉得它只是一种生命的枯萎，而且有不好的寓意。只有那些有一定文化修养的人才会对这些残荷作品感兴趣，才会觉得这是对生命的一种尊重和延续。我印象特别深刻的是一个湖南的老师，他一看到这些残荷就说，能感觉到自己的人生与这荷花的意象和姿态很像。他60岁左右，他说他应该像这个残荷一样静下心来，不要像夏天的事物一样去争、去拼。

人应当能静下心来，哪怕是人家会说枯萎了。因为，残荷能够把生命力原本的样子表现出来。

人对于美的经验有如对生命的经验与感悟，恰如美国学者克里斯平·萨特韦尔指出："英语中的'美'（beauty）已经变成了某种陈词滥调，如果我们想要继续体验世界之美，就需要从语言疲劳中恢复耳目一新的感觉。"[①] 在他看来，"美"在不同的文化语境中具有不同的审美体验，诸如在英语、希伯来语、梵语、希腊语、日语、那伐鹤语等语言中，"美"主要指欲念之美（beauty）、射放之美（yapha）、神圣之美（sundara）、理念之美（to kalon）、残寂之美（wabi-sabi）、和谐之美（hozho）。不同的民族文化以不同的艺术与精神展现出美的诸个层面，这是我们在西方传统美学视域中所匮乏的感知。诸如这残荷的肌理与伤痕充盈着不可言说的悲与喜，恰如日本漆艺师赤木明登在谈及心魂的解放时指出，"在漫长的伤害与自伤的过程中，内侧和外侧的轮廓线上积累重叠起无数伤痕。这些伤痕就是生命的纹理和质感。藏在内侧的孤独的'我'，在这些纹理和质感中慢慢得到释放和解脱"[②]。尽管这是对漆之质感的描摹与感知，但这生命中的伤痕与残寂的累积和释放竟也与这残荷的心魂相通，时光与生命之柔软与韧性于这写意之雕被点染出来。

与施志华的写意创意相较而言，李寿彬的木雕作品则极为写实，对细节的把控到极尽逼真之能事，令人叹为观止，几乎可以说是木雕界的"超写实主义"。也正由于他对于物之细节与光晕要求甚高，他雕刻的速度极慢，一般一年只雕一到两件作品，均为定制品。除了农忙时节，都会在家里雕东西，没参加过任何培训和比赛，只是兀自沉浸于以刀为笔雕刻时光的澄澈与喜悦之中。

---

① ［美］克里斯平·萨特韦尔：《美的六种命名》，郑从容译，南京大学出版社 2017 年版，"前言"。
② ［日］赤木明登：《造物有灵且美》，蕾克译，湖南美术出版社 2015 年版，第 31 页。

笔　者：你觉得好的木雕应该是怎样的？

李寿彬：顺眼，如一片叶子，正面看很好，但如果背面没有好好修，就不好看。再如这竹枝上的小洞，是虫子咬的，边缘就有些痕迹，并不圆润。我喜欢到林子里去看它们，看它们变化的样子。

笔　者：这梅兰竹菊条屏雕刻，专门留下雕刻时原木与雕刻之物的空置边缘与空间，这是你自己的想法还是受到什么影响？你是如何考虑这样的表现形式的？

李寿彬：原本是想以传统条屏方式表现这个题材，但等朋友把木料寄过来一看是老枯木，心里想刻不了吧！后来在上面打孔想看看里面是好是坏，结果发现表面一层不行，底下七八公分还是可以的，于是就开始动手拿图纸在里边比画。可木料烂的地方多，图纸贴不下去，心里开始有了想法。想着木料变了，观念也得改变。设想着烂的地方我保留，图纸切成几截把烂的地方错开。结果意外地发现形成了几何图形，也就有了梅兰竹菊从里面生长的想象，一下子有了枯木逢春的观念。图纸就这样一点点意外地定下来了。在表现形式上，我以可触摸可感的写实木雕梅、兰、竹、菊作为主体，再以保留老枯木的岁月感和重生互为衬托，从而给人以老木逢春的感觉，在画面上也以几何图形的表现方式形成了视觉对比。我自己感觉这三种结合让一件作品更加美，也是对原初木雕观念的一种新改变和新突破。

工作中的李寿彬和他的作品《菊》《竹》（局部），2018 年陈顺尧摄于剑川甸南镇

李寿彬关于这种表现方式的发现与体验的描述，向我们展现出了一个流动着的审美瞬间的美妙联结。这原木与精雕之物的空置边缘与空间，恰因着某种意外，弥漫和留存着美的粗粝与精妙的共在，人的新的感受力也正是在与这美之新生身体的触摸中如逢春之木般生长出来。这创意竟是在不可预知中因与清澈之心相合，生出了这不可思议的美。

美是流动着的，也是在传递中徜徉着鲜活的力量与生气。在剑川木雕传承模式上，家族传承是比较常见而重要的。施家顺父子木雕在某种意义上代表了剑川木雕的传统与当代。施家顺，大理白族自治州级非物质文化遗产传承人，剑川嘉林木雕艺术有限公司创始人，初中毕业后在剑川木器厂开始学习木雕技艺并师从张月秋师傅，其后曾到中央美术学院、中国工艺美术协会等高校和机构进行短期的学习培训。其作品曾获中国民族工艺美术“神工·百花奖”金奖、云南省职业技能人赛大理赛区“手工木器雕刻”选拔赛第一名，云南省工艺美术第十届“工美杯”金奖等奖项。被誉为“中国民族木雕大师”“云南省木雕艺术大师”“剑川名匠”等。早些年主要雕刻格子门窗、家具、挂屏等，现在主要带徒弟创作源自传统题材的独立木雕作品，2011 年开始至今将国画意象和题材化入木雕作品，诸如将唐伯虎、齐白石等大师的绘画作品以及表现钟馗的绘画作品用木雕艺术进行新的再现。施彬林从小跟随父亲研习木雕，更喜创新，结合自己的生活感悟，创造了蘑菇、豆芽、向日葵、莲蓬等系列，选择生命抑或开端、抑或最饱满生气、抑或沧桑延生的状态。

笔　者：你做的木雕和你父亲的有什么不一样?

施彬林：我做东西会采纳父亲给的意见，但和我父亲的观念有些不一样，我主要是从自己的兴趣出发，想到什么就做什么了，如果一开始就考虑销售的问题，那我可能就做不下去了。我不像上一辈他们规规矩矩地做，我会尝试做一些以前没有做过的新东西。我做的题材类别主要有向日葵系列，豆芽系列，蘑菇系列，莲蓬系列等。这些都是偶然间想到就做了出来。例如这个是我前两天到山里面捡到的一块烂木头做成的。而做这个莲蓬是由于前段时间我们买来的一些核桃木，有几块风化了，我就想到把它们拿来做一个莲蓬的主题看看，我想要的是莲花凋落的那个感觉，想要表现我所观察到的日常生活中的那种自然的状态。现在主要考虑一些跨界的尝试，比如会采用金属、陶瓷、黑陶等工艺与木雕结合起来，做一些延伸的东西。

施彬林创作的系列作品，施彬林供图

创意需要生活的给予，同样也需要在交流中激发灵感。姚忠城，1992 年出生，剑川甸南镇桃源村人。初中毕业就开始跟着堂哥姚忠才学习木雕，做木雕已有十来年的时间，雕过格子门窗、挂屏，主要以浮雕、深雕、透雕等技术雕刻花鸟艺术类题材。2017 年受邀参加了由上海大学上海美术学院和上海公共艺术协同创新中心（PACC）承办的“中国非物质文化遗产传承人群研修研习培训计划（木雕研习班）”，与当代国际设计师交流合作，其跨界合作对于他之后的创作形成了持续性的影响。他非常善于接受新理念，平常会经常看杨继兴[①]老师的作品，也尝试着做一些新的东西。例如葫芦鳜鱼系列和荷花系列等，通过吉祥意象的组合，给人新的视觉感受和美好的愿景。像姚忠城这样的年轻一代木雕艺者，已越来越重视传统工艺与当代人审美需要的融合与形塑，也特别希望有更多的艺术家和文化人能够了解剑川木雕，给予认可和帮助。

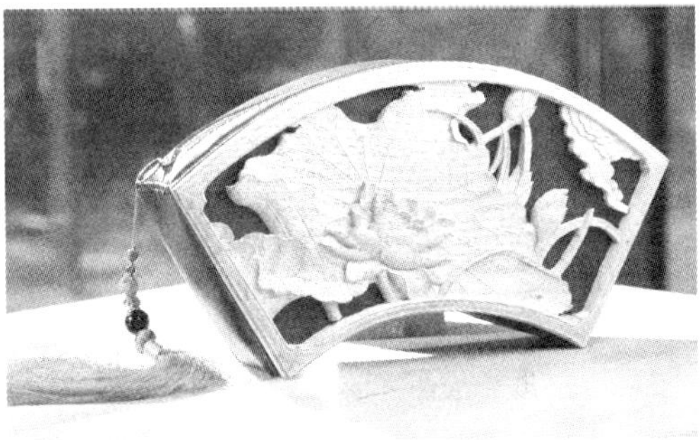

左图：姚忠城作品《多福多贵》，2018 年陈顺尧摄于剑川甸南镇

右图：姚忠城与独立设计师何然合作的跨界作品《前世今生》，姚忠城供图

剑川木雕虽然早在 2011 年就被国务院列入第三批国家级非物质文化遗产名录，但一位在当地颇有名气的木雕图案设计师在谈到剑川木雕工艺的时候却以戏谑的口吻把“非遗”解释为“非常遗憾”。这种感慨主要源于传统手工艺原汁原味传承的难以为继，尤其是手艺人在所谓的创新风潮中被指引着“学这

① 剑川当地土陶创艺师，创作了“四大皆空”“莲生鱼”“人之源美”等系列作品，《新周刊》执行主编封新城曾到其工作坊参观。囿于本文篇幅所限，笔者以后会做后续相关专题研究。

学那”，而“老祖宗”们在经年的岁月中不断积淀下来的精华部分并没有得到真正的保护和传承。尽管传统也是流动着的和再造的，但传统文化的基因在速度污染中所遭遇的撕裂感，也是现代性所正在经验着的阵痛，它如何是贵重的而且还在行走着的，这正是我们打破传统与现代二者对立窠臼所需面对的复杂问题。

在此意义上，资本同样是传统审美文化得以延伸的重要之维，并且，审美资本的意义于此主要呈现出两方面的意义：一方面，审美和艺术作为一种特殊的资本，主要基于历史记忆与情感结构；另一方面，审美资本必须而且只有在传统与当代的记忆联结与演绎中才能获得自我生产与再生产的能力。因为“美的真谛在于，我们既要敞开心扉去迎接新的美，而非想方设法地逃离或毁灭它们，也要带着新的感受力回到前人已经体验过的美当中去”[①]。正是在传统与当代的对话中，在传统艺术的光晕承接之中，美才能以一切可能的形态向我们投来深深的一瞥。无疑地，这是一个相当漫长而奢侈的历程，审美与资本的某种共谋也有可能随时将其中断，然而，审美 / 艺术作为资本的重新开启，通过艺术创意以弥合人的感性存在，这似乎才刚刚开始。

三、乡愁乌托邦与时尚的逻辑

2016 年是托马斯·莫尔发表《乌托邦》500 周年。在今天我们谈论乌托邦[②]，它更多地指一个还未存在而即将存在于他处的属于未来的存在，抑或关于未来的构想。无论是柏拉图的《理想国》，还是早期基督教公社的神话式的“共产主义”及其对于莫尔式的乌托邦构想的影响，甚或在莫尔之后，圣西门、

---

① ［美］克里斯平·萨特韦尔：《美的六种命名》，郑从容译，南京大学出版社 2017 年版，第 25 页。

② “乌托邦”一词出自欧洲文艺复兴时期英国人文主义者托马斯·莫尔写于 1516 年的《关于最完美的国家制度和乌托邦新岛的既有益又有趣的金书》（简称《乌托邦》）这部不朽的著作。这个词原初并不存在，而是根据古希腊语虚造出来的，指的是“无何有之乡”或“乌有之乡”，亦即一个并不存在的世界。参见［英］托马斯·莫尔《乌托邦》“序言”，戴镏龄译，商务印书馆 2016 年版。

欧文、傅立叶所自居的“科学发现”，等等，基本上都指向一个遥远的未来，这也使得乌托邦一直以来与空想性之间保持着某种尴尬的连接。然而，在关于乌托邦的叙事中，我们仍然可以感知一种来自过去的凝视，亦如历史以及现代性对于自身的回望与反思。

然而，正是关于如何面对这种来自过去的目光，乌托邦变得更加的歧义重生和富于意义。英国学者齐格蒙特·鲍曼考察了莫尔式的乌托邦在其双重否定后所形成的新形态，他将其称为“逆托邦”（retrotopia）抑或“怀旧的乌托邦”，这种新的审美模式所表征的事实是，与莫尔式的乌托邦是到那尚未诞生的因此也尚不存在的未来中寻找人类的幸福不同的是，“越来越多的人正在从那已失去的、被盗走或被抛弃却未死的过去中寻找各式各样的乌托邦”[①]。在鲍曼看来，正如记忆政治学是一种对于过去的筛选与过滤，这种“向后看”尽管有其诱惑性与现实溶解力，但正如马克思在《路易·波拿巴的雾月十八日》中所揭示的过去的亡灵和幻象重新游荡的可笑性与可怖性，他对于这种怀旧病的指摘也是不遗余力的。

但，回望过去，抑或向后看，并非都是一种病症。通过向后看而指向未来，这又是一种新的乌托邦。在当代，乌托邦不再是一种实存的未来，而是自反性现代化或审美现代性质询的产物，它更多基于对审美经验的分配与重构的思考。王杰教授指出，乌托邦是社会现代化过程的一个重要维度，他亦将依托回旋性表达机制而形构的审美形象和理想称之为“乡愁乌托邦”。在他看来，“乡愁乌托邦”作为一种特殊的情感结构，是一种叠合着乡愁的分裂的乌托邦，这种分裂主要基于在社会现代化进程中所出现的物质生产与人性异化之间的断裂。他并且指出：“‘乡愁’不同于简单的‘怀旧’和‘怀乡病’，它具有一种将‘过去’乌托邦化的强烈的情感色彩……‘乡愁’成为中国现

① ［英］齐格蒙特·鲍曼：《怀旧的乌托邦》，姚伟等译，中国人民大学出版社 2018 年版，第 8—9 页。

代化过程中乌托邦冲动的一种具有悲剧意味的美学形式。”[①]“乡愁乌托邦”的提出一方面表征出通过回望过去而走向未来的可能性及其机制；另一方面，也暗示了乡愁的重章叠唱所蕴藉的韵味与悲剧性，此悲剧并非消极意义上的，而是指它在与当代社会情境的结合中所可能具有的召唤性意义，或者相当于法国哲学家雅克·朗西埃所强调的美学增补的特异性，亦即通过“增补”的方式改变原有的可感性分配。[②]

在当代社会，乡愁不仅仅是审美现代性叙事的隐性出场者，而且也是审美资本自生产的基源性想象的质料，当代时尚双重逻辑的眩晕之美也正是源于此。具体而言，时尚的建构基质既可以是新奇的、反叛的，也可以是传统的、自然主义的。它既是对于未来的激情想象，也可以掉转头，面向过去，再重新回到当代和指向未来。时尚的魅力正在于它能够跨越时空的边界，使美的意象在流动中赋形。近些年，艺术乡建成为中国美学界和人类学界共同关注的社会问题。以方李莉研究员为代表的艺术人类学团队对这个问题进行了持续性的考察，并基于对地方性审美经验和乡民艺术特性及其与社会转型关系的探讨，对于艺术如何激活乡村重建、地方感的拟真、遗产资源如何融入乡村重建以及如何构建美丽乡村等问题进行了深入的发掘与阐释。其中，张原在对地方感的拟真的考察中指出，“地方感”（place consciousness）是一个超越“乡土性”的概念，它并非一种只属于过去的景观和影子，而是一种再造的场域，“今天的所谓乡愁反而成了一种极其现代性的文化表征，现代化的过程完成得越多，乡愁就会越浓，这个乡愁实际上是现代化，是可以和它画等号的，所以乡土是一个无法重建的社会形态”[③]。于此，乡愁并非可以直接移植到当代的，乡愁乌托邦恰恰指向乡愁当代价值的再生。

① 王杰：《乡愁乌托邦：乌托邦的中国形式及其审美表达》，《探索与争鸣》2016 年第 11 期。

② 朗西埃从审美经验的角度指出，美学并非关于艺术或美的哲学，它是可感性经验的重构。参见［法］雅克·朗西埃《美学异托邦》，蒋洪生译，载汪民安、郭晓彦主编《生产》第 8 辑，江苏人民出版社 2013 年版。

③ 方李莉主编：《艺术介入美丽乡村建设：人类学家与艺术家对话录》，文化艺术出版社 2017 年版，第 114 页。

艺术乡建既是艺术从艺术作品到艺术行为到艺术力量转向的显现之维，同时也需要对蕴藉着乡愁的民间艺术有更充分的尊重。乡民艺术有可能成为当代社会新的品味，而围绕着“乡愁乌托邦”形成的一系列社会审美文化也就有可能型构新的时尚。比利时（荷语）鲁汶大学跨文化、移民与少数族裔研究中心彭静莲教授在接受关于如何以审美人类学理念研究时尚美学的访谈中谈道：“时尚以物为载体，物在传递过程中会被赋值。具体来讲，当物从一个归属者传给另一个归属者时，它会在这个过程中获得新的价值，并形成关于它自身的新的故事。这实则是时尚系统中的跨语境转换（transcontextualized in fashion system）问题。”[①] 可见，跨语境的转换，正是物的审美价值得以形成的重要机制。

乡民艺术在当代的转换及其讲故事的能力，正是其作为审美资本的关键之在。它如何以物与记忆的形态保留着多重新生的身体，同时又能够从审美资本主义的旧病复发的焦灼中轻盈撤退，这本身就不是一门纯粹的艺术经济学。在剑川的记忆乌托邦中，无论是变形的审美张力，还是写意与写实的互相表征，以及跨界所生长的审美新质，记忆正是作为审美经验的基源，凭借着当代审美需要的吁请而形构出新的时尚逻辑：“向后看”而非怀旧病，正在消融着关于抽象“进步”的幻觉。于此，新的时尚机制进入现代生活肌理的编织之中。

（原文载于《民族艺术》2019 年第 5 期）

① 参见向丽《审美人类学视野下的时尚美学——访彭静莲教授》，《思想战线》2020 年第 1 期。

审美人类学视野下的时尚美学：访彭静莲教授

向丽 / 问、译，彭静莲（Ching Lin Pang）/ 答

一、时尚的两副面孔

向丽：彭老师，您好！很高兴能够借着您来参加“丝路审美文化中外互通问题研究”国际学术研讨会，以及我们一起到敦煌考察的机会，就您的研究经验和近年关注的时尚问题进行访谈。读过您的一些著述，了解到您长期以来主要从事移民和跨文化的人类学研究，您是从什么时候主要因着什么缘故转向了时尚问题研究？

彭静莲：大约从 2013 年起，我与北京一家企业进行项目合作，当时这个项目主要联合了北京两大高校关于时尚研究的成果和力量，力图在北京打造一个生态时尚城（ecofashion city）。虽然这个项目没有最终完成，但让我开始关注中国的时尚问题。

向丽：时尚是当代美学中一个非常重要的问题，它并非琐屑的、表面的或只是装饰性的形式问题，而是与社会的转型、发展具有紧密的联系，或者可以说，时尚是社会生活关系的表征和形塑。然而，如果要对时尚的形态进行描述或对这个概念进行界定，似乎又是一件非常困难的事。您是如何理解时尚的？

彭静莲：在很多人看来，时尚与漂亮几乎同义，但事实上，时尚可以说是一种“社会皮肤”（social skin）。比如，我目前正在研究的安特卫普六君子

（The "Six" of Antwerp）[1]，他们所设计的服装更多表达的是一种观念，是在讲关于社会生活的特别的故事。再比如 19 世纪由波德莱尔所代表的法国浪漫主义，这个时代的服饰风格以黑色居多，这与宗教信仰存在很大的关系，例如，犹太人的黑衣和黑礼帽就是他们信仰的体现，黑色甚至成为犹太时尚的唯一色彩。有人觉得他们的衣服不好看，但这些服装所能引起的"美感"，并不一定是让人在视觉上感觉到是美的，而是能够引起人对于社会的思考。在这个意义上，时尚就是一种"我"自己能感受到的，并且能够表达出来的存在。

向丽：的确，时尚不是形式的问题，它毋宁说首先是一种观念，在与宗教、政治、社会意识形态等微妙而紧密的联系中，经由人的身体和情感而被赋形，并始终处于融合与流动的状态中。正如您刚才谈到的，对于同一对象所蕴藉的"美"或包含的社会性思考，并不是所有的人都能感受到。那么，在您看来，时尚具有哪些共通的特征，使人们能够将其"识别"为时尚？这虽然不是一个很恰切的问题，但在审美人类学视野中，审美制度的显性与隐性存在正是我们所重点考察的。

彭静莲：我对于时尚的考察主要基于服装设计，比如我们可以看到，日本的川久保玲和山本耀司设计的衣服也不一定好看，但会引起人的思考，有冲击力。他们甚至主张一种反审美（anti-aesthetic）和反时尚（anti-fashion）的观念，用突破传统概念的方式挑战西方传统的时尚规范，对于什么是服装，服装与身体、社会的关系等等具有独到的见解。

向丽：这是否可以理解为，反叛性、新奇性是当代时尚形构的一种特殊基质和动力，通过打破人们对于社会固有秩序的常规理解，从而改变人们对于社会生活关系的观照与建构？或者，在某种意义上，"中断"也是一种新的审美经验的开启。比如川久保玲的作品以破碎的、立体化的、隐藏身体式的设计而

---

① "安特卫普六君子"是指 20 世纪 80 年代初在欧洲时尚界崛起的六位比利时设计师的总称，分别是安·迪穆拉米斯特（Ann Demeulemeester）、沃尔特·范·贝宁多克（Walter Van Beirendonck）、德克·范瑟恩（Dirk van Saene）、朵利斯·范·诺登（Dries van Noten）、德克·毕肯伯格斯（Dirk Bikkembergs）和玛丽娜·易（Marina Yee）。

著称，尤其以黑色意象弥漫的磨损的尾端、皱褶和破洞，以及“碰撞系列”等挑战了西方传统的美丽与女性概念。这种反叛性以其对“传统”意识形态的中断而建构出关于社会生活的时尚。

彭静莲：这的确是我们理解时尚的重要维度，它们代表了新的社会理念。

向丽：我同时想到，时尚似乎也有它看似悖论的部分，这也许涉及关于“传统”的多重理解。近些年，艺术乡建成为中国美学界和人类学界共同关注的社会问题。以方李莉研究员为代表的艺术人类学团队对这个问题进行了持续性的考察，而以王杰教授为代表的审美人类学团队则提出“乡愁乌托邦”作为中国审美理想的某种表征。在我看来，这些田野考察与理论建构实则都聚集到一个共同的议题：传统文化在当代社会中的再生。如果将时尚理解为一个建构的过程，我以为，乡民艺术有可能成为当代社会新的品味，而围绕着“乡愁乌托邦”而形构的一系列社会审美文化也就有可能形构新的时尚。恰如德国社会学家、哲学家齐奥尔格·西美尔在《时尚的哲学》中提出的这样一个问题：“一旦较早的时尚已从记忆中被抹去了部分内容，那么，为什么不能允许它重新受到人们的喜爱，重新获得构成时尚本质的差异性魅力？”[①] 我想，这对于辨识时尚复杂结构的内核具有关键性的意义。

彭静莲：时尚追求变化，它反对持续性的稳定。但当属于“过去”的东西，即使是残损的，也会因为与当代情境相结合而变成“美”的和时尚的。比如，我喜欢收集一些老旧的东西，其中有一个雕像，他 / 她的手和脚残缺了，也不知这个作品的背景，但在我看来，它有一种特别的美感。也许，有人认为这老的旧的残损的东西没有什么价值了，但价值是什么？它取决于一定的条件。

向丽：这也是美学中的一个非常微妙难解的问题。比如在我们对剑川木雕的调研中，我们看到了 100 多年前的简约而残损的老木雕，以及新近掺杂着机

---

① ［德］齐奥尔格·西美尔：《时尚的哲学》，费勇等译，花城出版社 2017 年版，第 121 页。

雕成分的繁复木雕制品，显然前者以一种特殊的光韵唤起我们更为深层的审美经验，但对于其何以为美的阐释则是一个非常复杂的问题。

彭静莲：在我看来，圆美非美。也可以说，太美非美，过分非美。山本耀司曾经说过：“完美是丑陋的。在人类制造的失误中，我希望看到缺憾、失败、混乱和扭曲。”① 正是在残损和所谓的破败中，我们可以看到美的延伸。另外，也有许多看似矛盾又非常有趣的时尚原则，它们也并非是按照原初的完美原则而构造的。

向丽：您可以谈谈这些时尚原则吗？

彭静莲：我对这些原则的关注主要来自对时尚与环保／生态关系的考察。例如，20 世纪 60 年代的绿色运动以生态时尚（Eco-fashion）为代表，主要以关系性、可持续性和系统性变化为特点。诸如，通过时装秀来提高公众的环保意识，强调使用可回收的物品和纤维制品。比如，安特卫普六君子就运用二手服装来营造一种破旧／低劣—别致（Shabby- chic）的美学外观。按惯常的评价，“低劣粗俗的”与“时髦别致的”本属于两种不同的风格，且有高下之分，但在他们的服装设计中，却通过矛盾的组接形成了一种新的时尚风格，这是一件非常有趣的事情。另外，还有一种类似的时尚叫作“BoBo”（“Bourgeois-Bohemian”的简称），将小资情调与放荡不羁两种截然不同的风格糅合在一起。莎朗·朱金（Sharon Zukin）在《赤裸之城：真实城市的死亡与生活》（*Naked City: The Death and Life of Authentic Urban Places*）一书中描写了纽约人心理状态的变化，读了这本书你就会明白“BoBo”追求的是什么氛围。

向丽：要理解这种双重矛盾的组合风格的确不容易，它基于人复杂而流动的观念。那么，这种杂糅的时尚风格与环保、生态之间是什么关系呢？

彭静莲：环保时尚是一种观念性的时尚，自 2000 年以来，由环保理念形成了另类的消费主义，它以“绿色”“道德”“第三世界联合起来”为其标志，

---

① ［日］山本耀司：《完美是丑陋的》，http://www.sohu.com/a/249872384_541698。

显现出鲜明的时尚美感和对环境的最低限度的消费与影响（low environmental impact）。随着环保和生态运动在时尚界的凸显，学术界、媒体和消费者纷纷提出了各种术语和观念，诸如“绿色美学”（Menkes 2006）、“如此地酷，如此地富于道德”（Coulson 2006）、“时尚走向绿色”、“环保是顾客的需要”（Menkes 2007），等等。尽管这些提法有其含混之处，但对于时尚的考量的确需要改变思维、态度和实践，它需要综合考量环境的、道德的和资本的等因素。在这种时尚倡导中，生态时尚中的“生态”主要指人与环境之间相互作用所形成的平衡态。这种平衡主要基于观念上的平衡，比如我们为何不能以低价购买衣服，因为那样会刺激资本主义生产体系对剩余价值的剧增性占有；比如，我们提倡在地化时尚或时尚地方主义（fashion localism），从而减少资源的损耗并真正反益于当地生产者；比如我们如何对待旧物，如何对待那些传统的留在记忆里的东西。更为关键的是，我们如何将传统之物进行升级改造或升级循环，让它们能够融入当代情境中获得新的“语言”和生命力。

向丽：您说的“升级改造”或“升级循环”主要指什么？

彭静莲：可以打个比较形象的比方，“升级循环”（upcycling）可以指废弃的衣服如何通过改变或定制来增加其价值，而相应的，“降级循环”（downcycling）则是指服装变成了破布、毛毯等质料，从而退出了时尚生产循环系统。

向丽：这让我想到了“变形”既作为艺术表现的形式，同时也是一种隐性的关于某物何以能够成为审美对象的制度性机制。尤其是，我们刚才谈到，传统的过去之物也有可能融入当代时尚的建构之中。那么，传统之物是否可以直接成为构建时尚的基质？

彭静莲：在理论上是可以的，但它们大都需要改变，不能原装呈现。当然，除了一些与我们当代审美观念还比较契合的物之道。比如，我曾在云南见过一种茶具，设计非常简约，喝茶时杯盏下边会放一片叶子，这种气氛美学与自然主义相合，也契合当代人的饮茶品味，就无须改变了。

向丽：那么，在将传统之物连接到当代语境时，有哪些是需要改变的呢？

彭静莲：这非常难以言说，因为要改变的不是一个具体的对象，而是通过创意，思考过去之物对我们现在而言意味着什么？我更愿意将时尚理解为“讲故事”，而且是讲好的故事。再比如，在西方现代派艺术中，原始艺术被运用于艺术的创造中，像毕加索的《亚威农少女》中使用了非洲面具的意象，就形成了对资本主义的特殊的“看”。我不太同意布迪厄关于趣味的区分，在他关于品味的分类中，时尚似乎更多地代表着“往上看”，而事实上，时尚有多元的形构基质。

向丽：20世纪初，原始主义风潮的确改变了西方艺术的表现传统，而复古主义的兴起也表征了时尚的逻辑并非直线进化论的复制。布迪厄的主要贡献在于，他揭示了趣味并非与生俱来的，而是被建构的。但英国社会学家托尼·本尼特也不同意布迪厄关于趣味的非建构性的区分，他通过大量的社会调查和数据表明，这种区分和不同并不像布迪厄所说的那样泾渭分明，从而为习性的改变与品味的重构提供了理论上的可能性。

正如我们所讨论的，时尚的建构基质既可以是新奇的、反叛的，也可以是传统的、自然主义的。当代时尚逻辑具有将原本处于不同等级序列的风格交相杂糅的想象力和分配能力，这恰恰见出了时尚的两副面孔和缜密的双向运作机制。在此意义上，时尚问题就成为时代与社会，情感与想象的最富于魅力的一面镜像。

二、审美人类学：理念与视野

向丽：时尚是当代社会政治、经济、文化和情感的聚集，正如您所谈到的，时尚是“社会皮肤”，这是一种非常富于意味的表征。在某种意义上我们可以说，时尚是将“美”与社会生活联结并显现的一种重要方式。也正因为此，时尚就不仅仅是单纯的美学问题，需要综合借鉴人类学、社会学、心理学、经济学、文化学等学科的理念与方法才能纵深探讨时尚作为社会镜像的复杂机制及其影响。自 20 世纪 60 年代以来，审美人类学作为借鉴人类学理念和方法开拓新的、研究审美和艺术方向的复合型交叉性学科，在当代美学和人类学研究中已产生愈来愈重要的影响。您长期以来主要从事人类学工作，在转向时尚问题研究时，对于“美”的表达方式有着独特的理解，特别希望您能就审美人类学的研究理念和视野，以及审美人类学再生产出的新的美学理论和实践增长空间做一些分享。

彭静莲：这的确是一个很有意思的话题。我对于审美人类学的关注和理解主要通过对西方美学学科的理解，以及对物质文化和日常生活经验的调研和思考而形成的。

Aesthetics（美学）概念源于希腊文“aisthetikos”，其原义主要指对于可感知存在的经验和感觉。18 世纪中叶，美学作为一门学科由鲍姆嘉滕引入，他将美学界定为“研究感知的科学”，以及“一门关于如何引导较低认知能力群体去感知事物的科学”[①]。鲍姆嘉滕的理论过于复杂甚至令人费解，最后是康德巩固了美学这个学科的理论基石。康德将审美无利害视为美学的内核，这种纯粹理论主要建构于对美感和审美表达的理论界说上。在康德的理论视域中，美感是对于事物或事件的感官体验的增值，审美表达则是指重新创造经验，通过重新构建或转换机制，将创造性表达的过程纳入一种分析的理论框架之中。在康德的《判断力批判》中，审美无利害的感知作为审美感知的基石，并且在某种意义构建了浪漫主义时代。审美无利害作为康德鉴赏判断的四个契机之一，主要指艺术对象从日常生活中被分离出来，从而脱离其实用性的属性，观察者相应地必须超越对物的实际考虑。不仅如此，为了使艺术具有普遍的可传达性，审美判断必须以一种普遍的、所有人都能交流的情感为前提。这种情感不再是日常生活之维的情感，而是一种先验原则，它是知识具有普遍可传达性的必要

① ［德］鲍姆嘉滕：《美学》，简明、王旭晓译，文化艺术出版社 1987 年版。

条件。显然，这种美学研究范式对于参与式研究和文化多样性基本上持忽略甚至轻视的态度。正如康德所指出的，人类学家在判断所谓的上流社会或者贵族阶层的趣味时，往往处于非常不利的地位。因为在他看来，哲学研究的对象应该是崇高的、空灵的、超然的和普遍的存在，而并非像人类学家收集的琐碎的、感性的数据资料。概言之，在以康德美学为代表的西方传统美学视野中，认识世界比参与世界显得远为重要。

康德偏爱于书卷气的研究方法，他甚至认为，他的家乡哥尼斯堡就是世界的中心。他曾经谈到，哥尼斯堡作为王国的中心，集政治、大学教育和不同的语言、习俗于一体，它是最合宜于拓展对于人类和世界的知识之在，甚至无须再到别处行走。

向丽：的确如此，据说康德终生没有离开过哥尼斯堡，这似乎是康德的乌托邦。在那里，康德建构了美学的宏大的建筑学结构，然而正如阿多诺指出的，黑格尔与康德可谓最后两位对艺术一无所知但却能够系统论述美学的哲学家。沃尔夫冈·韦尔施也指出了传统美学面临的巨大困境，正在于它与感觉为敌，发展了控制感觉、消灭感觉和严格管理感觉的策略。您刚才谈到康德的审美无利害说对于浪漫主义时代的开启，我更多地将它理解为，以康德为代表的西方传统美学并不仅仅是时间和空间的问题，它毋宁说是一种审美意识形态，这种审美模式在很大程度上忽略了“美”和“艺术”的日常生活基础。即使到了今天，它们仍然能够在某种情境下深刻地影响着我们对于“美”和“艺术”，以及审美品味的判断。审美无利害是进入和维持审美状态的条件，但却并非理解、阐释审美和艺术现象特殊性、复杂性的唯一的且必要的条件。

彭静莲：这种美学观从根本上建基于欧洲中心主义，即使这种美学研究范式或体系适应于欧洲语境，但却排除了其他文化，尤其是小型社会和非西方社会文化。然而，在21世纪，随着文化全球化的深化，这种范式已不再可行。其基本的事实在于，全球化导致了双重性的后果：全球化文化的“聚集”与地方性经验的“多元化”。

向丽：这种“聚集”和“多元化”实则都对美学研究范式的先验性、西方性和单一性提出了质疑与挑战。尤其是在当代多元文化叠合的语境中，“美”首先是一种被建构的存在，它往往以叠合、杂糅、融合与流动的方式向我们显现，对于这种不断生产与再生产的“美”的捕捉与研究，康德式的凝神观照显然已有些力不从心。

彭静莲：正是在这种情境中，审美人类学出现了。自 20 世纪 80 年代以来，人类学家对于非西方社会美学的兴趣日益浓厚。杰里米·库特（Jeremy Coote）和安东尼·谢尔顿（Anthony Shelton）主编的《人类学，艺术与美学》(1992)，霍华德·墨菲（Howard Morphy）和摩根·帕金斯（Morgan Perkins）主编的《艺术人类学读本》(2006)，罗塞尔·莎尔曼（Russell Sharman）的《审美人类学：一种跨文化方法》(1997）等著述，从学理上阐释了美学与人类学的内在关系，并以丰富的个案探讨了非西方和少数族裔审美感知经验。比如霍华德·墨菲（Howard Morphy，1992）关于澳大利亚北部雍古族人（Yolngu）绘画的美学研究，探讨了绘画如何能够通过记忆和想象成为雍古族人世代相传的强大精神支柱；迈克尔·沙利文（Michael Sullivan，1974）和文以诚（Richard Vinograd，1991）关于中国文人画美学的研究，探讨了原初画家、后世画家和收藏家之间如何通过增加印章、诗歌，甚至重新绘制画作等方式进行“对话”，并在此基础上，比较了作为西方艺术内核的艺术作品的“原初性”与中国文人画的“重构性”在美学原则、表达方式上的差异及其价值意义。这样的研究表明，对形式的分析不需要把艺术作品简单地看作对象本身，而需要将艺术的产生，以及关于艺术的欣赏和运用视为在跨时空的流动中形构的；杰里米·库特（Jeremy Coote，2006）关于苏丹南部尼罗特人“牧牛”的美学研究等等，都展示出了审美人类学独特的观照视角和研究理念。

向丽：这些著述在中国美学界和人类学界影响比较大。杰里米·库特和安东尼·谢尔顿在《人类学，艺术与美学》导言中指出，审美人类学的兴起缘于艺术人类学，但审美人类学的一个基本任务在于，考察来自不同文化背景中的人们如何“看”世界。[1]这种“看”并非人凭着肉眼和视觉主义所见，而是受到语境、意识形态以及身体性情感结构的影响。在我看来，对于审美和艺术所蕴藉的审美意识，以及审美意识形态的研究，正是审美人类学与艺术人类学的根本区别所在。比如，杰里米·库特在研究苏丹南部尼罗特人牧牛业时，就重点探讨了牛如何被当地人所珍视，牛不仅是当地人的一种食物来源，而且是形构他们的社会和文化行为的一个核心因素。对于牛的分类系统及象征意义，及其在人与人、人与神之间沟通的中介性力量，以及对待牛的特殊情感所折射的复杂社会生活关系的探讨等，正是以其由物到人到意义，由艺术品到艺术行为到审美力量研究的转向，体现出了审美人类学对于传统美学与人类学的区分与融合。

彭静莲：的确如此，人类学也经历了自身演化发展的阶段。在对这些看似琐碎的文化现象的观照中，人类学方法正是以其对跨语境的异质性存在的“看”而标志自身。这种“人类学语言”，以及经验性研究使我们对于表演艺术、物质对象或物质的碎片的“看”与重新阐释成为可能，从而以一种万花筒的多元视角创造了新的开始。

向丽：您所说的“万花筒”意象对于审美人类学研究而言非常重要，它意味着新的研究理念和视角的生成，您可否就这“新的开始”再做一些分享？

彭静莲：我曾经尝试在审美人类学视野下观照中世纪艺术，诸如以天使长圣迈克尔为题材的中世纪艺术。圣迈克尔与以龙形式出现的魔鬼斗争的场景，在基督教的绘画和雕刻中非常多见。我曾看到一个来自法国南方的，约 15 世纪末 16 世纪初的关于圣迈克尔的雕像。在这个由橡木和金属多重叠加的原初雕像中，天使长圣迈克尔右手拿着剑，左手持天平，在他脚下的是他正在惩杀的恶魔。他将卷曲的头发盘绕成王冠戴在头上，脸上带着一种极其柔和安详的

---

① See Jeremy Coote and Anthony Shelton (eds.) , *Anthropology, Art, and Aesthetics*, Oxford: Clarendon Press, 1992,p. 9.

表情。随着时间的推移，这座雕像已经支离破碎。他失去了一只手、两条腿和右臂，脚下的魔鬼也不见了。随着时间的流逝，这种物质性的丢失导致了图像的“变形”，它走出了宗教性环境，也因此不完全属于宗教对象。在当代一系列社会世俗化的转变中，当纯洁性与真实性成为当代人的审美偏爱时，这缺少了几个身体部位的圣迈克尔，也已幻化为一个自由飘浮在空中的舞者。

向丽：这残损的身体在时空的叠合和转接中呈现出了一种特殊的美感，令我想起法国哲学家雅克·朗西埃在《美感论》中谈到温克尔曼笔下的赫拉克勒斯残躯时所指出，正是这意外造成的残损成就了这个雕像的完美，因为这样的它，就只能用它失去的头部和四肢，衍化出多重新生的身体。这样的身体经由时间与当代人的经验而重塑，观者对于此种重塑的经验所获得的美感是否通达了您所说的“真实”？

彭静莲：是的，正如这个雕像的魅力不仅在于他表情的平静和姿态的优雅，而在于由碎片和时间所形构的多种可能性。它焕发出一种真实的感觉，因为它拥有了“灵魂”。在后现代意义上，“真实性”是由观者而不是制造者 / 艺术家来调节的。真实性是对于过去的重新诠释，重新循环，以适应当代的情境。因此，拥有真实性的艺术既有历史渊源，同时又从这种历史中生长出了新的开始。换句话说，真实性既是历史的，也是当代的，过去亦即新的开始。

三、审美人类学视野下的时尚问题研究

向丽：审美人类学从 20 世纪 60 年代发展到今天，对于美学和人类学的研究理念和视野提出了诸多问题，尽管这一交叉性复合型学科仍然有不成熟之处，但我更愿意将它当作当代美学和人类学发展的新的生长学科。您长期以来从事人类学研究，在移民、跨文化和时尚等问题研究上做出了一系列的成果，可否请您结合一些田野个案对当代人类学研究理念和方法，以及如何以审美人类学视野研究时尚问题做一些交流？

彭静莲：在人类学研究中，民族志既是研究方法又是书写方式。田野工作除了我们常谈到的实证研究、整体研究、跨文化比较研究，以及参与式调查等之外，实际上并没有通用的固定规则。在田野工作中，需要较高的个人经验。民族志研究的有效性和重要性在很大程度上取决于研究者的技能、学科和视野。

向丽：对同一田野，为何会出现不同的书写文本？我想其中的关键就在于您谈到的学科与视野。在具体观察与访谈中，您认为资料的收集应当从哪些方面着手？您又是如何将这些资料融入问题研究意识之中的？

彭静莲：在田野中，我们需要收集不同类型的信息或资料，包括背景数据、感官数据、观点、知识与感觉，等等，为了收集这些相关数据与资料，我们需要思考：如何在访谈报道人时组织和提出这些不同类型的问题。尤其重要的是，要问真正富于开放性的问题，不要将自己的先见带入问题之中，并用能够让对方理解和适当的语言提出清晰的问题。

向丽：目前国内审美人类学最大的瓶颈和发展趋势主要在于两点：一是审美人类学如何在与传统美学和人类学的契合、区分之处形成自身的研究理念和方法论；二是如何寻找到当代多元文化叠合中体现审美新质的个案，通过对其中蕴藉的中国地方性审美经验与中国经验的考察、阐释，发掘当代中国美学发展的理论和实践增长空间。当然，这是一个漫长的历程或革命。您刚才提到对感官数据和感觉的捕捉非常关键。荷兰学者范丹姆曾经在《语境中的美：关于美学的人类学研究》中谈到用人类学方法研究美学问题时会遇到的几个障碍，其中一个就在于，审美情感是个人的、内在难以描摹的状态，它很难通过民族志研究方法得到充分了解。[①] 因此，人类学家一般都通过处理不包含人类主观情状的艺术主题来回避这个问题，研究的重点相应地集中在静态的艺术成品上。可见，传统人类学研究在面对审美情感和审美经验时，会难免显得捉襟见肘或陷入某种尴尬。审美人类学恰恰要面对这一难题，这也是体现它自身的魅

① See Wilfried van Damme, *Beauty in Context : Towards an Anthropological Approach to Aesthetics*, Leiden , New York & Köln: Brill, 1996, pp. 13–30.

力所在。

彭静莲：事实上，当代人类学早已不满足于对物与文化的单纯描述，诸如格尔兹提出，所谓文化就是由人自己编织的意义之网，因此，对文化的分析是一种探求意义的解释科学。格尔兹更是在此意义上提出深描式（thick description）显微研究法作为对文化意义之在的研究与书写，这将纵深开拓当代人类学和美学的阐释空间。

向丽：深描研究在中国学界影响非常大。时尚在某种意义上是人的情感结构形成与流动的聚集，在您看来，在时尚问题研究中深描如何可能？比如，服装设计常常作为人们推崇和研究时尚的风向标，您能就一些服装设计的美学个案谈谈这个问题吗？

彭静莲：正如我现在从事的安特卫普六君子研究，我不仅关注他们设计作品的风格，而且对与此相关的文化圈、设计理念来源、文化多样性与身份认同、符号学和物质性等问题进行探讨，这些研究得到了弗兰德斯时装研究中心（FFI）和现代博物馆／安特卫普时装博物馆（MoMu）等机构的资助，也获得了安特卫普政府的支持。时尚的形成、变化与符码转换（transcoding）关系紧密，从符码到符码的转换是时尚、艺术、音乐和生活方式的转换，其中必然包含意义的生产与再生产。安特卫普六君子的设计受到超现实主义和前卫艺术的影响，他们将这些意象与理念融入服装设计之中，甚至以“反时尚”（anti-fashion）作为其标志性的设计风格。在安特卫普学院的网站上，我们可以看到该学院对于时尚的理解：“从最广义上讲，时尚是我们这个时代情感的一种表达形式。服装反映了社会，或者反过来对社会提出了质疑。时尚界人士不是一个以自我为中心的小圈子，而是那些对流行的伦理和美学观念提出质疑，支持或反对侵略、拒绝、否认和无助的坚定人士。在时尚界，有一种表达的自由，这种自由有时令人震惊、警醒、惊骇或诱人。”①

① 安特卫普学院网站（http://www.academieantwerpendko.org/）2019 年 11 月 22 日。

比如，沃尔特·范·贝伦多克（Walter Van Beirendonck）设计的一个作品，以半人半兽装的“后人类”意象发出“人与动物有何区别”的质询，引发了人们对于人与动物和自然关系的重新思考。而在安·迪穆拉米斯特（Ann Demeulemeester）看来，“黑色并不必然令人悲伤。鲜艳的颜色使我沮丧。它们太……空洞了。黑色是诗意的。你如何想象一个诗人？穿着亮黄色的夹克？恐怕这太难了”。安·迪穆拉米斯特的时尚设计可谓对波德莱尔诗作的重新解读，亦即时尚与文学的转换。

向丽：波德莱尔的《给一位交臂而过的女子》中那位女子“一身丧服，庄重而忧愁”[①]，那一袭黑令诗人浑身颤动、畅饮销魂。我不曾想到，这种黑色的诗意和震颤感可以通过跨介质的转换成为当代时尚的意象。

彭静莲：的确如此，时尚作为一种交流，实则是关于理念、叙事和情感的交流，所以时尚不以时间为界，而是流动的。尤其是，时尚不仅仅是一种外在的现象，而更多地成为时尚教育。

向丽：时尚教育类似于我们在美学中经常谈到的审美教育，然而，由于“审美”本身是内在难以描摹的，这个问题长期以来仍然悬置在理论建构的领域，而时尚教育无疑打开了新的探寻之路。在我看来，时尚作为“美”的形塑与聚集，体现出了时代的情感结构和审美趣味，然而时尚是如何形成的，尤其是过去之物如何融入当代时尚的建构之中，其中的符码转换如何构建新的文化意义则更为隐秘而重要，您是如何看待这个问题的？

彭静莲：时尚以物为载体，物在传递过程中会被赋值。具体来讲，当物从一个归属者传给另一个归属者时，它会在这个过程中获得新的价值，并形成关于它自身的新的故事。这实则是时尚系统中的跨语境转换（transcontextualized in fashion system）问题。另外，时尚也通过机构、文化事件、拍卖等形成，尤其是旧物正是通过这种场域获得转换的可能性，从而最终能够融入当代时尚的

① ［法］波德莱尔：《恶之花》，郭宏安译，广西师范大学出版社 2002 年版，第 301 页。

营建之中。

向丽：古董或那些历史久远的东西，残损却仍包孕着光韵，其文化意义不能完全被解读，其神性也无法完全被理解和欣赏，而通过您刚才提到的制度性机构、文化事件与行为，通过阐释，更重要的是通过故事激起感知，从而能够使过去之物成为时尚。这是一种隐秘而微妙的时尚运作机制，在审美人类学视野中，我们把这种路向的研究称为审美制度问题研究，其关键就在于这种非正式制度如何能够形构人们关于审美和艺术的观念与行为。

彭静莲：这的确是我们发现时尚结构与形成机制不可忽略的。此外，人类学是关于人及其文化的研究，因此，研究如何围绕于人与文化而开展是需要充分考虑的。

向丽：依此相应地，审美人类学是关于人的审美意识 / 情感，以及活态审美文化的研究，在相关的研究中，您主要会关注哪些视角与维度？

彭静莲：我主要关注与人相关的能力与资源。每个人不管是什么身份，都有一种动原 / 力量 / 能动性（agency）。比如在很多人眼中，难民往往被认为是可怜的，没有权力的。但我们在研究中会关注他们的能动性，会意识到他们也有资源，只是我们看不见。比如，他们也会有社会资本（social capital）和文化资本（cultural capital）。诸如他们有自己的人情关系和语言翻译方面的能力。这两种资本是隐性的，不容易被观察到，因为，它们更多存在于一种显性文化建构的过程之中。与此相关的是，在大多数艺术展中，被展演的多数是知名艺术家的作品。尤其是想要参加跨国艺术展，在一些国家需经过官方的评定与筛选，正在成长中的年轻艺术家，以及富于创造性和个性的艺术家的作品很难通过这种审核。政府与艺术之间的关系需要有一个更良性的文化系统进行调适。

向丽：中国学者王南溟曾在《后殖民荣誉：艺术的“中国性”与艺术家的“中国身份”》一书中讨论中国当代艺术的先锋性何在的问题，并指出中国当代艺术因为没有本土艺术制度保障，而使通过特定筛选并输出到西方的中国艺术成为迎合东方神秘主义癖好的展演。[①] 暂且不论其中的激进性，但对于艺术制度与审美制度的研究不失为我们更纵深地看待西方的"东方主义"想象由来的一个隐性视角。

关注文化与艺术形构的过程是人类学介入美学研究之后，为当代美学打开的新的研究向度。审美和艺术是被建构的，抑或，审美和艺术作为一种特殊的制度形态是一种基本的文化事实，尽管这在传统美学和精英美学意识形态凝视中，它甚至不被讨论就予以否定和驱逐。然而，我一直认为，审美制度和审美制度问题研究是两个不同的概念和事实，在审美和艺术的建构抑或命名中，"社会资本""文化资本"，以及在文化经济时代凸显的"审美资本"（aesthetic capital），在关于"美"的授予与阐释系统中，都会因其主体和授予机制所蕴藉的审美与权力交叠共生的关系，产生不同的效果和影响。"美"在被建构的过程中如何显现与遮蔽才是审美制度批判的真正对象。在田野中，我们会切实地感受到这些资本如何被运用及其效果，可否请您结合最近几年的田野个案对相关的问题做些交流？

彭静莲：最近几年，我主要转向时尚文化研究，尤其是关注中国、日本的时尚文化。当然这与我之前做的移民、多元文化和跨界研究等仍然有着紧密的联系。比如，这几年我和我的同事普里西拉·范·伊文（Priscilla van Even）副教授、云南农业大学莫力博士等学者，结合参加云南大学民族学/人类学研究生田野调查活动，带着研究生一起做云南咖啡文化研究。我们谈的咖啡文化主要指从咖啡种植到收获、销售，再到咖啡馆研磨调制成在顾客手中的一杯咖啡所产生的一系列文化。我们在云南好几个村子进行调研，以大理白族自治州宾川县平川镇朱苦拉村为例，这个村以拥有中国最古老的咖啡种植园而闻名。自2006年以来，随着"资本下乡"政策与扶贫工作的展开，宾川县政府鼓励朱苦拉村村民从种植水稻转向种植咖啡。但实际上，由于朱苦拉村缺乏大量种植咖

① 参见王南溟《后殖民荣誉：艺术的"中国性"与艺术家的"中国身份"》，古桥出版社2012年版。

啡的现实条件，无法形成咖啡农业产业化，当地农民并没有从中获得实质的利益，反而是宾川县的一些企业和当地精英从咖啡开发中获得了高额利润。

向丽：我通过与莫力博士的交谈也了解到了这一点。“资本下乡”主要基于资本与土地的结合，这是政府扶贫工作的有效实施政策，也带来了系列的产业发展。但如果不是通过实地田野调查，是不太可能了解到在这种资本结合过程中，土地种植者却有可能成为受益链中的最遥远者。不过，朱苦拉村作为“百年咖啡之乡”已然由经济资本转化为了文化资本和审美资本，它为其他的文化运作带来了系列性的效应。您之前谈到的时尚地方主义或在地化时尚比较关键，这种文化资本如何融入朱苦拉咖啡时尚审美文化的构建，应当引起政府和当地人的共同关注和实践。

彭静莲：这种时尚化运作是一个相当漫长的过程，它涉及观念与资本的结合。此外，我在张进教授的重大课题“丝路审美文化中外互通问题研究”中负责子课题“活态文化（lived culture）研究”，通过考察，我们将研究重点放在了广场舞和兰州牛肉面两个个案上。其中，我主要与鲁汶大学石甜博士对百年老字号马子禄牛肉面进行了实地考察，探讨兰州当地人对于食物的认同感。在之后的调研中，我们发现了东京的一家马子禄面馆。通过电视采访和YouTube上的节目、网络资料的收集，以及后来在日本学者的帮助下，这家牛肉面馆老板愿意接受我们的访谈，我们了解到了这家日本餐厅老板学习制作兰州牛肉面的动机。从客户消费的角度看，它满足了日本顾客对于“中餐”的想象，以及穆斯林游客对于清真食品的期待，而对于中国消费者而言，无疑则源于对“家的味道”的思念。此外，还有日本甘肃同乡会的推动。这家面馆在室内装修上做了一些调适，主要以空间与物件体现出日式风格，但在细节装饰上则创造了一种异域情调。这家跨语境的牛肉面馆是物质性与想象性之间相互作用的产物，在今后的研究当中，我们将会通过对相关数据资料的采集、分析对于物质性与想象性、流动性与共通性等之间的关系做更深入的阐释。

向丽：这是一项十分有意义的研究。兰州大学王大桥教授与漆飞博士曾发表过一篇题为《味觉共同体与丝路审美文化的流动性——以“兰州牛肉面”为中心的考察》[1]的文章，探讨了兰州牛肉面如何在文化互通中实现味觉的融合，并以物质形态、饮食行为、文学作品、图像、影像、音乐等共同建构味觉表征系统和关于味觉的歧感共同体。该项研究在中国学界引起了一定的争议，有人不解日常生活中的牛肉面何以能够进入严肃的学术研究视野。这种不解或许也是源于一种精英主义研究的偏见，事实上，物质文化所蕴藉的记忆、情感和想象恰恰是当代美学研究的重要对象。“记忆”是审美经验中最为内隐而重要的存在，它与某物何以能够成为艺术品或审美对象紧密相关，同时也以集体选择的方式建构着品味与时尚。

彭静莲：是的，比如我们从消费者角度可以发现，这种情感与想象对于食物时尚的牵引。

向丽：您对于时尚文化的研究不仅仅探讨既定的时尚，而且更为关注时尚文化形构的过程及其原因，这对于理解时尚的形式与内核具有重要的意义。中国有十分丰富的、在流动中生成的时尚文化，比如我们这几天对于敦煌的考察，感受到了两种敦煌文化意象：物质敦煌与创意敦煌，它们分别属于原生文化与次生文化形态。前者以莫高窟为其表征，后者以王潮歌导演的大型情景体验剧《又见敦煌》为代表。莫高窟作为历史的遗迹只可远观和想象，它不可触摸，更多地如本雅明所言，具有一种膜拜价值。从美学角度看，它在那时那地的独一无二性所散发的光晕恰因遥远和残损而显得美。而《又见敦煌》则展演了一段连接着过去与现在的行走，将舞蹈、话剧、吟诵、拟象搅拌，打破观众与舞台的传统分立，通过声像蒙太奇的实验，在观众心中制造出不断与历史触碰的惊颤与眩晕感。您对《又见敦煌》感受如何？

彭静莲：挺震撼的。我尤其对于其中的“沙”和“水”的意象印象最深，历史的流逝与厚重感通过艺术化的方式得到了很微妙的体现，历史的氛围被

---

① Wang Daqiao, Qi Fei, “ Lanzhou Beef Noodles: Taste Community and the Fluidity of the Silk Road Aesthetic Culture”, *International Journal of Humanities Studies*,No.1,2018.

带了出来，这一点深深地触动到我。但如果从人类学的角度来看，有些令人遗憾的是，它没有很好地体现出中外文化互通的历史，而是更多地表达中国人的视角。

向丽：这段历史沧桑而悠远，要在有限的时空内很好地表达的确是不容易的。剧的设计与排演需要选择最富于孕育性的顷刻或情节，我更多地从“美”的显现方式去感受它。在《又见敦煌》中，导演选取了历史大事件和世俗情感的细节，富于一定的表现力。藏经洞那流离在外的文物更增添了想象和唏嘘，而尘封不住的容颜虽已褪去，却正是从这残损中生出了新的体温与呼吸。在触摸历史的想象中，虽然这新生的身体仍然不足以弥合那原本自我完满的残损，但毕竟在很大程度上延伸了我们对物质文化的经验空间。我与普里西拉·范·伊文讨论过博物馆展演的问题，在她看来，如果从广义的博物馆学来看，《又见敦煌》以半脱语境的方式，用情景剧对物质文化与历史进行新的演绎，这种情境艺术式的“新”博物馆学结合了艺术与商业的运作，相较于欧洲博物馆主要是为了教育而设，可谓一种超前。在中国近年的旅游发展中，“印象”系列、“又见”系列此起彼伏，通过艺术、政治与地方性审美经验的融合，渐至成为物质旅游的叠合产品和文化品牌，您觉得这是否也是一种时尚或者消费时尚？您今后对于中国时尚问题研究又有哪些新的计划？

彭静莲：按照审美人类学的研究理念来看，这是一种广义上的时尚。当某种文化被“购买”或消费时，它必然包含了当代人的情感结构和对“美”的感知，或者说，它聚合了当代人的情感与想象。如果抛开时尚的静态界定，“时尚化”也许比时尚更有研究的空间与张力。我非常想了解中国时尚的发展过程，目前关于中国时尚的研究也正渐渐增多，这个话题也变得更加宽广。接下来，我会在上海和成都等地继续做关于中国时尚的考察，也将持续关注中外文化交流如何建构中国时尚，以及中国时尚对于世界的影响。

向丽：这是一项令人十分期待的富于活力的研究。在当代多元文化叠合、杂糅与流动的语境中，时尚作为情感与多重资本的融合，将跨文化 / 多元文化、审美制度、审美认同、审美资本、审美治理、文化遗产再生化、生态美学等问题联结起来。无疑地，对于这些问题的阐释需要跨学科的视野与方法，这也为审美人类学研究带来了新的契机与挑战。非常感谢您的悉心解答，特别期待与您一起做田野工作，欢迎常来中国。

彭静莲：我也非常高兴有这样的对话，期待您能来安特卫普。

［致谢：比利时（荷语）鲁汶大学普里西拉·范·伊文（Priscilla van Even）副教授，云南农业大学莫力博士、兰州大学王眉钧博士、姚富瑞博士为此次访谈的推进、翻译、时尚品牌咨询等工作做出了支持与帮助！］

（原文载于《思想战线》2020 年第 1 期）

附录：本书作者与译者简介

（按文章顺序排序）

一、作者

王杰，文学博士，长江学者特聘教授，浙江大学传媒与国际文化学院教授，中华美学学会副会长，中国艺术人类学学会副会长，浙江大学人文学部副主任、浙江大学当代马克思主义美学研究中心主任、浙江大学传媒与国际文化学院教授委员会主任，《马克思主义美学研究》主编。国家社科基金重大招标项目“当代美学的基本问题及批评形态研究”首席专家。主要著作有《寻找乌托邦——现代美学的危机与重建》《文化与社会——马克思主义与20世纪中国文学理论发展研究》《审美幻象研究：现代美学导论》，译著有《美学意识形态》《文化、治理与社会——托尼·本尼特自选集》等，主编《美学》《审美人类学》等教材。

覃德清（1963—2019），人类学博士，曾任广西师范大学文学院二级教授，博士生导师，广西师范大学壮学研究所所长 。曾兼任广西壮学学会副会长，中国艺术人类学首届理事会常务理事。教育部“新世纪优秀人才支持计划”2005年度入选，广西“新世纪十百千人才工程”第二层次入选者。主要从事审美人类学、壮族文学与文化、非物质文化遗产保护等方面的教学和理论研究。出版独著6部，在《文学评论》《民间文学论坛》《民族文学研究》等学术刊物上发表论文40多篇。先后承担4项国家哲学社会科学基金项目。相关成果先后荣获高等学校人文社科优秀成果奖、广西壮族自治区社会科学优秀成果奖二等奖。

海力波，人类学博士，广西师范大学文学院教授，人类学、民俗学、少数民族文学方向硕士研究生导师。主要从事南方少数民族文化、民间文学、艺术与审美人类学研究。兼任中国民俗学会会员，中国人类学民族学研究会会员，中国艺术人类学研究会理事。主要专著有《道出真我——黑衣壮的人观与认同表征》《美之文化与文化之美——人类学视域下的审美与文化》，主要编著有《历史记忆与文化表征》（主编）、《寻找母亲的仪式——南宁国际民歌艺术节的审美人类学考察》（副主编），发表论文30余篇。

户晓辉，文学博士，中国社会科学院文学研究所研究员。主要著作有《日常生活的苦难与希望：实践民俗学田野笔记》《民间文学的自由叙事》《返回爱与自由的生活世界——纯粹民间文学关键词的哲学阐释》《现代性与民间文学》《中国人审美心理的发生学研究》《地母之歌：中国彩陶与岩画的生死母题》《岩画与生殖巫术》，主要译著有《欧洲民间童话：形式与本质》《简单的形式：圣徒传说、传说、神话、谜语、格言、案例、回忆录、童话、笑话》《技术世界中的民间文化》《记忆》《民俗解析》《审美的人——艺术来自何处及原因何在》等。

［美］托尼·弗洛里斯（Toni Flores，1942—1997），美国宾夕法尼亚大学民俗和民间生活博士，曾任霍巴特和威廉史密斯学院美国和妇女研究教授。学术兴趣涉及民俗学、民间艺术、印第安人传统、文化人类学、生育、身体政治、诗歌和女性主义理论。主要文章有《审美人类学的问题域》（*The Anthropology of Aesthetics*）、《艺术、民俗、官僚主义和意识形态》（*Art*，*Folklore*，*Bureaucracy and Ideology*）等。

王大桥，文学博士，兰州大学文学院教授，博士研究生导师，浙江大学当代马克思主义美学研究中心学术委员会委员，主要研究方向为当代文论与美学。主持国家社科基金一般项目和国家社科基金重大项目子课题共3项，另外主持多项省部级社科项目和中央高校社科项目，完成学术著作和参编教材3部，在中外文学术刊物发表论文50余篇，研究成果曾获得甘肃省哲学社会科学优秀成果二等奖。

张良丛，文学博士，长江师范学院文学院教授，马克思主义美学与批评理论研究中心主任，主要从事马克思主义美学、审美人类学和当代西方文论研究。兼任全国马列文论研究会理事、全国毛泽东文艺思想研究会理事等，发表文章 60 余篇，多篇论文被人大复印资料、《高校社科文摘》全文转载；出版著作 10 余部；主持教育部项目 1 项，省市社科规划项目部级 3 项、厅级社科项目 2 项，曾获得过黑龙江省文艺奖、黑龙江省社会科学优秀成果奖、重庆市涪陵区社科奖等奖项。

尹庆红，文学博士，澳大利亚莫纳什大学访问学者，英国切斯特大学访问学者，现为上海交通大学人文学院讲师，《马克思主义美学研究》编辑部主任，上海交通大学美学、艺术与文化理论研究中心秘书。主要从事审美人类学和马克思主义美学与文化理论研究。主持教育部人文社科基金青年项目，中国博士后科学基金资助项目，上海交大青年教师启动项目“当代西方艺术人类学理论研究”等。发表关于美学研究的人类学转向，跨文化的美学研究、审美认同的文章几十余篇。

向丽，哲学博士，云南大学教授、文艺学专业博士生导师，中国艺术人类学学会常务理事，英国杜伦大学人类学系访问学者，主要研究马克思主义美学和审美人类学。主要著述有《审美制度问题研究——关于“美”的审美人类学阐释》（专著）、《审美人类学：理论与视野》（专著）、《审美人类学：视野与方法》（合译著）、《审美人类学》（教材副主编）、《审美治理与当代社会》（主编）等。入选云南省“高层次人才培养支持计划”青年拔尖人才，中宣部 2019 年国家宣传思想文化青年英才。

［德］恩斯特·格罗塞（Ernst Grosse，1862—1927），德国艺术史家、社会学家，现代艺术社会学奠基人之一，曾任弗赖堡大学教授。主要著作有《艺术的起源》《家庭和经济的形态》《艺术科学研究》《东亚绢画》等，其中影响最大的，也是奠定他学术地位的是《艺术的起源》。他提倡从社会学、人类学、民族学等多方面对艺术学和艺术史进行研究，认为艺术科学的真正目的，是对艺术的性质、产生艺术的原因及其效果做全面探讨。格罗塞的研究对于现代的

艺术社会学、审美发生学和文化人类学都产生了重要影响，对马克思主义美学也有重要启发。

［荷］范丹姆（Wilfried Van Damme），博士毕业于比利时根特大学，荷兰莱顿大学人文学院教授，曾任比利时根特大学教授，荷兰蒂尔堡大学特聘教授。主要研究审美人类学、艺术人类学和世界艺术，主编《世界艺术研究：概念与方法》；著有《语境中的美——论美学的人类学方法》《审美人类学：视野与方法》等。

李修建，哲学博士，中国艺术研究院艺术学研究所研究员，博士生导师，主要研究中国美学和艺术人类学，兼事学术翻译。主要著作有《风尚：魏晋名士的生活美学》、《中国审美意识通史·魏晋南北朝卷》、《当代中国美学研究》（合著）、《艺术人类学》（合著）等，译著《君主论》、《新教伦理与资本主义精神》、《艺术公司》（合译）、《北欧神话：仙宫与诸神》、《审美人类学：视野与方法》，编译《国外艺术人类学读本》《国外艺术人类学读本续编》等多部，主编《艺术人类学经典译丛》，入选国家“万人计划”青年拔尖人才。

［英］罗伯特·莱顿（Robert Layton），英国科学院院士，杜伦大学人类学系荣休教授，主要研究艺术人类学、社会变迁与社会发展、本土人权利等。曾在澳大利亚、法国、英国、中国等地从事田野工作。2003 年获英国皇家人类学学会里弗斯纪念勋章，2016 年被任命为“山东省友好大使”，2019 年获杜伦大学“校长奖章”。主要著作有《艺术人类学》《人类学理论导论》《澳大利亚岩画》《关于弗朗茨 - 孔德的人类学与历史学：一项社会理论批判》《秩序与无政府状态：文明社会，社会动荡与战争》等。

［美］理查德·L. 安德森（Richard L. Anderson），美国堪萨斯城艺术学院人文学院文化人类学教授。1974 年加入堪萨斯城艺术学院，研究方向为艺术人类学和跨文化美学。著有《小规模社会的艺术》《卡莉欧碧的姐妹：艺术哲学比较研究》《美国缪斯：人类学家的艺术与美学之旅》等。2004 年起，安德森的研究兴趣转向墨西哥艺术与文化及全球化对艺术的影响。

［美］**罗素·沙曼**（Russell Sharman），牛津大学文化人类学博士，曾任美国纽约城市大学布鲁克林学院人类学和考古系教授，现为美国阿肯色大学传播系兼职讲师、作家和电影导演。著有《东哈莱姆的租户》、《纽约市的夜班工人》（合著）和大量视觉人类学方面的论文。

孙文刚，文学博士，陕西科技大学设计与艺术学院讲师，艺术学理论专业硕士研究生导师，陕西科技大学传统文化与艺术研究中心研究员。兼任中国艺术人类学学会会员、中华美学学会马克思主义美学专业委员会委员、四川省民俗学会会员等。主要从事马克思主义美学、文艺美学、审美人类学等方面的教学科研以及相关领域的翻译工作。发表论文 20 余篇，公开出版学术专著 2 部。

方李莉，东南大学特聘首席教授，东南大学艺术人类学与社会学研究所所长、博士生导师，中国艺术研究院艺术学研究所名誉所长、研究员、博士生导师，中华人民共和国联合国教科文组织全国委员会咨询专家，中国艺术人类学学会会长。出版有专著十余部，并在各类杂志上发表论文近 200 篇，承担过多项国家重大及重点研究项目。多篇论文和专著被翻译成英文、西班牙文、法文、阿拉伯文等并出版，足迹遍及亚洲、非洲、欧洲、美洲等国的博物馆，曾应邀到美国、英国、加拿大、韩国、日本等国家的大学做学术讲座。

何明，历史学博士，云南大学特聘教授、研究员（二级）、博士生导师，享受国务院政府特殊津贴专家。云南大学民族学一流学科建设负责人、教育部人文社会科学重点研究基地云南大学西南边疆少数民族研究中心主任、国家教材重点研究基地云南大学民族教育教材建设与管理政策研究基地主任。主要研究领域为中国西南与东南亚的族群互动、全球化与民族文化、族群关系、艺术人类学、边疆问题等。任国家社科基金重大招标项目、国家马克思主义理论建设与研究工程教育部重点教材项目、教育部哲学社会科学研究重大课题攻关项目首席专家。发表论文 160 多篇，其中多篇被《新华文摘》《中国社会科学文摘》《高等学校文科学术文摘》全文转载，著有《中国竹文化研究》（合著），主编《全球化背景下少数民族农村变迁的符号表征——以云南为例》等，并主编系列丛书多部。

王建民，法学博士，中央民族大学民族学与社会学学院教授、人类学专业博士生导师，哈佛燕京访问学者，法国高等社会科学院访问教授，法国里昂第三大学高级访问教授，台湾“中央研究院”历史语言研究所合作研究员，台湾大学人文社会高等研究院访问教授，中央民族大学民族艺术研究院常务副院长，中共中央人才工作协调领导小组直接联系专家，“国家百千万人才工程”第一、二层次人选，国家社科基金艺术学重大项目“一带一路战略中的新疆民族艺术与国家认同研究”首席专家。现任中国艺术人类学学会副会长、中国民族学学会、中国人类学民族学研究会常务理事等。代表作有《中国民族学史》、《艺术人类学新论》、《西藏唐卡的传承与保护》（合著）、《中国跨界民族》（合著）等，编译《20世纪中国人类学民族学研究方法与方法论》《人类学历史与理论》等。

冯宪光，四川大学教授，博士生导师，曾任全国马列文艺论著研究会副会长，为教育部马工程重点教材《当代西方文艺思潮评析》首席专家、主编。长期从事文艺学研究，承担“西方马克思主义文论与中国新时期文论比较研究”“20世纪马克思主义文艺理论本体论心态研究”等国家社科基金课题，著有《“西方马克思主义”美学研究》《马克思主义文艺学的当代问题》等论著，曾获四川省社科研究成果二等奖等多种奖项。

傅其林，文学博士，四川大学教授、博士生导师，国家“万人计划”教学名师，教育部长江学者特聘教授，国家社科基金重大项目“东欧马克思主义美学文献整理与研究”首席专家，第十二届教育部霍英东青年基金获得者，教育部新世纪优秀人才。担任国家一级学会全国马列文艺论著研究会副会长、中华美学学会马克思主义美学专委会、审美文化专委会副主任，主持国家社科基金项目4项，获得国家教学成果奖二等奖、四川省人民政府教学成果奖一等奖、省级哲学社会科学成果奖一等奖等奖励。出版关于东欧新马克思主义、审美人类学等问题研究的学术著作多部，发表论文100余篇。

曹成竹，文学博士，山东大学文学院文艺美学研究中心副教授，博士生导师，山东省签约艺术评论家，山东省作协会员，中华美学学会马克思主义美学专业委员会副秘书长。主要研究马克思主义文论、审美人类学、网络文艺批评等。主持国家社科基金项目、山东省艺术科学重点课题、山东省社科项目等5项，出版专著1部，参写著作及教材6部。在《文艺理论研究》《民族艺术》《民族文学研究》《文艺争鸣》《马克思主义美学研究》等刊物发表论文40余篇，3次获山东省高校优秀科研成果奖。

肖琼，文学博士，浙江传媒学院教授，主要研究西方马克思主义美学、批判美学以及当代批评。在《文学评论》《文艺理论研究》《文艺理论与批评》等重要期刊发表论文50多篇，多篇论文被《新华文摘》、人大复印资料和《高等学校文科学术文摘》转载或收录。主持国家课题和国家重大项目子课题各1项，省级课题2项，出版专著3部。获省引进“高层次人才”政府补贴奖二等奖，获省哲学社会科学优秀成果奖一等奖和三等奖。

苏东晓，文学博士，浙江传媒学院文学院副教授，主要从事美学、艺术人类学研究。已出版专著《审美无利害说与审美关系问题——人类学视野下的元批评》，参著《好莱坞动画电影导论》，主持教育厅课题“表象空间的建构与族群记忆：非遗保护中的艺术生产研究”，在《文艺理论与批评》《马克思主义美学研究》《民族艺术》等期刊发表多篇学术论文。

徐新建，文学博士，四川大学文学与新闻学院教授、博士生导师，兼任中国比较文学学会文学人类学研究会会长、四川省学术带头人，国家社科基金重大项目“中国多民族文学的共同发展研究”首席专家，出版专著《西南研究论》《民歌与国学》《多民族国家的文学与文化》等。

陆晓芹，法学博士，广西民族大学文学院教授、博士生导师，兼任广西高校人文社会科学重点研究基地“广西民族文化保护与传承研究中心”主任，主持国家社科基金项目“‘一带一路’视野下的壮泰族群歌唱传统研究”，出版《“吟诗”与“暖”：广西德靖一带壮族聚会对歌习俗的民族志考察》《从艺术、宗教到历史——中国壮族“末伦”与泰国佬族“麽蓝”艺术的比较研究》等论著。

郭明军，西安石油大学讲师，主持国家社科基金项目“黄土高原‘三弦书’调查研究”、教育部项目“民国时期的‘边疆文学’表述研究”，在《民族艺术》《宗教学研究》发表《“热闹”不是“狂欢”——多民族视野下的黄土文明乡村习俗介休个案》《山西介休三弦书的宗教内涵与社会功能论析》等论文10余篇。

周星，民族学博士，日本神奈川大学国际日本学部教授、历史民俗资料学研究科博士课程指导教授。主要著述有《史前史与考古学》《民族学新论》《民族政治学》《境界与象征：桥和民俗》《乡土生活的逻辑——人类学视野中的民俗研究》《本土常识的意味——人类学视野中的民俗研究》《百年衣装——中式服装的谱系与汉服运动》等；主编（或合编）有《社会文化人类学讲演集》《田野工作与文化自觉》《民俗学的历史、理论与方法》《国家与民俗》《中国艺术人类学基础读本》《现代民俗学的视野与方向》等。

范秀娟，文学博士，广西民族大学文学院教授、博士生导师，文艺学学科带头人，美国加州大学洛杉矶分校音乐学院访问学者，主要从事文艺学、美学与人类学的跨学科研究，兼任中国艺术人类学学会常务理事。主持国家社科基金项目2项及其他省部级项目4项。研究成果获广西社会科学优秀成果奖3项，中国艺术人类学学会“费孝通艺术人类学奖”1项。

强东红，文学博士，温州大学瓯江学院教授，主要研究审美人类学和西方马克思主义文艺理论。发表论文和译文35篇，主要著有《陕北民歌的审美维度与文化价值的研究》，译著《本尼特：文化与社会》《批判实在论与马克思主义》《文学之外》《文化、治理与社会》等。主持并完成国家社科基金项目“陕北民歌的审美维度与文化价值研究”、陕西省社会科学界重大理论与现实问题研究项目“陕西民歌与文化认同”、陕西省教育厅项目“陕北民歌与文化认同”等多项课题。

任旭彬，文学博士，广西社会科学院文化研究所副研究员，主要研究审美人类学。主持2020年国家社科基金西部项目“刘三姐文化在东南亚传播与华人文化认同研究”课题。出版论文集《守望本色——任旭彬评论集》，发表论文30余篇。

雷文彪，哲学硕士，广西科技师范学院副教授，《广西科技师范学院学报》编辑部主任，广西高校人文社会科学重点研究培育基地“广西金秀大瑶山瑶族文化研究基地”常务副主任，广西科技师范学院学术委员会委员，广西美学协会理事，中国艺术人类学学会会员。主要研究审美人类学、少数民族文化、文艺评论和编辑学。在学术期刊发表学术论文50余篇，出版专著1部，编著2部。主持完成省级项目多项。获自治区级教学成果二等奖、广西科技师范学院教学成果一等奖。

石甜，比利时（荷语）鲁汶大学社会与文化人类学系博士，主要研究族群认同、跨国移民、难民安置和新媒体使用。长期在中国西南地区以及东南亚进行田野调查，研究领域涉及非物质文化遗产、审美人类学等。

陈顺尧，云南大学文学院博士研究生，云南民族大学教师，主要从事审美人类学、艺术人类学和电影美学研究。参与云南大学一流大学建设创新团队“审美人类学与云南少数民族美学研究”，云南大学博士生导师团队“审美人类学：理论与实践”，国家社会科学基金重点项目“审美人类学视野中马克思主义美学的当代发展研究”等科研项目，并发表相关科研论文。

Ching Lin Pang（彭静莲），现任职于比利时（荷语）鲁汶大学社会科学学院跨文化、移民与少数族裔中心教授，比利时安特卫普大学应用语言学与翻译研究系汉语部主任。从2006年至今，在比利时（荷语）鲁汶大学社会科学学院社会与文化人类学系任教，并担任比利时荷语大区文化遗产咨询委员会副主席、国际都市人类学委员会比利时安特卫普委员、香港大学人类学中心荣誉委员（2010）、清华大学华商研究中心学术委员（2010）、比利时（荷语）鲁汶大学—华东师范大学欧洲文化研究中心联合主任、佛教与跨文化研究云南部主任（2017

至今)。研究兴趣为移民 / 移动、跨文化、超多元化、都市边界、亚洲社会与文化中的时尚和艺术(尤其是中国与日本)、欧洲的少数族裔(华人、苗族)等。主要著述有《融合与认同之间:比利时的华人社群》《移民与日本》《当代日本的协商认同》等。

二、译者

和欢,中国大百科全书出版社编辑。

关祎,中国艺术研究院艺术学研究所助理研究员,主要研究西方人类学、艺术人类学理论,并从事西方艺术人类学研究译介工作。

刘翔宇,历史学博士,山东艺术学院教授,美国加州大学伯克利分校访问学者,中国艺术人类学学会理事。著有《中国艺术品交易机制研究》,译著《文明之地的原始艺术》等,在《民族艺术》《思想战线》《东岳论丛》《马克思主义美学研究》等期刊发表论文 20 余篇。

三、校者

张浩军,哲学博士,中国政法大学人文学院教授,博士生导师,人文学院副院长。德国科隆大学胡塞尔档案馆访问学者,美国天主教大学哲学院、价值与文化研究中心访问学者,兼任德国科隆大学胡塞尔档案馆"发生现象学与人文科学国际联盟"成员、中国现代外国哲学学会理事等。主要从事现象学研究,在 *Husserl Studies*、《哲学研究》、《哲学动态》、《世界哲学》、《现代哲学》、《中国现象学与哲学评论》等学术刊物上发表论文、译文多篇,著有《从形式逻辑到先验逻辑——胡塞尔逻辑学思想研究》,译有《论移情问题》等。

编后记

我们当今所处的时代，是一个社会关系与思维观念及其内在张力发生剧烈变化的时代。正如马克思和恩格斯在《共产党宣言》中指出的：“一切固定的僵化的关系以及与之相适应的素被尊崇的观念和见解都被消除了，一切新形成的关系等不到固定下来就陈旧了。一切等级的和固定的东西都烟消云散了，一切神圣的东西都被亵渎了。人们终于不得不用冷静的眼光来看他们的生活地位、他们的相互关系。”[①] 无疑地，这段话也特别适合献给这并未过去的不平凡的 2019 年。它的不平凡在于，由于某种神秘病毒的盘踞，它被赋予了一个令人惊惧的名字：COVID-19，并且，由它所聚集的全球性意识形态风暴与角逐，仍然以某种毫不懈怠的演绎形式存在于 2020 年以及漫长的未来。

这全球性的不可见之物，就这么仿佛幽灵般地游荡着，将社会治理、资本运作、意识形态博弈、种族主义、后末世景观、难民危机、暴力、恐惧、边界、共同体等统统搅拌起来。然而，病毒实则是无辜的或并非那最为本质的异化状态，人类曾经以为所要远抛的倦怠社会，倒是早已将这些涌动聚集起来，只是在全球资本主义新阶段被悄然宣告之后，以病毒灾难及其寓言作为一种助推器，提醒我们去重新思考，我们每天所经历的日常生活中那些最为切近的存在。

这场事件远未结束，每个人都身处其中，即使不想在同一条船上也已经在同一条船上。当我们重新打量这个世界，每个人都将筋疲力尽，但又不得不承

① 《马克思恩格斯选集》(第一卷)，人民出版社 1995 年版，第 275 页。

认，历史的废墟是我们构建新秩序从而避免新的野蛮状态所不可逾越的持有。[1]正如本雅明在《历史哲学论纲》一文中对于瑞士画家保罗·克利一幅名为《新天使》的画作的解读，作为历史唯物主义和审美革命的弥赛亚式隐喻，它在历史的变革与发展中至今仍然萦绕其回响："一个仿佛要从某种他正凝神审视的东西转身离去的天使。他展开翅膀，张着嘴，目光凝视。历史天使就可以描绘成这个样子。他回头看着过去，在我们看来是一连串事件的地方，他看到的只是一整场灾难。这场灾难不断把新的废墟堆到旧的废墟上，然后把这一切抛在他的脚下……大风势不可挡，推送他飞向他背朝着的未来……这大风是我们称之为进步的力量。"[2]这种背对着跃入未来的辩证意象，在本雅明看来，与马克思对待革命的态度是相契合的。历史的卜卦人从不将过去和未来的时间看成匀质的和空洞的，而现在则应当包孕着人类的最为富足的历史。[3]在人类历史螺旋上升的过程中，如何通过回望过去而迈向未来，这是我们每个人都需要思索的问题。

2020年8月一个晴朗的天，是英国宣布解封后我与英国杜伦大学罗伯特·莱顿教授的第一次见面，距上次见面已是一个季节过去了。因为新冠肺炎疫情的缘故，莱顿教授在封城之前预订的眼睛手术被推到了我们见面的第二天。所幸的是，等待期一切还好，后续得知手术很顺利。我们谈论起近年在中国兴起的艺术乡建，我将自己对于怀旧、乡愁和乌托邦三种分别蕴藉着过去、现在与未来的情感向度在艺术乡建中叠合显现的朦胧感受与莱顿老师相汇报，他对此深有感触。他在我的访学报告空白处分别画了一条由三个点连在一起的横向直线和一条上下波动的曲线，以不同社会情境中的经济状况和情感结构为

---

① 斯拉沃伊·齐泽克指出："恢复正常已然是不可能的，新的'正常'必须建立在我们过去生活的废墟上，否则我们将发现自己处于一种新的野蛮状态。" See Slavoj Žižek, *PANDEMIC! COVID-19 Shakes the Word*, New York and London: OR Books, 2020, p.3.

② ［德］瓦尔特·本雅明：《本雅明文选》，陈永国、马海良编，中国社会科学出版社1999年版，第408页。

③ 参见［德］瓦尔特·本雅明《本雅明文选》，陈永国、马海良编，中国社会科学出版社1999年版，第412—415页。

基质，在很大程度上解析了引发趋向怀旧与乌托邦的内在机制。在他看来，在社会转型期，尤其是在经济发展水平有所阻滞甚或下降之时，生活的困窘或者情感的创伤，会让人怀念那个已经不再有的似乎更好的过去，而当人感觉平稳与安全时，则往往会追求那激进的乌托邦。这一直一曲的糅合性解读与感念，与莱顿教授在澳大利亚、法国、英国、中国所从事的田野工作以及在人类学、社会学、考古学和美学等学科的研习经验，尤其是侧重于在社会变迁与发展的语境中研究艺术现象有关。谈及艺术乡建远不止于乡村问题，而是涵盖政治、经济、文化等各个领域的社会实践，莱顿教授同意，重新理解马克思关于经济基础决定上层建筑的空间隐喻是一件非常必要的工作，其核心在于，审美和艺术作为一种特殊的意识形态形式，不只是处于上层建筑为经济基础所决定，而是已经在作为新的“基础”，成为社会发展的重要动力。

由于我没有经过严格意义上的人类学训练，只是在人类学和美学的边界处游走，即使是访谈，也是那么地跟着感觉走，这让我多少有些难为情。游走于边界，这种非此非彼的中间状态，人类学或许会称之为“禁忌”[①]。从某种意义上讲，禁忌是一种被划界后的制度性存在，它必然经历着冷峻的审视，同时又流动着某种跨界的快感。然而，美学与人类学毕竟不是二元对立的两极。尽管人类学作为一门学科其产生比美学将近晚了一个世纪，但从美学诞生伊始就天然地潜藏着浓厚的人类学性质。所以，在人类学与美学之间行走，可谓一种温和的而且令人鼓舞的解禁。

这其实是我在屡次放弃对莱顿教授的宏大理论性访谈大纲后采用的即兴的，也是更为舒服的谈话方式。当我再次谈到最近忙于《审美人类学：理论与实践》的编读工作时，他问我是否已经为该读本写了导读，我说还没有，并

① 万建中在谈及某物何以被列为禁忌及其心理机制时指出：“那些不能被明确划分为二元对立中某一级的事物就成为禁忌。比如讲，二元对立的两极分别是 A 和 B，有一些事物既不能划分到 A 中去，也不能划到 B 中去；这些既非 A 又非 B，或者既有 A 也有 B 的事物，处于模棱两可的状态，就成为人类焦虑的目标。他们焦虑得居然无法将这些事物明确地分类，而这是违反人类思维本质的。于是，干脆将它们列为禁忌。”参见万建中《禁忌与中国文化》，人民出版社 2001 年版，第 62 页。

且请他给我写导读的建议。他说了两点，一是通过反复阅读读本所收集的文章后，阐释它们之间的差异与共性，二是表达这些文章给自己的启发与帮助。这是一种非常朴素的写法，正如我问他对于艺术人类学中的“艺术”如何理解时，他说：“我会去问许多人，比如就着同一个问题问当地人如何表述‘艺术’，他们是如何制作和评价这些艺术制品的，这些制品在市场上如何流通，又经历了哪些风格上的变化，其原因何在等。”是的，在莱顿教授近五十年的著述中，我没有看到一篇关于艺术的本质主义阐释的文章，更多的是关于本土艺术、文化遗产、社会变迁与创新、乡村民主、本土人权利等社会现象与问题的研究，展现出的是功能主义、结构主义、马克思主义、符号学、社会学、考古学以及跨文化比较研究对于自己经验艺术的影响。

不得不承认，当时我的确还没有完成惯例性导读的写作，也不打算把导读放在集子前面，而是把曾经做过的关于审美人类学国内外研究综述，结合近年新出现的相关研究成果，汇集而成为导论“审美人类学：理论与实践”，其原因主要在于，囿于集子的篇幅所限，无法完全收集审美人类学的相关研究。仅就将人类学与美学从学科间性的角度或从命名上看，早在1891年，恩斯特·格罗塞就发表了一篇名为“人类学和美学”的文章，范丹姆通过对该文的解析认为，格罗塞是第一个提出应用系统的人类学方法研究美学的学者。鲍桑葵在1892年出版的《美学史》中谈到“亚里士多德的美学人类学”，主要指哲学人类学意义而非文化人类学意义上的审美人类学。但从学科构建的角度看，审美人类学作为一门复合型交叉性学科在国外大约从20世纪60年代开始逐步形成和发展，主要以人类学家雅克·马凯出版的《审美人类学导论》为其标志。即便如此，60余年的审美人类学研究著述也是数不胜数，至少是读本所无法穷尽的。因此，导论主要呈现审美人类学在国内外提出的背景、基本问题、学科构建，实践与发展动态等，其中提及的部分相关研究文献在读本中可以看到原文，但大部分仍未能收录，标注的著述出处可供读者进行查阅。如此，希望导论与集子所收文章之间形成一种隐性的链接和对话关系。但囿于个人能力所限，导论仍显粗疏，有诸多问题依然困扰着我，所幸它们在集子的文章里找到了一些纵深性的解答，于我而言，受益良多。

该读本在选编上主要以在正式发行的刊物上发表的关于审美人类学的论文、译文和访谈为主。原计划选编著作类的相关篇什，比如由王建民教授主编的艺术人类学译丛之《文化交流：重塑艺术和人类学》中所收集的关于艺术界与批评、艺术的杂糅性与本真性、贸易中的艺术与审美共同体等的文章，对于审美人类学研究均有重要的启发和推动价值，但在与译者的沟通中发现，这涉及原著版权等诸多问题，只好作罢。此外，诸如广西师范大学专门设有审美人类学研究中心，已出版相关丛书 20 余种，它们形成系列性的研究，由于体量之大，也是该读本所无法一一悉收的。

读本的收集工作早在 2016 年就开始计划，拟同审美人类学教材的编撰同步进行。这实则是王杰教授在主持其国家社科基金重大项目“当代美学的基本问题及其批评形态研究”的过程中提出的想法，也是这些年审美人类学研究团队基于研究与教学的共同需要。团队成员根据各自的研究兴趣与积累分领了一些任务，由我负责读本的收集与整理。在对于国内外审美人类学相关研究资料收集、研读与讨论的基础上，从 2019 年开始，我与自己所指导的博士和硕士研究生一起开始编校论文。由于文章多从发表的电子版进行转换，在格式与文字断句以及表达上都需要一字一句地校读与调适，几近一年才有了集子的概貌。其中，赵威、张緦主要负责协助读本的选篇与核校，陈顺尧、李季、晏舒曼、雷童、朱凯琦、于子然、林良汝同学主要负责文章的核校，在持续的校稿与讨论过程中，张緦和于子然同学还对文章部分未完成的注释进行补充与核对，在此特别感谢他们所付出的辛勤工作。

在编校过程中，我们对于全书译名做了统一，例如将“贾克・玛奎”“贾克・马奎”统一为“雅克・马凯”，将“布尔迪厄”统一为“布迪厄”，将《审美人类学的问题阈》作者名统一为“托尼・弗洛里斯”，“威尔弗里德・范丹姆”除在读本中第一次出现时用全名外，后边的都统一用“范丹姆”，这也是范丹姆老师同意的在中文刊物上采用的称呼。但这仅限于在正文中统一，由于人名在不同的著述中有不同的译法，注释出处仍会保持原初译法。此外，在对文章的阅读与核校中，部分未注明的引文出处我们也进行了查找与补充，文章个别表达与译法有不清楚处，我们也与原作者和译者进行了商量与完善。这是一个持续的过程，我们也在不断学习中体会个中辛苦与喜悦。

读本里的文章尽管研究视角与涉及面比较开阔，仍然形成了聚集性的问题场域。根据文章的主要研究内容与侧重点，我与赵威博士将它们大致划分为三篇，并且根据其内在隐秘的逻辑关系进行连缀排序。

上篇“审美人类学的基本问题”主要研究审美人类学的学理基础与实践精神；审美人类学如何可能；审美人类学的问题阈以及审美人类学关键词：地方性审美经验、审美交流、审美认同、审美制度。该部分对于审美人类学产生的契机与背景，可能性与意义，基本问题与发展趋势等问题形成了系列性的探讨，并且对于跨学科、交叉学科的学科精神，民族经验、中国经验，以及文化相对主义、经验研究、族性美学，新民族志，审美人类学的政治性，第四世界，艺术分类及其反思等都有所发掘和阐释。审美人类学的基本问题是该学科的内核，同时以其所体现出的当代美学精神，对于研究视野与方法也提出了全新的要求。

中篇“审美人类学的视野与方法”主要探讨人类学与美学的关系及其所展演的审美人类学研究视野与方法，同时涵盖中西方审美差异比较研究。诸如：恩斯特·格罗塞质询审美原则的普遍有效性，倡导审美相对主义；范丹姆以经验性研究、语境研究和跨文化比较研究作为美学研究中的人类学转向的标志与实践路径；罗伯特·莱顿从社会人类学角度论美学，重点探讨美学研究的社会功能及其如何可能；理查德·L.安德森在关于艺术、美学与文化人类学的回溯中，对于非西方美学体系以及全球舞台上的非西方艺术，艺术的本真性与多样性如何在当代多重语境的叠合中形成审美新质进行了分析与阐释；罗素·沙曼探讨了审美人类学作为一种跨文化方法如何重新界定美感和审美表达。在审美人类学译介的基础上，国内学者户晓辉、李修建、孙文刚等学者对于埃伦·迪萨纳亚克、范丹姆和雅克·马凯的审美人类学研究理念与成果及其在中国实践的可能性等问题做出了深入的探讨。

尽管国内关于审美人类学形成了不同的研究团队，但都力图通过人类学的平台发掘和阐释新的关于审美和艺术的研究视角与路径。王杰和海力波对于审美人类学的产生、学理基础、学科性质和学科意义做出了系列性的阐释，为恢复和激活美学对于现实问题的思考与解答奠定了重要的理论和实践基础。方李莉关于如何运用人类学发掘和阐释审美价值，何明关于人类学如何使从实践出发成为可能，以及王建民关于田野工作如何运用于审美人类学研究之中的探讨，都共同从方法上对于如何通过审美实践与田野的共生，在人类学与美学的契合中，使审美人类学真正由跨学科转化为交叉学科做出了富于开启性的研究。冯宪光和傅其林对于审美人类学在中国的形成，现状与出路的研究，充分体现出审美人类学在中国的提出背景与学科特色，研究贡献、存在的问题及其出路。概言之，审美人类学是在全球化的语境中纵深探讨马克思主义美学基本问题的重要尝试。曹成竹通过对中国审美人类学的理论特征和问题研究，提出“文化批评”应当成为审美人类学更为纵深性的实践之维，从而突破学科构建的单向度。王杰和肖琼通过对文化经济时代中美学的当代转向的发掘与阐释，重点探讨了审美人类学研究的新问题与富于中国经验的解答路径。这一系列的探讨将美学的改变、跨学科的推进，研究资源的挖掘，审美人类学的问题研究意识与反思性，以及审美人类学的理论与实践增长空间一一呈现出来。

下篇“审美人类学实践”主要收集关于审美人类学“文本田野”的理论性探讨和个案研究，包括20世纪马克思主义审美人类学和列维–斯特劳斯的审美人类学思想研究，田野所聚集的具有中国本土经验的审美范畴“养（心）”“暖（屋）”“闹（场）”；“萌”作为一种审美意识形态在日本和中国的显现方式及其功能，以及关于听觉艺术、视觉艺术、表演艺术、电影、时尚的审美人类学解读。在这些研究中，艺术并非真正的对象本身，艺术形态、艺术观念、艺术行为/行动所蕴藉的审美意识形态及其嬗变，如何作为社会关系及其变迁的微妙刻写，才是审美人类学真正的研究对象，从而体现出审美人类学的现实性与实践性。正是在与社会肌理的触碰中，这些研究同时将审美革命、审美治理、身体美学、悲剧美学、审美教育、审美资本、时尚与趣味等富于时代温度的社会和美学问题激活出来。

尽管这三个篇章具有各自的研究侧重点，但从问题到视野、方法与实践，都体现出纵横交错而又一以贯之的隐秘联系，文章之间同时又形成互阅、互评与对话交流的关系。这是一种奇妙而又令人愉悦的化学反应，仿佛共同勾勒出一个从蹒跚学步到稳健向前的青年人，在他的身后有前辈殷切的扶持与祝福，在他的前方，是荆棘丛生与花开四溢的田野。所以，他的眼里常常流动着无比欢快的憧憬。

又好似一部悠长的人类学影像志，影像中每一抹色彩的绘制者，他们的研究领域虽则不同，涵盖美学、文艺学、艺术学、人类学、民俗学、社会学、生物学、历史学、考古学等领域，但他们行走过的田野，都有可能在美的敞开中相合相生。感谢为此读本慨然赐稿的所有作者和译者以及文章原出刊物的信任与支持。感谢王杰、覃德清、海力波、户晓辉、张良丛、王大桥、尹庆红、和欢、张浩军、李修建、关祎、邢书宇、刘翔宇、孙文刚、方李莉、何明、王建民、冯宪光、傅其林、曹成竹、肖琼、苏东晓、徐新建、陆晓芹、郭明军、周星、范秀娟、强东红、任旭彬、雷文彪、石甜、陈顺尧、托尼·弗洛里斯、恩斯特·格罗塞、范丹姆、罗伯特·莱顿、理查德·L.安德森、罗素·沙曼、彭静莲等诸位专家和学者对于读本编撰的支持与帮助，感谢《民族艺术》、《马克思主义美学研究》、《广西民族学院学报（哲学社会科学版）》（现名《广西民族大学学报》）、《思想战线》、《广西民族研究》、《内蒙古大学艺术学院学报》、《国外社会科学》、《文学评论》、《文艺理论与批评》、《云南社会科学》、《东方丛刊》、《文艺研究》、《文艺理论研究》、《文化纵横》等杂志与图书为我们准备了美学与人类学的怡人相遇。此外，罗伯特·莱顿教授和李修建研究员对于读本的收录和编辑还提出了宝贵的建议，并悉心推荐研究资料与信息咨询。本书为国家社科基金重点项目“审美人类学视野中马克思主义美学的当代发展研究”的阶段性成果，获云南省“高层次人才培养支持计划”青年拔尖人才项目出版资助，并得到文化艺术出版社叶茹飞女士的悉心编校与热忱帮助。在此谨向大家表示最诚挚的感谢！

审美人类学研究是一个无限开放而鲜活的空间，但囿于读本容量与编选的阶段性重点，还有许多珍贵的文字没有收录，我们希望随着后续研究与实践的推进，会更多地呈献。

这个时代，仍在变化。如果审美人类学不只是一门学科，而是一种存在，那么，它将更富于质性与温度。

是为后记。

向　丽

2020年9月1日于英国杜伦